**NAOC**

中国科学院国家天文台·天文学系列

# 等离激元坍塌动力学

## ——宇宙小尺度过程

### （第 2 版）

李晓卿　著

中国科学技术出版社

·北　京·

**图书在版编目(CIP)数据**

等离激元坍塌动力学:宇宙小尺度过程(第2版)/ 李晓卿著.
北京:中国科学技术出版社,2012.1
(中国科学院国家天文台·天文学系列)
1SBN 7 – 978 – 5046 – 1499 – 5

Ⅰ. 等… Ⅱ. 李… Ⅲ. 天体动力学 Ⅳ. P13

中国版本图书馆 CIP 数据核字(2003)第 110628 号

| | | |
|---|---|---|
| 出 版 | 中国科学技术出版社 | |
| 发 行 | 科学普及出版社发行部 | |
| 地 址 | 北京市海淀区中关村南大街 16 号 | |
| 邮 编 | 100081 | |
| 发行电话 | 010 – 62173865 | |
| 传 真 | 010 – 62179148 | |
| 投稿电话 | 010 – 62176522 | |
| 网 址 | http://www.cspbooks.com.cn | |

| | |
|---|---|
| 开 本 | 787mm×1000mm 1/16 |
| 字 数 | 500 千字 |
| 印 张 | 27.5 |
| 版 次 | 2012 年 1 月第 2 版 |
| 印 次 | 2012 年 1 月第 1 次印刷 |
| 印 刷 | 北京金信诺印刷有限公司 |

| | |
|---|---|
| 书 号 | ISBN 978 – 7 – 5046 – 1499 – 5/P·71 |
| 定 价 | 76.00 元 |

# 《中国科学院国家天文台天体物理丛书》序

我国组织出版系列的天体物理丛书，滥觞于二十几年前戴文赛先生的倡导，当时改革开放伊始，为了适应研究生制度的恢复，他策划了一个天体物理各个分支学科配套的丛书撰写方案，这在当时以及接下来的一段时间里，为我国天文学的重整旗鼓起了重要的作用。随后的这许多年中，学科高速发展，包括研究生教材在内的国际上的天文佳作源源引进，加上我国科学图书出版的种种变数，使我国天体物理书籍的出版不断自我调整以立足于新的背景，同时各自不断寻求可供依托的机遇。其间逐步淡化了系列化、突出了个性化，这是必然的，也可说是一种进步。但也增加了课题领域的随机性质、少了整体布局。

现在，在新的格局下，国家天文台着手组织一系列天文学丛书，我们接受委托编纂天体物理部分，为了和前面的衔接，这部丛书侧重于专著形式，首先邀请为我国天体物理各个不同分支的研究打下基础的主要科学家们，把他们的长期积累整理成有自己特色的专著。我们相信，这些著作，对于目前站在这些基础上工作和培养新生力量的学者们，将是有益的参考。同时它们也将表征着一个时期我国天体物理著述成果的收结。

总结同时又是开端的准备，我们期待着在若干年后的新版和新辑里，将看到又一个新的开始。

2002 年 1 月于北京

# 作 者 简 介

　　**李晓卿**　　天体物理学家，研究员，博士生导师，南昌大学特聘教授。1963 年毕业于南京大学天文系，之后在中科院紫金山天文台长期从事理论研究。曾任紫金山天文台理论研究室主任，南京师范大学物理系理论教研室主任、物科院物理研究所所长等。1986 年赴美国阿拉巴马大学访问一年。在天体自生磁场、磁重联理论、宇宙天体非线性结构、天体物理吸积盘以及加速辐射和隐身飞行体等五个领域研究中独树一帜，并取得了一些开创性的重要成果。著有《湍动等离子体物理》和《等离激元坍塌动力学——宇宙小尺度过程》，译著《等离子体天体物理》(合译)；在国内外核心刊物上发表了近百篇研究论文，其中在国际核心刊物(SCI)上发表论文 60 多篇。曾主持国家基金委面上资助项目 3 项、参加国家基金委重点资助项目 1 项、是两届国家攀登计划研究组成员。曾获江苏省重大科技奖(1979年)、国家教育部科技进步奖二等奖(1999 年)、江苏省优秀研究生指导教师(1996 年)及中科院彭荫刚优秀(博士)研究生导师(2001 年)等奖项。1992 年起享受国务院特殊津贴。

# 内 容 简 介

  本书着重阐述现代天体物理中最为重要的小尺度过程，包括电流片孤波、自生磁场、间竭磁流以及非线性自引力系统的局域结构花样形成、发展，及其重要的实质性的作用：正是由于它们的存在，各类天体方才表现出各种各样的活动，诸如爆发、辐射精细结构、反常黏滞和反常阻抗、周期或规则的物质分布等等。在论述中，我们强调过程的物理实质，并辅之以详尽的数学推演，力求书中主线条清晰和首尾连贯，自成系统，以使读者易于理解。

  本书的中心内容是我们二十年来潜心研究的焦点，可作为理工科研究生和从事近代天体物理、理论物理、等离子体物理及磁流体、再入物理和空间物理等工作的广大研究人员、工程技术人员和大学教师的参考书。

# 目　录

# 引 论

宇宙像一团巨大的永恒的谜展现在我们面前。

——爱因斯坦

黄金律(universal law)：**20%的人喝掉了80%啤酒**。换言之，
**重要的过程通常发生在小体积的局域结构之中**。

——Yankov V. ：Phys.Rep.283(1997)147

在有幸跨入到21世纪的时候，我们意识到，自然科学已经全面地进入到一个现代科学阶段。一种概念、思想或意识，必须得到现代数学(包括计算模拟)的定量描述，这就是现代科学。苏联一位颇有成就的行星物理学家沙弗朗洛夫( V.A. Safronov )，针对20世纪80年代以前有关太阳系起源的各种臆想性的假说，指出：**没有详细计算所支撑着的定性说说而已的时代，已经过去了**！正因为如此，现在我们很少耳闻那种既是物理学家，又是化学家和数学家的有着几顶桂冠的科学家了。与此有关，认真的科学研究者，如果要作出成就，那么，在他大半的研究生涯中一定有一个研究中心，一个研究焦点或一条研究主线。诚然，自觉不自觉地选择这种或那种研究主线，是和研究者的环境、自身修养和智慧及判断能力密切相关的，个中的高见，恐怕是仁者见仁，智者见智了。

原来，自然界存在有一条普适规律，称之为**黄金律**（**universal law**）：**20%的人喝掉了80%啤酒**。一个不争的事实是，正是不足人口的20%的富豪拥有全世界的80%财富。对物理学，这条规律意味着，**重要的物理过程通常发生在有结构花样的局部体积内**。黄金律对我们的启迪是直接的：**探究局域非均匀性和与它们密切相关的重要过程**，也许就能在被爱因斯坦称之为"谜样"的宇宙浩瀚大海所冲刷的沙滩上拾到一两个晶莹的贝壳。这就是本专著的中心内容，也就是我们20年来潜心研究的焦点，正如书名所示。

i

20 世纪 50 年代到 60 年代末，太阳大气存在非常均匀的磁场为多数天文学家所认同；随着观测技术的发展和概念的更新，这种均匀场的观点受到质疑。现在很清楚，完全均匀的场是一种臆猜的理想的场，它并非是一种实在。近代的观测表明，太阳上的磁场都有结构，而且所有磁结构，除黑子以外，都有相当小的尺度，为目前仪器所不能分辨(Stenflo, 1989)；即便是黑子，内部也存在小尺度强场区和大间隙弱场区这样的非均匀结构。这种元磁流的磁流力学过程却是统一理解太阳物理的关键(Stenflo, 1989)。为什么会如此这般？简单地说，是因为均匀性与黄金律相悖。

太阳及其他恒星的耀斑，是宇宙中典型的爆发现象，其爆发机制——磁重联，是迄今人们唯一研究最为清楚的。引起爆发的"雷管"是一种薄薄的电流片，它一定具有狭长的构形：厚度远小于边长；若不然，就不可能耗散足够的磁能；"冻结"在一块的磁场和物质从电流片两边流进，磁流发生耗散而物质沿细长的通道加速喷出；喷出的速度最高为光速，因而质量守恒要求流进的速度必须很小，以致能耗很慢，表现为一种缓慢的爆发，与观测到的快爆发的耀斑不符。为适应观测到的耀斑快爆，携带磁场进入电流片的流速必须足够大，但喷出的速度以光速为限，因此，宛如物质被阻塞在电流片内。有证据表明，爆发时被阻塞的物质应该从电流片内弹射出来(Deng & Matsumoto, 2001)；换言之，电流片内应有一支冒烟的"枪"，这就是具有孤波型的元结构，没有它，我们就观测不到快爆发的耀斑了。

宇宙有一类活动的天体，包括 X-射线源、灾变变星、年轻星、类星体和活动星系核，它们的辐射谱与所预期的中心天体（致密星、黑洞和中子星）有不同的特征；此外，偶然地也观测到双峰的谱线轮廓。据此，天文学家相信，这类中心天体吸积外围物质，形成一种绕转的盘结构。从哈勃空间望远镜传送回来的照片清晰地展现了活动星系核 NGC 4261 中心的美丽的盘结构(Balbus & Hawley, 1998)。天文学家的推断正确无误。一个报告指出，活动星系核的吸积盘几乎有和太阳相类似的大气结构(Zang 等., 2000)；盘内也应该有目前更难用仪器分辨的强间歇磁流，或"磁涡"；确实，已经查明，在吸积盘内，脉动小尺度磁场比宏观磁场高出几个量级 (Schramkowski & Torkelsson, 1996)。最为重要的是，吸积盘的黏性是反常的，至少比通常物质大 8 个量级以上。如此巨大的反常黏滞是怎样产生的，一直困扰着天体物理学家。黄金律启示我们，作为中心剧变天体表现活动的大舞台，吸积盘内应有局域不均匀性的磁结构，**正是这种凹凸不平表现为粗糙性的磁结构间的"内摩擦"，导致了吸积盘物质的巨大黏性。**

茫茫宇宙，朗朗乾坤；浩瀚无垠的宇宙中，繁星灿烂。用现代科学语言，我们可以说，宇宙到处呈现物质成团的非均匀性。现在可看到，如果没有非均匀，也即没有成团性，那么就不会有星系，没有我们的银河，没有太阳系，就更没有我们赖以生存的地球了，我们人类也就不存在了。一个基本的而又古老的宇宙学问题是，在甚大宇宙背景上为什么呈现大尺度不均匀性？简单的回答是，如若不然，那么它就又与黄金律相悖：在座的食客均分了上桌的啤酒。

太阳系内行星的分布，所谓提丢斯—波德律，提供了又一例证。原来初始均匀的太阳星云盘在演化进程中出现非均匀性，分裂为几个有规律分布的环带，它们最后演变为行星体。按照黄金律，一定又是发生了**重要物理过程，导致出现距中心体(太阳)有规则分布的若干环带。**美丽的土星光环的情况也是类似的。

繁星点点的银河，伸展出两条瑰丽的旋臂，呈现了相当大的非均匀性。线性的密度波理论不能解释这种旋臂结构，因为线性波包会发生漂移，宛如行云流水，结果，我们就观测不到奇特而又壮观的漩涡星系了。由此可见，黄金律中所指的重要过程一定是某种非线性过程，由它导致到产生这种硕大的非均匀性。有报告( Dutrey 等, 1991)称，猎户分子云的条状结构呈现为规则分布的碎片，碎片间的距离约为1pc。和旋臂相似，它也是某种非线性作用导致自组织现象，形成有规则分布的局域结构花样。

1990 年 Broadhurst 等 (1990)报道了用锥形波束探测的结果，发现星系峰分布存在 128Mpc 的周期性。这种周期性可以理解为一种类密度波扰动的结果。然而，由线性理论推知，这种类波扰动的特征波长是金斯波长 $\lambda_J$ 的量级，大致相应于星系团、超团的尺度，远小于周期性尺度。因而再一次表明，这个导致周期性的**重要过程，一定是非线性的**。这种周期分布实际上是沿某一方向自聚焦现象。

因此，在宇宙中，不论是以电磁作用为主的系统，还是以引力作用为主的系统，都普遍呈现了非均匀性，即到处存在局域有结构的花样。黄金律告诉我们，这种局域结构虽然占有很小的体积，但却是最为重要的实体

(entities)。这种重要性有两方面的意义。其一，这些结构花样(patterns)一定是非线性实体，它们之间相互作用很弱，因而，一旦形成，作为呈现非均匀性的标识而长久保存下来，不像稍纵即逝的漂荡云层；其次，正是由于它们的存在，各类天体方才表现出各种各样的活动，诸如爆发、辐射精细结构、反常黏滞和反常阻抗、周期或规则的物质分布等。在20世纪80年代末，美国著名的太阳物理学家 E.M.帕克就指出(Parker, 1989)，大多数太阳活动是来自于目前地面仪器所不能分辨的百千米以下尺度的元磁流。此外，黄金律还告诉我们，导致形成标识非均匀的局域结构的过程是重要的过程，不待言，这一定是某种非线性过程。That is all——这就是黄金律给我们的全部启示录(revelation)。那么，为什么总会出现非均匀性？与它们密切相关的重要过程是什么？这就是我们天体物理研究者所要探究的。本书的主要内容，也即我们20年来专心研究的方向，都聚焦到这两个互有联系的重要课题。在书中相关章节，对许多迥然各异的情况，读者都可以找到我们给出的答案，当然，这绝不是最终的答卷！

最后，说句本引论题外但并非客套的话：由于作者水平有限，书中的缺点和错误在所难免，敬请读者批评指正。

# 第一章　等离子体介质的电磁响应

麦克斯韦方程……"不正是上帝写下的符号？！"
——玻尔兹曼

给我一个支点，我将撬动地球。
——阿基米德

## 1.1　等离子体介质中电磁场

按照电动力学的观点，等离子体首先是一种介质，但是它又不是一种普通的介质。对等离子体介质，除了时间色散以外，还必须引入空间色散。换句话说，等离子体中的介电张量不仅依赖于频率 $\omega$，而且也密切与波矢 $\mathbf{k}$ 有关。因而有必要对这种介质的电动力学性质作概略的叙述。

作为一种介质，在场的作用下，其内会出现感应电荷和感应电流，它们之间满足如下方程：

$$\mathrm{div}\mathbf{E} = 4\pi(\rho + \rho_0), \qquad \mathrm{rot}\mathbf{E} = -\frac{1}{c}\frac{\partial \mathbf{B}}{\partial t},$$

$$\mathrm{rot}\mathbf{B} = \frac{1}{c}\frac{\partial \mathbf{E}}{\partial t} + \frac{4\pi}{c}(\mathbf{j} + \mathbf{j}_0), \qquad \mathrm{div}\mathbf{B} = 0. \tag{1.1}$$

式中的 $\rho_0$ 和 $\mathbf{j}_0$ 是外场源的电荷密度和电流密度。同时，$\rho_0$ 和 $\mathbf{j}_0$ 以及感应的电荷密度 $\rho$ 和电流密度 $\mathbf{j}$ 之间的关系可从上式得到

$$\frac{\partial \rho}{\partial t} + \mathrm{div}\mathbf{j} = 0, \tag{1.2a}$$

$$\frac{\partial \rho_0}{\partial t} + \mathrm{div}\mathbf{j}_0 = 0. \tag{1.2b}$$

在介质中，通常的麦克斯韦（Maxwell）方程组为：

$$\mathrm{div}\mathbf{D} = 4\pi\rho_0, \qquad \mathrm{rot}\mathbf{E} = -\frac{1}{c}\frac{\partial \mathbf{B}}{\partial t},$$

$$\text{rot}\mathbf{H} = \frac{1}{c}\frac{\partial \mathbf{D}}{\partial t} + \frac{4\pi}{c}\mathbf{j}_0, \qquad \text{div}\mathbf{B} = 0; \qquad (1.3)$$

$$\mathbf{j} = \frac{\partial \mathbf{P}}{\partial t} + c\text{rot}\mathbf{M}, \quad \mathbf{D} = \mathbf{E} + 4\pi\mathbf{P}, \quad \mathbf{H} = \mathbf{B} - 4\pi\mathbf{M}. \qquad (1.4)$$

(1.4) 式规定了电感应矢量 $\mathbf{D}$、磁场强度 $\mathbf{H}$ 与电场强度 $\mathbf{E}$ 及磁感矢量 $\mathbf{B}$ 之间的关系。应该指出,上面两组麦氏方程是等价的。例如,我们从(1.1)式并利用(1.4)式便可得到(1.3)式。然而, 在第二组麦氏方程(1.3)和(1.4)中, 我们引进 rot $\mathbf{M}$ 这一项。在缓变场情况下, 由于极化矢量时变项, $\partial\mathbf{P}/\partial t$, 较小, $\mathbf{M}$ 作为物体的单位体积磁矩, 有其确定的物理意义。事实上, 在此情况下, 从(1.4)式有

$$\frac{1}{2c}\int (\mathbf{r}\times\mathbf{j})\mathrm{d}V = \frac{1}{2}\int [\mathbf{r}\times(\nabla\times\mathbf{M})]\mathrm{d}V$$
$$= \frac{1}{2}\oint [\mathbf{r}\times(\mathrm{d}\mathbf{S}\times\mathbf{M})] - \frac{1}{2}\int (\mathbf{M}\times\nabla)\times\mathbf{r}\mathrm{d}V$$
$$= -\frac{1}{2}\int (\mathbf{M}\times\nabla)\times\mathbf{r}\mathrm{d}V = \int \mathbf{M}\mathrm{d}V,$$

由于在导体外 $\mathbf{j} = 0$, $\mathbf{M} = 0$, 故上式面积分为零;利用如下公式:

$$(\mathbf{M}\times\nabla)\times\mathbf{r} = -\mathbf{M}\nabla\cdot\mathbf{r} + \mathbf{M} = -2\mathbf{M},$$

最后的积分等式是是明显的。众所周知, 环流量 $\mathbf{r}\times\mathbf{j}/2c$ 是导体的磁矩, 因而 $\mathbf{M}$ 是单位磁矩。但在交变电磁场, 尤其是在快变场情况下, 这时 $\partial\mathbf{P}/\partial t$ 不可忽略, $\mathbf{M}$ 就失去了它的明确的物理意义。因而,在所研究的情况下, 以下一套方程是合适的:

$$\text{div}\mathbf{D} = 4\pi\rho_0, \qquad \text{rot}\mathbf{E} = -\frac{1}{c}\frac{\partial \mathbf{B}}{\partial t},$$
$$\text{rot}\mathbf{B} = \frac{1}{c}\frac{\partial \mathbf{D}}{\partial t} + \frac{4\pi}{c}\mathbf{j}_0, \qquad \text{div}\mathbf{B} = 0. \qquad (1.5)$$

利用如下关系:

$$\mathbf{D}(\mathbf{r},t) = \mathbf{E}(\mathbf{r},t) + 4\pi\int_{-\infty}^{} \mathrm{d}t'\mathbf{j}(\mathbf{r},t') \qquad (1.6)$$

并考虑到电荷连续性方程 (1.2),就容易将 (1.5)式化为 (1.1) 式。这就是说, 方程 (1.5)、(1.6) 以及 (1.2) 与场方程 (1.1) 完全等价的。

自然, 方程组 (1.5)并不是完全的。我们还必须考虑介质的电磁响应:引进描述介质电磁性质的本构方程。在等离子体介质中, 交变场的变化时标往往小于介质的特征弛豫时标, 介质的状态不仅取决于时刻 $t$ 的场, 而

且也依赖于以前时刻的场；另一方面，由于场在空间上的变化，远点场对给定空间点的介质电磁性质亦有影响。因此，本构方程表示了场 **E** 及 **D** 的一种非局域的关系。在线性电动力学框架内，这种一般的非局域关系为

$$D_i(\mathbf{r},t) = \int_{-\infty}^{t} dt' \int d\mathbf{r}' \varepsilon_{ij}(t-t',\mathbf{r},\mathbf{r}') E_j(\mathbf{r}',t'), \tag{1.7}$$

式中张量 $\varepsilon_{ij}(t-t',\mathbf{r},\mathbf{r}')$ 为响应函数，描述介质对电磁响应的性质。它对时间宗量 $(t-t')$ 的依赖形式，是考虑到介质的时间均匀的结果：没有一个时刻是特殊的。如果介质对空间亦是均匀的，则上式可写为

$$D_i(\mathbf{r},t) = \int_{-\infty}^{t} dt' \int d\mathbf{r}' \varepsilon_{ij}(t-t',\mathbf{r}-\mathbf{r}') E_j(\mathbf{r}',t'), \tag{1.8}$$

因此，在等离子体介质中，场方程 (1.5)、本构方程 (1.8)、电荷连续性方程 (1.2) 以及 (1.6)，便是一套适合于我们目的的麦氏方程组 (Silin V.P., Rukhadze, 1961 )。

然而，这套麦氏方程是超定的：包括分量方程在内，共有 15 个方程；而未知场量 $(\mathbf{D},\mathbf{E},\mathbf{B},\mathbf{j},\rho)$ 只有 13 个。一般来说，超定方程组是没有自洽解的。但对麦氏方程，取(1.5)第二式的散度可得 $\partial(\mathrm{div}\mathbf{B})/\partial t = 0$；于是，只要在初始时刻磁感应矢量是无散的管量场，则它在任意时刻都是无散的。注意到这点，我们就可把 (1.5)第四式看成为初值条件。类似地，我们取 (1.5)第三式的散度，并利用式 (1.2b)，可得 $\frac{\partial}{\partial t}(\mathrm{div}\mathbf{D} - 4\pi\rho_0) = 0$；于是，$\mathrm{div}\mathbf{D} - 4\pi\rho_0 = C$，$C$ 为与时间无关的常数；如果初始时刻，(1.5)第一式成立，则任何时刻也成立。因而我们也可把 (1.5)第一式看成为另一个初值条件。除开这二个初始条件，这套麦克斯韦方程组就是适定的：13 个方程决定 13 个未知场量。

## 1.2 介电张量和空间色散

作为时—空坐标点的连续函数的电磁场，我们可以通过傅里叶(Fourier)变换，把它分解为各种频率和波矢的谐波叠加，这就是所谓谱分析。本书采用的傅氏变换及相应的逆变换为

$$\mathbf{A}(\mathbf{r},t) = \int \mathbf{A}(\omega,\mathbf{k}) e^{-i(\omega t - \mathbf{k}\cdot\mathbf{r})} d\omega d\mathbf{k}, \quad \mathbf{A}(\omega,\mathbf{k}) = \int \mathbf{A}(\mathbf{r},t) e^{i(\omega t - \mathbf{k}\cdot\mathbf{r})} \frac{dt d\mathbf{r}}{(2\pi)^4}. \tag{1.9}$$

除特别声明情况外，没有标出积分上、下限的，通常是指积分展布在无限大的时—空区域；上式中函数 $\mathbf{A}(\omega,\mathbf{k})$ 是函数 $\mathbf{A}(\mathbf{r},t)$ 的傅里叶变换的核，

两者绝不相同，只是出于一种书写上方便的考虑。此变换存在的必要条件

是积分 $\int\limits_{-\infty}^{\infty}dx\int\limits_{-\infty}^{\infty}dy\int\limits_{-\infty}^{\infty}dz\int\limits_{-\infty}^{\infty}|\mathbf{A}(\mathbf{r},t)|dt$ 收敛。我们对真实的场量，总认为满

足自然边界条件，即在时—空的无限远点处，一切场量及其各阶导数都趋于零。因此在通常意义下存在这种傅里叶变换。写下两个函数乘积的傅里叶展式：

$$F(\mathbf{r}-\mathbf{r}',t-t')G(\mathbf{r}',t') = \int d\omega d\mathbf{k}d\omega'd\mathbf{k}'$$
$$\times \exp[i\mathbf{k}\cdot(\mathbf{r}-\mathbf{r}')-i\omega(t-t')]\cdot\exp[i\mathbf{k}'\cdot\mathbf{r}'-i\omega't']F(\omega,\mathbf{k})G(\omega',\mathbf{k}')$$

利用 $\delta$-函数定义

$$\delta(\omega)\delta^3(\mathbf{k}) \equiv \delta(\omega)\delta(k_x)\delta(k_y)\delta(k_z) = \frac{1}{(2\pi)^4}\int_{-\infty}^{\infty}dt\int d\mathbf{r}\exp(i\omega t-i\mathbf{k}\cdot\mathbf{r}), \quad (1.10)$$

可得

$$\int dt'\int d\mathbf{r}'F(r-r',t-t')G(\mathbf{r}',t')$$

$$= (2\pi)^4\int d\omega d\mathbf{k}\exp[i(\mathbf{k}\cdot\mathbf{r}-\omega t)]F(\mathbf{k},\omega)G(\mathbf{k},\omega), \quad (1.11a)$$

或它的一维形式，

$$\int dt'F(t-t')G(t') = 2\pi\int d\omega\exp[-i\omega t]F(\omega)G(\omega). \quad (1.11b)$$

这就是所谓卷积定理。

现在我们对(1.8)式中的电矢量场进行傅里叶变换，

$$D_i(\mathbf{r},t) = \int_{-\infty}^{t}dt'\int d\mathbf{r}'\int d\mathbf{k}d\omega\varepsilon_{ij}(t-t',\mathbf{r}-\mathbf{r}')e^{-i(\omega t'-\mathbf{k}\cdot\mathbf{r}')}E_j(\omega,\mathbf{k})$$

$$= \int d\mathbf{k}d\omega\left[\int_{-\infty}^{t}dt'\int d\mathbf{r}'\varepsilon_{ij}(t-t',\mathbf{r}-\mathbf{r}')e^{i\omega(t-t')+i\mathbf{k}\cdot(\mathbf{r}'-\mathbf{r})}E_j(\omega,\mathbf{k})\right]e^{-i(\omega t-\mathbf{k}\cdot\mathbf{r})},$$

根据傅氏表象 (1.9) 式，这就得到

$$D_i(\omega,\mathbf{k}) = \int_0^{\infty}dt\int d\mathbf{r}\varepsilon_{ij}(t,\mathbf{r})e^{i(\omega t-\mathbf{k}\cdot\mathbf{r})}E_j(\omega,\mathbf{k}),$$

即 $$D_i(\omega,\mathbf{k}) = \varepsilon_{ij}(\omega,\mathbf{k})E_j(\omega,\mathbf{k}), \quad （1.12）$$

式中

$$\varepsilon_{ij}(\omega,\mathbf{k}) = \int_0^{\infty}dt\int d\mathbf{r}\varepsilon_{ij}(t,\mathbf{r})\exp(-i\mathbf{k}\cdot\mathbf{r}+i\omega t). \quad (1.13)$$

我们称 $\varepsilon_{ij}(\omega, \mathbf{k})$ 为介质的介电张量。它对频率 $\omega$ 的依赖关系确定频率的色散，对波矢量 $\mathbf{k}$ 的关系则表征空间色散。

类似于(1.8)式，我们可以认为感应流 $\mathbf{j}(\mathbf{r}, t)$ 是介质对电磁扰动 $\mathbf{E}(\mathbf{r}, t)$ 的线性响应结果,它们之间的一般线性非局域关系为

$$j_i(\mathbf{r}, t) = \int_{-\infty}^{t} \mathrm{d}t' \int \mathrm{d}\mathbf{r}' \sigma_{ij}(t - t', \mathbf{r} - \mathbf{r}') E_j(\mathbf{r}', t') ; \tag{1.14}$$

谱分解以后得到

$$j_i(\omega, \mathbf{k}) = \sigma_{ij}(\omega, \mathbf{k}) E_j(\omega, \mathbf{k}) , \tag{1.15}$$

其中

$$\sigma_{ij}(\omega, \mathbf{k}) = \int_0^\infty \mathrm{d}t \int \mathrm{d}\mathbf{r} \sigma_{ij}(t, \mathbf{r}) \mathrm{e}^{-\mathrm{i}\mathbf{k}\cdot\mathbf{r} + \mathrm{i}\omega t},$$

类似于(1.12)式 及 (1.13)式 。我们称 $\sigma_{ij}(\omega, \mathbf{k})$ 为电导率张量。它与介电张量 $\varepsilon_{ij}(\omega, \mathbf{k})$ 有如下关系 $(\omega \neq 0)$

$$\varepsilon_{ij}(\omega, \mathbf{k}) = \delta_{ij} + \frac{4\pi i}{\omega} \sigma_{ij}(\omega, \mathbf{k}) . \tag{1.16}$$

事实上，利用(1.6)式，

$$\int [\mathbf{D}(\omega, \mathbf{k}) - \mathbf{E}(\omega, \mathbf{k})] \mathrm{e}^{-\mathrm{i}\omega t + \mathrm{i}\mathbf{k}\cdot\mathbf{r}} \mathrm{d}\omega \mathrm{d}\mathbf{k} = 4\pi \int_{-\infty}^{t} \mathrm{d}t' \mathbf{j}(\mathbf{r}, t'),$$

对 $t$ 微商，

$$\int (-\mathrm{i}\omega)[\mathbf{D}(\omega, \mathbf{k}) - \mathbf{E}(\omega, \mathbf{k})] \mathrm{e}^{-\mathrm{i}\omega t + \mathrm{i}\mathbf{k}\cdot\mathbf{r}} \mathrm{d}\omega \mathrm{d}\mathbf{k} = 4\pi \mathbf{j}(\mathbf{r}, t),$$

即

$$\mathbf{D}(\omega, \mathbf{k}) = \mathbf{E}(\omega, \mathbf{k}) + \frac{4\pi i}{\omega} \mathbf{j}(\omega, \mathbf{k}) ; \tag{1.17}$$

考虑到 (1.12) 式和（1.17）式，得到 (1.16)式。

现在，利用（1.12）式来把(1.8)式写成另一种有用的形式。由(1.12)式,

$$\begin{aligned} D_i(\mathbf{r}, t) &= \int \varepsilon_{ij}(\omega, \mathbf{k}) E_j(\omega, \mathbf{k}) \mathrm{e}^{-\mathrm{i}\omega t + \mathrm{i}\mathbf{k}\cdot\mathbf{r}} \mathrm{d}\mathbf{k} \mathrm{d}\omega \\ &= \int K_{ij}(\omega, \mathbf{k}) E_j(\omega, \mathbf{k}) \mathrm{e}^{-\mathrm{i}\omega t + \mathrm{i}\mathbf{k}\cdot\mathbf{r}} \mathrm{d}\mathbf{k} \mathrm{d}\omega + E_i(\mathbf{r}, t) \end{aligned}$$

其中

$$K_{ij}(\omega, \mathbf{k}) = \varepsilon_{ij}(\omega, \mathbf{k}) - \delta_{ij} ; \tag{1.18}$$

利用（1.11）式,

$$D_i(\mathbf{r},t) = E_i(\mathbf{r},t) + \int_{-\infty}^{\infty} \mathrm{d}t' \int \mathrm{d}\mathbf{r}' K_{ij}(\mathbf{r}-\mathbf{r}',t-t')E_j(\mathbf{r}',t') \frac{1}{(2\pi)^4}. \qquad (1.19)$$

同时, (1.18) 式可写为

$$\varepsilon_{ij}(\omega,\mathbf{k}) = \delta_{ij} + \frac{1}{(2\pi)^4} \int_{-\infty}^{\infty} \mathrm{d}\,\tau \int \mathrm{d}\boldsymbol{\rho} K_{ij}(\boldsymbol{\rho},\tau)\mathrm{e}^{\mathrm{i}(\omega\tau - \mathbf{k}\cdot\boldsymbol{\rho})}. \qquad (1.20)$$

(1.19)式给出了 $\mathbf{D}$ 和 $\mathbf{E}$ 的非局域关系, 由此可看出, $\tau t$ 时刻的 $\mathbf{D}$ 与 $t$ 以外的其他时刻的 $\mathbf{E}$ 有关。但是, 物理上的因果关系要求, $t$ 时刻的 $\mathbf{D}$ 仅由 $t$ 时刻以前的场决定。这就意味着(1.19)式积分核

$$K_{ij}(\boldsymbol{\rho},\tau) = \int \mathrm{d}\omega\mathrm{d}\mathbf{k}[\varepsilon_{ij}(\omega,\mathbf{k}) - \delta_{ij}]\mathrm{e}^{\mathrm{i}(\mathbf{k}\cdot\boldsymbol{\rho} - \omega\tau)}$$

包含一个阶跃函数因子 $\theta(\tau)$, 当 $\tau < 0$ 时, $\theta(\tau) = 0$; 当 $\tau > 0$ 时, $\theta(\tau) = 1$。对介电张量的具体计算, 也确实说明了这一点。因此, 基于因果律的要求, (1.19)式可写为

$$D_i(\mathbf{r},t) = E_i(\mathbf{r},t) + \int_0^{\infty} \mathrm{d}\,\tau \int \mathrm{d}\boldsymbol{\rho} K_{ij}(\boldsymbol{\rho},\tau)E_j(\mathbf{r}-\boldsymbol{\rho},t-\tau); \qquad (1.21)$$

(1.20)式为

$$\varepsilon_{ij}(\omega,\mathbf{k}) = \delta_{ij} + \int_0^{\infty} \mathrm{d}\,\tau \int \mathrm{d}\boldsymbol{\rho} K_{ij}(\boldsymbol{\rho},\tau)\mathrm{e}^{\mathrm{i}(\omega\tau - \mathbf{k}\cdot\boldsymbol{\rho})}. \qquad (1.22)$$

[两式中的 $(2\pi)^{-4}$ 数字被吸收进 $K_{ij}$ 中]。

从（1.22）式可以看到, 等离子体中空间色散来源于粒子运动依赖于它们轨道上所有的场值。当然, 并非所有轨道上的场值都对粒子运动有实质的影响。在（1.22）式中, 不同空间点 $\mathbf{D}$ 和 $\mathbf{E}$ 之间相关长度为 $r_0$, 在此距离外, 核很陡地衰减。如果 $kr_0 \geqslant 1$, 那么空间色散就较为重要; 反之, 如果 $kr_0 \leqslant 1$, 则 (1.22)式中的 $\mathrm{e}^{-\mathrm{i}k\rho} \approx 1$, 积分不依赖于 $\mathbf{k}$, 即是说空间色散可略去不计。如果考虑的是无碰撞等离子体, 那么从数量级上说, 相关长度是与以平均速度运动的粒子在一个场周期内通过的距离相埒, 即 $r_0 \sim \bar{v}/\omega$。因此, 相速度等于或小于等离子体中粒子平均速度的波, 必须考虑空间色散; 相反, 对于 $v_\phi \equiv \omega/k \gg \bar{v}$ 的波, 空间色散效应可略去不计。然而, 应该强调的是: 在等离子体中, $r_0$ 还是比粒子间平均距离 $(\sim n_0^{-1/3})$ 大得多。正是因为如此, 才有可能用介电张量来从宏观上描写空间色散。在普通介质中, 原子的线度起着相关长度的作用; 如果宏观理论描述是合适的, 那么就要求所研究的波的波长必须大于原子尺寸。在此情

况下，即要求 $kr_0 \ll 1$，这正好是略去空间色散的条件。因此，在普通介质中，空间色散总是一种小修正。

## 1.3 介电张量的性质

由于我们研究的场量都是实函数，因而(1.8)式中的非局域响应函数 $\varepsilon_{ij}(\mathbf{r}, t)$ 也是实函数。考虑到这一点，从(1.13)式立即可得：

$$\varepsilon_{ij}(\omega, \mathbf{k}) = \varepsilon_{ij}^*(-\omega, -\mathbf{k}) ; \tag{1.23}$$

分成为实部和虚部：$\varepsilon_{ij}(\omega, \mathbf{k}) = \varepsilon_{ij}'(\omega, \mathbf{k}) + i\varepsilon_{ij}''(\omega, \mathbf{k})$，则由上式

$$\varepsilon_{ij}'(\omega, \mathbf{k}) = \varepsilon_{ij}'(-\omega, -\mathbf{k}),$$

$$\varepsilon_{ij}''(\omega, \mathbf{k}) = -\varepsilon_{ij}''(-\omega, -\mathbf{k}) . \tag{1.24}$$

和普通介质不同，由于考虑了空间色散，即使在各向同性非旋性的等离子体介质中（外磁场不存在），$\varepsilon_{ij}(\omega, \mathbf{k})$ 也采取张量形式[顺便提及，非旋性介质是指介电张量 $\varepsilon_{ij}(\omega, \mathbf{k})$ 按波矢量 $\mathbf{k}$ 的展式中只包含 $\mathbf{k}$ 的偶次幂项，在此情况下，我们可以不区别 $\varepsilon_{ij}(\omega, \mathbf{k})$ 和 $\varepsilon_{ij}(\omega, k)$。一般组元具有中心对称的介质都是非旋性介质]。事实上，这时，$\varepsilon_{ij}(\omega, \mathbf{k})$ 两个张量指标只能由 $k_i k_j$ 构成，当然还有与单位张量 $\delta_{ij}$ 的组合：$a k_i k_j + b\delta_{ij}$；为使组合系数有明确的物理含义，我们调整系数 $a, b$ 使之可写为

$$\varepsilon_{ij}(\omega, \mathbf{k}) = \left(\delta_{ij} - \frac{k_i k_j}{k^2}\right)\varepsilon^{tr}(\omega, \mathbf{k}) + \frac{k_i k_j}{k^2}\varepsilon^{l}(\omega, \mathbf{k}) . \tag{1.25}$$

如果用 $\mathbf{k}$ 点乘介电张量，$k_i \varepsilon_{ij}$，则由上式可知，$\varepsilon^{tr}$ 的系数为 0，即介电张量在波矢方向上投影只与 $\varepsilon^{l}$ 有关，而 $\varepsilon^{tr}$ 的成分消失。因而称 $\varepsilon^{tr}(\omega, k)$ 为横介电常数，而 $\varepsilon^{l}(\omega, k)$ 是纵介电常数。二级介电张量有九个分量，在各同各性等离子体中，只有两个，即 $\varepsilon^{tr}$ 和 $\varepsilon^{l}$，是独立的。由（1.24）式，立即有

$$\varepsilon^{tr'}(\omega, k) = \varepsilon^{tr'}(-\omega, k), \quad \varepsilon^{tr''}(\omega, k) = -\varepsilon^{tr''}(-\omega, k) ; \tag{1.26a}$$

$$\varepsilon^{l'}(\omega, k) = \varepsilon^{l'}(-\omega, k), \quad \varepsilon^{l''}(\omega, k) = -\varepsilon^{l''}(-\omega, k) . \tag{1.26b}$$

我们可以把介电张量分成为厄密 (Hermite) 和反厄密部分：

$$\varepsilon_{ij}(\omega, \mathbf{k}) = \varepsilon_{ij}^{h}(\omega, \mathbf{k}) + \varepsilon_{ij}^{ah}(\omega, \mathbf{k}),$$

其中，

$$\varepsilon_{ij}^{h}(\omega,\mathbf{k}) = \frac{1}{2}[\varepsilon_{ij}(\omega,\mathbf{k}) + \varepsilon_{ji}^{*}(\omega,\mathbf{k})], \quad \varepsilon_{ij}^{ah}(\omega,\mathbf{k}) = \frac{1}{2}[\varepsilon_{ij}(\omega,\mathbf{k}) - \varepsilon_{ji}^{*}(\omega,\mathbf{k})].$$

我们可以看到，单位时间单位体积内场 $\mathbf{E}$ 对流 $\mathbf{j}$ 所作的功和介电张量的反厄密部分有关。对时空平均 $\overline{\mathbf{j}\cdot\mathbf{E}}$，得到 (对单色波 $\sim \mathrm{e}^{-i\omega t}$)

$$\overline{\mathbf{j}\cdot\mathbf{E}} = \frac{1}{4}\overline{(\mathbf{j}+\mathbf{j}^{*})\cdot(\mathbf{E}+\mathbf{E}^{*})} \propto (\mathbf{j}\cdot\mathbf{E}^{*} + \mathbf{j}^{*}\cdot\mathbf{E})$$

$$\sim \sigma_{ij}E_jE_i^* + \sigma_{ij}^* E_j^* E_i \sim (\sigma_{lk} + \sigma_{kl}^*)E_l^* E_k.$$

因而，介电张量反厄密部分 $\varepsilon_{ij}^{ah}$ (或 $\sigma_{ij}$ 的厄密部分) 描写了介质的耗散响应，而厄密部分则反映了介质的非耗散响应，或介质的透明性质。

我们已经说过，$\mathbf{D}(\mathbf{r},t)$ 和场 $\mathbf{E}$ 的关系是非局域的，但明显的物理事实是：$\mathbf{D}(\mathbf{r},t)$ 不会受到遥远的以前时刻的 $\mathbf{E}$ 的显著影响；这意味着 (1.21)式中核 $K_{ij}(\boldsymbol{\rho},\tau)$ 对 $\tau$ 的任何值来说都是有限的。这样，在 $\omega$ 的上半个复平面内，如果 $\mathrm{Re}\,\omega$ 保持有限，而 $\mathrm{Im}\,\omega \to \infty$，则由于 (1.22)式中存在一个衰减因子 $\mathrm{e}^{-(\mathrm{Im}\,\omega)\tau}$，而且 $K_{ij}(\boldsymbol{\rho},\tau)$ 又是有限的，因而积分 (1.22)式收敛：$\varepsilon_{ij} \to \delta_{ij}$；或者，如果 $\mathrm{Im}\,\omega$ 保持有限，而 $|\mathrm{Re}\,\omega| \to \infty$，则由于存在快振荡因子 $\mathrm{e}^{\pm i(\mathrm{Re}\,\omega)\tau}$，(1.22)式积分仍然收敛：$\varepsilon_{ij} \to \delta_{ij}$。因此，在上半复平面内，介电张量 $\varepsilon_{ij}(\omega,\mathbf{k})$ 无奇点。这实质上是因果律的结果：基于因果律的要求，(1.22)式变成为 $0 \to \infty$ 时段的积分。

我们来研究如下积分：

$$\psi \equiv \oint_C \frac{\tilde{\varepsilon}_{ij}(\omega',\mathbf{k})}{\omega' - (\omega - i\varepsilon)}\,\mathrm{d}\omega'$$

式中 $\tilde{\varepsilon}_{ij}(\omega',\mathbf{k}) = \varepsilon_{ij}(\omega',\mathbf{k}) - \delta_{ij}$；积分路径 $C$ 为上半复平面内一无限大的半圆，包括实轴，但从上面沿一无限小半圆绕过极点 $\omega' = \omega - i\varepsilon$ ($\varepsilon \to +0$)。由上面所述，在 $\omega'$ 的上半复平面内 $\varepsilon_{ij}(\omega',\mathbf{k})$ 无奇点，$\tilde{\varepsilon}_{ij}(\omega',\mathbf{k})$ 亦然，因而被积函数 $F(z) = \dfrac{\tilde{\varepsilon}_{ij}(\omega',\mathbf{k})}{\omega' - (\omega - i\varepsilon)}$ 在路径 $C$ 的围道内是解析的；于是根据哥西 (Cauchy)定理，沿路径 $C$ 积分为零：$\psi = 0$。并且，当 $|z| \to \infty$ 时，函数 $(z-z_0)F(z) = \tilde{\varepsilon}_{ij}(\omega',\mathbf{k})$，由前述，它一致趋于零；因此，根据约当 (Jordan) 的一个引理，沿无限大半圆弧该积分自动为零，故上式成为

$$\wp\int_{-\infty}^{\infty}\frac{\tilde{\varepsilon}_{ij}(\omega',\mathbf{k})}{\omega'-\omega}\mathrm{d}\omega' - i\pi\tilde{\varepsilon}_{ij}(\omega,\mathbf{k}) = 0; \tag{1.27}$$

分成实部与虚部，有

$$\mathrm{Re}\{\varepsilon_{ij}(\omega,\mathbf{k})\} - \delta_{ij} = \frac{1}{\pi}\wp\int_{-\infty}^{\infty}\frac{\mathrm{Im}\{\varepsilon_{ij}(\omega',\mathbf{k})\}}{\omega'-\omega}\mathrm{d}\omega', \tag{1.28a}$$

$$\mathrm{Im}\{\varepsilon_{ij}(\omega,\mathbf{k})\} = -\frac{1}{\pi}\wp\int_{-\infty}^{\infty}\frac{\mathrm{Re}\{\varepsilon_{ij}(\omega',\mathbf{k})\} - \delta_{ij}}{\omega'-\omega}\mathrm{d}\omega', \tag{1.28b}$$

式中，$\wp$ 为取主值的记号：

$$\wp\int_{-\infty}^{\infty}\frac{\tilde{\varepsilon}_{ij}(\omega',\mathbf{k})}{\omega'-\omega}\mathrm{d}\omega' \equiv \lim_{\rho\to 0}\left\{\int_{-\infty}^{-\rho}\frac{\tilde{\varepsilon}_{ij}(\omega',\mathbf{k})}{\omega'-\omega}\mathrm{d}\omega' + \int_{\rho}^{\infty}\frac{\tilde{\varepsilon}_{ij}(\omega',\mathbf{k})}{\omega'-\omega}\mathrm{d}\omega'\right\}. \tag{1.29}$$

这就是克拉梅斯—克朗尼 (Kramers-Kronig) 关系。对电导率张量，利用 (1.16) 式，我们可以得到类似的关系：

$$\mathrm{Re}\{\sigma_{ij}(\omega,\mathbf{k})\} = \frac{1}{\pi}\wp\int_{-\infty}^{\infty}\frac{\mathrm{Im}\{\sigma_{ij}(\omega',\mathbf{k})\}}{\omega'-\omega}\mathrm{d}\omega', \tag{1.30a}$$

$$\mathrm{Im}\{\sigma_{ij}(\omega,\mathbf{k})\} = -\frac{1}{\pi}\wp\int_{-\infty}^{\infty}\frac{\mathrm{Re}\{\sigma_{ij}(\omega',\mathbf{k})\}}{\omega'-\omega}\mathrm{d}\omega'. \tag{1.30b}$$

对各向同性等离子体，纵介电常数 $\varepsilon^{l}(\omega,\mathbf{k})$ 和横介电常数 $\varepsilon^{tr}(\omega,\mathbf{k})$ 也分别满足克拉梅斯—克朗尼关系。

从上面我们知道，如果函数 $f(z)$ 在 $z$ 的上半复平面内解析，则如下积分

$$\int_{L}\frac{f(z)}{z+i\delta}\mathrm{d}z, \quad \delta\to +0,$$

其中积分路径 $L$ 沿实轴，并从上面沿无限小半圆绕过极点 $z = -i\delta$，可分成一个主值积分和沿小圆弧的积分，据哥西定理，这个无限小半圆对积分的贡献是 $f(z)/z$ 的半残数：$-i\pi f(0),(\delta\to +0)$。因而

$$\int_{L}\frac{f(z)}{z+i\delta}\mathrm{d}z = \wp\int_{-\infty}^{\infty}\frac{f(z)}{z}\mathrm{d}z - i\pi f(0);$$

如果极点是 $z = +i\delta$ ，则从下面沿贴近极点 $z = +i\delta$ 的无限小半圆绕过它，这时上式右边第二项反号。因此，我们有

$$\int_L \frac{f(z)}{z \pm i\delta} \mathrm{d}z = \wp \int_{-\infty}^{\infty} \frac{f(z)}{z} \mathrm{d}z \mp i\pi f(0). \tag{1.31}$$

(1.31)式用符号形式可写为

$$\frac{1}{z \pm i0} = \wp \frac{1}{z} \mp i\pi\delta(z). \tag{1.32}$$

这就是普勒米里 (Plemelj) 公式。

在这节末尾，我们要指出，通常采用的等离子体介质的磁导率 $\mu(\omega, k)$ 是可用横的和纵的介电常数来表达。实际上，从通常的麦氏方程组（1.3）及(1.4)可引入如下周知关系：

$$\mathbf{D}(\omega, \mathbf{k}) = \varepsilon(\omega, k)\mathbf{E}(\omega, \mathbf{k}),$$

$$\mathbf{B}(\omega, \mathbf{k}) = \mu(\omega, k)\mathbf{H}(\omega, \mathbf{k}),$$

对平面波 $\sim \mathrm{e}^{-i\omega t + i\mathbf{k}\mathbf{r}}$，场方程（1.3）变为

$$i\mathbf{k} \cdot \mathbf{E}\varepsilon(\omega, k) = 4\pi\rho_0(\omega, \mathbf{k}), \quad \mathbf{k} \times \mathbf{E} = \frac{\omega}{c}\mathbf{B},$$

$$\frac{i}{\mu(\omega, k)}\mathbf{k} \times \mathbf{B} = -\frac{i\omega}{c}\varepsilon(\omega, k)\mathbf{E} + \frac{4\pi}{c}\mathbf{j}_0(\omega, \mathbf{k}), \mathbf{k} \cdot \mathbf{B} = 0. \tag{1.33}$$

而在所研究的情况下,场方程(1.5)成为[考虑到介电张量 $\varepsilon_{ij}(\omega, \mathbf{k})$ 取(1.25)式形式]

$$i\mathbf{k} \cdot \mathbf{E}\varepsilon^l(\omega, k) = 4\pi\rho_0(\omega, \mathbf{k}), \quad \mathbf{k} \times \mathbf{E} = \frac{\omega}{c}\mathbf{B}, \quad \mathbf{k} \cdot \mathbf{B} = 0,$$

$$i(\mathbf{k} \times \mathbf{B})_i = -\frac{i\omega}{c}\left\{\left[\left(\delta_{ij} - \frac{k_i k_j}{k^2}\right)\varepsilon^{tr}(\omega, k) + \frac{k_i k_j}{k^2}\varepsilon^l(\omega, k)\right]E_j\right\} + \frac{4\pi}{c}j_{0,i}(\omega, \mathbf{k}). \tag{1.34}$$

比较（1.33）式及（1.34）式的头一个等式, 立即得到

$$\varepsilon^l(\omega, k) = \varepsilon(\omega, k); \tag{1.35}$$

此外,从(1.33)式及(1.34)式的第三个等式消去 $\mathbf{j}_0$ 可得到

$$\left(\frac{1}{\mu(\omega, k)} - 1\right) \cdot i(\mathbf{K} \times \mathbf{B})_i = \frac{i\omega}{c}\left\{\left[\left(\delta_{ij-} \frac{k_i k_j}{k^2}\right)\varepsilon^{tr}(\omega, k) + \frac{k_i k_j}{k^2}\varepsilon^l(\omega, k)\right]E_i - \varepsilon(\omega, k)E_i\right\};$$

而由两式中第二式

$$(\mathbf{k} \times \mathbf{B})_i = \left[ \mathbf{k} \times \left( \frac{c}{\omega} \mathbf{k} \times \mathbf{E} \right) \right] = \frac{k^2 c}{\omega} \left[ \frac{k_i k_j}{k^2} E_j - E_i \right],$$

以及(1.35)式, 最后可得(Silin V.P., Rukhadze, 1961)

$$1 - \frac{1}{\mu(\omega,k)} = \frac{\omega^2}{c^2 k^2} [\varepsilon^{tr}(\omega,k) - \varepsilon^l(\omega,k)]. \tag{1.36}$$

这就是说, 对各向同性介质(不存在外磁场,或有弱外磁场——近似各向同性), 利用(1.36)式就可以从横和纵介电常数求出介质的磁导率 $\mu(\omega,k)$。

## 1.4 色散方程和极化矢量

现在, 我们对场方程（1.5）进行傅氏分解,很易于得到

$$i(\mathbf{k} \times \mathbf{B})_i = -\frac{i\omega}{c} \varepsilon_{ij} E_j + \frac{4\pi}{c} j_{o,i},$$

$$\mathbf{k} \times \mathbf{E} = \frac{\omega}{c} \mathbf{B},$$

消去 $\mathbf{B}$,可得

$$\Lambda_{ij}(\omega, \mathbf{k}) E_j(\omega, \mathbf{k}) = -\frac{4\pi i}{\omega} j_{o,i}(\omega, \mathbf{k}), \tag{1.37}$$

其中,

$$\Lambda_{ij}(\omega, \mathbf{k}) = \frac{k^2 c^2}{\omega^2} \left( \frac{k_i k_j}{k^2} - \delta_{ij} \right) + \varepsilon_{ij}(\omega, \mathbf{k}). \tag{1.38}$$

非齐次方程(1.37)的右边是源项, 它对应的齐次方程是

$$\Lambda_{ij}(\omega, \mathbf{k}) E_j(\omega, \mathbf{k}) = 0. \tag{1.39}$$

(1.39)式决定了等离子体介质中波的本征模式。它是齐次代数方程, 根据克兰姆定理,存在非零解 $\mathbf{E}(\omega, \mathbf{k})$ 的充要条件是: 张量 $\Lambda_{ij}(\omega, \mathbf{k})$ 分量组成的三行三列行列式为零, 即

$$\det(\Lambda_{ij}) \equiv \Lambda(\omega, \mathbf{k}) = 0. \tag{1.40}$$

(1.40)式被称之为色散方程。一般来说, 它的解是复数。然而, 介质的耗散一定是很小的, 否则的话, 对于有较大耗散的介质, 电磁场能量不好确定。这意味着, 在复数解中, 相对于实部而言, 虚部很小。这时, 介质近于透明, 也就是说略去 $\Lambda_{ij}$ 中的反厄密部分, $\Lambda_{ij}$ 是厄密的。一个被证明

成立的代数定理是说，厄密方阵的特征根全是实的。由于 $\Lambda(\omega, \mathbf{k})$ 等于所有实特征根乘积，因而，$\Lambda = \det(\Lambda_{ij})$ 本身是实的。我们研究这种情况。(1.40)式的解记为

$$\omega = \omega^\sigma(\mathbf{k}) ; \tag{1.41a}$$

同时由于 $\Lambda$ 是实的条件 $\Lambda(\omega, \mathbf{k}) = \Lambda^*(\omega, \mathbf{k}) = \Lambda(-\omega, -\mathbf{k})$ 后一等式是考虑到 (1.23)式及(1.38)式的结果。故色散方程同样还允许一种负频率解，

$$\omega = -\omega^\sigma(-\mathbf{k}) . \tag{1.41b}$$

应该指出，如果正频率波是左行波 $\sim \mathrm{e}^{-i\omega t + i\mathbf{k}\cdot\mathbf{r}}$；物理上，负频率波则表示右行波 $\sim \mathrm{e}^{i\omega t - i\mathbf{k}\cdot\mathbf{r}}$。色散方程，$\Lambda(\omega, \mathbf{k}) = 0$，仅仅是齐次方程（1.39）的相容条件，它不能确定场 $\mathbf{E}(\omega^\sigma(\mathbf{k}), \mathbf{k})$ 的振幅和位相。我们令

$$\mathbf{E}(\omega^\sigma(\mathbf{k}), \mathbf{k}) = E(\omega^\sigma(\mathbf{k}), \mathbf{k})\mathbf{e}^\sigma(\mathbf{k}),$$

单位模向量 $\mathbf{e}^\sigma(\mathbf{k})$ 被称之为 $\sigma$ 波模的极化矢量。它一般是复的。单位模的条件为

$$\mathbf{e}^\sigma(\mathbf{k}) \cdot \mathbf{e}^{\sigma*}(\mathbf{k}) = 1 . \tag{1.42}$$

为找到 $\mathbf{e}^\sigma(\mathbf{k})$ 的结构，我们来对矩阵（$\Lambda_{ij}$）的性质做概略的研究。

记 $\Lambda_{ji}$ 的代数余子式为 $\lambda_{ij}$，它组成的三行三列矩阵（$\lambda_{ij}$）为伴随方阵。我们把行列式和代数余因子的定义写成合于运算的形式：

$$\Lambda = \frac{1}{6}\varepsilon_{ijk}\varepsilon_{rst}\Lambda_{ri}\Lambda_{sj}\Lambda_{tk} , \tag{1.43a}$$

$$\lambda_{ij} = \frac{1}{2}\varepsilon_{iab}\varepsilon_{jrs}\Lambda_{ra}\Lambda_{sb} , \tag{1.43b}$$

其中，置换张量 $\varepsilon_{ijk}$ 定义为：

$$\varepsilon_{ijk} = 1 \qquad \text{如果 } ijk \text{ 为 123 的偶置换；}$$

$$\varepsilon_{ijk} = -1 \qquad \text{如果 } ijk \text{ 为 123 的奇置换；}$$

$$\varepsilon_{ijk} = 0 \qquad \text{如果 } ijk \text{ 有两个指标相同。}$$

例如，$\varepsilon_{321} = -1$，$\varepsilon_{132} = -1$，$\varepsilon_{112} = 0$。它有如下恒等式：

$$\varepsilon_{abc}\varepsilon_{ijk} = \delta_{ai}\delta_{bj}\delta_{ck} + \delta_{ak}\delta_{bi}\delta_{cj} + \delta_{aj}\delta_{bk}\delta_{ci} - \delta_{bi}\delta_{aj}\delta_{ck} - \delta_{bk}\delta_{ai}\delta_{cj} - \delta_{bj}\delta_{ak}\delta_{ci} , \tag{1.44a}$$

$$\varepsilon_{ibc}\varepsilon_{ijk} = \delta_{bj}\delta_{ck} - \delta_{bk}\delta_{cj} , \tag{1.44b}$$

$$\varepsilon_{ijc}\varepsilon_{ijk} = 2\delta_{ck} , \tag{1.44c}$$

$$\varepsilon_{ijk}\varepsilon_{ijk} = 6 . \tag{1.44d}$$

（1.44a）式可以从 $\varepsilon_{ijk}$ 定义直接得到；（1.44b）、（1.44c）、（1.44d）三式可分别并缩一个、二个、三个指标（同指标求和）而得，同时应考虑等式 $\delta_{ss} = \delta_{11} + \delta_{22} + \delta_{33} = 3$。利用上述 $\varepsilon_{ijk}$ 性质，可验证（1.43 a）、（1.43 b）和惯常的三阶行列式及代数余因子的定义是完全相同的。在这里和以后，除特别声明外，张量方程中相同的指标为哑标，要对他们求和。

根据行列式的一个众所周知的定理（行列式值等于元素 $a_{ij}$ 与它相应代数余因子乘积和），可以写下如下公式（在我们记号下）：

$$\Lambda_{ki}\lambda_{ij} = \Lambda\delta_{kj} = \Lambda_{ik}\lambda_{ji} . \tag{1.45}$$

下面来推导一个有用的公式，它在许多有关的书中并不常见。由 (1.43b)式及考虑 (1.44b)式，有

$$\varepsilon_{kij}\lambda_{kl} = \frac{1}{2}\varepsilon_{kij}\varepsilon_{kbc}\varepsilon_{lrs}\Lambda_{rb}\Lambda_{sc}$$

$$= \frac{1}{2}\varepsilon_{lrs}\Lambda_{rb}\Lambda_{sc}[\delta_{ib}\delta_{jc} - \delta_{ic}\delta_{jb}] = \varepsilon_{lrs}\Lambda_{ri}\Lambda_{sj} ;$$

两边乘以 $\lambda_{ia}$（并缩 $i$），并考虑（1.45）式，

$$\varepsilon_{kij}\lambda_{kl}\lambda_{ia} = \varepsilon_{lrs}\Lambda_{sj}\Lambda_{ri}\lambda_{ia} = \varepsilon_{lrs}\Lambda_{sj}\delta_{ra}\Lambda ,$$

上式两边再乘 $\varepsilon_{jmn}$（并缩 $j$），得

$$\varepsilon_{jmn}\varepsilon_{kij}\lambda_{kl}\lambda_{ia} = \varepsilon_{jmn}\varepsilon_{las}\Lambda_{sj}\Lambda ;$$

再由（1.44 b）式，上式左边变为 $\lambda_{ml}\lambda_{na} - \lambda_{ma}\lambda_{nl}$，即，$\lambda_{ml}\lambda_{na} - \lambda_{ma}\lambda_{nl}$ $= \varepsilon_{mnj}\varepsilon_{las}\Lambda_{sj}\Lambda$，或

$$\lambda_{ir}\lambda_{aj} = \lambda_{ij}\lambda_{ar} - \Lambda\varepsilon_{iab}\varepsilon_{jrs}\Lambda_{sb} . \tag{1.46}$$

现在回过来寻求极化矢量 $\mathbf{e}^{\sigma}(\mathbf{k})$ 的表示式。在（1.45）式中令 $\Lambda = 0$ 并与（1.39）式相比较，可知矩阵 $\|\lambda_{ij}\|$ 的行指标 $i$ 成分正比于 $\mathbf{E}$ 的 $i$ 成分；从 (1.43b)式可知，$\Lambda_{ij}$ 的厄密性使 $\lambda_{ij}$ 也是厄密的：$\lambda_{ji} = \lambda_{ij}^{*}$，所以矩阵 $\|\lambda_{ij}\|$ 的列指标 $j$ 成分正比于 $\mathbf{E}$ 的 $j$ 成分的复共轭。换句话说，我们可以把 $\lambda_{ij}(\mathbf{k})$ 表为

$$\lambda_{ij} = \lambda_{rr}\mathbf{e}_i^{\sigma}(\mathbf{k})\mathbf{e}_j^{\sigma*}(\mathbf{k}) ; \tag{1.47}$$

比例系数 $\lambda_{rr}$ 是由并缩指标 $i, j$（即令 $i = j$ 并求和），以及利用（1.42）式得到的；由于 $\lambda_{ij}$ 的厄密性，$\lambda_{rr}$ 一定是实数：$\lambda_{ii} = \lambda_{ii}^*$。以任一常矢量 $\mathbf{a}(\alpha_1, \alpha_2, \alpha_3)$ 及 $\lambda_{st}$ 乘（1.47）式，有

$$\alpha_s^* \alpha_t \lambda_{ij} \lambda_{st} = \lambda_{rr} \lambda_{st} \alpha_s^* \alpha_t \mathrm{e}_i^\sigma(\mathbf{k}) \mathrm{e}_j^{\sigma *}(\mathbf{k}),$$

利用 (1.46)式 (其中，令 $\Lambda = 0$)，

$$\alpha_s^* \alpha_t \lambda_{ij} \lambda_{st} = \alpha_s^* \alpha_t \lambda_{it} \lambda_{sj} = \left(\lambda_{rr} \alpha_s^* \alpha_t \lambda_{st}\right) \mathrm{e}_i^\sigma(\mathbf{k}) \mathrm{e}_j^{\sigma *}(\mathbf{k}),$$

即

$$\left(\lambda_{i\sigma} \alpha_\sigma\right)\left(\alpha_s^* \lambda_{sj}\right) = \left(\lambda_{rr} \alpha_s^* \alpha_t \lambda_{st}\right) \mathrm{e}_i^\sigma(\mathbf{k}) \mathrm{e}_j^{\sigma *}(\mathbf{k}) ;$$

因为 $\lambda_{sj}$ 是厄密的，所以

$$\mathrm{e}_i^\sigma(\mathbf{k}) = \frac{\lambda_{i\sigma} \alpha_\sigma}{\left\{\lambda_{rr}(\mathbf{k}) \alpha_s^* \alpha_t \lambda_{st}(\mathbf{k})\right\}^{1/2}} . \tag{1.48}$$

选取常矢量 $\boldsymbol{\alpha}$ 实质上是起着归化到单位一的作用。$\lambda_{ij}$ 的厄密性意味着：$\lambda_{ji}(\omega, \mathbf{k}) = \lambda_{ij}^*(\omega, \mathbf{k})$，即

$$\lambda_{ij}(-\omega, -\mathbf{k}) = \lambda_{ji}(\omega, \mathbf{k}).$$

再由(1.41)式和(1.47)式，可得

$$\mathbf{e}^\sigma(-\mathbf{k}) = \mathbf{e}^{\sigma *}(\mathbf{k}) . \tag{1.49}$$

## 1.5  等离激元和朗道约定

现在，转而来研究外源流存在时如何辐射出各种等离子体波。从（1.5）的第三式，很易得到

$$\frac{1}{4\pi} \int_V [\mathbf{E} \cdot \frac{\partial \mathbf{D}}{\partial t} - c\mathbf{E} \cdot (\nabla \times \mathbf{B})]\mathrm{d}\mathbf{r} = -\int_V \mathbf{j}_0 \cdot \mathbf{E}\mathrm{d}\mathbf{r} ;$$

由于

$$\nabla \cdot (\mathbf{E} \times \mathbf{B}) = \mathbf{B} \cdot (\nabla \times \mathbf{E}) - \mathbf{E} \cdot (\nabla \times \mathbf{B}),$$

则由第二式可得

$$\frac{1}{4\pi} \int [\mathbf{E} \cdot \frac{\partial \mathbf{D}}{\partial t} + \mathbf{B} \cdot \frac{\partial \mathbf{B}}{\partial t} + c\nabla \cdot (\mathbf{E} \times \mathbf{B})]\mathrm{d}\mathbf{r} = -\int \mathbf{j}_0 \cdot \mathbf{E}\mathrm{d}\mathbf{r},$$

或

$$\frac{1}{4\pi}\int[\mathbf{E}\cdot\frac{\partial\mathbf{D}}{\partial t}+\mathbf{B}\cdot\frac{\partial\mathbf{B}}{\partial t}]\mathrm{d}\mathbf{r}+\frac{c}{4\pi}\int_{\sigma}(\mathbf{E}\times\mathbf{B})\,\mathrm{d}\mathbf{S}=-\int\mathbf{j}_0\cdot\mathbf{E}\mathrm{d}\mathbf{r}.$$

由于在无限大的曲面 $\sigma$ 上，场值为零，因此

$$\frac{\partial W}{\partial t}\equiv\frac{1}{4\pi}[\mathbf{E}\cdot\frac{\partial\mathbf{D}}{\partial t}+\mathbf{B}\cdot\frac{\partial\mathbf{B}}{\partial t}]=-\mathbf{j}_0\cdot\mathbf{E}. \qquad (1.50\mathrm{a})$$

也就是说，源流 $\mathbf{j}_0$ 对场做功，使场能量密度获得增率。以后我们将根据下式

$$\frac{\partial W^{\sigma}}{\partial t}=\frac{1}{4\pi}[\mathbf{E}\cdot\frac{\partial\mathbf{D}}{\partial t}+\mathbf{B}\cdot\frac{\partial\mathbf{B}}{\partial t}] \qquad (1.50\mathrm{b})$$

来计算等离子体波的能量密度 $W^{\sigma}$。我们来计算被辐射的模式为 $\sigma$ 的波场能量 $U^{\sigma}$：

$$U^{\sigma}=-\int\mathrm{d}t\int\mathrm{d}\mathbf{r}\mathbf{E}(\mathbf{r},t)\cdot\mathbf{j}_0(\mathbf{r},t).$$

为此，先证明如下公式：

$$\frac{1}{(2\pi)^4}\int\mathrm{d}t\int\mathrm{d}\mathbf{r}F(\mathbf{r},t)G(\mathbf{r},t)=\int\mathrm{d}kF(\omega,\mathbf{k})G(-\omega,-\mathbf{k}), \qquad (1.51\mathrm{a})$$

其中，$\mathrm{d}k\equiv\mathrm{d}\mathbf{k}\mathrm{d}\omega$。如果 $F(\mathbf{r},t),G(\mathbf{r},t)$ 为实函数，如同（1.23）式一样，有 $G(-\omega,-\mathbf{k})=G^*(\omega,\mathbf{k})$，于是（1.51a）式变为

$$\frac{1}{(2\pi)^4}\int\mathrm{d}t\int\mathrm{d}\mathbf{r}F(\mathbf{r},t)G(\mathbf{r},t)=\mathrm{Re}\int\mathrm{d}kF(\omega,\mathbf{k})G^*(\omega,\mathbf{k}). \qquad (1.51\mathrm{b})$$

如果 $G=F$，那么，由上式有

$$\int_{-\infty}^{\infty}G^2\mathrm{d}t=2\pi\int_{-\infty}^{\infty}|G_{\omega}|^2\,\mathrm{d}\omega=4\pi\int_{0}^{\infty}|G_{\omega}|^2\,\mathrm{d}\omega. \qquad (1.51\mathrm{c})$$

这就是功率谱公式。事实上，

$$\int F(\mathbf{r},t)G(\mathbf{r},t)\mathrm{d}t\mathrm{d}\mathbf{r}$$

$$=\int\mathrm{d}k\mathrm{d}k'\mathrm{e}^{i(\mathbf{k}+\mathbf{k}')\cdot\mathbf{r}-i(\omega+\omega')t}F(\omega,\mathbf{k})G(\omega',\mathbf{k}')\mathrm{d}\mathbf{r}\mathrm{d}t$$

$$=\int\mathrm{d}k\mathrm{d}k'F(\omega,\mathbf{k})G(\omega',\mathbf{k}')\int\mathrm{e}^{i(\mathbf{k}+\mathbf{k}')\cdot\mathbf{r}-i(\omega+\omega')t}\mathrm{d}\mathbf{r}\mathrm{d}t$$

$$=\int\mathrm{d}k\mathrm{d}k'F(\omega,\mathbf{k})G(\omega',\mathbf{k}')(2\pi)^4\delta(\omega+\omega')\delta(\mathbf{k}+\mathbf{k}')$$

$$= (2\pi)^4 \int \mathrm{d}k F(\omega, \mathbf{k}) G(-\omega, -\mathbf{k}).$$

于是，

$$U^\sigma = -(2\pi)^4 \operatorname{Re} \int \mathrm{d}k \mathbf{j}_0(\omega, \mathbf{k}) \cdot \mathbf{E}^*(\omega, \mathbf{k}). \tag{1.52}$$

用 $\lambda_{si}$ 乘（1.37）式，缩并指标并考虑到（1.45）式，可得

$$E_i(\omega, \mathbf{k}) = \frac{-4\pi i}{\omega} \frac{\lambda_{ij}(\omega, \mathbf{k})}{\Lambda(\omega, \mathbf{k})} j_{0,j}(\omega, \mathbf{k}), \tag{1.53}$$

由于（1.47）式，（1.52）式变为

$$U^\sigma = -2(2\pi)^5 \operatorname{Re} \int \mathrm{d}k \frac{i\lambda_{ss} \left[ e_j^{\sigma *} j_{0,j}(\omega, \mathbf{k}) \right]^* \left[ e_i^{\sigma *} j_{0,i}(\omega, \mathbf{k}) \right]}{\omega \Lambda^*(\omega, \mathbf{k})}. \tag{1.54}$$

从（1.54）式可看出，在被积函数的奇点 $\Lambda(\omega, \mathbf{k}) = 0$ 附近积分有峰值，即波模 $\omega = \omega^\sigma(\mathbf{k})$ 的场获得显著的能量。在引力系统，例如引力流体，也有类似的情况：只有满足色散关系的引力扰动波场才可能有显著的能量 (参见第九章 9.3 节)。因而我们把电磁和引力系统的波看成是一种元激发；正因为如此，**我们往往称激发起来的等离子体波(包括引力场中的波)为等离激元 (Plasmons)**。因为存在着极点，为赋予（1.54）式有确定的积分值，从物理上可认为场 $\mathbf{E} \sim \mathrm{e}^{-i\omega t}$ 是在 $t = -\infty$ 时才缓慢地激励起来的，换句话说，即认为在无限遥远的过去场值实际为零。这样，就可用 $\omega + i\delta (\delta \to +0)$ 来代替 $\omega$。这是由于在 $t = -\infty$ 时，$\mathrm{e}^{-i\omega(\omega + i\delta)t} \sim \mathrm{e}^{\delta t} \sim 0$，我们正要求这样。**通常称代换 $\omega \to \omega + i0$ 为朗道约定** (Lifshitz and pitaevskii, 1981)。另一方面，在 $t = \infty$ 时，场值在此约定情况下会变为无穷大。但这是无关紧要的：因为按照因果律，它不会影响所研究时刻的场。但若 $\delta \to -0$，那么在 $t = -\infty$ 时场也变得异常强，将产生强非线性效应，这当然不是我们所期望的。诚然，我们也可不采取物理上的约定，而从数学上采用拉普拉斯变换来处理这种问题，不过，那时运算就较为冗繁，两者的结果是一致的。于是，在 $\omega^\sigma(\mathbf{k})$ 领域展开 $\Lambda(\omega, \mathbf{k})$，并用朗道约定，有

$$\Lambda(\omega, \mathbf{k}) \approx \Lambda(\omega^\sigma(\mathbf{k}), \mathbf{k}) + \left[ (\omega - \omega^\sigma(\mathbf{k})) + i0 \right] \frac{\partial \Lambda}{\partial \omega} \big|_{\omega = \omega^\sigma(\mathbf{k})}$$

$$= \left[ (\omega - \omega^\sigma(\mathbf{k})) + i0 \right] \frac{\partial \Lambda}{\partial \omega} \big|_{\omega = \omega^\sigma(\mathbf{k})};$$

根据普勒米里公式（1.32），有

$$U^\sigma = -2(2\pi)^5 \, \mathrm{Re} \left\{ \int d\mathbf{k} \int_{-\infty}^{\infty} d\omega \cdot \frac{i\lambda_{ss} \left| \mathbf{e}^{\sigma*}(\mathbf{k}) \cdot \mathbf{j}(\omega,\mathbf{k}) \right|^2}{\omega \left[ \omega - \omega^\sigma(\mathbf{k}) - i0 \right] \frac{\partial \Lambda}{\partial \omega} \big|_{\omega=\omega^\sigma(\mathbf{k})}} \right\}$$

$$= (2\pi)^6 \int d\mathbf{k} \int_{-\infty}^{\infty} d\omega \frac{\lambda_{ss} \left| \mathbf{e}^{\sigma*}(\mathbf{k}) \cdot \mathbf{j}(\omega,\mathbf{k}) \right|^2}{\omega \left( \frac{\partial \Lambda(\omega,\mathbf{k})}{\partial \omega} \right) \big|_{\omega=\omega^\sigma(\mathbf{k})}} \delta\left( \omega - \omega^\sigma(\mathbf{k}) \right)$$

$$= 2(2\pi)^6 \int d\mathbf{k} \frac{\lambda_{ss}\left(\omega^\sigma(\mathbf{k}),\mathbf{k}\right) \left| \mathbf{e}^{\sigma*}(\mathbf{k}) \cdot \mathbf{j}\left(\omega^\sigma(\mathbf{k}),\mathbf{k}\right) \right|^2}{\left[ \omega \frac{\partial \Lambda(\omega,\mathbf{k})}{\partial \omega} \right] \big|_{\omega=\omega^\sigma(\mathbf{k})}}, \tag{1.55}$$

最后一步是考虑了来自 $\omega = \pm\omega^\sigma(\mathbf{k})$ 的贡献是一样的，故有乘子 2。引入 $R$ 函数

$$R(\mathbf{k}) = \left[ \frac{\lambda_{ss}}{\omega \partial \Lambda(\omega,\mathbf{k})/\partial \omega} \right] \big|_{\omega=\omega^\sigma(\mathbf{k})} = \left[ \frac{\lambda_{ss}}{\frac{1}{\omega}\partial(\omega^2\Lambda)/\partial\omega} \right] \big|_{\omega=\omega^\sigma(\mathbf{k})},$$

由于（1.45）式，

$$\frac{\partial(\omega^2\Lambda)}{\partial\omega} = \frac{\partial}{\partial\omega}\left( \frac{\omega^2}{3} \Lambda_{ij}\lambda_{ji} \right) = \frac{1}{3}\lambda_{ji}\frac{\partial}{\partial\omega}\left( \omega^2\Lambda_{ij} \right) + \frac{\omega^2}{3}\Lambda_{ij}\frac{\partial\lambda_{ji}}{\partial\omega},$$

而据（1.43b），有

$$\frac{\partial}{\partial\omega}\lambda_{ji} = \frac{1}{2}\varepsilon_{jab}\varepsilon_{irs}\left[ \frac{\partial\Lambda_{ra}}{\partial\omega}\Lambda_{sb} + \Lambda_{ra}\frac{\partial\Lambda_{sb}}{\partial\omega} \right]$$

$$= \frac{1}{2}\varepsilon_{jab}\varepsilon_{irs}\frac{\partial\Lambda_{ra}}{\partial\omega}\Lambda_{sb} + \frac{1}{2}\varepsilon_{jba}\varepsilon_{isr}\frac{\partial\Lambda_{sb}}{\partial\omega}\Lambda_{ra}$$

$$= \varepsilon_{jab}\varepsilon_{irs}\Lambda_{sb}\frac{\partial\Lambda_{ra}}{\partial\omega};$$

以 $\Lambda_{ij}$ 并缩上式，得到[再利用(1.43b)式]

$$\frac{\omega^2}{3}\Lambda_{ij}\frac{\partial}{\partial\omega}\lambda_{ji} = \frac{\omega^2}{3}\varepsilon_{jab}\varepsilon_{irs}\Lambda_{ij}\Lambda_{sb}\frac{\partial\Lambda_{ra}}{\partial\omega} = \frac{2}{3}\omega^2\lambda_{ji}\frac{\partial\Lambda_{ij}}{\partial\omega}$$

$$= \frac{2}{3} \lambda_{ji} \frac{\partial}{\partial \omega} \left( \omega^2 \Lambda_{ij} \right) - 4\omega\Lambda ;$$

故而

$$\frac{\partial (\omega^2 \Lambda)}{\partial \omega} = \lambda_{ji} \frac{\partial}{\partial \omega} \left( \omega^2 \Lambda_{ij} \right) - 4\omega\Lambda(\omega, \mathbf{k}) .$$

考虑到（1.47）式，就可把 $R(\mathbf{k})$ 写为 $(\Lambda(\omega^\sigma, \mathbf{k}) = 0)$

$$R(\mathbf{k}) = \left[ \frac{1}{\omega} \frac{\partial}{\partial \omega} \left( \omega^2 \Lambda_{ij} e_j^\sigma(\mathbf{k}) e_i^{\sigma *}(\mathbf{k}) \right)_{\omega = \omega^\sigma(\mathbf{k})} \right]^{-1}$$

$$= \left[ \frac{1}{\omega} \frac{\partial \omega^2 \varepsilon(\omega, \mathbf{k})}{\partial \omega} \Big|_{\omega = \omega^\sigma(\mathbf{k})} \right]^{-1} , \qquad (1.56)$$

其中，根据（1.38）

$$\varepsilon(\omega, \mathbf{k}) = \varepsilon_{ij}(\omega, \mathbf{k}) e_i^{\sigma *}(\mathbf{k}) e_j^\sigma(\mathbf{k}) ; \qquad (1.57)$$

而 $\frac{k^2 c^2}{\omega^2} \left( |\mathbf{k} \cdot \mathbf{e}|^2 - 1 \right)$ 的部分乘了因子 $\omega^2$ 就不依赖于 $\omega$，于是在（1.56）式中导数为零，即得到（1.57）式。因此，得到谱能量为（Melrose, 1980）

$$U^\sigma = \int U^\sigma(\mathbf{k}) d\mathbf{k} , \qquad (1.58a)$$

$$U^\sigma(\mathbf{k}) = 2(2\pi)^6 R(\mathbf{k}) \cdot \left| \mathbf{e}^{\sigma *}(\mathbf{k}) \cdot \mathbf{j}_0 \left( \omega^\sigma(\mathbf{k}), \mathbf{k} \right) \right|^2 . \qquad (1.58b)$$

(1.58)、(1.57) 以及（1.56）式是决定运动的荷电粒子自发辐射的基本公式。

以速度 $\mathbf{v}(t)$ 运动的荷电粒子引起的流密度为

$$\mathbf{j}_0(\mathbf{r}, t) = q\mathbf{v}(t)\delta(\mathbf{r} - \mathbf{r}(t)),$$

其中 $q$ 为荷电粒子的电荷量。它的傅氏分量是

$$\mathbf{j}_0(\omega, \mathbf{k}) = \int_{-\infty}^{\infty} \frac{dt}{(2\pi)} \int \frac{d\mathbf{r}}{(2\pi)^3} \exp\left[ i(\omega t - \mathbf{k} \cdot \mathbf{r}) \right] \mathbf{j}_0(\mathbf{r}, t)$$

$$= q \int_{-\infty}^{\infty} \mathbf{v}(t) \exp\left[ i(\omega t - \mathbf{k} \cdot \mathbf{r}(t)) \right] \frac{dt}{(2\pi)^4} . \qquad (1.59)$$

因此，知道了在力场中的荷电粒子真实轨道 $\mathbf{r} = \mathbf{r}(t)$，我们按(1.59)式就能求得 $\mathbf{j}(\omega, \mathbf{k})$，然后代入(1.58)式，就可获得荷电粒子自发辐射能量或功率及它们的谱分布。在下面我们将研究天体物理中几种重要的辐射。

## 1.6 等离子体中的自发辐射

### 1.6a 磁单极子的自发辐射

与荷电粒子一样，在等离子体介质中运动的磁单极子也能进行自发辐射（Li，1986）。有趣的是，在性质上这种辐射有时和荷电粒子的大不相同。考虑到存在磁单极子情况下，麦氏方程有如下形式(杰克逊，1980)：

$$\text{div}\mathbf{D} = 4\pi\rho_e^0, \qquad\qquad \text{rot}\mathbf{E} = -\frac{1}{c}\frac{\partial\mathbf{B}}{\partial t} - \frac{4\pi}{c}\mathbf{j}_m^0,$$

$$\text{rot}\mathbf{B} = \frac{1}{c}\frac{\partial\mathbf{D}}{\partial t} + \frac{4\pi}{c}\mathbf{j}_e^0, \qquad \text{div}\mathbf{B} = 4\pi\rho_m^0, \qquad\qquad (1.60)$$

其中，$\rho_m^0$ 和 $\mathbf{j}_m^0$ 为磁单极子磁荷密度和流密度；上式第二式中磁流密度项的符号为负，是因为磁荷应满足类似于 (1.2)式的连续性方程所致。把上式进行谱分解，消去 $\mathbf{B}(\omega,\mathbf{k})$，可得

$$\Lambda_{ij}(\omega,\mathbf{k}) E_j(\omega,\mathbf{k}) = -\frac{4\pi i}{\omega}j_{e,i}^0(\omega,\mathbf{k}) + \frac{4\pi i}{\omega^2}\left(c\mathbf{k}\times\mathbf{j}_m^0(\omega,\mathbf{k})\right)_i. \quad (1.61)$$

类似于 (1.37)式。从（1.60）的第二式及第三式，类似于上节开始得到 (1.50a)式那样，我们可得到

$$\frac{\partial W}{\partial t} \equiv \frac{1}{4\pi}\left[\mathbf{E}\cdot\frac{\partial\mathbf{D}}{\partial t} + \mathbf{B}\cdot\frac{\partial\mathbf{B}}{\partial t}\right] = -[(\mathbf{j}_m^0\cdot\mathbf{B}) + (\mathbf{j}_e^0\cdot\mathbf{E})]. \quad (1.62)$$

在考虑磁单极子辐射情况下（$\mathbf{j}_e^0 = 0$），有

$$U^\sigma = -\int\mathrm{d}t\int\mathrm{d}\mathbf{r}\mathbf{j}_m^0(\mathbf{r},t)\cdot\mathbf{B}(\mathbf{r},t); \qquad\qquad (1.63)$$

利用 (1.51b)式，有

$$U^\sigma = -(2\pi)^4\,\text{Re}\int\mathrm{d}\mathbf{k}\mathrm{d}\omega\mathbf{j}_m^0(\omega,\mathbf{k})\cdot\mathbf{B}^*(\omega,\mathbf{k}). \qquad (1.64)$$

在只有磁荷情况下，场 $\mathbf{E}(\omega,\mathbf{k})$ 为

$$E_i(\omega,\mathbf{k}) = \frac{4\pi i}{\omega^2}\frac{\lambda_{ij}}{\Lambda(\omega,\mathbf{k})}\left[c\mathbf{k}\times\mathbf{j}_m^0(\omega,\mathbf{k})\right]_j, \qquad (1.65)$$

通过方程组（1.60），用 $\mathbf{E}(\omega,\mathbf{k})$ 来表示 $\mathbf{B}(\omega,\mathbf{k})$，就有（$\hat{\mathbf{k}}\equiv\mathbf{k}/k$）

$$U^\sigma = -(2\pi)^4\,\text{Re}\int\mathrm{d}\omega\mathrm{d}\mathbf{k}\left[\frac{4\pi i}{\omega}\mathbf{j}_m^0(\omega,\mathbf{k})\cdot\mathbf{j}_m^{0*}(\omega,\mathbf{k}) + \frac{ck}{\omega}\left(\hat{\mathbf{k}}\times\mathbf{E}^*(\omega,\mathbf{k})\right)\cdot\mathbf{j}_m^0(\omega,\mathbf{k})\right].$$

由于第一项没有实部，故

$$U^{\sigma} = -(2\pi)^4 \operatorname{Re} \int \mathrm{d}k\mathrm{d}\omega \frac{kc}{\omega} \left[ \hat{\mathbf{k}} \times \mathbf{E}^*(\omega, \mathbf{k}) \right] \cdot \mathbf{j}_m^0(\omega, \mathbf{k}). \qquad (1.66)$$

用置换张量 $\varepsilon_{ijk}$ 展开被积函数，并把（1.65）式代入（1.66）式，得到

$$U^{\sigma} = 2(2\pi)^5 \operatorname{Re} \int \mathrm{d}k\mathrm{d}\omega \frac{ic^2 k_j k_\beta}{\omega^3} \varepsilon_{ijl}\varepsilon_{\alpha\beta\gamma} \frac{\lambda_{\alpha l} j_{m,\gamma}^{0*}(\omega, \mathbf{k}) j_{m,i}^0(\omega, \mathbf{k})}{\Lambda^*(\omega, \mathbf{k})};$$

积分主要贡献来自被积函数的极点 $\Lambda(\omega, \mathbf{k}) = 0$，因而类似于上节中的计算，最后可得到 (Li,1986)

$$U^{\sigma}(\mathbf{k}) = 2(2\pi)^6 \left( \frac{kc}{\omega^{\sigma}(\mathbf{k})} \right) R(\mathbf{k}) \times \left| \left[ \hat{\mathbf{k}} \times \mathbf{e}^{\sigma*}(\mathbf{k}) \right] \times \mathbf{j}_m^0(\omega^{\sigma}(\mathbf{k}), \mathbf{k}) \right|^2, \qquad (1.67)$$

其中 $R(\omega^{\sigma}(\mathbf{k}), \mathbf{k})$ 由（1.56）式和（1.57）式确定。（1.67）式就是我们得到的磁单极子在等离子体自发辐射的基本公式。

### 1.6b  切伦柯夫(Cerenkov)辐射

现在来研究等离子体中匀速运动的电荷或磁单极子产生辐射的问题。在此情况下，从（1.59）式得到电荷或磁荷流密度

$$\mathbf{j}_\mu^0(\omega, \mathbf{k}) = \frac{\chi}{(2\pi)^3} \mathbf{v} \exp(-i\mathbf{k} \cdot \mathbf{r}_0) \delta(\omega - \mathbf{k} \cdot \mathbf{v}), \qquad (1.68)$$

$\mathbf{r}_0$ 为匀速运动粒子初值轨道参量： $\mathbf{r}(t) = \mathbf{r}_0 + \mathbf{v}t$，$\chi$ 为粒子的荷：对电荷，$\mu = e, \chi = q$；对磁荷，$\mu = m, \chi = g$。（1.68）式出现的 $\delta$-函数实质上反映了这种辐射过程的能量、动量守恒律。从（1.67）和（1.68）两式立即可以看出：①等离子体中运动的磁单极子只能辐射横波，$(\mathbf{k} \times \mathbf{e}^{\sigma}(\mathbf{k})) \neq 0$；②匀速运动的磁单极子辐射的横波必须满足切伦柯夫条件 $\omega^{\sigma}(\mathbf{k}) = \mathbf{k} \cdot \mathbf{v}$，即，$\mathbf{v} > \omega^{\sigma}(\mathbf{k})/k = v_p^{\sigma}$。然而，在无外磁场存在的等离子体中，众所周知高频横波的相速 $v_p^t > c$，而任何真实粒子运动速度都不能超过光速 $c$；就是在有外磁场情况下一般的低频横波相速 $v_p^{\sigma} \sim v_\Lambda$ (阿尔芬波速)，那么慢运动的磁单极子也未必能满足切伦柯夫条件。因此，我们得到一个重要结果：在等离子体中，磁单极子只能辐射横波，并且匀速运动的磁单极子的切伦柯夫辐射完全为能量、动量守恒定律所禁戒。

然而，我们从（1.58）及(1.68)两式可以看出，等离子体中运动的荷电粒子既可辐射横波也可辐射纵波；而匀速运动的荷电粒子可通过切伦柯夫辐射大大损失能量。这时，由（1.58）式，被辐射的 $\sigma$ 波的波能量为

$$U^{\sigma} = \int \frac{\mathrm{d}\mathbf{k}}{(2\pi)^3} \left[ 2(2\pi)^9 \frac{\left| \mathbf{e}^{\sigma*}(\mathbf{k}) \cdot \mathbf{j}(\omega^{\sigma}, \mathbf{k}) \right|^2}{\frac{1}{\omega^{\sigma}(\mathbf{k})} \frac{\partial}{\partial \omega} \left[ \omega^2 \varepsilon(\omega, \mathbf{k}) \right]_{\omega = \omega^{\sigma}}} \right]. \tag{1.69}$$

为得到谱功率，我们要利用 $\delta$ -函数的如下性质

$$[\delta(\omega)]^2 = \lim_{\tau \to \infty} \frac{\tau}{2\pi} \delta(\omega). \tag{1.70}$$

事实上，由 $\delta$ -函数的定义式，有

$$\int\limits_a^b f(\omega)\delta(\omega - x)\mathrm{d}\omega = f(x) = \int\limits_a^b f(x)\delta(\omega - x)\mathrm{d}\omega \,,$$

即

$$f(\omega)\delta(\omega - x) = f(x)\delta(\omega - x) \,;$$

令 $f(\omega) = \mathrm{e}^{it\omega}$ 以及 $x = 0$，或有

$$\mathrm{e}^{it\omega}\delta(\omega) = \mathrm{e}^{it \cdot 0}\delta(\omega) = \delta(\omega) \,;$$

考虑到上式，从 $\delta$ -函数的逆傅氏表达式，可得

$$[\delta(\omega)]^2 = \frac{1}{2\pi} \lim_{\tau \to \infty} \int\limits_{-\tau/2}^{\tau/2} [\mathrm{e}^{i\omega t}\delta(\omega)]\mathrm{d}t = \frac{1}{2\pi} \lim_{\tau \to \infty} \int\limits_{-\tau/2}^{\tau/2} [\mathrm{e}^{i\omega 0}\delta(\omega)]\mathrm{d}t$$

$$= \lim_{\tau \to \infty} \left( \frac{\tau}{2\pi} \delta(\omega) \right),$$

这就是 (1.70)式。考虑到它以及辐射功率定义式，$I^{\sigma} = \lim\limits_{\tau \to \infty} \dfrac{U^{\sigma}}{\tau}$，并把(1.68)式代入 (1.69)式,得到单个荷电粒子在等离子体中自发的切伦柯夫辐射功率：

$$I^{\sigma} = \int \frac{\mathrm{d}\mathbf{k}}{(2\pi)^3} \left[ \frac{8\pi^2 q^2 \left| \mathbf{e}^{\sigma*}(\mathbf{k}) \cdot \mathbf{v} \right|^2 \delta(\omega^{\sigma} - \mathbf{k} \cdot \mathbf{v})}{\frac{1}{\omega^{\sigma}(\mathbf{k})} \frac{\partial}{\partial \omega} \left[ \omega^2 \varepsilon(\omega, \mathbf{k}) \right]_{\omega = \omega^{\sigma}}} \right]. \tag{1.71}$$

由于高频电磁波的相速大于光速，等离子体中匀速运动的带电粒子仍

不能辐射这种高频横波。诚然，在普通介质，例如空气、玻璃和水等之中，由于高频横波的相速不再大于光速，带电粒子和磁单极子的切伦柯夫辐射仍是可能的。这时介电张量 $\varepsilon_{ij}(\omega,\mathbf{k})$ 退化为 $\varepsilon\delta_{ij}$，$\varepsilon$ 为介质的介电常数。这时，上式成为

$$I^t = \int \frac{2\omega^t(\mathbf{k})\mathrm{q}^2\left|\mathbf{e}^{t^*}(\mathbf{k})\cdot\mathbf{v}\right|^2}{\dfrac{\mathrm{d}}{\mathrm{d}\omega}\left[\omega^2 n^2(\omega)\right]_{\omega=\omega^t}}\delta(\omega^t-\mathbf{k}\cdot\mathbf{v})\frac{\mathrm{d}\mathbf{k}}{2\pi},$$

其中 $n(\omega)$ 为折射率：$n(\omega)=c\big/\mathrm{v}_p=\varepsilon^{1/2}(\omega)$。在高频横波情况下，上式中的极化矢量 $\mathbf{e}^t(\mathbf{k})$ 有两个方向，$\mathbf{e}^{(1)},\mathbf{e}^{(2)}$，因而总辐射谱功率是这两部分之和，即正比于 $\left|\mathbf{e}^{(1)}\cdot\mathbf{v}\right|^2+\left|\mathbf{e}^{(2)}\cdot\mathbf{v}\right|^2$。注意，$\mathbf{e}^{(1)},\mathbf{e}^{(2)},\mathbf{k}/k$ 构成酉空间中三维正交标基，

$$e_i^{(1)}e_j^{(1)*}+e_i^{(2)}e_j^{(2)*}=\delta_{ij}-k_i k_j/k^2,$$

因而

$$\left|\mathbf{e}^{(1)}\cdot\mathbf{v}\right|^2+\left|\mathbf{e}^{(2)}\cdot\mathbf{v}\right|^2=\left(e_i^{(1)}e_j^{(2)*}+e_i^{(2)}e_j^{(2)*}\right)\mathrm{v}_i\mathrm{v}_j$$

$$\begin{aligned}&=\left(\delta_{ij}-k_i k_j/k^2\right)\mathrm{v}_i\mathrm{v}_j=\mathrm{v}^2-\left(\mathbf{k}\cdot\mathbf{v}/k\right)^2;\\&=\mathrm{v}^2\sin^2\theta\end{aligned}\qquad(1.72)$$

由于 $n(\omega)=kc/\omega$，以及 $\mathrm{d}\mathbf{k}=2\pi k^2\mathrm{d}k\mathrm{d}(-\cos\theta)$，即有

$$I^t=\int\frac{q^2\mathrm{v}^2\sin^2\theta\mathrm{d}(-\cos\theta)}{n(\omega^t)\dfrac{\mathrm{d}}{\mathrm{d}\omega}\left[\omega n(\omega)\right]_{\omega=\omega^t}}\delta(\omega^t-\mathbf{k}\cdot\mathbf{v})\frac{n^2(\omega^t)}{c^2}(\omega^t)^2\frac{\dfrac{\mathrm{d}}{\mathrm{d}\omega^t}\left[\omega^t n(\omega^t)\right]\mathrm{d}\omega^t}{c}$$

$$=\frac{q^2\mathrm{v}^2}{c^3}\int\mathrm{d}\omega(\omega)^2 n(\omega)\int_{-1}^{1}\sin^2\theta\delta\left(\omega-\mathrm{v}\frac{\omega n(\omega)}{c}\cos\theta\right)\mathrm{d}(\cos\theta);$$

完成上面的积分，就得到

$$I^t=\frac{q^2\mathrm{v}}{c^2}\int_{\mathrm{v}>\frac{c}{n(\omega)}}\mathrm{d}\omega\omega\left(1-\frac{c^2}{\mathrm{v}^2 n^2(\omega)}\right).\qquad(1.73)$$

这就是著名的塔姆—弗朗克(Tamm-Frank) 公式，他们在这方面的创新研究荣获诺贝尔物理奖。

类似地，我们可以计算磁单极子在普通介质中的切伦柯夫辐射功率，这时高频横波的相速小于光速。在此情况下，我们获得 (Li, 1986)

$$I_{\mathrm{g}}^{t} = \frac{\mathrm{g}^2 \mathrm{v}}{c^2} \int_{\mathrm{v} > \frac{c}{n(\omega)}} \mathrm{d}\omega \, \omega n^2(\omega) \left( 1 - \frac{c^2}{\mathrm{v}^2 n^2(\omega)} \right) . \tag{1.74}$$

（1.74）和（1.73）两式相比较，我们看到两者在数量上和性质上都有很大的不同。磁单极子的磁荷 $\mathrm{g} \approx 70q$，而 $n(\omega) \gg 1$（在积分范围）。因此（1.74）式的积分值很大于（1.73）式的值。

另一方面，由于（1.74）式被积函数比（1.73）式的被积函数多了一个乘子 $n^2(\omega)$，因而谱的特征也很不同于荷电粒子的情况。实验物理学家总是不倦地试图在地球上探测到磁单极子，注意到磁单极子与荷电粒子切伦柯夫辐射（在普通介质中）之间的实质性差别，总会对鉴别是否是磁单极子来说是很有用处的。

### 1.6c 荷电粒子的迴旋辐射

在均匀外磁场作用下，众所周知带电粒子将做螺旋运动。这时，相对论粒子满足洛伦兹 (Lorentz) 方程 ($\mathbf{B}_0 = B_0 \hat{\mathbf{z}}$)，

$$\frac{\mathrm{d}}{\mathrm{d}t}(\gamma m \mathbf{v}) = \mathbf{F} = \frac{q}{c} \mathbf{v} \times \mathbf{B}_0 , \tag{1.75}$$

其中，$\gamma$ 为洛伦兹因子。注意到，洛伦兹力对粒子不作功：$\frac{\mathrm{d}\varepsilon}{\mathrm{d}t} \equiv \frac{\mathrm{d}}{\mathrm{d}t}(\gamma m c^2) = \mathbf{F} \cdot \mathbf{v} = 0$，即 $\frac{\mathrm{d}\gamma}{\mathrm{d}t} = 0$。因而上式的解为

$$\mathrm{v}_x = \mathrm{v}_\perp \cos(\omega_B t + \varphi_0), \quad \mathrm{v}_y = -\mathrm{v}_\perp \sin(\omega_B t + \varphi_0), \quad \mathrm{v}_z \equiv \mathrm{v}_\parallel = \text{const.} \tag{1.76a}$$

再积分一次，可得

$$\begin{aligned} x &= x_0 + \frac{\mathrm{v}_\perp}{\omega_B} \sin(\omega_B t + \varphi_0), \\ y &= y_0 + \frac{\mathrm{v}_\perp}{\omega_B} \cos(\omega_B t + \varphi_0), \quad z = \mathrm{v}_\parallel t + z_0 ; \end{aligned} \tag{1.76b}$$

其中，$\omega_B = qcB_0/\varepsilon$ 是迴旋频率；$\mathrm{v}_\perp$ 为垂直于磁场的速度。

把解 (1.76b) 式代入 (1.59) 式，其中指数函数为

$$\begin{aligned} \exp[-i(\mathbf{k} \cdot \mathbf{r}(t) - \omega t)] = &\exp[-i\mathbf{k} \cdot \mathbf{r}_0 + i(\omega - k_\parallel \mathrm{v}_\parallel)t \\ &- i k_\perp (\mathrm{v}_\perp / \omega_B) \sin(\varphi_0 + \psi + \omega_B t)], \end{aligned}$$

在上式中已假定 $\mathbf{k}=(k_\perp\cos\psi, k_\perp\sin\psi, k_q)$，$k_\parallel=k_z$。利用众所周知的贝塞尔(Bessel)函数公式

$$\mathrm{e}^{-i\xi\sin\phi}=\sum_{v=-\infty}^{\infty}\mathrm{e}^{-iv\phi}J_v(\xi),$$

可以得到如下等式

$$\exp[-ik_\perp(\mathrm{v}_\perp/\omega_B)\sin(\varphi_0+\psi+\omega_B t)]$$

$$=\sum_{s=-\infty}^{\infty}\exp[-is(\varphi_0+\psi+\omega_B t)]J_s(k_\perp\mathrm{v}_\perp/\omega_B);$$

选择 $\psi=0$（即 $\mathbf{x}$ 在 $\mathbf{k}, \mathbf{B}_0$ 平面上），并利用公式

$$(\mathrm{e}^{\pm i\phi})(\sum_{s=-\infty}^{\infty}\mathrm{e}^{-is\phi}J_s(z))=\sum_{s=-\infty}^{\infty}\mathrm{e}^{-i(s\mp1)\phi}J_s(z)=\sum_{s=-\infty}^{\infty}\mathrm{e}^{-is\phi}J_{s\pm1}(z),$$

我们就得到

$$\mathbf{v}(t)\exp[-i(k_\perp\mathrm{v}_\perp/\omega_B)\sin(\varphi_0+\omega_B t)]$$

$$=\sum_{s=-\infty}^{\infty}\exp[-is(\varphi_0+\omega_B t)\mathbf{\Gamma}(\mathbf{k},\mathbf{p},s),$$

其中

$$\mathbf{\Gamma}(\mathbf{k},\mathbf{p},s)=(\frac{s}{z}\mathrm{v}_\perp J_s(z), \quad -i\mathrm{v}_\perp\frac{\mathrm{d}J_s(z)}{\mathrm{d}z}, \quad \mathrm{v}_\parallel J_s(z)), \quad z=\frac{k_\perp\mathrm{v}_\perp}{\omega_B}. \tag{1.77}$$

于是，由（1.59）式可得流

$$\mathbf{j}(\omega,\mathbf{k})=\frac{q}{(2\pi)^3}\exp(-i\mathbf{k}\cdot\mathbf{r}_0)\sum_{s=-\infty}^{\infty}\exp(-is\varphi_0)\mathbf{\Gamma}(\mathbf{k},\mathbf{p},s)\delta(\omega-s\omega_B-k_\parallel\mathrm{v}_\parallel). \tag{1.78}$$

把上式代入（1.58）式，需要计算

$$\left|\mathbf{e}^{\sigma*}(\mathbf{k})\cdot\mathbf{j}(\omega^\sigma,\mathbf{k})\right|^2=[\mathbf{e}^{\sigma*}(\mathbf{k})\cdot\mathbf{j}(\omega^\sigma,\mathbf{k})][\mathbf{e}^\sigma(\mathbf{k})\cdot\mathbf{j}^*(\omega^\sigma,\mathbf{k})];$$

从（1.78）式可以看到它等于

$$\frac{q^2}{(2\pi)^6}\sum_s\sum_{s'}\exp[-i(s-s')\varphi_0](\mathbf{\Gamma}_s\cdot\mathbf{e}^{\sigma*})(\mathbf{\Gamma}_{s'}^*\cdot\mathbf{e}^\sigma)$$

$$\delta(\omega-s\omega_B-k_\parallel\mathrm{v}_\parallel)\delta(\omega-s'\omega_B-k_\parallel\mathrm{v}_\parallel);$$

对上式进行关于初位相 $\varphi_0$ 的平均，利用

$$\frac{1}{2\pi}\int\exp[-i(s-s')\varphi_0]\mathrm{d}\varphi_0=\delta_{ss'}$$

及 (1.70)式，得到

$$\frac{q^2}{(2\pi)^6}\sum_{s=-\infty}^{\infty}\left|\mathbf{\Gamma}(\mathbf{k},\mathbf{p},s)\cdot\mathbf{e}^{\sigma*}(\mathbf{k})\right|^2\delta^2(\omega-s\omega_B-k_{\parallel}\mathbf{v}_{\parallel})$$

$$=\frac{q^2}{(2\pi)^6}\sum_{s=-\infty}^{\infty}\left|\mathbf{\Gamma}(\mathbf{k},\mathbf{p},s)\cdot\mathbf{e}^{\sigma*}(\mathbf{k})\right|^2\frac{\tau}{2\pi}\delta(\omega-s\omega_B-k_{\parallel}\mathbf{v}_{\parallel}).$$

故由（1.58）式得到荷电粒子迴旋辐射的谱功率为

$$I^{\sigma}(\mathbf{k})=\frac{U^{\sigma}(\mathbf{k})}{\tau}\bigg|_{\tau\to\infty}=\frac{2q^2}{(2\pi)^6}\frac{\omega^{\sigma}(\mathbf{k})}{\dfrac{\partial}{\partial\omega}(\omega^2\varepsilon(\omega,\mathbf{k}))\big|_{\omega=\omega^{\sigma}(\mathbf{k})}}$$

$$\times\sum_{s=-\infty}^{\infty}\left|\mathbf{\Gamma}(\mathbf{k},\mathbf{p},s)\cdot\mathbf{e}^{\sigma*}(\mathbf{k})\right|^2\delta(\omega-s\omega_B-k_{\parallel}\mathbf{v}_{\parallel}),$$

$$I=\int I^{\sigma}(\mathbf{k})\mathrm{d}\mathbf{k}\,. \tag{1.79}$$

如果在磁场中运动的粒子是相对论性的，那么它们自发迴旋辐射通常被称之为同步加速辐射。这种辐射比起迴旋辐射来说，有两个周知特征：第一是它的高次谐波上有明显的辐射；从 $\delta-$ 函数的宗量，$\omega^{\sigma}=s\omega_B/(1-n(\omega)\beta_\bullet\cos\theta)$，可看到，高频辐射对应于 $s$ 也很大，而且也看到对 $n(\omega)\equiv c/\mathrm{v}_p<1$ 的等离子体，$s$ 不能为负。据此，我们可用对 $s$ 的积分代替对它的求和。第二个特性是它的方向图很窄。事实上，在粒子速度(瞬时)为静止的坐标系中，粒子的辐射由通常的偶极辐射公式确定，其电偶极轴是沿瞬时加速度方向的，在作了洛伦兹变换回到实验室坐标以后，就使辐射方向锥的角半宽为 $\sim1/\gamma\ll1$，因而辐射方向角 $\theta$（$\mathbf{k}$ 与 $\mathbf{B}_0$ 夹角）和粒子仰角 $\alpha$（$\mathbf{v}$ 与 $\mathbf{B}_0$ 夹角）近乎相等。下面我们给出相对论粒子按角度平均的同步加速辐射的表达式。我们可选择辐射出的高频横波波矢和两个极化矢量如下：

$$\mathbf{k}/k=(\sin\theta,0,\cos\theta),\quad\mathbf{e}^1=(\cos\theta,0,-\sin\theta),\quad\mathbf{e}^2=(0,1,0),$$

总辐射当然是相应于两部分之和；把 (1.77)式代入 (1.79)式，我们获得

$$I^{\sigma}=2\pi\int_{-1}^{1}\mathrm{d}\cos\theta\int_{0}^{\infty}\mathrm{d}\omega\overline{\eta}(\omega,\theta), \tag{1.80}$$

式中，$\overline{\eta}(\omega,\theta)$ 是按粒子仰角 $\alpha$ 平均的谱功率，

$$\overline{\eta}(\omega,\theta)=\frac{1}{2}\int_{-1}^{1}\mathrm{d}\cos\alpha[\eta(\omega,\theta,\alpha)]=\frac{1}{2}\frac{n(\omega)\omega^2q^2}{2\pi c}\times$$

$$\int\limits_0^\infty \mathrm{d}s \int\limits_{-1}^1 \mathrm{d}(\cos\alpha)\beta_\perp^2 \left\{ \left[ \frac{p}{x}J_s(sx) \right]^2 + \left[ J_s'(sx) \right]^2 \right\} \delta(\omega - s\omega_B - k_\parallel v_\parallel),$$

上式的 $x$ 及 $p$ 都是 $\alpha$ 和 $\theta$ 的函数。利用 $\alpha \approx \theta$ 及贝塞尔函数的性质，我们可以估算上面的积分。然而这种估算是很繁杂的；为使本书主体内容有足够的篇幅，我们不在此给出估算过程而只给出结果，有兴趣的读者可以在给出的参考书中找到 (李晓卿，1987)：

$$\overline{\eta}(\omega,\theta) = \frac{\sqrt{3}}{8\pi^2 c}\frac{q^2}{\gamma}\xi(\omega_{B\alpha}\sin\theta)\frac{\omega}{\omega_c}\int\limits_{\omega/\omega_c}^\infty \mathrm{d}t K_{5/3}(t)\,, \tag{1.81a}$$

式中，$K_\nu$ 为麦克唐纳 (McDonald) 函数，而

$$\omega_{B\alpha} = \frac{qB_0}{mc}, \quad \omega_c = 3\omega_{B\alpha}\xi^3\sin\theta\Big/2\gamma, \quad \xi = \gamma(1+\frac{\gamma^2\omega_{pe}^2}{\omega^2})^{-1/2}\,. \tag{1.81b}$$

### 1.6d 相对论性电子在弯曲磁场中的辐射

当相对论性荷电粒子以小迥旋半径围绕弯曲磁力线作螺旋线运动时，它将感受到一个垂直于力线的惯性离心力 $\mathbf{F}_\perp = m\gamma v_\parallel^2 \mathbf{R}/R^2$ 的作用，其中 $R$ 为弯曲力线的曲率半径，而 $v_\parallel$ 为沿力线的速度；在此情况下，粒子将要发生横向漂移。我们可以在洛伦兹方程 (1.75) 右边加上一种非磁性的横向作用力，并让它与漂移速度(常数)项相平衡：$\frac{q}{c}\mathbf{v}_D\times\mathbf{B} + \mathbf{F}_\perp = 0$，这时横向运动方程和 (1.75)式相同，描写一种绕力线的螺旋轨道运动；而同时粒子以 $\mathbf{v}_D = c\mathbf{F}_\perp\times\mathbf{B}\Big/qB^2$，即

$$\mathbf{v}_D = \frac{m\gamma cv_{//}^2}{qB^2R^2}\mathbf{R}\times\mathbf{B}$$

做横向漂移。对于极端相对论情形下（$v\sim c$），且 $\alpha$ 很小时，漂移速度的量值为

$$v_D \approx \frac{m\gamma c^3}{qBR}\,.$$

对于有弯曲力线的脉冲星，上式中各量的量级为 (cm·g·s)：$\dfrac{q}{m_e}\sim 10^{17}$，

$\gamma\sim 10^7$，$R\sim 10^8$，$B\sim 10^6$；即 $v_D\approx 10^6 \ll v\sim c$，故可以略去漂移的影响。

电子的运动轨道 $\mathbf{r}(t)$ 可写成：$\mathbf{r}(t)=\mathbf{r}_G(t)+\mathbf{r}_1(t)$，其中 $\mathbf{r}_G(t)$ 是引导中心的轨道，在略去横向漂移情况下，它就是弯曲力线迹 ； $\mathbf{r}_1(t)$ 是电子绕引导中心做迴旋运动的轨道。对于很短的一段任意弯曲的轨道，在足够的精度范围内，可用(时间的)三次曲线来逼近；换言之，$\mathbf{r}_G(t)$ 可按 $t$ 展开到第三次项，而 $\mathbf{r}_1(t)$ 看作小的扰动项：

$$\mathbf{r}(t) \approx \mathbf{r}_{G0} + t\frac{\mathrm{d}\mathbf{r}_G(t)}{\mathrm{d}t}\Big|_{t=0} + \frac{1}{2}t^2\frac{\mathrm{d}^2\mathbf{r}_G(t)}{\mathrm{d}t^2}\Big|_{t=0} + \frac{1}{6}t^3\frac{\mathrm{d}^3\mathbf{r}_G(t)}{\mathrm{d}t^3}\Big|_{t=0} + \mathbf{r}_1(t) \quad (1.82)$$

假设磁场的切向单位矢量为 $\mathbf{b}$ ，则上式各阶导数为

$$\frac{\mathrm{d}\mathbf{r}_G(t)}{\mathrm{d}t} = \beta c\mathbf{b}, \quad \frac{\mathrm{d}^2\mathbf{r}_G(t)}{\mathrm{d}t^2} = \frac{\mathrm{d}\mathbf{v}}{\mathrm{d}t} = \mathbf{v}\frac{\mathrm{d}\mathbf{b}}{\mathrm{d}t} = \mathbf{v}\frac{\mathrm{d}\mathbf{b}}{\mathrm{d}l}\frac{\mathrm{d}l}{\mathrm{d}t} = \mathbf{v}^2(\mathbf{b}\cdot\nabla)\mathbf{b},$$

$$\frac{\mathrm{d}^3\mathbf{r}_G(t)}{\mathrm{d}t^3} = \frac{\mathrm{d}}{\mathrm{d}t}(\mathbf{v}\frac{\mathrm{d}\mathbf{b}}{\mathrm{d}l}\frac{\mathrm{d}l}{\mathrm{d}t}) = \mathbf{v}^2\frac{\mathrm{d}}{\mathrm{d}l}\frac{\mathrm{d}\mathbf{b}}{\mathrm{d}t} = (\beta c)^3(\mathbf{b}\cdot\nabla)^2\mathbf{b},$$

其中 $\beta = \mathbf{v}/c$ ， $\mathbf{v}$ 为引导中心的速度（已略去了漂移速度），$\mathbf{r}_{G0}$ 为初始时刻引导中心的位矢。于是，我们有

$$\mathbf{r}(t) \approx \mathbf{r}_{G0} + \beta c\mathbf{b}t + \frac{1}{2}(\beta c)^2(\mathbf{b}\cdot\nabla)\mathbf{b}t^2 + \frac{1}{6}(\beta c)^3(\mathbf{b}\cdot\nabla)^2\mathbf{b}t^3 + \mathbf{r}_1(t), \quad (1.83a)$$

$$\mathbf{v}(t) = \frac{\mathrm{d}\mathbf{r}(t)}{\mathrm{d}t} = \mathbf{v}_0(t) + \dot{\mathbf{r}}_1 \approx \beta c\mathbf{b} + (\beta c)^2(\mathbf{b}\cdot\nabla)\mathbf{b}t + \dot{\mathbf{r}}_1. \quad (1.83b)$$

在式中，我们略去了第三阶小振幅项：$\frac{1}{2}(\beta c)^3(\mathbf{b}\cdot\nabla)^2\mathbf{b}t^2 \sim \beta^3$ 。将(1.83)式代入（1.59）式，展开 $\exp(-i\mathbf{k}\cdot\mathbf{r}_1) \approx 1 - i\mathbf{k}\cdot\mathbf{r} + \cdots$，并略去相对于扰动量 $\mathbf{r}_1$ 而言的二阶小振幅项后，可得

$$\mathbf{j}(\omega,\mathbf{k}) = \mathbf{j}_1(\omega,\mathbf{k}) + \mathbf{j}_2(\omega,\mathbf{k}), \quad (1.84)$$

其中 $\mathbf{j}_1$ 与曲率辐射情形(Li and Li, 1988) 完全相同，

$$\mathbf{j}_1(\omega,\mathbf{k}) = -q\exp(-i\mathbf{k}\cdot\mathbf{r}_{G0})\int\frac{\mathrm{d}t}{(2\pi)^4}[\mathbf{a}_1 + \mathbf{a}_2t]\exp[i(\omega_1t + \omega_2t^2 + \omega_3t^3)], \quad (1.85)$$

而由扰动项 $\mathbf{r}_1$ 引起的 $\mathbf{j}_2$ 为

$$\mathbf{j}_2(\omega,\mathbf{k}) = -q\exp(-i\mathbf{k}\cdot\mathbf{r}_{G0})\int_{-\infty}^{\infty}\frac{\mathrm{d}t}{(2\pi)^4}[\dot{\mathbf{r}}_1(t) - i(\mathbf{k}\cdot\mathbf{r}_1)\mathbf{a}_1] \times$$

$$\exp[i(\omega_1t + \omega_2t^2 + \omega_3t^3)], \quad (1.86)$$

式中，

$$\mathbf{a}_1 = \beta c \mathbf{b}, \quad \mathbf{a}_2 = (\beta c)^2 (\mathbf{b} \cdot \nabla) \mathbf{b}, \quad \omega_1 = \omega - \beta c \mathbf{k} \cdot \mathbf{b},$$

$$\omega_2 = -\frac{1}{2} (\beta c)^2 \mathbf{k} \cdot (\mathbf{b} \cdot \nabla) \mathbf{b}, \quad \omega_3 = -\frac{1}{6} (\beta c)^3 \mathbf{k} \cdot (\mathbf{b} \cdot \nabla)^2 \mathbf{b}. \tag{1.87}$$

在 (1.85)式中做积分元代换：$t = t' + \chi$，并选择 $\chi$ 使其指数中 $t'$ 的二次项为零，于是 (1.85)式变成为

$$\mathbf{j}_1(\omega, \mathbf{k}) = -q \exp(iA - i\mathbf{k} \cdot \mathbf{r}_{G0}) \int_{-\infty}^{\infty} \frac{\mathrm{d}t}{(2\pi)^4} \left[ \left( \mathbf{a}_1 - \frac{\omega_2}{3\omega_3} \mathbf{a}_2 \right) + \mathbf{a}_2 t \right] \exp\left[ i(at + \omega_3 t^3) \right],$$

$$\tag{1.88}$$

其中，

$$A = \frac{\omega_2^3}{9\omega_3^2} - \frac{\omega_1 \omega_2}{3\omega_3} - \frac{\omega_2^3}{27\omega_3^2}, \quad a = \omega_1 - \frac{\omega_2^2}{3\omega_3}. \tag{1.89}$$

利用如下艾里(Airy)积分公式

$$\int_{-\infty}^{\infty} \mathrm{d}t \cdot \exp\left[ i(xt + at^3) \right] = Ai(x, a) \equiv \frac{2}{\sqrt{3}} \left( \frac{x}{3a} \right)^{1/2} K_{1/2} \left( \frac{2}{3} \frac{x^{3/2}}{(3a)^{1/2}} \right), \tag{1.90a}$$

$$\int_{-\infty}^{\infty} t \cdot \exp\left[ i(xt + at^3) \right] \mathrm{d}t = \frac{2i}{\sqrt{3}} \left( \frac{x}{3a} \right) K_{2/3} \left( \frac{2}{3} \frac{x^{3/2}}{(3a)^{1/2}} \right), \tag{1.90b}$$

可以得到

$$\mathbf{j}_1(\omega, \mathbf{k}) = -q \cdot \exp(iA - i\mathbf{k} \cdot \mathbf{r}_{G0}) \left[ \mathbf{c}_1 K_{1/3}(z) + \mathbf{c}_2 K_{2/3}(z) \right] \frac{1}{(2\pi)^4}, \tag{1.91}$$

式中，

$$\mathbf{c}_1 = \frac{2}{\sqrt{3}} \left( \frac{a}{3\omega_3} \right)^{1/2} \left( \mathbf{a}_1 - \frac{\omega_2}{3\omega_3} \mathbf{a}_2 \right) = c_1 \left( \mathbf{a}_1 - \frac{\omega_2}{3\omega_3} \mathbf{a}_2 \right),$$

$$\mathbf{c}_2 = \frac{2}{\sqrt{3}} \left( \frac{\omega_1}{3\omega_3} - \frac{\omega_2^2}{9\omega_3^2} \right) i\mathbf{a}_2 = ic_2 \mathbf{a}_2, \quad z = \frac{2}{3} \frac{a^{3/2}}{(3\omega_3)^{1/2}}. \tag{1.92}$$

类似地可将 $\mathbf{j}_2$ 写成

$$\mathbf{j}_2(\omega, \mathbf{k}) = -q \exp(iA - i\mathbf{k} \cdot \mathbf{r}_{G0}) \int_{-\infty}^{\infty} \frac{\mathrm{d}t}{(2\pi)^4} \left[ \dot{\mathbf{r}}_1 - i(\mathbf{k} \cdot \mathbf{r}_1) \mathbf{a}_1 \right] \exp\left[ i(at + \omega_3 t^3) \right].$$

$$\tag{1.93}$$

假设某时刻电子所在处磁场的曲率半径为 $\rho$，建立如下坐标系：原点位于引导中心，电子的回旋平面位于 $(x', z')$ 平面，原点处磁场沿 $x'$ 方向，波矢方向与 $x'$ 夹角为 $\theta$（如图），则

$$\mathbf{r}_1 = (r_B \cos \omega_B t)\mathbf{e}_{x'} + (r_B \sin \omega_B t)\mathbf{e}_{z'},$$

$$\mathbf{k} = k(\cos \theta, 0, \sin \theta),$$

其中 $\omega_B = qB/\gamma mc$ 和 $r_B = v_\perp/\omega_B$ 分别为相对论性电子的回旋频率和回旋半径。 建立固定坐标系 $0 - xyz$，使其的 $z$ 轴与 $z'$ 平行。我们近似地认为原点 $0$ 就是磁力线的曲率中心，并设 $t=0$ 时，$y'$ 与 $y$ 重合，则

$$e_y' = (\sin \Omega_0 t, \cos \Omega_0 t, 0)$$

其中 $\Omega_0 = v\cos \alpha / \rho$，式中 $v$ 为电子的速率（$v \sim c$），$\alpha$ 为电子速度与磁场的夹角。于是有

$$\mathbf{r}_1 = r_B \left(\sin \Omega_0 t \cos \omega_B t, \cos \Omega_0 t \cos \omega_B t, \sin \omega_B t\right),$$

$$\begin{aligned}
\mathbf{r}_1' = &\, r_B \left(\Omega_0 \cos \Omega_0 t \cos \omega_B t - \omega_B \sin \Omega_0 t \sin \omega_B t\right)\mathbf{e}_x - \\
&\, r_B \left(\Omega_0 \sin \Omega_0 t \cos \omega_B t + \omega_B \cos \Omega_0 t \sin \omega_B t\right)\mathbf{e}_y + \\
&\, r_B \omega_B \cos \omega_B t \mathbf{e}_z,
\end{aligned}$$

$$i(\mathbf{k} \cdot \mathbf{r}_1)\mathbf{a}_1 = ikr_B \left(\sin \Omega_0 t \cos \omega_B t \cos \theta + \sin \omega_B t \sin \theta\right)\beta c \mathbf{e}_x \; ;$$

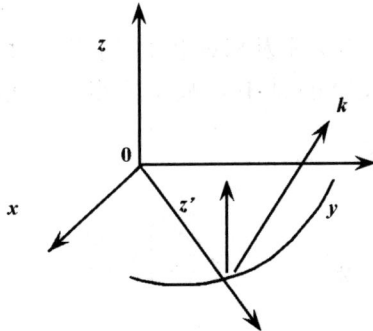

图 1-1

把它们代入（1.93）式后会出现很多积分，其被积函数为正弦函数、余弦

函数和指数函数的乘积，例如，$\int \sin \omega_B t \sin \Omega_0 t \exp(iat + i\omega_3 t^3) \mathrm{d}t$。由卷积定理 (1.11b) 式可算出这些积分：$(\sin \omega_B t \sin \Omega_0 t)$ 函数可变换成指数函数，因而其傅氏"原"函数为狄拉克( Dirac)函数($\delta$-函数)；而从 (1.90a) 式可看到，艾里函数 $Ai(x,a)$ 是"镜"函数 $\exp(-iat^3)$ 的原函数；因此，这种积分就变成为艾里函数与 $\delta$ 函数乘积的积分，这是很易计算的。考察各个积分结果可以看出，这些式子中将会出现很多不同宗量的 MacDonald 函数，这些宗量都是由 $\omega_B$、$\Omega_0$ 组成的频率组合项。如

$$\left(\frac{a + \omega_B + \Omega_0}{a}\right)^{\frac{1}{2}} = \left(1 + \frac{\omega_B + \Omega_0}{a}\right)^{\frac{1}{2}} ; \tag{1.94}$$

根据选定的坐标系可知，$\mathbf{k}$ 位于 $(x'z')$ 平面，而磁场的曲率方向沿（$-y'$），故 $\mathbf{k} \perp \mathbf{n}$，另一方面由于

$$(\mathbf{b} \cdot \nabla)\mathbf{b} = \mathbf{n} / \rho \ , (\mathbf{b} \cdot \nabla)^2 \mathbf{b} = -\frac{\mathbf{b}}{\rho^2} \ ,$$

则可以算出（1.87）、（1.89）两式中的各个系数如下：

$$\omega_2 = 0, \quad A = 0, \quad \mathbf{a}_1 = \beta c \mathbf{e}_x, \quad \mathbf{a}_2 = -[(\beta c)^2 / \rho]\mathbf{e}_y ,$$

$$\omega_1 = \omega - \beta c k \cos\theta, \qquad \omega_3 = \frac{1}{6}(\beta c)^3 \frac{k}{\rho^2} \cos\theta .$$

于是

$$a = \omega_1 = \omega - \beta c k \cos\theta = \omega\left(1 - \beta\cos\theta \frac{kc}{\omega}\right) . \tag{1.95}$$

根据等离子体介质的色散关系及相对论性电子的辐射特性：辐射将集中在一个沿运动方向的很窄的锥中，故 $\theta$ 角很小，展开 $\cos\theta$，并由于 $\beta \approx 1 - \frac{1}{2}\gamma^{-2}$，可得

$$a = \omega_1 \approx \frac{\omega}{2}\left(\gamma^{-2} + \theta^2 + \frac{\omega_{pe}^2}{\omega^2}\right) = \frac{\omega}{2\xi^2} , \tag{1.96a}$$

其中，

$$\xi = \left(\gamma^{-2} + \theta^2 + \frac{\omega_{pe}^2}{\omega^2}\right)^{-\frac{1}{2}}. \tag{1.96b}$$

将（1.96）式代入（1.94）式，可得 $(\omega_B \pm \Omega_0)/a = 2\xi^2(\omega_B \pm \Omega_0)/\omega$；对于脉冲星情况，$\xi \sim \gamma \sim 10^5$，$\omega_B \sim 10^6$，$\Omega_0 \sim 10^2$，$\omega \sim 10^{20}$，可见

$$\frac{2\xi^2(\omega_B + \Omega_0)}{\omega} << 1.$$

这样，所有 MacDonald 函数的宗量都可近似地认为是相同的。于是得到

$$\mathbf{j}_2(\omega, \mathbf{k}) \approx -q \cdot \exp(-i\mathbf{k} \cdot \mathbf{r}_{G0}) \frac{1}{(2\pi)^4} \frac{2}{\sqrt{3}\xi} \Big[ r_B K_{1/3}(z)\mathbf{e}_x + \rho \sin\alpha K_{1/3}(z)\mathbf{e}_z \Big],$$

$$(1.97a)$$

式中，

$$z = \frac{2}{3} \frac{a^{3/2}}{(3\omega_3)^{1/2}} \approx \frac{\omega\rho}{3\xi^3 c}.$$

$$(1.97b)$$

将（1.91）、（1.97a）两式代入（1.84）式即可得到总的流密度

$$\mathbf{j}_2(\omega, \mathbf{k}) \approx -q \cdot \exp(-i\mathbf{k} \cdot \mathbf{r}_{G0}) \frac{1}{(2\pi)^4} \frac{2}{\sqrt{3}\xi}$$

$$\times \Big[ (\rho + r_B) K_{1/3}(z)\mathbf{e}_x - \frac{i\rho}{\xi} K_{2/3}(z)\mathbf{e}_y + \rho \sin\alpha K_{1/3}(z)\mathbf{e}_z \Big]. \quad (1.98)$$

至此，我们获得了绕弯曲力线以小迴旋半径做螺旋运动粒子引起的电流；据此，从 (1.58)式可得相对论荷电粒子曲率—同步加速辐射的能谱：

$$U^\sigma(\mathbf{k}) = \frac{2e^2\rho^2}{3\pi^2\xi^3} R(\mathbf{k}) \left\{ \left[ -\sin\theta \cdot \left(1 + \frac{r_B}{\rho}\right) + \cos\theta \cdot \sin\alpha \right]^2 K_{1/3}^2(z) + \frac{1}{\xi^2} K_{2/3}^2(z) \right\},$$

$$(1.99)$$

这里已选择 $\mathbf{e}_1^\sigma = (-\sin\theta, 0, \cos\theta)$，$\mathbf{e}_2^\sigma = (0, 1, 0)$；由高频电磁波的色散关系，$\varepsilon^\sigma = (kc/\omega)^2$，可得 $R = 1/2$，为书写方便，略去波模符号 $\sigma$。因而(王惠明和李晓卿，1999)

$$U = \frac{q^2\rho^2}{3\pi c^3} \int_{-1}^{1} \mathrm{d}(\cos\theta) \int_{0}^{\infty} \mathrm{d}\omega\eta(\omega, \theta),$$

$$(1.100a)$$

其中，

$$\eta(\omega, \theta) \approx \left(1 - \frac{\omega_{pe}^2}{2\omega^2}\right) \frac{\omega^2}{\xi^2}$$

$$\times \left\{ \left[ -\sin\theta \cdot \left(1+\frac{r_B}{\rho}\right) + \cos\theta \cdot \sin\alpha \right]^2 K_{1/3}^2(z) + \frac{1}{\xi^2} K_{2/3}^2(z) \right\}. \quad (1.100b)$$

因此，我们获得了曲率—同步加速辐射的角分布能谱。类似于上节，我们也可以求出按粒子仰角 $\alpha$ 的角平均能谱，这无疑也涉及特殊函数积分性质，我们不打算给出，留给有兴趣的读者去估算。

### 1.6e 波—粒子康普顿散射

现在来考虑在没有外磁场情况下，等离子体中相对论性荷电粒子，由于散射入射波 $\sigma$，而自发辐射 $\sigma'$ 波的功率。我们用微扰法来研究荷电粒子在入射波场 $\sigma$ 的作用下的运动方程：

$$\frac{d\mathbf{p}}{dt} = \mathbf{F}(\mathbf{r},t,\mathbf{v})\,;$$

这里把外力看成为扰动项；因此，未扰运动是匀速直线运动，

$$\mathbf{p}(t) = \mathbf{p}^{(0)} + \mathbf{p}^{(1)}, \quad \mathbf{r}(t) = \mathbf{r}^{(0)}(t) + \mathbf{r}^{(1)}(t), \quad \mathbf{r}^{(0)}(t) = \mathbf{r}_0 + \mathbf{v}^{(0)}(t),$$

其中 $\mathbf{p}^{(0)}$，$\mathbf{v}^{(0)}$ 是常矢量。第一级运动方程为

$$\frac{d\mathbf{p}^{(1)}(t)}{dt} = \mathbf{F}(\mathbf{r}^{(0)}(t),t;\mathbf{v}^{(0)}) = \mathbf{F}^{(1)}(t)\,.$$

由于，$\dfrac{d\mathbf{p}^{(1)}}{dt} = m\dfrac{d}{dt}(\gamma\mathbf{v}) = m\left[\gamma^0\dfrac{d\mathbf{v}^{(1)}}{dt} + \mathbf{v}^{(0)}\dfrac{d\gamma^{(1)}}{dt}\right]$，以及功率表示式，

$\dfrac{d}{dt}(\gamma mc^2) = \mathbf{F}\cdot\mathbf{v}$，或有 $\dfrac{d\gamma^{(1)}}{dt} = \dfrac{1}{mc^2}\mathbf{F}^{(1)}\cdot\mathbf{v}^{(0)}$，因而得到

$$\frac{d^2 r_i^{(1)}(t)}{dt^2} = \frac{1}{m\gamma^{(0)}}\left(\delta_{ij} - \frac{v_i^{(0)}v_j^{(0)}}{c^2}\right)F_j^{(1)}(t)\,. \quad (1.101)$$

运动的荷电粒子产生的流（1.59）式为

$$\mathbf{j}(\mathbf{k},\omega) = q\int_{-\infty}^{\infty}\mathbf{v}(t)\exp\left[i(\omega t - \mathbf{k}\cdot\mathbf{r}(t))\right]\frac{dt}{(2\pi)^4}\,,$$

被积函数正比于 $(\mathbf{v}^{(0)} + \mathbf{v}^{(1)}(t))\exp\left[-i\mathbf{k}\cdot(\mathbf{r}_0 + \mathbf{r}_1)\right]$，展开（假定 $|\mathbf{k}\cdot\mathbf{r}_1| \ll 1$），得到第一级流：

$$\mathbf{j}^{(1)}(\mathbf{k},\omega) = q\int_{-\infty}^{\infty}\frac{dt}{(2\pi)^4}\left\{\mathbf{v}^{(1)}(t) - (i\mathbf{k}\cdot\mathbf{r}^{(1)}(t))\mathbf{v}^{(0)}\right\}\cdot\exp\left[-i(\mathbf{k}\cdot\mathbf{r}^{(0)}(t) - \omega t)\right]. \quad (1.102)$$

把 $\mathbf{r}^0(t) = \mathbf{r}_0 + \mathbf{v}^{(0)}t$ 代入，对被积函数第一项分部积分一次，由于在 $\pm\infty$ 点处存在高速振荡因子，分部积分中的首项趋于 0，故它为

$$\frac{q}{(2\pi)^4} \int_{-\infty}^{\infty} \mathrm{d}t \, \frac{\mathrm{e}^{-i\mathbf{k}\cdot\mathbf{r}_0} \cdot \mathrm{e}^{i(\omega - \mathbf{k}\cdot\mathbf{v}^{(0)})t}}{i(\mathbf{k}\cdot\mathbf{v}^{(0)} - \omega)} \dot{\mathbf{v}}^{(1)} \, ;$$

同样对（1.102）式中的第二个积分分部积分两次，就有

$$\frac{iq}{(2\pi)^4} e^{-i\mathbf{k}\cdot\mathbf{r}_0} \int_{-\infty}^{\infty} \frac{\mathbf{v}^{(0)}(\mathbf{k}\cdot\dot{\mathbf{v}}^{(1)})}{(\omega - \mathbf{k}\cdot\mathbf{v}^{(0)})^2} \cdot e^{i(\omega - \mathbf{k}\cdot\mathbf{v}^{(0)})t} \mathrm{d}t \, ;$$

因此有（略去上标 "0"：$\mathbf{v}^{(0)} \equiv \mathbf{v}$ ）

$$j_i^{(1)}(\omega, \mathbf{k}) = \frac{iq \cdot \exp(-i\mathbf{k}\cdot\mathbf{r}_0)}{(\omega - \mathbf{k}\cdot\mathbf{v})^2} g_{ij}(\mathbf{k}, \omega, \mathbf{v}) \int_{-\infty}^{\infty} \frac{\mathrm{d}t}{(2\pi)^4} \ddot{r}_j^{(1)} e^{i(\omega - \mathbf{k}\cdot\mathbf{v})t} \quad , \qquad (1.103)$$

其中，

$$g_{ij}(\mathbf{k}, \omega, \mathbf{v}) = (\omega - \mathbf{k}\cdot\mathbf{v})\delta_{ij} + k_j \mathrm{v}_i \quad . \qquad (1.104)$$

现在，在康普顿(Compton)散射情况下，入射波场的电磁力就是扰动力

$$\mathbf{F}^{(1)}(\mathbf{r}, t, \mathbf{v}) = q\left[ \mathbf{E}^{\sigma}(\mathbf{r}, t) + \frac{\mathbf{v}}{c} \times \mathbf{B}^{\sigma}(\mathbf{r}, t) \right]; \qquad (1.105)$$

它的傅氏分解式为

$$F_i^{(1)}(\mathbf{r}, t, \mathbf{v}) = \int \mathrm{d}\omega \mathrm{d}\mathbf{k} e^{i(\mathbf{k}\cdot\mathbf{r} - \omega t)} q\left[ E_i^{\sigma}(\omega, \mathbf{k}) + \left( \mathbf{v} \times \left( \frac{\mathbf{k}}{\omega} \times \mathbf{E}^{\sigma}(\omega, \mathbf{k}) \right) \right)_i \right]$$

$$= \int \mathrm{d}\omega \mathrm{d}\mathbf{k} \, \frac{q}{\omega} g_{ji}(\omega, \mathbf{k}, \mathbf{v}) E_j^{\sigma}(\omega, \mathbf{k}) \exp(i(\mathbf{k}\cdot\mathbf{r} - \omega t)), \qquad (1.106)$$

其中 $g_{ji}$ 为（1.104）式的转置。于是，由于（1.101）式，（1.103）式就成为

$$j_i^{(1)}(\omega, \mathbf{k}) = \frac{iq \cdot \exp(-i\mathbf{k}\cdot\mathbf{r}_0)}{(\omega - \mathbf{k}\cdot\mathbf{v})^2} g_{ij}(\mathbf{k}, \omega, \mathbf{v})$$

$$\times \int_{-\infty}^{\infty} \frac{\left( \delta_{jl} - \dfrac{\mathrm{v}_j \mathrm{v}_l}{c^2} \right)}{m\gamma} F_l(\mathbf{r}^{(0)}(t), t, \mathbf{v}) e^{i(\omega - \mathbf{k}\cdot\mathbf{v})t} \frac{\mathrm{d}t}{(2\pi)^4} \, ;$$

把 $F_l(\mathbf{r}^{(0)}(t), t, \mathbf{v})$ 代入，并对 $t$ 积分，有

$$j_i^{(1)}(\omega, \mathbf{k}) = \frac{iq^2}{m} \frac{1}{(2\pi)^3} \int \mathrm{d}\omega' \mathrm{d}\mathbf{k}' \cdot \frac{\exp\left[-i(\mathbf{k} - \mathbf{k}')\cdot\mathbf{r}_0\right]}{\omega'} G_{ij}(\mathbf{k}, \omega; \mathbf{k}', \omega'; \mathbf{v}) \times$$

$$E_j^{\sigma}(\omega', \mathbf{k}') \cdot \delta\left\{ (\omega - \mathbf{k}\cdot\mathbf{v}) - (\omega' - \mathbf{k}'\cdot\mathbf{v}) \right\}, \qquad (1.107a)$$

其中

$$G_{ij}(\mathbf{k},\omega;\mathbf{k}',\omega';\mathbf{v}) = g_{ir}(\mathbf{k},\omega;\mathbf{v})\left(\delta_{r\ell} - \frac{\mathrm{v}_r\mathrm{v}_\ell}{c^2}\right)\frac{g_{j\ell}(\mathbf{k}',\omega',\mathbf{v})}{\gamma(\omega - \mathbf{k}\cdot\mathbf{v})^2} \quad . \tag{1.107b}$$

由于（1.107a）中有一个 $\delta$ 函数，表示 $\omega - \mathbf{k}\cdot\mathbf{v} = \omega' - \mathbf{k}'\cdot\mathbf{v}$，这是康普顿散射过程的能量—动量守恒律。在此情况下，从表式（1.104），可得到 $G_{ij}$ 是对称的：

$$G_{ij}(\mathbf{k},\omega;\mathbf{k}',\omega';\mathbf{v}) = G_{ji}(\mathbf{k}',\omega';\mathbf{k},\omega;\mathbf{v}) . \tag{1.108}$$

现在把（1.107a）式代入（1.58）式，可以得到康普顿散射所辐射 $\sigma'$ 波的能量，或得到自发辐射功率 (注意，辐射出的波模为 $\sigma'$，频率为 $\omega^{\sigma'}$，而波矢记为 $\mathbf{k}'$)：

$$P^{\sigma'}(\mathbf{k}') = \frac{U^{\sigma'}(\mathbf{k}')}{\tau}\Big|_{\tau\to\infty} = \lim_{\tau\to\infty}\frac{2}{\tau}R(\mathbf{k}')e_i^{\sigma'*}e_j^{\sigma'}\int_0^\infty d\omega\delta(\omega - \omega^{\sigma'}(\mathbf{k}'))\left(\frac{q^2}{m}\right)^2\int d\omega_1 d\mathbf{k}_1 \times$$

$$\int d\omega_2 d\mathbf{k}_2 \cdot \frac{\exp[-i(\mathbf{k}_1 - \mathbf{k}_2)\cdot\mathbf{r}_0]}{\omega_1\omega_2}G_{il}(\mathbf{k}',\omega;\mathbf{k}_1,\omega_1)E_l^\sigma(\omega_1,\mathbf{k}_1) \times$$

$$G_{js}(\mathbf{k}',\omega;\mathbf{k}_2,\omega_2)E_s^{\sigma*}(\mathbf{k}_2,\omega_2)\delta\{(\omega - \mathbf{k}'\cdot\mathbf{v}) - (\omega_1 - \mathbf{k}_1\cdot\mathbf{v})\} \times$$

$$\delta\{(\omega - \mathbf{k}'\cdot\mathbf{v}) - (\omega_2 - \mathbf{k}_2\cdot\mathbf{v})\}.$$

现在，我们涉及到入射和出射(即辐射)波；很自然，我们可以假定，波的位相是随机的，并且，这两类波仅仅是自相关的 (李晓卿，1987)：

$$\left\langle E_l^\sigma(\omega_1,\mathbf{k}_1)\cdot E_s^{\sigma*}(\mathbf{k}_2,\omega_2)\right\rangle = I_{ls,\mathbf{k}_1,\omega_1}^\sigma\delta(\omega_1 - \omega_2)\delta(\mathbf{k}_1 - \mathbf{k}_2), \tag{1.109a}$$

式中，$I_{ls,\mathbf{k}_1,\omega_1}^\sigma$ 为自相关强度，它和电场谱强度 $\left|\mathbf{E}_{\mathbf{k}_1}^\sigma\right|^2$ 有如下关系：

$$I_{ls,\mathbf{k}_1,\omega_1}^\sigma = \left|\mathbf{E}_{\mathbf{k}_1}^\sigma\right|^2 e_l^\sigma(\mathbf{k}_1)e_s^{\sigma*}(\mathbf{k}_1)\delta(\omega_1 - \omega^\sigma(\mathbf{k}_1)); \tag{1.109b}$$

现在对随机项求平均，于是有

$$P^{\sigma'}(\mathbf{k}') = \lim_{\tau\to\infty}\frac{2}{\tau}R(\mathbf{k}')e_i^{\sigma'}(\mathbf{k}')^* e_j^{\sigma'}(\mathbf{k}')\int_0^\infty d\omega\delta(\omega - \omega^{\sigma'}(\mathbf{k}'))(\frac{q^2}{m})^2\int d\omega_1 d\mathbf{k}_2 \times$$

$$\left[\omega_1^2 G_{il}(\mathbf{k}',\omega;\mathbf{k}_1,\omega_1)G_{js}(\mathbf{k}',\omega;\mathbf{k}_1,\omega_1)I_{ls,\mathbf{k}_1,\omega_1}^\sigma \times\right.$$

$$\delta^2\left\{\left(\omega - \mathbf{k}' \cdot \mathbf{v}\right) - \left(\omega_1 - \mathbf{k}_1 \cdot \mathbf{v}\right)\right\};$$

考虑到(109b)式以及（1.70）式，上式成为

$$P^{\sigma'}\left(\mathbf{k}'\right) = \frac{2}{2\pi} R(\mathbf{k}') \frac{q^4}{m^2} \int \mathrm{d}\mathbf{k}$$

$$\times \frac{\left|G^{\sigma\sigma'}\left(\mathbf{k}', \mathbf{k}, \mathbf{v}\right)\right|^2}{\left\{\omega^\sigma\left(\mathbf{k}\right)\right\}^2} \left|E_{\mathbf{k}}^\sigma\right|^2 \times \delta\left[\left(\omega^{\sigma'}\left(\mathbf{k}'\right) - \mathbf{k}' \cdot \mathbf{v}\right) - \left(\omega^\sigma\left(\mathbf{k}\right) - \mathbf{k} \cdot \mathbf{v}\right)\right]$$

$$(1.110a)$$

其中

$$G^{\sigma\sigma'}\left(\mathbf{k}', \mathbf{k}, \mathbf{v}\right) = \mathrm{e}_i^{\sigma'*}\left(\mathbf{k}'\right) \mathrm{e}_j^\sigma\left(\mathbf{k}\right) G_{ij}\left(\mathbf{k}', \omega^{\sigma'}\left(\mathbf{k}'\right); \mathbf{k}, \omega^\sigma\left(\mathbf{k}\right); \mathbf{v}\right). \qquad (1.110b)$$

因此，我们就获得了康普顿自发散射所辐射的功率

$$I^{\sigma'} = \sum_\sigma \int \mathrm{d}\mathbf{k}' P^{\sigma'}\left(\mathbf{k}'\right). \qquad (1.110c)$$

# 第二章　动力论和线性效应

他与雨淋、水冲、风吹，撞着那房子，房子总不倒塌；
因为根基立于磐石上。

*《新约》*
没有详细计算所支撑着的定性说说而已的时代，已经过去了！

V. A. Safronov (1985)

## 2.1　等离子体动力论

从现在起到下一章,我们要从等离子体动力论方程出发,详细分析湍动等离子体中的线性和非线性效应。用 $f(\mathbf{p}, \mathbf{r}, t)$ 表示等离子体中某种粒子的分布函数，它满足以下归一化条件：

$$\int f(\mathbf{p}, \mathbf{r}, t) \mathrm{d}\mathbf{p} \frac{1}{(2\pi)^3} = n(\mathbf{r}, t), \tag{2.1}$$

其中 $n(\mathbf{r}, t)$ 为该种粒子的数密度。

众所周知，等离子体中粒子分布函数 $f$ 一般满足玻尔兹曼(Boltzmann)方程

$$\frac{\partial f}{\partial t} + \mathbf{v} \cdot \frac{\partial f}{\partial \mathbf{r}} + \mathbf{F} \cdot \frac{\partial f}{\partial \mathbf{p}} = \left(\frac{\partial f}{\partial t}\right)_c ; \tag{2.2}$$

如果，我们仅研究无碰撞等离子体情况，那么上式的碰撞项为零，

$$\left(\frac{\partial f}{\partial t}\right)_c = 0 . \tag{2.3}$$

另一方面，即使在有碰撞的等离子体中，如果其内已激发起等离子体湍动，并具有大的增长率 $\gamma$，以致它远大于粒子间的碰撞频率 $\nu$：$\gamma \gg \nu$，那时（2.2）式右边的碰撞项也可略去。因此，在此情况下有

$$\frac{\partial f}{\partial t} + \mathbf{v} \cdot \frac{\partial f}{\partial \mathbf{r}} + \mathbf{F} \cdot \frac{\partial f}{\partial \mathbf{p}} = 0 \, , \tag{2.4}$$

其中, $\mathbf{F}$ 为洛伦兹力,

$$\mathbf{F} = e\left(\mathbf{E} + \frac{\mathbf{v}}{c} \times \mathbf{B}\right). \tag{2.5}$$

（2.4）式就是伏拉索夫(Vlasov)方程。等离子体 $\alpha$ -粒子分布函数 $f_\alpha$ 通过方程(2.4)和麦克斯威尔方程及流密度方程

$$\mathbf{j} = \sum_\alpha \int e_\alpha \mathbf{v} f_\alpha \frac{\mathrm{d}\mathbf{p}}{(2\pi)^3} \tag{2.6}$$

与电磁场有紧密的耦合。当然, 伏拉索夫方程是非常复杂的非线性方程组, 在时空坐标系中目前还难以求得感兴趣问题的解。通常我们总是把分布函数展开为收敛的幂级数, 并在傅里叶空间研究等离激元与荷电粒子间的相互作用, 得到问题中的控制方程; 最后通过逆傅氏变换获得在时空坐标系中的感兴趣问题的非线性方程。

基于伏拉索夫方程, 我们把分布函数和场分成规则(或未扰)部分和湍动(或扰动)部分,

$$f = f^R + f^T \, , \quad \mathbf{E} = \mathbf{E}^R + \mathbf{E}^T \, ; \tag{2.7}$$

并且为能包括具有固定位相波的相干相互作用, 我们一般不采取对湍动场做系综平均。对于规则分布函数, 认为它满足(2.4)式:

$$\frac{\partial f^R}{\partial t} + \mathbf{v} \cdot \frac{\partial f^R}{\partial \mathbf{r}} + \mathbf{F}^R \cdot \frac{\partial f^R}{\partial \mathbf{p}} = 0. \tag{2.8}$$

将(2.7)式代入(2.4)式中, 并与(2.8)式相减, 则得到

$$\frac{\partial f^T}{\partial t} + \mathbf{v} \cdot \frac{\partial f^T}{\partial \mathbf{r}} + \mathbf{F}^T \cdot \frac{\partial f^R}{\partial \mathbf{p}} + \mathbf{F}^R \cdot \frac{\partial f^T}{\partial \mathbf{p}} + \mathbf{F}^T \cdot \frac{\partial f^T}{\partial \mathbf{p}} = 0. \tag{2.9}$$

从(2.4)式～(2.6)式以及麦氏方程可以看出, 分布函数 $f$ 与电磁场有强耦合关系; 换句话说, 它是电磁场的函数。由于通过麦氏方程磁场可由电场表示, 即 $f$ 可作为电场 $E$ 的函数。假设 $|\mathbf{E}|^2$ 较弱, 更明确地说, 如果电场能量 $|\mathbf{E}|^2/8\pi$ 小于等离子体粒子的热平衡能量 $n_0 T_0$ (温度 $T_0$ 用能量为单位), 即

$$\overline{W} = \frac{|\mathbf{E}|^2}{8\pi n_0 T_0} << 1, \tag{2.10}$$

我们可以按小参量 $\bar{W}$ 来展开分布函数, 即把它展开为扰动电场的幂级数

$$f_\alpha^T = \sum_i f_\alpha^{T(i)} \ , \tag{2.11}$$

其中指标($i$)表示正比于电场的幂次。将(2.11)式代入(2.9)式, 很容易得到如下一级、二级、三级项（对电场 E 而言）的连锁方程：

$$\frac{\partial f^{T(1)}}{\partial t} + \mathbf{v} \cdot \frac{\partial f^{T(1)}}{\partial \mathbf{r}} + \mathbf{F}^T \cdot \frac{\partial f^R}{\partial \mathbf{p}} + \mathbf{F}^R \cdot \frac{\partial f^{T(1)}}{\partial \mathbf{p}} = 0 \ , \tag{2.12}$$

$$\frac{\partial f^{T(2)}}{\partial t} + \mathbf{v} \cdot \frac{\partial f^{T(2)}}{\partial \mathbf{r}} + \mathbf{F}^T \cdot \frac{\partial f^{T(1)}}{\partial \mathbf{p}} + \mathbf{F}^R \cdot \frac{\partial f^{T(2)}}{\partial \mathbf{p}} = 0 \ , \tag{2.13}$$

$$\frac{\partial f^{T(3)}}{\partial t} + \mathbf{v} \cdot \frac{\partial f^{T(3)}}{\partial \mathbf{r}} + \mathbf{F}^T \cdot \frac{\partial f^{T(2)}}{\partial \mathbf{p}} + \mathbf{F}^R \cdot \frac{\partial f^{T(3)}}{\partial \mathbf{p}} = 0 \ . \tag{2.14}$$

在对(2.12)式～(2.14)式进行谱分析的时候，需要利用两个函数乘积的傅氏表式

$$(LM)_k \equiv (LM)_{\omega,\mathbf{k}} = \frac{1}{(2\pi)^4} \int (LM) e^{i(\omega t - \mathbf{k} \cdot \mathbf{r})} \mathrm{d}t \mathrm{d}\mathbf{r}$$

$$= \frac{1}{(2\pi)^4} \int L_{k_1} e^{-i(\omega_1 t - \mathbf{k_1} \cdot \mathbf{r})} \mathrm{d}k_1 M_{k_2} e^{-i(\omega_2 t - \mathbf{k_2} \cdot \mathbf{r})} \mathrm{d}k_2 e^{i(\omega t - \mathbf{k} \cdot \mathbf{r})} \mathrm{d}t \mathrm{d}\mathbf{r}$$

$$= \int L_{k_1} M_{k_2} \mathrm{d}k_1 \mathrm{d}k_2 \int \frac{\mathrm{d}\mathbf{r}\mathrm{d}t}{(2\pi)^4} \exp\left[i(\omega - \omega_1 - \omega_2)t - i(\mathbf{k} - \mathbf{k_1} - \mathbf{k_2}) \cdot \mathbf{r}\right]$$

$$= \int L_{k_1} M_{k_2} \delta(k - k_1 - k_2) \mathrm{d}k_1 \mathrm{d}k_2 \ , \tag{2.15}$$

其中, $\mathrm{d}k = \mathrm{d}\mathbf{k}\mathrm{d}\omega$, $\delta(k - k_1 - k_2) = \delta(\mathbf{k} - \mathbf{k_1} - \mathbf{k_2})\delta(\omega - \omega_1 - \omega_2)$。为了简化计算，设规则的电磁场为零，即令 $\mathbf{F}^R = 0$，则(2.12)式～(2.14)式成为

$$i(\omega - \mathbf{k} \cdot \mathbf{v}) f_k^{T(1)} = \int \mathbf{F}_{k_1}^T \cdot \frac{\partial f_{k_2}^R}{\partial \mathbf{p}} \mathrm{d}k_1 \mathrm{d}k_2 \delta(k - k_1 - k_2) \ , \tag{2.16}$$

$$i(\omega - \mathbf{k} \cdot \mathbf{v}) f_k^{T(2)} = \int \mathbf{F}_{k_1}^T \cdot \frac{\partial f_{k_2}^{T(1)}}{\partial \mathbf{p}} \mathrm{d}k_1 \mathrm{d}k_2 \delta(k - k_1 - k_2) \ , \tag{2.17}$$

$$i(\omega - \mathbf{k} \cdot \mathbf{v}) f_k^{T(3)} = \int \mathbf{F}_{k_1}^T \cdot \frac{\partial f_{k_2}^{T(2)}}{\partial \mathbf{p}} \mathrm{d}k_1 \mathrm{d}k_2 \delta(k - k_1 - k_2) \ . \tag{2.18}$$

## 2.2 线性和非线性流

在等离子体中，流密度 $\mathbf{j}$ 可以分成 $\mathbf{j} = \mathbf{j}^R + \mathbf{j}^T$，$\mathbf{j}^T$ 按湍动电场展开为

$$\mathbf{j}^T = \sum_i \mathbf{j}^{T(i)} \ . \tag{2.19}$$

同时根据(2.6)式，有

$$\mathbf{j}^{T(i)} = \sum_\alpha \int e_\alpha \mathbf{v} f_\alpha^{T(i)} \frac{\mathrm{d}\mathbf{p}}{(2\pi)^3} \cdot \tag{2.20}$$

从(2.16)和(2.20)式很容易得出线性流

$$\mathbf{j}_k^{T(1)} = \sum_\alpha \int \frac{e_\alpha^2 \mathbf{v} \left( \mathbf{E}_{k_1}^T + \mathbf{v} \times \left[ \frac{\mathbf{k}_1}{\omega_1} \times \mathbf{E}_{k_1}^T \right] \right) \cdot \frac{\partial f_{\alpha,k_2}^R}{\partial \mathbf{p}} \mathrm{d}k_2 \mathrm{d}k_1}{i(\omega - \mathbf{k} \cdot \mathbf{v} + i\varepsilon)} \delta(k - k_1 - k_2) \frac{\mathrm{d}\mathbf{p}}{(2\pi)^3} \cdot$$

$$\tag{2.21}$$

被积函数出现一个虚部 $i\varepsilon\,(\varepsilon \to +0)$ 是按朗道约定的结果。

现在来写二级非线性流。从(2.16)式可得

$$f_{\alpha,k}^{T(1)} = \frac{e_\alpha}{i(\omega - \mathbf{k} \cdot \mathbf{v} + i\varepsilon)} \int \mathbf{E}_{k_1}^T \cdot \frac{\partial f_\alpha^R}{\partial \mathbf{p}} \delta(k - k_1) \mathrm{d}k_1$$

$$= \frac{e_\alpha}{i(\omega - \mathbf{k} \cdot \mathbf{v} + i\varepsilon)} \mathbf{E}_k^T \cdot \frac{\partial f_\alpha^R}{\partial \mathbf{p}} \cdot \tag{2.22}$$

写出上式是假定等离子体基础粒子分布是各向同性的，因而洛伦兹项消失。将(2.22)式代入(2.17)式，就可以得到二级湍动分布函数

$$f_{\alpha,k}^{T(2)} = \int \frac{\mathrm{d}k_1 \mathrm{d}k_2 \delta(k - k_1 - k_2)}{i(\omega - \mathbf{k} \cdot \mathbf{v} + i\varepsilon)} e_\alpha^2 \left( \tilde{\mathbf{e}}_{k_1}^\sigma \cdot \frac{\partial}{\partial \mathbf{p}} \right) \cdot \frac{\mathbf{e}_{k_2}^\sigma \cdot \frac{\partial}{\partial \mathbf{p}} f_\alpha^R}{i(\omega_2 - \mathbf{k}_2 \cdot \mathbf{v} + i\varepsilon)} E_{k_1}^T E_{k_2}^T, \quad \tag{2.23}$$

这里，$\mathbf{e}_\mathbf{k}^\sigma$ 是单位极化矢量；$\sigma = l$ 表示纵波，$\sigma = t$ 表示横波. 当 $\sigma$ 表示纵模式时，$\mathbf{e}_\mathbf{k}^l = \mathbf{k}/k$。应该指出，如果 $\sigma$ 表示横模式 $\sigma = t$ 的话，如(2.21)式所表明的，将出现洛伦兹项；那么根据(2.17)式，代替纵模 $(\sigma = l)$ 中的 $(E_{k_1}^T \mathbf{e}_{k_1}^\sigma \cdot \frac{\partial}{\partial \mathbf{p}})$ 的应是

$$\left( \mathbf{E}_{k_1}^T + \frac{\mathbf{v}}{c} \times \mathbf{B}_{k_1}^T \right) \cdot \frac{\partial}{\partial \mathbf{p}} = \left[ \mathbf{E}_{k_1}^T + \frac{\mathbf{v}}{c} \times \frac{c}{\omega_1} (\mathbf{k}_1 \times \mathbf{E}_{k_1}^T) \right] \cdot \frac{\partial}{\partial \mathbf{p}}$$

$$= \left[ \mathbf{E}_{k_1}^T \left( 1 - \frac{\mathbf{k}_1 \cdot \mathbf{v}}{\omega_1} \right) + \frac{\mathbf{k}_1 (\mathbf{v} \cdot \mathbf{E}_{k_1}^T)}{\omega_1} \right] \cdot \frac{\partial}{\partial \mathbf{p}} = E_{k_1}^T \left( \tilde{\mathbf{e}}_{k_1}^t \cdot \frac{\partial}{\partial \mathbf{p}} \right)$$

其中，

$$\tilde{\mathbf{e}}_{\mathbf{k}}^{t} \equiv (1 - \frac{\mathbf{k} \cdot \mathbf{v}}{\omega})\mathbf{e}_{\mathbf{k}}^{t} + (\frac{\mathbf{v} \cdot \mathbf{e}_{\mathbf{k}}^{t}}{\omega})\mathbf{k} ; \tag{2.24}$$

对于纵模 $\sigma = l$，$\tilde{\mathbf{e}}_{\mathbf{k}}^{l} = \mathbf{e}_{\mathbf{k}}^{l}$。如果分布函数是各向同性的，$\partial / \partial \mathbf{p} = \partial p / \partial \mathbf{p}(\partial / \partial p) = \mathbf{p} / p(\partial / \partial p)$，则 $\tilde{\mathbf{e}}_{\mathbf{k}}^{t} \cdot \mathbf{v} = \mathbf{e}_{\mathbf{k}}^{t} \cdot \mathbf{v}$。所以二级非线性流为

$$\mathbf{j}_{k}^{(2)} = \sum_{\alpha} \int \mathbf{S}_{k,k_2k_3}^{\alpha} E_{k_1}^{T} E_{k_2}^{T} \mathrm{d}k_1 \mathrm{d}k_2 \delta(k - k_1 - k_2) ; \tag{2.25}$$

其中

$$\mathbf{S}_{k,k_1,k_2}^{\alpha} = -e_{\alpha}^{3} \int \frac{\mathbf{v}\left(\tilde{\mathbf{e}}_{\mathbf{k}_1}^{\sigma} \cdot \dfrac{\partial}{\partial \mathbf{p}}\right)}{(\omega - \mathbf{k} \cdot \mathbf{v} + i\varepsilon)} \cdot \frac{\left(\mathbf{e}_{\mathbf{k}_2}^{\sigma} \cdot \dfrac{\partial}{\partial \mathbf{p}}\right)}{(\omega_2 - \mathbf{k}_2 \cdot \mathbf{v} + i\varepsilon)} f_{\alpha}^{R} \frac{\mathrm{d}\mathbf{p}}{(2\pi)^3} . \tag{2.26}$$

将（2.23）式代入（2.18）式中可得

$$f_{\alpha,k}^{(3)} = ie_{\alpha}^{3} \int \frac{1}{(\omega - \mathbf{k} \cdot \mathbf{v} + i\varepsilon)}\left(\tilde{\mathbf{e}}_{\mathbf{k}_1}^{\sigma} \cdot \frac{\partial}{\partial \mathbf{p}}\right) \frac{1}{[(\omega - \omega_1) - (\mathbf{k} - \mathbf{k}_1) \cdot \mathbf{v} + i\varepsilon]}\left(\tilde{\mathbf{e}}_{\mathbf{k}_2}^{\sigma} \cdot \frac{\partial}{\partial \mathbf{p}}\right)$$

$$\frac{1}{(\omega_3 - \mathbf{k}_3 \cdot \mathbf{v} + i\varepsilon)}\left(\mathbf{e}_{\mathbf{k}_3}^{\sigma} \cdot \frac{\partial f_{\alpha}^{R}}{\partial \mathbf{p}}\right) E_{k_1}^{T} E_{k_2}^{T} E_{k_3}^{T} \delta(k - k_1 - k_2 - k_3) \mathrm{d}k_1 \mathrm{d}k_2 \mathrm{d}k_3 .$$

$$\tag{2.27}$$

因此，由(2.20)式得到

$$\mathbf{j}_{k}^{(3)} = \sum_{\alpha} \int \mathbf{G}_{k,k_1,k_2,k_3}^{\alpha} E_{k_1}^{T} E_{k_2}^{T} E_{k_3}^{T} \delta(k - k_1 - k_2 - k_3) \mathrm{d}k_1 \mathrm{d}k_2 \mathrm{d}k_3 , \tag{2.28}$$

其中

$$\mathbf{G}_{k,k_1,k_2,k_3}^{\alpha} = ie_{\alpha}^{4} \int \frac{\mathbf{v} \cdot \mathrm{d}\mathbf{p}}{(2\pi)^3} \frac{1}{(\omega - \mathbf{k} \cdot \mathbf{v} + i\varepsilon)}\left(\tilde{\mathbf{e}}_{\mathbf{k}_1}^{\sigma} \cdot \frac{\partial}{\partial \mathbf{p}}\right) \frac{1}{[(\omega - \omega_1) - (\mathbf{k} - \mathbf{k}_1) \cdot \mathbf{v} + i\varepsilon]}$$

$$\left(\tilde{\mathbf{e}}_{\mathbf{k}_2}^{\sigma} \cdot \frac{\partial}{\partial \mathbf{p}}\right) \frac{1}{(\omega_3 - \mathbf{k}_3 \cdot \mathbf{v} + i\varepsilon)}\left(\mathbf{e}_{\mathbf{k}_3}^{\sigma} \cdot \frac{\partial}{\partial \mathbf{p}}\right) f_{\alpha}^{R} .$$

$$\tag{2.29}$$

## 2.3 介质线性响应

现在，基于动力论的谱分析方程，详细研究线性效应。从偏微分方程理论可知，满足(2.8)式的规则分布函数应是粒子未扰轨道的运动积分的

任意组合函数。在无外加电磁场情况下，粒子的动能是不变的运动积分。在存在外磁场情况下，由于洛伦兹力不对粒子做功，粒子能量也是守恒量；显然这并不仅仅限于均匀磁场情况。因而，对于这两种情况，分布函数可采取麦氏分布形式，满足(2.8)式。对于时空缓慢变化的外场，单粒子未扰运动具有绝热的(adiabatic)或寝渐守恒量；因而 $f^R$ 是时空的缓变函数。因而，无论如何我们可以说，相对于速变的湍动场，规则分布是缓变的。于是，作为第一级近似，忽略规则分布函数的缓变化，就有 $f^R_{\alpha,k_2} \approx f^R_\alpha \delta(k_2)$。那么，从（2.21）式就得到

$$j^T_{k,i} = \sigma_{ij}(\omega,\mathbf{k})E^T_{k,j} \quad, \tag{2.30}$$

其中电导率 $\sigma_{ij}(\omega,\mathbf{k})$ 为

$$\sigma_{ij}(\omega,\mathbf{k}) = \sum_\alpha \int \frac{\mathrm{v}_i e^2_\alpha \left[ \delta_{js}\left(1 - \frac{\mathbf{k}\cdot\mathbf{v}}{\omega}\right) + \frac{k_s \mathrm{v}_j}{\omega} \right]}{i(\omega - \mathbf{k}\cdot\mathbf{v} + i\varepsilon)} \cdot \frac{\partial f^R_\alpha}{\partial p_s} \frac{\mathrm{d}\mathbf{p}}{(2\pi)^3} \quad. \tag{2.31}$$

对于线性响应，我们直接从 (1.37) 和 (1.38)式得到湍动场的非齐次麦氏方程

$$\left( k^2 \delta_{ij} - k_i k_j - \frac{\omega^2}{c^2} \varepsilon^\sigma_{ij}(\omega,\mathbf{k}) \right) E^{T\sigma}_{k,j} = \frac{4\pi i\omega}{c^2} \sum_{n \geqslant 2} j^{T(n)}_{i,k} \,, \tag{2.32}$$

其中，$\sigma$ 表示模式 (纵模 $\sigma = l$ 或横模 $\sigma = t$)，而非线性流 $\mathbf{j}^{T(n)}_k \equiv \mathbf{j}^{T(n)}_{\omega,k}$ 代替了（1.37）式中非线性响应的外源流 $\mathbf{j}_0(\omega,\mathbf{k})$。在只考虑线性效应情况下，$\mathbf{j}^{T(n)}_k = 0$，即

$$\left( k^2 \delta_{ij} - k_i k_j - \frac{\omega^2}{c^2} \varepsilon^\sigma_{ij}(\omega,\mathbf{k}) \right) E^{T\sigma}_{k,j} = 0 \,. \tag{2.33}$$

以单位极化矢量 $e^{\sigma*}_{\mathbf{k},i}$ 乘(2.32)式和(2.33)式，并利用 $e^\sigma_{\mathbf{k},i} e^{\sigma*}_{\mathbf{k},i} = 1$，可得

$$\left( k^2 - \frac{\omega^2}{c^2} \varepsilon^\sigma_k \right) E^{T\sigma}_k = \frac{4\pi i}{c^2} \omega(\mathbf{e}^{\sigma*}_k \cdot \sum_{n \geqslant 2} \mathbf{j}^{T(n)}_k) \quad, \tag{2.34}$$

$$\left( k^2 - \frac{\omega^2}{c^2} \varepsilon^\sigma_k \right) E^{T\sigma}_k = 0 \quad, \tag{2.35}$$

其中，

$$\varepsilon^\sigma_k \equiv \varepsilon^\sigma_{\omega,\mathbf{k}} = \varepsilon_{ij}(\omega,\mathbf{k}) e^\sigma_{\mathbf{k},i} e^{\sigma*}_{\mathbf{k},j} + \frac{c^2}{\omega^2}(\mathbf{k}\cdot\mathbf{e}^\sigma_k)(\mathbf{k}\cdot\mathbf{e}^{\sigma*}_k) \tag{2.36}$$

为介电常数。从（2.35）式，我们可以得到线性色散方程

$$\varepsilon_k^\sigma - \frac{k^2 c^2}{\omega^2} = 0 \ . \tag{2.37}$$

特别对于纵振荡，可以令

$$\varepsilon_k^l = \varepsilon_k^\sigma - \frac{k^2 c^2}{\omega^2} ; \tag{2.38}$$

利用（2.37）式，就得到色散方程

$$\varepsilon_k^l = 0 \ . \tag{2.39}$$

由(2.36)式和(2.38)式可得

$$\varepsilon_k^l = \varepsilon_{ij}(\omega, \mathbf{k}) \frac{k_i k_j}{k^2} ; \tag{2.40}$$

于是,根据(1.16)式

$$\varepsilon_{ij}(\omega, \mathbf{k}) = \delta_{ij} + \frac{4\pi i}{\omega} \sigma_{ij}(\omega, \mathbf{k}) \tag{2.41}$$

以及(2.31)式,有

$$\varepsilon_k^l = 1 + \sum_\alpha \frac{4\pi e_\alpha^2}{\omega k^2} \int \frac{\mathbf{k} \cdot \mathbf{v}}{\omega - \mathbf{k} \cdot \mathbf{v} + i\varepsilon} \cdot \left(\mathbf{k} \cdot \frac{\partial f_\alpha^R}{\partial \mathbf{p}}\right) \frac{\mathrm{d}\mathbf{p}}{(2\pi)^3} \ . \tag{2.42a}$$

由于共振点($\omega = \mathbf{k} \cdot \mathbf{v}$)对积分的贡献最大，上式也可以写成如下等效式子：

$$\varepsilon_k^l = 1 + \sum_\alpha \frac{4\pi e_\alpha^2}{k^2} \int \frac{1}{\omega - \mathbf{k} \cdot \mathbf{v} + i\varepsilon} \cdot \left(\mathbf{k} \cdot \frac{\partial f_\alpha^R}{\partial \mathbf{p}}\right) \frac{\mathrm{d}\mathbf{p}}{(2\pi)^3} \ . \tag{2.42b}$$

对横振荡， $\mathbf{k} \perp \mathbf{e}_k^\sigma$ ，则(2.36)式变为

$$\varepsilon_k^\sigma = \varepsilon_{ij}(\omega, \mathbf{k}) e_{\mathbf{k},i}^\sigma e_{\mathbf{k},j}^{\sigma*} \ . \tag{2.43}$$

如果认为基础等离子体粒子分布 $f_\alpha^R$ 是各向同性的，于是，(2.31)式被积函数中洛伦兹项， $\left| \delta_{js}(1 - \frac{\mathbf{k} \cdot \mathbf{v}}{\omega}) + \frac{k_s v_j}{\omega} \right| v_s$ ，消失；由 (2.41)式并利用(1.42)式，可得

$$\varepsilon_k^\sigma = \varepsilon_k^t = 1 + \sum_\alpha \frac{4\pi e_\alpha^2}{\omega} \int \frac{|\mathbf{e}_k^t \cdot \mathbf{v}|^2}{\omega - \mathbf{k} \cdot \mathbf{v} + i\varepsilon} \cdot \frac{1}{v} \frac{\partial f_\alpha^R}{\partial p} \cdot \frac{\mathrm{d}\mathbf{p}}{(2\pi)^3} \ . \tag{2.44}$$

考虑到横振荡的二个偏振方向, $\mathbf{e}_k^{t_1}, \mathbf{e}_k^{t_2}$ ,而它们中任何一个都没有特殊性,故

$$\varepsilon_k^t = \frac{1}{2} \sum_{\mathbf{e}_k^{t_1}, \mathbf{e}_k^{t_2}} \varepsilon_k^t = 1 + \sum_\alpha \frac{2\pi e_\alpha^2}{\omega} \sum_{\mathbf{e}_k^{t_1}, \mathbf{e}_k^{t_2}} \int \frac{|\mathbf{e}_k^t \cdot \mathbf{v}|^2}{\omega - \mathbf{k} \cdot \mathbf{v} + i\varepsilon} \cdot \frac{1}{v} \frac{\partial f_\alpha^R}{\partial p} \cdot \frac{\mathrm{d}\mathbf{p}}{(2\pi)^3} \ . \tag{2.45}$$

因此,利用 (1.72)式,(2.45)式成为

$$\varepsilon_k^t = 1 + \sum_\alpha \frac{2\pi e_\alpha^2}{\omega} \int \frac{1}{\omega - \mathbf{k} \cdot \mathbf{v} + i\varepsilon} \cdot \left[ \mathbf{v} \cdot \frac{\partial f_\alpha^R}{\partial \mathbf{p}} - \frac{\mathbf{k} \cdot \mathbf{v}}{k^2} \left( \mathbf{k} \cdot \frac{\partial f_\alpha^R}{\partial \mathbf{p}} \right) \right] \cdot \frac{\mathrm{d}\mathbf{p}}{(2\pi)^3}. \tag{2.46}$$

在各向同性的情况下,由于 $\dfrac{\partial f_\alpha^R}{\partial \mathbf{p}} = \dfrac{\partial f_\alpha^R}{\partial \varepsilon} \dfrac{\partial \varepsilon}{\partial \mathbf{p}} = \dfrac{\partial f_\alpha^R}{\partial \varepsilon} \cdot \mathbf{v}$,我们可以把(2.42)式和(2.46)式写成

$$\varepsilon_k^l = 1 + \sum_\alpha \frac{4\pi e_\alpha^2}{\omega k^2} \int \frac{(\mathbf{k} \cdot \mathbf{v})^2}{\omega - \mathbf{k} \cdot \mathbf{v} + i\varepsilon} \cdot \left( \frac{\partial f_\alpha^R}{\partial \varepsilon} \right) \cdot \frac{\mathrm{d}\mathbf{p}}{(2\pi)^3}, \tag{2.47}$$

$$\varepsilon_k^t = 1 + \sum_\alpha \frac{2\pi e_\alpha^2}{\omega k^2} \int \frac{(\mathbf{k} \times \mathbf{v})^2}{\omega - \mathbf{k} \cdot \mathbf{v} + i\varepsilon} \cdot \left( \frac{\partial f_\alpha^R}{\partial \varepsilon} \right) \cdot \frac{\mathrm{d}\mathbf{p}}{(2\pi)^3}. \tag{2.48}$$

从(2.46)式到(2.48)式的推导利用了:

$$(\mathbf{k} \times \mathbf{v})^2 = (\varepsilon_{lbi} k_b v_i)(\varepsilon_{lci} k_c v_i) = v_i v_j k_b k_c \left( \delta_{bc}\delta_{ij} - \delta_{bj}\delta_{ic} \right)$$

$$= k^2 v_i v_j \left( \delta_{ij} - \frac{k_i k_j}{k^2} \right).$$

还应该提及的是,(2.47)式、(2.48)式中的分布函数归一化条件是 (2.1) 式。如果分布函数归一化条件为

$$\int f_\alpha^R \mathrm{d}\mathbf{p} = n_\alpha, \tag{2.49}$$

(2.47)式, (2.48)式就可以成为

$$\varepsilon_k^l = 1 + \sum_\alpha \frac{4\pi e_\alpha^2}{\omega k^2} \int \mathrm{d}\mathbf{p} \frac{\partial f_\alpha^R}{\partial \varepsilon} \frac{(\mathbf{k} \cdot \mathbf{v})^2}{\omega - \mathbf{k} \cdot \mathbf{v} + i\varepsilon}, \tag{2.50}$$

$$\varepsilon_k^t = 1 + \sum_\alpha \frac{2\pi e_\alpha^2}{\omega k^2} \int \mathrm{d}\mathbf{p} \frac{\partial f_\alpha^R}{\partial \varepsilon} \frac{(\mathbf{k} \times \mathbf{v})^2}{\omega - \mathbf{k} \cdot \mathbf{v} + i\varepsilon}. \tag{2.51}$$

以上各式中的求和号是对离子 $(\alpha = i)$ 和电子 $(\alpha = e)$ 而言;这样(2.47)式和(2.48)式可以写成

$$\varepsilon_k^l = 1 + [\varepsilon_k^{e(l)} - 1] + [\varepsilon_k^{i(l)} - 1], \tag{2.52}$$

$$\varepsilon_k^t = 1 + [\varepsilon_k^{e(t)} - 1] + [\varepsilon_k^{i(t)} - 1]. \tag{2.53}$$

## 2.4　色散函数

现在,作为例子我们来计算纵介电常数 (2.42b)式,并引出色散函数。事实上,选择 $k$ 的方向为 $x$ 轴方向,就有

$$\varepsilon_k^l = 1 + \sum_\alpha \frac{4\pi e_\alpha^2}{k^2} \int \frac{k\dfrac{\partial}{\partial p_x}}{\omega - k\mathrm{v}_x + i\varepsilon} \cdot f_\alpha^R \frac{\mathrm{d}p_y \mathrm{d}p_z}{(2\pi)^2} \cdot \frac{\mathrm{d}p_x}{(2\pi)}$$

$$= 1 + \sum_\alpha \frac{4\pi e_\alpha^2}{k^2} \int \frac{\dfrac{\mathrm{d}p_x}{2\pi} k \dfrac{\partial}{\partial p_x}}{\omega - k\mathrm{v}_x + i\varepsilon} \cdot \int f_\alpha^R \frac{\mathrm{d}p_y \mathrm{d}p_z}{(2\pi)^2}$$

$$= 1 + \sum_\alpha \frac{4\pi e_\alpha^2}{k^2} \int \frac{k}{\omega - k\mathrm{v}_x + i\varepsilon} \cdot \frac{\partial f_{\alpha,p_x}^R}{\partial p_x} \frac{\mathrm{d}p_x}{2\pi}, \tag{2.54}$$

其中，对于电子麦氏分布($\alpha = e$)

$$f_{\alpha,p_x}^R \equiv \int f_\alpha^R \frac{\mathrm{d}p_y \mathrm{d}p_z}{(2\pi)^2} = \frac{(2\pi)^{1/2}}{(m_\alpha \mathrm{v}_{T\alpha})} n_0 e^{-\frac{p_x^2}{2m_\alpha^2 \mathrm{v}_{T\alpha}^2}} \quad ; \tag{2.55}$$

把它代入(2.54)式就得到电子纵介电常数

$$\varepsilon_k^{e(l)} = 1 - \frac{4\pi e^2}{k^2} \frac{n_0}{m_e \mathrm{v}_{Te}} \int_{-\infty}^{\infty} \frac{k\mathrm{v}_x}{\omega - k\mathrm{v}_x + i\varepsilon} \cdot \frac{(2\pi)^{1/2}}{(m_e \mathrm{v}_{Te})} e^{-\frac{p_x^2}{2m_e^2 \mathrm{v}_{Te}^2}} \cdot \frac{\mathrm{d}p_x}{(2\pi)} = 1 - \frac{1}{k^2} \frac{\omega_{pe}^2}{\mathrm{v}_{Te}^2}$$

$$\left[ -1 + \int_{-\infty}^{\infty} \frac{\omega}{\omega - k\mathrm{v}_x + i\varepsilon} \cdot \frac{(2\pi)^{1/2}}{(m_e \mathrm{v}_{Te})} e^{-\frac{p_x^2}{2m_e^2 \mathrm{v}_{Te}^2}} \cdot \frac{\mathrm{d}p_x}{(2\pi)} \right] = 1 + \frac{1}{k^2} \frac{\omega_{pe}^2}{\mathrm{v}_{Te}^2} \left[ 1 - Z(\frac{\omega}{\sqrt{2}k\mathrm{v}_{Te}}) \right],$$

$$\tag{2.56}$$

其中，$\omega_{p\alpha} \equiv \sqrt{4\pi e_\alpha^2 n_0 / m_\alpha}$ 为电子 ($\alpha = e$)或离子 ($\alpha = i$)等离子体频率，

Z 称色散函数，

$$Z(\frac{\omega}{\sqrt{2}k\mathrm{v}_{Te}}) \equiv \int_{-\infty}^{\infty} \frac{\omega}{\omega - \mathbf{k} \cdot \mathbf{v} + i\varepsilon} \frac{1}{n_0} f_e^R \frac{\mathrm{d}\mathbf{p}}{(2\pi)^3}$$

$$= \int_{-\infty}^{\infty} \frac{\omega}{\omega - k\mathrm{v}_x + i\varepsilon} \cdot \frac{(2\pi)^{1/2}}{(m_e \mathrm{v}_{Te})} e^{-\frac{p_x^2}{2m_e^2 \mathrm{v}_{Te}^2}} \cdot \frac{\mathrm{d}p_x}{(2\pi)}$$

$$= \int_{-\infty}^{\infty} \frac{\omega/\sqrt{2}k\mathrm{v}_{Te}}{\dfrac{\omega}{\sqrt{2}k\mathrm{v}_{Te}} - \dfrac{\mathrm{v}_x}{\sqrt{2}\mathrm{v}_{Te}} + i\varepsilon} \cdot \frac{1}{\sqrt{\pi}} e^{-\left(\frac{v_x}{\sqrt{2}\mathrm{v}_{Te}}\right)^2} \frac{\mathrm{d}\mathrm{v}_x}{\sqrt{2}\mathrm{v}_{Te}}$$

$$= \left[ \int_{-\infty}^{\infty} \frac{x/\sqrt{\pi}}{x - \xi + i\varepsilon} \cdot e^{-\xi^2} \mathrm{d}\xi \right]_{| x = \frac{\omega}{\sqrt{2}k\mathrm{v}_{Te}}} \tag{2.57}$$

利用普勒米里公式 (1.32), 上式成为

$$Z(x) = \frac{x}{\sqrt{\pi}} \wp \int_{-\infty}^{\infty} \frac{\mathrm{e}^{-\xi^2}\mathrm{d}\xi}{x-\xi} - i\frac{x}{\sqrt{\pi}}\pi\mathrm{e}^{-x^2} , \tag{2.58}$$

在 $x \gg 1$ 时,

$$\frac{x}{\sqrt{\pi}} \wp \int_{-\infty}^{\infty} \frac{\mathrm{e}^{-\xi^2}\mathrm{d}\xi}{x-\xi} = \frac{1}{\sqrt{\pi}} \int_{-\infty}^{\infty} \mathrm{e}^{-\xi^2}(1+\frac{\xi}{x}+\frac{\xi^2}{x^2}+\cdots)\mathrm{d}\xi , \tag{2.59}$$

故

$$Z(x) \approx 1 + \frac{1}{2x^2} + \frac{3}{4x^4} - i\sqrt{\pi}x\mathrm{e}^{-x^2}, \quad x \gg 1, \tag{2.60}$$

在 $x \ll 1$ 时, 做代换 $\xi = \eta + x$, 则

$$\begin{aligned}
\frac{x}{\sqrt{\pi}} \wp \int_{-\infty}^{\infty} \frac{\mathrm{e}^{-\xi^2}\mathrm{d}\xi}{x-\xi} &= \frac{x e^{-x^2}}{\sqrt{\pi}} \wp \int_{-\infty}^{\infty} \mathrm{e}^{-\eta^2 - 2x\eta} \frac{\mathrm{d}\eta}{-\eta} \\
&= \frac{x}{\sqrt{\pi}} \mathrm{e}^{-x^2} \wp \int_{-\infty}^{\infty} \mathrm{e}^{-\eta^2} \cdot (1 - 2\eta x + 2\eta^2 x^2 + \cdots) \frac{\mathrm{d}\eta}{-\eta} \\
&= \frac{x}{\sqrt{\pi}} \mathrm{e}^{-x^2} \wp \int_{-\infty}^{\infty} \mathrm{e}^{-\eta^2} \cdot (\frac{-1}{\eta} + 2x - 2\eta x^2 + \cdots)\mathrm{d}\eta ; \tag{2.61}
\end{aligned}$$

对 $\eta$ 的奇次项积分, 在主值意义上它为 0, 因为 (例如第一项)

$$\begin{aligned}
\wp \int_{-\infty}^{\infty} \mathrm{e}^{-\eta^2} \frac{1}{\eta}\mathrm{d}\eta &= \int_{-\infty}^{-\varepsilon} \mathrm{e}^{-\eta^2} \frac{\mathrm{d}\eta}{\eta} + \int_{\varepsilon}^{\infty} \mathrm{e}^{-\eta^2} \frac{\mathrm{d}\eta}{\eta} = \int_{\infty}^{\varepsilon} \mathrm{e}^{-y^2} \frac{-\mathrm{d}y}{-y} + \int_{\varepsilon}^{\infty} \mathrm{e}^{-\eta^2} \frac{\mathrm{d}\eta}{\eta} \\
&= -\int_{\varepsilon}^{\infty} \mathrm{e}^{-y^2} \frac{\mathrm{d}y}{y} + \int_{\varepsilon}^{\infty} \mathrm{e}^{-\eta^2} \frac{\mathrm{d}\eta}{\eta} = 0
\end{aligned}$$

故

$$Z(x) \approx 2x^2 - i\sqrt{\pi}x\mathrm{e}^{-x^2} \approx 2x^2 - i\sqrt{\pi}x, \quad x \ll 1. \tag{2.62}$$

对于离子的纵介电常数, 如果离子群也是麦氏分布, 则类似地得到如下表示[参见（2.56）式, 只是把其中电子参量换成离子参量]:

$$\varepsilon_k^{i(l)} = 1 + \frac{1}{k^2} \frac{\omega_{pi}^2}{\mathrm{v}_{Ti}^2} \left[ 1 - Z(\frac{\omega}{\sqrt{2}k\mathrm{v}_{Ti}}) \right] . \tag{2.63}$$

在高频场情况下, $\omega \gg k\mathrm{v}_{Te} \gg k\mathrm{v}_{Ti}$, 即 $x \gg 1$, 因而

$$\varepsilon_k^{e(l)} \approx 1 + \frac{\omega_{pe}^2}{k^2\mathrm{v}_{Te}^2} \left[ -\frac{k^2\mathrm{v}_{Te}^2}{\omega^2} - \frac{3k^4\mathrm{v}_{Te}^4}{\omega^4} + i\sqrt{\pi}\frac{\omega}{\sqrt{2}k\mathrm{v}_{Te}} \mathrm{e}^{-\frac{\omega^2}{2k^2\mathrm{v}_{Te}^2}} \right]$$

$$= 1 - \frac{\omega_{pe}^2}{\omega^2} - \frac{\omega_{pe}^2}{\omega^2} \frac{3k^2 v_{Te}^2}{\omega^2} + i\sqrt{\frac{\pi}{2}} \frac{\omega \omega_{pe}^2}{(k v_{Te})^3} e^{-\frac{\omega^2}{2k^2 v_{Te}^2}} ; \qquad (2.64)$$

$$\varepsilon_k^{i(l)} \approx 1 - \frac{\omega_{pi}^2}{\omega^2} - \frac{\omega_{pi}^2}{\omega^2} \frac{3k^2 v_{Ti}^2}{\omega^2} + i\sqrt{\frac{\pi}{2}} \frac{\omega \omega_{pi}^2}{(k v_{Ti})^3} e^{-\frac{\omega^2}{2k^2 v_{Ti}^2}} . \qquad (2.65)$$

对横介电常数，我们可以进行类似的计算。 以 $\mathbf{k}$ 为 $x$ 轴，由于 $\frac{\partial f_\alpha^R}{\partial \mathbf{p}} = \left(\frac{\partial f_\alpha^R}{\partial \varepsilon}\right) \frac{\partial \varepsilon}{\partial \mathbf{p}} = \left(\frac{\partial f_\alpha^R}{\partial \varepsilon}\right) \mathbf{v}$ ，则 $\frac{\partial f_\alpha^R}{\partial \mathbf{p}_\perp} = \frac{\partial f_\alpha^R}{\partial \varepsilon} \mathbf{v}_\perp$ ，这里 $\varepsilon$ 为粒子能量; (2.48)式可写为

$$\varepsilon_k^t = 1 + \sum_\alpha \frac{2\pi e_\alpha^2}{\omega} \int \frac{\mathbf{v}_\perp \cdot \frac{\partial f_\alpha^R}{\partial \mathbf{p}_\perp}}{\omega - \mathbf{k} \cdot \mathbf{v} + i\varepsilon} \frac{d\mathbf{p}}{(2\pi)^3} ; \qquad (2.66)$$

对 $d\mathbf{p}_\perp$ 分部积分,对麦氏分布(2.55)式，有

$$\varepsilon_k^t = 1 - \sum_\alpha \frac{2\pi e_\alpha^2}{\omega} \int \frac{f_\alpha^R d\mathbf{p}_\perp dp_\parallel}{\omega - k v_\parallel + i\varepsilon} \frac{1}{(2\pi)^3} \left[\frac{\partial v_y}{\partial p_y} + \frac{\partial v_z}{\partial p_z}\right]$$

$$= 1 - \sum_\alpha \frac{2\pi e_\alpha^2}{\omega m_\alpha} \cdot 2 \int \frac{f_{\alpha; p_\parallel}^R}{\omega - k v_\parallel + i\varepsilon} \frac{dp_\parallel}{2\pi} = 1 - \sum_\alpha \frac{4\pi e_\alpha^2 n_0}{\omega^2 m_\alpha} Z\left(\frac{\omega}{\sqrt{2} k v_{T\alpha}}\right)$$

$$= 1 - \sum_\alpha \frac{\omega_{p\alpha}^2}{\omega^2} Z\left(\frac{\omega}{\sqrt{2} k v_{T\alpha}}\right) . \qquad (2.67)$$

对于高频波， $\omega \gg k v_{Te} \gg k v_{Ti}$ ，即 $x \gg 1$ ，由(2.60)式， $Z(x) \approx 1$ ,故

$$\varepsilon_k^{e(t)} \approx 1 - \frac{\omega_{pe}^2}{\omega^2} . \qquad (2.68)$$

在低频场情况下， $v_{Te} \gg \omega / k \gg v_{Ti}$ ，这时，

$$Z\left(\frac{\omega}{\sqrt{2} k v_{Te}}\right) \approx \frac{\omega^2}{k^2 v_{Te}^2} - i\sqrt{\frac{\pi}{2}} \frac{\omega}{k v_{Te}}, \qquad Z\left(\frac{\omega}{\sqrt{2} k v_{Ti}}\right) \approx 1 ; \qquad (2.69)$$

故按(2.67)式，有

$$\varepsilon_k^t \approx 1 - \frac{\omega_{pe}^2}{k^2 v_{Te}^2} - \frac{\omega_{pi}^2}{\omega^2} + i\sqrt{\frac{\pi}{2}} \frac{\omega_{pe}^2}{\omega} \frac{1}{k v_{Te}} = 1 - \frac{\omega_{pe}^2}{k^2 v_{Te}^2}\left(1 + \frac{k^2 v_s^2}{\omega^2}\right) + i\sqrt{\frac{\pi}{2}} \frac{\omega_{pe}^2}{\omega} \frac{1}{k v_{Te}}$$

$$\approx -\frac{\omega_{pe}^2}{k^2 v_{Te}^2}\left(1+\frac{k^2 v_s^2}{\omega^2}\right) + i\sqrt{\frac{\pi}{2}}\frac{\omega_{pe}^2}{\omega}\frac{1}{k v_{Te}},. \tag{2.70}$$

其中，$v_s = \sqrt{T_e/m_i}$，为离子声速。由于 $\omega_{pe}^2 \gg k^2 v_{Te}^2$，最后近似等式是明显的。

## 2.5 朗缪尔等离激元

现在来研究色散方程 (2.37)。在上一章已经指出，对透明介质，介电常数的虚部与其实部相比是很小的；否则波的能量就不能定义。而且由上节可知，介电常数 $\varepsilon_k^\sigma$ 对实波矢量来说，它一般是复数。因而(2.37)式的解亦是复数：

$$\omega = \omega^\sigma(\mathbf{k}) + i\gamma_{\mathbf{k}}^\sigma,$$

其中，对于形如 $\propto \exp(-i\omega t)$ 的谐波，$\gamma_{\mathbf{k}}^\sigma$ 表示介质中波被吸收减弱（$\gamma_{\mathbf{k}}^\sigma < 0$）或再辐射放大（$\gamma_{\mathbf{k}}^\sigma > 0$），故通常称之为波的减率或增率。实际上，这是一种不稳定性表述。对线性色散方程而言，这是李雅普诺夫（Lyapunov）意义上的不稳定性：比起振荡频率 $\omega^\sigma$，$\gamma_{\mathbf{k}}^\sigma$ 是很小的，即 $|\gamma_{\mathbf{k}}^\sigma|/\omega^\sigma(\mathbf{k}) \ll 1$。令

$$\varepsilon_k^\sigma \equiv \varepsilon^\sigma(\omega, \mathbf{k}),$$

这时（2.37）式成为

$$\omega^2[\operatorname{Re}\varepsilon^\sigma(\omega,\mathbf{k}) + i\operatorname{Im}\varepsilon^\sigma(\omega,\mathbf{k})] - k^2 c^2 = 0,$$

即

$$[\omega^\sigma(\mathbf{k}) + i\gamma_{\mathbf{k}}^\sigma]^2 \operatorname{Re}\varepsilon^\sigma(\omega^\sigma + i\gamma_{\mathbf{k}}^\sigma, \mathbf{k}) + i[\omega^\sigma(\mathbf{k})]^2 \operatorname{Im}\varepsilon^\sigma(\omega^\sigma, \mathbf{k}) - k^2 c^2 = 0;$$

上式第二项由于小虚部，略去了 $i\gamma_{\mathbf{k}}^\sigma$ 的更小修正。把第一项展开为泰勒级数，并略去相应的小项，获得

$$[\omega^\sigma(\mathbf{k})]^2 \operatorname{Re}\varepsilon^\sigma(\omega^\sigma, \mathbf{k}) - k^2 c^2 + \frac{\partial}{\partial\omega}[\omega^2 \operatorname{Re}\varepsilon^\sigma(\omega, \mathbf{k})]\big|_{\omega=\omega^\sigma} i\gamma_{\mathbf{k}}^\sigma$$

$$+i[\omega^\sigma(\mathbf{k})]^2 \operatorname{Im}\varepsilon^\sigma(\omega^\sigma, \mathbf{k}) = 0.$$

因而，我们得到相应于实部和虚部的两个方程，第一个表示波的色散关系，第二个确定波的减率或增率：

$$\operatorname{Re}\varepsilon^\sigma(\omega^\sigma, \mathbf{k}) - \frac{k^2 c^2}{[\omega^\sigma(\mathbf{k})]^2} = 0, \tag{2.71}$$

$$\gamma_{\mathbf{k}}^{\sigma} = -\frac{[\omega^{\sigma}(\mathbf{k})]^2 \operatorname{Im} \varepsilon^{\sigma}(\omega^{\sigma}, \mathbf{k})}{\frac{\partial}{\partial \omega}[\omega^2 \operatorname{Re} \varepsilon^{\sigma}(\omega, \mathbf{k})]\big|_{\omega=\omega^{\sigma}}} . \tag{2.72}$$

因此，从 (2.38)和 (2.71)式可知，在此情况下，纵波的色散方程为

$$\operatorname{Re} \varepsilon_k^l = 0 . \tag{2.73}$$

对于高频波，$\omega \gg k\mathrm{v}_{Te} \gg k\mathrm{v}_{Ti}$，利用 (2.64) 式和 (2.65) 式并考虑到 (2.52) 式，

$$\varepsilon_k^l = 1 + \frac{1}{k^2}\frac{\omega_{pe}^2}{\mathrm{v}_{Te}^2}\left[1 - Z(\frac{\omega}{\sqrt{2}k\mathrm{v}_{Te}})\right] + \frac{1}{k^2}\frac{\omega_{pi}^2}{\mathrm{v}_{Ti}^2}\left[1 - Z(\frac{\omega}{\sqrt{2}k\mathrm{v}_{Ti}})\right]$$

$$= 1 - \frac{\omega_{pe}^2}{\omega^2} - \frac{\omega_{pe}^2}{\omega^2}\frac{3k^2\mathrm{v}_{Te}^2}{\omega^2} - \frac{\omega_{pi}^2}{\omega^2} - \frac{\omega_{pi}^2}{\omega^2}\frac{3k^2\mathrm{v}_{Ti}^2}{\omega^2}$$

$$+ i\sqrt{\frac{\pi}{2}}\left\{\frac{\omega\omega_{pe}^2}{(k\mathrm{v}_{Te})^3}e^{-\frac{\omega^2}{2k^2\mathrm{v}_{Te}^2}} + \frac{\omega\omega_{pi}^2}{(k\mathrm{v}_{Ti})^3}e^{-\frac{\omega^2}{2k^2\mathrm{v}_{Ti}^2}}\right\}; \tag{2.74}$$

(2.73)式成为

$$1 - \frac{\omega_{pe}^2}{\omega^2} - \frac{\omega_{pe}^2}{\omega^2}\frac{3k^2\mathrm{v}_{Te}^2}{\omega^2} - \frac{\omega_{pi}^2}{\omega^2} - \frac{\omega_{pi}^2}{\omega^2}\frac{3k^2\mathrm{v}_{Ti}^2}{\omega^4} = 0 ;$$

由于离子质量远大于电子质量，我们可以略去上式的相应离子项，得到

$$(\omega^l)^2 = \omega_{pe}^2 + 3k^2\mathrm{v}_{Te}^2, \qquad (\omega_{pe} \gg k\,\mathrm{v}_{Te}); \tag{2.75a}$$

或

$$\omega^l \approx \omega_{pe} + \frac{3k^2\mathrm{v}_{Te}^2}{2\omega_{pe}}, \qquad (\omega_{pe} \gg k\,\mathrm{v}_{Te}). \tag{2.75b}$$

满足色散关系 (2.75)式的纵波通常被称之为朗缪尔 (Langmuir)波；有时也称它为电子等离子体波。从上一章得知，这种等离子体波乃是介质中的元激发，因而常称之为等离激元 (plasmons)，例如，朗缪尔等离激元。

## 2.6 朗道阻尼

现在来研究平衡等离子体中的阻尼项 (2.72)式。对于纵振荡，

$$\operatorname{Im} \varepsilon^{\sigma}(\omega^{\sigma}(\mathbf{k}), \mathbf{k}) = \operatorname{Im} \varepsilon^l(\omega^l(\mathbf{k}), \mathbf{k})$$

$$\frac{\partial}{\partial \omega}[\omega^2 \operatorname{Re} \varepsilon^{\sigma}(\omega, \mathbf{k})]\big|_{\omega=\omega^{\sigma}} = [\omega^l(\mathbf{k})]^2 \frac{\partial}{\partial \omega}\operatorname{Re} \varepsilon^l(\omega, \mathbf{k})\big|_{\omega=\omega^l},$$

考虑到 (2.42b) 式以及普勒梅里公式 (1.32)，从 (2.72)式得到：

$$\gamma_{\mathbf{k}}^{l} = -\frac{\operatorname{Im}\varepsilon_{k}^{l}}{\dfrac{\partial}{\partial\omega}\operatorname{Re}\varepsilon_{k}^{l}}\Big|_{\omega=\omega^{l}} \tag{2.76a}$$

$$= \sum_{\alpha}\frac{4\pi^{2}e_{\alpha}^{2}}{k^{2}\dfrac{\partial}{\partial\omega}\operatorname{Re}\varepsilon_{k}^{l}\big|_{\omega=\omega^{l}}}\int(\mathbf{k}\cdot\frac{\partial f_{\alpha}^{R}}{\partial\mathbf{p}})\delta(\omega^{l}-\mathbf{k}\cdot\mathbf{v})\frac{\mathrm{d}\mathbf{p}}{(2\pi)^{3}}. \tag{2.76b}$$

对麦氏分布

$$f_{\alpha}^{R} = \frac{(2\pi)^{3/2}}{m_{\alpha}^{3}\mathrm{v}_{T\alpha}^{3}}n_{0}\exp(-\frac{\mathrm{v}^{2}}{2\mathrm{v}_{T\alpha}^{2}}) \tag{2.77}$$

的平衡等离子体, (2.76)式所表示的阻尼通常被称之为朗道阻尼。从 (2.76b) 式中 $\delta$-函数的宗量可以看到，只有基础等离子体中的共振粒子，它们满足切伦柯夫条件，$\omega=\mathbf{k}\cdot\mathbf{v}$，才对纵波的吸收有实质性的贡献。在上一章我们已经指出，这种共振条件也适合于它的逆过程——切伦柯夫辐射。因此，朗道阻尼实际上是一种粒子间无碰撞的切伦柯夫吸收机制。我们来解释一下，对平衡等离子体，朗道阻尼是怎样产生的。假定存在某种纵等离子体波，或说，纵等离激元；如果等离子体中的荷电粒子速度小于此种波的相速，并沿波矢量方向运动，那么在运动过程中电荷逐渐"落后"于波，波的电振幅总是在"推"它，从而耗散了波的能量——这就是波的吸收；反之，则电荷老是在"推"波，从而加大了波的振幅，即辐射出波。如果在分布函数中慢速荷电粒子数目多于快速运动的荷电粒子数目，那么吸收就超过辐射，总的来说，波受到阻尼。对服从麦氏分布的平衡等离子体，情况正是如此。

上面已经提过，朗道阻尼是无粒子碰撞情况下的波耗散表示，它是等离子体介质特有的吸收机制，宏观流体理论中没有它的对应物。现在我们来计算电子对朗缪尔波的朗道阻尼。对于朗缪尔波，从（2.75）和(2.74)式可知

$$\omega^{l}\approx\omega_{pe}, \quad \operatorname{Re}\varepsilon_{k}^{l}\approx1-\omega_{pe}^{2}/\omega^{2}, \quad (\partial/\partial\omega)(\omega^{2}\operatorname{Re}\varepsilon_{k}^{l})=2\omega,$$

$$\operatorname{Im}\varepsilon_{k}^{e(l)} = \sqrt{\frac{\pi}{2}}\frac{\omega\omega_{pe}^{2}}{(k\mathrm{v}_{Te})^{3}}e^{-\frac{\omega^{2}}{2k^{2}\mathrm{v}_{Te}^{2}}}$$

于是, 根据 (2.76a)式可得

$$\gamma_e^l(\mathbf{k}) = -\sqrt{\frac{\pi}{8}} \omega_{pe} (\frac{\omega_{pe}^3}{k^3 \mathrm{v}_{Te}^3}) \exp(-\frac{\omega_{pe}^2 + 3k^2 \mathrm{v}_{Te}^2}{2k^2 \mathrm{v}_{Te}^2})$$

$$= -\sqrt{\frac{\pi}{8}} \omega_{pe} (\frac{k_d}{k})^3 \exp(-\frac{k_d^2}{2k^2} - \frac{3}{2}), \tag{2.78}$$

式中，$k_d \equiv \omega_{pe}/\mathrm{v}_{Te}$ 为电子德拜波数，其倒数 $\mathrm{d}_e = 1/k_d$ 被称之为电子德拜 (Debye)尺度或半径。（2.78）式是著名的电子吸收朗缪尔波的朗道阻尼表达式。从该式可见，如果，$k \ll k_d$，则阻尼很小。因而朗缪尔波的波数存在一个上限，它近似等于 $k_d$。据此，朗缪尔波的相速和群速满足如下条件：

$$\mathrm{v}_p \equiv \frac{\omega^l}{k} \approx \frac{\omega_{pe}}{k} > \frac{\omega_{pe}}{k_d} = \mathrm{v}_{Te}, \quad \mathrm{v}_g \equiv \frac{\partial \omega^l}{\partial k} = \frac{3\mathrm{v}_{Te}}{\mathrm{v}_p} < \mathrm{v}_{Te}. \tag{2.79}$$

由此可见，朗缪尔波的群速度，即荷载能量的速度，是很小的。这就是说，一旦朗缪尔波被激发，它可与周围的粒子和波发生强的相互作用，而不易逃逸出源区。

当然，我们可以类似地计算离子对朗缪尔波的朗道阻尼。但它必然是很小的：由于离子的热速度远远小于朗缪尔波的相速度[参见式(2.79)]，相应的共振吸收波的粒子数目太少了。因而这种阻尼无实际价值。

在热平衡等离子体中，存在一种有限能级的朗缪尔波：当等离子体中的荷电粒子由于它们的热能量而发生运动时，可通过切伦柯夫机制激发起朗缪尔波(自发辐射)，同时又被朗道阻尼所吸收(感应吸收)；这种自发辐射和感应吸收达到平衡时就建立了朗缪尔波的一种平衡热能级。事实上，按半经典理论，若朗缪尔等离激元的波粒数(激元占据数)为 $N_{\mathbf{k}}^l$，则处于热平衡时有：$(h/2\pi)\omega^l N_{\mathbf{k}}^l \approx T$，由于 $(h/2\pi)\omega^l N_{\mathbf{k}}^l \, \mathrm{d}\mathbf{k}/(2\pi)^3 = W_k^l \mathrm{d}k$，我们就得到朗缪尔波的谱能量密度为

$$W_k^l = \frac{k^2 T}{2\pi^2}. \tag{2.80}$$

因此，热平衡能量密度就为

$$W_T^l = \int_0^{k_{\max}} W_k^l \mathrm{d}k = \frac{T}{6\pi^2} (k_{\max}^l)^3. \tag{2.81}$$

对于朗缪尔波，这时 $k_{\max}^l \sim k_d$，则有

$$W_T^l \approx \frac{n_e T_e}{6\pi^2 N_D}, \tag{2.82}$$

式中 $N_D$ 定义为德拜数：

$$N_D \equiv n_e \mathrm{d}_e^3 = n_e \left(\frac{\mathrm{v}_{Te}}{\omega_{pe}}\right)^3. \tag{2.83}$$

## 2.7　非等温等离子体中的离声等离激元

在满足如下条件的较低的波频区

$$\mathrm{v}_{Ti} \ll \frac{\omega}{k} \ll \mathrm{v}_{Te}, \tag{2.84}$$

存在另一支重要的纵波模(s)——离子声波。这时从 (2.56)式和 (2.62)式得到,

$$\varepsilon_k^{e(s)} \approx 1 + \frac{1}{k^2}\frac{\omega_{pe}^2}{\mathrm{v}_{Te}^2}\left(1 + i\sqrt{\frac{\pi}{2}}\frac{\omega}{k\mathrm{v}_{Te}}\right), \tag{2.85a}$$

以及写下(2.65)式

$$\varepsilon_k^{i(s)} \approx 1 - \frac{\omega_{pi}^2}{\omega^2} - \frac{\omega_{pi}^2}{\omega^2}\frac{3k^2\mathrm{v}_{Ti}^2}{\omega^2} + i\sqrt{\frac{\pi}{2}}\frac{\omega\omega_{pi}^2}{(k\mathrm{v}_{Ti})^3}e^{-\frac{\omega^2}{2k^2\mathrm{v}_{Ti}^2}}, \tag{2.85b}$$

于是由 (2.52)式, 获得

$$\operatorname{Re}\varepsilon_k^s \approx 1 + \frac{1}{k^2}\frac{\omega_{pe}^2}{\mathrm{v}_{Te}^2} - \frac{\omega_{pi}^2}{\omega^2}\left(1 + \frac{3k^2\mathrm{v}_{Ti}^2}{\omega^2}\right). \tag{2.86}$$

这时, 从 (2.73)式得到如下色散方程:

$$1 + \frac{k_d^2}{k^2} - \frac{\omega_{pi}^2}{\omega^2}\left(1 + \frac{3k^2\mathrm{v}_{Ti}^2}{\omega^2}\right) = 0. \tag{2.87}$$

这是一个关于 $\omega^2$ 的二次方程, 它有实数模为

$$(\omega^s)^2 = \frac{1}{2\left(1 + \frac{1}{k^2 d_e^2}\right)}\left[\omega_{pi}^2 + \sqrt{\omega_{pi}^4 + \omega_{pi}^4 12 k^2 d_i^2\left(1 + \frac{1}{k^2 d_e^2}\right)}\right]$$

$$\approx \frac{1}{2\left(1 + \frac{1}{k^2 d_e^2}\right)}\left\{\omega_{pi}^2 + \omega_{pi}^2\left[1 + 6 k^2 d_i^2\left(1 + \frac{1}{k^2 d_e^2}\right)\right]\right\}$$

$$= \frac{1}{1 + \frac{1}{k^2 d_e^2}}\omega_{pi}^2\left[1 + 3 k^2 d_i^2\left(1 + \frac{1}{k^2 d_e^2}\right)\right], \tag{2.88}$$

式中　$d_i \equiv \mathrm{v}_{Ti}/\omega_{pi}$ 是离子的德拜尺度。从条件 $\omega \gg k\mathrm{v}_{Ti}$ , 我们已经在 $kd_i \equiv k\mathrm{v}_{Ti}/\omega_{pi} \ll 1$ 的区域内展开上式的根号项, 略去它, 我们得到通常的离声波的色散关系:

$$(\omega^s)^2_{\cdot} = \frac{k^2 d_e^2}{1+k^2 d_e^2}\,\omega_{pi}^2 = \frac{k^2 v_s^2}{1+k^2 d_e^2}\,. \tag{2.89}$$

对于长波支，$kd_e \ll 1$，上式成为

$$\omega^s = k v_s\,, \tag{2.90}$$

其中，$v_s$ 为离子声速：

$$v_s = d_e \omega_{pi} = \frac{\omega_{pi}}{\omega_{pe}}\, v_{Te} = \sqrt{\frac{T_e}{m_i}}\,. \tag{2.91}$$

对于短波分支 $kd_e \gg 1$，但仍然 $kd_i \ll 1$，在此情况下，(2.89)式成为

$$\omega^s \approx \omega_{pi}\,. \tag{2.92}$$

物理上，出现这种以离子朗缪尔频率振荡模是很自然的。事实上，和电子朗缪尔振荡类似，它们都是等离子体介质具有弹性性质的结果。实际上，如果在等离子体中荷电粒子薄层移动一个距离 $\Delta x$，那么这种使电荷分离的运动立即会引起一种恢复力，它趋向于阻止电荷分离，结果就使电荷围绕中性位置振荡起来，这就是电子或离子的朗缪尔振荡。

现在来计算离子对离声波的朗道阻尼。由 (2.86)式，

$$\frac{\partial}{\partial \omega}\big[\omega^2 \operatorname{Re} \varepsilon_k^s\big] = \frac{\partial}{\partial \omega}\left[\omega^2\left(1 + \frac{1}{k^2}\frac{\omega_{pe}^2}{v_{Te}^2} - \frac{\omega_{pi}^2}{\omega^2}\right)\right] = 2\omega\left(1 + \frac{1}{k^2 d_e^2}\right) = 2\frac{\omega_{pi}^2}{\omega}\,;$$

上面已经利用了 (2.89)式。如果离子也服从麦氏分布[见 (2.77)式]，利用 (2.85b)式，则按 (2.76a)式，有

$$\gamma_i^s(\mathbf{k}) = -\sqrt{\frac{\pi}{8}}\,\omega^s\left(\frac{\omega^s}{k v_{Ti}}\right)^3 \exp\left[-\frac{(\omega^s)^2}{2k^2 v_{Ti}^2}\right]. \tag{2.93}$$

对于长波支，$\omega^s = k v_s = k\sqrt{T_e/m_i}$，有

$$\gamma_i^s(\mathbf{k}) = -\sqrt{\frac{\pi}{8}}\,\omega^s\left(\frac{T_e}{T_i}\right)^{3/2} \exp\left(-\frac{T_e}{2T_i}\right). \tag{2.94}$$

我们看到，当 $T_e \gg T_i$ 时，$|\gamma_i^s(\mathbf{k})| \ll \omega^s$，即离子对离声波的阻尼变得指数减小。因此非等温等离子体 $(T_e \gg T_i)$ 是离声波存在的必要条件。对于短波支，$\omega^s \approx \omega_{pi}$，(2.93)式成为

$$\tilde{\gamma}_i^s(\mathbf{k}) = -\sqrt{\frac{\pi}{8}} \frac{\omega_{pi}}{k^3 d_i^3} \exp\left(-\frac{\omega_{pi}^2}{2k^2 \mathrm{v}_{Ti}^2}\right). \tag{2.95}$$

我们当然也可以计算电子对离声波的朗道阻尼，但这种阻尼必然很小：由于相对电子的热速度而言离声波的相速太小，以使共振吸收的电子数微乎其微。事实上，考虑到 (2.85a)式，类似的计算给出这种阻尼：

$$\gamma_e^s(\mathbf{k}) = -\sqrt{\frac{\pi}{8}} \omega^s \left(\frac{m_e}{m_i}\right)^{1/2} \frac{1}{(1 + k^2 d_e^2)^{3/2}}. \tag{2.96}$$

由于 $m_i \gg m_e$，一般地，它是非常小的。

## 2.8　横等离激元

除了纵振荡以外，在各向同性的等离子体中还存在横振荡，它的频率高于电子等离子体频率 $\omega_{pe}$：$\omega_{pe} < \omega \gg k\mathrm{v}_{Te}$。在此情况下，由 (2.67)式 和 (2.68)式可知，$\varepsilon_k^t \approx \varepsilon_k^{e(t)} \approx 1 - \omega_{pe}^2/\omega^2$，从 (2.71)式得到周知的高频电磁波的色散关系：

$$(\omega^t)^2 = \omega_{pe}^2 + k^2 c^2, \tag{2.97}$$

式中 $c$ 为光速。在此种频率范围内，相应的离子项可忽略，等离子体可看作为纯粹电子等离子体。由上式可见，高频电磁波的相速远大于光速，因而，如果不计及粒子碰撞吸收的话，等离子体粒子是不可能经由切伦柯夫机制辐射或吸收这种高频波。本来，在相速大于电子热速时，(2.68)式右边存在一个虚部，这个虚部，严格地说是把经典麦氏分布不合适地拓展到粒子速度超过光速范围内的结果；因而它无实际意义。因此，高频电磁波在无碰撞等离子体中是无阻尼的波模。

在各向同性等离子体中还有一种很重要的横模，它的频率十分近于等离子体频率 $\omega_{pe}$。从 (2.97)式可知，激光只能在低于临界密度的等离子体中传播；这里，临界密度是指局部等离子体频率 $\omega_{pe}$ 等于入射激光的频率 $\omega_{laser}$。因此，传播的激光将在临界面上反射回来。

在临界面附近，激光模正是这种频率近于 $\omega_{pe}$ 的横电磁波。它有如下色散关系：

$$(\omega^p)^2 = \omega_{pe}^2 + k^2 c^2, \qquad (\omega_{pe} \gg kc)\,; \tag{2.98a}$$

或,

$$\omega^p \approx \omega_{pe} + \frac{k^2 c^2}{2\omega_{pe}}, \qquad (\omega_{pe} \gg kc)\,. \tag{2.98b}$$

满足色散关系 (2.98)式的横模被称之为横等离子体波,或横等离激元。它们的相速和群速等于

$$\mathbf{v}_p = \frac{\omega^p}{k} \approx \frac{\omega_{pe}}{k} \gg c, \qquad \mathbf{v}_g = \frac{\partial \omega^p}{\partial k} = \frac{kc^2}{\omega^p} = \frac{c^2}{\mathbf{v}_p} \ll c \ .$$

由于横等离激元的相速远大于光速,因而,和高频电磁波一样,它也是无碰撞等离子体中的一种无阻尼的横波。并且由于它的群速远小于光速,和朗缪尔等离激元一样,它能稳固地"滞留"在激发源区而不易逃逸。因而,它与纵等离激元有较强的耦合。比较 (2.75) 式和 (2.98)式可以看出,横等离激元有和朗缪尔等离激元相类似的色散关系,而且它们的群速度都很小。因此,两者常呆留在活动源区,有时被统称之为等离子体振荡模。这两种激元典型的非线性耦合相互作用是波—粒散射和波—波合成:$\ell + e \rightleftharpoons p + e'$, $\ell + i \rightleftharpoons p + i'$, $\ell + \ell' \rightleftharpoons p$。数值模拟表明,朗缪尔激元和横等离激元之间存在连续能量转移,按时间平均而言,以使它们有近似相等的能量密度:$W^l \approx W^p$ (卡普兰和齐托维奇,1982)。从物理的观点看,这是相当自然的:这种强耦合相互作用导致在有着近似相同频率 ($\omega_{pe}$) 以及有类似色散律的两激元之间能量达到均分。因此,据 (2.82)式,我们能期望,在热平衡能态这种横等离激元有如下能密:

$$\bar{W}^p \equiv \frac{|\mathbf{E}^p|^2}{8\pi n_0 T_e} \approx \frac{W_T^l}{n_0 T} = \frac{1}{6\pi^2 N_D}\,; \tag{2.99}$$

而在活动区(激发源区),

$$\bar{W}^p \approx \frac{W^l}{n_0 T} \gg \frac{1}{6\pi^2 N_D}\,. \tag{2.100}$$

## 2.9  相对论性等离激元

在等离子体中,如果平衡温度 $T_e$ 足够高,以致它们的热能可与静止能相比较,$k_B T_e \sim m_e c^2$,或者,要么等离子体粒子速度近于光速,这两种情况都会有明显的相对论效应。

现在我们来研究各向同性的纵介电常数。假定扰动传播方向为z方向：$\mathbf{k} = k\hat{\mathbf{z}}$，（2.50）式可写为

$$\varepsilon_k^{e(l)} = 1 + \frac{4\pi e^2}{\omega} \int \mathrm{d}\mathbf{p} \frac{\mathrm{v}_z^2}{\omega - k\mathrm{v}_z + i\varepsilon} \frac{\partial f}{\partial \varepsilon} ; \qquad (2.101)$$

引进约化速度，$\mathbf{u} = \mathbf{p}/m_e c = \gamma \mathbf{v}/c$，则 $\gamma = (1+u^2)^{1/2}$。以（$u, \theta, \varphi$）组成球坐标，这时 $\mathrm{v}_z = \frac{c}{\gamma} u_z = \frac{c}{\gamma} u \cos\theta$，而且 $\mathrm{d}\mathbf{p} = (m_e c)^3 u^2 \mathrm{d}u(-\mathrm{d}\cos\theta)\mathrm{d}\varphi$。因此，（2.101）式变为

$$\varepsilon_k^{e(l)} = 1 - \frac{8\pi^2 e^2 c}{\omega k}(m_e c)^3 \int_0^\infty \mathrm{d}u \frac{u^3}{\gamma} \frac{\partial f}{\partial \varepsilon} \int_{-1}^1 \frac{x^2 \mathrm{d}x}{x - \dfrac{\gamma \bar{\mathrm{v}}_p}{u} - i\varepsilon} ,$$

式中，$\bar{\mathrm{v}}_p \equiv \omega/kc$。引进如下函数 $F(u)$ 以代替 $f(\mathbf{p})$：

$$f(\mathbf{p}) = \frac{n_0 F(u)}{4\pi (m_e c)^3} ; \qquad (2.102)$$

从 (2.49)式，有

$$\int_0^\infty F(u) u^2 \mathrm{d}u = 1 . \qquad (2.103)$$

于是，

$$\frac{\partial f}{\partial \varepsilon} = \frac{n_0}{4\pi (m_e c)^3} \frac{\partial F(u)}{\partial \gamma} \frac{1}{m_e c^2} ; \qquad (2.104)$$

这样就有，

$$\varepsilon_k^{e(l)} = 1 - \frac{\omega_{pe}^2}{2\omega kc} \int_0^\infty \mathrm{d}u \frac{u^3}{\gamma} \frac{\partial F(u)}{\partial \gamma} \int_{-1}^1 \frac{x^2 \mathrm{d}x}{x - \dfrac{\gamma \bar{\mathrm{v}}_p}{u} - i\varepsilon} ; \qquad (2.105)$$

利用普勒米里公式 (1.32)，当 $\dfrac{\gamma \bar{\mathrm{v}}_p}{u} < 1$ 时，上式对 $x$ 积分成为

$$\int_{-1}^1 \frac{x^2 \mathrm{d}x}{x - \dfrac{\gamma \bar{\mathrm{v}}_p}{u} - i\varepsilon} = \wp \int_{-1}^1 \frac{x^2 \mathrm{d}x}{x - \dfrac{\gamma \bar{\mathrm{v}}_p}{u}} + i\pi \left(\frac{\gamma \bar{\mathrm{v}}_p}{u}\right)^2 ; \qquad (2.106a)$$

这种主值积分是容易计算的：

$$\wp \int_{-1}^1 \frac{x^2 \mathrm{d}x}{x - \dfrac{\gamma \bar{\mathrm{v}}_p}{u}} = \left\{ \frac{x^2}{2} + \frac{\gamma \bar{\mathrm{v}}_p}{u} x \right\} \Big|_{-1}^1 + \left(\frac{\gamma \bar{\mathrm{v}}_p}{u}\right)^2 \wp \int_{-1}^1 \frac{\mathrm{d}x}{x - \dfrac{\gamma \bar{\mathrm{v}}_p}{u}}$$

$$= 2\frac{\gamma \bar{\mathrm{v}}_p}{u} + \left(\frac{\gamma \bar{\mathrm{v}}_p}{u}\right)^2 \wp \int_{-(1+\frac{\gamma \bar{\mathrm{v}}_p}{u})}^{1-\frac{\gamma \bar{\mathrm{v}}_p}{u}} \frac{\mathrm{d}z}{z} = 2\frac{\gamma \bar{\mathrm{v}}_p}{u} + \left(\frac{\gamma \bar{\mathrm{v}}_p}{u}\right)^2 \left[ \int_{-(1+\frac{\gamma \bar{\mathrm{v}}_p}{u})}^{-\rho} \frac{\mathrm{d}z}{z} + \int_{\rho}^{1-\frac{\gamma \bar{\mathrm{v}}_p}{u}} \frac{\mathrm{d}z}{z} \right]\Big|_{\rho \to 0}$$

$$= 2\frac{\gamma\overline{v}_p}{u} + (\frac{\gamma\overline{v}_p}{u})^2 \ln\frac{1-\dfrac{\gamma\overline{v}_p}{u}}{1+\dfrac{\gamma\overline{v}_p}{u}} = 2\frac{\gamma\overline{v}_p}{u} - \frac{1}{2}(\frac{\gamma\overline{v}_p}{u})^2 \ln\left(\frac{\overline{v}_p + u/\gamma}{\overline{v}_p - u/\gamma}\right)^2 ; \qquad (2.106b)$$

如果 $\dfrac{\gamma\overline{v}_p}{u} > 1$，则 (2.106a)式右边虚部项消失：被积函数没有使分母为零的共振点。而非奇异的主值积分计算更简单，例如，

$$\int_{-1}^{1} \frac{\mathrm{d}x}{x - \dfrac{\gamma\overline{v}_p}{u}} = -\int_{-1}^{1} \frac{\mathrm{d}x}{\dfrac{\gamma\overline{v}_p}{u} - x} = -\ln\frac{\gamma\overline{v}_p/u - 1}{\gamma\overline{v}_p/u + 1} ,$$

故在此情况下，非奇异的积分仍为 (2.106b)式。因此，我们有

$$\varepsilon_k^{e(l)} = 1 - \frac{\omega_{pe}^2}{k^2 c^2} \int_0^{\infty} G u^2 \frac{\partial F(u)}{\partial \gamma} \mathrm{d}u , \qquad (2.107)$$

其中，

$$G = 1 - \frac{\gamma\overline{v}_p}{4u} \ln(\frac{\overline{v}_p + u/\gamma}{\overline{v}_p - u/\gamma})^2 + \frac{\mathrm{i}\pi}{2}\frac{\gamma\overline{v}_p}{u}\theta(1 - \frac{\gamma\overline{v}_p}{u}) , \qquad (2.108)$$

$\theta(\xi)$ 为阶跃函数：当 $\xi > 0$ 时，$\theta(\xi) = 1$；当 $\xi < 0$ 时，$\theta(\xi) = 0$。

众所周知在非相对论情况下，平衡的分布函数可取麦氏律：

$$f(\mathbf{p}) = \frac{n_0}{(2\pi m k_B T_e)^{3/2}} e^{-\frac{\varepsilon}{k_B T_e}} , \qquad (2.109a)$$

它的归一化条件为

$$\int f(\mathbf{p})\mathrm{d}\mathbf{p} = n_0 . \qquad (2.109b)$$

在相对论情况下，$\varepsilon = c\sqrt{m_e^2 c^2 + p^2}$，平衡分布函数有如下形式

$$f_e^R(\mathbf{p}) = \kappa \cdot e^{-\frac{c}{k_B T_e}\sqrt{m_e^2 c^2 + p^2}} , \qquad (2.110)$$

它仍满足归一化条件（2.109b）：

$$\int f_e^R(\mathbf{p})\mathrm{d}\mathbf{p} = \kappa \int_0^{\infty} e^{-\frac{c}{k_B T_e}\sqrt{m_e^2 c^2 + p^2}} 4\pi p^2 \mathrm{d}p = n_0 \qquad (2.111)$$

对后一积分式进行分部积分，

$$\int_0^{\infty} e^{-\frac{c}{k_B T_e}\sqrt{m_e^2 c^2 + p^2}} 4\pi p^2 \mathrm{d}p = \frac{1}{3}\int_0^{\infty} \frac{c}{k_B T_e} \frac{e^{-\frac{c}{k_B T_e}\sqrt{m_e^2 c^2 + p^2}}}{\sqrt{m_e^2 c^2 + p^2}} p^4 \mathrm{d}p ,$$

利用麦克唐纳函数积分表达式

$$K_v(xZ) = \frac{\sqrt{\pi}}{\Gamma(v+\frac{1}{2})}\left(\frac{x}{2Z}\right)^v \int_0^\infty \frac{\exp(-x\sqrt{t^2+Z^2})}{\sqrt{t^2+Z^2}} t^{2v}\mathrm{d}t,$$

立即得到

$$\kappa = \frac{n_0}{4\pi m_e^2 c k_B T_e} \frac{1}{K_2(\frac{m_e c^2}{k_B T_e})}. \tag{2.112}$$

这样，由（2.102）式可得

$$F(u) = \frac{\alpha}{K_2(\alpha)} e^{-\frac{\varepsilon}{k_B T_e}} = \frac{\alpha}{K_2(\alpha)} e^{-\alpha\gamma}, \tag{2.113}$$

其中，$\alpha = m_e c^2 / T_e$(以下，我们将略去玻尔兹曼常数$k_B$，这时温度$T_e$以能量为单位)。于是（2.107）式变为

$$\varepsilon_k^{e(l)} = 1 + \frac{1}{k^2 d_e^2}\int_0^\infty GF(u)u^2\mathrm{d}u, \tag{2.114}$$

其中，$d_e$为德拜半径：$d_e^2 = T_e/4\pi e^2 n_0$。

从（2.114）式可以看出，由于$F(u)$具有指数形式（2.113）式，因而积分的贡献来自$\gamma \sim \frac{1}{\alpha}$（或同样$u \sim \frac{1}{\alpha}$）的粒子。对于这样的$u$及$\gamma$的特征值，有

$$1 - u/\gamma = 1 - \frac{u}{(1+u^2)^{1/2}} = 1 - \frac{1}{(1+1/u^2)^{1/2}} \approx \frac{1}{2u^2} \sim \alpha^2,$$

因而在极端相对论情况下（$\alpha = m_e c^2/T \ll 1$），$u/\gamma \sim 1$。故（2.108）式可简化为

$$G = 1 - \frac{\overline{v}_p}{4}\ln\left(\frac{\overline{v}_p+1}{\overline{v}_p-1+1/2u^2}\right)^2 + \frac{\mathrm{i}\pi}{2}\overline{v}_p\theta\left(1 - \frac{\gamma\overline{v}_p}{u}\right). \tag{2.115}$$

**(1) 长波支纵"朗缪尔"振荡**

对于$\overline{v}_p > 1$的波，(2.115)式中$1/2u^2$的项可略去，同时，由于$\left(1 - \frac{\gamma\overline{v}_p}{u}\right) < 0$，故$\theta\left(1 - \frac{\gamma\overline{v}_p}{u}\right) = 0$，则有

$$G_0 = 1 - \frac{\overline{v}_p}{4}\ln\left(\frac{\overline{v}_p+1}{\overline{v}_p-1}\right)^2. \tag{2.116}$$

由(2.114)式和(2.103)式得到纵介电常数为

$$\varepsilon_k^{e(l)} = 1 + \frac{G_0}{k^2 d_e^2} \; ; \tag{2.117}$$

把 $G_0$ 中的对数展开

$$G_0 \approx 1 - \overline{v}_p \left[ \frac{1}{\overline{v}_p} + \frac{1}{3\overline{v}_p^3} + \frac{1}{5\overline{v}_p^5} + \cdots \right] \approx -\frac{1}{3\overline{v}_p^2} - \frac{1}{5\overline{v}_p^4},$$

于是，从 $\varepsilon_k^{e(l)} = 0$，得到如下色散方程

$$k^2 d_e^2 = \frac{1}{3\overline{v}_p^2} + \frac{1}{5\overline{v}_p^4} ; \tag{2.118}$$

在 $\overline{v}_p \gg 1$ 情况下，可得到它的一级近似解：$\overline{v}_p^2 \approx (3k^2 d_e^2)^{-1}$，再把它代入（2.118）式，则得到

$$\overline{v}_p^4 \approx \frac{\overline{v}_p^2}{3k^2 d_e^2} + \frac{3}{5} \overline{v}_p^2 ,$$

即

$$\begin{aligned}
\omega_l^2 &= \frac{\alpha \omega_{Pe}^2}{3} + \frac{3}{5} k^2 c^2 \\
&= \frac{\alpha \omega_{Pe}^2}{3} (1 + \frac{9}{5} k^2 d_e^2) , \quad (\omega \gg kc) .
\end{aligned} \tag{2.119}$$

注意，(2.119)式是在条件 $\omega > kc$ 下推出的，这就要求

$$\alpha \omega_{pe}^2 \gg k^2 c^2 , \tag{2.120a}$$

即

$$k^2 d_e^2 \ll 1 . \tag{2.120b}$$

满足色散关系 (2.119)式的模是相对论等离子体中的纵"朗缪尔"波的长波支。

**(2) 短波支纵振荡**

重要的是，不同于非相对论等离子体，$\omega \approx kc$ 的短波模也是可能的，其频率高于 (2.119)式。事实上，当 $\overline{v}_p > 1$ 然而 $\overline{v}_p \sim 1$ 时，从（2.116）和 (2.117)式得到如下色散方程

$$\frac{\overline{v}_p}{2} \ln \frac{\overline{v}_p + 1}{\overline{v}_p - 1} = 1 + k^2 d_e^2 \approx \frac{1}{2} \ln \frac{\overline{v}_p + 1}{\overline{v}_p - 1} ,$$

或

$$\overline{v}_p \approx \frac{1 + e^{-2k^2 d_e^2 - 2}}{1 - e^{-2k^2 d_e^2 - 2}} \approx 1 + 2 \exp[-2k^2 d_e^2 - 2] ,$$

即

$$\omega_l = kc[1 + 2\exp(-2k^2 d_e^2 - 2)] . \tag{2.121}$$

而(2.121)式中的频率必须满足 $\bar{v}_p \sim 1$，即 $\left| \omega/kc - 1 \right| \ll 1$ 条件；同时由于略去了(2.115)式中的 $1/2u^2 \sim \alpha^2$ 项才得到(2.116)式，因而(2.121)式的适用范围是

$$\alpha^2 \ll \left| \omega/kc - 1 \right| \ll 1,$$

或从(2.116)式，可把上式写为

$$1 \ll k^2 d_e^2 \ll \ln 1/\alpha. \tag{2.122}$$

因此，(2.121)式表示短波长振荡，并且，由于 $k^2 d_e^2 \gg 1$ 即 $kc \gg \sqrt{\alpha}\omega_{pe}$，它的振荡频率高于(2.119)式。

以上所获得的结果实质上不依赖于分布函数 $F$ 的具体形式。在推导中我们仅利用了略去 $1/2u^2$ 项的 $G_0$ [见(2.116)式]，因而，对任意形式的 $F$，只要把上述结果中的 $d_e$ 代之以如下定义

$$d_e^{-2} = -\frac{\omega_{pe}^2}{c^2} \int_0^\infty \frac{\partial F}{\partial \gamma} u^2 \mathrm{d}u, \tag{2.123}$$

上述所有结果都仍然保持正确。

**(3) 亚光速纵振荡**

现在来研究相速非常近于光速的波。这时 $\left| \bar{v}_p - 1 \right| \ll \alpha^2$。在此情况下，(2.115)式虚部很小。事实上

$$\theta[1 - \gamma\bar{v}_p/u] = \theta[(u/\gamma\bar{v}_p)(1 - \gamma\bar{v}_p/u)]$$

$$= \theta[u/\gamma\bar{v}_p - 1)] = \theta\left[\frac{(1 - \bar{v}_p) - 1/2u^2}{\bar{v}_p}\right]. \tag{2.124}$$

要满足 $\left| \bar{v}_p - 1 \right| \ll \alpha^2$ 条件的情况下，粒子的能量 $u$ 必须远大于 $1/\alpha$ 方使 $\theta$ 不为零，但这样的粒子数是指数地少，因而 $\operatorname{Im} G$ 对 $\varepsilon_k^{e(l)}$ 的贡献很小。故有

$$\varepsilon_k^{e(l)} = 1 + \frac{1}{k^2 d_e^2} \int_0^\infty \left[1 - \frac{\bar{v}_p}{4} \ln\left(\frac{2}{\bar{v}_p - 1 + 1/2u^2}\right)\right]^2 F(u) u^2 \mathrm{d}u; \tag{2.125}$$

色散方程为

$$-k^2 d_e^2 = \int_0^\infty \left[1 - \frac{\bar{v}_p}{2} \ln\left(\frac{2}{\bar{v}_p - 1 + 1/2u^2}\right)\right] F(u) u^2 \mathrm{d}u. \tag{2.126}$$

在 $\bar{v}_p = 1$ 时，上式方括号内的项成为

$$1 - \ln \frac{\sqrt{2}}{\sqrt{1/2} \frac{1}{u}} \approx 1 - \ln \frac{1}{\alpha} \approx -\ln \frac{1}{\alpha} ,$$

即

$$-k^2 d_e^2 \approx \int_0^\infty \left( -\ln \frac{1}{\alpha} \right) F(u) u^2 \mathrm{d}u = \left( -\ln \frac{1}{\alpha} \right) \int_0^\infty F(u) u^2 \mathrm{d}u = -\ln \frac{1}{\alpha}$$

因此，(2.126)式有如下的解：

$$\omega_l = c k_0 ,  \tag{2.127a}$$

$$k_0^2 = d_e^{-2} \ln \frac{1}{\alpha} .  \tag{2.127b}$$

由于 $d_e^{-2} = 4\pi e^2 n_e / T_e = \alpha \omega_{pe}^2 / c^2$ ，上两式可合并为

$$\omega_l = \omega_0 = \omega_{pe} \left[ \alpha \ln \frac{1}{\alpha} \right]^{1/2} .  \tag{2.128}$$

现在我们来用小偏离的方法找出 $k = k_0$ 附近的色散关系 $\omega_l = \omega(k)$ 。根据 $\omega = kc\bar{v}_p$ ，可以得到 $k = k_0$ ，$(\bar{v}_p)_0 = 1$ 附近的差值：

$$\Delta\omega = (\bar{v}_p)_0 c \Delta k + (k)_0 c \Delta \bar{v}_p = c(\Delta k + k_0 \Delta \bar{v}_p) .  \tag{2.129}$$

再在此邻域内展开色散方程 $\varepsilon_k^{e(l)} \equiv \varepsilon^l(\bar{v}_p, k) = 0$ ：

$$(\partial \varepsilon^l / \partial k)_{\bar{v}_p} \Delta k + (\partial \varepsilon^l / \partial \bar{v}_p)_k \Delta \bar{v}_p = 0 ,$$

从(2.125) 式易得

$$(\partial \varepsilon^l / \partial k)_{\bar{v}_p} = \frac{2}{k} \left[ -\frac{1}{k^2 d_e^2} \int_0^\infty \left[ 1 - \frac{\bar{v}_p}{4} \cdot \ln \frac{2}{\bar{v}_p - 1 + 1/2u^2} \right]^2 F u^2 \mathrm{d}u \right] .$$

泰勒展开式的系数总是要在"零点"取值，即上式要求满足色散 $\varepsilon^l((\bar{v}_p)_0, k_0) = 0$ ，于是大方括号项为 1，即 $(\partial \varepsilon^l / \partial k)_{\bar{v}_p} = 2/k_0$ 。另一方面，从(2.125) 式有

$$(\partial \varepsilon^l / \partial \bar{v}_p)_k = \frac{-1}{k^2 d_e^2} \int_0^\infty \frac{1}{2} \ln \left( \frac{2}{\bar{v}_p - 1 + \frac{1}{2u^2}} \right) \times$$

$$F(u) u^2 \mathrm{d}u + \frac{1}{k^2 d_e^2} \int_0^\infty \frac{\bar{v}_p}{2} \frac{F(u) u^2}{\bar{v}_p - 1 + \frac{1}{2u^2}} \mathrm{d}u$$

上式在"零点"取值时，右边第一项近似为 [见 (2.127b)式]

$$-\ln\frac{1}{\alpha}\Big/k_0^2 d_e^2 \approx -1 ,$$

而第二项为

$$\frac{1}{k_0^2 d_e^2}\int_0^\infty F(u)u^4 \mathrm{d}u .$$

由(2.113)式,并考虑到 $\alpha \ll 1$ 时 $K_2(\alpha) \approx 2/\alpha^2$，则有

$$\int_0^\infty F(u)u^4 \mathrm{d}u \approx \frac{\alpha^3}{2}\int_0^\infty e^{-\gamma\alpha}\gamma^4 \mathrm{d}\gamma = 12/\alpha^2 .$$

因此，

$$(\partial\varepsilon_l/\partial\overline{v}_p)_k \approx \frac{12}{\alpha^2}\frac{1}{k_0^2 d_e^2} - 1 \approx \frac{12}{\alpha^2}\frac{1}{\ln\frac{1}{\alpha}} - 1 \approx \frac{12}{\alpha^2 \ln\frac{1}{\alpha}} . \tag{2.130}$$

考虑到所有这些关系，(2.129)式成为

$$\Delta\omega = c\Delta k[1 - k_0 \left(\partial\varepsilon^l/\partial k\right)_{(\overline{v}_p)_0}\Big/\left(\partial\varepsilon^l/\partial\overline{v}_p\right)_{k_0}]$$

$$\approx c\Delta k\Big[1 - (\alpha^2 \ln\frac{1}{\alpha})\Big/6\Big] . \tag{2.131}$$

最后，我们就得到了 $k = k_0$ 附近的色散关系：

$$\omega_l = ck_0 + \Delta\omega = c\Big[k - (k-k_0)\alpha^2 \ln\frac{1}{\alpha}\Big/6\Big] . \tag{2.132}$$

由于 $\alpha^2 \ln\frac{1}{\alpha}$ 是小参量，对所有在区域 $|k - k_0|/k_0 \ll 1$ 的 $k$ ，(2.132)式都满足 $|\overline{v}_p - 1| \ll \alpha^2$ 的条件，因此(2.131)式在足够宽的 $k_0$ 邻域内都是正确的。当 $k < k_0$ 时，(2.132)式与色散关系(2.121)式相衔接，它们的相速都大于光速，$\omega/k > c$。但是在 $k > k_0$ 情况下，振荡是亚光速的 $\omega/k < c$，这时必须考虑共振粒子的吸收，即要考虑 $G$ 函数的虚部。应该指出，在满足如下不等式时

$$\Delta k/k_0 \ll \left(\ln\frac{1}{\alpha}\right)^{-1} , \tag{2.133}$$

这种吸收就很小，色散关系仍由(2.132)式确定。当不等式(2.133)不成立时，这种 $k > k_0$ 的波就要遭到强阻尼，这时所论及的波也就不复存在。这种阻尼由(2.76a)式确定

$$\gamma^l = - \frac{\operatorname{Im} \varepsilon_k^{e(l)}}{\dfrac{\partial}{\partial \omega} \operatorname{Re} \varepsilon_k^{e(l)} \big|_{\omega=\omega_l}} . \tag{2.134}$$

而利用(2.130)式，可得

$$(\partial \operatorname{Re} \varepsilon_k^{e(l)}/\partial \omega) \big|_{\omega=\omega_l} = \left( (\partial \operatorname{Re} \varepsilon^l/\partial \overline{v}_p) \frac{\partial \overline{v}_p}{\partial \omega} \right) \bigg|_{\omega=\omega_l} = 12/k_0^3 d_e^2 \alpha^2 c \;\; ;$$

对于介电张量 $\varepsilon_k^{e(l)}$ 的虚部，可根据(2.115)式有

$$\operatorname{Im} \varepsilon_k^{e(l)} = \frac{\pi}{2} \overline{v}_p \int_0^\infty \theta \left( 1 - \frac{\gamma}{u} \overline{v}_p \right) F(u) u^2 \mathrm{d} u \frac{1}{k^2 d_e^2} \; ; \tag{2.135}$$

注意到 (2.124) 式，使 (2.135) 式不为零的 $u$ 必须满足 $u > u_0 \equiv [2(1-\overline{v}_p)]^{-1/2}$。于是

$$\operatorname{Im} \varepsilon_k^{e(l)} = \frac{\pi}{2} \frac{\overline{v}_p}{k_0^2 d_e^2} \int_{u_0}^\infty F(u) u^2 \mathrm{d} u \; ;$$

它 是 很 易 于 积 分 的， 由 于 $\alpha^{-1} \ll u_0$，略 去 小 项 就 得 到 $\operatorname{Im} \varepsilon_k^{e(l)} \big|_{\omega=\omega_l} \approx \pi \alpha^2 u_0^2 e^{-\alpha u_0} / 4 k_0^2 d_e^2$。因此

$$\gamma^l \approx -\frac{\pi}{48} \alpha^4 k_0 c u_0^2 e^{-\alpha u_0(\overline{v}_p)_0} \quad . \tag{2.136}$$

由(2.132)式，可得到 $(1-\overline{v}_p) = 1 - \omega/kc = \dfrac{\Delta k}{6k} \alpha^2 \ln \dfrac{1}{\alpha}$，$\Delta k = k - k_0$。在 $\Delta k > 0$ 情况下，

$$\alpha u_0(\overline{v}_p)_0 = (3k_0 / \Delta k \ln \frac{1}{\alpha})^{1/2} . \tag{2.137}$$

从(2.137)式可知，要使阻尼率(2.136)式指数地小，必须满足条件(2.133)式，否则就会出现强衰减。

### (4) 横"等离激元"振荡

可以用完全类似的方法来研究横振荡。我们不想重复类似的计算，只把简单的结果写出来。读者要有兴趣的话，可参看 Mikhailovskii（1980）。类似于（2.119）及（2.121）式，在极端相对论情况下（ $\alpha = m_e c^2 / T_e \ll 1$ ），横振荡有如下色散关系：

$$\omega_p^2 = \frac{\alpha \omega_{pe}^2}{3} + \frac{6}{5} c^2 k^2 , \;\; \omega \gg kc , \tag{2.138}$$

$$\omega_p^2 = c^2 k^2 (1 + \frac{1}{2k^2 d_e^2}) , \;\; \omega \sim kc . \tag{2.139}$$

(2.138)式是小波数支：$k^2 d_e^2 \ll 1$；而（2.139）式是大波数支：$k^2 d_e^2 \gg 1$。在亚光速区，会出现一种非周期阻尼振荡（$|\omega| \ll kc$）：

$$\omega = -i\frac{4}{\pi}|k|^3 d_e^2 c \qquad (2.140)$$

它属于小波数支的阻尼振荡：$k^2 d_e^2 \ll 1$。

综合上述，极端相对论等离子体中纵振荡的色散曲线 $\omega_l = \omega(k)$ 可分段表述：最长波分支，由（2.119）式确定；在波数范围为（2.122）式时，其色散律由（2.121）式所确定；紧接着是由（2.131）式所确定的色散支（$\Delta k < 0$）。这三个分支的相速都是超光速的，具有实频率。第四个分支是亚光速的，它的频率是为复数。实部仍由（2.132）式确定（$\Delta k > 0$），虚部频率由（2.136）式确定。当不等式（2.133）不满足时，这种波就要遭到强衰减。

## 2.10 外磁场等离激元

当存在外磁场的时候，波的模式就变得大为丰富起来。然而如果我们仍按前几节的方法来导出均匀外磁场存在时的各种波模，那么我们所面临的问题就变得非常复杂了。就本书的中心内容而言，这种复杂性并非是必要的。因此，我们宁可选择一种简单的陈述问题的方法，着重于阐明各种波模的物理实质。 在这里，我们介绍几种常见的波的模式 (Tsytovich, 1977)。

当有外磁场 $\mathbf{B}_0$ 时，小振幅的电荷 (对电子，$e < 0$；对离子，$e > 0$) 运动方程就为：

$$\frac{\mathrm{d}\mathbf{v}}{\mathrm{d}t} = \frac{e}{mc}[\mathbf{v} \times \mathbf{B}_0] + \frac{e}{m}\mathbf{E}.$$

依然为简单计，设诸扰动量($\mathbf{v}, \mathbf{E}$) 为平面波 $e^{i\mathbf{k}\cdot\mathbf{r} - i\omega t}$ 形式，于是从上式可得

$$-i\omega\mathbf{v}_k = \omega_B(\mathbf{v}_k \times \mathbf{h}) + \frac{e}{m}\mathbf{E}_k,$$

其中

$$\omega_B = eB_0/mc, \quad \mathbf{h} = \mathbf{B}_0/B_0, \quad k = (\mathbf{k}, \omega).$$

选择 $\mathbf{B}_0 // \hat{z}$,则可解得 $\mathbf{v}_k$（以下略去下标 $k$）：

$$j_x = en_0 v_x = \frac{e^2 n_0}{m} \frac{i\omega}{\omega^2 - \omega_B^2} \left( E_x + i \frac{\omega_B}{\omega} E_y \right), \tag{2.141a}$$

$$j_y = en_0 v_y = \frac{e^2 n_0}{m} \frac{i\omega}{\omega^2 - \omega_B^2} \left( E_y - i \frac{\omega_B}{\omega} E_x \right), \tag{2.141b}$$

$$j_z = en_0 v_z = \frac{e^2 n_0}{m\omega} i E_z. \tag{2.141c}$$

**(1) 阿尔芬波和磁声波**

现在研究甚低频振荡，它的频率远小于离子回旋频率 $\omega_{Bi} = eB_0/m_i c$。在此情况下（2.141a）和（2.141b）两式右边第二项的回旋效应近乎为 0。这是因为离子的 $j_x^{g(i)}$ 和电子的 $j_x^{g(e)}$ 相抵偿：

$$j_x^{g(i)} = \frac{e^2 n_0}{m_i} \frac{i\omega}{\omega^2 - \omega_{Bi}^2} \left( i \frac{\omega_{Bi}}{\omega} E_y \right) \approx \frac{e^2 n_0}{m_i \omega_{Bi}} E_y = -\frac{e^2 n_0}{m_e \omega_{Be}} E_y \approx -j_x^{g(e)}.$$

因而，

$$\begin{cases} \mathbf{j}_\perp = \mathbf{j}_{\perp e} + \mathbf{j}_{\perp i} \approx -\dfrac{e^2 n_0 i\omega}{m_i \omega_{Bi}^2} \mathbf{E}_\perp \\[2mm] j_z = j_{ze} + j_{zi} \approx \dfrac{e^2 n_0 i}{m_e \omega} E_z. \end{cases} \tag{2.142}$$

由麦氏方程

$$\mathrm{rot}\mathbf{B} = \frac{4\pi}{c} \mathbf{j} + \frac{1}{c} \frac{\partial \mathbf{E}}{\partial t},$$

$$\mathrm{rot}\mathbf{E} = -\frac{1}{c} \frac{\partial \mathbf{B}}{\partial t},$$

可得到

$$i(\mathbf{k} \times \mathbf{B}_k) = \frac{4\pi}{c} \mathbf{j}_k - i \frac{\omega}{c} \mathbf{E}_k, \tag{2.143a}$$

$$\mathbf{B}_k = \frac{c}{\omega} (\mathbf{k} \times \mathbf{E}_k). \tag{2.143b}$$

把（2.142）式代入（2.143）式，消去 $\mathbf{B}_k$，得到（略去下标 $k$）：

$$c^2 \left[ (\mathbf{k} \cdot \mathbf{E}) \mathbf{k}_\perp - k^2 \mathbf{E}_\perp \right] = -\frac{\omega_{pi}^2}{\omega_{Bi}^2} \omega^2 \mathbf{E}_\perp - \omega^2 \mathbf{E}_\perp, \tag{2.144a}$$

$$c^2 \left[ (\mathbf{k} \cdot \mathbf{E}) k_z - k^2 E_z \right] = \omega_{pe}^2 E_z - \omega^2 E_z. \tag{2.144b}$$

从（2.142）式可以看出，较小的 $E_z$ 可产生大电流，故 $E_z$ 与 $E_\perp$ 相比必须

很小，它的估值可从（2.144b）式得到

$$E_z \sim \frac{c^2}{\omega_{pe}^2} k_z k_\perp E_\perp \ll E_\perp.$$

这个不等式最后一步是由于我们研究的波的波长满足 $\omega_{pe}^2 \gg k^2 c^2$。另外，需要说明的是，在这里所说的外磁场一般不是指强磁场，$\omega < \omega_{Bi}$，同时 $\omega < \omega_{pe}$。于是，我们在（2.144a）式中的 $(\mathbf{k} \cdot \mathbf{E})$ 项中略去较小的 $E_z$；并假定 $x$ 轴位于 $(\mathbf{k}, \mathbf{B}_0)$ 平面，这时 $k_y = 0$。这样，（2.144a）式在 $x, y$ 轴上投影就为

$$\begin{cases} k_x^2 - k^2 = -k_z^2 \approx -\omega^2 \left(1 + \dfrac{\omega_{pi}^2}{\omega_{Bi}^2}\right) \dfrac{1}{c^2} \\[3mm] -k^2 = -\omega^2 \left(1 + \dfrac{\omega_{pi}^2}{\omega_{Bi}^2}\right) \dfrac{1}{c^2} \end{cases}, \qquad (2.145)$$

即

$$\omega^a = k v_A |\cos\theta|, \qquad\qquad (2.146)$$

$$\omega^m = k v_A. \qquad\qquad (2.147)$$

(2.146) 式就是所谓阿尔芬波色散关系，满足色散关系 (2.147) 式的波则被称之为磁声波。其中 $\theta$ 是 $\mathbf{k}$ 与 $\mathbf{B}_0$ 的夹角，$v_A$ 是阿尔芬波速，

$$v_A^2 / c^2 = \frac{\omega_{Bi}^2}{\omega_{pi}^2} \frac{1}{1 + \omega_{Bi}^2/\omega_{pi}^2} = \frac{B_0^2/4\pi n_0 m_i c^2}{1 + B_0^2/4\pi n_0 m_i c^2}. \qquad (2.148)$$

对相当弱的磁场，$B_0^2 / 4\pi n_0 m_i c^2 \ll 1$，则

$$v_A = \frac{\omega_{Bi}}{\omega_{pi}} c = B_0 / \sqrt{4\pi n_0 m_i}. \qquad (2.149)$$

阿尔芬波和磁声波的相速分别等于 $v_A |\cos\theta|$ 和 $v_A$，两种波的波数都相当小：$k < \omega_{Bi}/v_A = \omega_{pi}/c$。给出存在均匀外磁场时的阿尔芬波的介电常数，我们就可以按公式 (2.72) 计算阿尔芬波的朗道阻尼。当然也可以根据弱湍动等离子体的半经典理论 (李晓卿，1987) 进行计算。但这类考虑到热运动引起的切伦柯夫和迴旋吸收耗散的计算，通常是复杂的，需要较多的篇幅予以陈述，但它已远远偏离了本书的主题。我们仅给出结果，有兴趣的读者可参见 Alexadrov *et al.* (1984)。阿尔芬波的朗道阻尼为

$$\gamma^a \approx \gamma^m (\frac{\omega^a}{\omega_{Bi}})^2 \frac{m_i}{m_e} (\frac{v_A}{v_{Te}})^4 \approx -\sqrt{\frac{\pi}{8}} \frac{\sin^2 \theta}{\cos^2 \theta} \omega^a (\frac{\omega^a}{\omega_{Bi}})^2 (\frac{v_A}{v_{Te}})^3. \tag{2.150}$$

式中，$\gamma^m$ 为磁声波的朗道阻尼。我们看到这种阻尼是随频率减小而迅速地减小。因此，在低频波分支中，阿尔芬波的朗道阻尼特别小。另外，我们还要提及的是，除了这种（$\omega \ll \omega_{Bi} \gg \nu_i$，$\nu_i$－离子相互碰撞频率）无碰撞阿尔芬波外，从磁流力学得到的碰撞阿尔芬波（$\omega \ll \omega_{Bi} \ll \nu_i$）也满足（2.146）式所表示的色散关系，碰撞阿尔芬波是矩方程的产物，它的阻尼是电阻类型的，即有限电导率引起的耗散，因而是不可逆的。而无碰撞的阿尔芬波的朗道阻尼是一种动力学类型的阻尼，而且具有可逆的特点。

**(2) 哨声波模**

现在来研究频率稍高点的波，它的频率介于 $\omega_{Bi} \ll \omega \ll \omega_{Be}$。对于这种波，电子和离子的回旋流相互补偿不复存在，回旋项起着很大作用。在这种频率范围内，容易从（2.141a）式、（2.141b）式得到

$$j_x \approx \frac{\omega_{pe}^2}{4\pi\omega_{Be}} E_y, \qquad j_y \approx -\frac{\omega_{pe}^2}{4\pi\omega_{Be}} E_x.$$

这时麦氏方程（2.144）变为

$$c^2 \left[ (\mathbf{k} \cdot \mathbf{E}) \mathbf{k}_\perp - k^2 \mathbf{E}_\perp \right] = -4\pi i \omega \mathbf{j}_\perp - \omega^2 \mathbf{E}_\perp. \tag{2.151}$$

我们仍认为 $kc \ll \omega_{pe}$，这时，上面已证明过 $E_z$ 很小；并且也认为 $\omega_{pe} > \omega_{Be}$，于是可略去（2.151）式右边第二项。仍选择 $k_y = 0$ 的坐标，那么（2.151）式在 $x$ 及 $y$ 方向上的分量方程就为

$$c^2 k_z^2 E_x = \frac{i\omega\omega_{pe}^2}{\omega_{Be}} E_y,$$

$$c^2 k^2 E_y = -\frac{i\omega\omega_{pe}^2}{\omega_{Be}} E_x;$$

两式相乘就得到

$$\omega^2 = \frac{\omega_{Be}^2 c^4}{\omega_{pe}^4} k^4 \cos^2 \theta. \tag{2.152}$$

这就是众所周知的哨声波(w)色散关系。当 $\cos \theta = 1$ 时，$E_x = \pm i E_y$，即波为圆偏振波。哨声波的波数 $k$ 有一定的限制。由于 $\omega^w > \omega_{Bi}$，即

$$\frac{\omega_{Be} c^2 k^2}{\omega_{pe}^2} |\cos \theta| > \omega_{Bi},$$

就得到

$$k > \frac{1}{c \left[|\cos \theta|\right]^{1/2}} \sqrt{\frac{\omega_{Bi}}{\omega_{Be}}} \omega_{pe} = \frac{\omega_{pi}}{c \left[|\cos \theta|\right]^{1/2}} ;$$

另一方面，$k < \dfrac{\omega_{pe}}{c}$，于是

$$\frac{\omega_{pi}}{c \left[|\cos \theta|\right]^{1/2}} < k < \frac{\omega_{pe}}{c}. \tag{2.153}$$

因而，它的相速度 $\mathrm{v}_p = \dfrac{\omega^w}{k}$ 也受到限制：

$$\frac{\omega_{Bi}}{\omega_{pi}} c < \mathrm{v}_p < \frac{\omega_{Be}}{\omega_{pe}} c. \tag{2.154}$$

它的群速度简单为 $\mathrm{v}_g = 2\mathrm{v}_p$。

### (3) 磁离子声波

在我们获得阿尔芬模（2.146）式的时候，我们并未对 $\mathrm{v}_A$ 及 $\mathrm{v}_S$ 之间的关系作出限制。实际上，当 $\mathrm{v}_A \geqslant \mathrm{v}_S$ 的时候，等离子体电子就变成所谓磁化电子，即电子以热运动速度绕磁场 $\mathbf{B}_0$（$\mathbf{z}$ 轴）回旋的回旋半径 $r_e = \mathrm{v}_{Te}/\omega_{Be}$ 就远小于作用电子上的扰动波场的波长 $\lambda \gg r_e$，或 $k_x r_e \ll 1$（仍取 $k_y = 0$）。事实上，

$$\mathrm{v}_A = \frac{\omega_{Bi}}{\omega_{pi}} c \geqslant \mathrm{v}_s = \sqrt{\frac{T_e}{m_e}} \sqrt{\frac{m_e}{m_i}},$$

即 $\dfrac{c}{\omega_{pe}} \geqslant \dfrac{\mathrm{v}_{Te}}{\omega_{Be}} = r_e$，而 $\dfrac{1}{k} \gg \dfrac{c}{\omega_{pe}}$，因此 $k_x r_e \ll 1$；在这种情况下，波场可近似写为

$$\mathbf{E} = \mathbf{E}_0 \exp(i\mathbf{k} \cdot \mathbf{r} - i\omega t)$$

$$\approx \mathbf{E}_0 (1 + ik_x x) \exp(ik_z z - i\omega t). \tag{2.155}$$

考虑到这种情况，就会出现几种新的模式。当然，如同下文要证明的，也仍会出现（2.146）式的模，即，阿尔芬波模（2.146）式 $\mathrm{v}_A$ 及 $\mathrm{v}_s$ 任何关系都是对的。

（2.155）式的振幅调制部分 $\sim ik_x x$ 是很小的，我们先不去考虑它的影

响。因而这种场在空间上仅取决于 $z$，引进位场 $\phi$ 之后，可写为

$$E_z = -\frac{\partial\phi}{\partial z}, \qquad E_{z,k} = -ik_z\phi;$$

电子在位场 $\phi$ 中的分布仍为玻尔兹曼分布：

$$n_e \approx n_0\left(1 - e\phi/T_e\right);$$

电子所引起的流可从电荷连续性方程

$$\mathrm{div}\mathbf{j} + \frac{\partial\rho}{\partial t} = 0$$

得到

$$k_z j_z^{(e)} = \omega\rho = \omega e\left(n_e - n_0\right) \approx -\omega n_0 \frac{e^2\phi}{T_e}.$$

我们仍选择了 $k_y = 0$，而 $k_x$ 很小，略去它的影响，且速变相项仅依赖于 $z$，故得到上式。这样就有

$$j_z^{(e)} = -\frac{1}{4\pi}\frac{i\omega_{pe}^2}{k_z^2 \mathrm{v}_{Te}^2}\omega E_{z,k}.$$

而离子产生的 $z$ 方向上的流仍然为（2.141c）式，因此

$$j_z = j_z^{(i)} + j_z^{(e)} = \frac{i\omega E_{z,k}}{4\pi}\left(\frac{\omega_{pi}^2}{\omega^2} - \frac{\omega_{pe}^2}{k_z^2 \mathrm{v}_{Te}^2}\right). \tag{2.156}$$

我们研究的是纵振荡，即 $\mathrm{rot}\mathbf{E} = 0$（$\mathbf{k}\times\mathbf{E}_k = 0$），故麦氏方程 $\mathrm{rot}\mathbf{E} = -\frac{1}{c}\frac{\partial\mathbf{B}}{\partial t} = 0$，可令 $\mathbf{B}$=常数=0（这也是纵振荡要求，它没有磁场分量）。于是 $\frac{1}{c}\frac{\partial\mathbf{E}}{\partial t} + \frac{4\pi}{c}\mathbf{j} = 0$，或

$$i\omega\mathbf{E}_k = 4\pi\mathbf{j}_k.$$

把（2.156）式代入此式的 $z$ 分量方程，则获得

$$\omega^2 = k_z^2 \mathrm{v}_s^2 \big/ \left(1 + k_z^2 d_e^2\right). \tag{2.157}$$

这种波模被称之为磁离子声波。和（2.89）式相比，我们看到磁离子声波色散律与离子声波类似，不同仅在于前者的波矢是 $\mathbf{k}_z$，而不是 $\mathbf{k}$，这显然和等离子体电子磁化有关。当 $k_z d_e \ll 1$ 时，类似于（2.90）式，可得到它的长波支色散关系：

$$\omega^{ms} = k v_S \left| \cos\theta \right|. \tag{2.158}$$

### (4) 快、慢磁声波

现在来研究波场振幅调制部分的影响。电子扰动密度 $\delta n_e = n_e - n_0$ 仍可通过如下方程

$$n_e \approx n_0 \left(1 - \frac{e\phi}{T_e}\right), \qquad E_{z,k} = -ik_z\phi,$$

得到：$\delta n_e = -ieE_z n_0 / k_z T_e$。于是它所建立的流为

$$\delta j_y^{(e)} = e\delta n_e v_{0y}^{(e)} = \frac{-i\omega_{pi}^2 m_i E_z}{4\pi k_z T_e} v_{0y}^{(e)}. \tag{2.159}$$

我们要的是所有等离子体电子的平均流。由于电子绕磁场 $\mathbf{B_0}$（$\mathbf{z}$ 轴）在拉摩轨道上回旋，它的速度为

$$v_{0y}^{(e)} = v_0 \sin\left(\omega_{Be}t + \varphi_0\right),$$

坐标为

$$y = -\frac{v_0}{\omega_{Be}} \cos\left(\omega_{Be}t + \varphi_0\right),$$

$$x = \frac{v_0}{\omega_{Be}} \sin\left(\omega_{Be}t + \varphi_0\right) = \frac{v_{0y}^{(e)}}{\omega_{Be}}.$$

在（2.159）式中，如果不考虑 $E_z$ 中的振幅调制部分，由于此时 $\omega_{Be}$ 是高频，则

$$\left\langle \delta j_y^{(e)} \right\rangle \sim \left\langle v_{0y}^{(e)} \right\rangle = 0.$$

因而，在这种情况下，有限的拉摩半径引起的修正就变得重要起来。因此

$$\left\langle \delta j_y^{(e)} \right\rangle \approx -\frac{i\omega_{pi}^2}{4\pi k_z T_e} E_z ik_x m_i \left\langle x v_{0y}^{(e)} \right\rangle$$

$$= \frac{\omega_{pi}^2}{4\pi T_e} \frac{k_x}{k_z} E_z \frac{m_i \left\langle \left(v_{0y}^{(e)}\right)^2 \right\rangle}{\omega_{Be}} = \frac{\omega_{pi}^2}{4\pi\omega_{Bi}} \mathrm{tg}\theta \cdot E_z \frac{m_e \left\langle \left(v_{0y}^{(e)}\right)^2 \right\rangle}{T_e}$$

$$= \frac{\omega_{pi}^2}{4\pi\omega_{Bi}} \mathrm{tg}\theta \cdot E_z.$$

我们来看 $x$ 方向的流的修正。因为 $\left\langle x v_{0x}^{(e)} \right\rangle \sim \left\langle \sin\left(\omega_{Be}t + \varphi_0\right)\cos\left(\omega_{Be}t + \varphi_0\right) \right\rangle = 0$，因而

$$\langle \delta j_x \rangle = 0.$$

这就是说，由于等离子体电子磁化而引起的对（2.155）式 $x$ 成分流的修正为 0（至于离子的流修正，由于 $r_i \ll r_e$，它比电子的小得多，在此情况下它亦为 0）。因而（2.144a）式的 $x$ 分量仍是对的，不要作修正，即（2.145）第一式以及 (2.146)式仍保持。换句话说，考虑了磁化情况（$v_A \geqslant v_s$）阿尔芬波模仍成立。从而得到结论，模

$$\omega^a = k v_A |\cos \theta|$$

对任何 $v_A$ 及 $v_s$ 的关系都成立。

现在来计算 $z$ 方向的流的修正。在我们研究的情况中，完全没有什么耗散效应，因而按一个周期平均的功为 0：$\langle \mathbf{E} \cdot (\mathbf{j} + \delta \mathbf{j}) \rangle = 0$，于是

$$\langle \delta j_y E_y \rangle + \langle \delta j_z E_z \rangle + \langle \mathbf{E}_\perp \cdot \mathbf{j}_\perp \rangle + \langle E_z j_z \rangle = 0.$$

从（2.142）式可知，$\mathbf{j}_\perp$ 和 $\mathbf{E}_\perp$ 的位相差为 $\pi/2$，$E_z$ 和 $j_z$ 的位相差也为 $\pi/2$，因而上式最后两项为 0，即

$$\langle \delta j_z \rangle = \frac{-\omega_{pi}^2}{4\pi \omega_{Bi}} \mathrm{tg}\theta E_y.$$

这样我们就获得了对（2.142）式修正后的流：

$$j_y = -\frac{i \omega_{pi}^2 \omega}{4\pi \omega_{Bi}^2} E_y + \langle \delta j_y \rangle,$$

$$j_z = j_z^{(i)} + j_z^{(e)} + \langle \delta j_z \rangle.$$

第二式的 $\left( j_z^{(i)} + j_z^{(e)} \right)$ 由（2.156）式确定。把它们代入麦氏方程（2.151），并且选取 $k_y = 0$，且认为 $kc \ll \omega_{pi}$，就得到（$x$ 方向分量方程就是阿尔芬波模 $\omega_A = k v_A |\cos \theta|$）：

$$-k^2 E_y = \frac{-\omega^2}{c^2} \left( 1 + \frac{\omega_{pi}^2}{\omega_{Bi}^2} \right) E_y + \frac{\omega_{pi}^2 i \omega}{c^2 \omega_{Bi}} E_z \mathrm{tg}\theta,$$

$$0 = \omega_{pi}^2 \left( 1 - \frac{\omega^2}{k_z^2 v_s^2} \right) E_z + \frac{i \omega \omega_{pi}^2}{\omega_{Bi}} \mathrm{tg}\theta E_y.$$

这组方程导致如下振荡谱：

$$\omega_{\pm}^2 = k^2 \mathrm{v}_{\pm}^2, \tag{2.160}$$

其中

$$\mathrm{v}_{\pm}^2 = \frac{1}{2\left(1 + \dfrac{\mathrm{v}_{A0}^2}{c^2}\right)} \left\{ \mathrm{v}_A^2 + \mathrm{v}_s^2\left(1 + \frac{\mathrm{v}_A^2}{c^2}\cos^2\theta\right) \pm \right.$$

$$\left. \sqrt{\left[\mathrm{v}_s^2\left(1 + \mathrm{v}_A^2\cos^2\theta/c^2\right) - \mathrm{v}_A^2\right]^2 + 4\mathrm{v}_A^2\mathrm{v}_s^2\sin^2\theta} \right\}, \tag{2.161}$$

称 $\omega_+$ 为快磁声波，$\omega_-$ 为慢磁声波。在 $\mathrm{v}_A \gg \mathrm{v}_s$ 时，$\omega_+$ 变为 $\omega^m = k\mathrm{v}_A$，而 $\omega_-$ 变为（2.158）式。当 $\mathrm{v}_A^2 \ll c^2$，则

$$\mathrm{v}_{\pm}^2 = \frac{1}{2}\left[\mathrm{v}_{A0}^2 + \mathrm{v}_s^2 \pm \sqrt{\left(\mathrm{v}_A^2 - \mathrm{v}_s^2\right)^2 + 4\mathrm{v}_A^2\mathrm{v}_s^2\sin^2\theta}\right]. \tag{2.162}$$

**(5) 磁活动等离子体波模**

我们再转到高频纵振荡，波场与波矢同向。在此情况下，

$$i\omega\mathbf{E}_k = 4\pi\mathbf{j}_k,$$

即

$$\mathbf{k}\cdot\mathbf{j}_k = \frac{i\omega}{4\pi}\mathbf{k}\cdot\mathbf{E}_k.$$

因而由（2.141a）～(2.141c)式可得

$$4\pi\mathbf{k}\cdot\mathbf{j}_k = \sum_{\alpha=e,i}\left[\frac{\omega_{p\alpha}^2 i\omega}{\omega^2 - \omega_{B\alpha}^2}\left(k_x E_{x,k} + k_y E_{y,k}\right) + \right.$$

$$\left. i\frac{\omega_{B\alpha}}{\omega}\left(k_x E_{y,k} - k_y E_{x,k}\right)\right] + \sum_{\alpha=e,i}\frac{i\omega_{p\alpha}^2}{\omega}k_z E_{z,k}, \tag{2.163}$$

而

$$k_x E_{x,k} + k_y E_{y,k} = kE_k - k_z E_{z,k}$$

$$= kE_k - k_z\frac{k_z}{k}E_k = \frac{k_x^2 + k_y^2}{k}E_k,$$

$$k_x E_{y,k} = k_x E_k k_y/k = k_y E_{x,k}, \qquad k_z E_{z,k} = k_z E_k k_z/k,$$

因此，

71

$$4\pi\mathbf{k}\cdot\mathbf{j}_k = \sum_{\alpha=e,i}\frac{\omega_{p\alpha}^2 i\omega}{\omega^2-\omega_{B\alpha}^2}\frac{k_x^2+k_y^2}{k}E_k + \sum_{\alpha=e,i}\frac{i\omega_{p\alpha}^2 k_z^2}{k\omega}E_k.$$

由于 $k_x^2+k_y^2 = k^2\sin^2\theta, k_z^2 = k^2\cos^2\theta$，故从 $4\pi\mathbf{k}\cdot\mathbf{j}_k = i\omega k E_k$，就得到

$$\frac{\omega_{pe}^2\sin^2\theta}{\omega^2-\omega_{Be}^2} + \frac{\omega_{pi}^2\sin^2\theta}{\omega^2-\omega_{Bi}^2} + \frac{\omega_{pe}^2\cos^2\theta}{\omega^2} = 1. \tag{2.164}$$

对于高频振荡，和电子有关的第一、第三项相比较，与离子运动有关的第二项可以略去，则

$$\omega^4 - \omega^2\left(\omega_{Be}^2+\omega_{pe}^2\right) + \omega_{Be}^2\omega_{pe}^2\cos^2\theta = 0. \tag{2.165}$$

它的解为

$$\omega_\pm^2 = \frac{1}{2}\left[\omega_{Be}^2+\omega_{pe}^2 \pm \sqrt{\left(\omega_{Be}^2+\omega_{pe}^2\right)^2 - 4\omega_{Be}^2\omega_{pe}^2\cos^2\theta}\right], \tag{2.166}$$

即

$$\omega_+^2 = \omega_{pe}^2 + \omega_{Be}^2\sin^2\theta, \tag{2.167a}$$

$$\omega_-^2 = \omega_{Be}^2\cos^2\theta. \tag{2.167b}$$

我们称高频纵振荡（2.167）式为磁活动等离子体波模。因此，在弱场情况下 $\omega_{pe}\gg\omega_{Be}$，在考虑了热改正之后（2.167a）式是（2.75a）式加上磁场项的小修正。

### (6) 混杂波模

但是（2.167b）式在 $\theta\to\frac{\pi}{2}$ 时它为零，这说明对低频支必须考虑第二项离子的贡献。因此，在 $\theta\to\frac{\pi}{2}$ 时，从 (2.164)式，得

$$\omega^4 - \left(\omega_{Be}^2+\omega_{Bi}^2+\omega_{pi}^2+\omega_{pe}^2\right)\omega^2 + \omega_{Be}^2\omega_{pi}^2 + \omega_{pe}^2\omega_{Bi}^2 + \omega_{Be}^2\omega_{Bi}^2 = 0.$$

括号中的离子有关项以及第四项都可以略去，故得到如下方程：

$$\omega^4 - \omega^2\left(\omega_{Be}^2+\omega_{pe}^2\right) + \omega_{Be}\omega_{Bi}\left(\omega_{pe}^2+\omega_{Be}\omega_{Bi}\right) = 0.$$

对高频支，最后一项可略去，就得到（2.167a）式（其中 $\theta\to\frac{\pi}{2}$）；对低频支，

可略去 $\omega^4$ 项，则

$$\omega_-^2 \approx \omega_{Be}\omega_{Bi}\left(\omega_{pe}^2 + \omega_{Be}\omega_{Bi}\right)\Big/\left(\omega_{pe}^2 + \omega_{Be}^2\right); \qquad (2.168)$$

当 $\omega_{pe} >> \omega_{Be}$ 时，近似有

$$\omega_- \approx \sqrt{\omega_{Be}\omega_{Bi}} \quad . \qquad (2.169)$$

它被称之为混杂波模。因此，（2.167b）式在 $\theta \to \dfrac{\pi}{2}$ 时应被代之以

（2.169）式。

**(7) 低频纵振荡**

对于低频振荡，那么可保留（2.164）式左边后二项，这时

$$\omega^4 - \omega^2\left[\omega_{pi}^2 \sin^2\theta + \omega_{pe}^2\cos^2\theta + \omega_{Bi}^2\right] + \omega_{Bi}^2\omega_{pe}^2\cos^2\theta = 0. \qquad (2.170)$$

如果 $\theta$ 很小，那么上式方括号内诸项和 $\approx \omega_{pe}^2 + \omega_{Bi}^2$，和（2.165）式比较，就可知在此情况下它有如下两个近似解$\left(\omega_{pi} \gg \omega_{Bi}\right)$：

$$\omega_+^{(i)} \approx \omega_{pi}, \qquad \omega_-^{(i)} \approx \omega_{Bi}\left|\cos\theta\right|. \qquad (2.171)$$

综合起来，我们对本节几种存在外磁场时的波模色散律小结如下：

**1)　阿尔芬波(横模, $a$)**

$$\omega^a = k\mathrm{v}_A\left|\cos\theta\right|. \qquad (2.172)$$

波内电子的迴旋流正好由离子迴旋补偿而抵消。它的朗道阻尼很小，而式对 $\mathrm{v}_A$ 及 $\mathrm{v}_s$ 的任何关系都成立。它的频率上限为 $\omega_{Bi}$。

**2)　哨声波(横模, $w$)**

$$\omega^2 = \frac{\omega_{Be}^2 c^2}{\omega_{pe}^4}k^4\cos^2\theta. \qquad (2.173)$$

频率范围为 $\omega_{Bi} \ll \omega \ll \omega_{Be}$。波内迴旋流起很大作用，补偿效应被破坏。它的相速界限由(2.154)式确定。

**3)　磁离子声波(纵模, ms)**

$$\omega^{ms} = k\mathrm{v}_S\left|\cos\theta\right|. \qquad (2.174)$$

它的出现是与等离子体电子磁化有关；因而，只有在 $\mathrm{v}_A > \mathrm{v}_s$ 时才会产生磁离子声波模。

**4)　快、慢磁声波(横模, $f/s$ ms)**

$$\omega_{\pm}^2 = k^2 v_{\pm}^2, \tag{2.175}$$

$$v_{\pm}^2 = \frac{1}{2}\left[v_{A0}^2 + v_s^2 \pm \sqrt{\left(v_A^2 - v_s^2\right)^2 + 4v_A^2 v_s^2 \sin^2\theta}\right]. \tag{2.176}$$

它也和等离子体电子磁化有关。和磁离子声波不同，对于它，还考虑了作用在磁化电子上的调制波场振幅的影响。这里，$v_A \ll c$。

**5) 迴旋等离子体波**(或磁活动等离子体波，$f/s$ g)

$$\omega_+^2 = \omega_{pe}^2 + \omega_{Be}^2 \sin^2\theta, \tag{2.177a}$$

$$\omega_-^2 = \omega_{Be}^2 \cos^2\theta, \quad (\theta \neq \pi/2). \tag{2.177b}$$

它们是高频迴旋纵波。在弱场情况($\omega_{pe} \gg \omega_{Be}$)下，加上了热运动改正后，就变为

$$\omega_+^2 = \omega_{pe}^2 + 3k^2 v_{Te}^2 + \omega_{Be}^2 \sin^2\theta. \tag{2.178}$$

这就是 (2.75a)式考虑了弱磁场改正后的结果。

**6) 混杂波**(纵模，h)

$$\omega_- \approx \sqrt{\omega_{Be}\omega_{Bi}}. \tag{2.179}$$

在 $\theta \to \pi/2$ 时，低频支色散律 (2.167b)式不正确，而应代之以 (2.169) 式。

# 第三章　　等离激元诱发的自生磁场

**磁场在天体物理中的重要性如同性别之对于心理学那样。**

——Robert B. Leighton

真的，这一方小小的手帕，却有种神奇的魔力织在里面……

——莎翁：《奥瑟罗》

从现在开始，我们将要从几个方面详细阐述激元和物质所呈现的非均匀性——诸如电流片中孤波、间歇磁流、物质碎片和密度空穴等，它们的成因及其重要作用，包括加速、爆发、引起反常黏滞及阻抗以及自组织的结构和花样等。在本章我们将研究自生磁场，导出它的非线性控制方程组，而在后面的第七、八两章给出它的应用。波—波和波—粒相互作用能产生低频非线性流，通过麦氏场方程而诱发出低频电场；根据法拉第定律，就最终导致产生低频磁场。

## 3.1　低频横激元场方程

现在我们来研究非线性场方程所描述的耦合相互作用问题。由上一章的 (2.34) 式，写下横等离激元($\sigma = t$)的场方程，

$$\left(k^2 - \frac{\omega^2}{c^2}\varepsilon_k^t\right)E_k^{Tt} = \frac{4\pi i}{c^2}\omega(\mathbf{e}_{\mathbf{k}}^{t*}\cdot\sum_{n\geqslant 2}\mathbf{j}_k^{T(n)})\,; \tag{3.1}$$

以及利用(2.38) 式，由(2.34)式可得纵等离激元的场方程 ，

$$\varepsilon_k^l E_k^{Tl} = -\frac{4\pi i}{\omega}(\mathbf{e}_{\mathbf{k}}^{l*}\cdot\sum_{n\geqslant 2}\mathbf{j}_k^{T(n)}), \tag{3.2}$$

其中，$\mathbf{e}_{\mathbf{k}}^{\sigma}$ 为激元的极化矢量，$\mathbf{j}_k^{T(n)} \equiv \mathbf{j}_{\mathbf{k},\omega}^{T(n)}$ 为非线性流，而 $\varepsilon_k^t \equiv \varepsilon_{\omega,\mathbf{k}}^{\sigma}$ 是激元的介电常数，$E_k^{T\sigma} \equiv E_{\omega,\mathbf{k}}^{T\sigma}$ 为激元的电场。

先考虑低频的横等离激元场方程，即(3.1)式左端的场为低频横场 $E_k^{Tt} = E_k^{TS}$。对于二级非线性流，由于(2.25)式中 $\delta$ -函数的存在，要求满足 $\mathbf{k} = \mathbf{k}_1 + \mathbf{k}_2, \omega = \omega_1 + \omega_2$，既然 $(\mathbf{k},\omega)$ 属低频波，那么 $\omega_1, \omega_2$ 必为高频，

并且其中有一个是负频率。我们考虑高频场与低频场的耦合。在此情况下，(2.25)式中的二次项为：$\left[E_{k_1}^{T(+)}E_{k_2}^{T(-)}+E_{k_1}^{T(-)}E_{k_2}^{T(+)}\right]$，由(2.25)式，有

$$\mathbf{j}_k^{(2)}=\sum_\alpha\int\mathbf{S}_{k,k_1,k_2}^{\alpha(t)}\left(E_{k_1}^{T(+)}E_{k_2}^{T(-)}+E_{k_1}^{T(-)}E_{k_2}^{T(+)}\right)\delta\left(k-k_1-k_2\right)\mathrm{d}k_1\mathrm{d}k_2,\quad(3.3)$$

其中，高低频两激元相互作用矩阵元为

$$\mathbf{S}_{k,k_1,k_2}^{\alpha(t)}=-e_\alpha^3\int\mathbf{v}\frac{\tilde{\mathbf{e}}_{k_1}^t\cdot\dfrac{\partial}{\partial\mathbf{p}}}{(\omega-\mathbf{k}\cdot\mathbf{v}+i\varepsilon)}\cdot\frac{\mathbf{e}_{k_2}^t\cdot\dfrac{\partial}{\partial\mathbf{p}}f_\alpha^R}{\omega_2-\mathbf{k}_2\cdot\mathbf{v}+i\varepsilon}\frac{\mathrm{d}\mathbf{p}}{(2\pi)^3}\quad.\quad(3.4)$$

对（3.3）式第二个积分做积分变量代换：$k_1\to k_2,k_2\to k_1$，则有

$$\mathbf{j}_k^{(2)}=\sum_\alpha\int\left(\mathbf{S}_{k,k_1,k_2}^{\alpha(t)}+\mathbf{S}_{k,k_2,k_1}^{\alpha(t)}\right)E_{k_1}^{T(+)}E_{k_2}^{T(-)}\delta(k-k_1-k_2)\mathrm{d}k_1\mathrm{d}k_2;\quad(3.5)$$

将(3.5)式代入(3.1)式得

$$\left(k^2c^2-\omega^2\varepsilon_k^t\right)E_k^{TS}=4\pi i\omega\sum_\alpha\int\tilde{S}_{k,k_1,k_2}^{\alpha(t)}E_{k_1}^{T(+)}E_{k_2}^{T(-)}\delta\left(k-k_1-k_2\right)\mathrm{d}k_1\mathrm{d}k_2,\quad(3.6)$$

其中，

$$\tilde{S}_{k,k_1,k_2}^{\alpha(t)}\equiv\left(\mathbf{S}_{k,k_1,k_2}^{\alpha(t)}+\mathbf{S}_{k,k_2,k_1}^{\alpha(t)}\right)\cdot\mathbf{e}_k^{t*}=-e_\alpha^3\int\frac{\mathbf{e}_k^{t*}\cdot\mathbf{v}}{\omega-\mathbf{k}\cdot\mathbf{v}+i\varepsilon}\times$$

$$\left\{\tilde{\mathbf{e}}_{k_1}^t\cdot\frac{\partial}{\partial\mathbf{p}}\frac{\mathbf{e}_{k_2}^t\cdot\dfrac{\partial}{\partial\mathbf{p}}}{\omega_2-\mathbf{k}_2\cdot\mathbf{v}+i\varepsilon}+\tilde{\mathbf{e}}_{k_2}^t\cdot\frac{\partial}{\partial\mathbf{p}}\frac{\mathbf{e}_{k_1}^t\cdot\dfrac{\partial}{\partial\mathbf{p}}}{\omega_1-\mathbf{k}_1\cdot\mathbf{v}+i\varepsilon}\right\}\frac{f_\alpha^R\mathrm{d}\mathbf{p}}{(2\pi)^3}.\quad(3.7)$$

相应的二级分布函数为

$$f_{\alpha;k}^{(2)}=\int\Sigma_{k,k_1,k_2}^\alpha E_{k_1}^{T(+)}E_{k_2}^{T(-)}\delta(k-k_1-k_2)\mathrm{d}k_1\mathrm{d}k_2,\quad(3.8\mathrm{a})$$

其中，

$$\Sigma_{k,k_1,k_2}^\alpha=-e_\alpha^2\frac{1}{\omega-\mathbf{k}\cdot\mathbf{v}+i\varepsilon}\left\{\tilde{\mathbf{e}}_{k_1}^t\cdot\frac{\partial}{\partial\mathbf{p}}\frac{\mathbf{e}_{k_2}^t\cdot\dfrac{\partial}{\partial\mathbf{p}}}{\omega_2-\mathbf{k}_2\cdot\mathbf{v}+i\varepsilon}\right.$$

$$\left.+\tilde{\mathbf{e}}_{k_2}^t\cdot\frac{\partial}{\partial\mathbf{p}}\frac{\mathbf{e}_{k_1}^t\cdot\dfrac{\partial}{\partial\mathbf{p}}}{\omega_1-\mathbf{k}_1\cdot\mathbf{v}+i\varepsilon}\right\}f_\alpha^R.\quad(3.8\mathrm{b})$$

## 3.2　高频横激元场方程

如果 (3.1)式左端 $E_k^T$ 是高频场，二级流 $j_k^{(2)}$ 中的二次项应是高频场与低频场的乘积，即

$$E_{k_1}^T E_{k_2}^T = E_{k_1}^{Th} E_{k_2}^{TS} + E_{k_1}^{TS} E_{k_2}^{Th};\qquad(3.9)$$

对三级流中的三次项 $E_{k_1}^T E_{k_2}^T E_{k_3}^T$，可以分解成三个高频场乘积项以及高频与低频交叉相乘的三次项；在交叉项中，把低频场代之以(3.6)式，则交叉项实际上是四个以上高频场的乘积，这当然是高级小项，因而

$$E_{k_1}^T E_{k_2}^T E_{k_3}^T \approx E_{k_1}^{Th} E_{k_2}^{Th} E_{k_3}^{Th}\ \ .\qquad(3.10)$$

对于正频率的高频场（$E_k^{T(+)}$）的方程，$E_k^{Th}$ 应为正频场，这是因为在第三级非线性流表达(2.29)式中的分母中有因子 $[(\omega - \omega_1) - (\mathbf{k} - \mathbf{k}_1) \cdot \mathbf{v} + i\varepsilon]$，只有在 $E_{k_1}^{Th}$ 是正高频场时，这因子对积分贡献最大，与此相比较，$E_{k_1}^{Th}$ 为负频场的贡献可略去不计，因此

$$E_{k_1}^T E_{k_2}^T E_{k_3}^T \approx E_{k_1}^{T(+)}\left[E_{k_2}^{T(+)} E_{k_3}^{T(-)} + E_{k_2}^{T(-)} E_{k_3}^{T(+)}\right].\qquad(3.11)$$

将上式代入(2.28)式中得

$$\mathbf{j}_k^{(3)} = \sum_\alpha \int \mathbf{G}_{k,k_1,k_2,k_3}^{\alpha(t)} E_{k_1}^{T(+)}\left[E_{k_2}^{T(+)} E_{k_3}^{T(-)} + E_{k_2}^{T(-)} E_{k_3}^{T(+)}\right]\times$$

$$\delta\left(k - k_1 - k_2 - k_3\right)\mathrm{d}k_1 \mathrm{d}k_2 \mathrm{d}k_3,\qquad(3.12)$$

其中，

$$\mathbf{G}_{k,k_1,k_2,k_3}^{\alpha(t)} = ie_\alpha^4 \int \mathbf{v}\, \frac{\tilde{\mathbf{e}}_{\mathbf{k}_1}^t \cdot \dfrac{\partial}{\partial \mathbf{p}}}{(\omega - \mathbf{k} \cdot \mathbf{v} + i\varepsilon)}\, \frac{\tilde{\mathbf{e}}_{\mathbf{k}_2}^t \cdot \dfrac{\partial}{\partial \mathbf{p}}}{[(\omega - \omega_1) - (\mathbf{k} - \mathbf{k}_1) \cdot \mathbf{v} + i\varepsilon]}\times$$

$$\frac{\mathbf{e}_{\mathbf{k}_3}^t \cdot \dfrac{\partial}{\partial \mathbf{p}}}{(\omega_3 - \mathbf{k}_3 \cdot \mathbf{v} + i\varepsilon)}\, f_\alpha^R\, \frac{\mathrm{d}\mathbf{p}}{(2\pi)^3};\qquad(3.13)$$

将(3.12)式中的第二项做积分代换：$k_2 \to k_3, k_3 \to k_2$，得

$$\mathbf{j}_k^{(3)} = \sum_\alpha \int \left(\mathbf{G}_{k,k_1,k_2,k_3}^{\alpha(t)} + \mathbf{G}_{k,k_1,k_3,k_2}^{\alpha(t)}\right) E_{k_1}^{T(+)} E_{k_2}^{T(+)} E_{k_3}^{T(-)} \delta\left(k - k_1 - k_2 - k_3\right) \mathrm{d}k_1 \mathrm{d}k_2 \mathrm{d}k_3\ .$$

$$(3.14)$$

将(3.14)和(3.5)式代入(3.1)式,得到如下高频场方程

$$
\left(k^2c^2 - \omega^2\varepsilon_k^t\right)E_k^{T(+)} = 4\pi i\omega\Bigg[\sum_\alpha \int \tilde{\tilde{S}}_{k,k_1,k_2}^{\alpha(t)} E_{k_1}^{T(+)} \tilde{E}_{k_2}^{TS}\delta\left(k - k_1 - k_2\right)\mathrm{d}k_1\mathrm{d}k_2
$$
$$
+ \sum_\alpha \int \tilde{G}_{k,k_1,k_2,k_3}^{\alpha(t)} E_{k_1}^{T(+)} E_{k_2}^{T(+)} E_{k_3}^{T(-)}\delta\left(k - k_1 - k_2 - k_3\right)\mathrm{d}k_1\mathrm{d}k_2\mathrm{d}k_3\Bigg],
$$

$$\tag{3.15}$$

其中,

$$
\tilde{G}_{k,k_1,k_2,k_3}^{\alpha(t)} = \mathbf{e}_{\mathbf{k}}^{t*}\cdot\left(\mathbf{G}_{k,k_1,k_2,k_3}^{\alpha(t)} + \mathbf{G}_{k,k_1,k_3,k_2}^{\alpha(t)}\right) ; \tag{3.16}
$$

$\tilde{\tilde{S}}_{k,k_1,k_2}^{\alpha(t)}$ 形式上与(3.7)式相同,只是这时 $\omega_2$ 是低频。以及 $\tilde{E}_k^{TS}$ 是低频横激元电场,但它可以与(3.6)式左边的低频横场 $E_k^{TS}$ 不尽相同,故为区别起见,我们在其上面加了一个波浪线。根据半经典理论(例如参见: 李晓卿,1987),(3.6) 式及 (3.15)式中的合成和衰变过程可以确定低频场的强度 $N_k^{TS}\sim\mid E_k^{TS}\mid^2$; 换句话说,它们可以相差一个相因子 $e^{i\phi}$。

在以上诸式中的求和号 $\sum_\alpha$,是表示把电子与离子两部分贡献加起来。从(3.7)和(3.13)式可以看出, 相互作用矩阵元是与粒子质量成反比的; 因而, 由于离子的质量远大于电子质量,我们总可以略去离子的贡献。这样我们记 $\tilde{S}_{k,k_1,k_2}^{\alpha(t)}, \tilde{\tilde{S}}_{k,k_1,k_2}^{\alpha(t)}$ 和 $\tilde{G}_{k,k_1,k_2,k_3}^{\alpha(t)}$ 分别为 $\tilde{S}_{k,k_1,k_2}^{e(t)}, \tilde{\tilde{S}}_{k,k_1,k_2}^{e(t)}$ 和 $\tilde{G}_{k,k_1,k_2,k_3}^{e(t)}$。

## 3.3　谱空间动力学场方程

为得到谱空间的直至三级非线性相互作用的场方程,我们必须仔细估算 (3.15) 式中的二级和三级相互作用矩阵元 $\tilde{\tilde{S}}_{k,k_1,k_2}^{e(t)}$ 及 $\tilde{G}_{k,k_1,k_2,k_3}^{e(t)}$ 的积分值。这种计算不可避免地是相当复杂的。为了不让冗繁的推算影响我们的注意力, 在这一节我们仅仅只给出相互作用矩阵元的近似表达式。在本章末尾的附录中, 读者可以找到详细的推导 [见 (A.5b)和(A.2) 式]。它们为

$$
\tilde{\tilde{S}}_{k,k_1,k_2}^{e(t)} \approx -\frac{e^3 n_0}{\omega\omega_1\omega_2 m_e^2}\mathbf{e}_{\mathbf{k}}^{t*}\cdot\left[\mathbf{e}_{\mathbf{k_1}}^t \times\left(\mathbf{k_2}\times\mathbf{e}_{\mathbf{k_2}}^t\right)\right], \tag{3.17}
$$

$$
4\pi i\omega\tilde{G}_{k,k_1,k_2,k_3}^{e(t)} \approx -\omega_{pe}^2\tilde{\mathbf{e}}_{\mathbf{k}}^{t*}\cdot\tilde{\mathbf{e}}_{\mathbf{k_1}}^t\frac{1}{n_0}\int \Sigma_{k-k_1,k_2,k_3}^e\frac{\mathrm{d}\mathbf{p}}{(2\pi)^3}, \tag{3.18}
$$

式中，$\Sigma^{\alpha}_{k,k_1,k_2}$ 为 (3.8b) 式所定义。将(3.17)式代入(3.15)式的第一个积分中，注意到 $\omega_1$ 为高频，$\omega_{pe} \approx \omega_1 \approx \omega$，故而(3.15)的第一个积分为

$$4\pi i\omega \int \tilde{\tilde{S}}^{e(t)}_{k,k_1,k_2} E^{T(+)}_{k_1} \tilde{E}^{TS}_{k_2} \delta(k - k_1 - k_2)\,\mathrm{d}k_1\mathrm{d}k_2$$

$$= -i\frac{e\omega_{pe}}{m_e c} \mathbf{e}^{t*}_{\mathbf{k}} \cdot \int \left[ \mathbf{E}^{T(+)}_{k_1} \times \left( \frac{\mathbf{k}_2 c}{\omega_2} \times \tilde{\mathbf{E}}^{TS}_{k_2} \right) \right] \delta(k - k_1 - k_2)\,\mathrm{d}k_1\mathrm{d}k_2$$

$$= -i\frac{e\omega_{pe}}{m_e c} \mathbf{e}^{t*}_{\mathbf{k}} \cdot \int \left[ \mathbf{E}^{T(+)}_{k_1} \times \mathbf{B}^{S}_{k_2} \right] \delta(k - k_1 - k_2)\,\mathrm{d}k_1\mathrm{d}k_2, \tag{3.19}$$

其中，

$$\mathbf{B}^{S}_{k_2} = \frac{\mathbf{k}_2 c}{\omega_2} \times \tilde{\mathbf{E}}^{TS}_{k_2}. \tag{3.19a}$$

将(3.18)式代入(3.15)式中第二个积分，它成为，

$$-\omega^2_{pe} \int \mathbf{e}^{t*}_{\mathbf{k}} \cdot (\mathbf{E}^{T(+)}_{k_1} \frac{n^{(2)}_{k-k_1}}{n_0})\mathrm{d}k_1, \tag{3.19b}$$

这里，已经利用了如下近似：$\tilde{\mathbf{e}}^{t*}_{\mathbf{k}} \cdot \tilde{\mathbf{e}}^{t}_{\mathbf{k}_1} \approx \mathbf{e}^{t*}_{\mathbf{k}} \cdot \mathbf{e}^{t}_{\mathbf{k}_1}$，因为对高频等离激元 $\mathbf{k} \cdot \mathbf{v}/\omega$ 是小量；式中 $n^{(2)}_{k'}$ 正好是二级扰动密度 [参见 (3.8)式]，

$$n^{(2)}_{k'} = \int \frac{f^{(2)}_{e;k'}\mathrm{d}\mathbf{p}}{(2\pi)^3} = -\mathrm{e}^2 \int \frac{1}{\omega' - \mathbf{k}' \cdot \mathbf{v} + i\varepsilon} \left\{ \left( \tilde{\mathbf{e}}^{t}_{\mathbf{k}_3} \cdot \frac{\partial}{\partial \mathbf{p}} \right) \right.$$

$$\frac{\mathbf{e}^{t}_{\mathbf{k}_2} \cdot \frac{\partial}{\partial \mathbf{p}}}{\omega_2 - \mathbf{k}_2 \cdot \mathbf{v}} + \left( \tilde{\mathbf{e}}^{t}_{\mathbf{k}_2} \cdot \frac{\partial}{\partial \mathbf{p}} \right) \frac{\mathbf{e}^{t}_{\mathbf{k}_3} \cdot \frac{\partial}{\partial \mathbf{p}}}{\omega_3 - \mathbf{k}_3 \cdot \mathbf{v}} \left. \right\} \frac{f^{R}_e \mathrm{d}\mathbf{p}}{(2\pi)^3}$$

$$\cdot E^{T(+)}_{k_2} E^{T(-)}_{k_3} \delta(k' - k_2 - k_3)\mathrm{d}k_2\mathrm{d}k_3. \tag{3.19c}$$

(3.19)与(3.19b)式相加,(3.15)式就变就成为

$$\left(k^2 c^2 - \omega^2 \varepsilon^t_k\right) E^{T(+)}_k = -\omega^2_{pe} \int \mathbf{e}^{t*}_{\mathbf{k}} \cdot (\mathbf{E}^{T(+)}_{k_1} \frac{n^{(2)}_{k-k_1}}{n_0})\mathrm{d}k_1$$

$$-\frac{ie}{m_e c}\omega_{pe} \int \mathbf{e}^{t*}_{\mathbf{k}} \cdot \left( \mathbf{E}^{T(+)}_{k_1} \times \mathbf{B}^{S}_{k-k_1} \right)\mathrm{d}k_1 \tag{3.20}$$

注意到，$E^T_k = E^T_k \mathbf{e}^t_{\mathbf{k}} \cdot \mathbf{e}^{t*}_{\mathbf{k}} = \mathbf{E}^T_k \cdot \mathbf{e}^{t*}_{\mathbf{k}}$，则

$$\left(k^2c^2 - \omega^2\varepsilon_k^t\right)\mathbf{E}_k^{T(+)} = -\omega_{pe}^2\int\left(\mathbf{E}_{k_1}^{T(+)}\frac{n_{k-k_1}^{(2)}}{n_0}\right)\mathrm{d}k_1 - \frac{ie}{m_ec}\omega_{pe}\int\left(\mathbf{E}_{k_1}^{T(+)}\times\mathbf{B}_{k-k_1}^S\right)\mathrm{d}k_1 \ .$$

$$(3.21)$$

## 3.4  高频横激元的时空包络场方程

将(3.21)式转为如下的时空包络 $\mathbf{E}(\mathbf{r},t)$

$$\mathbf{E}(\mathbf{r},t)\mathrm{e}^{-i\omega_{pe}t} = \int\mathbf{E}_k^{T(+)}\mathrm{e}^{-i\omega t+i\mathbf{k}\cdot\mathbf{r}}\mathrm{d}k \tag{3.22}$$

的方程是容易的：以 $e^{-i\omega t+i\mathbf{k}\cdot\mathbf{r}}$ 乘(3.21)式并积分，根据关系(2.15)式，则(3.21)式右边成为

$$e^{-i\omega_{pe}t}\left[-\omega_{pe}^2\mathbf{E}(\mathbf{r},t)\frac{n^{(2)}(\mathbf{r},t)}{n_0} - \frac{ie}{m_ec}\omega_{pe}\mathbf{E}(\mathbf{r},t)\times\mathbf{B}^S(\mathbf{r},t)\right]; \tag{3.23}$$

等式左边为

$$\int\left(k^2c^2 - \omega^2\varepsilon_k^t\right)\mathbf{E}_k^{T(+)}e^{-i\omega t+i\mathbf{k}\cdot\mathbf{r}}\mathrm{d}k\ , \tag{3.24}$$

对于高频波，由 (2.67)和(2.68)式， $\varepsilon_k^t \approx \varepsilon_k^{e(t)} \approx 1 - \omega_{pe}^2/\omega^2$ ，因此(3.24)式成为

$$-\int\left(\omega^2 - \omega_{pe}^2 - k^2c^2\right)\mathbf{E}_k^{T(+)}e^{-i\omega t+i\mathbf{k}\cdot\mathbf{r}}\mathrm{d}k$$

$$= -\left[\left(i\frac{\partial}{\partial t}\right)^2 - \omega_{pe}^2 - c^2\nabla\times(\nabla\times)\right]\int\mathbf{E}_k^{T(+)}e^{-i\omega t+i\mathbf{k}\cdot\mathbf{r}}\mathrm{d}k$$

注意，对于横波

$$\nabla\times\left(\nabla\times\int\mathbf{E}_k^{T(+)}e^{-i\omega t+i\mathbf{k}\cdot\mathbf{r}}\mathrm{d}k\right) = -\int\mathbf{k}\times(\mathbf{k}\times\mathbf{E}_k^{T(+)})e^{-i\omega t+i\mathbf{k}\cdot\mathbf{r}}\mathrm{d}k$$

$$= \int[k^2\mathbf{E}_k^{T(+)} - (\mathbf{k}\cdot\mathbf{E}_k^{T(+)})\mathbf{k}]e^{-i\omega t+i\mathbf{k}\cdot\mathbf{r}}\mathrm{d}k = \int k^2\mathbf{E}_k^{T(+)}e^{-i\omega t+i\mathbf{k}\cdot\mathbf{r}}\mathrm{d}k\ , \tag{3.25}$$

这样(3.21) 式左边成为

$$\left[\frac{\partial^2}{\partial t^2} + \omega_{pe}^2 + c^2\nabla\times\nabla\times\right]e^{-i\omega_{pe}t}\mathbf{E}(\mathbf{r},t)$$

$$= \left[-2i\omega_{pe}\frac{\partial\mathbf{E}(\mathbf{r},t)}{\partial t} + \frac{\partial^2\mathbf{E}(\mathbf{r},t)}{\partial t^2} + c^2\nabla\times\nabla\times\mathbf{E}(\mathbf{r},t)\right]e^{-i\omega_{pe}t};$$

由于 $\mathbf{E}(\mathbf{r},t)$ 是缓变的包络场，则与 $\dfrac{2i}{\omega_{pe}}\dfrac{\partial \mathbf{E}(\mathbf{r},t)}{\partial t}$ 相比，可以略去 $\dfrac{1}{\omega_{pe}^2}\dfrac{\partial^2 \mathbf{E}(\mathbf{r},t)}{\partial t^2}$

项，即要求满足

$$\frac{1}{\omega_{pe}}\frac{\partial \left|\mathbf{E}(\mathbf{r},t)\right|}{\partial t} >> \frac{1}{\omega_{pe}^2}\frac{\partial^2 \left|\mathbf{E}(\mathbf{r},t)\right|}{\partial t^2} \ ,$$

或

$$\frac{1}{\omega_{pe}}\frac{\partial \ln\left|\mathbf{E}(\mathbf{r},t)\right|}{\partial t} << 1 \ ; \tag{3.26}$$

于是,利用了两函数乘积的傅氏展开(2.15)式, (3.21)式最终被转变成如下的时空包络场的动力学方程

$$\frac{2i}{\omega_{pe}}\frac{\partial \mathbf{E}(\mathbf{r},t)}{\partial t} - \frac{c^2}{\omega_{pe}^2}\nabla\times\nabla\times\mathbf{E}(\mathbf{r},t) = \frac{n^{(2)}(\mathbf{r},t)}{n_0}\mathbf{E}(\mathbf{r},t) + \frac{ie}{m_e c \omega_{pe}}\mathbf{E}(\mathbf{r},t)\times\mathbf{B}^s(\mathbf{r},t) \ .$$

$$\tag{3.27}$$

## 3.5 扰动密度

高频场时空演化(3.27)式中包含了二级密度扰动 $n^{(2)}(\mathbf{r},t)$ 和低频电场或磁场 $\mathbf{B}^s(\mathbf{r},t)$ 的耦合。我们首先来研究密度扰动问题。我们可以证明高频横场合成的低频横波不会引起一级密度扰动。因而(3.27)式只包含二级密度扰动。事实上，根据上一章的(2.22)式，正、负高频的两横波合成产生的低频横波引起的一级密度扰动为

$$n_k^{(1)} = \int f_k^{T(1)}\frac{\mathrm{d}\mathbf{p}}{(2\pi)^3} = \frac{eE_k^{TS}}{i}\int \frac{\mathbf{e}_k^t\cdot\dfrac{\partial}{\partial\mathbf{p}}}{\omega - \mathbf{k}\cdot\mathbf{v} + i\varepsilon}\cdot\frac{f_e^R\mathrm{d}\mathbf{p}}{(2\pi)^3} , \tag{3.28}$$

式中 $E_k^{TS}$ 为低频横波场，它由（3.6）式决定。对上式进行分部积分

$$\int \frac{\mathbf{e}_k^t\cdot\dfrac{\partial}{\partial\mathbf{p}}}{\omega - \mathbf{k}\cdot\mathbf{v} + i\varepsilon}\frac{f_e^R\mathrm{d}\mathbf{p}}{(2\pi)^3} = -\int f_e^R\mathbf{e}_k^t\cdot\frac{\partial}{\partial\mathbf{p}}\frac{1}{\omega - \mathbf{k}\cdot\mathbf{v} + i\varepsilon}\frac{\mathrm{d}\mathbf{p}}{(2\pi)^3}$$

$$= -\int f_e^R\frac{1}{m_e}\frac{(\mathbf{k}\cdot\mathbf{e}_k^t)}{(\omega - \mathbf{k}\cdot\mathbf{v} + i\varepsilon)^2}\frac{\mathrm{d}\mathbf{p}}{(2\pi)^3} ;$$

对于横波，$\mathbf{k}\cdot\mathbf{e}_k^t = 0$,则 $n_k^{(1)} = 0$。所以，正、负高频的两横波合成产生的低频横波不会引起一级密度扰动。然而,两正、负高频横波合成低频纵波

是可能的。在这种情况下它会产生一级密度扰动。根据纵激元场方程(3.2)，这时横激元场方程(3.6)相应变成为

$$\varepsilon_k^l E_k^{TS(l)} = -\frac{4\pi i}{\omega}\sum_\alpha \int \tilde{S}_{k,k_1,k_2}^{\alpha(l)} E_{k_1}^{T(+)} E_{k_2}^{T(-)} \delta(k - k_1 - k_2)\mathrm{d}k_1 \mathrm{d}k_2, \qquad (3.29)$$

式中，$\sum_\alpha \tilde{S}_{k,k_1,k_2}^{\alpha(l)} \approx \tilde{S}_{k,k_1,k_2}^{e(l)}$ 耦合矩阵元 $\tilde{S}_{k,k_1,k_2}^{e(l)}$ 和 $\tilde{S}_{k,k_1,k_2}^{e(t)}$ [见(3.7) 式]相同，只要令其中的 $\mathbf{e}_\mathbf{k}^{t*} \to \mathbf{k}/k$ 。在此情况下，根据(2.22)式，则低频纵波引起的密度扰动为

$$n_k^{(1)} = \int f_k^{T(1)} \frac{\mathrm{d}\mathbf{p}}{(2\pi)^3} = \frac{e}{i} E_k^{TS(l)} \int \frac{1}{k} \frac{\mathbf{k} \cdot \dfrac{\partial f_e^R}{\partial \mathbf{p}}}{\omega - \mathbf{k} \cdot \mathbf{v} + i\varepsilon} \frac{\mathrm{d}\mathbf{p}}{(2\pi)^3} . \qquad (3.30)$$

考虑到 $\varepsilon_k^{e(l)}$ 的积分表示(2.42b)式，有

$$n_k^{(1)} = \frac{e}{i} E_k^{TS(l)} \frac{k}{4\pi e^2}\big(\varepsilon_k^{e(l)} - 1\big). \qquad (3.31)$$

为了得到密度扰动，我们必须估算(3.29) 式中的相应的矩阵元。下面我们给出它的近似值；在本章末尾的附录中，读者可以找到详细的推导 [见 (A.11)式]。

$$\tilde{S}_{k,k_1,k_2}^{e(l)} \approx -\frac{k\omega}{4\pi m_e \omega_{pe}^2} e\big(\varepsilon_k^{e(l)} - 1\big)\big(\mathbf{e}_{\mathbf{k_2}}^t \cdot \mathbf{e}_{\mathbf{k_1}}^t\big). \qquad (3.32)$$

将(3.29)式中的 $E_k^{TS(l)}$ 和(3.32)式代入(3.31)式，即得

$$n_k^{(1)} = \frac{k^2}{4\pi m_e \omega_{pe}^2} \frac{\big(\varepsilon_k^{e(l)} - 1\big)}{\varepsilon_k^l}\big(\varepsilon_k^{e(l)} - 1\big)\int \mathbf{E}_{k_1}^{T(+)} \cdot \mathbf{E}_{k_2}^{T(-)} \delta(k - k_1 - k_2)\mathrm{d}k_1 \mathrm{d}k_2 . \qquad (3.33)$$

我们把 $\tilde{S}_{k,k_1,k_2}^{e(l)}$ 改写为 [参见 (3.7)式]：

$$\frac{k}{e}\tilde{S}_{k,k_1,k_2}^{e(l)} = -e^2 \int \frac{\mathbf{k} \cdot \mathbf{v} + \omega - \omega}{\omega - \mathbf{k} \cdot \mathbf{v} + i\varepsilon}\left\{\left(\tilde{\mathbf{e}}_{\mathbf{k_1}}^t \cdot \frac{\partial}{\partial \mathbf{p}}\right)\frac{\mathbf{e}_{\mathbf{k_2}}^t \cdot \dfrac{\partial}{\partial \mathbf{p}}}{\omega_2 - \mathbf{k_2} \cdot \mathbf{v}}\right.$$

$$\left. + \left(\tilde{\mathbf{e}}_{\mathbf{k_2}}^t \cdot \frac{\partial}{\partial \mathbf{p}}\right)\frac{\mathbf{e}_{\mathbf{k_1}}^t \cdot \dfrac{\partial}{\partial \mathbf{p}}}{\omega_1 - \mathbf{k_1} \cdot \mathbf{v}}\right\} \frac{f_e^R \mathrm{d}\mathbf{p}}{(2\pi)^3}$$

$$= -e^2 \omega \int \frac{1}{\omega - \mathbf{k} \cdot \mathbf{v} + i\varepsilon}\left\{\left(\tilde{\mathbf{e}}_{\mathbf{k_1}}^t \cdot \frac{\partial}{\partial \mathbf{p}}\right)\frac{\mathbf{e}_{\mathbf{k_2}}^t \cdot \dfrac{\partial}{\partial \mathbf{p}}}{\omega_2 - \mathbf{k_2} \cdot \mathbf{v}}\right.$$

$$+\left(\tilde{\mathbf{e}}_{\mathbf{k}_2}^t \cdot \frac{\partial}{\partial \mathbf{p}}\right) \frac{\mathbf{e}_{\mathbf{k}_1}^t \cdot \frac{\partial}{\partial \mathbf{p}}}{\omega_1 - \mathbf{k}_1 \cdot \mathbf{v}}\Bigg] \frac{f_e^R \mathrm{d}\mathbf{p}}{(2\pi)^3} \qquad (3.33a)$$

考虑到(3.32)式并利用上式，这样我们可将(3.19c)式重新改写为

$$n_k^{(2)} = \frac{-k^2}{4\pi m_e \omega_{pe}^2}\left(\varepsilon_k^{e(l)} - 1\right)\int \mathbf{E}_{k_1}^{T(+)} \cdot \mathbf{E}_{k_2}^{T(-)} \delta\left(k - k_1 - k_2\right) \mathrm{d}k_1 \mathrm{d}k_2 \,. \qquad (3.34)$$

因而两正、负高频横场通过合成低频场（包括横模和纵模）而引起的总扰动密度就为

$$n_k' = n_k^{(1)} + n_k^{(2)}$$

$$= \frac{-k^2}{4\pi m_e \omega_{pe}^2} \frac{\varepsilon_k^l - \left(\varepsilon_k^{e(l)} - 1\right)}{\varepsilon_k^l}\left(\varepsilon_k^{e(l)} - 1\right)\int \mathbf{E}_{k_1}^{T(+)} \cdot \mathbf{E}_{k_2}^{T(-)} \delta\left(k - k_1 - k_2\right) \mathrm{d}k_1 \mathrm{d}k_2$$

$$= \frac{-k^2}{4\pi m_e \omega_{pe}^2}\left(\varepsilon_k^{e(l)} - 1\right)\frac{\varepsilon_k^{i(l)}}{\varepsilon_k^l} \cdot \int \mathbf{E}_{k_1}^{T(+)} \cdot \mathbf{E}_{k_2}^{T(-)} \delta\left(k - k_1 - k_2\right) \mathrm{d}k_1 \mathrm{d}k_2 \,, \qquad (3.35)$$

其中我们利用了(2.52)式。

## 3.6 驱动的离声运动

现在我们将(3.35)式变换为离声场的时空包络方程。注意总扰动密度 $n_{k'}' = n_{k'}^{(1)} + n_{k'}^{(2)}$ 中 $k' = (\mathbf{k}', \omega')$ 表示低频场的波数和波频。如果低频场满足

$$\mathrm{v}_{Ti} << \omega'\big/k' << \mathrm{v}_{Te} \,, \; \omega' << \omega_{pi} \qquad (3.36)$$

那么，由(2.56) 式及(2.62)式，

$$\left(\varepsilon_{k'}^{e(l)} - 1\right) \approx \frac{\omega_{pe}^2}{k'^2 \mathrm{v}_{Te}^2}\left[1 - \left(\frac{\omega'}{k' \mathrm{v}_{Te}}\right)^2 + i\sqrt{\frac{\pi}{2}}\frac{\omega'}{k' \mathrm{v}_{Te}}\right]$$

$$\approx \frac{\omega_{pe}^2}{k'^2 \mathrm{v}_{Te}^2}\left[1 + i\sqrt{\frac{\pi}{2}}\frac{\omega'}{k' \mathrm{v}_{Te}}\right]; \qquad (3.37a)$$

因而,从(2.63)式和(2.60)式得

$$\varepsilon_{k'}^{i(l)} \approx 1 - \frac{\omega_{pi}^2}{\omega'^2} \approx -\frac{\omega_{pi}^2}{\omega'^2}; \qquad (3.37b)$$

故我们得到[详细推导见本章末尾的附录 (A.13)式]

$$S \equiv \left(\varepsilon_{k'}^{e(l)} - 1\right)\frac{\varepsilon_{k'}^{i(l)}}{\varepsilon_{k'}^{l}} \approx \frac{\omega_{pe}^2}{k'^2 v_{Te}^2}\frac{\left(-k'^2 v_s^2\right)}{\omega'^2 - k'^2 v_s^2}\cdot\left(1 - i\sqrt{\frac{\pi}{2}}\frac{k'^2 v_s^2}{\omega'^2 - k'^2 v_s^2}\frac{\omega'}{k' v_{Te}}\right). \quad (3.38)$$

我们看到，(3.38)式的虚部主要来自电子的贡献(3.37a)式，它正好指示的是朗道阻尼。略去(3.38)式的虚部，有

$$\left(\varepsilon_{k'}^{e(l)} - 1\right)\frac{\varepsilon_{k'}^{i(l)}}{\varepsilon_{k'}^{l}} \approx \frac{\omega_{pe}^2}{k'^2 v_{Te}^2}\frac{\left(-k'^2 v_s^2\right)}{\omega'^2 - k'^2 v_s^2}; \quad (3.39)$$

这时，(3.35)式成为

$$\left(\omega'^2 - k'^2 v_s^2\right)n'_{k'} = \frac{k'^2 v_s^2}{4\pi T_e}\int \mathbf{E}_{k_2}^{T(+)}\mathbf{E}_{k_3}^{T(-)}\delta\left(k' - k_2 - k_3\right)\mathrm{d}k_2\mathrm{d}k_3 \quad . \quad (3.40)$$

如果取(3.22)式的复共轭，

$$\mathbf{E}^*(\mathbf{r}, t)e^{i\omega_{pe}t} = \int_{\omega>0}\left(\mathbf{E}_k^{T(+)}\right)^* e^{i\omega t - i\mathbf{k}\cdot\mathbf{r}}\mathrm{d}\omega\mathrm{d}k\ ,$$

则做积分变量代换 $k = (\omega, \mathbf{k}) \rightarrow -k = (-\omega, -\mathbf{k})$，有

$$\mathbf{E}^*(\mathbf{r}, t)e^{i\omega_{pe}t} = \int_{\omega<0}\left(\mathbf{E}_{-k}^{T(+)}\right)^* e^{-i\omega t + i\mathbf{k}\cdot\mathbf{r}}\mathrm{d}\omega\mathrm{d}k\ .$$

这正好是负频率场的时空包络：

$$\mathbf{E}^{T(-)}(\mathbf{r}, t)e^{i\omega_{pe}t} = \int_{\omega<0}\mathbf{E}_k^{T(-)} e^{-i\omega t + i\mathbf{k}\cdot\mathbf{r}}\mathrm{d}\omega\mathrm{d}\mathbf{k}\quad .$$

因而

$$\left(\mathbf{E}_{-k}^{T(+)}\right)^* = \mathbf{E}_k^{T(-)}\quad . \quad (3.41)$$

在(3.40)式中，由于 $k_3$ 表负频率场，$\delta$ 函数所表示的守恒律为 $\mathbf{k}_3 = -(\mathbf{k}' - \mathbf{k}_2)$，$\omega_3 = -(\omega' - \omega_2)$，于是

$$\left(\omega'^2 - k'^2 v_s^2\right)n'_{k'} = \frac{k'^2 v_s^2}{4\pi T_e}\int \mathbf{E}_{k_2}^{T(+)}\cdot\mathbf{E}_{-(k'-k_2)}^{T(-)}\mathrm{d}k_2 = \frac{k'^2 v_s^2}{4\pi T_e}\int \mathbf{E}_{k_2}^{T(+)}\cdot\left(\mathbf{E}_{k'-k_2}^{T(+)}\right)^*\mathrm{d}k_2$$

$$= \frac{k'^2 v_s^2}{4\pi T_e}\left[\mathbf{E}(\mathbf{r}, t)\cdot\mathbf{E}^*(\mathbf{r}, t)\right]_{k'}$$

第二个等式利用了(3.41)式。两边乘以 $e^{-i\omega't+i\mathbf{k}'\cdot\mathbf{r}}$ 并积分，可得到

$$\left(\frac{\partial^2}{\partial t^2} - v_s^2\nabla^2\right)n'(\mathbf{r}, t) = \nabla^2\frac{|\mathbf{E}(\mathbf{r}, t)|^2}{4\pi m_i}\ . \quad (3.42)$$

自然，在计及低频纵场的情况下，(3.15) 式右边第一项就多出与纵场

的耦合项：

$$4\pi i\omega \int \tilde{\tilde{S}}^{e(l)}_{k,k_1,k_2} E^{T(+)}_{k_1} E^{TS(l)}_{k_2} \delta\left(k - k_1 - k_2\right) \mathrm{d}k_1 \mathrm{d}k_2\,, \tag{3.43}$$

式中，耦合矩阵元 $\tilde{\tilde{S}}^{e(l)}_{k,k_1,k_2}$ 可由 (3.15)式中的 $\tilde{\tilde{S}}^{e(t)}_{k,k_1,k_2}$ [并参见(3.7)式] 得到，只要令 $\mathbf{e}^t_{\mathbf{k}_2} \to \mathbf{k}_2/k_2$。对它我们可得如下估算值 [见附录 (A.7)]：

$$\tilde{\tilde{S}}^{e(l)}_{k,k_1,k_2} \approx e^3 \int \frac{\mathbf{e}^{t*}_{\mathbf{k}} \cdot \mathbf{e}^t_{\mathbf{k}_1}}{\omega m_e} \cdot \frac{\dfrac{\mathbf{k}_2}{k_2} \cdot \dfrac{\partial}{\partial \mathbf{p}} f^R_e}{\omega_2 - \mathbf{k}_2 \cdot \mathbf{v} + i\varepsilon} \cdot \frac{\mathrm{d}\mathbf{p}}{(2\pi)^3}\,. \tag{3.44}$$

故而，考虑到(3.30)式，(3.43)式成为

$$-\mathbf{e}^{t*}_{\mathbf{k}} \omega^2_{pe} \frac{1}{n_0} \int \mathbf{E}^{T(+)}_{k_1} \Big[\int f^{T(1)}_{k-k_1} \frac{\mathrm{d}\mathbf{p}}{(2\pi)^3}\Big] \mathrm{d}k_1 = -\mathbf{e}^{t*}_{\mathbf{k}} \omega^2_{pe} \int \mathbf{E}^{T(+)}_{k_1} \frac{n^{(1)}_{k-k_1}}{n_0} \mathrm{d}k_1\,. \tag{3.45}$$

因此,在计及两正、负高频场亦能引起纵场效应情况下，将上式与(3.19b)式相加，这时导致时空包络电场方程 (3.27)成为

$$\frac{2i}{\omega_{pe}} \frac{\partial \mathbf{E}(\mathbf{r},t)}{\partial t} - \frac{c^2}{\omega^2_{pe}} \nabla \times \nabla \times \mathbf{E}(\mathbf{r},t) - \frac{n'(\mathbf{r},t)}{n_0} \mathbf{E}(\mathbf{r},t) - \frac{ie}{m_e c \omega_{pe}} \mathbf{E}(\mathbf{r},t) \times \mathbf{B}^S(\mathbf{r},t) = 0\,. \tag{3.46}$$

## 3.7  自生磁场方程

为使 (3.42) 式和 (3.46) 式构成一组封闭方程，我们还需要推导控制低频磁场 $\mathbf{B}^S$ 演化的非线性方程。为此，我们转而来研究低频电场方程 (3.6)。我们不难估算 (3.7)式所定义的耦合矩阵元[参见章末的附录中的 (A.12) ]：

$$\tilde{S}^{e(t)}_{k,k_1,k_2} \approx \frac{e^3}{m^2_e \omega^2_{pe}} \frac{n_0}{\omega} Z\left(\frac{\omega}{\sqrt{2}k\mathrm{v}_{Te}}\right) \mathbf{e}^{t*}_{\mathbf{k}} \Big[\mathbf{e}^t_{\mathbf{k}_1} \left(\mathbf{k} \cdot \mathbf{e}^t_{\mathbf{k}_2}\right) - \mathbf{e}^t_{\mathbf{k}_2} \left(\mathbf{k} \cdot \mathbf{e}^t_{\mathbf{k}_1}\right)\Big]\,. \tag{3.47}$$

因而低频横电场方程 (3.6)成为

$$\left(k^2 c^2 - \omega^2 \varepsilon^t_k\right) \mathbf{E}^{TS}_k$$

$$= \frac{ie}{m_e} Z\left(\frac{\omega}{\sqrt{2}k\mathrm{v}_{Te}}\right) \int \mathbf{k} \times \left(\mathbf{E}^{T(+)}_{k_1} \times \mathbf{E}^{T(-)}_{k_2}\right) \delta\left(k - k_1 - k_2\right) \mathrm{d}k_1 \mathrm{d}k_2\,. \tag{3.48}$$

根据麦氏方程(3.19a),

$$e^{-i\phi}\mathbf{B}_k^S = \frac{c}{\omega}\mathbf{k}\times\mathbf{E}_k^{TS},$$

(3.49)

(3.48)式变为:

$$\left(k^2c^2 - \omega^2\varepsilon_k^t\right)\mathbf{B}_k^S e^{-i\phi}$$

$$= \frac{iec}{m_e\omega} Z\left(\frac{\omega}{\sqrt{2}k\mathrm{v}_{Te}}\right)\mathbf{k}\times\left[\mathbf{k}\times\int\left(\mathbf{E}_{k_1}^{T(+)}\times\mathbf{E}_{k_2}^{T(-)}\right)\delta(k-k_1-k_2)\mathrm{d}k_1\mathrm{d}k_2\right].$$

(3.50)

对于低频场, 满足如下条件:

$$\mathrm{v}_{Te} \gg {}^{\omega}\!/\!{}_k \gg \mathrm{v}_{Ti},$$

(3.51)

在此情况下, 色散函数和介电常数分别为[见 (2.69) 和(2.70) 两式]:

$$Z\left(\frac{\omega}{\sqrt{2}k\mathrm{v}_{Ti}}\right) \approx 1;$$

(3.52a)

$$Z\left(\frac{\omega}{\sqrt{2}k\mathrm{v}_{Te}}\right) \approx \frac{\omega^2}{k^2\mathrm{v}_{Te}^2} - i\sqrt{\frac{\pi}{2}}\frac{\omega}{k\mathrm{v}_{Te}};$$

(3.52b)

$$\varepsilon_k^t \approx -\frac{\omega_{pe}^2}{k^2\mathrm{v}_{Te}^2}\left(1+\frac{k^2\mathrm{v}_s^2}{\omega^2}\right) + i\sqrt{\frac{\pi}{2}}\frac{\omega_{pe}^2}{\omega}\frac{1}{k\mathrm{v}_{Te}}.$$

(3.52c)

我们看到, (3.52b) 式和 (3.52c)式中的虚部,主要来自电子的贡献, 这正好是朗道阻尼项。从 (3.50)式右边的 $\delta$-函数可以看到, 低频横波的波数是两正、负高频横模的波数之差,因而它不能大于高频波数, $k \leqslant k_1$ ( 或 $k \leqslant k_2$ ); 此外, 对于高频横等离子体波(我们正是研究这种波模), 要求 $\omega_{pe} \gg k_1 c$。 因而如下条件是明显被满足:

$$\omega_{pe} \gg \left(\frac{k\mathrm{v}_{Te}}{\omega}\right)kc.$$

(3.52d)

在此情况下, (3.50) 式左边括号第一项, 与第二项比较, 可以忽略。把 (3.52c)式代入 (3.50)式, 获得:

$$\left(\omega^2 + k^2\mathrm{v}_s^2 - i\sqrt{\frac{\pi}{2}}\mathrm{v}_{Te}\omega k\right)\mathbf{B}_k^S e^{-i\phi}$$

$$= \frac{iec}{m_e \omega \omega_{pe}^2}(k^2 v_{Te}^2) Z\left(\frac{\omega}{\sqrt{2}k v_{Te}}\right) \mathbf{k} \times \left[\mathbf{k} \times \int \left(\mathbf{E}_{k_1}^{T(+)} \times \mathbf{E}_{k_2}^{T(-)}\right) \delta(k - k_1 - k_2) dk_1 dk_2\right],$$

(3.53)

现在,我们要把 (3.53) 式转化为时空包络方程。由于朗道阻尼所涉及的空间尺度极小, 约几个德拜长度 ($d_e \equiv v_{Te}/\omega_{pe}$), 在研究较大尺度场特性情况下, 可以略去场方程 (3.53) 右边的阻尼项 [参见 (3.52b)],于是

$$\left(\omega^2 + k^2 v_s^2 - i\sqrt{\frac{\pi}{2}} v_{Te} \omega k\right) \mathbf{B}_k^S e^{-i\phi}$$

$$= \frac{i\omega ec}{m_e \omega_{pe}^2} \mathbf{k} \times \left[\mathbf{k} \times \int \left(\mathbf{E}_{k_1}^{T(+)} \times \mathbf{E}_{k_2}^{T(-)}\right) \delta(k - k_1 - k_2) dk_1 dk_2\right].$$ (3.54)

在上一小节我们已经提过, 上式右边积分正好是两共轭量的矢积之谱表示；而且注意到, 由麦氏方程 $\mathrm{div}\mathbf{B}^S = 0$,有 $\mathbf{k} \cdot \mathbf{B}_k^S = 0$, 这和横电场情况, $\mathbf{k} \cdot \mathbf{E}_k^{TS} = 0$, 相同; 因此在做傅氏逆变换时, $k^2 \to \nabla \times \nabla \times$, 考虑到

$$\omega^2 \to -\frac{\partial^2}{\partial t^2}, \quad i\omega \to -\frac{\partial}{\partial t}, \quad \mathbf{k} \times \mathbf{k} \times \to -\nabla \times \nabla \times, \quad (3.54) \text{ 式两边乘以}$$

$e^{-i\omega t + i\mathbf{k} \cdot \mathbf{r}}dk$ 并积分, 得到

$$\left(-\frac{\partial^2}{\partial t^2} + v_s^2 \nabla \times \nabla \times\right) \mathbf{B}^S(\mathbf{r}, t)$$

$$= i\frac{ec}{m_e \omega_{pe}^2} \nabla \times \nabla \times \left[\frac{\partial}{\partial t}\left(\mathbf{E}(\mathbf{r}, t) \times \mathbf{E}^*(\mathbf{r}, t)\right)\right] - \frac{v_{Te}}{(2\pi)^{3/2}} \nabla \times \nabla \times \frac{\partial}{\partial t} \int \frac{\mathbf{B}^S(\mathbf{r}', t)}{\left|\mathbf{r} - \mathbf{r}'\right|^2} d\mathbf{r}'.$$

(3.55)

这里, 在导出上式时利用了如下变换:

$$\int (-i\omega) k \mathbf{B}_k^S e^{-i\omega t + i\mathbf{k} \cdot \mathbf{r}} dk = \frac{\partial}{\partial t} \int k^2 \frac{\mathbf{B}_k^S}{k} e^{-i\omega t + i\mathbf{k} \cdot \mathbf{r}} dk = \frac{\partial}{\partial t} \nabla \times \nabla \times \int \frac{\mathbf{B}_k^S}{k} e^{-i\omega t + i\mathbf{k} \cdot \mathbf{r}} dk$$

$$= \frac{\partial}{\partial t} \nabla \times \nabla \times \int \mathbf{B}^S(\mathbf{r}', t) \frac{d\mathbf{r}'}{(2\pi)^3} \int \frac{1}{k} e^{i\mathbf{k} \cdot (\mathbf{r} - \mathbf{r}')} d\mathbf{k}$$

$$= \nabla \times \nabla \times \frac{\partial}{\partial t} \frac{2}{(2\pi)^2} \int \frac{\mathbf{B}^S(\mathbf{r}', t)}{\left|\mathbf{r} - \mathbf{r}'\right|^2} d\mathbf{r}',$$

在上式中, 我们把积分元 $d\mathbf{k}$ 写成 $2\pi k^2 dk d(-\cos\theta)$,并先对角度积分；然后执行正弦函数的平凡积分, 便得到最后一个等式。而且, 为获得低频

实磁场，在（3.55）式中已经选择了 $\phi = \frac{\pi}{2}$。

在较小尺度上，$k^{-1} \equiv l \sim d_e$，阻尼项对场特性起实质影响。 事实上，从 (3.52c) 式看到

$$\varepsilon_k^t = -\left(\frac{l}{d_e}\right)^2 - \left(\frac{k^2 v_s^2}{\omega^2}\right)\left(\frac{l}{d_e}\right)^2 + i\sqrt{\frac{\pi}{2}}\left(\frac{\omega_{pe}}{\omega}\right)\left(\frac{l}{d_e}\right),$$

当 $l \sim d_e$ 时，由于 $\omega_{pe} >> \omega$，故

$$\varepsilon_k^t \approx i\sqrt{\frac{\pi}{2}}\left(\frac{\omega_{pe}}{\omega}\right)\left(\frac{l}{d_e}\right);$$

并且，对于我们感兴趣的横等离激元 [参见(3.52d)式]，我们有

$$-\left(\omega^2 \varepsilon_k^t - k^2 c^2\right) \approx -i\sqrt{\frac{\pi}{2}}\left(\frac{\omega}{k v_{Te}}\right)\omega_{pe}^2. \tag{3.56}$$

于是，在小尺度情况下，(3.50) 式右边的阻尼项是主项，即色散函数 (3.52b) 式中虚部是重要的；这时 (3.50) 式变为

$$\frac{\partial \mathbf{B}^s(\mathbf{r}, t)}{\partial t} = \frac{-iec}{m_e \omega_{pe}^2} \nabla \times \nabla \times \left[\mathbf{E}(\mathbf{r}, t) \times \mathbf{E}^*(\mathbf{r}, t)\right]. \tag{3.57}$$

引进代换

$$\boldsymbol{\xi} = \frac{2}{3}\sqrt{\mu}\,\frac{\mathbf{r}}{d_e}, \qquad \tau = \frac{2}{3}\mu\omega_{pe}t, \qquad \mu = \frac{m_e}{m_i}, \qquad \alpha = \frac{c^2}{3v_{Te}^2}, \qquad \beta = \frac{1}{\sqrt{2\pi\mu}}, \Big\}$$

$$\mathbf{E}(\boldsymbol{\xi}, \tau) = \frac{\sqrt{3}\mathbf{E}(\mathbf{r}, t)}{4\sqrt{\pi\mu n_0 T_e}}, \qquad \mathbf{B}(\boldsymbol{\xi}, \tau) = \frac{3e}{4\mu m_e c\omega_{pe}}\mathbf{B}^s(\mathbf{r}, t), \qquad n = \frac{3}{4\mu}\frac{n'}{n_0},$$

$$\tag{3.58}$$

我们可以把(3.42)式、(3.46)式以及 (3.55)式写成如下无量纲形式(Li & Ma, 1993)：

$$\left(\frac{\partial^2}{\partial \tau^2} - \nabla^2\right)n(\boldsymbol{\xi}, \tau) = \nabla^2 \left|\mathbf{E}(\boldsymbol{\xi}, \tau)\right|^2, \tag{3.59}$$

$$i\frac{\partial \mathbf{E}(\boldsymbol{\xi}, \tau)}{\partial \tau} - \alpha\nabla \times \nabla \times \mathbf{E}(\boldsymbol{\xi}, \tau) - n(\boldsymbol{\xi}, \tau)\mathbf{E}(\boldsymbol{\xi}, \tau) - i\mathbf{E}(\boldsymbol{\xi}, \tau) \times \mathbf{B}(\boldsymbol{\xi}, \tau) = 0, \tag{3.60}$$

$$\left(-\frac{\partial^2}{\partial \tau^2} + \nabla \times \nabla \times\right)\mathbf{B}(\boldsymbol{\xi}, \tau)$$

$$= i\frac{2}{3}\nabla\times\nabla\times\left[\frac{\partial}{\partial\tau}\left(\mathbf{E}(\boldsymbol{\xi},\tau)\times\mathbf{E}^*(\boldsymbol{\xi},\tau)\right)\right] - \frac{\beta}{(2\pi)}\nabla\times\nabla\times\frac{\partial}{\partial\tau}\int\frac{\mathbf{B}(\boldsymbol{\xi}',\tau)}{|\boldsymbol{\xi}-\boldsymbol{\xi}'|^2}\,\mathrm{d}\,\boldsymbol{\xi}'.$$

$$(3.61)$$

同时方程 (3.57) 的无量纲形式为

$$\frac{\partial\mathbf{B}(\boldsymbol{\xi},\tau)}{\partial\tau} = -i\frac{2}{3}\nabla\times\nabla\times\left[\mathbf{E}(\boldsymbol{\xi},\tau)\times\mathbf{E}^*(\boldsymbol{\xi},\tau)\right]. \tag{3.62}$$

(3.59)、(3.60)式以及(3.61)式或和(3.62)式，组成封闭的方程组，由它们可以确定自生的低频磁场。

当低频扰动场包括离声场和磁场，的运动是亚声速的，这时(3.59)式和(3.61)式左边的二阶时间导数项就远小于二阶空间坐标的导数项，这就是准静态极限的情况。在准静态极限下，(3.59)式和(3.61) 式分别变为

$$n(\boldsymbol{\xi},\tau) = -\left|\mathbf{E}(\boldsymbol{\xi},\tau)\right|^2, \tag{3.63}$$

$$\mathbf{B}(\boldsymbol{\xi},\tau) = i\frac{2}{3}\frac{\partial}{\partial\tau}\left[\mathbf{E}(\boldsymbol{\xi},\tau)\times\mathbf{E}^*(\boldsymbol{\xi},\tau)\right] - \frac{\beta}{(2\pi)}\frac{\partial}{\partial\tau}\int\frac{\mathbf{B}(\boldsymbol{\xi}',\tau)}{|\boldsymbol{\xi}-\boldsymbol{\xi}'|^2}\,\mathrm{d}\,\boldsymbol{\xi}'. \tag{3.64}$$

在宏观尺度上，(3.64)式右边的阻尼项，由于被积函数 (即磁场项) 按尺度平方而减小，一般也可忽略。因而在准静态极限下，把 (3.63) 式代入(3.60)式，我们就有

$$i\frac{\partial\mathbf{E}(\boldsymbol{\xi},\tau)}{\partial\tau} - \alpha\nabla\times\nabla\times\mathbf{E}(\boldsymbol{\xi},\tau) + \mathbf{E}(\boldsymbol{\xi},\tau)\left|\mathbf{E}(\boldsymbol{\xi},\tau)\right|^2 - i\mathbf{E}(\boldsymbol{\xi},\tau)\times\mathbf{B}(\boldsymbol{\xi},\tau) = 0, \tag{3.65}$$

$$\mathbf{B}(\boldsymbol{\xi},\tau) = i\frac{2}{3}\frac{\partial}{\partial\tau}\left[\mathbf{E}(\boldsymbol{\xi},\tau)\times\mathbf{E}^*(\boldsymbol{\xi},\tau)\right]. \tag{3.66}$$

因此，我们看到，准静态"运动"的宏观尺度自生磁场完全由封闭方程组 (3.65) 式和 (3.66)式确定。从这组方程可解出 $\mathbf{E}(\boldsymbol{\xi},\tau)$ 及 $\mathbf{E}^*(\boldsymbol{\xi},\tau)$，然后代入 (3.66)式，就得到自生磁场。

## 附录 A　耦合矩阵元的估算

### A.1　正负三高频场的耦合矩阵元 $\tilde{G}$

按 (3.16) 式和 (3.13) 式我们写下这种正负三高频场的耦合矩阵元：

$$\tilde{G}^{e(t)}_{k,k_1,k_2,k_3} = \int ie_\alpha^4 \frac{(\mathbf{e}_\mathbf{k}^{t*} \cdot \mathbf{v})}{(\omega - \mathbf{k} \cdot \mathbf{v} + i\varepsilon)} \tilde{\mathbf{e}}_{\mathbf{k}_1}^t \cdot \frac{\partial}{\partial \mathbf{p}} \frac{1}{[(\omega - \omega_1) - (\mathbf{k} - \mathbf{k}_1) \cdot \mathbf{v} + i\varepsilon]}$$

$$\times \left\{ \tilde{\mathbf{e}}_{\mathbf{k}_2}^t \cdot \frac{\partial}{\partial \mathbf{p}} \frac{\tilde{\mathbf{e}}_{\mathbf{k}_3}^t \cdot \frac{\partial}{\partial \mathbf{p}}}{(\omega_3 - \mathbf{k}_3 \cdot \mathbf{v} + i\varepsilon)} + \tilde{\mathbf{e}}_{\mathbf{k}_3}^t \cdot \frac{\partial}{\partial \mathbf{p}} \frac{\mathbf{e}_{\mathbf{k}_2}^t \cdot \frac{\partial}{\partial \mathbf{p}}}{(\omega_2 - \mathbf{k}_2 \cdot \mathbf{v} + i\varepsilon)} \right\} f_e^R \frac{\mathrm{d}\mathbf{p}}{(2\pi)^3} \cdot$$

$$(A.1)$$

上式中，$(\omega, \mathbf{k})$，$(\omega_1, \mathbf{k}_1)$ 及 $(\omega_2, \mathbf{k}_2)$ 属于正高频横场，$(\omega_3, \mathbf{k}_3)$ 属于负高频横场。 对(A.1)式进行一次分部积分，并考虑到，

$$\frac{\partial}{\partial \mathbf{p}} \cdot \frac{\mathbf{e}_\mathbf{k}^{t*} \cdot \mathbf{v}}{\omega - \mathbf{k} \cdot \mathbf{v} + i\varepsilon} = \frac{1}{m_e} \left[ \frac{\mathbf{e}_\mathbf{k}^{t*}}{\omega - \mathbf{k} \cdot \mathbf{v} + i\varepsilon} + \frac{\left(\mathbf{e}_\mathbf{k}^{t*} \cdot \mathbf{v}\right) \mathbf{k}}{(\omega - \mathbf{k} \cdot \mathbf{v} + i\varepsilon)^2} \right]$$

$$= \frac{1}{m_e} \frac{\omega \tilde{\mathbf{e}}_\mathbf{k}^{t*}}{(\omega - \mathbf{k} \cdot \mathbf{v} + i\varepsilon)^2},$$

以及在这里和以后，假定所有场量及其导数值满足在无穷远处均为零的自然边界条件，可得

$$4\pi i\omega \tilde{G}^{e(t)}_{k,k_1,k_2,k_3} = 4\pi\omega e^4 \frac{\omega}{m_e} \int \frac{\tilde{\mathbf{e}}_\mathbf{k}^{t*} \cdot \tilde{\mathbf{e}}_{\mathbf{k}_1}^t}{(\omega - \mathbf{k} \cdot \mathbf{v})^2} \cdot \frac{1}{(\omega - \omega_1) - (\mathbf{k} - \mathbf{k}_1) \cdot \mathbf{v} + i\varepsilon}$$

$$\cdot \left( \tilde{\mathbf{e}}_{\mathbf{k}_2}^t \cdot \frac{\partial}{\partial \mathbf{p}} \right) \frac{\mathbf{e}_{\mathbf{k}_3}^t \cdot \frac{\partial}{\partial \mathbf{p}}}{\omega_3 - \mathbf{k}_3 \cdot \mathbf{v} + i\varepsilon} + \left( \tilde{\mathbf{e}}_{\mathbf{k}_3}^t \cdot \frac{\partial}{\partial \mathbf{p}} \right) \frac{\mathbf{e}_{\mathbf{k}_2}^t \cdot \frac{\partial}{\partial \mathbf{p}}}{\omega_2 - \mathbf{k}_2 \cdot \mathbf{v} + i\varepsilon} \frac{f_e^R \mathrm{d}\mathbf{p}}{(2\pi)^3}$$

根据高频横等离激元色散关系，$\omega = \omega_{pe} + k^2 c^2 / 2\omega_{pe}$，我们有 $\omega_{pe} \approx \omega \gg \mathbf{k} \cdot \mathbf{v}$ 以及 $\omega_{pe} = \sqrt{4\pi e^2 n_0 / m_e}$，这时

$$4\pi i\omega \tilde{G}^{e(t)}_{k,k_1,k_2,k_3} \approx \omega_{pe}^2 \tilde{\mathbf{e}}_\mathbf{k}^{t*} \cdot \tilde{\mathbf{e}}_\mathbf{k}^t \frac{e^2}{n_0} \int \frac{1}{(\omega - \omega_1) - (\mathbf{k} - \mathbf{k}_1) \cdot \mathbf{v} + i\varepsilon}$$

$$\cdot \left( \tilde{\mathbf{e}}_{\mathbf{k}_2}^t \cdot \frac{\partial}{\partial \mathbf{p}} \right) \frac{\mathbf{e}_{\mathbf{k}_3}^t \cdot \frac{\partial}{\partial \mathbf{p}}}{\omega_3 - \mathbf{k}_3 \cdot \mathbf{v} + i\varepsilon} + \left( \tilde{\mathbf{e}}_{\mathbf{k}_3}^t \cdot \frac{\partial}{\partial \mathbf{p}} \right) \frac{\mathbf{e}_{\mathbf{k}_2}^t \cdot \frac{\partial}{\partial \mathbf{p}}}{\omega_2 - \mathbf{k}_2 \cdot \mathbf{v} + i\varepsilon} \frac{f_e^R \mathrm{d}\mathbf{p}}{(2\pi)^3},$$

即 (参见 (3.8)式)

$$4\pi i\omega \tilde{G}^{e(t)}_{k,k_1,k_2,k_3} \approx -\omega^2_{pe}\tilde{\mathbf{e}}^{t*}_{\mathbf{k}} \cdot \tilde{\mathbf{e}}^{t}_{\mathbf{k_1}} \frac{1}{n_0} \int \Sigma^{e}_{k-k_1,k_2,k_3} \frac{d\mathbf{p}}{(2\pi)^3} \cdot \tag{A.2}$$

## A.2  高低频场横耦合矩阵元 $\tilde{S}^t$

根据 (3.7)式写下 (3.15)式中的高低频横耦合矩阵元的表达式:

$$\tilde{\tilde{S}}^{e(t)}_{k,k_1,k_2} = -e^3 \int \frac{\mathbf{e}^{t*}_{\mathbf{k}} \cdot \mathbf{v}}{\omega - \mathbf{k}\cdot\mathbf{v} + i\varepsilon} \cdot \left[ \left( \tilde{\mathbf{e}}^{t}_{\mathbf{k_1}} \cdot \frac{\partial}{\partial\mathbf{p}} \right) \frac{\mathbf{e}^{t}_{\mathbf{k_2}} \cdot \frac{\partial}{\partial\mathbf{p}}}{\omega_2 - \mathbf{k_2}\cdot\mathbf{v} + i\varepsilon} \right.$$

$$\left. + \left( \tilde{\mathbf{e}}^{t}_{\mathbf{k_2}} \cdot \frac{\partial}{\partial\mathbf{p}} \right) \frac{\mathbf{e}^{t}_{\mathbf{k_1}} \cdot \frac{\partial}{\partial\mathbf{p}}}{\omega_1 - \mathbf{k_1}\cdot\mathbf{v} + i\varepsilon} \right\} \frac{f^R_e d\mathbf{p}}{(2\pi)^3} \cdot \tag{A.3}$$

上式中$(\omega,\mathbf{k})$及$(\omega_1,\mathbf{k_1})$属于正高频横场, $(\omega_2,\mathbf{k_2})$属于低频横场。由于$\omega$为高频, 积分中第一个分式近似等于$\omega^{-1}$, 再对大括号中的项进行分部积分, 注意到对高频场$(\omega,\mathbf{k})$及$(\omega_1,\mathbf{k_1})$情况下, $\tilde{\mathbf{e}}^{t}_{\mathbf{k_1}} \cdot \mathbf{e}^{t*}_{\mathbf{k}} \approx \mathbf{e}^{t}_{\mathbf{k_1}} \cdot \mathbf{e}^{t*}_{\mathbf{k}}$, 可得

$$\tilde{\tilde{S}}^{e(t)}_{k,k_1,k_2} \approx \frac{e^3}{\omega m_e} \int \left( \frac{\mathbf{e}^{t}_{\mathbf{k_2}} \cdot \frac{\partial}{\partial\mathbf{p}} f^R_e}{\omega_2 - \mathbf{k_2}\cdot\mathbf{v} + i\varepsilon} \mathbf{e}^{t*}_{\mathbf{k}} \cdot \mathbf{e}^{t}_{\mathbf{k_1}} + \frac{\mathbf{e}^{t}_{\mathbf{k_1}} \cdot \frac{\partial}{\partial\mathbf{p}} f^R_e}{\omega_1 - \mathbf{k_1}\cdot\mathbf{v} + i\varepsilon} \mathbf{e}^{t*}_{\mathbf{k}} \cdot \tilde{\mathbf{e}}^{t}_{\mathbf{k_2}} \right) \frac{d\mathbf{p}}{(2\pi)^3};$$
$$\tag{A.4}$$

对上式第一项进行分部积分,

$$\int \frac{\mathbf{e}^{t}_{\mathbf{k_2}} \cdot \frac{\partial}{\partial\mathbf{p}}}{\omega_2 - \mathbf{k_2}\cdot\mathbf{v} + i\varepsilon} \mathbf{e}^{t*}_{\mathbf{k}} \cdot \mathbf{e}^{t}_{\mathbf{k_1}} \frac{f^R_e d\mathbf{p}}{(2\pi)^3} = -\int \mathbf{e}^{t*}_{\mathbf{k}} \cdot \mathbf{e}^{t}_{\mathbf{k_1}} f^R_e \left( \mathbf{e}^{t}_{\mathbf{k_2}} \cdot \frac{\partial}{\partial\mathbf{p}} \right) \left( \frac{1}{\omega_2 - \mathbf{k_2}\cdot\mathbf{v} + i\varepsilon} \right) \frac{d\mathbf{p}}{(2\pi)^3}$$

$$= -\int \mathbf{e}^{t*}_{\mathbf{k}} \cdot \mathbf{e}^{t}_{\mathbf{k_1}} \frac{f^R_e}{m_e} \frac{\mathbf{k_2} \cdot \mathbf{e}^{t}_{\mathbf{k_2}}}{(\omega - \mathbf{k_2}\cdot\mathbf{v} + i\varepsilon)^2} \frac{d\mathbf{p}}{(2\pi)^3};$$

$$\tag{A.5a}$$

对横波, $\mathbf{k_2} \cdot \mathbf{e}^{t}_{\mathbf{k_2}} = 0$, 上式为零; 因而(A.4)式的积分只剩第二个部分, 对它进行分部积分, 注意到 (2.24)式, 得到:

$$\tilde{\tilde{S}}^{e(t)}_{k,k_1,k_2} \approx -\frac{e^3}{\omega m^2_e} \int \frac{\mathbf{e}^{t}_{\mathbf{k_1}}}{\omega_1 - \mathbf{k_1}\cdot\mathbf{v} + i\varepsilon} \cdot \frac{\partial}{\partial\mathbf{v}} \left[ \mathbf{e}^{t}_{\mathbf{k_2}} \cdot \mathbf{e}^{t*}_{\mathbf{k}} \left( 1 - \frac{\mathbf{k_2}\cdot\mathbf{v}}{\omega_2} \right) + \frac{\mathbf{e}^{t}_{\mathbf{k_2}} \cdot \mathbf{v}}{\omega_2} \mathbf{k_2} \cdot \mathbf{e}^{t*}_{\mathbf{k}} \right] \frac{f^R_e d\mathbf{p}}{(2\pi)^3}$$

$$\approx -\frac{e^3}{\omega\omega_1 m_e^2}\int\frac{f_e^R \mathrm{d}\mathbf{p}}{(2\pi)^3}\left[\frac{\left(\mathbf{e}^t_{\mathbf{k_1}}\cdot\mathbf{e}^t_{\mathbf{k_2}}\right)}{\omega_2}\mathbf{k_2}-\frac{\left(\mathbf{e}^t_{\mathbf{k_1}}\cdot\mathbf{k_2}\right)}{\omega_2}\mathbf{e}^t_{\mathbf{k_2}}\right]\cdot\mathbf{e}^{t*}_{\mathbf{k}}$$

$$\approx -\frac{e^3 n_0}{\omega\omega_1\omega_2 m_e^2}\mathbf{e}^{t*}_{\mathbf{k}}\cdot\left[\mathbf{e}^t_{\mathbf{k_1}}\times\left(\mathbf{k_2}\times\mathbf{e}^t_{\mathbf{k_2}}\right)\right]. \tag{A.5b}$$

## A.3   高低频场纵耦合矩阵元 $\tilde{\tilde{S}}^l$

写下(3.43)式中的高低频纵耦合矩阵元

$$\tilde{\tilde{S}}^{e(l)}_{k,k_1,k_2}=-e^3\int\frac{\mathbf{e}^{t*}_{\mathbf{k}}\cdot\mathbf{v}}{\omega-\mathbf{k}\cdot\mathbf{v}+i\varepsilon}\left\{\left(\tilde{\mathbf{e}}^t_{\mathbf{k_1}}\cdot\frac{\partial}{\partial\mathbf{p}}\right)\frac{\frac{\mathbf{k_2}}{k_2}\cdot\frac{\partial}{\partial\mathbf{p}}}{\omega_2-\mathbf{k_2}\cdot\mathbf{v}+i\varepsilon}\right.$$

$$\left.+\left(\frac{\mathbf{k_2}}{k_2}\cdot\frac{\partial}{\partial\mathbf{p}}\right)\frac{\mathbf{e}^t_{\mathbf{k_1}}\cdot\frac{\partial}{\partial\mathbf{p}}}{\omega_1-\mathbf{k_1}\cdot\mathbf{v}+i\varepsilon}\right\}\frac{f_e^R\mathrm{d}\mathbf{p}}{(2\pi)^3}. \tag{A.6}$$

这里，$(\omega,\mathbf{k})$ 及 $(\omega_1,\mathbf{k_1})$ 属于正高频横场，$(\omega_2,\mathbf{k_2})$ 属于低频纵场。考虑到 $\omega$ 是高频，$\omega >> \mathbf{k}\cdot\mathbf{v}$，上式近似为

$$-e^3\int\frac{\mathbf{e}^{t*}_{\mathbf{k}}\cdot\mathbf{v}}{\omega}\cdot\left\{\left(\tilde{\mathbf{e}}^t_{\mathbf{k_1}}\cdot\frac{\partial}{\partial\mathbf{p}}\right)\frac{\frac{\mathbf{k_2}}{k_2}\cdot\frac{\partial}{\partial\mathbf{p}}}{\omega_2-\mathbf{k_2}\cdot\mathbf{v}+i\varepsilon}+\left(\frac{\mathbf{k_2}}{k_2}\cdot\frac{\partial}{\partial\mathbf{p}}\right)\frac{\mathbf{e}^t_{\mathbf{k_1}}\cdot\frac{\partial}{\partial\mathbf{p}}}{\omega_1-\mathbf{k_1}\cdot\mathbf{v}+i\varepsilon}\right\}\cdot\frac{f_e^R\mathrm{d}\mathbf{p}}{(2\pi)^3}.$$

大括号中两项进行分部积分，就得到 (A.4)式，只要令其中的 $\mathbf{e}^t_{\mathbf{k_2}}\to\mathbf{k_2}/k_2$；再对得到的第二项分部积分，就得到正比于 $\mathbf{k_1}\cdot\mathbf{e}^t_{\mathbf{k_1}}$ 积分项，由于是横场，故该积分项为零，类似于 (A.5a)式。因而我们得到

$$\tilde{\tilde{S}}^{e(l)}_{k,k_1,k_2}\approx e^3\int\frac{\mathbf{e}^{t*}_{\mathbf{k}}\cdot\mathbf{e}^t_{\mathbf{k_1}}}{\omega m_e}\cdot\frac{\frac{\mathbf{k_2}}{k_2}\cdot\frac{\partial}{\partial\mathbf{p}}f_e^R}{\omega_2-\mathbf{k_2}\cdot\mathbf{v}+i\varepsilon}\cdot\frac{\mathrm{d}\mathbf{p}}{(2\pi)^3}. \tag{A.7}$$

## A.4   正负高频场纵耦合矩阵元 $\tilde{S}^l$

写下 (3.29)式中的正负高频场纵耦合矩阵元，

$$\tilde{S}^{e(l)}_{k,k_1,k_2} = -e^3 \int \frac{1}{k} \frac{\mathbf{k} \cdot \mathbf{v}}{\omega - \mathbf{k} \cdot \mathbf{v} + i\varepsilon} \cdot \left\{ \left( \tilde{\mathbf{e}}^t_{\mathbf{k}_1} \cdot \frac{\partial}{\partial \mathbf{p}} \right) \frac{\mathbf{e}^t_{\mathbf{k}_2} \cdot \frac{\partial}{\partial \mathbf{p}}}{\omega_2 - \mathbf{k}_2 \cdot \mathbf{v} + i\varepsilon} + \right.$$

$$\left. \left( \tilde{\mathbf{e}}^t_{\mathbf{k}_2} \cdot \frac{\partial}{\partial \mathbf{p}} \right) \frac{\mathbf{e}^t_{\mathbf{k}_1} \cdot \frac{\partial}{\partial \mathbf{p}}}{\omega_1 - \mathbf{k}_1 \cdot \mathbf{v} + i\varepsilon} \right\} \cdot \frac{f^R_e \mathrm{d}\mathbf{p}}{(2\pi)^3}, \tag{A.8}$$

这里，$k_1 = (\mathbf{k}_1, \omega_1)$ 是正高频横场，而 $k_2 = (\mathbf{k}_2, \omega_2)$ 为负高频横场，以及 $k = (\mathbf{k}, \omega)$ 属于低频纵场: $\mathbf{e}^l_{\mathbf{k}} = \mathbf{k}/k$。在(A.8)式大括号内微分后出现如下两项：

$$H = \frac{1}{\omega_2 - \mathbf{k}_2 \cdot \mathbf{v}} \left( \tilde{\mathbf{e}}^t_{\mathbf{k}_1} \cdot \frac{\partial}{\partial \mathbf{p}} \right) \left( \mathbf{e}^t_{\mathbf{k}_2} \cdot \frac{\partial}{\partial \mathbf{p}} \right) f^R + \frac{1}{\omega_1 - \mathbf{k}_1 \cdot \mathbf{v}} \left( \tilde{\mathbf{e}}^t_{\mathbf{k}_2} \cdot \frac{\partial}{\partial \mathbf{p}} \right) \left( \mathbf{e}^t_{\mathbf{k}_1} \cdot \frac{\partial}{\partial \mathbf{p}} \right) f^R_e.$$

$$\tag{A.9}$$

由于 $\omega_2$ 为负高频，且它们都满足高频条件: $|\omega| \approx \omega_{pe} >> \mathbf{k} \cdot \mathbf{v}$。则(A.9)式成为：

$$H \approx \frac{1}{\omega_1} \left[ \left( \tilde{\mathbf{e}}^t_{\mathbf{k}_2} \cdot \frac{\partial}{\partial \mathbf{p}} \right) \left( \mathbf{e}^t_{\mathbf{k}_1} \cdot \frac{\partial}{\partial \mathbf{p}} \right) f^R_e - \left( \tilde{\mathbf{e}}^t_{\mathbf{k}_1} \cdot \frac{\partial}{\partial \mathbf{p}} \right) \left( \mathbf{e}^t_{\mathbf{k}_2} \cdot \frac{\partial}{\partial \mathbf{p}} \right) f^R_e \right];$$

对上式的第二项展开导数

$$\tilde{\mathbf{e}}^t_{\mathbf{k}_1} \cdot \frac{\partial}{\partial \mathbf{p}} (\mathbf{e}^t_{\mathbf{k}_2} \cdot \frac{\mathbf{p}}{p}) \frac{\partial}{\partial p} f^R_e = (\mathbf{e}^t_{\mathbf{k}_2} \cdot \mathbf{p}) \frac{\partial f^R_e}{\partial p} (\mathbf{e}^t_{\mathbf{k}_1} \cdot \frac{\partial}{\partial \mathbf{p}} \frac{1}{p}) +$$

$$\frac{1}{p} \frac{\partial f^R_e}{\partial p} (\tilde{\mathbf{e}}^t_{\mathbf{k}_1} \cdot \mathbf{e}^t_{\mathbf{k}_2}) + (\mathbf{e}^t_{\mathbf{k}_2} \cdot \frac{\mathbf{p}}{p})(\mathbf{e}^t_{\mathbf{k}_1} \cdot \frac{\mathbf{p}}{p}) \frac{\partial^2}{\partial p^2} f^R_e;$$

同样，对第一项展开导数，并用高频近似

$$\tilde{\mathbf{e}}^t_{\mathbf{k}_1} \cdot \mathbf{e}^t_{\mathbf{k}_2} \approx \mathbf{e}^t_{\mathbf{k}_1} \cdot \mathbf{e}^t_{\mathbf{k}_2} \approx \mathbf{e}^t_{\mathbf{k}_1} \cdot \tilde{\mathbf{e}}^t_{\mathbf{k}_2},$$

两项正好相消，得到 $H \approx 0$。这样，(A.8)式成为

$$\tilde{S}^{e(l)}_{k,k_1,k_2} \approx -e^3 \int \frac{1}{k} \frac{\mathbf{k} \cdot \mathbf{v}}{\omega - \mathbf{k} \cdot \mathbf{v} + i\varepsilon} \cdot \left\{ \frac{1}{m_e} \frac{\mathbf{k}_2 \cdot \tilde{\mathbf{e}}^t_{\mathbf{k}_1}}{(\omega_2 - \mathbf{k}_2 \cdot \mathbf{v})^2} \left( \mathbf{e}^t_{\mathbf{k}_2} \cdot \frac{\partial}{\partial \mathbf{p}} \right) \right.$$

$$+\frac{1}{m_e}\frac{\mathbf{k}_1\cdot\tilde{\mathbf{e}}_{\mathbf{k}_2}^t}{(\omega_1-\mathbf{k}_1\cdot\mathbf{v})^2}\left(\mathbf{e}_{\mathbf{k}_1}^t\cdot\frac{\partial}{\partial\mathbf{p}}\right)\right\}\cdot\frac{f_e^R\mathrm{d}\mathbf{p}}{(2\pi)^3}\quad; \tag{A.10}$$

先看（A.10）式的第一个积分，注意到，$\partial f_e^R/\partial\mathbf{p}=(\partial f_e^R/\partial p)(\mathbf{p}/p)$，有

$$\int\frac{\mathbf{k}\cdot\mathbf{v}/k}{\omega-\mathbf{k}\cdot\mathbf{v}+i\varepsilon}\frac{\dfrac{1}{m_e}\mathbf{e}_{\mathbf{k}_2}^t\cdot\dfrac{\partial}{\partial\mathbf{p}}f_e^R}{(\omega_2-\mathbf{k}_2\cdot\mathbf{v})^2}(\tilde{\mathbf{e}}_{\mathbf{k}_1}^t\cdot\mathbf{k}_2)\frac{\mathrm{d}\mathbf{p}}{(2\pi)^3}$$

$$=\int\frac{1}{k}\frac{\mathbf{k}\cdot\dfrac{\partial f_e^R}{\partial\mathbf{p}}}{\omega-\mathbf{k}\cdot\mathbf{v}+i\varepsilon}\frac{(\mathbf{e}_{\mathbf{k}_2}^t\cdot\mathbf{v})}{(\omega_2-\mathbf{k}_2\cdot\mathbf{v})^2}\frac{(\tilde{\mathbf{e}}_{\mathbf{k}_1}^t\cdot\mathbf{k}_2)}{m_e}\frac{\mathrm{d}\mathbf{p}}{(2\pi)^3}$$

$$=\int\frac{1}{k}\frac{\mathbf{k}\cdot\dfrac{\partial f_e^R}{\partial\mathbf{p}}}{\omega-\mathbf{k}\cdot\mathbf{v}+i\varepsilon}\left[\tilde{\mathbf{e}}_{\mathbf{k}_1}^t\cdot\frac{\partial}{\partial\mathbf{p}}\frac{\mathbf{e}_{\mathbf{k}_2}^t\cdot\mathbf{v}}{\omega_2-\mathbf{k}_2\cdot\mathbf{v}}-\frac{\tilde{\mathbf{e}}_{\mathbf{k}_1}^t\cdot\mathbf{e}_{\mathbf{k}_2}^t}{\omega_2-\mathbf{k}_2\cdot\mathbf{v}}\frac{1}{m_e}\right]\frac{\mathrm{d}\mathbf{p}}{(2\pi)^3};$$

第二个积分也类似，由于 (注意 $\omega_2$ 为负高频，$\omega_1\approx|\omega_2|$)

$$\frac{\tilde{\mathbf{e}}_{\mathbf{k}_1}^t\cdot\mathbf{e}_{\mathbf{k}_2}^t}{\omega_2-\mathbf{k}_2\cdot\mathbf{v}}+\frac{\tilde{\mathbf{e}}_{\mathbf{k}_2}^t\cdot\mathbf{e}_{\mathbf{k}_1}^t}{\omega_1-\mathbf{k}_1\cdot\mathbf{v}}\approx\frac{1}{\omega_1}\left[\tilde{\mathbf{e}}_{\mathbf{k}_2}^t\cdot\mathbf{e}_{\mathbf{k}_1}^t-\tilde{\mathbf{e}}_{\mathbf{k}_1}^t\cdot\mathbf{e}_{\mathbf{k}_2}^t\right]\approx0\quad;$$

因此

$$\tilde{S}_{k,k_1,k_2}^{e(l)}=-e^3\int\frac{1}{k}\frac{\mathbf{k}\cdot\dfrac{\partial f_e^R}{\partial\mathbf{p}}}{\omega-\mathbf{k}\cdot\mathbf{v}+i\varepsilon}\left\{\left(\tilde{\mathbf{e}}_{\mathbf{k}_1}^t\cdot\frac{\partial}{\partial\mathbf{p}}\right)\frac{\mathbf{e}_{\mathbf{k}_2}^t\cdot\mathbf{v}}{\omega_2-\mathbf{k}_2\cdot\mathbf{v}}+\left(\tilde{\mathbf{e}}_{\mathbf{k}_2}^t\cdot\frac{\partial}{\partial\mathbf{p}}\right)\frac{\mathbf{e}_{\mathbf{k}_1}^t\cdot\mathbf{v}}{\omega_1-\mathbf{k}_1\cdot\mathbf{v}}\right\}\frac{\mathrm{d}\mathbf{p}}{(2\pi)^3}$$

$$=-e^3\int\frac{1}{km_e}\frac{\mathbf{k}\cdot\dfrac{\partial f_e^R}{\partial\mathbf{p}}}{\omega-\mathbf{k}\cdot\mathbf{v}+i\varepsilon}\cdot\left\{\frac{\tilde{\mathbf{e}}_{\mathbf{k}_1}^t\cdot\mathbf{e}_{\mathbf{k}_2}^t}{(\omega_2-\mathbf{k}_2\cdot\mathbf{v})^2}\omega_2+\frac{\tilde{\mathbf{e}}_{\mathbf{k}_2}^t\cdot\mathbf{e}_{\mathbf{k}_1}^t}{(\omega_1-\mathbf{k}_1\cdot\mathbf{v})^2}\omega_1\right\}\cdot\frac{\mathrm{d}\mathbf{p}}{(2\pi)^3}$$

$$\approx-e^3\int\frac{1}{km_e}\frac{\mathbf{k}\cdot\dfrac{\partial f_e^R}{\partial\mathbf{p}}}{\omega-\mathbf{k}\cdot\mathbf{v}+i\varepsilon}\frac{\mathbf{e}_{\mathbf{k}_2}^t\cdot\mathbf{e}_{\mathbf{k}_1}^t}{(\omega_1-\mathbf{k}_1\cdot\mathbf{v})^2}(\omega_1+\omega_2)\frac{\mathrm{d}\mathbf{p}}{(2\pi)^3};$$

$$\approx\frac{-k\omega}{4\pi m_e\omega_{pe}^2}e(\varepsilon_k^{l(e)}-1)(\mathbf{e}_{\mathbf{k}_1}^t\cdot\mathbf{e}_{\mathbf{k}_2}^t). \tag{A.11}$$

由于 (3.29)式中存在 $\delta$-函数，故，$\omega=\omega_1+\omega_2$，即上式中的低频 $\omega$ 是两高频率的差值。

## A.5　正负高频场的横耦合矩阵元 $\tilde{s}^t$

我们重新写下正负高频场的横耦合矩阵元 [参见(3.7)]，

$$\tilde{S}_{k,k_1,k_2}^{e(t)} = -e^3 \int \frac{\mathbf{e}_{\mathbf{k}}^{t*} \cdot \mathbf{v}}{\omega - \mathbf{k} \cdot \mathbf{v} + i\varepsilon} \times$$

$$\left\{ \tilde{\mathbf{e}}_{\mathbf{k_1}}^t \cdot \frac{\partial}{\partial \mathbf{p}} \frac{\mathbf{e}_{\mathbf{k_2}}^t \cdot \frac{\partial}{\partial \mathbf{p}}}{\omega_2 - \mathbf{k_2} \cdot \mathbf{v} + i\varepsilon} + \tilde{\mathbf{e}}_{\mathbf{k_2}}^t \cdot \frac{\partial}{\partial \mathbf{p}} \frac{\mathbf{e}_{\mathbf{k_1}}^t \cdot \frac{\partial}{\partial \mathbf{p}}}{\omega_1 - \mathbf{k_1} \cdot \mathbf{v} + i\varepsilon} \right\} \frac{f_e^R d\mathbf{p}}{(2\pi)^3},$$

这里， $k_1 = (\mathbf{k_1}, \omega_1)$ 是高频横场，而 $k_2 = (\mathbf{k_2}, \omega_2)$ 为负高频横场，以及 $k = (\mathbf{k}, \omega)$ 属于低频横场。对大括号中的项完成求导，由于 (A.9)式定义的 $H$ 为零，故有

$$\tilde{S}_{k,k_1,k_2}^{e(t)} \approx -\frac{e^3}{m_e \omega_1^2} \int \frac{\mathbf{e}_{\mathbf{k}}^{t*} \cdot \frac{\partial}{\partial \mathbf{p}} f_e^R}{\omega - \mathbf{k} \cdot \mathbf{v} + i\varepsilon} \frac{d\mathbf{p}}{(2\pi)^3} [(\mathbf{k_2} \cdot \mathbf{e}_{\mathbf{k_1}}^t)(\mathbf{e}_{\mathbf{k_2}}^t \cdot \mathbf{v}) + (\mathbf{k_1} \cdot \mathbf{e}_{\mathbf{k_2}}^t)(\mathbf{e}_{\mathbf{k_1}}^t \cdot \mathbf{v})]$$

$$= \frac{e^3}{m_e^2 \omega_1^2} \mathbf{e}_{\mathbf{k}}^{t*} \cdot [\mathbf{e}_{\mathbf{k_2}}^t (\mathbf{k_2} \cdot \mathbf{e}_{\mathbf{k_1}}^t) + \mathbf{e}_{\mathbf{k_1}}^t (\mathbf{k_1} \cdot \mathbf{e}_{\mathbf{k_2}}^t)] \int \frac{f_e^R}{\omega - \mathbf{k} \cdot \mathbf{v} + i\varepsilon} \frac{d\mathbf{p}}{(2\pi)^3}.$$

上式第二个等式是由于分部积分的结果。注意到色散函数的定义 (2.57) 式以及考虑到 (3.6)式中的 $\delta$ -函数：$\mathbf{k_1}$ 为正频波矢，$\mathbf{k_2}$ 为负频波矢，即 $\mathbf{k_2} = \mathbf{k_1} - \mathbf{k}$ ，我们就有

$$\tilde{S}_{k,k_1,k_2}^{e(t)} \approx \frac{e^3}{m_e^2 \omega_{pe}^2} \frac{n_0}{\omega} Z\left(\frac{\omega}{\sqrt{2}k\mathrm{v}_{Te}}\right) \mathbf{e}_{\mathbf{k}}^{t*} \left[\mathbf{e}_{\mathbf{k_1}}^t \left(\mathbf{k} \cdot \mathbf{e}_{\mathbf{k_2}}^t\right) - \mathbf{e}_{\mathbf{k_2}}^t \left(\mathbf{k} \cdot \mathbf{e}_{\mathbf{k_1}}^t\right)\right]. \quad \text{(A.12)}$$

## A.6  组合介电常数 $S$

(3.38)式所定义的组合介电常数 $S$ 可直接估算如下，其中 $k' = (\mathbf{k}', \omega')$ 表示低频场的波数和波频, 并满足条件 (3.36):

$$S \equiv \left(\varepsilon_{k'}^e - 1\right)\frac{\varepsilon_{k'}^i}{\varepsilon_{k'}^l} \approx \frac{\left\{\left[\frac{\omega_{pe}^2}{k'^2 \mathrm{v}_{Te}^2} + i\sqrt{\frac{\pi}{2}} \frac{\omega_{pe}^2 \omega'}{(k'\mathrm{v}_{Te})^3}\right]\left(-\frac{\omega_{pi}^2}{\omega'^2}\right)\right\}}{\left\{\frac{\omega_{pe}^2}{k'^2 \mathrm{v}_{Te}^2} + i\sqrt{\frac{\pi}{2}} \frac{\omega_{pe}^2 \omega'}{(k'\mathrm{v}_{Te})^3} - \frac{\omega_{pi}^2}{\omega'^2}\right\}}$$

$$= \frac{\omega_{pe}^2}{k'^2 v_{Te}^2} \left( 1 + i\sqrt{\frac{\pi}{2}} \frac{\omega'}{k' v_{Te}} \right) \frac{\left[ \frac{\omega_{pe}^2}{k'^2 v_{Te}^2} \left( 1 - i\sqrt{\frac{\pi}{2}} \frac{\omega'}{k' v_{Te}} \right) - \frac{\omega_{pi}^2}{\omega'^2} \right] \left( -\frac{\omega_{pi}^2}{\omega'^2} \right)}{\left\{ \left( \frac{\omega_{pe}^2}{k'^2 v_{Te}^2} - \frac{\omega_{pe}^2}{\omega'^2} \right)^2 + \left[ \sqrt{\frac{\pi}{2}} \frac{\omega_{pe}^2 \omega'}{(k' v_{Te})^3} \right]^2 \right\}}$$

$$\approx \frac{\frac{\omega_{pe}^2}{k'^2 v_{Te}^2} \left\{ \left[ \frac{\omega_{pe}^2}{k'^2 v_{Te}^2} - \frac{\omega_{pi}^2}{\omega'^2} \right] - i\sqrt{\frac{\pi}{2}} \frac{\omega'}{k' v_{Te}} \cdot \frac{\omega_{pi}^2}{\omega'^2} \right\} \left( -\frac{\omega_{pi}^2}{\omega'^2} \right)}{\left( \frac{\omega_{pe}^2}{k'^2 v_{Te}^2} - \frac{\omega_{pi}^2}{\omega'^2} \right)^2}$$

$$= \frac{\frac{\omega_{pe}^2}{k'^2 v_{Te}^2} \left( \frac{\omega_{pe}^2}{k'^2 v_{Te}^2} - \frac{\omega_{pi}^2}{\omega'^2} \right) \left[ 1 - i\sqrt{\frac{\pi}{2}} \frac{\omega'}{k' v_{Te}} \frac{\omega_{pi}^2}{\omega'^2} \left( \frac{\omega_{pe}^2}{k'^2 v_{Te}^2} - \frac{\omega_{pi}^2}{\omega'^2} \right)^{-1} \right]}{\left( \frac{\omega_{pe}^2}{k'^2 v_{Te}^2} - \frac{\omega_{pi}^2}{\omega'^2} \right)^2 \left( -\frac{\omega'^2}{\omega_{pi}^2} \right)}$$

$$= \frac{\frac{\omega_{pe}^2}{k'^2 v_{Te}^2} \left[ 1 - i\sqrt{\frac{\pi}{2}} \frac{\omega'}{k' v_{Te}} \frac{\omega_{pi}^2}{\omega'^2} \cdot \left( \frac{\omega_{pi}^2}{k'^2 v_s^2} - \frac{\omega_{pi}^2}{\omega'^2} \right)^{-1} \right]}{\left( \frac{\omega_{pi}^2}{k'^2 v_s^2} - \frac{\omega_{pi}^2}{\omega'^2} \right) \cdot \left( -\frac{\omega'^2}{\omega_{pi}^2} \right)}$$

$$= \frac{\omega_{pe}^2}{k'^2 v_{Te}^2} \frac{(-k'^2 v_s^2)}{\omega'^2 - k'^2 v_s^2} \cdot \left( 1 - i\sqrt{\frac{\pi}{2}} \frac{k'^2 v_s^2}{\omega'^2 - k'^2 v_s^2} \frac{\omega'}{k' v_{Te}} \right). \tag{A.13}$$

# 第四章　磁流体模和旋转不稳定性

> 你要知道科学方法的实质，不要去听一个科学家
> 对你说些什么，**而要仔细看他在做什么。**
>
> ——爱因斯坦
>
> **运气通常照顾深思熟虑的人。**
>
> ——诺贝尔

在从前面几章的内容，可以看到等离子体动力论描述是相当复杂的课题。然而在多数感兴趣的问题的精确度范围内，把等离子体看作是电导流体——电子和离子流团，就足够了。诚然这时粒子间的碰撞应相当频繁，以致其平均碰撞自由程 $\lambda_{mfp}$ 远小于问题的特征尺度 $l_c$。不然的话，流体描述失效：给定体积 $V \propto l^3$ 的流体元中粒子，随机运动使它们散开，而碰撞不断变更随机运动方向，使它们倾向于在平均速度附近做随机荡步；但在 $l_c \leqslant \lambda_{mfp}$ 情况下，由同种粒子构成的流体元的概念明显成了问题。但如果在等离子体中存在磁场的话，上述限制条件将被放宽。这时荷电粒子绕磁场做迴旋运动，阻止粒子沿垂直场方向自由运动；另一方面，这种磁化等离子体中存在大量的波—粒相互作用，阻碍粒子沿场的方向的运动。结果，粒子也不被散开，形成粒子流团。此外需要指出：等离子体流体近似不能处理粒子和高频波共振现象，例如朗道阻尼。在速度空间，众多等离子体粒子分布在其热速度附近；因而流体动力学描述的适用范围是热速度小于波的相速，超出此范围必须用适合波—粒共振作用的动力论。

## 4.1　等离子体矩方程

等离子体分布函数表示等离子体的一种组态，但它们不是宏观可测量的。然而通过它们可引进如下宏观平均的可测量，即粒子数密度、平均流速、压力张量、热流矢量：

$$n_\alpha(\mathbf{r}, t) = \int f_\alpha(\mathbf{r}, \mathbf{v}, t)\,\mathrm{d}\mathbf{v}, \tag{4.1}$$

$$\mathbf{u}_\alpha \equiv \langle \mathbf{v} \rangle|_\alpha = \frac{1}{n_\alpha}\int \mathbf{v} f_\alpha(\mathbf{r}, \mathbf{v}, t)\,\mathrm{d}\mathbf{v}, \tag{4.2}$$

$$\vec{\mathbf{P}}_\alpha \equiv m_\alpha n_\alpha \langle (\mathbf{v} - \mathbf{u}_\alpha)(\mathbf{v} - \mathbf{u}_\alpha) \rangle|_\alpha$$

$$= m_\alpha \int (\mathbf{v} - \mathbf{u}_\alpha)(\mathbf{v} - \mathbf{u}_\alpha) f_\alpha(\mathbf{r}, \mathbf{v}, t)\,\mathrm{d}\mathbf{v}, \tag{4.3}$$

$$q_i = \frac{1}{2} q_{ijj} = \frac{1}{2} m_\alpha n_\alpha \langle (v_i - u_{\alpha,i})(v_j - u_{\alpha,j})(v_j - u_{\alpha,j}) \rangle|_\alpha$$

$$= \frac{m_\alpha}{2}\int (v_i - u_{\alpha,i})(v_j - u_{\alpha,j})(v_j - u_{\alpha,j}) f_\alpha\,\mathrm{d}\mathbf{v}; \tag{4.4}$$

(4.1) 式的粒子数密度 $n(\mathbf{r}, t)$ 与以往的归一化条件差了 $1/(2\pi)^3$，这是无关紧要的，对流体模型的结果无影响。现在我们来研究分布函数的速度矩。用任意速度的函数 $\varphi(\mathbf{v})$ 乘等离子体中粒子分布函数 $f_\alpha$ 所满足的玻尔兹曼方程

$$\frac{\partial f_\alpha}{\partial t} + \mathbf{v} \cdot \frac{\partial f_\alpha}{\partial \mathbf{r}} + \mathbf{F}_\alpha \cdot \frac{\partial f_\alpha}{\partial \mathbf{p}} = \left(\frac{\partial f_\alpha}{\partial t}\right)_c,$$

并对两边积分，

$$\int \mathrm{d}\mathbf{v}\,\varphi(\mathbf{v})\left[\frac{\partial f_\alpha}{\partial t} + \mathbf{v} \cdot \frac{\partial f_\alpha}{\partial \mathbf{r}} + \mathbf{F}_\alpha \cdot \frac{\partial f_\alpha}{\partial \mathbf{p}}\right] = \int \mathrm{d}\mathbf{v}\,\varphi(\mathbf{v})\left(\frac{\partial f_\alpha}{\partial t}\right)_c, \tag{4.5}$$

(4.5)式中左边第一项和第二项分别为

$$\frac{\partial}{\partial t}\int \varphi(\mathbf{v}) f_\alpha\,\mathrm{d}\mathbf{v} = \frac{\partial}{\partial t}\left[n_\alpha \langle \varphi(\mathbf{v}) \rangle|_\alpha\right];$$

$$\frac{\partial}{\partial \mathbf{r}} \cdot \int \varphi(\mathbf{v}) \mathbf{v} f_\alpha\,\mathrm{d}\mathbf{v} = \frac{\partial}{\partial \mathbf{r}} \cdot \left[n_\alpha \langle \varphi(\mathbf{v})\mathbf{v} \rangle|_\alpha\right];$$

(4.5)式中左边第三项中的 $\mathbf{F}_\alpha \left(= \tilde{\mathbf{F}}_\alpha + e_\alpha \dfrac{\mathbf{v} \times \mathbf{B}}{c}\right)$，包括不依赖于 $\mathbf{v}$ 和依赖 $\mathbf{v}$ 的两部分；与 $\mathbf{v}$ 无关的力为 $\tilde{\mathbf{F}}_\alpha$，即有 $\int \mathrm{d}\mathbf{v}\,\varphi(\mathbf{v})\tilde{\mathbf{F}}_\alpha \cdot \dfrac{\partial f_\alpha}{\partial \mathbf{p}}$，分部积分，考虑到在 $|\mathbf{v}| \to \infty$ 时，$f_\alpha \to 0$，所以

$$\int \mathrm{d}\mathbf{v}\,\varphi(\mathbf{v})\tilde{\mathbf{F}}_\alpha \cdot \frac{\partial f_\alpha}{\partial \mathbf{p}} = -\tilde{\mathbf{F}}_\alpha \cdot \int \left(\frac{\partial \varphi(\mathbf{v})}{\partial \mathbf{p}}\right) f_\alpha\,\mathrm{d}\mathbf{v} = -\tilde{\mathbf{F}}_\alpha \cdot \left[n_\alpha \left\langle \frac{\partial \varphi(\mathbf{v})}{\partial \mathbf{p}} \right\rangle\right];$$

由于 $(\mathbf{v} \times \mathbf{B})_i$ 不含 $v_i$，$\mathbf{F}_\alpha$ 与 $\mathbf{v}$ 有关的一项为

$$\frac{e_\alpha}{c} \int \left[ \frac{\partial}{\partial p_i} \left( \varphi(\mathbf{v}) f_\alpha (\mathbf{v} \times \mathbf{B})_i \right) - f_\alpha (\mathbf{v} \times \mathbf{B}) \cdot \frac{\partial \varphi(\mathbf{v})}{\partial \mathbf{p}} \right] d\mathbf{v}$$

$$= -\frac{e_\alpha}{c} n_\alpha \left\langle (\mathbf{v} \times \mathbf{B}) \cdot \frac{\partial \varphi(\mathbf{v})}{\partial \mathbf{p}} \right\rangle \Big|_\alpha ;$$

把以上各式结果代入(4.5)式，可得矩方程为

$$\frac{\partial}{\partial t} \left( n_\alpha \langle \varphi(\mathbf{v}) \rangle \big|_\alpha \right) + \frac{\partial}{\partial \mathbf{r}} \cdot \left( n_\alpha \langle \varphi(\mathbf{v}) \mathbf{v} \rangle \big|_\alpha \right) - n_\alpha \tilde{\mathbf{F}}_\alpha \cdot \left\langle \frac{\partial \varphi(\mathbf{v})}{\partial \mathbf{p}} \right\rangle \big|_\alpha$$

$$- \frac{e_\alpha}{c} n_\alpha \left\langle (\mathbf{v} \times \mathbf{B}) \cdot \left( \frac{\partial \varphi(\mathbf{v})}{\partial \mathbf{p}} \right) \right\rangle \big|_\alpha$$

$$= \int \varphi(\mathbf{v}) \left( \frac{\partial f_\alpha}{\partial t} \right)_c d\mathbf{v}_\alpha , \tag{4.6}$$

式中，

$$\langle \phi \rangle = \frac{1}{n(\mathbf{r}, t)} \int \phi(\mathbf{r}, \mathbf{v}, t) f(\mathbf{r}, \mathbf{v}, t) \, d\mathbf{v} .$$

## 4.2 零级矩、一级矩和二级矩

令 $\varphi(\mathbf{v}) = \mathbf{v}^0 = 1$，则由(4.6)式得到的零级矩方程为

$$\frac{\partial}{\partial t} n_\alpha + \nabla \cdot (n_\alpha \mathbf{u}_\alpha) = \int \left( \frac{\partial f_\alpha}{\partial t} \right)_c d\mathbf{v}_\alpha .$$

上式两边对体元积分；注意到左边第二项积分，利用高斯定理，可化为面积分。这时把粒子通量 $(n_\alpha \mathbf{u}_\alpha)$ 推到无穷积分表面上，因而为零。若等离子体中无复合或离解过程，则总粒子数守恒：

$$\frac{\partial}{\partial t} \int n_\alpha d\mathbf{r} = \frac{\partial}{\partial t} N_\alpha ;$$

因而，$\displaystyle \int \left\{ \int \left( \frac{\partial f_\alpha}{\partial t} \right)_c d\mathbf{v}_\alpha \right\} d\mathbf{r} = 0$，即 $\displaystyle \int \left( \frac{\partial f_\alpha}{\partial t} \right)_c d\mathbf{v}_\alpha = 0$ [也可见(4.14a)式]；

上式成为

$$\frac{\partial}{\partial t} n_\alpha + \nabla \cdot (n_\alpha \mathbf{u}_\alpha) = 0. \tag{4.7}$$

令 $\varphi(\mathbf{v}) = m_\alpha \mathbf{v} = \mathbf{p}_\alpha$，注意到，

$$\langle \mathbf{vv} \rangle \big|_\alpha = \big\langle (\mathbf{v} - \mathbf{u}_\alpha + \mathbf{u}_\alpha)(\mathbf{v} - \mathbf{u}_\alpha + \mathbf{u}_\alpha) \big\rangle \big|_\alpha$$

$$= \big\langle (\mathbf{v} - \mathbf{u}_\alpha)(\mathbf{v} - \mathbf{u}_\alpha) \big\rangle \big|_\alpha + \big\langle \mathbf{v} - \mathbf{u}_\alpha \big\rangle \big|_\alpha \mathbf{u}_\alpha + \mathbf{u}_\alpha \big\langle \mathbf{v} - \mathbf{u}_\alpha \big\rangle \big|_\alpha + \mathbf{u}_\alpha \mathbf{u}_\alpha$$

由于

$$\big\langle \mathbf{v} - \mathbf{u}_\alpha \big\rangle \big|_\alpha = \langle \mathbf{v} \rangle \big|_\alpha - \mathbf{u}_\alpha = 0,$$

即

$$\langle \mathbf{vv} \rangle \big|_\alpha = \big\langle (\mathbf{v} - \mathbf{u}_\alpha)(\mathbf{v} - \mathbf{u}_\alpha) \big\rangle \big|_\alpha + \mathbf{u}_\alpha \mathbf{u}_\alpha.$$

因此从(4.6)式得到一级矩方程

$$\frac{\partial}{\partial t}(m_\alpha n_\alpha \mathbf{u}_\alpha) + \nabla \cdot (m_\alpha n_\alpha \mathbf{u}_\alpha \mathbf{u}_\alpha) - n_\alpha \tilde{\mathbf{F}}_\alpha + \nabla \cdot \vec{\mathbf{P}}_\alpha - \frac{e_\alpha}{c} n_\alpha (\mathbf{u}_\alpha \times \mathbf{B})$$

$$= \int m_\alpha \mathbf{v}_\alpha \left( \frac{\partial f_\alpha}{\partial t} \right)_c \mathrm{d}\mathbf{v}_\alpha. \tag{4.8}$$

注意到

$$\nabla \cdot (m_\alpha n_\alpha \mathbf{u}_\alpha \mathbf{u}_\alpha) = (m_\alpha n_\alpha \mathbf{u}_\alpha \cdot \nabla)\mathbf{u}_\alpha + \mathbf{u}_\alpha \nabla \cdot (m_\alpha n_\alpha \mathbf{u}_\alpha)$$

$$= m_\alpha n_\alpha (\mathbf{u}_\alpha \cdot \nabla)\mathbf{u}_\alpha + \mathbf{u}_\alpha \left[ -m_\alpha \frac{\partial}{\partial t} n_\alpha \right], \tag{4.9}$$

上式第二个等式已利用了连续性方程(4.7)；(4.8) 式可写为标准形式

$$m_\alpha n_\alpha \left[ \frac{\partial}{\partial t} + \mathbf{u}_\alpha \cdot \nabla \right] \mathbf{u}_\alpha = n_\alpha \left[ \tilde{\mathbf{F}}_\alpha + \frac{e_\alpha}{c} \mathbf{u}_\alpha \times \mathbf{B} \right] - \nabla \cdot \vec{\mathbf{P}}_\alpha + \int m_\alpha \mathbf{v}_\alpha \left( \frac{\partial f_\alpha}{\partial t} \right)_c \mathrm{d}\mathbf{v}_\alpha .$$

$$\tag{4.10}$$

令 $\varphi(\mathbf{v}) = \frac{1}{2} m_\alpha \mathbf{v}^2$；以及由于，

$$\langle \mathbf{v}^2 \rangle \big|_\alpha = \big\langle (v_i - u_{\alpha,i} + u_{\alpha,i})(v_i - u_{\alpha,i} + u_{\alpha,i}) \big\rangle \big|_\alpha = \frac{1}{m_\alpha n_\alpha}(3n_\alpha k_B T_\alpha) + u_\alpha^2,$$

$$\langle v_i \mathbf{v}^2 \rangle \big|_\alpha = \big\langle (v_i - u_{\alpha,i} + u_{\alpha,i})(v_j - u_{\alpha,j} + u_{\alpha,j})(v_j - u_{\alpha,j} + u_{\alpha,j}) \big\rangle \big|_\alpha$$

$$= \frac{2}{m_\alpha n_\alpha} q_{\alpha,i} + \frac{1}{m_\alpha n_\alpha} u_i P_{\alpha,jj} + u_{\alpha,i} u_\alpha^2 + u_{\alpha,j} P_{ij} \frac{2}{m_\alpha n_\alpha},$$

其中，$P_{\alpha,ii} = (3n_\alpha k_B T_\alpha)$，于是由(4.6)式得到二级矩方程

$$\frac{\partial}{\partial t}\left(\frac{3}{2}n_\alpha k_B T_\alpha + \frac{1}{2}m_\alpha n_\alpha u_\alpha^2\right) + \nabla \cdot \mathbf{q}_\alpha + \frac{\partial}{\partial r_i}\left[\frac{1}{2}u_{\alpha,i}P_{\alpha,jj} + \frac{1}{2}m_\alpha n_\alpha u_{\alpha,i}u_\alpha^2 + P_{\alpha,ij}u_{\alpha,j}\right]$$

$$= n_\alpha \tilde{\mathbf{F}}_\alpha \cdot \mathbf{u}_\alpha + \int \frac{1}{2}m_\alpha \mathbf{v}_\alpha^2 \left(\frac{\partial f_\alpha}{\partial t}\right)_c \mathrm{d}\mathbf{v}_\alpha . \tag{4.11}$$

考虑到:

$$\frac{\partial}{\partial r_i}\left(\frac{1}{2}u_{\alpha,i}P_{\alpha,jj}\right) = \nabla \cdot \left(\mathbf{u}_\alpha \frac{3}{2}n_\alpha k_B T_\alpha\right) = \frac{3}{2}n_\alpha k_B T_\alpha \nabla \cdot \mathbf{u}_\alpha + \mathbf{u}_\alpha \cdot \nabla\left(\frac{3}{2}n_\alpha k_B T_\alpha\right),$$

$$\nabla \cdot \left(\mathbf{u}_\alpha \frac{1}{2}m_\alpha n_\alpha u_\alpha^2\right) = \frac{1}{2}m_\alpha n_\alpha u_\alpha^2 \nabla \cdot \mathbf{u}_\alpha + \mathbf{u}_\alpha \cdot \nabla\left(\frac{1}{2}m_\alpha n_\alpha u_\alpha^2\right),$$

(4.11)式也可以表示为

$$\left(\frac{\partial}{\partial t} + \mathbf{u}_\alpha \cdot \nabla\right)\left(\frac{3}{2}n_\alpha k_B T_\alpha + \frac{1}{2}m_\alpha n_\alpha u_\alpha^2\right) +$$

$$\nabla \cdot \mathbf{u}_\alpha \left(\frac{3}{2}n_\alpha k_B T_\alpha + \frac{1}{2}m_\alpha n_\alpha u_\alpha^2\right) + \frac{\partial}{\partial r_i}\left(P_{\alpha,ij}u_{\alpha,j} + q_{\alpha,i}\right)$$

$$= n_\alpha \tilde{\mathbf{F}}_\alpha \cdot \mathbf{u}_\alpha + \int \frac{1}{2}m_\alpha \mathbf{v}_\alpha^2 \left(\frac{\partial f_\alpha}{\partial t}\right)_c \mathrm{d}\mathbf{v}_\alpha . \tag{4.12}$$

## 4.3 碰撞积分

这一小节我们只给出碰撞项的表达式,有关详细情况读者可查阅一些等离子体物理教科书。 对于中性气体,由于短程的范德瓦尔斯力,分子与分子间的碰撞是典型二体碰撞。这时玻尔兹曼碰撞项为:

$$\left(\frac{\partial f_\alpha}{\partial t}\right)_{c,B} = \sum_\beta \int \left[f_\alpha\left(\mathbf{v}_\alpha'\right)f_\beta\left(\mathbf{v}_\beta'\right) - f_\alpha\left(\mathbf{v}_\alpha\right)f_\beta\left(\mathbf{v}_\beta\right)\right]\mathrm{v}_{\alpha\beta}\,\sigma_{\alpha\beta}\mathrm{d}\Omega\mathrm{d}\mathbf{v}_\beta ,$$

其中 $\mathrm{v}_{\alpha\beta} = \left|\mathbf{v}_\alpha - \mathbf{v}_\beta\right|$, $\sigma_{\alpha\beta}$ 为碰撞截面, $\mathbf{v}_\alpha'$, $\mathbf{v}_\beta'$ 分别为碰撞后 $\alpha$, $\beta$ 粒子的速度。对于远程的库仑碰撞,由于每次碰撞引起的速度变化很小,就可把分布函数按速度变化的幂级数展开,这就得到了朗道碰撞积分:

$$\left(\frac{\partial f_\alpha}{\partial t}\right)_{c,L} = \sum_\beta \frac{2\pi Z_\alpha^2 Z_\beta^2 e^4}{m_\alpha}\ln\Lambda \frac{\partial}{\partial \mathbf{v}_\alpha} \cdot \int \mathrm{d}\mathbf{v}_\beta \vec{\mathbf{\Phi}}\left(\frac{1}{m_\alpha}\frac{\partial}{\partial \mathbf{v}_\alpha} - \frac{1}{m_\beta}\frac{\partial}{\partial \mathbf{v}_\beta}\right)f_\alpha f_\beta , \tag{4.13}$$

其中,

$$\vec{\mathbf{\Phi}} = \frac{\mathrm{v}_{\alpha\beta}^2\vec{\mathbf{I}} - \mathbf{v}_{\alpha\beta}\mathbf{v}_{\alpha\beta}}{\mathrm{v}_{\alpha\beta}^3} ,$$

$\ln \Lambda$ 是库仑碰撞对数，Z 是电荷数，以及 $\vec{\mathbf{I}}$ 是单位张量。

可以证明，对朗道碰撞积分而言，$\psi = \left(1, m\mathbf{v}, \frac{1}{2}m\mathbf{v}^2\right)$ 是碰撞不变量，即

$$\int \left(\frac{\partial f_\alpha}{\partial t}\right)_c \mathrm{d}\mathbf{v}_\alpha = 0 \ , \tag{4.14a}$$

$$\sum_\alpha \int m_\alpha \mathbf{v}_\alpha \left(\frac{\partial f_\alpha}{\partial t}\right)_{c,L} \mathrm{d}\mathbf{v}_\alpha \equiv \sum_\alpha \mathbf{C}_\alpha = 0 \ , \tag{4.14b}$$

$$\sum_\alpha \int \frac{1}{2} m_\alpha \mathbf{v}_\alpha^2 \left(\frac{\partial f_\alpha}{\partial t}\right)_{c,L} \mathrm{d}\mathbf{v}_\alpha \equiv \sum_\alpha I_\alpha = 0 \ . \tag{4.14c}$$

事实上，由于朗道碰撞积分包含速度的导数，分部积分后使分布函数在无穷大表面上取值，故为零。(4.14a)式成立。对于 $\mathbf{C}_\alpha$，分部积分后有，

$$\mathbf{C}_\alpha = -\sum_\beta 2\pi Z_\alpha^2 Z_\beta^2 e^4 \ln \Lambda \int \mathrm{d}\mathbf{v}_\alpha \mathrm{d}\mathbf{v}_\beta \vec{\mathbf{\Phi}} \cdot \left(\frac{1}{m_\alpha}\frac{\partial}{\partial \mathbf{v}_\alpha} - \frac{1}{m_\beta}\frac{\partial}{\partial \mathbf{v}_\beta}\right) f_\alpha f_\beta$$

交换 $(\alpha, \beta)$ 就可得到 $\mathbf{C}_\beta$；这时

$$\mathbf{C}_\beta = \sum_\alpha 2\pi Z_\alpha^2 Z_\beta^2 e^4 \ln \Lambda \int \mathrm{d}\mathbf{v}_\alpha \mathrm{d}\mathbf{v}_\beta \vec{\mathbf{\Phi}} \cdot \left(\frac{1}{m_\alpha}\frac{\partial}{\partial \mathbf{v}_\alpha} - \frac{1}{m_\beta}\frac{\partial}{\partial \mathbf{v}_\beta}\right) f_\alpha f_\beta ;$$

因此，$\sum_\alpha \mathbf{C}_\alpha + \sum_\beta \mathbf{C}_\beta = 2\sum_\alpha \mathbf{C}_\alpha = 0$。(4.14b) 式得证。对于 $I_\alpha$，分部积分后，

$$\sum_\alpha I_\alpha = -\sum_\alpha \sum_\beta 2\pi Z_\alpha^2 Z_\beta^2 e^4 \ln \Lambda \int \mathrm{d}\mathbf{v}_\alpha \mathrm{d}\mathbf{v}_\beta \left(\mathbf{v}_\alpha \cdot \vec{\mathbf{\Phi}}\right) \cdot \left(\frac{1}{m_\alpha}\frac{\partial}{\partial \mathbf{v}_\alpha} - \frac{1}{m_\beta}\frac{\partial}{\partial \mathbf{v}_\beta}\right) f_\alpha f_\beta ;$$

对上式交换积分变量，明显地不改变总积分值 (注意 $\vec{\mathbf{\Phi}}$ 不变)，

$$\sum_\alpha I_\alpha = \sum_\alpha \sum_\beta 2\pi Z_\alpha^2 Z_\beta^2 e^4 \ln \Lambda \int \mathrm{d}\mathbf{v}_\alpha \mathrm{d}\mathbf{v}_\beta \left(\mathbf{v}_\beta \cdot \vec{\mathbf{\Phi}}\right) \cdot \left(\frac{1}{m_\alpha}\frac{\partial}{\partial \mathbf{v}_\alpha} - \frac{1}{m_\beta}\frac{\partial}{\partial \mathbf{v}_\beta}\right) f_\alpha f_\beta ;$$

两式相加再用 2 除，得到

$$\sum_\alpha I_\alpha = -\sum_\alpha \sum_\beta \pi Z_\alpha^2 Z_\beta^2 e^4 \ln \Lambda \int \mathrm{d}\mathbf{v}_\alpha \mathrm{d}\mathbf{v}_\beta \left(\mathbf{v}_{\alpha\beta} \cdot \vec{\mathbf{\Phi}}\right) \cdot \left(\frac{1}{m_\alpha}\frac{\partial}{\partial \mathbf{v}_\alpha} - \frac{1}{m_\beta}\frac{\partial}{\partial \mathbf{v}_\beta}\right) f_\alpha f_\beta .$$

由于 $\left(\mathbf{v}_{\alpha\beta} \cdot \vec{\mathbf{\Phi}}\right) = 0$，(4.14c) 式得证。

## 4.4 双流方程和单流体描述

实际上我们获得的矩方程并不封闭。我们从 (4.7)式 、 (4.10) 式和 (4.12) 式看到，零级矩方程包含一级速度矩，一级矩方程又含二级速度矩，而二级矩方程则包括三级矩，如此等等。为要从这些不封闭的方程得到有意义的结果，必须在某一级矩上实行截断。由于能量方程右边的碰撞项非常复杂，通常我们用压力和密度的某种关系，例如多方过程，来替代它。此外，为能分析处理，还需要用二体碰撞模型来简化动量方程中的碰撞项，即假定

$$\int m_\alpha \mathbf{v}_\alpha \left( \frac{\partial f_\alpha}{\partial t} \right)_c \mathrm{d}\mathbf{v}_\alpha = -\sum_\beta n_\alpha m_\alpha \left( \mathbf{u}_\alpha - \mathbf{u}_\beta \right) \langle \nu_{\alpha\beta} \rangle$$

$$= \begin{cases} -n_e m_e \nu_{ei} \left( \mathbf{u}_e - \mathbf{u}_i \right), & (\alpha = e), \\ n_i m_i \nu_{ie} \left( \mathbf{u}_e - \mathbf{u}_i \right), & (\alpha = i) \end{cases}$$

其中，$\nu_{\alpha\beta}$ 为碰撞频率。因此，我们建立了如下封闭的双流体方程：

$$\frac{\partial}{\partial t} n_\alpha + \nabla \cdot \left( n_\alpha \mathbf{u}_\alpha \right) = 0 \, , \tag{4.15}$$

$$m_\alpha n_\alpha \left[ \frac{\partial}{\partial t} + \mathbf{u}_\alpha \cdot \nabla \right] \mathbf{u}_\alpha = n_\alpha \left[ \tilde{\mathbf{F}}_\alpha + \frac{e_\alpha}{c} \mathbf{u}_\alpha \times \mathbf{B} \right] - \nabla \cdot \vec{\mathbf{P}}_\alpha + \mathbf{R}_\alpha \, , \tag{4.16}$$

其中，

$$\mathbf{R}_{a=e} = -\nu \left( \mathbf{u}_e - \mathbf{u}_i \right), \quad \mathbf{R}_{a=i} = \nu \left( \mathbf{u}_e - \mathbf{u}_i \right), \quad \nu \equiv n_e m_e \nu_{ei} = n_i m_i \nu_{ie} . \tag{4.17}$$

截断的多方过程近似为 $\left( \nabla \cdot \vec{\mathbf{P}}_\alpha = \nabla P_\alpha \right)$，

$$P_\alpha = \kappa_\alpha n_\alpha^{\gamma_\alpha}, \tag{4.18}$$

其中，$\kappa_\alpha$ 是常数，$\gamma_\alpha$ 是多方指数。双流体理论是不能确定 $\gamma_\alpha$ 的，$\gamma_\alpha$ 要由动力论的输运过程予以决定。

双流体理论所描述的两种流团的物理量，例如,速度、密度、压强等，实际上也是难于观测的。因此，在研究甚大尺度和低频现象情况下，我们需要把双流体合并起来变成一种简单的单流体。引进单流体的质心速度、电流密度以及电荷密度，

$$\mathbf{U} = \left( m_e n_e \mathbf{u}_e + m_i n_i \mathbf{u}_i \right) / \rho \, , \quad \mathbf{j} = n_e e \mathbf{u}_e - n_i e \mathbf{u}_i \, , \quad \rho_q = e n_e - e n_i ,$$

其中 $\rho$ 为质量密度：$\rho = m_e n_e + m_i n_i$（注意，$e$ 带符号，电子电荷 $e = -|e|$）。用 $m_\alpha$ 乘以（4.7）式并相加得

$$\frac{\partial \rho}{\partial t} + \nabla \cdot (\rho \mathbf{U}) = 0 . \tag{4.19}$$

注意到，

$$\rho \mathbf{U}\mathbf{U} = (m_i n_i \mathbf{u}_i + m_e n_e \mathbf{u}_e)(m_i n_i \mathbf{u}_i + m_e n_e \mathbf{u}_e) / \rho \equiv \vec{\mathbf{A}} / \rho ,$$

$$\vec{\mathbf{A}} = (m_i n_i)^2 \mathbf{u}_i \mathbf{u}_i + (m_e n_e)^2 \mathbf{u}_e \mathbf{u}_e + m_e m_i n_e n_i (\mathbf{u}_e \mathbf{u}_i + \mathbf{u}_i \mathbf{u}_e)$$

$$= m_i n_i (m_i n_i \mathbf{u}_i \mathbf{u}_i + m_e n_e \mathbf{u}_i \mathbf{u}_e) + m_e n_e (m_e n_e \mathbf{u}_e \mathbf{u}_e + m_i n_i \mathbf{u}_e \mathbf{u}_i)$$

$$= m_i n_i [\sum_\alpha (m_\alpha n_\alpha \mathbf{u}_\alpha \mathbf{u}_\alpha) + m_e n_e \mathbf{u}_e (\mathbf{u}_i - \mathbf{u}_e)] +$$

$$m_e n_e [\sum_\alpha (m_\alpha n_\alpha \mathbf{u}_\alpha \mathbf{u}_\alpha) + m_i n_i \mathbf{u}_i (\mathbf{u}_e - \mathbf{u}_i)],$$

我们有

$$\rho \mathbf{U}\mathbf{U} = \sum_\alpha (m_\alpha n_\alpha \mathbf{u}_\alpha \mathbf{u}_\alpha) - \vec{\mathbf{G}} , \tag{4.20}$$

其中，

$$\vec{\mathbf{G}} = -m_i m_e n_i n_e (\mathbf{u}_e - \mathbf{u}_i)(\mathbf{u}_i - \mathbf{u}_e) / \rho.$$

定义质心坐标系的压力张量为

$$\vec{\mathbf{P}} = \sum_\alpha m_\alpha n_\alpha \langle (\mathbf{v} - \mathbf{U})(\mathbf{v} - \mathbf{U}) \rangle |_\alpha$$

$$= \sum_\alpha m_\alpha n_\alpha \langle [(\mathbf{v} - \mathbf{u}_\alpha) + (\mathbf{u}_\alpha - \mathbf{U})][(\mathbf{v} - \mathbf{u}_\alpha) + (\mathbf{u}_\alpha - \mathbf{U})] \rangle |_\alpha$$

$$= \sum_\alpha m_\alpha n_\alpha [ \langle (\mathbf{v} - \mathbf{u}_\alpha)(\mathbf{v} - \mathbf{u}_\alpha) \rangle |_\alpha + \langle (\mathbf{u}_\alpha - \mathbf{U})(\mathbf{v} - \mathbf{u}_\alpha) \rangle |_\alpha +$$

$$\langle (\mathbf{v} - \mathbf{u}_\alpha)(\mathbf{u}_\alpha - \mathbf{U}) \rangle |_\alpha + \langle (\mathbf{u}_\alpha - \mathbf{U})(\mathbf{u}_\alpha - \mathbf{U}) \rangle |_\alpha ],$$

其中，第二项和第三项为零：$\int (\mathbf{u}_\alpha - \mathbf{U})(\mathbf{v} - \mathbf{u}_\alpha) f_\alpha \mathrm{d}\mathbf{v} = (\mathbf{u}_\alpha - \mathbf{U}) \int (\mathbf{v} - \mathbf{u}_\alpha) f_\alpha \mathrm{d}\mathbf{v}$，由于 $\mathbf{u}_\alpha$ 已经平均过了，因而与 $f_\alpha$ 无关；$\mathbf{U}$ 是质心速度，亦与 $f_\alpha$ 无关；故 $(\mathbf{u}_\alpha - \mathbf{U})$ 可 提 出 积 分 号 外 ； 又 $\int \mathbf{v} f_\alpha \mathrm{d}\mathbf{v} = \mathbf{u}_\alpha \int f_\alpha \mathrm{d}\mathbf{v}$， 故

$\int (\mathbf{v} - \mathbf{u}_\alpha) f_\alpha \mathrm{d}\mathbf{v} = 0$。 考虑到

$$\sum_\alpha m_\alpha n_\alpha (\mathbf{u}_\alpha - \mathbf{U})(\mathbf{u}_\alpha - \mathbf{U}) = \sum_\alpha m_\alpha n_\alpha \mathbf{u}_\alpha \mathbf{u}_\alpha + \rho \mathbf{U}\mathbf{U} - \mathbf{U}\rho \mathbf{U} - \rho \mathbf{U}\mathbf{U},$$

这样，就得到

$$\sum_\alpha \vec{\mathbf{P}}_\alpha = \vec{\mathbf{P}} - (\sum_\alpha m_\alpha n_\alpha \mathbf{u}_\alpha \mathbf{u}_\alpha - \rho \mathbf{U}\mathbf{U}) = \vec{\mathbf{P}} - \vec{\mathbf{G}}. \qquad (4.21)$$

对（4.8）式两边求和，$\sum_\alpha$（4.8）式, 得

$$\frac{\partial}{\partial t} \sum_\alpha (m_\alpha n_\alpha \mathbf{u}_\alpha) + \nabla \cdot \sum_\alpha (m_\alpha n_\alpha \mathbf{u}_\alpha \mathbf{u}_\alpha)$$

$$= \sum_\alpha n_\alpha \tilde{\mathbf{F}}_\alpha - \nabla \cdot \sum_\alpha \vec{\mathbf{P}}_\alpha + \sum_\alpha e_\alpha n_\alpha \frac{\mathbf{u}_\alpha}{c} \times \mathbf{B} + \sum_\alpha \int m_\alpha \mathbf{v} (\frac{\partial f_\alpha}{\partial t})_c \mathrm{d}\mathbf{v},$$

即

$$\frac{\partial}{\partial t} \rho \mathbf{U} + \nabla \cdot \rho \mathbf{U}\mathbf{U} + \nabla \cdot \vec{\mathbf{G}} = \tilde{\mathbf{F}} - \nabla \cdot \vec{\mathbf{P}} + \nabla \cdot \vec{\mathbf{G}} + \frac{1}{c} \mathbf{j} \times \mathbf{B} + 0,$$

其中，$\tilde{\mathbf{F}} = \sum_\alpha n_\alpha \tilde{\mathbf{F}}_\alpha$；变成标准形式为

$$\rho \left( \frac{\partial}{\partial t} + \mathbf{U} \cdot \nabla \right) \mathbf{U} = \tilde{\mathbf{F}} - \nabla \cdot \vec{\mathbf{P}} + \frac{1}{c} \mathbf{j} \times \mathbf{B}. \qquad (4.22)$$

用 $e_\alpha / m_\alpha$ 乘以（4.16）式并相加可得

$$\frac{\partial}{\partial t} \mathbf{j} + \nabla \cdot (\mathbf{U}\mathbf{j} + \mathbf{j}\mathbf{U} - \rho_q \mathbf{U}\mathbf{U}) + (\frac{e m_i}{c m_e} - \frac{e m_e}{c m_i}) \frac{\mathbf{j} \times \mathbf{B}}{m_e + m_i} + \frac{e}{m_e} \nabla \cdot (\vec{\mathbf{P}}_i \frac{m_e}{m_i} - \vec{\mathbf{P}}_e)$$

$$= \left( \sum_\alpha \frac{n_e e_\alpha}{m_\alpha} \tilde{\mathbf{F}}_\alpha \right) + \left( \frac{e^2}{m_e c} + \frac{e^2}{m_i c} \right) \frac{\rho \mathbf{U} \times \mathbf{B}}{m_e + m_i} + \sum_\alpha \frac{e_\alpha}{m_\alpha} \mathbf{R}_\alpha.$$

这里 $\tilde{\mathbf{F}}_\alpha$ 是与 $\mathbf{v}$ 无关的力：$\tilde{\mathbf{F}}_\alpha = e_\alpha \mathbf{E} - m_\alpha \nabla \phi$， $\phi$ 表示与 $\mathbf{v}$ 无关的外力势。在大尺度以及低频情况下，$\partial/\partial x \sim 1/L \sim 0, \partial/\partial t \sim \Omega \sim 0$ ，可忽略上式中的所有时空导数项包括宏观尺度的外力势项，因此

$$(\frac{e m_i}{m_e} - \frac{e m_e}{m_i}) \frac{\mathbf{j} \times \mathbf{B}}{(m_e + m_i)\, c}$$

$$= \left( \sum_\alpha \frac{n_e e_\alpha^2}{m_\alpha} \mathbf{E} \right) + \left( \frac{e^2}{m_e c} + \frac{e^2}{m_i c} \right) \frac{\rho \mathbf{U} \times \mathbf{B}}{m_e + m_i} + \sum_\alpha \frac{e_\alpha}{m_\alpha} \mathbf{R}_\alpha;$$

而且，$\frac{1}{c}\mathbf{j}\times\mathbf{B} \sim \frac{1}{4\pi}\frac{B^2}{L} \ll \left(n_e|e|\frac{\mathbf{U}\times\mathbf{B}}{c}\right)$，因而上式左边项亦可忽略。因此我们得到最低阶量级的广义欧姆定律，

$$\mathbf{j} = \sigma\left(\mathbf{E} + \frac{1}{c}\mathbf{U}\times\mathbf{B}\right). \tag{4.23a}$$

其中，$\sigma$ 为电导；由于 $\nu_{ei} \gg \nu_{ie}$，在准中性条件下，$\sigma \approx \frac{n_e e^2}{m_e \nu_{ei}}$。按照麦氏方程，$\mathbf{j} = \frac{c}{4\pi}(\nabla\times\mathbf{B} - \frac{1}{c}\frac{\partial\mathbf{D}}{\partial t})$，在大尺度、低频情况下，

$$\left|\frac{\partial\mathbf{D}}{\partial t}\right|\bigg/|\mathbf{j}| \sim \varepsilon E\Omega/\sigma E \simeq \Omega/\sigma \ll 1; \tag{4.23b}$$

因而，可忽略位移电流项。在此情况下，$\nabla\times\mathbf{j} = \frac{c}{4\pi}\nabla\times\nabla\times\mathbf{B}$；利用广义欧姆定律 (4.23a)式，容易导出磁感应方程为

$$\frac{\partial\mathbf{B}}{\partial t} = \nabla\times(\mathbf{U}\times\mathbf{B} - \frac{c^2}{4\pi\sigma}\nabla\times\mathbf{B}). \tag{4.24}$$

进入动量方程的压力张量，如上所表明的，是相对于两类粒子的局部质心速度而定义的，因而是有意义的物理量。然而，不像推导动量方程那样，我们不能由 (4.11) 式简单地组合起来得到能量方程，因为这时进入方程中的与压强有关的量不再只是质心系的压强张量。在此情况下，和双流体描述相似，我们往往采用多方过程近似来替代能量方程。因此，我们得到如下单流体方程：

$$\frac{\partial\rho}{\partial t} + \nabla\cdot(\rho\mathbf{U}) = 0. \tag{4.25}$$

$$\rho\left(\frac{\partial}{\partial t} + \mathbf{U}\cdot\nabla\right)\mathbf{U} = -\rho\nabla\phi - \nabla\cdot\vec{\mathbf{P}} + \frac{1}{c}\mathbf{j}\times\mathbf{B}. \tag{4.26}$$

$$\frac{\partial\mathbf{B}}{\partial t} = \nabla\times(\mathbf{U}\times\mathbf{B}) + \frac{c^2}{4\pi\sigma}\nabla^2\mathbf{B}. \tag{4.27}$$

$$p = \kappa\rho^\gamma, \tag{4.28}$$

$$\mathbf{j} = \frac{c}{4\pi}\nabla\times\mathbf{B}, \quad \nabla\times\mathbf{E} = -\frac{1}{c}\frac{\partial\mathbf{B}}{\partial t}, \quad \nabla\cdot\mathbf{B} = 0, \tag{4.29}$$

其中，对理想流体，$\nabla\cdot\vec{\mathbf{P}} = \nabla p$，$p$ 是标量压强。在动量方程中我们略去了电荷分离项($\rho_q\mathbf{E}$)，这在大尺度($Lk_d \ll 1$)情况下总是对的。

## 4.5 磁流体动力学(MHD)方程

现在一开始就用相对于两类粒子的质心速度的偏离程度来定义压力张量和热流量。定义无规速度 $\mathbf{w}$：$\mathbf{w} = \mathbf{v} - \mathbf{U}$，这时压力张量和热流张量为

$$\vec{\mathbf{P}}_\alpha \equiv m_\alpha n_\alpha \langle \mathbf{ww} \rangle|_\alpha = m_\alpha \int (\mathbf{v} - \mathbf{U})(\mathbf{v} - \mathbf{U}) f_\alpha (\mathbf{r}, \mathbf{v}, t) \, \mathrm{d}\mathbf{v},$$

$$q_{ijk}^\alpha = m_\alpha n_\alpha \langle w_i w_j w_k \rangle|_\alpha.$$

写下类似于 4.2 节中的二级及三级偏离：

$$\langle \mathrm{v}_i \mathrm{v}_j \rangle|_\alpha = \langle (w_i + U_i)(w_j + U_j) \rangle|_\alpha = \frac{P_{ij}^\alpha}{m_\alpha n_\alpha} + u_i^\alpha U_j + u_j^\alpha U_i - U_i U_j,$$

$$\langle \mathrm{v}^2 \mathrm{v}_i \rangle|_\alpha = \langle \mathrm{v}_j \mathrm{v}_j \mathrm{v}_i \rangle|_\alpha = \langle (w_j + U_j)(w_j + U_j)(w_i + U_i) \rangle|_\alpha$$

$$= \frac{1}{m_\alpha n_\alpha} q_{jji}^\alpha + \frac{P_{jj}^\alpha}{m_\alpha n_\alpha} U_i + \frac{2P_{ij}^\alpha}{m_\alpha n_\alpha} U_j + 2u_j^\alpha U_j U_i + u_i^\alpha U_j U_j - 2U_i U_j U_j.$$

类似地可推得如下零级矩、一级矩和二级矩方程：

$$\frac{\partial n_\alpha}{\partial t} + \nabla \cdot (n_\alpha \mathbf{u}^\alpha) = 0,$$

$$\frac{\partial}{\partial t} (m_\alpha n_\alpha u_i^\alpha) + \frac{\partial}{\partial r_i} \left[ P_{ij}^\alpha + m_\alpha n_\alpha \left( u_i^\alpha U_j + u_j^\alpha U_i - U_i U_j \right) \right]$$

$$-n_\alpha \left[ \tilde{F}_i^\alpha + \frac{e_\alpha}{c} (\mathbf{u}^\alpha \times \mathbf{B})_i \right] = K_i^\alpha,$$

$$\frac{\partial}{\partial t} \left[ \frac{1}{2} P_{ii}^\alpha + m_\alpha n_\alpha \left( \mathbf{u}^\alpha \cdot \mathbf{U} - \frac{1}{2} \mathbf{U}^2 \right) \right] + \frac{\partial}{\partial r_j} \left[ \frac{1}{2} q_{iij} + \frac{1}{2} P_{ii}^\alpha U_j + P_{ij}^\alpha U_i \right.$$

$$\left. + m_\alpha n_\alpha \left( \mathbf{u}^\alpha \cdot \mathbf{U} U_j + \frac{1}{2} u_j^\alpha \mathbf{U}^2 - U_j \mathbf{U}^2 \right) \right] - n_e \tilde{\mathbf{F}}^\alpha \cdot \mathbf{u}^\alpha = H_\alpha,$$

其中( $\mathbf{K}_e = -\mathbf{K}_i$, $H_e = -H_i$ )，

$$\mathbf{K}_\alpha = \int m_\alpha \mathbf{v} \left( \frac{\partial f_\alpha}{\partial t} \right)_c \mathrm{d}\mathbf{v}; \qquad H_\alpha = \int \frac{1}{2} m_\alpha \mathbf{v}^2 \left( \frac{\partial f_\alpha}{\partial t} \right)_c \mathrm{d}\mathbf{v}.$$

在此情况下，对应的单流体方程组的连续性方程和动量方程不变，只不过，这时 $\vec{\mathbf{P}} = \sum_\alpha \vec{\mathbf{P}}^\alpha$。同时欧姆定律，也因而磁感应方程，亦不变。对 $\alpha$ 求和后，从二级矩方程可获得相应的能量方程，

$$\frac{\partial}{\partial t}(\frac{1}{2}P_{ii}+\frac{1}{2}\rho\mathbf{U}^2)+\nabla\cdot[(\frac{1}{2}P_{ii}+\frac{1}{2}\rho\mathbf{U}^2)\mathbf{U}$$

$$+\mathbf{Q}+\vec{\mathbf{P}}\cdot\mathbf{U}]-\mathbf{j}\cdot\mathbf{E}+\rho\mathbf{U}\cdot\nabla\phi=0,\tag{4.30}$$

其中，$Q_i=\sum_\alpha q_{ijj}^\alpha$，以及 $P_{ii}$ 是压强张量的对角元之和。一般地，作为一种无规过程，等离子体粒子间的碰撞总是趋向于消除任何各向异性，使局部分布函数各向同性化。例如，在最低阶近似，也就是对理想流体，它趋于各向同性的麦氏分布，

$$f_\alpha^M=n(\frac{m_\alpha}{2\pi k_B T_\alpha})^{3/2}\exp(-\frac{m_\alpha(\mathbf{v}-\mathbf{U})^2}{2k_B T_\alpha});$$

在此情况下，压强张量只有对角部分，而压强的非对角元，例如如下积分，

$$\int(\mathbf{v}-\mathbf{U})_x(\mathbf{v}-\mathbf{U})_y f_\alpha(\mathbf{r},\mathbf{v},t)\mathrm{d}\mathbf{v}\propto$$

$$\int_{-\infty}^\infty \mathrm{d}V_z\int_{-\infty}^\infty V_x\mathrm{d}V_x\int_{-\infty}^\infty V_y\exp(-\frac{m_\alpha(V_x^2+V_y^2+V_z^2)}{2k_B T_\alpha})\mathrm{d}V_y$$

等于零。局部分布函数在 $f_\alpha^M$ 附近展开的下一阶近似将出现各向异性项，也就是黏性项。这时压强张量的非对角部分不为零。因此，一般地可把压强张量写成

$$\vec{\mathbf{P}}=p\vec{\mathbf{I}}-\vec{\mathbf{t}},\tag{4.31}$$

其中 $p$ 为标量压强，而 $\vec{\mathbf{t}}$ 称之为黏滞张量。就物理实质而言，黏滞张量描述不同的流体微团做相对运动引起的内摩擦，因而一定依赖于速度对坐标的导数。如果相对运动的速度梯度不大，则可认为 $\vec{\mathbf{t}}$ 线性依赖于速度对坐标的导数，$t_{ij}\propto\partial U_i/\partial x_j$；由于当匀速运动时不表现黏滞，因此，黏滞张量的表达式中与速度梯度无关的常数项必为零。另一方面，如果流体整体作等速旋转，$\mathbf{U}=\mathbf{\Omega}\times\mathbf{r}$，$\mathbf{\Omega}=$ const.，由于没有内摩擦，这时 $\vec{\mathbf{t}}$ 也必须为零。而在由速度梯度线性组合中，当等速旋转时转化为零的项为

$$v_{ij}\equiv\frac{\partial U_i}{\partial x_j}+\frac{\partial U_j}{\partial x_i};$$

事实上，当旋转角速度是常数时，

108

$$\frac{\partial U_i}{\partial x_j} = \frac{\partial}{\partial x_j}(\varepsilon_{ikl}\Omega_k x_l) = \varepsilon_{ikl}\Omega_k \delta_{lj} = \varepsilon_{ikj}\Omega_k = -\varepsilon_{jki}\Omega_k = -\frac{\partial U_j}{\partial x_i};$$

同时，匀速旋转运动是无散的，$\nabla \cdot \mathbf{U} = 0$；因而应包含散度项，当等速旋转时它为零。适合于上述条件的二级张量最一般的形式为 $t_{ij} = av_{ij} + b\delta_{ij}\nabla \cdot \mathbf{U}$，其中 $a$ 和 $b$ 是与速度无关的常数。用有物理意义的黏性系数代替常数 a 和 b，可把黏滞张量写为

$$t_{ij} = \eta(\frac{\partial U_i}{\partial x_j} + \frac{\partial U_j}{\partial x_i} - \frac{2}{3}\delta_{ij}\nabla \cdot \mathbf{U}) + \varsigma\delta_{ij}\nabla \cdot \mathbf{U},$$

其中 $\eta$ 为第一黏性系数，$\varsigma$ 为第二黏性系数。$\varsigma$ 仅和流体的膨胀或收缩引起的能量耗散有关。当等离子体中的温度和压力不过高，宏观运动变化不快，如同通常流体情况那样，就可以略去 $\varsigma$ 项。因此，

$$t_{ij} = \eta(\frac{\partial U_i}{\partial x_j} + \frac{\partial U_j}{\partial x_i} - \frac{2}{3}\delta_{ij}\nabla \cdot \mathbf{U}). \tag{4.32}$$

现在我们来改写能量方程(4.30)式。方程中的电流做功项 $\mathbf{j} \cdot \mathbf{E}$，可化为波印亭(Poynting)能流项和磁能密度的时变项：

$$\mathbf{j} \cdot \mathbf{E} = \mathbf{E} \cdot (\frac{c}{4\pi}\nabla \times \mathbf{B}) = -\nabla \cdot (\frac{c}{4\pi}\mathbf{E} \times \mathbf{B}) + \frac{c}{4\pi}(-\frac{1}{c}\frac{\partial \mathbf{B}}{\partial t}) \cdot \mathbf{B}$$

$$= -\nabla \cdot (\frac{c}{4\pi}\mathbf{E} \times \mathbf{B}) - \frac{\partial}{\partial t}\frac{\mathbf{B}^2}{8\pi},$$

这里利用了矢量场运算公式：$\mathbf{E} \cdot \nabla \times \mathbf{B} = -\nabla \cdot (\mathbf{E} \times \mathbf{B}) + \mathbf{B} \cdot \nabla \times \mathbf{E}$．对于（4.30）式中左边最后一项：

$$\rho\mathbf{U} \cdot \nabla\phi = \nabla \cdot (\rho\mathbf{U}\phi) - \phi\nabla \cdot (\rho\mathbf{U}) = \nabla \cdot (\rho\mathbf{U}\phi) + \phi\frac{\partial\rho}{\partial t} = \nabla \cdot (\rho\mathbf{U}\phi) + \frac{\partial}{\partial t}(\rho\phi),$$

这里运用了连续性方程 (4.25)。另一方面，方程(4.30)中的 $\frac{1}{2}P_{ii}$ 项，实际上是流体的内能：

$$\frac{1}{2}P_{ii} = \frac{1}{2}\delta_{ii}p = \rho\frac{p}{(\gamma-1)\rho} \equiv \rho e, \tag{4.33}$$

其中 e 为每单位质量计的流体内能，$\gamma$ 是比热比，$\gamma = (2 + \delta_{ii})/\delta_{ii}$。对于完全电离氢等离子体，如果空间是三维的话，流体粒子有三个平动自由度；这时 $\gamma = 5/3$。此外，根据傅里叶定律，方程 (4.30) 中的热流矢量，可写为 $\mathbf{Q} = -\kappa\nabla T$，其中，$\kappa$ 为热导率。最后一点要指出的是，推导能量方程的时候，我们并未考虑诸如辐射等的能量损失：粒子间的碰撞只是传

输能量。因而,为考虑辐射损失而引起能量减少,必须在方程右边加上损失项:$-\nabla \cdot \mathbf{F}_{rad}$。综合以上考虑,就可把能量方程写成能量守恒的形式 [见下面 (4.36)式]。在此情况下,我们获得了一套完全的包括黏性在内的磁流体动力学方程:

$$\frac{\partial \rho}{\partial t} + \nabla \cdot (\rho \mathbf{U}) = 0, \tag{4.34}$$

$$\rho \left( \frac{\partial}{\partial t} + \mathbf{U} \cdot \nabla \right) \mathbf{U} = -\nabla p - \rho \nabla \phi + \frac{1}{c} (\mathbf{j} \times \mathbf{B}) + \nabla \cdot \vec{\mathbf{t}}, \tag{4.35}$$

$$\frac{\partial \varepsilon}{\partial t} + \nabla \cdot \mathbf{J} = -\nabla \cdot \mathbf{F}_{rad}, \tag{4.36}$$

$$\frac{\partial \mathbf{B}}{\partial t} = \nabla \times (\mathbf{U} \times \mathbf{B} - \frac{c^2}{4\pi\sigma} \nabla \times \mathbf{B}), \tag{4.37}$$

$$\mathbf{j} = \frac{c}{4\pi} \nabla \times \mathbf{B}, \quad \nabla \times \mathbf{E} = -\frac{1}{c} \frac{\partial \mathbf{B}}{\partial t}, \quad \nabla \cdot \mathbf{B} = 0, \tag{4.38}$$

其中,黏滞张量和总的能量密度 $\varepsilon$ 以及能流密度 $\mathbf{J}$ 分别是

$$t_{ij} = \eta \left( \frac{\partial U_i}{\partial x_j} + \frac{\partial U_j}{\partial x_i} - \frac{2}{3} \delta_{ij} \nabla \cdot \mathbf{U} \right), \tag{4.39}$$

$$\varepsilon = \rho \left( \frac{\mathbf{U}^2}{2} + e + \phi \right) + \frac{\mathbf{B}^2}{8\pi}, \tag{4.40}$$

$$\mathbf{J} = \rho \mathbf{U} \left( \frac{\mathbf{U}^2}{2} + e + \frac{p}{\rho} + \phi \right) - \vec{\mathbf{t}} \cdot \mathbf{U} - \kappa \nabla T + \frac{c}{4\pi} \mathbf{E} \times \mathbf{B}. \tag{4.41}$$

另外,读者可以验证,利用连续性方程 (4.34)和动量方程 (4.35),可以很容易把能量方程 (4.30) 变成标准形式

$$(\frac{\partial}{\partial t} + \mathbf{U} \cdot \nabla)(\frac{1}{2} P_{ii}) + \frac{1}{2} P_{ii} \nabla \cdot \mathbf{U} + P_{ij} \frac{\partial U_i}{\partial r_i} + \nabla \cdot \mathbf{Q} - \mathbf{j} \cdot (\mathbf{E} + \frac{\mathbf{U}}{c} \times \mathbf{B}) = 0,$$

$$\tag{4.42a}$$

在理想流体情况下,$P_{ij} = p\delta_{ij}$,并略去很小的 $q_{ijk}$,则从上式可得

$$\frac{D}{Dt}(\frac{p}{\gamma-1}) + \frac{p}{\gamma-1} \nabla \cdot \mathbf{U} + p\delta_{ij} \frac{\partial U_i}{\partial r_j} = \mathbf{j} \cdot (\mathbf{E} + \frac{\mathbf{U}}{c} \times \mathbf{B}),$$

其中,$D/Dt \equiv \partial/\partial t + \mathbf{U} \cdot \nabla$,且利用连续性方程,可得

$$\frac{D}{Dt}(\frac{p}{\gamma-1}) - \frac{\gamma}{\gamma-1} \frac{p}{\rho} \frac{D}{Dt} \rho = \mathbf{j} \cdot (\mathbf{E} + \frac{\mathbf{U}}{c} \times \mathbf{B}),$$

或利用广义欧姆定律，有

$$\frac{D}{Dt}(p\rho^{-\gamma}) = (\gamma - 1)\rho^{-\gamma} \mathbf{j}^2 / \sigma .$$ (4.42b)

对理想流体，欧姆耗散可略去不计；这时，$p\rho^{-\gamma} = \text{const.}$，它和前面用以代替复杂的能量方程之多方关系相吻合。

为往后的应用，我们写下黏滞力在柱坐标下表示式：

$$(\nabla \cdot \mathbf{t})_r = \frac{1}{r}\frac{\partial}{\partial r}(rt_{rr}) + \frac{1}{r}\frac{\partial}{\partial \varphi}(t_{\varphi r}) - \frac{1}{r}t_{\varphi\varphi} + \frac{\partial}{\partial z}t_{zr},$$ (4.43a)

$$(\nabla \cdot \mathbf{t})_\varphi = \frac{1}{r}\frac{\partial}{\partial \varphi}t_{\varphi\varphi} + \frac{\partial}{\partial r}t_{r\varphi} + \frac{2}{r}t_{r\varphi} + \frac{\partial}{\partial z}t_{z\varphi},$$ (4.43b)

$$(\nabla \cdot \mathbf{t})_z = \frac{1}{r}\frac{\partial}{\partial r}(rt_{rz}) + \frac{1}{r}\frac{\partial}{\partial \varphi}t_{\varphi z} + \frac{\partial}{\partial z}t_{zz},$$ (4.43c)

其中，

$$t_{rr} = \eta(2\frac{\partial U_r}{\partial r} - \frac{2}{3}\nabla \cdot \mathbf{U}), \quad t_{\varphi\varphi} = \eta(\frac{2}{r}\frac{\partial U_\varphi}{\partial \varphi} + \frac{2U_r}{r} - \frac{2}{3}\nabla \cdot \mathbf{U}),$$ (4.43d)

$$t_{zz} = \eta(2\frac{\partial U_z}{\partial z} - \frac{2}{3}\nabla \cdot \mathbf{U}), \quad t_{r\varphi} = t_{\varphi r} = \eta(\frac{1}{r}\frac{\partial U_r}{\partial \varphi} + \frac{\partial U_\varphi}{\partial r} - \frac{U_\varphi}{r}),$$ (4.43e)

$$t_{\varphi z} = t_{z\varphi} = \eta(\frac{1}{r}\frac{\partial U_z}{\partial \varphi} + \frac{\partial U_\varphi}{\partial z}), \quad t_{zr} = t_{rz} = \eta(\frac{\partial U_r}{\partial z} + \frac{\partial U_z}{\partial r}).$$ (4.43f)

## 4.6 库特流和瑞利判据

两共轴旋转的柱体之间的环形流动通常被称之为库特(Couette)流。库特流动对实验流体和天体物理应用都有相当重要的研究价值。事实上，我们在第八章将要论及，天体物理吸积盘流体就是一种库特流。对于无黏性理想流体，电导率无限大和动力学黏滞系数为零：$\sigma = \infty, \eta = 0$。根据(4.35)式($\mathbf{U} \equiv \mathbf{u}$)，柱坐标($r, \theta, z$)下不可压缩流体的动量方程可以写为

$$\frac{\partial u_r}{\partial t} + (\mathbf{u} \cdot \nabla)u_r - \frac{u_\theta^2}{r} = -\frac{\partial}{\partial r}\left(\frac{p}{\rho} + \phi\right),$$ （4.44）

$$\frac{\partial u_\theta}{\partial t} + (\mathbf{u} \cdot \nabla)u_\theta + \frac{u_r u_\theta}{r} = -\frac{1}{r}\frac{\partial}{\partial \theta}\left(\frac{p}{\rho} + \phi\right),$$ （4.45）

$$\frac{\partial u_z}{\partial t} + (\mathbf{u} \cdot \nabla)u_z = -\frac{\partial}{\partial z}\left(\frac{p}{\rho} + \phi\right).$$ （4.46）

其中，

$$\mathbf{u} \cdot \nabla = u_r \frac{\partial}{\partial r} + \frac{u_\theta}{r} \frac{\partial}{\partial \theta} + u_z \frac{\partial}{\partial z} \, ;$$

对于连续性方程 $\frac{\partial \rho}{\partial t} + \nabla \cdot (\rho \mathbf{u}) = 0$，即 $\frac{\partial \rho}{\partial t} + (\mathbf{u} \cdot \nabla) \rho + \rho \nabla \cdot \mathbf{u} = 0$，从而得

到 $\frac{D\rho}{Dt} + \rho \nabla \cdot \mathbf{u} = 0$，对于不可压缩流体，$\frac{D\rho}{Dt} = 0$，它导致 $\rho$ 为常数的一个

特解。所以得到 $\nabla \cdot \mathbf{u} = 0$。在柱坐标中它可表示为

$$\frac{\partial u_r}{\partial t} + \frac{u_r}{r} + \frac{1}{r} \frac{\partial u_\theta}{\partial \theta} + \frac{\partial u_z}{\partial z} = 0. \tag{4.47}$$

如果问题是轴对称的，即物理量不依赖方位角，则有 $\frac{\partial}{\partial \theta} = 0$。这时方程
（4.45）成为

$$\frac{Du_\theta}{Dt} + \frac{u_r u_\theta}{r} = 0 \, ;$$

从它，并注意到 $(D/Dt)r = u_r(\partial/\partial r)r = u_r$，立即可以得到

$$\frac{D}{Dt}(ru_\theta) = \frac{D}{Dt}(r^2\Omega) = \frac{D}{Dt}(L) = 0.$$

可见，轴对称情况下，角动量是守恒的。这表示当跟着流元一起运动
时，单位角动量 $L = r^2\Omega(r)$ 保持为常数。对于库特环形流，若位于 $r$ 处
的流元位移到 $r_1 (r_1 > r)$，则由于 $L(r)$ 守恒，此时作用在该流元的离心力
为 $L^2(r)/r_1^3$；但在 $r_1$ 处平衡（引力或压力与离心力平衡）时的离心力为
$L^2(r_1)/r_1^3$，如果 $L^2(r)/r_1^3 < L^2(r_1)/r_1^3$，表示位移到 $r_1$ 处的流元将要回到原
处。换句话说，稳定判据是

$$\frac{\mathrm{d}}{\mathrm{d}r}L^2(r) > 0 \, . \tag{4.48}$$

这就是所谓瑞利(Reyleigh)稳定性判据。以上是瑞利的原初论证；而到 1961
年诺贝尔奖得主钱德拉塞卡(Chandrasekhar, 1961) 给出瑞利判据的完全
解析处理。

(4.44)～(4.47) 式允许如下稳恒的未扰态解：

$$u_r^0 = u_z^0 = 0, \qquad u_\theta^0 = V(r) \equiv r\Omega(r).$$

这时，从(4.44)式可以看出

$$\frac{p^0}{\rho} + \phi = \int r\Omega^2(r)\mathrm{d}r ; \tag{4.49}$$

如果外力位势 $\phi$ 不重要，则 $\Omega(r)$ 是 $r$ 的任意函数；如果中心吸引体的引力势 $(\phi = -GM/r)$ 是重要的，则 $\Omega(r)$ 是开普勒(Keplerian)旋转频率，如同薄吸积盘情况。考虑如下属于一级小量的扰动：$\mathbf{u}_1 = (u_r, u_z, u_\theta)$，$\varpi = \frac{\delta p}{\rho}, \delta\phi = 0$。分别把 $\mathbf{u} = \mathbf{u}^0 + \mathbf{u}_1; p = p^0 + \delta p$ 代到(4.44)~(4.47)式，考虑到(4.49)式以及忽略二级小量(两扰动量的乘积)，则我们容易获得线性化的动量方程和连续性方程：

$$\frac{\partial u_r}{\partial t} + \frac{V}{r}\frac{\partial u_r}{\partial \theta} - 2\frac{V}{r}u_\theta = -\frac{\partial \varpi}{\partial r}, \tag{4.50}$$

$$\frac{\partial u_\theta}{\partial t} + \frac{V}{r}\frac{\partial u_\theta}{\partial \theta} + \left(\frac{V}{r} + \frac{\mathrm{d}V}{\mathrm{d}r}\right)u_r = -\frac{1}{r}\frac{\partial \varpi}{\partial \theta}, \tag{4.51}$$

$$\frac{\partial u_z}{\partial t} + \frac{V}{r}\frac{\partial u_z}{\partial \theta} = -\frac{\partial \varpi}{\partial z}, \tag{4.52}$$

$$\frac{\partial u_r}{\partial r} + \frac{u_r}{r} + \frac{1}{r}\frac{\partial u_\theta}{\partial \theta} + \frac{\partial u_z}{\partial z} = 0. \tag{4.53}$$

假定扰动量是螺旋波，形如

$$A = (u_r, u_\theta, u_z, \varpi, \delta p) = A(r)\exp\left[i(pt + m\theta + kz)\right]; \tag{4.54}$$

把 $A$ 代入 （4.50）~(4.53)式，分别得到下列方程：

$$i\sigma u_r - 2\Omega u_\theta = -\frac{\mathrm{d}\varpi}{\mathrm{d}r}, \tag{4.55}$$

$$i\sigma u_\theta + \left[\Omega + \frac{\mathrm{d}}{\mathrm{d}r}(r\Omega)\right]u_r = -\frac{im}{r}\varpi, \tag{4.56}$$

$$i\sigma u_z = -ik\varpi, \tag{4.57}$$

$$\frac{\mathrm{d}u_r}{\mathrm{d}r} + \frac{u_r}{r} + \frac{imu_\theta}{r} + iku_z = 0 \quad , \tag{4.58}$$

其中，$\sigma = p + m\Omega$。定义 $\boldsymbol{\xi}$ 为拉格朗日(Lagrangian)位移，三个方向的速度分量分别写为 $u_r = i\sigma\xi_r, u_\theta = i\sigma\xi_\theta - r\frac{\mathrm{d}\Omega}{\mathrm{d}r}\xi_r, u_z = i\sigma\xi_z$。由 $\nabla \cdot \mathbf{u} = 0$，可推得 $\nabla \cdot \boldsymbol{\xi} = 0$。即

$$\frac{\mathrm{d}\xi_r}{\mathrm{d}r} + \frac{\xi_r}{r} + \frac{im}{r}\xi_\theta + ik\xi_z = 0; \tag{4.59}$$

所以，$\mathbf{u}, \xi$ 均为管量场(solenoidal field)。根据方程（4.55），（4.56），（4.57）式，$\xi$ 在三个分量的方程分别写为：

$$\left(\sigma^2 - 2r\Omega\frac{d\Omega}{dr}\right)\xi_r + 2i\Omega\sigma\xi_\theta = \frac{d\varpi}{dr}, \tag{4.60}$$

$$\sigma^2\xi_\theta - 2i\Omega\sigma\xi_r = \frac{im}{r}\varpi, \tag{4.61}$$

$$\sigma^2\xi_z = ik\varpi; \tag{4.62}$$

用 $im/r$ 乘以(4.61)式和用 $ik$ 乘以(4.62)式，然后把两者相加，并利用（4.59）式，能消除 $\xi_z$ 得到，

$$\frac{1}{r}\frac{d}{dr}(r\xi_r) - \frac{2m\Omega}{\sigma r}\xi_r = \frac{1}{\sigma^2}\left(\frac{m^2}{r^2} + k^2\right)\varpi; \tag{4.63}$$

（4.60）和（4.61）式联合，消除 $\xi_\theta$，得

$$\left[\sigma^2 - \Phi(r)\right]\xi_r = \frac{d}{dr}\varpi + \frac{2m\Omega}{\sigma r}\varpi. \tag{4.64}$$

其中，

$$\Phi(r) = \frac{1}{r^3}\frac{d}{dr}\left(r^2\Omega(r)\right)^2 = \frac{2}{r}\Omega(r)\frac{d}{dr}\left(r^2\Omega(r)\right).$$

对于库特环形流,(4.63)和(4.64)式的解必须满足内外边界上径向流速为零，或当 $r = R_1, R_2$ 时，$\xi_r = 0$。两方程联合等效于一个二阶微分方程并要求满足两个边界条件，一般来说，是难于做到的。仅仅对于参量 $\sigma$ 的某些值才能得到非零解。因此存在参量 $\sigma$ 的特征值问题。下面考虑 $m = 0$ 情况，即轴对称情况。方程（4.63）和(4.64)变为

$$\left(p^2 - \Phi(r)\right)\xi_r = \frac{d\varpi}{dr},$$

$$\frac{1}{r}\frac{d}{dr}(r\xi_r) = \frac{k^2}{p^2}\varpi;$$

将上面两式联合起来消除 $\varpi$，即得到

$$\frac{d}{dr}\left(\frac{1}{r}\frac{d}{dr}(r\xi_r)\right) - k^2\xi_r = -\frac{k^2}{p^2}\Phi(r)\xi_r \tag{4.65}$$

用 $r\xi_r$ 乘以(4.65)并对 $r$ 积分,利用分部积分，得

$$\int\left\{\frac{1}{r}\left(\frac{d}{dr}(r\xi_r)\right)^2 + k^2 r\xi_r^2\right\}dr = \frac{k^2}{p^2}\int\Phi(r)r\xi_r^2 dr, \tag{4.66}$$

或,

$$\frac{p^2}{k^2} = \frac{\displaystyle\int \Phi(r)r\xi_r^2 \mathrm{d}r}{\displaystyle\int \left\{ \frac{1}{r}\left( \frac{\mathrm{d}}{\mathrm{d}r}(r\xi_r) \right)^2 + k^2 r\xi_r^2 \right\} \mathrm{d}r} . \tag{4.67}$$

由此可见,当 $\Phi(r) > 0$ 时,它完全等效于(4.48),则 $p^2 > 0$,因而库特流是稳定的。相反,当 $\Phi(r) < 0$ 时,库特流是不稳定的。研究表明 (Chandrasekhar, 1961),对于 $m \neq 0$,$r$ 在某些值情况下,$\Phi(r) < 0$ 仍然是不稳定条件;然而在区间($R_1, R_2$)内,既使 $\Phi(r) > 0$,也不排除有不稳定性;对于黏性流体,这时旋转角速度不再是任意函数而是由(4.75)式(见下面)确定,在此情况下,瑞利稳定性判据仍然是对的。

## 4.7 磁化库特流

如果存在磁场,库特流稳定性问题与上面一节的论述大为不同。分析表明,磁场的出现改变了问题中的所有方面:从量上和质上都有大的变化。另一方面,磁场又使所研究的问题复杂化。现在来着手处理这种磁化库特流的不稳定性问题。对于不可压缩流体,动量方程(4.35) 式在柱坐标 $(r, \theta, z)$ 中可写为 $(\mathbf{U} \equiv \mathbf{u})$:

$$\frac{\partial u_r}{\partial t} + (\mathbf{u} \cdot \nabla) u_r - \frac{u_\theta^2}{r} - \frac{1}{4\pi\rho}\left[ (\mathbf{B} \cdot \nabla) B_r - \frac{B_\theta^2}{r} \right]$$
$$= -\frac{\partial \Pi}{\partial r} + \nu \left( \nabla^2 u_r - \frac{2}{r^2}\frac{\partial u_\theta}{\partial \theta} - \frac{u_r}{r^2} \right), \tag{4.68}$$

$$\frac{\partial u_\theta}{\partial t} + (\mathbf{u} \cdot \nabla) u_\theta + \frac{u_\theta u_r}{r} - \frac{1}{4\pi\rho}\left[ (\mathbf{B} \cdot \nabla) B_\theta + \frac{B_\theta B_r}{r} \right]$$
$$= -\frac{1}{r}\frac{\partial \Pi}{\partial \theta} + \nu \left( \nabla^2 u_\theta + \frac{1}{r^2}\frac{\partial u_r}{\partial \theta} - \frac{u_\theta}{r^2} \right), \tag{4.69}$$

$$\frac{\partial u_z}{\partial t} + (\mathbf{u} \cdot \nabla) u_z - \frac{1}{4\pi\rho}(\mathbf{B} \cdot \nabla) B_z = -\frac{\partial \Pi}{\partial z} + \nu \nabla^2 u_z; \tag{4.70}$$

磁感应方程(4.37)在柱坐标中的分量表达式为

$$\frac{\partial B_r}{\partial t} + (\mathbf{u} \cdot \nabla) B_r - (\mathbf{B} \cdot \nabla) u_r = \eta_B \left( \nabla^2 B_r - \frac{2}{r^2}\frac{\partial B_\theta}{\partial \theta} - \frac{B_r}{r^2} \right), \tag{4.71}$$

$$\frac{\partial B_\theta}{\partial t} + (\mathbf{u} \cdot \nabla) B_\theta - (\mathbf{B} \cdot \nabla) u_\theta + \frac{1}{r}(u_\theta B_r - u_r B_\theta)$$

$$= \eta_B \left( \nabla^2 B_\theta + \frac{2}{r^2} \frac{\partial B_r}{\partial \theta} - \frac{B_\theta}{r^2} \right), \tag{4.72}$$

$$\frac{\partial B_z}{\partial t} + (\mathbf{u} \cdot \nabla) B_z - (\mathbf{B} \cdot \nabla) u_z = \eta_B \nabla^2 B_z, \tag{4.73}$$

其中,

$$\mathbf{u} \cdot \nabla = u_r \frac{\partial}{\partial r} + \frac{u_\theta}{r} \frac{\partial}{\partial \theta} + u_z \frac{\partial}{\partial z},$$

$$\mathbf{B} \cdot \nabla = B_r \frac{\partial}{\partial r} + \frac{B_\theta}{r} \frac{\partial}{\partial \theta} + B_z \frac{\partial}{\partial z},$$

$\nu = \eta/\rho$ 为运动黏滞系数, $\eta_B = c^2 / 4\pi\sigma$ 为电阻率; $\Pi = p/\rho + B^2/8\pi\rho + \phi$, $B^2/8\pi\rho$ 为磁压, $\phi$ 为外力势。(4.68)~(4.73) 式允许如下稳恒的未扰态解:

$$u_r^{~0} = u_z^{~0} = 0, \quad u_\theta^{~0} = V(r) \equiv r\Omega(r), \quad B_r^{~0} = B_\theta^{~0} = 0, \quad B_z^{~0} = B_0. \tag{4.74a}$$

此时（4.68）和(4.69)式简化为

$$\frac{\mathrm{d}\Pi^0}{\mathrm{d}r} = \frac{V^2}{r}, \tag{4.74b}$$

$$\nu \left( \nabla^2 V - \frac{V}{r^2} \right) = \nu \frac{\mathrm{d}}{\mathrm{d}r} \left( \frac{\mathrm{d}V}{\mathrm{d}r} + \frac{V}{r} \right) = 0. \tag{4.74c}$$

从上面第二式(4.74c)得出,

$$r\Omega(r) = V(r) = C_1 r + C_2 r^{-1}, \quad (\nu \neq 0), \tag{4.75}$$

其中 $C_1$ 和 $C_2$ 是常数。

现在研究无黏性磁化库特流情况。这时平衡态中的 $V(r)$ 是任意函数。考虑如下属于一级小量的扰动: $\mathbf{u}_1 = (u_r, u_z, u_\theta)$, $\mathbf{B}_1 = (b_r, b_\theta, b_z)$, $\varpi = \delta\Pi$。分别把 $\mathbf{u} = \mathbf{u}^0 + \mathbf{u}_1$, $\Pi = \Pi^0 + \varpi$, $\mathbf{B} = \mathbf{B}^0 + \mathbf{B}_1$ 代到方程(4.68)~(4.73)式, 考虑到(4.74b)式, 以及忽略二级小量(两扰动量的乘积), 则我们容易获得线性化的动量方程和磁感应方程:

$$\frac{\partial u_r}{\partial t} + \Omega \frac{\partial u_r}{\partial \theta} - 2\Omega u_\theta - \frac{B_0}{4\pi\rho} \frac{\partial b_r}{\partial z} = -\frac{\partial \varpi}{\partial r}, \tag{4.76}$$

$$\frac{\partial u_\theta}{\partial t} + \Omega \frac{\partial u_\theta}{\partial \theta} + \left( \frac{\mathrm{d}V}{\mathrm{d}r} + \frac{V}{r} \right) u_r - \frac{B_0}{4\pi\rho} \frac{\partial b_\theta}{\partial z} = -\frac{1}{r} \frac{\partial \varpi}{\partial \theta}, \tag{4.77}$$

$$\frac{\partial u_z}{\partial t} + \Omega \frac{\partial u_z}{\partial \theta} - \frac{B_0}{4\pi\rho} \frac{\partial b_z}{\partial z} = -\frac{\partial \varpi}{\partial z}, \tag{4.78}$$

$$\frac{\partial b_r}{\partial t} + \Omega \frac{\partial b_r}{\partial \theta} - B_0 \frac{\partial u_r}{\partial z} = 0, \qquad (4.79)$$

$$\frac{\partial b_\theta}{\partial t} + \Omega \frac{\partial b_\theta}{\partial \theta} - B_0 \frac{\partial u_\theta}{\partial z} - \left(\frac{\mathrm{d} V}{\mathrm{d} r} - \frac{V}{r}\right) b_r = 0, \qquad (4.80)$$

$$\frac{\partial b_z}{\partial t} + \Omega \frac{\partial b_z}{\partial \theta} - B_0 \frac{\partial u_z}{\partial z} - 0. \qquad (4.81)$$

假定扰动量有螺旋波形式：$A = A(r)e^{i(pt+m\theta+kz)}$，这时（4.76）～（4.81）式变为

$$i\sigma u_r - 2\Omega u_\theta - \frac{B_0}{4\pi\rho} ikb_r = -\frac{\mathrm{d}\varpi}{\mathrm{d} r}, \qquad (4.82)$$

$$i\sigma u_\theta + \left(\frac{\mathrm{d} V}{\mathrm{d} r} + \frac{V}{r}\right) u_r - \frac{B_0}{4\pi\rho} ikb_\theta = -\frac{im}{r}\varpi, \qquad (4.83)$$

$$i\sigma u_z - \frac{B_0}{4\pi\rho} ikb_z = -ik\varpi, \qquad (4.84)$$

$$i\sigma b_r = ikB_0 u_r, \qquad (4.85)$$

$$i\sigma b_\theta = ikB_0 u_\theta + \left(\frac{\mathrm{d} V}{\mathrm{d} r} - \frac{V}{r}\right) b_r, \qquad (4.86)$$

$$i\sigma b_z = ikB_0 b_z, \qquad (4.87)$$

其中，$\sigma = p + m\Omega(r)$。引进拉格朗日位移 $\xi$：$u_r = i\sigma\xi_r, u_\theta = i\sigma\xi_\theta - r\frac{\mathrm{d}\Omega}{\mathrm{d} r}\xi_r, u_z = i\sigma\xi_z$。从(4.85)～(4.87)式可以看出，$\mathbf{b} = ikB_0\xi$。因此，通过 $\xi$，（4.82）～（4.87）式成为

$$\left(\sigma^2 - 2r\Omega\frac{\mathrm{d}\Omega}{\mathrm{d} r} - \Omega_A^2\right)\xi_r + 2i\sigma\Omega\xi_\theta = \frac{\mathrm{d}\varpi}{\mathrm{d} r}, \qquad (4.88)$$

$$\left(\sigma^2 - \Omega_A^2\right)\xi_\theta - 2i\sigma\Omega\xi_r = \frac{im}{r}\varpi, \qquad (4.89)$$

$$\left(\sigma^2 - \Omega_A^2\right)\xi_z = ik\varpi, \qquad (4.90)$$

其中，$\Omega_A^2 = \frac{B_0^2}{4\pi\rho} k^2$。而不可压的连续性方程为

$$D_*\xi_r + \frac{im}{r}\xi_\theta + ik\xi_z = 0, \qquad (4.91)$$

其中，$D_* = \frac{\mathrm{d}}{\mathrm{d} r} + \frac{1}{r}$。用 $-im/r$ 乘以(4.89)式以及用 $ik$ 乘以(4.90)式，然后

117

两式相加并利用(4.91)式消去 $\xi_z$,

$$\left(\sigma^2 - \Omega_A^2\right) D_* \xi_r - \frac{2m\sigma\Omega}{r} \xi_r = \left(\frac{m^2}{r^2} + k^2\right) \varpi \quad ; \tag{4.92}$$

（4.88）和（4.89）式联合，消去 $\xi_\theta$，得到

$$\left(\sigma^2 - \Omega_A^2 - 2r\Omega \frac{d\Omega}{dr} - \frac{4\Omega^2\sigma^2}{\sigma^2 - \Omega_A^2}\right) \xi_r = \frac{d}{dr}\varpi + \frac{2m\sigma\Omega}{\sigma^2 - \Omega_A^2} \frac{\varpi}{r}. \tag{4.93}$$

利用下面等式

$$2r\Omega \frac{d\Omega}{dr} + \frac{4\Omega^2\sigma^2}{\sigma^2 - \Omega_A^2} = 2r\Omega \frac{d\Omega}{dr} + 4\Omega^2 + \frac{4\Omega^2\Omega_A^2}{\sigma^2 - \Omega_A^2}$$

$$= \Phi(r) + \frac{4\Omega^2\Omega_A^2}{\sigma^2 - \Omega_A^2},$$

（4.93）式可写为

$$\left(\sigma^2 - \Omega_A^2 - \Phi(r) - \frac{4\Omega^2\Omega_A^2}{\sigma^2 - \Omega_A^2}\right) \xi_r = \frac{d\varpi}{dr} + \frac{2m\sigma\Omega}{\sigma^2 - \Omega_A^2} \frac{\varpi}{r}. \tag{4.94}$$

对于库特环形流，方程(4.92)与(4.94)联合的解必须满足内外边界上径向流速为零，或当 $r = R_1, R_2$ 时，$\xi_r = 0$。因此存在参量 $\sigma$ 的特征值问题。下面考虑 $m = 0$ 情况，即轴对称情况。这时 $\sigma = p$。（4.92）和（4.94）式简化为

$$\left(p^2 - \Omega_A^2 - \Phi(r) - \frac{4\Omega^2\Omega_A^2}{p^2 - \Omega_A^2}\right) \xi_r = \frac{d\varpi}{dr},$$

$$(p^2 - \Omega_A^2) D_* \xi_r = k^2 \varpi;$$

上面两式消去 $\varpi$，可得

$$\kappa_0 \left(\frac{d}{dr} D_* - k^2\right) \xi_r = -k^2 \left[\Phi(r) + \frac{4\Omega^2\Omega_A^2}{\kappa_0}\right] \xi_r, \tag{4.95}$$

其中，$\kappa_0 = p^2 - \Omega_A^2$。(4.95)式乘以 $r\xi_r^*$ 后分部积分，得

$$\kappa_0 I_1 = k^2 I_2 + \frac{4\Omega_A^2 k^2}{\kappa_0} I_3. \tag{4.96}$$

这里，

$$I_1 = \int_{R_1}^{R_2} r\left\{|D_*\xi_r|^2 + k^2 |\xi_r|^2\right\} dr;$$

$$I_2 = \int_{R_1}^{R_2} r\Phi(r)\left|\xi_r\right|^2 \mathrm{d}r;$$

$$I_3 = \int_{R_1}^{R_2} r\Omega^2 \left|\xi_r\right|^2 \mathrm{d}r\cdot$$

令 $\kappa_0 = \kappa_1 + i\kappa_2$，$\kappa_1$ 和 $\kappa_2$ 为实数。可以证明，由于 $I_1 > 0, I_3 > 0$，则必有 $\kappa_2 = 0$。即 $\kappa_0$ 是实的。事实上，从(4.96)式有

$$\kappa_2\left[I_1 + \frac{4\Omega_A^2 k^2}{\left|\kappa_0\right|^2}I_3\right] = 0,$$

由于方括中的项为正定，因而 $\kappa_2 = 0$。因此 $p^2$ 为实，即特征值是实的，特征函数 $\xi_r$ 亦为实。将（4.96）式两边乘以 $\kappa_0$，得关于 $\kappa_0$ 的二次方程

$$\kappa_0^{\ 2}I_1 - \kappa_0 k^2 I_2 - 4k^2\Omega_A^2 I_3 = 0;$$

解得，

$$\kappa_0 = p^2 - \Omega_A^2 = \frac{1}{2I_1}\left\{k^2 I_2 \pm \sqrt{k^4 I_2^2 + 16k^2\Omega_A^2 I_1 I_3}\right\}.$$

稳定解的必要条件是 $p^2 > 0$，即要求

$$\Omega_A^2 + \frac{1}{2I_1}\left\{k^2 I_2 - \sqrt{k^4 I_2^2 + 16\Omega_A^2 k^2 I_1 I_3}\right\} > 0,$$

由于 $I_1$ 的正定性，或要求

$$2I_1\Omega_A^2 + k^2 I_2 > \sqrt{k^4 I_2^2 + 16\Omega_A^2 k^2 I_1 I_3}.$$

所以，必须 $I_1\Omega_A^2 > k^2\left(4I_3 - I_2\right)$。将 $I_3, I_2$ 代入，得

$$I_1\Omega_A^2 > k^2\int_{R_1}^{R_2}\left\{4\Omega^2 - \Phi(r)\right\}r\xi_r^2\mathrm{d}r.$$

因此，$p^2 > 0$，即稳定判据为（Chandrasekhar，1961）

$$I_1\frac{B_0^2}{4\pi\rho} > -\int_{R_1}^{R_2}\left(\frac{\mathrm{d}\Omega^2}{\mathrm{d}r}\right)r^2\xi_r^2\mathrm{d}r. \tag{4.97}$$

如果 $B_0$ 很小 $(\to 0)$，稳定必要条件是 $\int_{R_1}^{R_2}\left(\dfrac{\mathrm{d}\Omega^2}{\mathrm{d}r}\right)r^2\xi_r^2\mathrm{d}r$ 大于 $0$，即 $\Omega^2$ 必须是

$r$ 的单调递增函数，$\dfrac{\mathrm{d}\Omega^2}{\mathrm{d}r} > 0$。若 $\dfrac{\mathrm{d}\Omega^2}{\mathrm{d}r} < 0$，足够强的磁场能抑制它引起

的不稳定。对于开普勒运动$(\Omega^2 \propto r^{-3})$，$\dfrac{\mathrm{d}\Omega^2}{\mathrm{d}r} < 0$，当磁场很弱时，以至不满足（4.97）式，导致出现不稳定。通常，它被称之为磁旋转不稳定。

## 4.8　吸积盘中弱磁场不稳定

因此，一个竖直的弱磁场可使开普勒盘变得不稳定。这个磁旋转不稳定性首先由维里柯夫（Velikhov，1959）指出，而后由钱德拉塞卡（Chandrasekhar, 1961）独立地予以解析处理；而帕波斯和郝里（Balbus & Hawley, 1990）强调了它对吸积盘的重要性。值得注意的是，这种磁旋转不稳定在$\mathbf{B}_0 \to 0$的极限下是不能过渡到纯流体的情况。这个原因在于：即使$B_0$值趋于零，但已分出的方向仍然存在。这与迴旋共振条件不可能极限过渡到切伦柯夫（Cerenkov）条件一样。考虑最简单的情况：假定有一弱的均匀磁场穿过盘面，$\mathbf{B} = B_0\mathbf{z}$；不可压缩的盘流体基态处于引力和离心力平衡。现在，如果$R_0$处的流元从它的环行轨道位移一个不可压缩的量：

$$\delta\mathbf{R} = \boldsymbol{\zeta} \propto \exp[i(kz - \omega t)],$$

此时磁场变化$\delta\mathbf{B}$可由冻结的磁感应方程确定：$\delta\mathbf{B} = ikB_0\boldsymbol{\zeta}$；而磁张力$(\mathbf{B}\cdot\nabla)\delta\mathbf{B}/(4\pi\rho) = ikB_0\delta\mathbf{B}/(4\pi\rho) = -k^2u_A^2\boldsymbol{\zeta}$，$u_A$是阿尔芬（Alfvén）速度；同时假定$\delta B_z = \zeta_z = 0$。在共转坐标系中，应有一扰动的柯氏（Coriolis）力，$-2\boldsymbol{\Omega}(\mathbf{r})\times\mathbf{u}$；并且流元受到小位移引起的等效重力：$(\delta g + \Omega^2(R_0)\delta R)\hat{\mathbf{R}} = 3\Omega^2(R_0)\zeta_R = -\dfrac{\mathrm{d}\Omega^2}{\mathrm{d}\ln R}\zeta_R$。因此运动方程为

$$\ddot{\zeta}_R - 2\Omega\,\dot{\zeta}_\varphi = -(\frac{\mathrm{d}\Omega^2}{\mathrm{d}\ln R} + k^2u_A^2)\,\zeta_R,$$

$$\ddot{\zeta}_\varphi + 2\Omega\,\dot{\zeta}_R = -k^2u_A^2\zeta_\varphi.$$

从上面方程可得到一个$\omega^4$的色散方程 [请见下面的(4.119)式]，当$\omega$为实数时，给出系统的稳定条件，它为

$$k^2u_A^2 > -\frac{\mathrm{d}\Omega^2}{\mathrm{d}\ln R}. \tag{4.98}$$

由于天体物理盘的尺度相当巨大，就局域性的不稳定分析，考虑边界条件的影响不是实质的。此外，对局部分析，WKB 近似或短波长近似，$kR \gg 1$，是合宜的。在轴对称（$\partial/\partial\theta = 0$）不可压缩流体情况下，根据

(4.68)～(4.73)式，柱坐标$(R,\theta,z)$中三个方向的动量方程为

$$\frac{\partial u_R}{\partial t} + (\mathbf{u}\cdot\nabla)u_R - \frac{u_\theta^2}{R} - \frac{1}{4\pi\rho}\left[(\mathbf{B}\cdot\nabla)B_R - \frac{B_\theta^2}{R}\right]$$

$$= -\frac{\partial\Pi}{\partial R} + \nu\left(\nabla^2 u_R - \frac{u_R}{R^2}\right), \tag{4.99}$$

$$\frac{\partial u_\theta}{\partial t} + (\mathbf{u}\cdot\nabla)u_\theta + \frac{u_\theta u_R}{R} - \frac{1}{4\pi\rho}\left[(\mathbf{B}\cdot\nabla)B_\theta + \frac{B_\theta B_R}{R}\right]$$

$$= \nu\left(\nabla^2 u_\theta - \frac{u_\theta}{R^2}\right), \tag{4.100}$$

$$\frac{\partial u_z}{\partial t} + (\mathbf{u}\cdot\nabla)u_z - \frac{1}{4\pi\rho}(\mathbf{B}\cdot\nabla)B_z = -\frac{\partial\Pi}{\partial z} + \nu\nabla^2 u_z, \tag{4.101}$$

其中，　　$\Pi = \dfrac{p}{\rho} + \dfrac{B^2}{8\pi\rho} + \phi$；$R,\theta,z$方向的磁感应方程分别写为

$$\frac{\partial B_R}{\partial t} + (\mathbf{u}\cdot\nabla)B_R - (\mathbf{B}\cdot\nabla)u_R = \eta_B\left(\nabla^2 B_R - \frac{B_R}{R^2}\right), \tag{4.102}$$

$$\frac{\partial B_\theta}{\partial t} + (\mathbf{u}\cdot\nabla)B_\theta - (\mathbf{B}\cdot\nabla)u_\theta + \frac{1}{R}(u_\theta B_R - u_R B_\theta)$$

$$= \eta_B\left(\nabla^2 B_\theta - \frac{B_\theta}{R^2}\right), \tag{4.103}$$

$$\frac{\partial B_z}{\partial t} + (\mathbf{u}\cdot\nabla)B_z - (\mathbf{B}\cdot\nabla)u_z = \eta_B\nabla^2 B_z. \tag{4.104}$$

考虑无黏性理想流体情况($\eta_B = \nu = 0$)。(4.99)～(4.104) 式允许如下稳恒的未扰态解：

$$u_R^{\,0} = u_z^{\,0} = 0, \qquad u_\theta^{\,0} = V(R) \equiv R\Omega(R), \qquad \mathbf{B}^0 = B\hat{\mathbf{z}} \equiv \mathbf{B} = \text{const.} \tag{4.105}$$

此时（4.99）简化为

$$\frac{\mathrm{d}\Pi^0}{\mathrm{d}R} = \frac{V^2}{R}. \tag{4.106}$$

在上式中如果中心体的引力 $\phi$ 维持盘的旋转，那么$\Omega = V/R$是开普勒角速度；当流体压力超过引力，则旋转是非开普勒的,这时平衡态中的 $V$ 可以是任意函数。考虑如下属于一级小量的扰动：$\mathbf{u}_1 = (\delta u_R, \delta u_z, \delta u_\theta)$，$\mathbf{B}_1 = (\delta B_R, \delta B_\theta, \delta B_z)$，$\delta\phi = 0$；并且假定扰动量为平面波形式，即

$$A = (\delta\mathbf{u}, \delta\mathbf{B}, \delta p) \propto \exp(ik_R R + ik_z z - i\omega t) \, ;$$

分别把 $\mathbf{u} = \mathbf{u}^0 + \mathbf{u_1}$，$\Pi = \Pi^0 + \delta\Pi$，$\mathbf{B} = \mathbf{B}^0 + \mathbf{B_1}$ 代到方程(4.99)～ (4.104)，考虑到(4.106)式，以及忽略二级小量(两扰动量的乘积)，则我们容易获得线性化的动量方程。由不可压缩的流体连续性方程 $\nabla \cdot \mathbf{u} = 0$ 及麦氏方程 $\nabla \cdot \mathbf{B} = 0$ 可以分别得到

$$k_R \delta u_R + k_z \delta u_z = 0 \, ; \tag{4.107}$$

$$k_R \delta B_R + k_z \delta B_z = 0. \tag{4.108}$$

这里用到了 $k_R R >> 1$，忽略了项 $\delta u_R / R$ 和 $\delta B_R / R$。类似地，线性化(4.99)～ (4.104)式，获得：

$$-i\omega\delta u_R + \frac{ik_R}{\rho}\delta p - 2\Omega\delta u_\theta - \frac{ik_z B_0}{4\pi\rho}\delta B_R + \frac{ik_R B_0}{4\pi\rho}\delta B_z = 0, \tag{4.109}$$

$$-i\omega\delta u_\theta + \delta u_R \frac{\kappa^2}{2\Omega} - ik_z B_0 \frac{\delta B_\theta}{4\pi\rho} = 0, \tag{4.110}$$

$$-i\omega\delta u_z + \frac{ik_z}{\rho}\delta p = 0, \tag{4.111}$$

$$-i\omega\delta B_R - ik_z B_0 \delta u_R = 0, \tag{4.112}$$

$$-i\omega\delta B_\theta - \delta B_R \frac{\partial\Omega}{\partial \ln R} - ik_z B_0 \delta u_\theta = 0, \tag{4.113}$$

$$-i\omega\delta B_z - ik_z B_0 \delta u_z = 0, \tag{4.114}$$

其中，$\kappa^2 = \dfrac{1}{R^3}\dfrac{\partial}{\partial R}\left(R^4\Omega^2\right) = \dfrac{\partial\Omega^2}{\partial \ln R} + 4\Omega^2.$

现在考虑一种简单而又重要的情况，即取 $\mathbf{k} = k\mathbf{e}_z$。这在物理上是很有意义的：它们是一种最不稳定模。这时（4.107）式和（4.108）式可简化为 $\delta u_z = 0; \, \delta B_z = 0$。此时(4.114)式自动满足方程。(4.111)式导致 $\delta p = 0$；(4.109)式,(4.110)式,(4.112)式以及(4.113)式分别变为

$$-i\omega\delta u_R - 2\Omega\delta u_\theta - \frac{ik B_0}{4\pi\rho}\delta B_R = 0, \tag{4.115}$$

$$-i\omega\delta u_\theta + \delta u_R \frac{\kappa^2}{2\Omega} - ikB_0 \frac{\delta B_\theta}{4\pi\rho} = 0, \tag{4.116}$$

$$-i\omega\delta B_R - ikB_0\delta u_R = 0, \tag{4.117}$$

$$-i\omega\delta B_\theta - \delta B_R \frac{d\Omega}{d\ln R} - ikB_0\delta u_\theta = 0. \tag{4.118}$$

上面四个联合的代数方程有非零解的充分必要条件，根据克兰姆定理，是其系数组成的四行四列的行列式为零，即导致如下的色散方程：

$$\omega^4 - \omega^2\left[\kappa^2 + 2\left(\mathbf{k}\cdot\mathbf{u}_A\right)\right] + \left(\mathbf{k}\cdot\mathbf{u}_A\right)^2\left[\left(\mathbf{k}\cdot\mathbf{u}_A\right)^2 + \frac{\mathrm{d}\Omega^2}{\mathrm{d}\ln R}\right] = 0. \qquad (4.119)$$

其中，$\mathbf{u}_A = \dfrac{\mathbf{B}}{\sqrt{4\pi\rho}}$ 为阿尔芬波速度。上面四次代数方程的解为

$$\omega^2 = \frac{\kappa^2 + 2(\mathbf{k}\cdot\mathbf{u}_A)^2}{2} \pm \sqrt{\frac{\left[\kappa^2 + 2(\mathbf{k}\cdot\mathbf{u}_A)^2\right]^2}{4} - (\mathbf{k}\cdot\mathbf{u}_A)^2\left[\frac{\mathrm{d}\Omega^2}{\mathrm{d}\ln R} + (\mathbf{k}\cdot\mathbf{u}_A)^2\right]}.$$

$$(4.120)$$

当

$$\left(\mathbf{k}\cdot\mathbf{u}_A\right)^2 < -\frac{\mathrm{d}\Omega^2}{\mathrm{d}\ln R} \quad \text{时，} \qquad\qquad (4.121)$$

$\omega$ 有虚部，这就是不稳定条件。因此，对开普勒盘（$\mathrm{d}\Omega^2/\mathrm{d}\ln R < 0$），如果存在一种垂直于盘表面的弱磁场，以致于满足条件(4.121)式，则必定会出现这种磁旋转不稳定。如果不等式(4.121)反向，就得到稳定判据，它和上节的磁旋转稳定判据(4.97)式相一致。

令 $\omega = i\gamma$，$\gamma$ 表示随时间的增长率，（4.120）式可表示成

$$2\gamma^2 = \left[-4x\left(x + y\right) + \left(\kappa^2 + 2x\right)^2\right]^{\frac{1}{2}} - \left(\kappa^2 + 2x\right). \qquad (4.122)$$

这里，$x = \left(\mathbf{k}\cdot\mathbf{u}_A\right)^2$，$y = \dfrac{\mathrm{d}\Omega^2}{\mathrm{d}\ln R}$。要使 $\gamma$ 达到极值，必须满足

$$\frac{\partial\left(2\gamma^2\right)}{\partial x} = \frac{1}{2}\frac{4(\kappa^2 - y)}{\left[-4x\left(x + y\right) + \left(\kappa^2 + 2x\right)^2\right]^{\frac{1}{2}}} - 2 = 0,$$

即有

$$4\kappa^2 x - 4xy - y^2 + 2\kappa^2 y = 0\,.$$

则解为

$$x = \frac{y\left(y - 2\kappa^2\right)}{16\Omega^2} = -\left(\frac{1}{4} + \frac{\kappa^2}{16\Omega^2}\right)\frac{\mathrm{d}\Omega^2}{\mathrm{d}\ln R}\,.$$

把 $x$ 值代入(4.122)式，我们就得到 $\gamma$ 的极值。读者可以验算，这时，

$\partial^2\left(2\gamma^2\right)\big/\partial x^2 < 0$,因而, 这极值为极大值。从而可以得到 $\gamma_{\max} = \dfrac{1}{2}\left|\dfrac{d\Omega}{d\ln R}\right|$。

对于开普勒盘, $\Omega = (GM)^{\frac{1}{2}} R^{-\frac{3}{2}}$,

$$\gamma_{\max} = \frac{3}{4}\Omega, \qquad \left(\mathbf{k}\cdot\mathbf{u}_A\right)_{\max} = \frac{\sqrt{15}}{4}\Omega. \tag{4.123}$$

就宏观磁流体而言, 这是一种相当大的增长率。

现在来研究黏滞及阻抗对这种不稳定性的影响。对于局域性分析, 利用 WKB 近似,可以略去正比 $\nu$ 的曲率项, 例如 $u_R/R^2$, $u_\theta/R^2$, $B_R/R^2$, $B_\theta/R^2$, 这时(4.115)~(4.118)式相应变成为

$$\left(\sigma + \nu k^2\right)\delta u_R - 2\Omega\delta u_\theta - \frac{ikB_0}{4\pi\rho}\delta B_R = 0, \tag{4.124}$$

$$\left(\sigma + \nu k^2\right)\delta u_\theta + \delta u_R \frac{\kappa^2}{2\Omega} - \frac{ikB_0}{4\pi\rho}\delta B_\theta = 0, \tag{4.125}$$

$$\left(\sigma + \eta_B k^2\right)\delta B_R - ikB_0\delta u_R = 0, \tag{4.126}$$

$$\left(\sigma + \eta_B k^2\right)\delta B_\theta - \delta B_R \frac{d\Omega}{d\ln R} - ikB_0\delta u_\theta = 0. \tag{4.127}$$

其中, $\sigma = -i\omega$。可以看到, 当 $\eta_B = \nu = 0$ 时,(4.124)~(4.127) 式又回到 (4.115)~(4.118) 式。从 (4.124)~(4.127) 式可以得到如下色散方程:

$$\left[\sigma^2 + \left(\mathbf{k}\cdot\mathbf{u}_A\right)^2 + \left(\eta_B + \nu\right)\sigma k^2\right]^2 + \kappa^2\left[\sigma^2 + \left(\mathbf{k}\cdot\mathbf{u}_A\right)^2 + 2\eta_B\sigma k^2\right]$$

$$-4\Omega^2\left(\mathbf{k}\cdot\mathbf{u}_A\right)^2 = 0; \tag{4.128a}$$

若 $\gamma \equiv \sigma_0 - \sigma$, $\sigma_0$ 为无黏滞和无阻抗时的 $\sigma$, 在 $\left|\gamma/\sigma_0\right| \ll 1$ 时, 即黏性和阻抗不很重要情况下, 从上面式子可导到

$$\gamma = \eta_B k^2 \frac{\kappa^2 + (1 + \Im)\left(\sigma_0^2 + \left(\mathbf{k}\cdot\mathbf{u}_A\right)^2\right)}{\kappa^2 + 2\left[\sigma_0^2 + \left(\mathbf{k}\cdot\mathbf{u}_A\right)^2\right]}, \tag{4.128b}$$

其 中, $\Im = \nu/\eta_B$ 为 磁 普 兰 特 (Prandtl) 数。 利 用 (4.123) 式,

$\sigma_0^2 = \dfrac{9}{16}\Omega^2, \left(\mathbf{k}\cdot\mathbf{u}_A\right)_{\max}^2 = \dfrac{15}{16}\Omega^2$,则由 (4.128b) 式得

$$\gamma = \frac{5}{8}\eta_B k^2\left(1+\frac{3}{5}\Im\right). \tag{4.129}$$

当 $\Im \ll 1$ 时,条件 $|\gamma/\sigma_0| \ll 1$ 变为

$$5\eta_B k^2/6\Omega \ll 1. \tag{4.130}$$

对于完全电离的氢等离子体,运动学黏滞系数和阻抗可由史毕绰(Spitzer, 1962)公式给出:

$$\eta_\mu = (\frac{e^2}{m_e c^2})c(\frac{\mathrm{v}_{Te}}{c})^{-3} = 3.8\times10^{12}T_0^{-3/2}(\frac{T_e}{T_0})^{-3/2},\,(\mathrm{cm}^2/\mathrm{s})\,, \tag{4.131a}$$

$$\nu_\mu = 2.2\cdot10^{-16}\rho_0^{-1}T_0^{5/2}(\frac{\rho}{\rho_0})^{-1}(\frac{T_e}{T_0})^{5/2},\qquad (\mathrm{cm}^2/\mathrm{s})\,; \tag{4.131b}$$

它们给出氢等离子体的磁普兰特数,

$$\Im = 1.3\times\left(\frac{T}{1.4\times10^5}\right)^4\left(\frac{10^{16}}{n_e}\right). \tag{4.132}$$

把(4.131) 和(4.123)代入 (4.130) 式我们就得到限制等离子体参量 $\beta$ 的值:

$$\frac{8\pi p}{B^2}\equiv\beta \ll 6\times10^7\,(T_4)^{5/2}\,(R_{10})^{3/2}\left(M/M_\odot\right)^{-\frac{1}{2}}, \tag{4.133}$$

其中,$T_4 = T/10^4, R_{10} = R/10^{10}$,$M_\odot$ 是太阳质量。我们已经表明,一种弱的垂直磁场能够导致不稳定性;然而,从上式我们看到,如果吸积盘磁场不太弱的话,以致(4.133)式被满足,那么耗散过程($\eta_B \ne 0, \nu \ne 0$)对这种不稳定性无实质影响。

另一方面,当 $\Im \gg 1$ 时,条件 $|\gamma/\sigma_0| \ll 1$ 就变成

$$B\gg\left(6\times10^{-4}\,(T_4)^{\frac{5}{4}}\,(R_{10})^{-\frac{3}{4}}\left(\frac{M}{M_\odot}\right)^{\frac{1}{4}}\right)\quad(\mathrm{Gs}). \tag{4.134}$$

因此,在 $\Im \gg 1$ 情况下,由于(4.134)式右边的磁场阈值非常小,实际的吸积盘中的磁旋转不稳定性总是不受耗散过程的影响。由此可见磁普兰特数是一个相当重要的杠杆参量,它决定了吸积盘磁不稳定性是否受耗散过程的实质影响。自然,**在吸积盘中是否存在其他的提供一种新磁普兰特数的反常黏滞机制,则是非常诱人的。**

# 第五章 有质动力和坍塌的等离激元孤子

在交变电磁场中，确定对物质施加的(时间)平均应力张量具有重要意义……但是，相应的公式至今还未获得。

——朗道

"芝麻，开门！"

他的喊声刚落，洞门立刻开了。阿里巴巴走进洞去，抬头一看，发现这是一个大山洞，……洞中堆满了财物，是阿里巴巴从前不曾见过的。

——《一千零一夜》

## 5.1 高频场的有质动力

对于浸在电磁场的等离子体，如果仅对长波振荡运动感兴趣，认为波和粒子的共振相互作用不重要，在此情况下，如上一章所述，可采用双流体模型。此外，由于电子和离子的振荡频率相差甚大，我们可以明确地区分两种时标：快时标 $t_f \sim \omega_{pe}^{-1}$ 和慢时标 $t_s \sim \omega_{pi}^{-1}$。

另一方面，对于存在这两种时标运动的等离子体，我们感兴趣的只是在慢时标背景上发展起来的不稳定性，自然认为在慢时标尺度上平均后，快时标场量等于零。因此，两流体、双时标近似分析是本节的基础。从上一章4.4节，我们有如下两流体方程组：

$$\frac{\partial n_e}{\partial t} + \nabla \cdot (n_e \mathbf{v}_e) = 0 \,, \tag{5.1}$$

$$\frac{\partial n_i}{\partial t} + \nabla \cdot (n_i \mathbf{v}_i) = 0 \,, \tag{5.2}$$

$$\frac{\partial \mathbf{v}_e}{\partial t} + (\mathbf{v}_e \nabla) \mathbf{v}_e = \frac{e}{m_e} (\mathbf{E} + \frac{1}{c} \mathbf{v}_e \times \mathbf{B}) - \frac{\nabla p_e}{m_e n_e} + \mathbf{g} + \mathbf{q}_e \,, \tag{5.3}$$

$$\frac{\partial \mathbf{v}_i}{\partial t} + (\mathbf{v}_i \nabla)\mathbf{v}_i = \frac{-e}{m_i}\left(\mathbf{E} + \frac{1}{c}\mathbf{v}_i \times \mathbf{B}\right) - \frac{\nabla p_i}{m_i n_i} + \mathbf{g} + \mathbf{q}_i\,, \tag{5.4}$$

$$\nabla \times \mathbf{E} = -\frac{1}{c}\frac{\partial \mathbf{B}}{\partial t}\,, \tag{5.5}$$

$$\nabla \times \mathbf{B} = \frac{1}{c}\frac{\partial \mathbf{E}}{\partial t} + \frac{4\pi}{c}(en_e\mathbf{v}_e - en_i\mathbf{v}_i)\,, \tag{5.6}$$

$$\nabla \cdot \mathbf{B} = 0\,, \tag{5.7}$$

其中，$\mathbf{g} \equiv -\nabla\phi$ 是引力加速度以及 $\mathbf{q}_\alpha$ 是包括粒子—粒子碰撞和粒子—波碰撞引起的动量变率：$\mathbf{q}_\alpha = \mathbf{q}_p^\alpha + \mathbf{q}_w^\alpha$。对双流体近似，粒子—粒子碰撞项为 (见上章 4.4 节)：

$$\mathbf{q}_p^e = \nu_{ei}(\mathbf{v}_i - \mathbf{v}_e)\,, \quad m_i n_i \mathbf{q}_p^i = -m_e n_e \mathbf{q}_p^e\,, \tag{5.8a}$$

其中，$\nu_{ei}$ 是电子和离子的碰撞频率；由于电子与波 "碰撞"，电子平均动量损失率为

$$\mathbf{q}_w^e = \nu_{eff}^e \mathbf{v}_d \approx \nu_{eff}^e(\mathbf{v}_i - \mathbf{v}_e)\,,$$

而波获得动量；同时，在饱和稳态情况下，波又把动量转移给离子。因此，

$$\mathbf{q}_e = \nu_e(\mathbf{v}_i - \mathbf{v}_e)\,, \quad \mathbf{q}_i = -\nu_i(\mathbf{v}_i - \mathbf{v}_e)\,, \tag{5.8b}$$

这里，对于准中性等离子体，

$$\nu_e = \nu_{ei} + \nu_{eff}^e\,, \quad m_i \nu_i = m_e \nu_e\,. \tag{5.8c}$$

基于双时标近似，我们认为量

$$A = (n_e, n_i; \mathbf{v}_e, \mathbf{v}_i; p_e, p_i; \mathbf{E}, \mathbf{B})$$

可分为快时标成分和慢时标成分：

$$A = A_f + A_s\,,$$

同时，自然地我们可以假定快时标对慢时标平均为零：

$$\langle A_f \rangle = 0\,;$$

而且，在慢时标尺度上，准中性条件应该成立：

$$\langle n_e e - en_i \rangle = 0\,,$$

或

$$n_{e,s} = n_{i,s} \equiv n_s\,. \tag{5.9}$$

首先研究电子的连续性方程。从(5.1)式有

$$\frac{\partial}{\partial t}(n_s + n_f^e) + \nabla \cdot \left[ (n_s + n_f^e)(\mathbf{v}_s^e + \mathbf{v}_f^e) \right] = 0 , \tag{5.10}$$

平均上式，得到

$$\frac{\partial}{\partial t} n_s + \nabla \cdot (n_s \mathbf{v}_s^e + \langle n_f^e \mathbf{v}_f^e \rangle) = 0 ; \tag{5.11}$$

两式相减后，得到

$$\frac{\partial}{\partial t} n_f^e + \nabla \cdot (n_s \mathbf{v}_f^e + n_f^e \mathbf{v}_f^e + n_f^e \mathbf{v}_s^e - \langle n_f^e \mathbf{v}_f^e \rangle) = 0 . \tag{5.12}$$

另一方面，从电子运动方程(5.3)可得到最低量级的快成分方程：

$$\frac{\partial \mathbf{v}_f^e}{\partial t} \approx \frac{e}{m_e} \mathbf{E}_f ; \tag{5.13}$$

利用它，可以估计(5.12)式左边各项：

$$\left| \frac{\nabla \cdot (n_f^e \mathbf{v}_f^e)}{\partial n_f^e / \partial t} \right| \sim \frac{k n_f^e \ v_f^e}{\omega n_f^e} \sim \frac{k}{\omega} \frac{|e| E_f}{m_e \omega} \sim \left( \frac{k}{k_d} \overline{W}_f^{\frac{1}{2}} \right) \left( \frac{\omega_{pe}}{\omega} \right)^2 , \tag{5.14a}$$

$$\left| \frac{\nabla \cdot (n_f^e \mathbf{v}_s^e)}{\partial n_f^e / \partial t} \right| \sim \frac{k}{k_d} \frac{\omega_{pe}}{\omega} \frac{v_s^e}{v_{Te}} , \tag{5.14b}$$

其中 $k_d$ 为德拜波数，$\omega_{pe}$ 为电子朗缪尔频率，$\overline{W}_f = \langle E_f^2 \rangle / 4\pi n_e T_e$。我们在上一章一开始就说过，流体描述的适用范围是热速小于波的相速，即

$$v_{Te} \ll v_\phi ; \tag{5.15a}$$

并且有序的慢运动速度一般总是小于热速(Gurevich , 1978)：

$$|\mathbf{v}_s^e| < v_{Te} ; \tag{5.15b}$$

因此，只要波的强度不特别大，

$$\overline{W}_f \equiv \langle E_f^2 \rangle / 4\pi n_e T_e < 1 , \tag{5.15c}$$

(5.14)式的估计值就远小于 1，这时, (5.12)式就简化为

$$\frac{\partial n_f^e}{\partial t} + \nabla \cdot (n_s \mathbf{v}_f^e) = 0 . \tag{5.16}$$

此外，从(5.13)式和(5.16)式可以得到如下估值：

$$v_f^e \sim \frac{|e| E_f}{m_e \omega} \sim \frac{\omega_{pe}}{\omega} \overline{W}_f^{\frac{1}{2}} v_{Te} , \tag{5.17a}$$

$$\frac{n_f^e}{n_e} \sim \frac{k}{\omega}\, \mathbf{v}_f^e \sim \frac{k}{k_d}\left(\frac{\omega_{pe}}{\omega}\right)^2 \overline{W}_f^{\frac{1}{2}} << 1\,, \tag{5.17b}$$

利用(5.15b)式、(5.17a)式以及(5.17b)式，可以比较(5.11)式左边后两项：

$$\left|\frac{n_f^e \mathbf{v}_f^e}{n_s \mathbf{v}_s^e}\right| \sim \frac{k}{k_d}\left(\frac{\omega_{pe}}{\omega}\right)^2 \overline{W}_f^{\frac{1}{2}}\left(\frac{\omega_{pe}}{\omega}\,\overline{W}_f^{\frac{1}{2}}\right)\left(\frac{\mathbf{v}_{Te}}{|\mathbf{v}_s^e|}\right) \sim \frac{\mathbf{v}_{Te}}{\mathbf{v}_\phi}\overline{W}_f\left(\frac{\omega_{pe}}{\omega}\right)^2 << 1\,, \tag{5.18}$$

因此, (5.11)式成为

$$\frac{\partial}{\partial t} n_s + \nabla\cdot(n_s\mathbf{v}_s^e) = 0\,. \tag{5.19}$$

对于离子，我们可以重复(5.10)式～(5.18)式的推演过程；于是得到类似于(5.16)式的等式

$$\frac{\partial}{\partial t} n_f^i + \nabla\cdot(n_s\mathbf{v}_f^i) = 0\,; \tag{5.20}$$

相应于(5.17a)式和(5.17b)式的估计式是

$$\mathbf{v}_f^i \sim \frac{\omega_{pe}}{\omega}\overline{W}_f^{\frac{1}{2}}\,\mathbf{v}_{Te}\,\frac{m_e}{m_i}\,, \tag{5.21a}$$

$$\frac{n_f^i}{n_s} \sim \frac{k}{k_d}\left(\frac{\omega_{pe}}{\omega}\right)^2 \overline{W}_f^{\frac{1}{2}}\,\frac{m_e}{m_i} << 1\,; \tag{5.21b}$$

因而亦有

$$\frac{\partial}{\partial t} n_s + \nabla\cdot(n_s\mathbf{v}_s^i) = 0\,. \tag{5.22}$$

现在转而来研究电子的动量方程。把相应的快、慢成分量代入(5.3)式, 就可以获得平均后的方程及快成分方程：

$$\frac{\partial \mathbf{v}_s^e}{\partial t} + (\mathbf{v}_s^e\nabla)\mathbf{v}_s^e + \left\langle (\mathbf{v}_f^e\nabla)\mathbf{v}_f^e\right\rangle = \frac{e}{m_e}\left[\mathbf{E}_s + \frac{\mathbf{v}_s^e}{c}\times\mathbf{B}_s + \left\langle \mathbf{v}_f^e\times\frac{\mathbf{B}_f}{c}\right\rangle\right]$$
$$-\frac{\nabla p_s^e}{m_e n_s} + \mathbf{q}_s^e + \mathbf{g}\,, \tag{5.23}$$

$$\frac{\partial \mathbf{v}_f^e}{\partial t} + (\mathbf{v}_s^e\nabla)\mathbf{v}_f^e + (\mathbf{v}_f^e\nabla)\mathbf{v}_s^e + \left[(\mathbf{v}_f^e\nabla)\mathbf{v}_f^e - \left\langle(\mathbf{v}_f^e\nabla)\mathbf{v}_f^e\right\rangle\right]$$

$$= \frac{e}{m_e}\left[\mathbf{E}_f + \frac{\mathbf{v}_s^e}{c}\times\mathbf{B}_f + \mathbf{v}_f^e\times\frac{\mathbf{B}_s}{c} + \frac{\mathbf{v}_f^e}{c}\times\mathbf{B}_f - \left\langle\frac{\mathbf{v}_f^e}{c}\times\mathbf{B}_f\right\rangle\right] - \frac{\nabla p_f^e}{m_e n_s} + \mathbf{q}_f^e\,.$$

$$\tag{5.24}$$

比较(5.24)式各项的大小：

$$\left|\frac{(\mathbf{v}_s^e \nabla)\mathbf{v}_f^e}{\partial \mathbf{v}_f^e/\partial t}\right| \sim \frac{k}{\omega}\mathbf{v}_s^e \sim \frac{\omega_{pe}}{\omega}\frac{k}{k_d}\frac{\mathbf{v}_s^e}{\mathbf{v}_{Te}} << 1,$$

$$\left|\frac{(\mathbf{v}_f^e \nabla)\mathbf{v}_f^e}{\partial \mathbf{v}_f^e/\partial t}\right| \sim \frac{k}{k_d}\frac{\omega_{pe}}{\omega}\frac{\mathbf{v}_f^e}{\mathbf{v}_{Te}} << 1,$$

$$\left|\frac{\mathbf{B}_f \times \mathbf{v}_{f,s}^e}{c\mathbf{E}_f}\right| \sim \frac{k}{k_d}\frac{\omega_{pe}}{\omega}\frac{\mathbf{v}_{f,s}^e}{\mathbf{v}_{Te}} << 1,$$

$$\left|\frac{\nabla p_f^e/m_e n_s}{\partial \mathbf{v}_f^e/\partial t}\right| \sim \frac{\frac{1}{m_e n_s}k\left(\gamma p_s^e \frac{n_f^e}{n_s}\right)}{\omega \mathbf{v}_f^e} \sim \gamma \frac{kT_e/m_e}{\omega \mathbf{v}_f^e}\frac{k}{\omega}\mathbf{v}_f^e \sim \gamma\left[\frac{k}{k_d}\frac{\omega_{pe}}{\omega}\right]^2 << 1,$$

$$\left|\frac{(\mathbf{v}_f^e \nabla)\mathbf{v}_s^e}{\partial \mathbf{v}_f^e/\partial t}\right| \sim \frac{k}{k_d}\frac{\omega_{pe}}{\omega}\frac{\mathbf{v}_s^e}{\mathbf{v}_{Te}}\frac{k_s}{k}, \tag{5.25a}$$

$$\left|\frac{\mathbf{q}_f^e}{\partial \mathbf{v}_f^e/\partial t}\right| \sim \frac{\mathbf{v}_f^{e,i}\nu_e}{\omega \mathbf{v}_f^e} \sim \frac{\omega_{pe}}{\omega}\frac{\mathbf{v}_f^{e,i}}{\mathbf{v}_f^e}\frac{\nu_e}{\omega_{pe}}, \tag{5.25b}$$

$$\left|\frac{\frac{e}{m_e c}\mathbf{B}_s \times \mathbf{v}_f^e}{\partial \mathbf{v}_f^e/\partial t}\right| \sim \frac{\omega_{Be}}{\omega} \sim \frac{\omega_{pe}}{\omega}\frac{\omega_{Be}}{\omega_{pe}}; \tag{5.25c}$$

我们可以假定，慢变量的特征尺度可大于快变量的特征尺度，$k_s < k$，因而(5.25a)式成为

$$\left[\frac{k}{k_d}\frac{\omega_{pe}}{\omega}\right]\frac{\mathbf{v}_s^e}{\mathbf{v}_{Te}}\frac{k_s}{k} << 1;$$

在常常遇到的情况下，有

$$\nu_e << \omega_{pe}; \tag{5.25d}$$

而且从 (5.21a)式和(5.17a)式可看到 $\mathbf{v}_f^i \sim \mathbf{v}_f^e\left(m_e/m_i\right) << \mathbf{v}_f^e$，故(5.25b)式右

端亦很小于 1；对于(5.25c)式，在大多数宇宙条件下，可以满足

$$\omega_{pe} >> \omega_{Be}, \tag{5.26}$$

但是，在天体活动区域具有较强磁场的宇宙天体中，相反的不等式也是可能的：

$$\omega_{pe} << \omega_{Be}; \tag{5.27}$$

因此，(5.24)式可以简化为

$$\frac{\partial}{\partial t} \mathbf{v}_f^e \approx \frac{e}{m_e} \mathbf{E}_f + \frac{e}{m_e c} \mathbf{v}_f^e \times \mathbf{B}_s - \frac{\nabla p_f^e}{m_e n_s}. \tag{5.28}$$

应该指出，虽然上式右边压力项比速度变率项小，但它表示了纵振荡[参见下面(5.39)式]，我们仍然保留下来。由麦氏方程(5.5)及(5.28)式，有

$$\mathbf{B}_f \approx -\frac{m_e c}{e} \nabla \times \frac{\partial \mathbf{\Phi}_e}{\partial t} + \nabla \times (\mathbf{\Phi}_e \times \mathbf{B}_s), \tag{5.29}$$

其中，

$$\mathbf{v}_f^e \equiv \frac{\partial}{\partial t} \mathbf{\Phi}_e; \tag{5.30}$$

注意到

$$(\mathbf{v}_f^e \nabla) \mathbf{v}_f^e = \frac{1}{2} \nabla \mathbf{v}_f^2 - \mathbf{v}_f \times (\nabla \times \mathbf{v}_f),$$

利用(5.29), (5.23)式成为

$$\frac{\partial \mathbf{v}_s^e}{\partial t} + (\mathbf{v}_s^e \nabla) \mathbf{v}_s^e = \frac{e}{m_e} \left[ \mathbf{E}_s + \frac{1}{c} \mathbf{v}_s^e \times \mathbf{B}_s \right] - \frac{1}{m_e n_s} \nabla p_s^e + \mathbf{q}_s^e + \mathbf{g} + \mathbf{F}_p^e, \tag{5.31}$$

其中，有质动力（Ponderomotive force）$\mathbf{F}_p^e$ 为

$$\mathbf{F}_p^e = -\frac{1}{2} \nabla \left\langle \left(\mathbf{v}_f^e\right)^2 \right\rangle + \frac{e}{m_e c} \left\langle \mathbf{v}_f^e \times \nabla \times (\mathbf{\Phi}_e \times \mathbf{B}_s) \right\rangle. \tag{5.32}$$

它表示高频振荡对低频慢运动施加的平均体积作用力。事实上，有质动力问题一直引起物理学家的注目。朗道用自由能变分的方法，求出了无色散介质中静电场产生的应力张量表达式，紧接着他们写道："在交变电磁场中，确定对物质施加的(时间)平均应力张量具有重要意义……但是，相应的公式至今还未获得"(Landau & Lifshitz, 1960)。朗道的预见无疑是正确的：今后我们可以看到，正是这种有质动力驱动了等离子体离声运动，使物质局部稀化，并导致场坍塌，形成我们感兴趣的物质和场在空间上高度间歇分布的结构；这种非线性局域结构对等离子体物理乃至于天体物理都有重要意义。

我们可以完全类似地推导得出离子慢时标运动方程，它为

$$\frac{\partial}{\partial t}\mathbf{v}_s^i + \left(\mathbf{v}_s^i \nabla\right)\mathbf{v}_s^i = \frac{-e}{m_i}\left[\mathbf{E}_s + \frac{1}{c}\mathbf{v}_s^i \times \mathbf{B}_s\right] - \frac{1}{m_i n_s}\nabla p_s^i + \mathbf{q}_s^i + \mathbf{g} + \mathbf{F}_p^i, \qquad (5.33)$$

其中，

$$\mathbf{F}_p^i = -\frac{1}{2}\nabla\left\langle\left(\mathbf{v}_f^i\right)^2\right\rangle + \frac{-e}{m_i c}\left\langle\mathbf{v}_f^i \times \nabla \times \left(\boldsymbol{\Phi}_i \times \mathbf{B}_s\right)\right\rangle, \qquad (5.34)$$

$$\mathbf{v}_f^i = \frac{\partial}{\partial t}\boldsymbol{\Phi}_i. \qquad (5.35)$$

下面推导快振荡场量的传输方程。从(5.6)式可得：

$$\nabla \times \mathbf{B}_f = \frac{1}{c}\frac{\partial \mathbf{E}_f}{\partial t} + \frac{4\pi e}{c}\left[n_s\mathbf{v}_f^e + n_f^e\mathbf{v}_f^e + n_f^e\mathbf{v}_s^e - \left\langle n_f^e\mathbf{v}_f^e\right\rangle - \right.$$

$$\left. n_s\mathbf{v}_f^i - n_f^i\mathbf{v}_s^i - n_f^i\mathbf{v}_f^i + \left\langle n_f^i\mathbf{v}_f^i\right\rangle\right]; \qquad (5.36)$$

由于(5.21)式，(5.36)式中相应的离子项均可以略去，并且由于(5.17)式及(5.15b)式，我们有如下估计式：

$$\left|\frac{n_f^e\mathbf{v}_s^e}{n_s\mathbf{v}_f^e}\right| \sim \frac{\omega_{pe}}{\omega}\frac{k}{k_d}\frac{\left|\mathbf{v}_s^e\right|}{v_{Te}} << 1,$$

$$\left|\frac{n_f^e\mathbf{v}_f^e}{n_s\mathbf{v}_f^e}\right| \sim \frac{n_f^e}{n_s} << 1,$$

这时，(5.36)式简化为

$$\nabla \times \mathbf{B}_f \approx \frac{1}{c}\frac{\partial \mathbf{E}_f}{\partial t} + \frac{4\pi e}{c}n_s\mathbf{v}_f^e; \qquad (5.37)$$

对 (5.28)式两边求时间导数，考虑到 $\nabla p_f^e = \gamma_e T_e \nabla n_f^e$，有

$$\frac{\partial^2}{\partial t^2}\mathbf{v}_f^e \approx \frac{e}{m_e}\frac{\partial}{\partial t}\mathbf{E}_f + \frac{e}{m_e c}\frac{\partial}{\partial t}\mathbf{v}_f^e \times \mathbf{B}_s - \frac{\gamma_e T_e}{m_e n_s}\nabla\left(\frac{\partial}{\partial t}n_f^e\right)$$

$$= \frac{e}{m_e}\frac{\partial}{\partial t}\mathbf{E}_f + \frac{e}{m_e c}\frac{\partial}{\partial t}\mathbf{v}_f^e \times \mathbf{B}_s + \frac{\gamma_e T_e}{m_e n_s}\nabla\left(\nabla \cdot \left(n_s\mathbf{v}_f^e\right)\right)$$

由于 (5.16)式，上式第二个等号成立；于是，把 (5.29)式代入 (5.37)式，并利用上式，就可以得到

$$\nabla \times \nabla \times \dot{\boldsymbol{\Phi}}_e + \frac{1}{c^2}\dddot{\boldsymbol{\Phi}}_e + \frac{1}{c^2}\frac{4\pi e^2}{m_e}n_s\dot{\boldsymbol{\Phi}}_e - \frac{1}{c^2}\omega_{Be}\ddot{\boldsymbol{\Phi}}_e \times \left(\frac{\mathbf{B}_s}{B_s}\right)$$

$$-\frac{e}{m_e c}\nabla\times\nabla\times(\mathbf{\Phi}_e\times\mathbf{B}_s)-\frac{\gamma_e\,\mathrm{v}_{Te}^2}{c^2}\frac{1}{n_s}\nabla\big(\nabla\cdot(n_s\mathbf{v}_f^e)\big)=0\,,\qquad(5.38)$$

其中，$\omega_{Be}=\dfrac{eB_s}{m_e c}$。

## 5.2　萨哈罗夫方程

现在，我们来研究无外磁场或外磁场足够弱的强等离激元湍动。研究湍动现象，也就是研究众多的不同尺度运动之间的耦合作用，是许多物理分支的重要问题。宇宙就是等离子体。在天体条件下，作为多粒子系统的等离子体，具有众多自由度和多种多样可能的集合运动；各种不稳定性都可以得到发展，波的振幅逐渐增大，以致非线性效应使这种集合运动彼此相互作用，类似于流体湍流中各种尺度运动之间的相互作用，在此情况下，等离子体就过渡到湍动状态。因此，研究湍动等离子体就成了近代天体离子体物理的重要任务。我们知道，在 1948 年伯哥斯（Burgers）提出如下方程：

$$\frac{\partial\,\mathrm{v}}{\partial t}+\mathrm{v}\frac{\partial\,\mathrm{v}}{\partial x}-\mu\frac{\partial^2\,\mathrm{v}}{\partial x^2}=0$$

来描述强湍流运动。就定性描写来说，这个方程确实较好地取代了极为复杂的纳维—斯托克斯（Navier-Stokes）方程 [见 (4.34)~(4.36)式]。在等离子体物理领域内，类似地，人们也一直想寻找强湍动激元的非线性控制方程。直到 1972 年，这种方程果然由前苏联物理学家萨哈罗夫找到（Zakharov，1972），通常被称之为 Zakharov 方程。

在满足条件 (5.26) 式情况下，(5.38)式成为

$$\nabla\times\nabla\times\mathbf{v}_f^e+\frac{1}{c^2}\frac{\partial^2}{\partial t^2}\mathbf{v}_f^e+\frac{1}{c^2}\omega_{pe}^2\mathbf{v}_f^e-\frac{\gamma_e\,\mathrm{v}_{Te}^2}{c^2}\nabla\big(\nabla\cdot\mathbf{v}_f^e\big)=-\frac{1}{c^2}\omega_{pe}^2\frac{\delta n}{n_0}\mathbf{v}_f^e,$$

$$(5.39)$$

在上式，我们已经令

$$n_s=n_0+\delta n,\quad|\delta n|\ll n_0=\mathrm{const.};\qquad(5.40)$$

并且，在(5.39)式左边最后一项中已略去 $n_s$ 中的微变化。(5.39)式中的 $\gamma_e$ 是电子的比热比。像比热比这种动力学系数，双流体理论是无法确定它，这当然是流体动力学的弱点。然而，对于纵振荡（$\nabla\times\mathbf{v}_f^e=0$），略去 (5.39)式右边的非线性项，我们可以得到线性色散律：$\omega^2=\omega_{pe}^2+\gamma_e k^2\,\mathrm{v}_{Te}^2$，与周

知的朗缪尔振荡的色散律 (2.75a)式相比较，立即可得 $\gamma_e = 3$。并且，以 $m_e$ 和 $m_i$ 分别乘 (5.31)式和(5.33)式，然后相加：与电子的有质动力相比，离子的有质动力很小，略去它；注意到 (5.8)式，$m_e \mathbf{q}_s^e + m_i \mathbf{q}_s^i = 0$，电子与离子之间碰撞所引起的总动量交换的损失为零；对局部分析，再略去不重要的引力项；此外，在无外磁场时，考虑到电子的易流动性，以使 $\mathbf{v}_s^e \approx \mathbf{v}_s^i$，我们最后有

$$\frac{\partial}{\partial t} \mathbf{v}_s^i + (\mathbf{v}_s^i \cdot \nabla) \mathbf{v}_s^i = -c_s^2 \frac{\nabla \delta n}{n_0} - \frac{m_e}{2(m_e + m_i)} \nabla \langle (\mathbf{v}_f^e)^2 \rangle, \tag{5.41}$$

其中，$c_s$ 为离子声速，

$$c_s^2 = \frac{\gamma_e T_e + \gamma_i T_i}{m_e + m_i} \approx \frac{\gamma_e T_e}{m_i}. \tag{5.42}$$

上式最后一个近似等号是由于在通常情况下，电子温度远大于离子温度：$T_e \gg T_i$。(5.40)式意味着，密度的扰动是小的；对于这种小扰动，我们可以线性化方程 (5.22)式和(5.41)式，即略去二级扰动的非线项：

$$\frac{\partial}{\partial t} \delta n + n_0 \nabla \cdot \mathbf{v}_s^i \simeq 0, \quad \frac{\partial}{\partial t} \mathbf{v}_s^i \simeq -c_s^2 \frac{\nabla \delta n}{n_0} - \frac{m_e}{2(m_e + m_i)} \nabla \langle (\mathbf{v}_f^e)^2 \rangle;$$

对上面第一式求时间导数，并利用第二式，我们就得到被驱动的离声运动方程：

$$\left( \frac{\partial^2}{\partial t^2} - c_s^2 \nabla^2 \right) \frac{\delta n}{n_0} = \nabla^2 \left[ \frac{m_e}{2m_i} \langle (\mathbf{v}_f^e)^2 \rangle \right]. \tag{5.43}$$

我们看到，原来驱动等离子体离声运动的原动力是高频振荡施加的有质动力。

下面，为明确的分析需要，我们要把波内快振荡速度转换为可直接测量的更为直观的波内电场。一般来说，平面波场的形式对大多数实际情况通常是不真实的；它往往是藉以分析问题(例如，不稳定性)的简单工具。平面波在时—空广延上是无限的，而所有观测到的波总是囿于有限的时—空范围内；此外，平面波的平均能量与空间坐标无关，故而无法跟踪它的运动。因此，我们必须考虑波包场，即冯·德波尔 (Van der Pol)场，它们近似地模写真实物理波场：

$$\mathbf{E}_f = \frac{1}{2} \left[ \mathbf{E}(\mathbf{r}, t) e^{i\omega t} + c.c. \right], \tag{5.44a}$$

$$\mathbf{v}_f^e = \frac{1}{2} \left[ \mathbf{v}(\mathbf{r}, t) e^{i\omega t} + c.c. \right], \tag{5.44b}$$

其中振幅 $\mathbf{E}(\mathbf{r},t)$ 及 $\mathbf{v}(\mathbf{r},t)$ 是时—空的缓变函数；而 $c.c.$ 表示前一项的复共轭项。利用最低级估算式 (5.13)式，我们有

$$
\begin{aligned}
\frac{\partial \mathbf{v}_f^e}{\partial t} &= \frac{1}{2}\frac{\partial}{\partial t}\Big[\mathbf{v}(\mathbf{r},t)e^{i\omega t} + \mathbf{v}^*(\mathbf{r},t)e^{-i\omega t}\Big] \\
&= \frac{1}{2}\Big[i\omega\mathbf{v}(\mathbf{r},t)e^{i\omega t} - i\omega\mathbf{v}^*(\mathbf{r},t)e^{-i\omega t}\Big] \\
&= \frac{1}{2}\Big[\frac{e}{m_e}\mathbf{E}(\mathbf{r},t)e^{i\omega t} + \frac{e}{m_e}\mathbf{E}^*(\mathbf{r},t)e^{-i\omega t}\Big],
\end{aligned}
$$

即

$$
\mathbf{v}(\mathbf{r},t) = \frac{e}{im_e\omega}\mathbf{E}(\mathbf{r},t)\,, \tag{5.45a}
$$

而且，

$$
\begin{aligned}
\big\langle(\mathbf{v}_f^e)^2\big\rangle &= \frac{1}{4}\big\langle \mathbf{v}^2(\mathbf{r},t)e^{i2\omega t} + \mathbf{v}^{*2}(\mathbf{r},t)e^{-i2\omega t} + 2\mathbf{v}(\mathbf{r},t)\mathbf{v}^*(\mathbf{r},t)\big\rangle \\
&= \frac{1}{2}\big\langle\mathbf{v}(\mathbf{r},t)\mathbf{v}^*(\mathbf{r},t)\big\rangle = \frac{1}{2}\big|\mathbf{v}(\mathbf{r},t)^2\big|,
\end{aligned}
$$

这就给出

$$
\big\langle(\mathbf{v}_f^e)^2\big\rangle = \frac{e^2}{2m_e^2\omega^2}\big|\mathbf{E}(\mathbf{r},t)\big|^2. \tag{5.45b}
$$

利用 (5.45)式，对频率近于等离子体振荡频率，$\omega \approx \omega_{pe}$ 的朗缪尔和横等离激元，考虑到

$$
\frac{\partial^2}{\partial t^2}\mathbf{E}_f + \omega_{pe}^2\mathbf{E}_f = \frac{1}{2}\left(\frac{\partial^2}{\partial t^2}\mathbf{E}(\mathbf{r},t) + 2i\omega_{pe}\frac{\partial}{\partial t}\mathbf{E}(\mathbf{r},t)\right)e^{i\omega_{pe}t} + c.c.
$$

以及由于 $\mathbf{E}(\mathbf{r},t)$ 缓变，$\dfrac{\partial^2}{\partial t^2}\mathbf{E}(\mathbf{r},t)$ 与 $\omega_{pe}\dfrac{\partial}{\partial t}\mathbf{E}(\mathbf{r},t)$ 相比较可以略去，因此 (5.39)式和(5.43)式成为

$$
2i\omega_{pe}\frac{\partial}{\partial t}\mathbf{E}(\mathbf{r},t) + c^2\nabla\times\nabla\times\mathbf{E}(\mathbf{r},t) - 3\,\mathrm{v}_{Te}^2\,\nabla\big(\nabla\cdot\mathbf{E}(\mathbf{r},t)\big) + \omega_{pe}^2\frac{\delta n}{n_0}\mathbf{E}(\mathbf{r},t) = 0\,,
$$

$$
\tag{5.46}
$$

$$
\left(\frac{\partial^2}{\partial t^2} - c_s^2\nabla^2\right)\frac{\delta n}{n_0} = \nabla^2\left(\frac{|\mathbf{E}(\mathbf{r},t)|^2}{16\pi n_0 m_i}\right). \tag{5.47}
$$

注意 (5.42)式中的 $\gamma_e$ 是慢时标运动的电子比热比，当然也应由动力论给

出。然而慢时标运动的电子应在有效的慢场，$U_{eff} + e\phi_s$，中维持平衡，其中 $U_{eff} = \dfrac{|\mathbf{E}(\mathbf{r}, t)|^2}{16\pi n_0}$，$\phi_s$ 为慢场：

$$\frac{\delta n}{n_0} = \exp[-\frac{U_{eff} + e\phi_s}{T_e}] - 1 \approx -\frac{U_{eff} + e\phi_s}{T_e}; \tag{5.48}$$

另一方面，在无外磁场情况下以及略去小碰撞项和对局部分析不重要的引力项，(5.31)式成为 [考虑到 (5.45b)式]

$$\frac{\partial \mathbf{v}_s^e}{\partial t} + (\mathbf{v}_s^e \cdot \nabla)\mathbf{v}_s^e = \frac{e}{m_e}(-\nabla\phi_s) - \frac{\gamma_e T_e}{m_e n_0}\nabla \delta n_s - \frac{\nabla(|\mathbf{E}(\mathbf{r}, t)|^2)}{16\pi n_0 m_e},$$

对定常情况($\partial/\partial t = 0$)，线性化后，有

$$\nabla\left[\frac{\delta n}{n_0} + \frac{U_{eff} + e\phi_s}{\gamma_e T_e}\right] = 0. \tag{5.49}$$

因而，在 $\gamma_e = 1$ 时，(5.48)式就与 (5.49)式相符。因此，$c_s \approx (\gamma_e T_e/m_i)^{1/2}$，与第二章动力论定义的离子声速 $\mathbf{v}_s$ 相一致：$c_s = \mathbf{v}_s$。

引进如下代换：

$$\mathbf{r}' = \frac{2\sqrt{\mu}}{3} k_d \mathbf{r}, \quad t' = \frac{2\mu}{3} \omega_{pe} t, \quad \mathbf{E}'(\mathbf{r}', t') = \frac{\sqrt{3}\mathbf{E}(\mathbf{r}, t)}{8(\mu T_e \pi n_0)^{1/2}},$$

$$n = \frac{3}{4\mu}\frac{\delta n}{n_0}, \quad \alpha = \frac{c^2}{3\mathbf{v}_{Te}^2}, \quad \mu = \frac{m_e}{m_i}, \tag{5.50}$$

(5.46)式和(5.47)式就变成为带撇号的新变量系统的无量纲方程；往后，为书写便当，我们常略去撇号 ' '。它们为

$$i\frac{\partial}{\partial t}\mathbf{E} + \alpha\nabla \times \nabla \times \mathbf{E} - \nabla(\nabla \cdot \mathbf{E}) + n\mathbf{E} = 0, \tag{5.51}$$

$$(\frac{\partial^2}{\partial t^2} - \nabla^2)n = \nabla^2(|\mathbf{E}|^2). \tag{5.52}$$

联立方程组 (5.51)和 (5.52)式通常被称之为 Zakharov 方程。在新变量系统中，长度单位为 $(3/2\sqrt{\mu})k_d^{-1} \sim 65k_d^{-1}$，时间单位为 $(3/2\mu)\omega_{pe}^{-1} \sim 466(2\pi/\omega_{pe})$，速度以离子声速为单位。湍动参量

$$\overline{W} = \frac{\langle(\mathbf{E}_f)^2\rangle}{4\pi n_0 T_e} = \frac{|\mathbf{E}|^2}{8\pi n_0 T_e} = \frac{8}{3}\mu|\mathbf{E}'|^2;$$

略去撇号后，

$$\bar{W} = \frac{8}{3}\mu|\mathbf{E}|^2 . \tag{5.53}$$

　　在第三章我们推导得到的自生磁场方程 (3.59)～(3.61)式是很类似于上面的 Zakharov 方程；以后我们还将推导获得一类描述宇宙天体重要结构及它们的演化的非线性控制方程，它们也和 Zakharov 方程有类似性。因此研究这种方程对近代天体物理的坍塌动力学有很重要的实际意义。

## 5.3　守恒量和二维以上的场的坍塌

　　Zakharov 方程是复矢量场方程，迄今人们并未找到二维以上的解析解。然而我们也可以用场论的方法来研究 Zakharov 方程所具有的性质。引进流函数 $u$：

$$\frac{\partial}{\partial t}u \equiv u_t = n + |\mathbf{E}|^2 , \tag{5.54}$$

则 (5.52)式变为

$$n_t = \nabla^2 u . \tag{5.55}$$

选取 $\psi = \mathbf{E}, \mathbf{E}^*, u$ 作为独立的场变量，可以构造如下的拉格朗日(Lagrangian)密度函数( Gibbons *et al.*, 1977)：

$$\mathbf{L} = \frac{i}{2}(\mathbf{E}_t^* \cdot \mathbf{E} - \mathbf{E}^* \cdot \mathbf{E}_t) - \alpha(\nabla \times \mathbf{E}) \cdot (\nabla \times \mathbf{E}^*) - (\nabla \cdot \mathbf{E}) \cdot (\nabla \cdot \mathbf{E}^*) +$$

$$\frac{1}{2}[u_t - (\mathbf{E} \cdot \mathbf{E}^*)]^2 - \frac{1}{2}(\nabla u) \cdot (\nabla u) ; \tag{5.56}$$

由它构成的拉格朗日—欧勒(Lagrange-Euler)方程

$$\frac{\partial}{\partial x_k}\frac{\partial \mathbf{L}}{\partial \psi_{\sigma,x_k}} + \frac{\partial}{\partial t}\frac{\partial \mathbf{L}}{\partial \psi_{\sigma,t}} - \frac{\partial \mathbf{L}}{\partial \psi_\sigma} = 0 , \tag{5.57}$$

就是场方程 (5.51) 和(5.55)式，即 Zakharov 方程；其中，

$$\psi_{\sigma,x_k} \equiv \frac{\partial \psi_\sigma}{\partial x_k}, \qquad \psi_{\sigma,t} \equiv \frac{\partial \psi_\sigma}{\partial t} .$$

当 $\psi_i = E_i^*$ 时，由拉格朗日—欧勒方程得到 (5.51)式；当 $\psi_i = u$ 时，从 (5.57)式得到方程(5.55) ；在 $\psi_i = E_i$ 情况下，拉格朗日—欧勒方程导致 (5.51)式的复共轭方程。读者可以在本章的附录 B 中找到详细的证明(参见 B.2 节)。

　　现在来研究拉氏密度 (5.56)式的对称性，也即是 Zakharov 方程所具

有的守恒量。拉氏量(5.56)式并不显含时—空坐标，因而它对于时—空平移是不变的，即与时—空坐标原点选取无关。众所周知，这种对称导致能量和动量守恒 (参见本章附录 B.4 节)：

$$E = \int d\mathbf{r}(\pi_\sigma \psi_{\sigma,t} - L), \qquad \mathbf{P} = -\int \pi_\sigma \nabla \psi_\sigma d\mathbf{r}, \tag{5.58}$$

其中，

$$\pi_\sigma \equiv \frac{\partial L}{\partial \psi_{\sigma,t}}, \quad (\psi_\sigma = E_{1,2,3}, E_{1,2,3}^*; u). \tag{5.59}$$

利用(5.56)式，守恒的总能量和总动量为

$$E = \int d\mathbf{r} \left[ \alpha(\nabla \times \mathbf{E}) \cdot (\nabla \times \mathbf{E}^*) + |\nabla \cdot \mathbf{E}|^2 + n|\mathbf{E}|^2 + \frac{1}{2} n^2 + \frac{1}{2} (\nabla u) \cdot (\nabla u) \right],$$

$$\tag{5.60}$$

$$\mathbf{P} = \int d\mathbf{r} \left[ \frac{-i}{2} (E_j \nabla E_j^* - E_j^* \nabla E_j) - n \nabla u \right]. \tag{5.61}$$

对于空间坐标轴旋转情况下，拉氏量 (5.56)式也是不变的，它对坐标轴选取的方向无关。这种对称性导致总角动量守恒(参见本章附录 B.5 节)：

$$M_{jk} = -\int \left[ (\pi_\sigma \frac{\partial}{\partial x_k} \psi_\sigma) x_j - (\pi_\sigma \frac{\partial}{\partial x_j} \psi_\sigma) x_k + \tilde{\pi}_\sigma s_{jk;\sigma\rho} \Phi_\rho \right] d\mathbf{r}, \tag{5.62a}$$

其中，

$$\tilde{\pi}_\sigma \equiv \frac{\partial L}{\partial \Phi_{\sigma,t}}, \qquad s_{jk;\sigma\rho} = \delta_{j\sigma}\delta_{\rho k} - \delta_{j\rho}\delta_{\sigma k}, \tag{5.62b}$$

以及 $\Phi_\sigma$ 是矢量场：$\Phi_\sigma = E_i, E_i^*$。利用(5.56)式，(5.62a)式成为

$$\mathbf{M} = \int d\mathbf{r}[(\mathbf{r} \times \mathbf{Q}) + i(\mathbf{E} \times \mathbf{E}^*)], \tag{5.63}$$

其中，$\mathbf{Q}$ 为 (5.61)式所定义的动量密度：$\mathbf{P} = \int \mathbf{Q} d\mathbf{r}$。注意，我们从(5.63)式可以看到，守恒的场总角动量是轨道角动量和内禀角动量之和，这是很有兴趣的事。考虑到非线性，场居然表现出自旋角动量，这是经典理论始料未及的！

此外，拉氏密度(5.56)式明显地对于第一类规范变换

$$\mathbf{E} \to e^{i\varepsilon}\mathbf{E}, \quad \mathbf{E}^* \to e^{-i\varepsilon}\mathbf{E}^*$$

具有不变性($\varepsilon$ 为实常数)，因而等离激元数 $N$ 守恒(参见本章附录 B.6 节)：

$$N = i\int \mathrm{d}\mathbf{r}[\Phi_j\tilde{\pi}_j - \Phi_j^*\tilde{\pi}_j^*], \tag{5.64a}$$

即为 $(\Phi_j = E_j)$

$$N = \int |\mathbf{E}|^2 \mathrm{d}\mathbf{r}. \tag{5.64b}$$

现在我们可以研究方程所描述的非线性实体的一般运动。假定离声运动是亚声速的，即方程(5.52)左边含时的第一项小于第二项：$\dfrac{\partial^2}{\partial t^2} \ll \nabla^2$，回到量纲单位，

$$\left|\frac{\mathrm{d}\mathbf{r}}{\mathrm{d}t}\right|\Big|_{\text{坍塌}} \ll c_s \tag{5.65a}$$

这时，即所谓静态极限下，由 (5.52)式可得

$$n = -|\mathbf{E}|^2; \tag{5.65b}$$

同时 (5.51)式成为

$$i\frac{\partial}{\partial t}\mathbf{E} + \alpha\nabla\times\nabla\times\mathbf{E} - \nabla(\nabla\cdot\mathbf{E}) - |\mathbf{E}|^2\mathbf{E} = 0; \tag{5.66}$$

而静态极限下的拉氏密度为

$$L = \frac{i}{2}(\mathbf{E}_t^*\cdot\mathbf{E} - \mathbf{E}^*\cdot\mathbf{E}_t) - \alpha(\nabla\times\mathbf{E})\cdot(\nabla\times\mathbf{E}^*) - (\nabla\cdot\mathbf{E})\cdot(\nabla\cdot\mathbf{E}^*) + \frac{1}{2}|\mathbf{E}|^4, \tag{5.67}$$

它所相应的守恒能量为

$$\mathrm{E} = \int \mathrm{d}\mathbf{r}\left[\alpha(\nabla\times\mathbf{E})\cdot(\nabla\times\mathbf{E}^*) + |\nabla\cdot\mathbf{E}|^2 - \frac{1}{2}|\mathbf{E}|^4\right]. \tag{5.68}$$

引进标度因子 $\lambda(t)$ 并作如下标度变换(Thornhill and ter Haar, 1978)

$$\mathbf{r} = \mathbf{r}'/\lambda, \quad \mathbf{E} = \mathbf{E}'\lambda^{3/2}, \tag{5.69}$$

这时，$\nabla = \lambda\nabla'$，$\mathrm{d}\mathbf{r} \equiv \mathrm{d}x\mathrm{d}y\mathrm{d}z = \lambda^{-3}\,\mathrm{d}x'\mathrm{d}y'\mathrm{d}z' \equiv \lambda^{-3}\mathrm{d}\mathbf{r}'$，于是在静态极限下守恒的能量可写为

$$\mathrm{E}(\lambda) = \int \mathrm{d}\mathbf{r}'\left[\alpha\lambda^2\left|\nabla'\times\mathbf{E}'\right|^2 + \lambda^2\left|\nabla'\cdot\mathbf{E}'\right|^2 - \frac{\lambda^3}{2}\left|\mathbf{E}'\right|^4\right]; \tag{5.70}$$

在上式两边对作为参变量的标度因子 $\lambda$ 求导，并令 $\partial\mathrm{E}/\partial\lambda = 0$，就得到能量 $\mathrm{E}$ 取极值的 $\lambda_c$：

$$\lambda_c\int \mathrm{d}\mathbf{r}'\left|\mathbf{E}'\right|^4 = \frac{4}{3}\int \mathrm{d}\mathbf{r}'\left[\alpha\left|\nabla'\times\mathbf{E}'\right|^2 + \left|\nabla'\cdot\mathbf{E}'\right|^2\right]; \tag{5.71}$$

对(5.70)式再取 $\lambda$ 的导数，并把(5.71)式代入，我们发现：

$$\frac{\partial^2 E}{\partial \lambda^2}\Big|_{\lambda_c} = -2\int d\mathbf{r}'\left[\alpha|\nabla' \times \mathbf{E}'|^2 + |\nabla' \cdot \mathbf{E}'|^2\right] < 0$$

这意味着，当 $\lambda$ 变化时 E 增大，并在 $\lambda = \lambda_c$ 处达到极大；而非线性腔体 (Cavity) 的极大能量态当然是不稳定的：当 $\lambda$ 趋于 $\infty$ ——这时由(5.69)式，$r = |\mathbf{r}| \to 0$，即对应坍塌过程—能量不断变小，三维腔体趋于更为稳定的能态。换句话说，三维非线性腔体将按标度变换规律(5.69)式坍塌。

然而，非常有趣的是，对于一维亚声速运动，却存在一种稳定的非线性实体，它不会坍塌。从物理上来说，一维的稳定态是被捕获的波压力和等离子体扰动热压力相互平衡所致。在三维情况下，由于出现横向扰动分量的变化，这种平衡，一般是不能达到的。注意：在一维情况下，$\nabla \times \mathbf{E} = 0$，(5.66)式和(5.68)式变为：

$$iE_t - E_{xx} - |E|^2 E = 0, \tag{5.72}$$

$$E = \int\limits_{-\infty}^{\infty} dx[|E_x|^2 - \frac{1}{2}|E|^4]. \tag{5.73}$$

在此情况下，可作如下变换：

$$x = x'/\lambda, \quad E = \lambda^{1/2}E'; \tag{5.74}$$

于是

$$\frac{\partial}{\partial \lambda}E = \int dx'[2\lambda|E'_{x'}|^2 - \frac{1}{2}|E'|^4];$$

达到极值的 $\lambda_c$ 为

$$\lambda_c \int dx' |E'_{x'}|^2 = \frac{1}{4}\int dx' |E'|^4; \tag{5.75a}$$

这个极值是极小值：

$$\frac{\partial^2 E}{\partial \lambda^2}\Big|_{\lambda_c} = \int dx' 2|E'_x|^2 > 0.$$

也就是说，当 $\lambda = \lambda_c$ 时，这种一维非线性实体处于稳态；任何偏离 $\lambda_c$ 的 $\lambda$ 态都是不稳定的态，从能量观点分析(这是物理学中第一性原理)，它们应该向 $\lambda = \lambda_c$ 的稳态过渡。由(5.75a)式，我们可以得到能量取极小的条件：

$$\int dx |E_x|^2 = \frac{1}{4}\int dx |E|^4. \tag{5.75b}$$

## 5.4　自类似坍塌和能量密度谱

我们表明了: 二维以上的非线性实体, 一般来说, 是不稳定的腔体, 它们不断坍塌, 总是朝向小尺度的低能量态"运动"。因此, 坍塌动力学在强湍动等离子体物理中占据了极为重要的位置。原来初始空间均匀的等离激元, 将会演变成具有空间局域化分布的波列, 这时的坍塌是亚声速的, 满足条件(5.65a)式; 但坍塌是不可能停止在声速阶段, 由于三维腔体不能建立扰动热压('它使等离子体渗入腔体)和波压('它使等离子体排出腔体)之间的平衡, 局部场强随着坍塌不断增大, 最终导致超声速运动。在超声速阶段, (5.52)式左边含时的第一项超过后面的项, 于是

$$n_{tt} \approx \nabla^2(|\mathbf{E}|^2), \tag{5.76}$$

我们有

$$n \sim \frac{(\Delta t)^2}{r^2}|\mathbf{E}|^2;$$

在超声阶段, 场强足够大, 非线性项变得很重要, 于是从(5.51)式, 略去含时项, 我们有如下估计式

$$\frac{E}{r^2} \sim nE \sim \frac{(\Delta t)^2}{r^2}E|\mathbf{E}|^2,$$

即

$$|\mathbf{E}| \sim 1/\tau, \tag{5.77a}$$

其中, $\tau = t_F - t$, $t_F$ 为坍塌终点的时刻[由于推导方程的工作条件(5.15c)式, 在远离这终点的时刻, Zakharov 方程本身就不成立了]。另一方面, 从等离激元数守恒式(5.64), 可知 $|\mathbf{E}|^2 r^3 = \text{const.}$, 故有

$$r \sim \tau^{2/3}. \tag{5.77b}$$

因此, 超声坍塌可由如下自类似渐近解来描述:

$$E(r,\tau) \sim \frac{1}{\tau}\psi\left(\frac{r}{\tau^{2/3}}\right). \tag{5.78}$$

这就是 Zakharov (1984) 所找到的自类似坍塌的场函数。函数 $\psi$ 的形式由初始条件所决定。这种解之所以称之为"自类似", 是因为随时间的演化, 初始的空间形状 $\psi(r/\tau_0^{2/3})$ 保持不变, 虽然由于往后 $\tau$ 取代了 $\tau_0(= t_F - t_0)$, 它只是被压缩了。因此解|$\mathbf{E}$|在塌缩过程中保持相类似的形状, 尽管它变窄了, 也变强了。

我们已经说过, 最初各个腔体可以处于不同的坍塌阶段(例如亚声速或近声速阶段), 这时它们之间有着复杂的相互作用(例如腔体辐射声波而分裂), 虽然如此, 但最终它们统统将会发展到超声坍塌。在此情况下, 从(5.77a)

式可以看到，这时仅仅存在一种坍塌的特征时标。这意味着，每个腔体瓦解为两部分是不可能的：每部分坍塌时标，$\tau_{1,2} \sim 2/|\mathbf{E}| \sim 2\tau$，是整个腔体坍塌时标的二倍。因此，在超声阶段，我们可以近似地把众多腔体看成是统计独立的元激发。

朗缪尔等离激元在坍塌过程中和等离子体粒子相互作用，导致波能量在波数空间转移，这种波—粒作用的切伦柯夫过程可以用一组准线性方程予以描述 (李晓卿，1987)：

$$\frac{\partial f_{\mathrm{p}}}{\partial t} = \frac{2\pi^2 e^2 \omega_{pe}^2}{m_e \mathrm{v}^2} \frac{\partial}{\partial \mathrm{v}} \left[ \frac{1}{\mathrm{v}} \frac{\partial f_{\mathrm{p}}}{\partial \mathrm{v}} \int_{k=\omega_{pe}/\mathrm{v}} \frac{W_k}{k^3} \,\mathrm{d}k \right], \tag{5.79}$$

$$\frac{\mathrm{d}N_k}{\mathrm{d}t} = -\frac{\partial}{\partial k} \left[ N_k \frac{\mathrm{d}k}{\mathrm{d}t} \right] + 2\gamma_k N_k, \tag{5.80}$$

其中，$N_k \mathrm{d}k$ 是在波数范围$(k, k+\mathrm{d}k)$内的激元数目，即"波量子数"，它正比于等离激元强度：$W_k \mathrm{d}k \sim \hbar\omega^l(\mathbf{k})N_k \mathrm{d}k \sim \omega_{pe}N_k \mathrm{d}k \sim N_k \mathrm{d}k$；以及

$$\mathrm{d}/\mathrm{d}t = \partial/\partial t + \mathrm{v}_{\mathrm{g}}\,\partial/\partial r + \nabla \cdot \mathbf{v}_{\mathrm{g}}.$$

实际上，所有等离子体波(包括朗缪尔和横等离激元)的群速度是很小的，因而上式右边描述激元在非均匀空间传输的后两项很少需要加以考虑。必须考虑它的条件是 $\mathrm{v}_g/L_0 > |\gamma_k|$，其中 $L_0$ 是系统的特征尺度；以及这里和(5.80)式中的 $\gamma_k$ 是阻尼减率[参见(2.76b)式]：

$$\gamma_k \sim k^{-3} f(\mathrm{v}) \big|_{\mathrm{v}=\omega_{pe}/k}. \tag{5.81}$$

上面两联立方程[参见上述文献中的(18.11)、(18.26)、(13.9)、(19.8)和(19.21)式 ]都写成球对称形式。当向短波传输的朗缪尔等离激元远离激发源区和阻尼耗区时，应该具有稳态能量密度. 因而$\mathrm{d}/\mathrm{d}t \approx 0$；同时$\gamma_k \approx 0$。在此情况下，从(5.80)式，我们得到

$$N_k \frac{\mathrm{d}k}{\mathrm{d}t} \sim \mathrm{const}. \tag{5.82}$$

换句话说，在波数空间传输的惯性区，等离激元能流应守恒。上式中的输运时标与波数依赖关系由自类似坍塌律决定。从 (5.77b) 式得到$\mathrm{d}k/\mathrm{d}t \sim \mathrm{d}k/\mathrm{d}\tau \sim \tau^{-5/3} \sim k^{5/2}$；因此，(5.82)式导致在惯性区朗缪尔湍动谱，也就是所谓的哥莫各洛夫(Kolmogorov)能谱：

$$W_k \sim N_k \sim k^{-5/2}. \tag{5.83}$$

来自惯性区的坍塌能流不断泵向耗散区，当由于坍缩泵进的能量增率与阻尼率相垺时，一种稳态重又将建立；在此情况下，从(5.80)式看到，$\gamma_k \sim 1/\tau(k)$，利用(5.81)式，即

$$f(\mathrm{v}) \sim \mathrm{v}^{-3} \frac{1}{\tau}, \quad (\mathrm{v} = \omega_{pe}/k); \tag{5.84}$$

另一方面，稳态的粒子分布，$\partial f / \partial t = 0$，要求

$$\frac{1}{\mathrm{v}} \frac{\partial f_p}{\partial \mathrm{v}} \int_{k=\omega_{pe}/\mathrm{v}}^{\infty} \frac{W_k}{k^3} \mathrm{d}k = \text{Const.} \tag{5.85}$$

其中，Const. 为不依赖于速度和时间的常数。不难看出，当

$$W_k \sim \frac{1}{k^3} \tau(k), \tag{5.86}$$

并假定 $\tau(k)$ 是 $k$ 的幂指数函数，稳态粒子分布条件(5.85)式被满足；同时，(5.80)式右边两项可以达到平衡。在耗散区，由于损失的等离激元数很少，可假定自类似坍塌律(5.77b)式仍然成立。因此，从(5.77b)及(5.86)式，可以获得在传输的能量耗散区如下稳态的能谱及加速了的电子分布函数 (Galeev *et al.*, 1975):

$$W_k \sim k^{-9/2}, \tag{5.87a}$$

$$f(\mathrm{v}) \sim \mathrm{v}^{-9/2}. \tag{5.87b}$$

另一方面，类似于守恒的激元能流(5.82)式，如果假定在耗散区存在守恒的腔体流，

$$\tilde{N}_k \frac{k}{\tau(k)} \sim \text{const}, \tag{5.88}$$

式中，$\tilde{N}_k$ 是波数范围 $k, k + \mathrm{d}k$ 内的腔体数目。这时等离激元总的谱能量密度可写为

$$W_k = \tilde{N}_k \left(\frac{E_{\max}^2}{8\pi} \ell^3\right) \sim \tilde{N}_k \frac{E_{\max}^2}{8\pi} k^{-3}, \tag{5.89}$$

$E_{\max}$ 是腔体中心的极大电场值；这种电场随坍塌时标的变化律(5.77a)式，由离声运动(5.76)式所决定，并不依赖于腔体的吸收与否。因而从守恒能流条件(5.88)式和(5.89)式，有

$$W_k \sim \frac{1}{k^4} \tau^{-1}(k) ; \tag{5.90a}$$

同时，稳态粒子分布条件(5.86)式必须满足，(5.86)和(5.90a)两式给出另一种坍塌律：$\tau(k) \sim k^{-1/2}$。在此情况下，我们有如下稳态能谱及加速了的电子分布函数(Pelletier, 1982)：

$$W_k \sim k^{-7/2}, \tag{5.90b}$$

$$f(\mathrm{v}) \sim \mathrm{v}^{-7/2} . \tag{5.90c}$$

我们已经看到，在朗缪尔等离激元坍塌过程中可以形成三种湍动谱：(5.83)式、(5.87a)式和(5.90a)式。应该说，这些能谱都可能出现在天体活动区。然而，哪种谱是最为可能形成呢？这个问题我们将在第七章进行研究。

## 5.5  一维传播孤波

现在来研究 Zakharov 方程的一维行波解。假定等离子体密度扰动以恒定速度 $u$ 传播：$n(x,t) = n(x-ut) \equiv n(z)$，则由于 $\partial^2/\partial t^2 = u^2 \partial^2/\partial z^2$，$\partial n/\partial x = \partial n/\partial z$，根据一维的(5.52)方程，可得

$$n = -\beta |E|^2 , \quad \beta \equiv \frac{1}{1-u^2} ; \tag{5.91}$$

再把它代入一维的(5.51)式，并取其复共轭，获得如下标准的非线性薛丁格(Schrödinger)方程：

$$i \frac{\partial}{\partial t} E = -\frac{1}{2} \frac{\partial^2}{\partial \varsigma^2} E - \beta |E|^2 E , \tag{5.92}$$

其中，$x = \sqrt{2}\varsigma$。我们可以把上式看成"准粒子"的方程，其波函数为 $E$，"准粒子"的自生势为 $\beta|E|^2$，如果 $\beta > 0$ (即 $u < 1$，亚声速运动)，则这种自生势具有与引力势一样的性质，它可以捕获"准粒子"以形成一种稳定的结构—孤子。以下的简单求解，证明了情况确实如此。

用两个实函数 $\sigma(\varsigma,t)$ 和 $\phi(\varsigma,t)$ 来表示复函数：

$$E = \sqrt{\sigma(\varsigma,t)} \exp[i\phi(\varsigma,t)]; \tag{5.93}$$

从(5.92)式就得到如下两个非线性方程，它们分别对应的虚部和实部方程：

$$\frac{\partial \sigma}{\partial t} + \frac{\partial}{\partial \varsigma}(\sigma \frac{\partial \phi}{\partial \varsigma}) = 0, \tag{5.94}$$

$$\frac{\partial \phi}{\partial t} + \frac{1}{2}(\frac{\partial \phi}{\partial \varsigma})^2 = \frac{1}{8}\frac{\partial}{\partial \sigma}[4\beta\sigma^2 + \frac{1}{\sigma}(\frac{\partial \sigma}{\partial \varsigma})^2]. \tag{5.95}$$

我们先求满足如下条件的解:

$$\frac{\partial}{\partial t}|E|^2 \equiv \frac{\partial}{\partial t}\sigma = 0 ; \tag{5.96}$$

在此情况下，(5.94)式成为

$$\sigma \frac{\partial \phi}{\partial \varsigma} = C(t) ; \tag{5.97a}$$

由于 $\sigma$ 只是 $\varsigma$ 的函数，故(5.95)式右端也仅依赖于 $\varsigma$，即有

$$\frac{\partial \phi}{\partial t} + \frac{1}{2}(\frac{\partial \phi}{\partial \varsigma})^2 = f(\varsigma). \tag{5.97b}$$

对 $t$ 和 $\varsigma$ 取上式导数，并考虑到(5.97a)式，有

$$\frac{\partial^3 \phi}{\partial t^2 \partial \varsigma} = \frac{1}{\sigma^3}\frac{\mathrm{d}\sigma}{\mathrm{d}\varsigma}\frac{\mathrm{d}C^2(t)}{\mathrm{d}t} ; \tag{5.98}$$

再将(5.97a)式对 $t$ 求导两次，并与(5.98)式相减，得到

$$\frac{1}{\sigma^3}\frac{\mathrm{d}\sigma}{\mathrm{d}\varsigma}\frac{\mathrm{d}C^2(t)}{\mathrm{d}t} = \frac{1}{\sigma}\frac{\mathrm{d}^2C(t)}{\mathrm{d}t^2}, \tag{5.99}$$

或

$$\frac{\mathrm{d}C^2(t)}{\mathrm{d}t} \Big/ \frac{\mathrm{d}^2C(t)}{\mathrm{d}t^2} = \left[\frac{1}{\sigma^2}\frac{\mathrm{d}\sigma}{\mathrm{d}\varsigma}\right]^{-1} = \mathrm{const.}$$

我们不能选取 $\frac{1}{\sigma^2}\frac{\mathrm{d}\sigma}{\mathrm{d}\varsigma} = \mathrm{const.}$，因为它不是我们感兴趣的行波解;因此只有

令 $C(t) = \mathrm{const.}$，而使(5.99)式成为恒等式。因而(5.97a)式成为

$$\phi = \int \frac{C_1}{\sigma}\mathrm{d}\varsigma + A(t) , \tag{5.100}$$

其中 $C_1$ 为常数; 从(5.97b)式看到，

$$\frac{\partial \phi}{\partial t} = f(\varsigma) - \frac{1}{2}(\frac{C_1}{\sigma})^2 = f_1(\varsigma) ;$$

因而，从(5.100)式,

$$\frac{\partial \phi}{\partial t} = \frac{\mathrm{d}A(t)}{\mathrm{d}t} = \Omega\,(常数),$$

故

$$\phi = \int \frac{C_1}{\sigma}\mathrm{d}\varsigma + \Omega t + \phi_0 , \tag{5.101}$$

其中 $\phi_0$ 是常数。把(5.101)式代入(5.95)式，则有

$$(\frac{d\sigma}{d\varsigma})^2 = -4\beta\sigma^3 + 8\Omega\sigma^2 + C_2\sigma - 4C_1^2, \tag{5.102}$$

其中，$C_2$ 是另一个常数。

我们令 $\varsigma \to \pm\infty$ 时 $|E|^2 = \sigma$ 的渐近值为 $\sigma_D$，自然要求场振幅在无限远处各阶导数(至少到二阶)为零，即 $\partial\sigma/\partial\varsigma|_{\sigma_D} = \partial^2\sigma/\partial\varsigma^2|_{\sigma_D} = 0$；另外，假定 $\sigma = \sigma_s$ 时 $\sigma$ 达到极值，即 $\partial\sigma/\partial\varsigma|_{\sigma_s} = 0$, $\partial^2\sigma/\partial\varsigma^2|_{\sigma_s} \neq 0$。因而 $\partial\sigma/\partial\varsigma$ 仅在两个 $\sigma$ 值($\sigma_D, \sigma_s$)处为零，且在 $\sigma = \sigma_D$ 处(5.102)式右边有重根。于是在 $\beta > 0$ 时，我们可以把(5.102)式右边三次多项式写为

$$-4\beta(\sigma - \sigma_D)^2(\sigma - \sigma_s) = -4\beta[\sigma^3 - (2\sigma_D + \sigma_s)\sigma^2 + \sigma_D(\sigma_D + 2\sigma_s)\sigma - \sigma_s\sigma_D^2];$$

$$\tag{5.103}$$

并且，由于

$$(\frac{d\sigma}{d\varsigma})^2 = -4\beta(\sigma - \sigma_D)^2(\sigma - \sigma_s) \geqslant 0$$

因而必须(在 $\beta > 0$ 情况下)$\sigma \leqslant \sigma_s$，即

$$\sigma_D \leqslant \sigma \leqslant \sigma_s. \tag{5.104}$$

(5.102)与(5.103)式右边相比较，有

$$-4C_1^2 = 4\beta\sigma_D^2\sigma_s \geqslant 0, \quad \Omega = \frac{1}{2}\beta(\sigma_s + 2\sigma_D), \tag{5.105}$$

故 $C_1 = 0$（$C_1$ 为实数）。由(5.104)式，$\sigma_D < \sigma_s$，就意味着 $\sigma_D = 0$，因此

$$(\frac{d\sigma}{d\varsigma})^2 = -4\beta\sigma^2(\sigma - \sigma_s) = 4\beta\sigma^2\sigma_s(1 - \sigma/\sigma_s). \tag{5.106}$$

很易找到它的初等积分：

$$\ln\frac{\left|\sqrt{1 - \sigma/\sigma_s} - 1\right|}{\sqrt{1 - \sigma/\sigma_s} + 1} = \pm 2\sqrt{\beta\sigma_s}\varsigma;$$

利用反双曲函数的公式

$$\frac{1}{2}\ln\frac{1 + \alpha}{1 - \alpha} = \tanh^{-1}\alpha,$$

可得

$$1 - \sigma/\sigma_s = \tanh^2 \sqrt{\beta\sigma_s}\,\varsigma,$$

即

$$\sigma = \sigma_s \operatorname{sech}^2 \sqrt{\beta\sigma_s}\,\varsigma. \tag{5.107}$$

同时，由于 $C_1 = 0$，从(5.101)式，立即可得

$$\phi = \Omega t + \phi_0. \tag{5.108}$$

我们要指出的是，非线性 Schrödinger 方程(5.92)式对于以下伽里略 (Galilean)变换

$$E'(\varsigma, t) = e^{i(\tilde{u}\varsigma - \frac{1}{2}\tilde{u}^2 t)} E(\varsigma - \tilde{u}t, t) \tag{5.109}$$

是不变的，其中 $\tilde{u}$ 为任意常数(以声速为单位)。它的证明，我们留给读者去做。因此，从(5.107)式、(5.108)式以及 Galilean 变换(5.109)式得到方程 (5.92)式的解为

$$E(\varsigma, t) = \sqrt{\sigma_s} \operatorname{sec} h\left[\sqrt{\beta\sigma_s}(\varsigma - \tilde{u}t)\right] \exp\left\{i[\tilde{u}\varsigma + (\Omega - \frac{\tilde{u}^2}{2})t] + i\phi_0\right\}. \tag{5.110}$$

定义 $E(\varsigma, t)$ 的振幅为

$$E_0 = |E(\varsigma, t)|_{\varsigma = \tilde{u}t} = \sqrt{\sigma_s}; \tag{5.111}$$

从(5.91)、(5.105)第二式($\sigma_D = 0$)以及(5.111)式，并选择 $\tilde{u} = u/2$，则(5.110)式成为

$$E(x, t) = E_0 \operatorname{sech}[\frac{x - ut}{\sqrt{2(1 - u^2)}} E_0]e^{i\phi}, \tag{5.112a}$$

$$\phi = \left[\frac{E_0^2}{2(1 - u^2)} + \frac{u^2}{4}\right]t + \frac{u}{2}(x - ut) + \phi_0. \tag{5.112b}$$

从上式可以看到，对于亚声速运动，$u < 1$ $(\beta > 0)$，波包孤子的半宽反比于振幅：

$$\mathrm{d} = \sqrt{2(1 - u^2)}/E_0. \tag{5.113}$$

而运动速度 $u$ 与振幅无关，它是一个独立参量。这是一个很有趣的结果：这种波包孤子的速度可在很宽的范围内取值，它作为一种"准粒子"是非常合适的。

现在可以计算非线性 Schrödinger 孤子所具有的能量、动量。把解

(5.112)式代入(5.64)式，守恒的激元数为

$$N = E_0^2 \int_{-\infty}^{\infty} \sec h^2 [\frac{x - ut}{\sqrt{2(1 - u^2)}} E_0] \mathrm{d}x = 2m, \qquad (5.114a)$$

其中，

$$m = E_0 \sqrt{2(1 - u^2)}; \qquad (5.114b)$$

类似地，根据(5.60)式以及(5.61)式，守恒的能量和动量为

$$E = \frac{1}{2} mu^2 + \frac{5u^2 - 1}{6(1 - u^2)^3} m^3, \qquad (5.115)$$

$$p = mu + \frac{2u}{3(1 - u^2)^3} m^3. \qquad (5.116)$$

从上面式子看到，非线性 Schrödinger 孤子的总能量和总动量包括线性部分(它正比于 $m$ )和非线性部分，线性部分和普通粒子的能量动量相似。而由于孤子是非线性实体，往往 $m \gg 1$，也就是说，通常非线性部分能量和动量是重要的。对于有限能量的孤子，当 $u \to (1 - 0)$ 时，即速度趋于声速，那么从(5.115)式可见，$E_0 \to 0$。在 $E_0 \ll 1$ 情况下，从(5.112)式可知，

$$E(x, t) \to E_0 \exp[i(\frac{u}{2} x - \frac{u^2}{4} t)],$$

这时波的能量和动量为 $\omega = u^2/4$，$k = u/2$；在此线性极限下，从(5.114)式、(5.115)式和(5.116)式得到 $E = N\omega$，$P = Nk$，这正好表示 $N$ 是等离激元数。

## 5.6 非线性薛丁格方程的逆散射解法

在 5.5 节，我们已经对形如[参见（5.92）式]

$$i \frac{\partial u}{\partial t} + \frac{\partial^2 u}{\partial x^2} + \beta u |u|^2 = 0 \qquad (5.117)$$

非线性薛丁格(Schrödinger)方程求出了它的孤波解，这种解对应于亚声速运动，即

$$\beta > 0. \qquad (5.118)$$

然而，当给定初值

$$u(x, t) |_{t=0} = u(x, 0) \equiv u_0(x) \qquad (5.119)$$

的情况下，方程（5.117）的解 $u(x, t)$ 是怎样随时间演化呢？这个非线性方程的初值问题非常重要，引起了人们的广泛兴趣。

在 Soliton 理论中，有关典型的 KdV 方程

$$\frac{\partial u}{\partial t} + u\frac{\partial u}{\partial x} + \frac{\partial^3 u}{\partial x^3} = 0$$

的初值问题首先由四个物理学家解决了（参见 Gardner, Green, Kruskal and Miura, 1967)）；之后，数学家拉克斯(Lax)把这种逆散射法表示成一般的形式（见 Lax, 1968）。1971 年，苏联物理学家萨哈罗夫(Zakharov)和沙巴特(Shabat)把非线性 Schrödinger 方程（5.117）纳入 Lax 理论，第一次正确地解决了它的初值求解问题（参见 Zakharov & Shabat, 1972）。下面来详细地表述这个课题。

只研究满足（5.118）式情况。按 Lax 的理论，非线性方程（5.117）式一般可以表示成算符方程形式：

$$iL_t = [B, L] \equiv BL - LB ; \qquad (5.120)$$

Zakharov 等找到了相应的 $L, B$ 的表示：

$$L = i\begin{pmatrix} 1+p & 0 \\ 0 & 1-p \end{pmatrix}\frac{\partial}{\partial x} + \begin{pmatrix} 0 & u^* \\ u & 0 \end{pmatrix}, \qquad (5.121a)$$

$$B = -p\begin{pmatrix} 1 & 0 \\ 0 & 1 \end{pmatrix}\frac{\partial^2}{\partial x^2} + \begin{pmatrix} \dfrac{|u|^2}{1+p} & iu_x^* \\ -iu_x & \dfrac{-|u|^2}{1-p} \end{pmatrix}, \qquad (5.121b)$$

$$\beta = 2\big/\left(1-p^2\right). \qquad (5.121c)$$

不难验算，按照（5.121）式，从（5.120）式就可获得（5.117）式。事实上，把（5.120）作用在函数

$$\begin{pmatrix} 1 \\ 1 \end{pmatrix}\phi$$

上，有

$$BL\begin{pmatrix} \phi \\ \phi \end{pmatrix} = B\left[ i\begin{pmatrix} (1+p)\phi_x & 0 \\ 0 & (1-p)\phi_x \end{pmatrix} + \begin{pmatrix} 0 & u^*\phi \\ u\phi & 0 \end{pmatrix} \right]$$

$$= \begin{pmatrix} -p & 0 \\ 0 & -p \end{pmatrix}\begin{pmatrix} i(1+p)\phi_{xxx} & 0 \\ 0 & i(1-p)\phi_{xxx} \end{pmatrix}$$

$$+ \begin{pmatrix} -p & 0 \\ 0 & -p \end{pmatrix} \begin{pmatrix} 0 & \dfrac{\partial^2}{\partial x^2}\left(u^*\phi\right) \\ \dfrac{\partial^2}{\partial x^2}(u\phi) & 0 \end{pmatrix}$$

$$+ \begin{pmatrix} i\,|u|^2\,\phi_x & -u_x^*\,(1-p)\,\phi_x \\ u_x\,(1+p)\,\phi_x & -i\,|u|^2\,\phi_x \end{pmatrix}$$

$$+ \begin{pmatrix} \dfrac{|u|^2}{1+p} & iu_x^* \\ -iu_x & \dfrac{-|u|^2}{1-p} \end{pmatrix} \begin{pmatrix} 0 & u^*\phi \\ u\phi & 0 \end{pmatrix}$$

$$= \begin{pmatrix} -p & 0 \\ 0 & -p \end{pmatrix} \begin{pmatrix} i\,(1+p)\,\phi_{xx} & 0 \\ 0 & i\,(1-p)\,\phi_{xx} \end{pmatrix}$$

$$+ \begin{pmatrix} iuu_x^* & -pu_{xx}^* + \dfrac{u^*\,|u|^2}{1+p} \\ -pu_{xx} - \dfrac{u\,|u|^2}{1-p} & -iu^*u_x \end{pmatrix} \phi$$

$$+ \begin{pmatrix} i\,|u|^2\,\phi_x & -u_x^*\,(1+p)\,\phi_x - pu^*\phi_{xx} \\ u_x\,(1-p)\,\phi_x - pu\phi_{xx} & -i\,|u|^2\,\phi_x \end{pmatrix};$$

类似的可计算 $LB \begin{pmatrix} \phi \\ \phi \end{pmatrix}$,

$$LB \begin{pmatrix} \phi \\ \phi \end{pmatrix} = \begin{pmatrix} -p & 0 \\ 0 & -p \end{pmatrix} \begin{pmatrix} i\,(1+p)\,\phi_{xxx} & 0 \\ 0 & i\,(1-p)\,\phi_{xxx} \end{pmatrix}$$

$$+ \begin{pmatrix} iuu_x^* & -(1+p)\,u_{xx}^* - u^*\,|u|^2/(1-p) \\ (1-p)\,u_{xx} + u\,|u|^2/(1+p) & -iu^*u_x \end{pmatrix} \phi$$

$$+ \begin{pmatrix} i\,|u|^2\,\phi_x & -u_x^*\,(1+p)\,\phi_x - pu^*\phi_{xx} \\ u_x\,(1-p)\,\phi_x - pu\phi_{xx} & -i\,|u|^2\,\phi_x \end{pmatrix},$$

于是

$$BL\begin{pmatrix}\phi\\\phi\end{pmatrix} - LB\begin{pmatrix}\phi\\\phi\end{pmatrix}$$

$$= \begin{pmatrix} 0 & u_{xx}^{*} + u^{*}\,|u|^2\,\dfrac{2}{1-p^2} \\ -u_{xx} - u\,|u|^2\,\dfrac{2}{1-p^2} & 0 \end{pmatrix}\phi,$$

而

$$i\frac{\partial}{\partial t}L = i\frac{\partial}{\partial t}\left[ i\begin{pmatrix}1+p & 0\\ 0 & 1-p\end{pmatrix}\frac{\partial}{\partial x} + \begin{pmatrix}0 & u^{*}(x,t)\\ u(x,t) & 0\end{pmatrix}\right]$$

$$= \begin{pmatrix} 0 & iu_t^{*}(x,t)\\ iu_t(x,t) & 0 \end{pmatrix},$$

因此由（5.120）式，我们便得到

$$\begin{pmatrix} 0 & iu_t^{*}\\ iu_t & 0 \end{pmatrix}\phi = \begin{pmatrix} 0 & u_{xx}^{*} + u^{*}\,|u|^2\,\beta\\ -u_{xx} - u\,|u|^2\,\beta & 0 \end{pmatrix}\phi,$$

此即(5.117)式。

我们还要指出，算符（5.121a）式是自共轭的，即态矢 $\phi_a$ 与 $L\phi_b$ 之内积满足

$$\left(\phi_a, \quad L\phi_b\right) = \left(L\phi_a, \quad \phi_b\right) . \tag{5.122}$$

这个等式是显然的。内积定义是（酉空间）：

$$(\phi_a, L\phi_b) = \int \phi_a L^{*}\phi_b^{*}\mathrm{d}x ;$$

（5.122）式右边，对 $L$ 算符的导数部分，只要分部积分，并利用场函数在 $\pm\infty$ 处趋于 0 的性质，就得到满足（5.122）式（对导数部分）；而 $L$ 的第二部分，由于在酉空间对任何算符有

$$\left(\phi_a, \quad A\phi_b\right) = \left(A^{+}\phi_a, \quad \phi_b\right),$$

$A^{+}$ 表示 $A$ 的厄密共轭（转置然后再共轭）。因为 $\begin{pmatrix}0 & u^{*}\\ u & 0\end{pmatrix}$ 恰好是厄密共轭的，

故这一部分也满足（5.122）式；这就是说，算符 $L$ 是自共轭的。自共轭算符 $L$ 的本征值问题由下述方程决定：

$$L\phi = \lambda\phi \ .\tag{5.123}$$

可以证明，算符方程（5.120）所对应的（5.123）式中的本征值 $\lambda$ 是不随时间而变的常量。事实上，取（5.123）式两边的导数 $\partial/\partial t$，得

$$L_t\phi + L\phi_t = \lambda_t\phi + \lambda\phi_t;$$

并做上式与 $\phi$ 的内积：

$$\left(L_t\phi, \ \phi\right) + \left(L\phi_t, \ \phi\right) = \lambda_t\left(\phi, \ \phi\right) + \lambda\left(\phi_t, \ \phi\right),$$

由（5.122）式，

$$\left(L\phi_t, \ \phi\right) = \left(\phi_t, \ L\phi\right) = \lambda\left(\phi_t, \ \phi\right);$$

顺便指出，由于 $L$ 是自共轭的，$\lambda$ 为实数，因而

$$\left(L_t\phi, \ \phi\right) = \lambda_t\left(\phi, \ \phi\right),\tag{5.124}$$

同时

$$\left(LB\phi, \ \phi\right) = \left(L(B\phi), \ \phi\right) = \left(B\phi, \ L\phi\right) = \lambda\left(B\phi, \ \phi\right),$$

以及

$$\left(BL\phi, \ \phi\right) = \left(B\lambda\phi, \ \phi\right) = \lambda\left(B\phi, \ \phi\right),$$

即

$$\left((BL - LB)\phi, \ \phi\right) = 0;$$

根据（5.120）式，上式成为

$$\left(L_t\phi, \ \phi\right) = 0,$$

把它代入（5.124）式，就得到

$$\lambda_t = 0.\tag{5.125}$$

另一方面，从（5.123）式得到的

$$L_t\phi + L\phi_t = \lambda\phi_t,$$

与（5.120）式联合得

$$-iL\phi_t + i\lambda\phi_t = BL\phi - LB\phi = \lambda B\phi - LB\phi,$$

即

$$(L - \lambda)(iB\phi + \phi_t) = 0.$$

从上式看到，$(iB\phi + \phi_t)$ 与（5.123）式中的 $\phi$ 至多差一个相因子（含参数 $t$）：
$$iB\phi + \phi_t = \varphi(t)\phi;$$

两边乘以 $e^{-\int_0^t \varphi(\tau)d\tau}$，得

$$B\phi e^{-\int_0^t \varphi(\tau)d\tau} = i[\phi_t - \varphi(t)\phi]e^{-\int_0^t \varphi(\tau)d\tau},$$

即

$$i\frac{\partial}{\partial t}\phi' = B\phi',$$

其中

$$\phi' = e^{-\int_0^t \varphi(\tau)d\tau}\phi,$$

由于 $e^{-\int_0^t \varphi(\tau)d\tau}$ 与 $L$ 可以交换，（5.123）式也可以写成

$$L\phi' = \lambda\phi'$$

的形式。因此，我们看到，在满足算符方程（5.120）情况下，$L$ 所对应的特征方程（略去撇号）

$$L\phi = \lambda\phi$$

中的"态矢"随时间演化由下式确定

$$i\frac{\partial}{\partial t}\phi = B\phi, \tag{5.126}$$

而特征值 $\lambda$ 不依赖于时间[参见 (5.125)式]。

现在把（5.123）式写成分量形式 $\left(\phi = \begin{pmatrix} \phi_1 \\ \phi_2 \end{pmatrix}\right)$：

$$i(1+p)\frac{\partial\phi_1}{\partial x} + u^*\phi_2 = \lambda\phi_1, \tag{5.127a}$$

$$i(1-p)\frac{\partial\phi_2}{\partial x} + u\phi_1 = \lambda\phi_2; \tag{5.127b}$$

引进如下代换

$$\left.\begin{aligned}\phi_1 &= \sqrt{1-p}\,\exp\left[\frac{-i\lambda x}{1-p^2}\right]\nu_2\\\phi_2 &= \sqrt{1+p}\,\exp\left[\frac{-i\lambda x}{1-p^2}\right]\nu_1\end{aligned}\right\},\qquad (5.128)$$

则（5.127）式变为

$$\frac{\partial \nu_1}{\partial x} + i\zeta \nu_1 = q\nu_2, \qquad (5.129a)$$

$$\frac{\partial \nu_2}{\partial x} - i\zeta \nu_2 = -q^*\nu_1, \qquad (5.129b)$$

其中

$$\zeta = \frac{p}{1-p^2}\lambda, \qquad q = \frac{i}{\sqrt{1-p^2}}u, \qquad (5.129c)$$

或写为

$$\hat{L}(t)\nu = \zeta\nu, \qquad (5.130a)$$

$$\hat{L}(t) = \begin{pmatrix} i\dfrac{\partial}{\partial x} & -iq \\[2mm] -iq^* & -i\dfrac{\partial}{\partial x} \end{pmatrix}, \qquad \nu = \begin{pmatrix} \nu_1 \\ \nu_2 \end{pmatrix}. \qquad (5.130b)$$

如果 $\nu = \begin{pmatrix} \nu_1 \\ \nu_2 \end{pmatrix}$ 满足（5.129）式，则对于同一个实值 $\zeta$,

$$\bar{\nu} \equiv \begin{pmatrix} \nu_2^* \\ -\nu_1^* \end{pmatrix}$$

亦满足(5.129) 式。 事实上，取(5.129)式的复共轭：

$$\frac{\partial \nu_1^*}{\partial x} - i\zeta \nu_1^* = q^*\nu_2^*,$$

$$\frac{\partial \nu_2^*}{\partial x} + i\zeta \nu_2^* = -q\nu_1^*,$$

上式正好是

$$\hat{L}(t)\bar{\nu} = \zeta\bar{\nu}.$$

因而 $\nu$ 和 $\bar{\nu}$ 是（5.129）式的两个独立解。此外，由于 $u$（也即 $q$）满足在无穷远处为零的边值条件，因而，在 $|x| \to \infty$ 时，（5.129）式的解趋于 Jost 函数：$\exp(\pm i\varsigma x)$。

假定 $g, F$ 以及 $\bar{F}$ 是（5.129）式的满足散射条件的解(见图 5-1)：

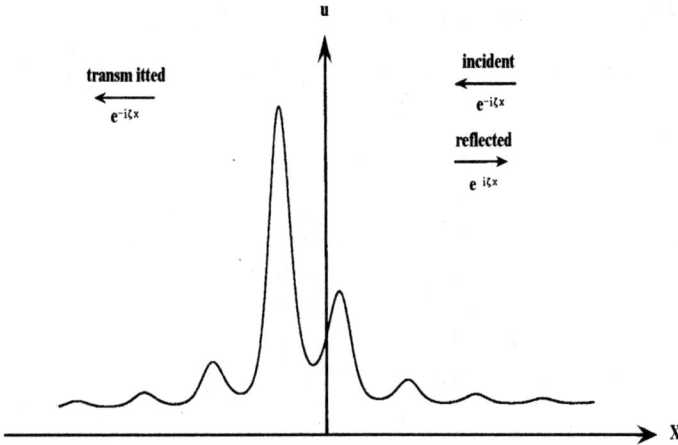

图 5-1

$$g\left(x, \zeta, t\right) \approx \binom{1}{0} e^{-i\zeta x}, \qquad x \to -\infty, \qquad (5.131a)$$

$$F\left(x, \zeta, t\right) \approx \binom{0}{1} e^{i\zeta x}, \qquad x \to \infty, \qquad (5.131b)$$

$$\bar{F}\left(x, \zeta, t\right) = \binom{1}{0} e^{-i\zeta x}, \qquad x \to \infty, \qquad (5.131c)$$

则由上述，可以把 $g(x, \zeta, t)$ 表成二个独立解 $F$ 及 $\bar{F}$ 的线性组合：

$$g\left(x, \zeta, t\right) = aF\left(x, \zeta, t\right) + b\bar{F}\left(x, \zeta, t\right), \qquad （5.132）$$

其中

$$\bar{F} = \begin{pmatrix} F_2^* \\ -F_1^* \end{pmatrix}, \qquad （5.133）$$

而 $a, b$ 仅依赖于参变量 $\zeta$ 及 $t$: $a = a(\zeta, t), b = b(\zeta, t)$。当 $t = 0$ 时，（5.119）式给定，故(5.130b)式中的 $\hat{L}(t)$ 就确定了[通过 (5.129c)式中的 $q$]；解方程（5.130a），就完全确定了 $a(\zeta, 0)$ 及 $b(\zeta, 0)$，这就是解正散射问题。在第九章，为研究美丽土星环结构我们给出了一个解正散射问题例子。我们称 $a$、$b$ 为两个散射参量，在初态 $(t = 0)$ 情况，它们视为已知。

当 $x \to \pm\infty$ 时，由于 $u(x, t), u_x \to 0,$（5.121b）式定义的 $B$ 算符为

$$B \approx -p \begin{pmatrix} 1 & 0 \\ 0 & 1 \end{pmatrix} \frac{\partial^2}{\partial x^2}, \qquad x \to \pm\infty,$$

在此情况下，由(5.126)及（5.128）式易得

$$i\frac{\partial}{\partial t} \begin{pmatrix} \sqrt{1-p}\, e^{-\frac{i\lambda x}{1-p^2}} \nu_2 \\ \sqrt{1+p}\, e^{-\frac{i\lambda x}{1-p^2}} \nu_1 \end{pmatrix}$$

$$= e^{-\frac{i\lambda x}{1-p^2}} \left( \frac{\zeta^2}{p} + 2i\zeta \frac{\partial}{\partial x} - p \frac{\partial^2}{\partial x^2} \right) \begin{pmatrix} \sqrt{1-p}\,\nu_2 \\ \sqrt{1+p}\,\nu_1 \end{pmatrix},$$

或

$$i\frac{\partial}{\partial t} \begin{pmatrix} \nu_1 \\ \nu_2 \end{pmatrix} = \left( \frac{\zeta^2}{p} + 2i\zeta \frac{\partial}{\partial x} - p \frac{\partial^2}{\partial x^2} \right) \begin{pmatrix} \nu_1 \\ \nu_2 \end{pmatrix}. \tag{5.134}$$

在上式中，令 $\nu = \begin{pmatrix} \nu_1 \\ \nu_2 \end{pmatrix} = g$，并把（5.132）式代入上式，考虑到 $F$ 及 $\overline{F}$ 的渐近式 (5.131b)及(5.131c)式,有

$$\left[ i\frac{\partial}{\partial t} - \left( \frac{\zeta^2}{p} + 2i\zeta \frac{\partial}{\partial x} - p \frac{\partial^2}{\partial x^2} \right) \right] \cdot \left[ \begin{pmatrix} 0 \\ a(\zeta, t) \end{pmatrix} e^{i\zeta x} + \begin{pmatrix} b(\zeta, t) \\ 0 \end{pmatrix} e^{-i\zeta x} \right] = 0,$$

即

$$i\frac{\partial a(\zeta, t)}{\partial t} = \left[ \frac{1}{p} + p - 2 \right] \zeta^2 a(\zeta, t),$$

$$i\frac{\partial b(\zeta, t)}{\partial t} = \left[ \frac{1}{p} + p + 2 \right] \zeta^2 b(\zeta, t);$$

两式分别积分，得：

$$a(\zeta,t) = a(\zeta,0)e^{-\frac{i\zeta^2(1-p)^2}{p}t}, \tag{5.135a}$$

$$b(\zeta,t) = b(\zeta,0)e^{-\frac{i\zeta^2(1+p)^2}{p}t}. \tag{5.135b}$$

假定

$$\nu = \begin{pmatrix} \nu_1 \\ \nu_2 \end{pmatrix}, \qquad w = \begin{pmatrix} w_1 \\ w_2 \end{pmatrix},$$

是方程（5.129）的对应于两特征值 $\zeta = \zeta_1, \zeta_2$ 的解，写出来是

$$\frac{\partial \nu_1}{\partial x} + i\zeta_1\nu_1 = q\nu_2, \tag{5.136a}$$

$$\frac{\partial \nu_2}{\partial x} - i\zeta_1\nu_2 = -q^*\nu_1, \tag{5.136b}$$

$$\frac{\partial w_1}{\partial x} + i\zeta_2 w_1 = qw_2, \tag{5.137a}$$

$$\frac{\partial w_2}{\partial x} - i\zeta_2 w_2 = -q^*w_1. \tag{5.137b}$$

(5.136a) 式两边乘以 $w_2$，然后与 (5.137b) 式乘以 $\nu_1$ 相加，得：

$$\frac{\partial}{\partial x}(\nu_1 w_2) + i(\zeta_1 - \zeta_2)\nu_1 w_2 = q\nu_2 w_2 - q^* w_1 \nu_1;$$

同样地，(5.136b)式 $\times w_1$ 加上（5.137a）式 $\times \nu_2$，得

$$\frac{\partial}{\partial x}(\nu_2 w_1) + i(\zeta_2 - \zeta_1)\nu_2 w_1 = q\nu_2 w_2 - q^* w_1 \nu_1,$$

得到的两式相减，获得：

$$\frac{\partial}{\partial x}(\nu_1 w_2 - w_1\nu_2) + i(\zeta_1 - \zeta_2)(\nu_1 w_2 + \nu_2 w_1) = 0. \tag{5.138}$$

现在令

$$\nu \equiv \begin{pmatrix} \nu_1 \\ \nu_2 \end{pmatrix} = F \equiv \begin{pmatrix} F_1 \\ F_2 \end{pmatrix}, \qquad w \equiv \begin{pmatrix} w_1 \\ w_2 \end{pmatrix} = \overline{F} \equiv \begin{pmatrix} F_2^* \\ -F_1^* \end{pmatrix},$$

这时 $\zeta_1 = \zeta_2 = \zeta$（实数），代入（5.138）式,得到

$$\frac{\partial}{\partial x}(-F_1 F_1^* - F_2^* F_2) = 0,$$

即

$$|F_1|^2 + |F_2|^2 = C_0(t),$$

由于(5.131b)式,

$$\lim_{x \to +\infty} \left( |F_1|^2 + |F_2|^2 \right) = 1,$$

因此, 对任何 $x$ 值, 有 $(C_0(t) = 1)$

$$|F_1(x, \zeta, t)|^2 + |F_2(x, \zeta, t)|^2 = 1. \tag{5.139}$$

由(5.132)式,

$$g_1 = aF_1 + bF_2^*, \qquad g_2 = aF_2 - bF_1^*,$$

第一式乘 $F_2$ 后减去第二式乘 $F_1$, 利用 (5.139) 式, 可得

$$b = g_1(x, \zeta, t)F_2(x, \zeta, t) - g_2(x, \zeta, t)F_1(x, \zeta, t) \tag{5.140}$$

到目前为止, 参量 $\zeta$ 都是在实轴上取值, 然而, 从方程(5.129)式直接有

$$\frac{\partial}{\partial x}\left( e^{i\zeta x} \nu_1 \right) = q e^{i\zeta x} \nu_2, \tag{5.141a}$$

$$\frac{\partial}{\partial x}\left( e^{-i\zeta x} \nu_2 \right) = -q^* e^{-i\zeta x} \nu_1 \quad ; \tag{5.141b}$$

在上式中, 分别令 $\nu = F, g$, 然后积分并考虑到散射条件 (5.131) 式, 则有

$$F_1 = -e^{-i\zeta x} \int_x^\infty q e^{i\zeta x'} F_2\left( x', \zeta, t \right) \mathrm{d}x', \tag{5.142a}$$

$$F_2 = e^{i\zeta x}\left[ 1 + \int_x^\infty q^* e^{-i\zeta x'} F_1\left( x', \zeta, t \right) \mathrm{d}x' \right], \tag{5.142b}$$

$$g_1 = e^{-i\zeta x}\left[ 1 + \int_{-\infty}^x q e^{i\zeta x'} g_2\left( x', \zeta, t \right) \mathrm{d}x' \right], \tag{5.143a}$$

$$g_2 = -e^{i\zeta x} \int_{-\infty}^x q^* e^{-i\zeta x'} g_1\left( x', \zeta, t \right) \mathrm{d}x'. \tag{5.143b}$$

通过这一套积分方程, 我们可以从初值(例如, $F_1^{(0)} = 0, F_2^{(0)} = e^{i\zeta x}$)起用逐步叠代的方法, 把原来只对实参变量 $\zeta$ 的函数 $F_1, F_2, g_1, g_2$ 解析延拓到 $\zeta$ 的上半复平面去($\mathrm{Im}\,\zeta > 0$). 这样做了以后, $\zeta$ 就是复参量。由于(5.140)式, $b(\zeta, t)$ 也就随着解析延拓到 $\mathrm{Im}\,\zeta > 0$ 区域。

现在讨论 $|\zeta| \to \infty$ 的极限情况。这时, 从(5.129b)式(令 $\nu_1 = F_1, \nu_2 = F_2$)

看出，与 $|\zeta F_2|$ 相比，$|q^* F_1|$ 可以略去，即相当于"高能"极限；故可令 $q^* \approx 0$，于是积分后利用条件(5.131b)式可得

$$F_2 \approx e^{i\zeta x}, \qquad |\zeta| \to \infty . \qquad (5.144a)$$

把它代入到（5.142a）式，记住这时 $q \approx 0$，得

$$\lim_{|\zeta| \to \infty} \left| F_1 e^{-i\zeta x} \right| = \lim_{|\zeta| \to \infty} \left| e^{-2i\zeta x} \int_x^\infty q e^{2i\zeta x'} \mathrm{d}x' \right|$$

$$\leqslant \lim_{|\zeta| \to \infty} e^{2x \operatorname{Im} \zeta} e^{-2x \operatorname{Im} \zeta} \int_x^\infty |q| \, \mathrm{d}x' \approx 0,$$

故

$$F_1 e^{-i\zeta x} \to 0, \qquad |\zeta| \to \infty \;\; ; \qquad (5.144b)$$

同理，

$$g_1 \approx e^{-i\zeta x}, \qquad |\zeta| \to \infty , \qquad (5.145a)$$

$$g_2 e^{i\zeta x} \approx 0, \qquad |\zeta| \to \infty . \qquad (5.145b)$$

把(5.144)式和(5.145)式代入(5.140)式，就得到

$$b(\zeta, t) \to 1, \qquad |\zeta| \to \infty . \qquad (5.146)$$

因 此 ， 在 上 半 复 平 面 $\operatorname{Im} \zeta > 0$ 内 $b(\zeta, t)$ 只 有 有 限 个 零 点 ：$b(\zeta_j, t) = 0, j = 1, 2, \cdots, N$ 。由(5.140)式有

$$g_1(x, \zeta_j, t) F_2(x, \zeta_j, t) = g_2(x, \zeta_j, t) F_1(x, \zeta_j, t),$$

或

$$\frac{g_1(x, \zeta_j, t)}{F_1(x, \zeta_j, t)} = \frac{g_2(x, \zeta_j, t)}{F_2(x, \zeta_j, t)},$$

它对任何 $x$ 都成立[$t$ 仅是参变量，(5.140)式是关于 $x$ 的微分方程（5.129）的结果]，故有

$$g(x, \zeta_j, t) = C(\zeta_j, t) \cdot F(x, \zeta_j, t), \qquad (5.147a)$$

$$= a(\zeta_j, t) \cdot F(x, \zeta_j, t), \qquad (5.147b)$$

其中，$C(\zeta_j,t)$ 是离散谱参量；现在，我们把（5.132）式延拓到上半复平面；由于 $b(\zeta_j,t)=0$ ，与上式相比较，可知， $C(\zeta_j,t)$ 是 $a(\xi)$ 的解析延拓：$C(\zeta_j,t)=a(\zeta_j,t)$ ，这就得到 (5.147b) 式。把上式代入渐近方程 $(|x|\to\infty)$ (5.134)式中去，利用 $F$ 和 $\overline{F}$ 的渐近式(5.131b)及(5.131c)式，类似于得到 $a$ 的表式那样，我们有：

$$C(\zeta_j,t)=C(\zeta_j,0)e^{\frac{-i\zeta_j^2(1-p)^2}{p}t}. \tag{5.148}$$

到此可以提出如下逆散射问题：在初始时刻 $(t=0)$ ，已知 $u_0(x)$ [见 (5.119)式],于是按(5.129c)式， $q_0(x)$ 也已知，于是 $\hat{L}(0)$ 完全确定，从而散射参量 $a(\zeta,0),b(\zeta,0)$ 以及离散谱参量 $C_j(0)$ 都应视为给定，而它们随时间演化律可由(5.135)式及(5.148)式确定；现在要从这些散射参量反求系数 $q(x,t)$ ，即 $u(x,t)$ 。

引进如下函数：

$$\Phi(x,\zeta,t)=\begin{cases}\dfrac{1}{b(\zeta,t)}g(x,\zeta,t)e^{i\zeta x}, & \operatorname{Im}\zeta>0,\\[2mm] F(x,\zeta^*,t)e^{i\zeta x}, & \operatorname{Im}\zeta<0,\end{cases} \tag{5.149a}$$

而以 $\phi(\xi)$ 表示该函数横越实轴时的跃变：

$$\phi(\xi)=\Phi(x,\xi+i0,t)-\Phi(x,\xi-i0,t)\ . \tag{5.149b}$$

在上半平面 $\operatorname{Im}\zeta>0$ ，除了有限个使 $b$ 为 0 的点 $\zeta=\zeta_1,\zeta_2,\cdots,\zeta_N$ 以外函数 $\Phi$ 是解析的，并且由 (5.145)式和(5.146)式可知，

$$\lim_{|\zeta|\to\infty}\Phi(x,\zeta,t)=\begin{pmatrix}1\\0\end{pmatrix}, \qquad \operatorname{Im}\zeta>0;$$

同时，在下半平面 $\operatorname{Im}\zeta<0$ ， $\Phi$ 也是解析的。由于

$$\overline{F(x,\zeta^*,t)}=\begin{pmatrix}[F_2(x,\zeta^*,t)]^*\\-[F_1(x,\zeta^*,t)]^*\end{pmatrix}=\begin{pmatrix}F_2^*(x,\zeta^*,t)\\-F_1^*(x,\zeta^*,t)\end{pmatrix},$$

因而由(5.144)式，有

$$\lim_{|\zeta|\to\infty}\Phi(x,\zeta,t)=\lim_{|\zeta|\to\infty}\begin{pmatrix}F_2\left(x,\zeta^*,t\right)e^{-i\zeta^*x}\\-F_1\left(x,\zeta^*,t\right)e^{-i\zeta^*x}\end{pmatrix}^*=\begin{pmatrix}1\\0\end{pmatrix},\quad\text{Im}\,\zeta<0;$$

两式合起来，即为

$$\lim_{|\zeta|\to\infty}\Phi(x,\zeta,t)=\begin{pmatrix}1\\0\end{pmatrix}.\tag{5.150}$$

在上半平面 $\text{Im}\,\zeta'>0$,考虑沿 $(-\infty,\infty)$ 实轴和无限大上半圆组成的封闭迴路 $C$ 的积分

$$\int_C\frac{\Phi\left(x,t;\zeta'\right)}{\zeta'-\zeta}\mathrm{d}\zeta'=\int_{-\infty}^\infty\frac{\Phi\left(x,t;\xi'+i0\right)}{\xi'-\zeta}\mathrm{d}\xi'+\int_\cap\frac{\Phi\left(x,t;\zeta'\right)}{\zeta'-\zeta}\mathrm{d}\zeta'\tag{5.151}$$

其右边第一个积分中的 $\Phi(x,t;\xi'+i0)$ 为 $\Phi(x,t;\zeta')$ 当 $\zeta'$ 从上半平面趋向于实轴时边界值；对于后一个无限半圆 $\left(|\zeta'|=R\to\infty\right)$ 的积分，由(5.150)式它为

$$\begin{pmatrix}1\\0\end{pmatrix}\cdot\int_\cap\frac{\mathrm{d}\zeta'}{\zeta'-\zeta}=\begin{pmatrix}1\\0\end{pmatrix}\int_0^\pi\frac{i\rho e^{i\varphi}\mathrm{d}\varphi}{\rho e^{i\varphi}}=\pi i\begin{pmatrix}1\\0\end{pmatrix}.$$

另外，如果 $\zeta$ 位于下半复平面：$\text{Im}\,\zeta<0$,则(5.151)式左边的积分的被积函数，在迴路 $C$ 包围的区域内有 $N$ 个极点，即 $b(\zeta',t)$ 的零点：$\zeta'=\zeta_j,j=1,2,\cdots,N$。于是积分值决定于被积函数在这些极点处的残数：

$$2\pi i\sum_{j=1}^N\frac{e^{i\zeta_jx}g\left(x,\zeta_j,t\right)}{\left(\zeta_j-\zeta\right)b'\left(\zeta_j,t\right)},$$

其中

$$b'\equiv\frac{\partial b(\zeta,0)}{\partial\zeta}\;;\tag{5.152}$$

故(5.151)式成为 $(\text{Im}\,\zeta<0)$

$$\frac{1}{2\pi i}\int_{-\infty}^\infty\frac{\Phi\left(x,t;\xi'+i0\right)}{\xi'-\zeta}\mathrm{d}\xi'$$

$$= -\frac{1}{2}\begin{pmatrix}1\\0\end{pmatrix} - \sum_{j=1}^{N} \frac{e^{i\zeta_j x} g(x,\zeta_j,t)}{(\zeta-\zeta_j)b'(\zeta_j,t)}. \tag{5.153}$$

类似地在下半复平面 $\operatorname{Im}\zeta' < 0$，有

$$\int_{C'} \frac{\Phi(x,t;\zeta')}{\zeta'-\zeta}\mathrm{d}\zeta' = -\int_{-\infty}^{\infty} \frac{\Phi(x,t;\xi'-i0)}{\xi'-\zeta}\mathrm{d}\xi' + \pi i\begin{pmatrix}1\\0\end{pmatrix},$$

其中迴路 $C'$ 是反向的迴路 $C$。由定义式(5.149a)式，在 $\operatorname{Im}\zeta' < 0$ 区，$\Phi(x,t;\zeta')$ 是解析的，而 $\zeta$ 又处于这个区内($\operatorname{Im}\zeta < 0$)，故上式左边的积分是哥西积分，利用哥西公式它为

$$\Phi(x,t;\zeta)\cdot 2\pi i,$$

于是($\operatorname{Im}\zeta < 0$)，

$$\frac{1}{2\pi i}\int_{-\infty}^{\infty} \frac{\Phi(x,t;\xi'-i0)}{\xi'-\zeta}\mathrm{d}\xi' = -\Phi(x,t;\zeta) + \frac{1}{2}\begin{pmatrix}1\\0\end{pmatrix}, \tag{5.154}$$

(5.153)式与(5.154)式相减，并利用(5.149b)式，可得：

$$\Phi(x,t;\zeta) = \begin{pmatrix}1\\0\end{pmatrix} + \sum_{j=1}^{N} \frac{e^{i\zeta_j x} g(x,\zeta_j,t)}{(\zeta-\zeta_j)b'(\zeta_j,t)} + \frac{1}{2\pi i}\int_{-\infty}^{\infty} \frac{\phi(\xi')\mathrm{d}\xi'}{\xi'-\zeta}. \tag{5.155}$$

上式是在 $\operatorname{Im}\zeta < 0$ 情况下推得，但在 $\operatorname{Im}\zeta > 0$ 情况，也可同法推得(5.155)式。此外，由于(5.147)式，我们就可把(5.155)式写成

$$\Phi(x,t;\zeta) = \Phi^{(1)} + \Phi^{(2)}, \tag{5.156a}$$

其中

$$\Phi^{(1)} = \begin{pmatrix}1\\0\end{pmatrix} + \sum_{j=1}^{N} \frac{e^{i\zeta_j x}\tilde{C}_j}{\zeta-\zeta_j} F(x,t;\zeta_j), \tag{5.156b}$$

$$\Phi^{(2)} = \frac{1}{2\pi i}\int_{-\infty}^{\infty} \frac{\phi(\xi')}{\xi'-\zeta}\mathrm{d}\xi', \tag{5.156c}$$

$$\tilde{C} = a(\zeta_j,t)/b'(\zeta_j,t). \tag{5.156d}$$

从(5.149a)式和（5.149b）式直接有

162

$$\Phi(x,t;\xi+i0)=\frac{g(x,t;\xi)}{b(\xi,t)}e^{i\xi x},$$

$$\Phi(x,t;\xi-i0)=\overline{F(x,t;\xi)}e^{i\xi x},$$

$$\phi(\xi)=\left[\frac{g(x,t;\xi)}{b(\xi,t)}-\overline{F(x,t;\xi)}\right]e^{i\xi x},$$

据(5.132)式,它为

$$\phi(\xi)=\frac{a(\xi,t)}{b(\xi,t)}F(x,t;\xi)e^{i\xi x}. \tag{5.157}$$

我们转而分析连续谱情况。先令(5.156a)式中的 $\zeta$ 从下半平面 $\mathrm{Im}\,\zeta<0$ 趋向实轴的点 $\xi$，则

$$\Phi(\zeta)=\Phi(\xi-i0)=\overline{F(x,t;\xi)}e^{i\xi x}=\begin{pmatrix} F_2^*(x,t;\xi) \\ -F_1^*(x,t;\xi) \end{pmatrix}e^{i\xi x},$$

同时，考虑到 Plemelj 公式(1.32):

$$\frac{1}{Z\pm i0}=\wp\frac{1}{Z}\mp i\pi\delta(Z),$$

$\Phi^{(2)}$ 化为

$$\Phi^{(2)}=\frac{1}{2\pi i}\int_{-\infty}^{\infty}\frac{\phi(\xi')}{\xi'-\xi+i0}\mathrm{d}\xi'$$

$$=\frac{\wp}{2\pi i}\int_{-\infty}^{\infty}\frac{\phi(\xi')}{\xi'-\xi}\mathrm{d}\xi'-\frac{1}{2}\phi(\xi),$$

上式积分前面符号 $\wp$ 表示取主值积分，于是

$$\begin{pmatrix} F_2^*(x,t;\xi) \\ -F_1^*(x,t;\xi) \end{pmatrix}e^{i\xi x}=-\frac{1}{2}(1-J)\phi(\xi)+\Phi^{(1)}(\xi), \tag{5.158}$$

其中, $J$ 为希尔伯特 (Hilbert) 转换算子:

$$J\phi(\xi)=\frac{1}{\pi i}\wp\int\frac{\phi(\xi')}{\xi'-\xi}\mathrm{d}\xi'. \tag{5.159}$$

把(5.158)写成分量

$$\phi=\begin{pmatrix} \phi_1(\xi) \\ \phi_2(\xi) \end{pmatrix}, \qquad \Phi^{(1)}=\begin{pmatrix} \Phi_1^{(1)}(\xi) \\ \Phi_2^{(1)}(\xi) \end{pmatrix}$$

的形式，有

$$F_2^*(x,t;\xi)e^{i\xi x} + \frac{1}{2}(1-J)\phi_1(x,t;\xi) = \Phi_1^{(1)}(x,t;\xi), \tag{5.160}$$

$$-F_1^*(x,t;\xi)e^{i\xi x} + \frac{1}{2}(1-J)\phi_2(x,t;\xi) = \Phi_2^{(1)}(x,t;\xi).$$

取上式的复共轭，并用明显等式[参见(5.159)式]

$$(J\phi)^* = -J\phi^*,$$

得

$$-F_1(x,t;\xi)e^{-i\xi x} + \frac{1}{2}(1+J)\phi_2^*(x,t;\xi) = \Phi_2^{(1)*}(x,t;\xi). \tag{5.161}$$

令

$$C(x,t;\xi) = \frac{a(\xi,t)}{b(\xi,t)}e^{2i\xi x},$$

以 $C^*(x,t;\xi)$ 乘(5.160)式，以 $C(x,t;\xi)$ 乘(5.161)式，利用(5.156b)及(5.157)式，获得

$$C^*(x,t;\xi)\frac{1-J}{2}\phi_1(x,t;\xi) + \phi_2^*(x,t;\xi)$$

$$= C^*(x,t;\xi) + C^*(x,t;\xi)\sum_{j=1}^{N}\frac{e^{i\zeta_j x}}{\xi-\zeta_j}\tilde{C}_j F_1(x,t;\zeta_j), \tag{5.162}$$

$$C(x,t;\xi)\frac{1+J}{2}\phi_2^*(x,t;\xi) - \phi_1(x,t;\xi)$$

$$= C(x,t;\xi)\cdot\sum_{j=1}^{N}\frac{e^{-i\zeta_j x}}{\xi-\zeta_j^*}\tilde{C}_j^* F_2^*(x,t;\zeta_j). \tag{5.163}$$

对于离散谱，我们令(5.156a)式中 $\zeta = \zeta_k^*$ $(k=1,2,\cdots,N)$，由于 $\zeta_k$ 是上半平面内 $b(\zeta,t)$ 的零点，$\zeta_k^*$ 就位于下半平面，即这时 $\mathrm{Im}\,\zeta < 0$，故由(5.149a)式：

$$\Phi(x,t;\zeta_k^*) = \begin{pmatrix} F_2^*(x,t;\zeta_k) \\ -F_1^*(x,t;\zeta_k) \end{pmatrix}e^{i\zeta_k^* x};$$

这时，(5.156a)式变为

$$F_2^*\left(x,t;\zeta_k\right)e^{i\zeta_k^* x} - \sum_{j=1}^{N}\frac{e^{i\zeta_j x}}{\zeta_k^* - \zeta_j}\tilde{C}_j F_1\left(x,t;\zeta_j\right)$$

$$= 1 + \frac{1}{2\pi i}\int_{-\infty}^{\infty}\frac{\phi_1\left(\xi'\right)\mathrm{d}\xi'}{\xi' - \zeta_k^*}, \qquad (k=1,2,\cdots,N)\ , \qquad (5.164)$$

$$-F_1^*\left(x,t;\zeta_k\right)e^{i\zeta_k^* x} - \sum_{j=1}^{N}\frac{e^{i\zeta_j x}}{\zeta_k^* - \zeta_j}\tilde{C}_j F_2\left(x,t;\zeta_j\right)$$

$$= \frac{1}{2\pi i}\int_{-\infty}^{\infty}\frac{\phi_2\left(\xi'\right)\mathrm{d}\xi'}{\xi' - \zeta_k^*}, \qquad (k=1,2,\cdots,N),$$

取上式复共轭，得

$$-F_1\left(x,t;\zeta_k\right)e^{-i\zeta_k x} - \sum_{j=1}^{N}\frac{e^{-i\zeta_j^* x}\tilde{C}_j^*}{\zeta_k - \zeta_j^*}F_2^*\left(x,t;\zeta_j\right)$$

$$= \frac{-1}{2\pi i}\int_{-\infty}^{\infty}\frac{\phi_2^*\left(\xi'\right)\mathrm{d}\xi'}{\xi' - \zeta_k}, \qquad (k=1,2,\cdots,N). \qquad (5.165)$$

(5.162)式～（5.165）式一共有 $2N+2$ 个等式，按 $t=0$ 时给定的散射资料 $a(\xi,0)$ ， $b(\xi,0)$ ， $a(\zeta_j,0)$ ，就可以由这些式确定 $2N+2$ 个量： $F_1\left(x,t;\zeta_k\right), F_2^*\left(x,t;\zeta_k\right), \phi_1\left(x,t;\xi\right), \phi_2^*\left(x,t;\xi\right)$ 。而从这些量又可反求得系数 $q(x,t)$ 即求出场量 $u(x,t)$ 。事实上，我们在(5.164)及(5.165)式中代换 $\zeta_k^* \to \zeta^*$ ，并取头一个式子的复共轭，可得：

$$\begin{pmatrix} F_2\left(x,t;\zeta\right) \\ -F_1\left(x,t;\zeta\right) \end{pmatrix}e^{-i\zeta x} = \begin{pmatrix} 1 \\ 0 \end{pmatrix} + \sum_{j=1}^{N}\frac{e^{-i\zeta_j^* x}\tilde{C}_j^*}{\zeta - \zeta_j^*}\begin{pmatrix} F_1^*\left(x,t;\zeta_j\right) \\ F_2^*\left(x,t;\zeta_j\right) \end{pmatrix} - \frac{1}{2\pi i}\int_{-\infty}^{\infty}\frac{\phi^*\left(\xi'\right)}{\xi' - \zeta}\mathrm{d}\xi'.$$

$$(5.166)$$

在 $|\zeta| \to \infty$ 时，可把上式右边展开为级数：

$$\begin{pmatrix} F_2\left(x,t;\zeta\right) \\ -F_1\left(x,t;\zeta\right) \end{pmatrix}e^{-i\zeta x} = \begin{pmatrix} 1 \\ 0 \end{pmatrix}$$

$$+\frac{1}{\zeta}\left[\sum_{j=1}^{N}\tilde{C}_j^*e^{-i\zeta_j^*x}\begin{pmatrix}F_1^*\left(x,t;\zeta_j\right)\\F_2^*\left(x,t;\zeta_j\right)\end{pmatrix}+\frac{1}{2\pi i}\int_{-\infty}^{\infty}\phi^*\left(\xi'\right)\mathrm{d}\xi'\right]+O\left(\frac{1}{\zeta^2}\right).\qquad(5.167)$$

类似地，我们将解析函数 $F\left(x,t;\zeta\right)e^{-i\zeta x}$ 在 $|\zeta|=\infty$ 处展开，由于(5.144)式，有

$$\begin{pmatrix}F_1\left(x,t;\zeta\right)\\F_2\left(x,t;\zeta\right)\end{pmatrix}e^{-i\zeta x}=\begin{pmatrix}0\\1\end{pmatrix}+\frac{1}{\zeta}\begin{pmatrix}\alpha_1\\\alpha_2\end{pmatrix}+O\left(\frac{1}{\zeta^2}\right).\qquad(5.168)$$

由于 $F$ 假定是满足条件(5.131b)的方程(5.129)的解，代入(5.129)式后，有

$$\frac{\alpha_1}{\zeta}i\zeta+\frac{1}{\zeta}\frac{\partial\alpha_1}{\partial x}+i\alpha_1=q\left[1+\frac{\alpha_2}{\zeta}\right],$$

$$i\zeta+i\alpha_2+\frac{1}{\zeta}\frac{\partial\alpha_2}{\partial x}-i\zeta-i\alpha_2=-q^*\frac{\alpha_1}{\zeta},$$

从第一式得：

$$\alpha_1=\frac{1}{2i}q\left(x,t\right),\qquad(5.169)$$

从第二式得：

$$\frac{\partial\alpha_2}{\partial x}=-q^*\alpha_1,$$

把(5.169)式代入，并考虑到条件(5.131b)式：$x\to\infty$，$F_2\to e^{i\zeta x}$；或据(5.168)式，$x\to\infty$ 时 $\alpha_2\to 0$；积分后为

$$\alpha_2=\int_{\infty}^{x}\frac{\partial\alpha_2}{\partial x}\mathrm{d}x=\frac{1}{2i}\int_{x}^{\infty}|q|^2\,\mathrm{d}x\ ;\qquad(5.170)$$

这时，(5.168)式就成为

$$\begin{pmatrix}F_1\left(x,t;\zeta\right)\\F_2\left(x,t;\zeta\right)\end{pmatrix}e^{-i\zeta x}=\begin{pmatrix}0\\1\end{pmatrix}+\frac{1}{2i\zeta}\begin{pmatrix}q\left(x,t\right)\\\int_{x}^{\infty}|q|^2\,\mathrm{d}x\end{pmatrix}+O\left(\frac{1}{\zeta^2}\right).\qquad(5.171)$$

比较两级数(5.167)和(5.171)式，立即得到：

$$q\left(x,t\right)=-2i\sum_{j=q}^{N}\tilde{C}_j^*e^{-i\zeta_j^*x}F_2^*\left(x,t;\zeta_j\right)-\frac{1}{\pi}\int_{-\infty}^{\infty}\phi_2\left(\xi'\right)\mathrm{d}\xi',\qquad(5.172)$$

$$\int_{x}^{\infty}\left|q\left(x',t\right)\right|^2\mathrm{d}x'=2i\sum_{j=1}^{N}\tilde{C}_j^*e^{-i\zeta_j^*x}F_1^*\left(x.t;\zeta_j\right)+\frac{1}{\pi}\int_{-\infty}^{\infty}\phi_1^*\left(\xi'\right)\mathrm{d}\xi'.\qquad(5.173)$$

这两个式子就是我们所要求的：知道散射资料以后，就可求得 $q(x,t)$，从而由(5.129c)式就得到场 $u$：

$$u = -i\sqrt{1-p^2}\, q(x,t). \tag{5.174}$$

考虑 $a(\xi,t) \equiv 0$ 的逆散射问题，由于散射条件 (5.131b) 及 (5.132) 式，$F_{x\to\infty}$ 相当于反射波，这种情况相应于无反射问题。这时由 (5.157) 式，$\phi(\xi) \equiv 0$, (5.162) 及 (5.163) 式变成零恒等式，而 (5.164) 和 (5.165) 式成为

$$F_1\left(x,t;\zeta_k\right) - \sum_{j=1}^{N} \frac{\left(\tilde{C}_j e^{i\zeta_j x}\right)^*}{\zeta_j^* - \zeta_k} F_2^*\left(x,t;\zeta_j\right) e^{i\zeta_k x} = 0, \tag{5.175a}$$

$$F_2^*\left(x,t;\zeta_k\right) - \sum_{j=1}^{N} \frac{\tilde{C}_j e^{i\zeta_j x}}{\zeta_k^* - \zeta_j} F_1\left(x,t;\zeta_j\right) e^{-i\zeta_k^* x} = e^{-i\zeta_k^* x}. \tag{5.175b}$$

为写得更对称起见，令

$$\Lambda_j = \sqrt{\tilde{C}_j}\, e^{i\zeta_j x}, \quad \sqrt{\tilde{C}_k}\, F\left(x,t;\zeta_k\right) = \begin{pmatrix} F_{1k} \\ F_{2k} \end{pmatrix}, \tag{5.176}$$

(5.175) 式化为

$$F_{1k} - \sum_{j=1}^{N} \frac{\Lambda_j^* \Lambda_k}{\zeta_j^* - \zeta_k} F_{2j}^* = 0, \qquad k = 1, \cdots, N, \tag{5.177a}$$

$$\sum_{j=1}^{N} \frac{\Lambda_j \Lambda_k^*}{\zeta_j - \zeta_k^*} F_{1j} + F_{2k}^* = \Lambda_k^*, \qquad k = 1, \cdots, N; \tag{5.177b}$$

而 (5.172) 变为

$$q(x,t) = -2i \sum_{j=1}^{N} \Lambda_j^* F_{2j}^*, \tag{5.178}$$

(5.173) 变为

$$\int_x^{\infty} \left|q\left(x',t\right)\right|^2 \mathrm{d}x' = -2i \sum_{j=1}^{N} \Lambda_j F_{1j}. \tag{5.179}$$

上式是从 (5.173) 式的复共轭式化来的；(5.173) 式左边是实数，故复共轭后不变，右边的复共轭就是 (5.179) 式的右边表式。

最简单的情况是 $N=1$，这时 $b(t,\zeta)$ 只有一个零点 $\zeta = \zeta_1 = \xi_1 + i\eta_1$，$\eta_1 > 0$。于是从 (5.177) 式得到

$$F_{11} + \frac{\left|\Lambda_1\right|^2}{2i\eta_1} F_{21}^* = 0, \qquad \frac{\left|\Lambda_1\right|^2}{2i\eta_1} F_{11} + F_{21}^* = \Lambda_1^*; \tag{5.180}$$

解此方程得

$$F_{21}^* \equiv \left[\sqrt{\tilde{C}_1}\, F_2\left(x,t;\zeta_1\right)\right]^* = \dfrac{\Lambda_1^*}{1+\dfrac{\left|\Lambda_1\right|^4}{4\eta_1^2}} ;$$

而由(5.178)式及(5.174)式,

$$q\left(x,t\right) = -2i\,\dfrac{\left(\Lambda_1^*\right)^2}{1+\dfrac{\left|\Lambda_1\right|^4}{4\eta_1^2}} = \left[-i\sqrt{1-p^2}\right]^{-1} u,$$

因此

$$u = -2\sqrt{1-p^2}\,\dfrac{4\eta_1^2\left(\Lambda_1^*\right)^2}{4\eta_1^2+\left|\Lambda_1\right|^4}. \tag{5.181}$$

由(5.156d)式、(5.148)式及(5.135b)式有

$$\tilde{C}\left(\zeta_1,t\right) = \frac{a\left(\zeta_1,t\right)}{b'\left(\zeta_1,t\right)}$$

$$= \frac{a\left(\zeta_1,0\right)e^{-\frac{i\zeta_1^2}{p}(1-p)^2 t}}{b'\left(\zeta_1,0\right)e^{-i\frac{\zeta_1^2}{p}(1+p)^2 t}}$$

$$= \tilde{C}\left(0\right)e^{4i\zeta_1^2 t} \quad, \tag{5.182a}$$

其中

$$\tilde{C}\left(0\right) \equiv a\left(\zeta_1,0\right)/b'\left(\zeta_1,0\right) \quad, \tag{5.182b}$$

在上面的推演中,注意 $b\left(\zeta_1,0\right)=0$。而由(5.176)式可得 $\Lambda_1$ 的表示式:

$$\Lambda_1 = \sqrt{\tilde{C}\left(0\right)}\,e^{i\zeta_1 x+2i\zeta_1^2 t}$$

$$= \sqrt{\tilde{C}\left(0\right)}\,e^{i\xi_1 x+2i\left(\xi_1^2-\eta_1^2\right)t}\cdot e^{-\eta_1 x-4\xi_1\eta_1 t},$$

$$u = -2\sqrt{1-p^2}\,\dfrac{4\eta_1^2\tilde{C}^*\left(0\right)e^{-2i\xi_1 x-4i\left(\xi_1^2-\eta_1^2\right)t}}{4\eta_1^2 e^{8\xi_1\eta_1 t+2\eta_1 x}+\left|\tilde{C}\left(0\right)\right|^2 e^{-8\xi_1\eta_1 t-2\eta_1 x}}$$

$$= -2\sqrt{1-p^2}\ \frac{4\eta_1^2 \tilde{C}^*(0) e^{-2i\xi_1 x - 4i\left(\xi_1^2 - \eta_1^2\right)t}}{2\eta_1\left|\tilde{C}(0)\right|\left[\dfrac{2\eta_1}{\left|\tilde{C}(0)\right|}e^{8\xi_1\eta_1 t + 2\eta_1 x} + \dfrac{\left|\tilde{C}(0)\right|}{2\eta_1}e^{-8\xi_1\eta_1 t - 2\eta_1 x}\right]},$$

由于

$$\tilde{C}^*(0) = \left|\tilde{C}(0)\right| e^{-i\varphi}, \qquad \varphi = \arg\tilde{C}(0),$$

$$2\eta_1 \Big/ \left|\tilde{C}(0)\right| = e^{\ln\frac{2\eta_1}{\left|\tilde{C}(0)\right|}} = e^{-\ln\frac{\left|\tilde{C}(0)\right|}{2\eta_1}},$$

利用(5.121c)式, 最后就得到方程(5.117)的单 Soliton 的解:

$$u = -\frac{2\sqrt{2\beta}}{\beta}\eta_1\ \frac{\exp\left[-4i\left(\xi_1^2 - \eta_1^2\right)t - 2i\xi_1 x - i\varphi\right]}{ch\left[2\eta_1\left(x - x_0\right) + 8\xi_1\eta_1 t\right]}, \tag{5.183a}$$

其中

$$x_0 = \frac{1}{2\eta_1}\ln\left[\frac{a\left(\zeta_1,0\right)}{b'\left(\zeta_1,0\right)}\frac{1}{2\eta_1}\right], \qquad \varphi = \arg\left[\frac{a\left(\zeta_1,0\right)}{b'\left(\zeta_1,0\right)}\right]. \tag{5.183b}$$

我们看到, 非线性 Schrödinger 方程的单 Soliton 的解依赖于四个参量: $\xi_1, \eta_1, x_0, \varphi$。 $\eta_1$ 与 Soliton 振幅有关, $\xi_1$ 与 Soliton 速度相关, 它可以任意选择。对 Zakharov 方程的情况, 为有一致的物理意义, 和(5.112a) 式相比较, 应选择

$$\mathrm{v} = -4\xi_1 = u, \tag{5.184}$$

在此情况下, (5.183a)式中的 $u(x,t)$ 表达式和(5.112a)式的 $E(x,t)$ 表式完全一样。

(5.177)式确定了无反射情况下的 N-Soliton 的解。现在研究它在 $|t|$ 充分大情况下的渐近性质。假定所有的 $\xi_j$ $(j = 1, 2, \cdots, N)$ 都不相同; 不失一般性, 假定

$$\xi_1 > \xi_2 > \cdots > \xi_N,$$

在此情况下, 类似于(5.182a)式, 有

$$\tilde{C}\left(\zeta_j, t\right) = \tilde{C}(0) e^{4i\zeta_j^2 t},$$

以及

$$\Lambda_j = \sqrt{\tilde{C}(0)} e^{i\xi_j x + 2i\left(\xi_j^2 - \eta_j^2\right)} \cdot e^{-\eta_j\left(x + 4\xi_j t\right)},$$

$$\left|\Lambda_j\right| = \sqrt{\left|\tilde{C}(0)\right|} e^{-\eta_j y_j}, \tag{5.185a}$$

$$y_j = x + 4\xi_j t. \tag{5.185b}$$

我们在以速度 $v = -4\xi_m$ 的运动坐标系

$$y_m = x + 4\xi_m t = \text{const.} \tag{5.186}$$

中求解(5.177)式。这时

$$y_j = y_m + 4\left(\xi_j - \xi_m\right)t, \tag{5.187}$$

因而在 $|t|$ 很大时，由上式和(5.185a)式有

$$t \to \infty : \begin{cases} y_j \to +\infty, \left|\Lambda_j\right| \to 0, j < m, \\ y_j \to -\infty, \left|\Lambda_j\right| \to \infty, j > m, \end{cases} \tag{5.188a}$$

$$t \to -\infty : \begin{cases} y_j \to -\infty, \left|\Lambda_j\right| \to \infty, j < m, \\ y_j \to +\infty, \left|\Lambda_j\right| \to 0, j > m. \end{cases} \tag{5.188b}$$

先研究 $t \to +\infty$ 情况，由于对 $j < m$, $\Lambda_j \to 0$，从(5.177)式立即得到

$$F_{1k}, F_{2k} \to 0, \quad k < m. \tag{5.188c}$$

对 $k = m$, (5.177)式给出

$$F_{1m} + \frac{\left|\Lambda_m\right|^2}{2i\eta_m} F_{2m}^* = -\Lambda_m \sum_{j=m+1}^{N} \frac{\Lambda_j^*}{\zeta_m - \zeta_j^*} F_{2j}^*, \tag{5.189a}$$

$$\frac{\left|\Lambda_m\right|^2}{2i\eta_m} F_{1m} + F_{2m}^* = \Lambda_m^* + \Lambda_m^* \sum_{j=m+1}^{N} \frac{\Lambda_j}{\zeta_m^* - \zeta_j} F_{1j}. \tag{5.189b}$$

对于 $k > m$, (5.177a)式给出

$$\frac{F_{1k}}{\left|\Lambda_k\right|^2} - \frac{1}{\Lambda_k^*}\left[\frac{\Lambda_m^*}{\zeta_m^* - \zeta_k} F_{2m}^* + \sum_{j=m+1}^{N} \frac{\Lambda_j^*}{\zeta_j^* - \zeta_k} F_{2j}^*\right] = 0.$$

由于这时 $\left|\Lambda_k\right|^2 \to \infty$, 故

$$\sum_{j=m+1}^{N} \frac{\Lambda_j^* F_{2j}^*}{\zeta_k - \zeta_j^*} = -\frac{\Lambda_m^* F_{2m}^*}{\zeta_k - \zeta_m^*}. \tag{5.190a}$$

同样，由(5.177b)式得

$$\sum_{j=m+1}^{N} \frac{\Lambda_j F_{1j}}{\zeta_k^* - \zeta_j} = -1 - \frac{\Lambda_m}{\zeta_k^* - \zeta_m} F_{1m}. \tag{5.190b}$$

为了解代数方程组(5.189)及(5.190)式，可用拉格朗日方法。假定 $P(\zeta)$ 和 $Q(\zeta)$ 是如下形式的 $N$ 次多项式：

$$P(\zeta) = \prod_{p=1}^{N} (\zeta - \zeta_p), Q(\zeta) = \prod_{p=1}^{N} (\zeta - \zeta_p^*). \tag{5.191}$$

注意，$\zeta_1, \zeta_2, \cdots, \zeta_N$ 为不相同的复数。于是令

$$d(\zeta) = \frac{P(\zeta)}{Q(\zeta)} = 1 + \sum_{k=1}^{N} \frac{d_k^*}{\zeta - \zeta_k^*}, \tag{5.192}$$

由(5.191)式有

$$P(\zeta) = Q(\zeta) + \sum_{k=1}^{N} \left[ d_k^* \prod_{\substack{p=1 \\ p \neq k}}^{N} (\zeta - \zeta_p^*) \right].$$

上式右边的和项展开为

$$d_1^* (\zeta - \zeta_2^*)(\zeta - \zeta_3^*) \cdots (\zeta - \zeta_N^*)$$
$$+ d_2^* (\zeta - \zeta_1^*)(\zeta - \zeta_3^*) \cdots (\zeta - \zeta_N^*) + \cdots$$
$$+ d_N^* (\zeta - \zeta_1^*) \cdots (\zeta - \zeta_{N-1}^*),$$

当 $\zeta = \zeta_i^*$ 时，这时和项只剩下正比于 $d_i^*$ 的项，其他项均为零，注意 $Q(\zeta_i^*) = 0$，所以

$$P(\zeta_i^*) = 0 + d_i^* \prod_{\substack{p=1 \\ p \neq i}}^{N} (\zeta_i^* - \zeta_p^*),$$

即

$$d_i^* = \prod_{p=1}^{N} (\zeta_i^* - \zeta_p) \Big/ \prod_{\substack{p=1 \\ p \neq i}}^{N} (\zeta_i^* - \zeta_p^*). \tag{5.193}$$

在(5.192)式中令 $\zeta = \zeta_j$，由于 $Q(\zeta_j) \neq 0, P(\zeta_j) = 0$，故有

$$\sum_{k=1}^{N} \frac{d_k^*}{\zeta_k^* - \zeta_j} = 1 = \sum_{k=1}^{N} \frac{d_k}{\zeta_k - \zeta_j^*}. \tag{5.194}$$

如果我们把 $P(\zeta)$ 和 $Q(\zeta)$ 看成是 $(N+1)$ 次多项式

$$P(\zeta) = \prod_{p=0}^{N} \left(\zeta - \zeta_p\right), \qquad\qquad Q(\zeta) = \prod_{p=0}^{N} \left(\zeta - \zeta_p^*\right),$$

其中 $\zeta_0$ 为不同于 $\zeta_1, \zeta_2, \cdots, \zeta_N$ 的任一复数，则直接把（5.194）式推广为

$$\sum_{k=0}^{N} \frac{\tilde{d}_k}{\zeta_k - \zeta_j^*} = 1, \tag{5.195}$$

其中 $\tilde{d}_k$ 类似于(5.193)式：

$$\tilde{d}_k = \prod_{p=0}^{N} \left(\zeta_k - \zeta_p^*\right) \Big/ \prod_{\substack{p=0 \\ p \neq k}}^{N} \left(\zeta_k - \zeta_p\right), \qquad k = 0, 1, \cdots, N ; \tag{5.196a}$$

并且，对 $k > 0$, 即 $k = 1, 2, \cdots, N$ 情况，从上式直接有

$$\tilde{d}_k = \frac{\zeta_k - \zeta_0^*}{\zeta_k - \zeta_0} d_k, \qquad k > 0 ; \tag{5.196b}$$

在(5.195)式中，令 $\zeta_j^* = \zeta_0^*$，然后把(5.196b)式代入，易得

$$\sum_{k=1}^{N} \frac{d_k}{\zeta_k - \zeta_0^*} = 1 - \frac{\tilde{d}_0}{\zeta_0 - \zeta_0^*} = 1 - \frac{\tilde{d}_0}{2i\eta_0}, \tag{5.196c}$$

其中，$\eta_0 = \mathrm{Im}\,\zeta_0$。此外，对于任意 $(N-1)$ 次多项式 $H(\zeta)$，我们亦可把它表为

$$H(\zeta) = \sum_{k=1}^{N} D_k \frac{P(\zeta)}{\zeta - \zeta_k},$$

其中 $P(\zeta)$ 仍为(5.191)式定义的 $N$ 次多项式，于是

$$H(\zeta) = \sum_{k=1}^{N} D_k \prod_{\substack{p=1 \\ p \neq k}}^{N} \left(\zeta - \zeta_p\right);$$

令 $\zeta = \zeta_i$，就得到

$$H(\zeta_i) = D_i \prod_{\substack{p=1 \\ p \neq i}}^{N} \left(\zeta_i - \zeta_p\right),$$

或

$$D_i = H(\zeta_i) \bigg/ \prod_{\substack{p=1 \\ p \neq i}}^{N} (\zeta_i - \zeta_p);$$

由于(5.193)式、(5.191)式,

$$D_i = d_i H(\zeta_i) \bigg/ \prod_{p=1}^{N} (\zeta_i - \zeta_p^*) = \frac{d_i H(\zeta_i)}{Q(\zeta_i)}, \tag{5.197}$$

即

$$H(\zeta) = \sum_{k=1}^{N} \frac{H(\zeta_k)}{Q(\zeta_k)} d_k \frac{P(\zeta)}{\zeta - \zeta_k}; \tag{5.198}$$

在上式中令 $\zeta = \zeta_j^*$, 有

$$\frac{H(\zeta_j^*)}{P(\zeta_j^*)} = \sum_{k=1}^{N} \frac{H(\zeta_k)}{Q(\zeta_k)} d_k \frac{1}{\zeta_j^* - \zeta_k}; \tag{5.199}$$

特别地, 把 $(N-1)$ 次多项式 $H(\zeta)$ 选择为

$$H(\zeta) = Q(\zeta) \big/ (\zeta - \zeta_l^*),$$

则由(5.191)式,

$$H(\zeta_j^*) = Q(\zeta_j^*) \big/ (\zeta_j^* - \zeta_l^*) = \begin{cases} 0, & j \neq l, \\ \prod\limits_{\substack{p=1 \\ p \neq j}}^{N} (\zeta_j^* - \zeta_p^*), & j = l. \end{cases}$$

而由(5.193)式,

$$\prod_{\substack{p=1 \\ p \neq j}}^{N} (\zeta_j^* - \zeta_p^*) \big/ P(\zeta_j^*) = \prod_{\substack{p=1 \\ p \neq j}}^{N} (\zeta_j^* - \zeta_P^*) \bigg/ \prod_{p=1}^{N} (\zeta_j^* - \zeta_p)$$

$$= 1 \big/ d_j^*,$$

因而(5.199)式成为

$$\sum_{k=1}^{N} \frac{d_k}{\zeta_k - \zeta_l^*} \frac{1}{\zeta_j^* - \zeta_k} = \begin{cases} 0, & j \neq l, \\ 1 \big/ d_j^*, & j = l. \end{cases} \tag{5.200}$$

类似于把(5.194)推广为(5.195)式，我们直接把(5.200)式推广为（其中令 $\zeta_l^* = \zeta_0^*$）

$$\sum_{k=0}^{N} \frac{\tilde{d}_k}{\zeta_k - \zeta_0^*} \frac{1}{\zeta_j^* - \zeta_k} = \begin{cases} 0, & j > 0, \\ 1/\tilde{d}_0^*, & j = 0. \end{cases}$$

展开求和号（分出 $k = 0$ 项），并把(5.196b)式代入得：

$$\sum_{k=1}^{N} \frac{d_k}{\zeta_k - \zeta_0} \frac{1}{\zeta_j^* - \zeta_k} = \frac{-\tilde{d}_0}{2i\eta_0} \frac{1}{\zeta_j^* - \zeta_0}, \qquad j > 0 \ , \tag{5.201a}$$

$$\sum_{k=1}^{N} \frac{d_k}{\zeta_k - \zeta_0^*} \frac{1}{\zeta_0^* - \zeta_k} = \frac{1}{\tilde{d}_0^*} - \frac{\tilde{d}_0}{4\eta_0^2}, \qquad j = 0 \ , \tag{5.201b}$$

其中，由(5.196a)式，$\tilde{d}_0$ 为

$$\tilde{d}_0 = \prod_{p=0}^{N} \left(\zeta_0 - \zeta_p^*\right) \Big/ \prod_{p=1}^{N} \left(\zeta_0 - \zeta_p\right)$$

$$= 2i\eta_0 \prod_{p=1}^{N} \left(\zeta_0 - \zeta_p^*\right) \Big/ \prod_{p=1}^{N} \left(\zeta_0 - \zeta_p\right)$$

$$= 2i\eta_0 \prod_{p=1}^{N} \frac{\zeta_0 - \zeta_p^*}{\zeta_0 - \zeta_p}. \tag{5.202}$$

现在回过来求解(5.189)式和(5.190)式。先把(5.194)式与(5.201a)式加起来得到

$$\sum_{k=1}^{N} \frac{1}{\zeta_j^* - \zeta_k} \left[ d_k + \frac{2i\eta_0}{\tilde{d}_0} \frac{d_k}{\zeta_k - \zeta_0} \right] = -1 - \frac{1}{\zeta_j^* - \zeta_0}; \tag{5.203}$$

然后把上式与(5.190b)式相比较（$\zeta_0 \to \zeta_m$），利用(5.193)式和(5.202)式，可得

$$\Lambda_j F_{1j} = d_j^{(0)} + \frac{2i\eta_m}{a_m} \frac{\Lambda_m F_{1m}}{\zeta_j - \zeta_m} d_j^{(0)}, \tag{5.204}$$

其中，

$$a_m = 2i\eta_m \prod_{p=m+1}^{N} \frac{\zeta_m - \zeta_p^*}{\zeta_m - \zeta_p}, \tag{5.205a}$$

$$d_j^{(0)} = \prod_{p=m+1}^{N} \left(\zeta_j - \zeta_p^*\right) \Big/ \prod_{\substack{p=m+1 \\ p \neq j}}^{N} \left(\zeta_j - \zeta_p\right). \tag{5.205b}$$

对(5.201a)式取共轭，得

$$\sum_{k=1}^{N} \frac{1}{\zeta_j - \zeta_k^*} \left[ d_k^* \frac{(-2i\eta_0)}{\zeta_k^* - \zeta_0^*} \frac{1}{\tilde{d}_0^*} \right] = -\frac{1}{\zeta_j - \zeta_o^*},$$

把它与(5.190a)式比较（这时 $\zeta_0$ 对应于 $\zeta_m$），得

$$\Lambda_j^* F_{2j}^* = -\frac{2i\eta_m}{a_m^*} \frac{d_j^{(0)*}}{\zeta_j^* - \zeta_m^*} \Lambda_m^* F_{2m}^*. \tag{5.206}$$

其中的 $a_m$ 及 $d_j^{(0)}$ 仍由(5.205)式确定。把(5.204)式和(5.206)式代入(5.189)式,得到

$$F_{1m} + \frac{|\Lambda_m|^2}{2i\eta_m} F_{2m}^* = \frac{2i\eta_m}{a_m^*} |\Lambda_m|^2 F_{2m}^* \cdot \sum_{j=m+1}^{N} \frac{d_j^{(0)*}}{\zeta_m - \zeta_j^*} \frac{1}{\zeta_j^* - \zeta_m^*}, \tag{5.207a}$$

$$\frac{|\Lambda_m|^2}{2i\eta_m} F_{1m} + F_{2m}^* = \Lambda_m + \Lambda_m^* \left[ \sum_{j=m+1}^{N} \frac{d_j^{(0)}}{\zeta_m - \zeta_j} \right.$$

$$\left. + \frac{2i\eta_m}{a_m} \Lambda_m F_{1m} \sum_{j=m+1}^{N} \frac{d_j^{(0)}}{\zeta_m^* - \zeta_j} \frac{1}{\zeta_j - \zeta_m} \right]. \tag{5.207b}$$

取(5.201b)式的复共轭，可得

$$\sum_{j=m+1}^{N} \frac{d_j^{(0)*}}{\zeta_m - \zeta_j^*} \frac{1}{\zeta_j^* - \zeta_m^*} = \frac{1}{a_m} - \frac{a_m^*}{4\eta_m^2}; \tag{5.207c}$$

于是(5.207a)式变为

$$F_{1m} + \frac{|\tilde{\Lambda}_m|^2}{2i\eta_m} F_{2m}^* = 0, \tag{5.208}$$

其中

$$\tilde{\Lambda}_m = \Lambda_m \frac{2i\eta_m}{a_m} = \Lambda_m \prod_{p=m+1}^{N} \frac{\zeta_m - \zeta_p}{\zeta_m - \zeta_p^*}. \tag{5.209}$$

由(5.196c)式及(5.202)式，有如下等式

$$\sum_{k=1}^{N} \frac{d_k}{\zeta_k - \zeta_0} = 1 - \prod_{p=1}^{N} \frac{\zeta_0 - \zeta_p^*}{\zeta_0 - \zeta_p},$$

它可以作为参变量 $\zeta_0$ 的恒等式，把 $\zeta_0$ 换成 $\zeta_0^*$，则有

$$\sum_{k=1}^{N} \frac{d_k}{\zeta_k - \zeta_0^*} = 1 - \prod_{p=1}^{N} \frac{\zeta_0^* - \zeta_p^*}{\zeta_0^* - \zeta_p}$$

$$= 1 - \left( \prod_{p=1}^{N} \frac{\zeta_0 - \zeta_p}{\zeta_0 - \zeta_p^*} \right)^*. \tag{5.210}$$

在(5.207b)式右边第一个求和项中，$\zeta_m \to \zeta_0^*, d_k^{(0)} \to d_k$，应用上式就得到

$$\Lambda_m^* \sum_{j=m+1}^{N} \frac{d_j^{(0)}}{\zeta_m^* - \zeta_j} = -\Lambda_m^* + \Lambda_m^* \left( \prod_{p=m+1}^{N} \frac{\zeta_m - \zeta_p}{\zeta_m - \zeta_p^*} \right)^*$$

$$= -\Lambda_m^* + \left( \tilde{\Lambda}_m \right)^*,$$

而(5.207b)式右边第二个求和项恰好是(5.207a)式右边求和项 $\Sigma$ 的复共轭，它为

$$\sum_{j=m+1}^{N} \frac{d_j^{(0)}}{\zeta_m^* - \zeta_j} \cdot \frac{1}{\zeta_j - \zeta_m} = \frac{1}{a_m^*} - \frac{a_m}{4\eta_m^2},$$

因此，(5.207b)式变为

$$\frac{\left| \tilde{\Lambda}_m \right|^2}{2i\eta_m} F_{1m} + F_{2m}^* = \left( \tilde{\Lambda}_m \right)^*. \tag{5.211}$$

而由(5.174)式及(5.178)式, N-Soliton 解为

$$u(x,t) = -2\sqrt{1-p^2} q(x,t) = -2\sqrt{1-p^2} \sum_{j=1}^{N} \Lambda_j^* F_{2j}^*, \tag{5.212}$$

由于(5.188c)式，即

$$u(x,t)\big|_{t\to\infty} = -2\sqrt{1-p^2} \Lambda_m^* F_{2m}^* - 2\sqrt{1-p^2} \sum_{j=m+1}^{N} \Lambda_j^* F_{2j}^*. \tag{5.213}$$

考虑到(5.206)式及(5.196c)式，有

$$\sum_{j=m+1}^{N} \Lambda_j^* F_{2j}^* = \left( -\frac{2i\eta_m}{a_m^*} \right) \Lambda_m^* F_{2m}^* \sum_{j=m+1}^{N} \frac{d_j^{(0)*}}{\zeta_j^* - \zeta_m^*}$$

$$= \tilde{\Lambda}_m^* F_{2m}^* \left( 1 + \frac{a_m^*}{2i\eta_m} \right)$$

$$= \tilde{\Lambda}_m^* F_{2m}^* - \Lambda_m^* F_{2m}^*,$$

因此，(5.213)式成为

$$u(x,t)\big|_{t\to\infty} = -2\sqrt{1-p^2}\,\tilde{\Lambda}_m^* F_{2m}^* \equiv u_m^+. \tag{5.214}$$

至此我们看到，由于方程组(5.208)式和(5.211)式与方程组(5.180)式具有完全相同的形式，$u_m^+$ 就是形如(5.183)式的 Soliton 解。我们若把 $\tilde{\Lambda}_m$ 写成

$$\tilde{\Lambda}_m = \sqrt{\tilde{C}^+(0)}\, e^{i\xi_m x + 2i\left(\xi_m^2 - \eta_m^2\right)} \cdot e^{-\eta_m y_m}, \tag{5.215}$$

则有(5.209)式及(5.185a)式前一式，可得 $\tilde{C}^+(0)$ 的表达式：

$$\tilde{C}^+(0) = \tilde{C}(0)\left(\prod_{p=m+1}^{N} \frac{\zeta_m - \zeta_p}{\zeta_m - \zeta_p^*}\right)^2. \tag{5.216}$$

于是，按(5.183b)式, Soliton $u_m^+$ 的中心位移为

$$x_{0m}^+ = \frac{1}{4\eta_m} \ln \frac{\left|\tilde{C}^+(0)\right|^2}{4\eta_m^2}$$

$$= x_{0m} + \frac{1}{4\eta_m} \cdot 2\ln\left\{\left[\prod_{p=m+1}^{N} \frac{\zeta_m - \zeta_p}{\zeta_m - \zeta_p^*}\right] \cdot \left[\prod_{p=m+1}^{N} \frac{\zeta_m - \zeta_p}{\zeta_m - \zeta_p^*}\right]^*\right\}$$

$$= x_{0m} + \frac{1}{2\eta_m} \ln\left\{\prod_{p=m+1}^{N} \left|\frac{\zeta_m - \zeta_p}{\zeta_m - \zeta_p^*}\right|^2\right\}$$

$$= x_{0m} + \frac{1}{\eta_m} \sum_{p=m+1}^{N} \ln\left|\frac{\zeta_m - \zeta_p}{\zeta_m - \zeta_p^*}\right|,$$

即

$$x_{0m}^+ - x_{0m} = \frac{1}{\eta_m} \sum_{p=m+1}^{N} \ln\left|\frac{\zeta_m - \zeta_p}{\zeta_m - \zeta_p^*}\right| < 0, \tag{5.217}$$

而 $u_m^+$ 的位相为

$$\varphi_m^+ = \arg \tilde{C}_m^+(0) = \varphi_m + 2\sum_{p=m+1}^{N} \arg\left(\frac{\zeta_m - \zeta_p}{\zeta_m - \zeta_p^*}\right), \tag{5.218}$$

其中 $x_{0m}$ 和 $\varphi_m$ 是参量指标为 $m$ 的单个 Soliton 的 $u_m$ 的中心位移和相位：

$$x_{0m} = \frac{1}{2\eta_m}\ln[\frac{a(\zeta_m,0)}{b'(\zeta_m,0)}\frac{1}{2\eta_m}], \quad \phi_m = \arg\left[\frac{a(\zeta_m,0)}{b'(\zeta_m,0)}\right]. \tag{5.219}$$

在 $t \to -\infty$ 情况，由于(5.188b)式，完全类似地可以得到方程组(5.208)和(5.211)式，只不过其中的参数 $\tilde{\Lambda}_m$ 变成为 $\tilde{\Lambda}_m^-$：

$$\tilde{\Lambda}_m^- = \Lambda_m \prod_{p=1}^{m-1}\frac{\zeta_m - \zeta_p}{\zeta_m - \zeta_p^*}; \tag{5.220}$$

这时，$u_m^-$ 的中心位移和相位为

$$x_{0m}^- - x_{0m} = \frac{1}{\eta_m}\sum_{p=1}^{m-1}\ln\left|\frac{\zeta_m - \zeta_p}{\zeta_m - \zeta_p^*}\right|, \tag{5.221a}$$

$$\varphi_{0m}^- - \varphi_m = 2\sum_{p=1}^{m-1}\arg\left(\frac{\zeta_m - \zeta_p}{\zeta_m - \zeta_p^*}\right). \tag{5.221b}$$

应该指出，对于有反射的情况，即 $a(\xi) \neq 0$，这时要解方程组(5.162)~(5.165)式是相当困难的。然而，如果我们要研究在 $t \to \infty$ 时的渐近行为，则由方程中的 $C \propto a/b \sim e^{4i\xi^2 t}$ 和 $\phi \propto a/b \sim e^{4i\xi^2 t}$ 存在含时的高速振荡，则在 $t \to \infty$ 的渐近情况下，所有包含 $a(\xi)$ 的项都无实质贡献，因此，**上面求得的渐近解式，同样对 $a(\xi) \neq 0$ 的情况也是对的**(Satsuma & Yajima,1974)。

综合上述，我们在以单个 Soliton $u_m$ 的速度($v = -4\xi_m$)运动的坐标系中，求得了 N-Soliton 渐近解 $u(x,t)$ 亦是单个 Soliton $u_m^\pm$(对应于 $t \to \pm\infty$)，只不过其中心位移 $x_{0m}^\pm$ 及相位 $\varphi_m^\pm$ 与 $u_m$ 的中心位移及相位略不同。当然，我们可以选择 $m = 1,2,\cdots,N$；于是，我们就证明了，N-Soliton 解渐近地（$|t|$ 很大时）瓦解为 $N$ 个单 Soliton。假定某个初始时刻有一组 Soliton，$\sum_m u_m$，它们的速度各不一样，而且在 $x$ 轴的分布也不同。随着时间的发展，落在后面的快速 Soliton 就赶上来和前面的 Soliton"碰撞"，"碰撞"瞬间，Soliton 的结构会发生很复杂的变化，但在碰后很长一段时间，他们又恢复到具有和碰前相同结构的一组 Soliton：$\sum_m u_m^+$，只不过位相和中心位置发生了移动而已。这一点和 Kdv－Soliton 相类似。此外，如果两

个 Soliton 具有相同的速度（或两个 $\xi$ 相等），则它们决不会分离，形成束缚态。这种情况却和 Kdv—Soliton 大不一样。如果 N 个 $\xi_j$ 都相等，不失一般性，令所有的 $\xi = 0$（可选择运动坐标系，使在其中 $\xi = 0$）。这时由于(5.177a)、(5.177b)式中的 $\Lambda_j$ 包含振荡因子，一般来讲这组方程就会出现周期振荡孤波解。特别地，当 $\xi_1 = 0$ 时，从(5.183a)式也看到，孤波以频率 $\omega = 4\eta_1^2$ 振荡。

最后，作为数学味道甚浓的这一小节的结尾，我们指出，在第九章将看到，原来土星美丽的光环可能是这种密度扰动的 N 个 Soliton。复杂的数学结果模写了天体实在结构：这也是始料不及的事！

## 附录 B　最小作用量原理与诺忒定理

### B.1　最小作用量原理

经典力学中有一个属第一性原理的所谓最小作用量原理：对任何力学体系，存在一个作用量积分

$$I = \int_{t_1}^{t_2} L(\mathbf{q}, \dot{\mathbf{q}}) \mathrm{d}t ; \tag{B.1}$$

对真实运动，上述积分取极值，即它的变分

$$\delta I = \int_{t_1}^{t_2} \delta L(q_i, \dot{q}_i) \mathrm{d}t = 0, \tag{B.2}$$

其中 $\mathbf{q}$ 和 $\dot{\mathbf{q}}$ 分别代表广义坐标和广义速度。由上式，注意到边界上变分 $\delta q_i(t_1) = \delta q_i(t_2) = 0$ 和 $\delta \dot{q}_i = \dfrac{\mathrm{d}}{\mathrm{d}t}(\delta q_i)$，立即可得到

$$\frac{\partial L}{\partial q_i} - \frac{\mathrm{d}}{\mathrm{d}t}\left(\frac{\partial L}{\partial \dot{q}_i}\right) = 0 . \tag{B.3}$$

上式就是质点力学的运动方程，在变分法中称为欧勒(Euler)方程。

### B.2　经典场方程

我们可以把经典力学的最小作用量原理（又称变分原理）移植到波场系统，从而得到经典场方程。经典场论中，常用多个独立场变量 $\psi_\sigma(\mathbf{x})$（$\sigma = 1, 2, 3, \cdots, n$）来描述。$\psi_\sigma(\mathbf{x})$ 相当于力学体系的广义坐标，$n$ 是每个时空点场物理量的数目。类似经典力学，对任何一个场的体系，假定存在拉格朗日(Lagrange)密度实标量函数 L，它是 $\psi_\sigma(\mathbf{x})$ 及其时空微商

$\psi_{\sigma,x_\mu}(\mathbf{x})(\equiv(\partial/\partial x_\mu)\psi_\sigma(\mathbf{x}))$ 的泛函（$\mu=0,1,2,3$）。对封闭体系，L 不应是时空的显函数，以保证它在时空坐标平移下也保持不变。为使自由场满足迭加原理，自由场的 L 不应含有二个以上 $\psi_\sigma(\mathbf{x})$ 的乘积。为了简单，我们假定 L 不含 $\psi_\sigma(\mathbf{x})$ 对时间的高级微商，于是作用量为

$$\Im=\int_G L(\psi_\sigma,\psi_{\sigma,x_\mu})\mathrm{d}t\mathrm{d}\mathbf{x},$$

G 为场在四维时空中存在的范围。设场物理量作一微小变动

$$\psi_\sigma(x)\to\psi_\sigma(x)+\delta\psi_\sigma(x),$$

并假设在 G 边界上 $\delta\psi_\sigma(x)=0$，则由变分原理有：

$$\delta\Im_\psi=\int_G\delta L\mathrm{d}t\mathrm{d}\mathbf{x}=\int_G\left[\frac{\partial L}{\partial\psi_\sigma}\delta\psi_\sigma+\frac{\partial L}{\partial(\psi_{\sigma,x_\mu})}\delta(\psi_{\sigma,x_\mu})\right]\mathrm{d}t\mathrm{d}\mathbf{x}=0;\tag{B.4}$$

注意到 $\delta(\psi_{\sigma,x_\mu})=\partial/\partial x_\mu(\delta\psi_\sigma)$，分部积分第二项，则上式可成

$$\delta\Im_\psi=\int_G\left\{\left[\frac{\partial L}{\partial\psi_\sigma}-\frac{\partial}{\partial x_\mu}\left(\frac{\partial L}{\partial(\psi_{\sigma,x_\mu})}\right)\right]\delta\psi_\sigma+\frac{\partial}{\partial x_\mu}\left(\frac{\partial L}{\partial(\psi_{\sigma,x_\mu})}\delta\psi_\sigma\right)\right\}\mathrm{d}t\mathrm{d}\mathbf{x}=0,\tag{B.5}$$

上式中最后一项的积分利用四维空间的高斯定理

$$\int_G\partial_\mu F_\mu\mathrm{d}t\mathrm{d}\mathbf{x}=\int_\Sigma F_\mu\mathrm{d}\sigma_\mu$$

可得

$$\int_G\frac{\partial}{\partial x_\mu}\left(\frac{\partial L}{\partial(\psi_{\sigma,x_\mu})}\delta\psi_\sigma\right)\mathrm{d}t\mathrm{d}\mathbf{x}=\int_\Sigma\frac{\partial L}{\partial(\psi_{\sigma,x_\mu})}\delta\psi_\sigma\mathrm{d}\sigma_\mu,$$

其中 $\mathrm{d}\sigma_\mu$ 是四维空间 $\mathrm{d}t\mathrm{d}\mathbf{x}\equiv\mathrm{d}^4x$ 的三维超曲面：

$\mathrm{d}\sigma_1=\mathrm{d}x_2\mathrm{d}x_3\mathrm{d}x_0,\mathrm{d}\sigma_2=\mathrm{d}x_1\mathrm{d}x_3\mathrm{d}x_0,\mathrm{d}\sigma_3=\mathrm{d}x_1\mathrm{d}x_2\mathrm{d}x_0,\mathrm{d}\sigma_0=\mathrm{d}x_1\mathrm{d}x_2\mathrm{d}x_3;$
$\mathrm{d}x_0=\mathrm{d}t$，$\Sigma$ 为 G 的边界。由于边界上 $\delta\psi_\sigma=0$，所以上述超曲面积分为零：

$$\delta\Im_\psi=\int_G\left[\frac{\partial L}{\partial\psi_\sigma}-\frac{\partial}{\partial x_\mu}\left(\frac{\partial L}{\partial(\psi_{\sigma,x_\mu})}\right)\right]\delta\psi_\sigma=0;$$

再考虑到积分区域 G 和 $\delta\psi_\sigma$ 的任意性，故得

$$\frac{\partial}{\partial x_\mu}\left(\frac{\partial L}{\partial(\psi_{\sigma,x_\mu})}\right)-\frac{\partial L}{\partial\psi_\sigma}=0.\tag{B.6}$$

此即方程(5.57)，被称为拉格朗日－欧勒(Lagrange-Euler)方程，简称

拉氏方程。现在来证明，如果拉氏密度取为(5.56)式，则这时它满足的欧勒方程(5.57)就是 Zakharov 方程。事实上，令

(i)　$\psi_\sigma = E_{\sigma=i}$，$(i=1,2,3)$；　$\psi_{i,x_k} \equiv \dfrac{\partial}{\partial x_k} E_i$，$\psi_{i,t} \equiv \dfrac{\partial}{\partial t} E_i$　；我们直接写下

从(5.56)式得到的各个导数项：

$$\frac{\partial \mathrm{L}}{\partial E_i} = \frac{i}{2} E_{i,t}^* - (u_t - |\mathbf{E}|^2) E_i^*, \quad \frac{\partial}{\partial E_{i,t}} \mathrm{L} = -\frac{i}{2} E_i^*$$

$$\frac{\partial \mathrm{L}}{\partial E_{i,x_j}} = -\alpha(\nabla \times \mathbf{E}^*)_l \frac{\partial(\nabla \times \mathbf{E})_l}{\partial E_{i,x_j}} - \nabla \cdot \mathbf{E}^* \frac{\partial(\nabla \cdot \mathbf{E})}{\partial E_{i,x_j}}$$

$$= -\alpha(\nabla \times \mathbf{E}^*)_l \frac{\partial(\varepsilon_{lmk} E_{k,x_m})}{\partial E_{i,x_j}} - \nabla \cdot \mathbf{E}^* \delta_{ij}$$

$$= -\alpha(\nabla \times \mathbf{E}^*)_l \varepsilon_{lmk} \delta_{ik} \delta_{jm} - \nabla \cdot \mathbf{E}^* \delta_{ij} = -\alpha(\nabla \times \mathbf{E}^*)_l \varepsilon_{lji} - \nabla \cdot \mathbf{E}^* \delta_{ij},$$

$$\frac{\partial}{\partial x_j}\left(\frac{\partial \mathrm{L}}{\partial E_{i,x_j}}\right) = \alpha \frac{\partial}{\partial x_j}(\nabla \times \mathbf{E}^*)_l \varepsilon_{ijl} - [\nabla(\nabla \cdot \mathbf{E}^*)]_i$$

$$= [\alpha \nabla \times (\nabla \times \mathbf{E}^*) - \nabla(\nabla \cdot \mathbf{E}^*)]_i \quad ;$$

故由欧勒方程(5.57)，可得

$$\alpha \nabla \times \nabla \times \mathbf{E}^* - \nabla(\nabla \cdot \mathbf{E}^*) - \frac{i}{2}\frac{\partial}{\partial t}\mathbf{E}^* - \frac{i}{2}\frac{\partial}{\partial t}\mathbf{E}^* + (u_t - \mathbf{E} \cdot \mathbf{E}^*)\mathbf{E}^* = 0;$$

取上式复共轭，并考虑到(5.55)式，就得到(5.51)式。

类似地，令(ii)$\psi_\sigma = E_i^*$，从欧勒方程(5.57)亦得到(5.51)式。现在令(iii) $\psi_\sigma = u$，我们有：

$$\frac{\partial \mathrm{L}}{\partial u} = 0, \quad \frac{\partial}{\partial t}\frac{\partial \mathrm{L}}{\partial u_t} = u_{tt} - (\mathbf{E} \cdot \mathbf{E}^*)_t,$$

$$\frac{\partial}{\partial x_i}\frac{\partial \mathrm{L}}{\partial u_{x_i}} = -\frac{\partial}{\partial x_i}[\nabla u \frac{\partial \nabla u}{\partial u_{x_i}}] = -\frac{\partial}{\partial x_i}[\frac{\partial u}{\partial x_k}\frac{\partial u_{x_k}}{\partial u_{x_i}}] = -\frac{\partial}{\partial x_i}[\frac{\partial u}{\partial x_k}\delta_{ik}] = -\nabla^2 u,$$

则由欧勒方程(5.57)，考虑到(5.54)式，就得到(5.55)式，即(5.52)式。

## B.3　诺忒(Noether)定理

1935 年，Noether 提出一个著名的定理，其内容是：使作用量变分为零的任一连续对称坐标变换，对应存在一个守恒定律。即假定拉氏密度对

于坐标的微变动及相应的场变动

$$x_\mu \to x'_\mu = x_\mu + \delta x_\mu, \tag{B.7}$$

$$\psi_\sigma \to \psi'_\sigma(x') = \psi_\sigma(x) + \delta\psi_\sigma(x), \tag{B.8}$$

具有对称性，即使得总作用量变分为零，

$$\delta\mathfrak{S} = \delta\mathfrak{S}_G + \delta\mathfrak{S}_\psi = 0, \tag{B.9}$$

这时真实场"运动"存在守恒律。

(B.9)式作用量变分包含两部分内容，即由时空变换(B.7)引起时空区域位形的变化 G→G′，

$$\delta\mathfrak{S}_G = \int_G L\delta(\mathrm{d}^4 x) = \int_\Sigma L\mathrm{d}\sigma_\mu \int_0^{\delta x_\mu} \mathrm{d}(\delta x_\mu) = \int_\Sigma \left( L\delta x_\mu \right)\mathrm{d}\sigma_\mu$$

$$= \int_G \frac{\partial}{\partial x_\mu}\left( L\delta x_\mu \right)\mathrm{d}^4 x,$$

上式最后一步利用了高斯定理。另一部分是由场变量变换(B.8)引起的 Lagrange 函数的变化,即 $\delta\mathfrak{S}_\psi$ [参见(B.5)式]，考虑到场方程(B.6)，于是(B.9)式成为

$$\int_G \frac{\partial}{\partial x_\mu}[L\delta x_\mu + \frac{\partial L}{\partial \psi_{\sigma,x_\mu}}\delta\psi_\sigma]\mathrm{d}^4 x = 0 ;$$

由于 $\mathrm{d}^4 x$ 任意性，故有

$$\frac{\partial}{\partial x_\mu}J_\mu = 0, \tag{B.10a}$$

其中

$$J_\mu = L\delta x_\mu + \frac{\partial L}{\partial \psi_{\sigma,x_\mu}}\delta\psi_\sigma \quad. \tag{B.10b}$$

（B.10a）式是四维时空矢量 $J_\mu$ 的连续方程，它是守恒定律的微分形式，$J_\mu$ 被称之为守恒流。将（B.10a）式对空间体积元 $\mathbf{dx} \equiv \mathrm{d}^3 x$ 积分

$$\int_V \frac{\partial}{\partial x_\mu}J_\mu\mathrm{d}^3 x = \int_V (\frac{\partial}{\partial t}J_0 + \nabla\cdot\mathbf{J})\mathrm{d}^3 x = 0$$

利用三维高斯定理,考虑到场量在积分边界面上趋于零,上式第二项为零,最后得到

$$\int_V J_0\mathrm{d}^3 x = \int_V (L\delta x_0 + \pi_\sigma\delta\psi_\sigma)\mathrm{d}^3 x = \text{Const.}, \tag{B.10c}$$

其中,

$$\pi_\sigma \equiv \frac{\partial L}{\partial \psi_{\sigma,t}}.\tag{B.10d}$$

(B.10c)式是不随时间改变的守恒定律的积分形式。于是 Nother 定理得到证明。利用这一定理可以写出各种场体系的守恒量。

## B.4 能量—动量守恒律

假定 L 仅对时空平移

$$x_\mu \to x'_\mu = x_\mu + \varepsilon_\mu, \quad \varepsilon_\mu \equiv \delta x_\mu,$$

具有对称性, 这时场量仍是不变的: $\psi'_\sigma(x'_\mu) = \psi_\sigma(x_\mu)$, 即

$$\psi'_\sigma(x'_\mu) = \psi_\sigma(x'_\mu - \varepsilon_\mu) = \psi_\sigma(x'_\mu) - \frac{\partial \psi_\sigma(x'_\mu)}{\partial x'_\mu}\delta x_\mu,$$

或

$$\delta\psi_\sigma(x_\mu) \equiv \psi'_\sigma(x_\mu) - \psi_\sigma(x_\mu) = -\delta x_\mu \frac{\partial \psi_\sigma(x_\mu)}{\partial x_\mu};$$

根据 Noether 定理, 把上式代入(B.10b)式, 并考虑到 $\varepsilon_\mu \equiv \delta x_\mu$ 的任意性, 有

$$\frac{\partial T_{\mu\nu}}{\partial x_\mu} = 0,\tag{B.11}$$

其中, $T_{\mu\nu}$ 为能量—动量张量:

$$T_{\nu\mu} = L\delta_{\mu\nu} - \frac{\partial \psi_\sigma}{\partial x_\nu}\frac{\partial L}{\partial \psi_{\sigma,x_\mu}};\tag{B.12}$$

上式是能量—动量守恒的微分形式。从(B.11)式, 利用三维高斯定理, 考虑到场量在积分边界面上趋于零, 则可得到它的积分形式:

$$P_\mu = \int_V T_{\mu 0}\mathrm{d}^3 x = \text{Const.},$$

即( $\mathrm{d}^3 x \equiv \mathrm{d}\mathbf{r}$ )

$$P_i = \int_V T_{i0}\mathrm{d}^3 x = -\int_V \frac{\partial \psi_\sigma}{\partial x_i}\frac{\partial L}{\partial \psi_{\sigma,t}}\mathrm{d}\mathbf{r} = \text{Const.},$$

$$P_0 = \int_V T_{00}\mathrm{d}^3 x = \int_V (L - \psi_{\sigma,t}\frac{\partial L}{\partial \psi_{\sigma,t}})\mathrm{d}\mathbf{r} = \text{Const.},$$

用( $-1$ )乘上二式, 得到守恒的能量和动量:

$$H = \int d\mathbf{r}(\pi_\sigma \psi_{\sigma,t} - L),\tag{B.13}$$

$$\mathbf{P} = -\int \pi_\sigma \nabla \psi_\sigma d\mathbf{r}.\tag{B.14}$$

## B.5 角动量守恒

如果拉氏密度 L 对于空间旋转也具有对称性，则存在守恒的总角动量。在空间旋转时，空间坐标以及矢量场 $\boldsymbol{\Phi}$（例如 = $\mathbf{E}$）发生变化

$$\mathbf{r}' = \mathbf{r} + \mathbf{r} \times \delta\boldsymbol{\varphi},$$
$$\Phi_\sigma' = \Phi_\sigma + (\boldsymbol{\Phi} \times \delta\boldsymbol{\varphi})_\sigma,\tag{B.15}$$

其中，$\delta\boldsymbol{\varphi}$ 为绕某方向的无限小旋转角元，它在$(x,\mathrm{y},z)$轴上的投影为 $\varepsilon_1, \varepsilon_2, \varepsilon_3$；选择 $\alpha_{lm}$ 使

$$(\delta\boldsymbol{\varphi})_k = \frac{1}{2}\varepsilon_{klm}\alpha_{lm}$$

这时，$-\alpha_{32} = \alpha_{23} = \varepsilon_1, -\alpha_{13} = \alpha_{31} = \varepsilon_2, -\alpha_{21} = \alpha_{12} = \varepsilon_3$；这样，(B.15)式就成为

$$x_\sigma' = x_\sigma + \frac{1}{2}\varepsilon_{\sigma ij}\varepsilon_{jlm}x_i\alpha_{lm},$$
$$\Phi_\sigma' = \Phi_\sigma + \frac{1}{2}\varepsilon_{\sigma ij}\varepsilon_{jlm}\Phi_i\alpha_{lm};\tag{B.16}$$

利用置换张量展式，

$$s_{\sigma i;lm} \equiv \varepsilon_{\sigma ij}\varepsilon_{jlm} = \varepsilon_{j\sigma i}\varepsilon_{jlm} = (\delta_{\sigma l}\delta_{im} - \delta_{\sigma m}\delta_{li})$$

以及 $\alpha_{lm}$ 的反对称性，就可以把(B.16)式改写为

$$x_i' = (\delta_{ij} + \alpha_{ij})x_j,$$
$$\Phi_\sigma' = (\delta_{\sigma j} + \frac{1}{2}s_{\sigma j;lm}\alpha_{lm})\Phi_j.\tag{B.17}$$

根据 Noether 定理，这时存在守恒的量，据(B.10c)式，其积分形式为

$$\int_V J_0 d^3 x = \text{Const.},$$

其中($\delta x_0 = 0$)

$$J_0 = \pi_\sigma \delta\psi_\sigma = \frac{\partial L}{\partial \psi_{\sigma,t}}\delta\psi_\sigma = \frac{\partial L}{\partial \Phi_{i,t}}\delta\Phi_i + \pi_\rho(\frac{\partial \psi_\rho}{\partial x_i}\delta x_i),$$

注意，上式右边第一项的 $\Phi$ 为矢量场；把(B.17)式代入，并考虑到 $\alpha_{ij}$ 的反对称性：

$$
\begin{aligned}
\pi_\rho\left(\frac{\partial\psi_\rho}{\partial x_i}\alpha_{ij}x_j\right) &= \frac{1}{2}\alpha_{ij}\pi_\rho\frac{\partial\psi_\rho}{\partial x_i}x_j + \frac{1}{2}\alpha_{ij}\pi_\rho\frac{\partial\psi_\rho}{\partial x_i}x_j \\
&= \frac{1}{2}\alpha_{ij}\pi_\rho\frac{\partial\psi_\rho}{\partial x_i}x_j - \frac{1}{2}\alpha_{ji}\pi_\rho\frac{\partial\psi_\rho}{\partial x_i}x_j \\
&= \frac{1}{2}\alpha_{ij}\pi_\rho\left(\frac{\partial\psi_\rho}{\partial x_i}x_j - \frac{\partial\psi_\rho}{\partial x_j}x_i\right)
\end{aligned}
$$

以及由于 $\alpha_{ij}$ 的任意性，我们获得守恒的角动量：

$$
M_{ij} = -\int_V \mathbf{dr}\left\{\pi_\rho\left(\frac{\partial\psi_\rho}{\partial x_i}x_j - \frac{\partial\psi_\rho}{\partial x_j}x_i\right) + \tilde{\pi}_k s_{ij;kl}\Phi_l\right\}. \tag{B.18}
$$

其中，

$$
\tilde{\pi}_k \equiv \frac{\partial \mathrm{L}}{\partial \Phi_{k,t}}. \tag{B.19}
$$

## B.6　激元数（"荷"）守恒

如果拉氏密度 L 对于场量的泡里 (Pauli) 第一类归范变换

$$
\Phi_\sigma(x_\mu) \to \Phi'_\sigma(x_\mu) = e^{i\alpha}\Phi_\sigma(x_\mu)
$$
$$
\Phi_\sigma^*(x_\mu) \to \Phi'^*_\sigma(x_\mu) = e^{-i\alpha}\Phi_\sigma^*(x_\mu)
$$

具有对称性，其中 $\alpha$ 为一小实常数，把 $e^{i\alpha}$ 展开为级数，则有

$$
\delta\Phi_\sigma = i\alpha\Phi_\sigma, \quad \delta\Phi_\sigma^* = -i\alpha\Phi_\sigma^*
$$

这时，$\delta x_\mu = 0$，据(B.10b)式，Noether 定理的守恒流为

$$
J_\mu = i\alpha\left[\frac{\partial\mathrm{L}}{\partial\Phi_{\rho,x_\mu}}\Phi_\rho - \frac{\partial\mathrm{L}}{\partial\Phi_{\rho,x_\mu}^*}\Phi_\rho^*\right]
$$

它的积分守恒形式如下[参见(B.10c)式]：

$$
N = i\int \mathbf{dr}[\Phi_j\tilde{\pi}_j - \Phi_j^*\tilde{\pi}_j^*]. \tag{B.20}
$$

# 第六章　驱动的磁重联和耀斑

在大多半的研究生涯中，*磁重联总是让人魂牵梦绕*；在做其它事的空隙，又时不时地想起它，重新沉浸于深深的思索。

——E. Priest (2000)

但你所讲的，总要合乎那纯正的道理。

——《新约》

## 6.1　MHD—有质动力耦合方程

现在天体物理中，**MHD** 描述的是一种低频现象，它控制大尺度运动、结构和演化；而等离子体波则是小尺度的高频振荡；两者涉及的运动尺度相差甚大，因此一般地它们之间的耦合是很弱的。然而，在某些情况下，例如对于爆发、活动区现象、激波阵面以及电流片等局域结构内的激变物理，应该期望它们有重要的耦合效应。我们在上一章节说过，通过有质动力，高频电磁场与导电流体的耦合作用的重要性早就被朗道等指出过。现在我们来建立这种耦合的动力学方程。引进如下宏观量

$$\mathbf{u} = \frac{m_i \mathbf{v}_s^i + m_e \mathbf{v}_s^e}{m_i + m_e}, \qquad \rho = n_s(m_i + m_e), \quad \mathbf{j} = e n_s(\mathbf{v}_s^e - \mathbf{v}_s^i) ; \qquad (6.1)$$

从(5.19)式和(5.22)式立即可得

$$\frac{\partial}{\partial t} \rho + \nabla \cdot (\rho \mathbf{u}) = 0 .$$

现在以 $m_e n_s$ 和 $m_i n_s$ 分别乘以(5.31)式及(5.33)式，然后相加；根据(4.9)式，加式的左边可写为

$$\frac{\partial}{\partial t} \sum_\alpha (m_\alpha n_s \mathbf{v}_s^\alpha) + \nabla \cdot \sum_\alpha (m_\alpha n_s \mathbf{v}_s^\alpha \mathbf{v}_s^\alpha) ,$$

其中 $\mathbf{v}_s^\alpha \mathbf{v}_s^\alpha$ 是并矢式；从第四章的4.4节可知，如果上式要变成标准的单流体的全导数形式：

$$\rho\left(\frac{\partial}{\partial t} + \mathbf{u}\cdot\nabla\right)\mathbf{u},$$

则加式右边的压力和项 $\sum\limits_{\alpha}(-\nabla p_s^\alpha)$ 必须代之以质心坐标系中定义的压力

项 $(-\nabla P)$；同时，由于(5.8c)式，加式右边的碰撞引起动量总变化的项消失；而且考虑到(5.21a)式，与电子的有质动力比较可略去离子的有质动力，因此我们得到 $(\mathbf{B} \equiv \mathbf{B}_s)$

$$\rho\left(\frac{\partial}{\partial t}\mathbf{u} + (\mathbf{u}\cdot\nabla)\mathbf{u}\right) = \frac{1}{c}\mathbf{j}\times\mathbf{B} - \nabla P + \rho\mathbf{g} + \mathbf{F}_p ,$$

其中

$$\mathbf{F}_p = -\frac{1}{2}\left(\frac{m_e}{m_i}\right)\rho\nabla\left\langle(\mathbf{v}_f^e)^2\right\rangle + \frac{e}{m_i c}\rho\left\langle\mathbf{v}_f^e\times\nabla\times(\varphi_e\times\mathbf{B})\right\rangle ;$$

此外，以 $en_s$ 乘(5.31)式，以 $-en_s$ 乘(5.33)式，相加并像第四章的 4.4 节中所做，在大尺度和低频运动情况下，忽略所有时—空导数项包括有质动力势和宏观尺度的外力势项，就得到广义欧姆(ohm)定律：

$$\eta\mathbf{j} = \mathbf{E}_s + \frac{\mathbf{u}}{c}\times\mathbf{B} , \tag{6.2}$$

其中

$$\eta = \frac{m_e\nu_e}{n_s e^2} , \tag{6.3}$$

是介质的电阻率，而 $\nu_e$ 为总碰撞频率[见(5.8b)式]。由(5.6)式，总慢时标流为

$$\mathbf{j}_s = en_s(\mathbf{v}_s^e - \mathbf{v}_s^i) + e\left\langle n_f^e\mathbf{v}_f^e - n_f^i\mathbf{v}_f^i\right\rangle,$$

由(5.21) 式，我们可以略去上式右边最后一项；由于(5.18) 式，即有

$$\mathbf{j}_s \approx \mathbf{j} = en_s(\mathbf{v}_s^e - \mathbf{v}_s^i),$$

因此

$$\nabla\times\mathbf{B} = \frac{1}{c}\frac{\partial\mathbf{E}_s}{\partial t} + \frac{4\pi}{c}\mathbf{j} \approx \frac{4\pi}{c}\mathbf{j}.$$

在上式中我们略去位移电流( The Displacement Current )实质上是基于不等式(5.25d)的结果[参见(4.23b)式 ]。

从广义欧姆方程(6.2)和(5.5)式的慢成分麦氏方程，我们可以获得磁感应方程[参见(4.24)式]；此外，我们还需要快电子振荡的传输方程(5.38)式。因而，我们获得了一组 MHD 同有质动力相耦合的非线性方程组(Li & Wu,

1989; Li *et al.*, 1994; Zhang *et al.*, 1995; Li &Zhang, 1997a)：

$$\frac{\partial}{\partial t}\rho + \nabla \cdot (\rho \mathbf{u}) = 0 , \tag{6.4}$$

$$\rho\left[\frac{\partial}{\partial t}\mathbf{u} + (\mathbf{u}\nabla)\mathbf{u}\right] = \frac{1}{4\pi}(\nabla \times \mathbf{B}) \times \mathbf{B} - \nabla P + \rho\mathbf{g} + \mathbf{F}_p , \tag{6.5}$$

$$\nabla \times \nabla \times \dot{\mathbf{\Phi}}_e + \frac{1}{c^2}\dddot{\mathbf{\Phi}}_e + \frac{1}{c^2}\frac{4\pi e^2}{m_e}n_s\dot{\mathbf{\Phi}}_e - \frac{1}{c^2}\omega_{Be}\ddot{\mathbf{\Phi}}_e \times \left(\frac{\mathbf{B}_s}{B_s}\right)$$

$$-\frac{e}{m_e c}\nabla \times \nabla \times (\mathbf{\Phi}_e \times \mathbf{B}_s) - \frac{\gamma_e \mathrm{v}_{Te}^2}{c^2}\frac{1}{n_s}\nabla\left(\nabla \cdot (n_s\dot{\mathbf{\Phi}}_e)\right) = 0 , \tag{6.6}$$

$$\frac{\partial \mathbf{B}}{\partial t} = \nabla \times (\mathbf{u} \times \mathbf{B}) + \frac{\eta c^2}{4\pi}\nabla^2 \mathbf{B} , \tag{6.7}$$

$$\nabla \cdot \mathbf{B} = \mathbf{0} , \tag{6.8}$$

其中，

$$\mathbf{F}_p = -\frac{1}{2}\frac{m_e}{m_i}\rho\nabla\left\langle(\dot{\mathbf{\Phi}}_e)^2\right\rangle + \frac{e}{m_i c}\rho\left\langle\dot{\mathbf{\Phi}}_e \times \nabla \times (\mathbf{\Phi}_e \times \mathbf{B})\right\rangle , \tag{6.9}$$

$$\mathbf{v}_f^e = \frac{\partial}{\partial t}\mathbf{\Phi}_e . \tag{6.10}$$

如果在所研究的情况下，条件(5.26)式满足，或者我们感兴趣的特征频率满足

$$\omega >> \omega_{Be} , \tag{6.11a}$$

或者所研究的高频波振幅方向平行于外磁场：

$$\mathbf{\Phi}_e // \mathbf{B} , \tag{6.11b}$$

这时(6.6)式和(6.9)式简化为

$$\nabla \times \nabla \times \mathbf{v}_f^e + \frac{1}{c^2}\dddot{\mathbf{v}}_f^e + \frac{1}{c^2}\frac{4\pi e^2}{m_e}\frac{\rho}{m_i}\mathbf{v}_f^e - \frac{3\,\mathrm{v}_{Te}^2}{c^2}\nabla\left(\nabla \cdot \mathbf{v}_f^e\right) = 0 , \tag{6.12}$$

$$\mathbf{F}_p = -\frac{1}{2}\frac{m_e}{m_i}\rho\nabla\left\langle(\mathbf{v}_f^e)^2\right\rangle , \tag{6.13}$$

其中，已令 $\gamma_e = 3$，以及在(6.12)式左边最后一项中略去 $n_s$ 的微变化(请参见 5.2 节)。如果我们加上能量方程或绝热方程，那么(6.4)、(6.5)、(6.7)、(6.8)、(6.12)及(6.13)式构成一组封闭的非线性 MHD－有质动力耦合方程组。

## 6.2 电流片中孤波

在太阳耀斑物理中,促使磁能转化为粒子动能的阻抗不稳定性引起物理学家极大关注。寻找各种驱动阻抗不稳定的物理机制是有原则意义的。自从 FKR(Furth,Killen & Ruosenbluth,1963)详细研究撕裂模以来,这方面的研究工作十分活跃(Priest & Forbes,2000)。基于上节所找到的有质动力,我们可以仔细分析电磁孤波的驱动效应(Li *et al.*, 1994; Li & Zhang, 1997a)。

像大多数这方面研究工作一样,我们采用不可压缩近似,可压缩效应是非常小的(可参见 FKR 及 Shivamoggi,1985);考虑满足条件(6.11b)式的简单情况;为了突出孤波效应,我们也假定引力效应是不重要的。因此,我们用下列一组耦合方程来描述电流片中不稳定过程:

$$\frac{\partial}{\partial t}\rho + \nabla\cdot(\rho\mathbf{u}) = 0\,,\tag{6.14}$$

$$\rho\left(\frac{\partial}{\partial t}\mathbf{u} + (\mathbf{u}\cdot\nabla)\mathbf{u}\right) = \frac{1}{4\pi}(\nabla\times\mathbf{B})\times\mathbf{B} - \nabla P - \frac{1}{2}\frac{m_e}{m_i}\rho\nabla\left\langle(\mathbf{v}_f^e)^2\right\rangle\,,\tag{6.15}$$

$$\nabla\times\nabla\times\mathbf{v}_f^e + \frac{1}{c^2}\ddot{\mathbf{v}}_f^e + \frac{1}{c^2}\frac{4\pi e^2}{m_e}\frac{\rho}{m_i}\mathbf{v}_f^e - \frac{3\,\mathrm{v}_{Te}^2}{c^2}\nabla\left(\nabla\cdot\mathbf{v}_f^e\right) = 0\,,\tag{6.16}$$

$$\frac{\partial\mathbf{B}}{\partial t} = \nabla\times(\mathbf{u}\times\mathbf{B}) + \frac{\eta c^2}{4\pi}\nabla^2\mathbf{B}\,,\tag{6.17}$$

$$\nabla\cdot\mathbf{B} = 0\,.\tag{6.18}$$

先研究方程组(6.14)~(6.18)式所允许的未扰态。假定存在如下静态电流片结构:

$$\mathbf{u}_0 = 0,\quad \rho_0 = \overline{\rho} + \rho_0^1(x),\quad (\overline{\rho}\gg\left|\rho_0^1(x)\right|)\,,\tag{6.19a}$$

$$\mathbf{B}_0 = B_{0y}(x)\hat{\mathbf{y}} = \overline{B}\tanh(\frac{x}{L_s})\hat{\mathbf{y}}\,,\tag{6.19b}$$

其中, $L_s$ 为片区的特征尺度;在电流片区 $(|\tilde{x}|\equiv\left|x/L_s\right| << 1)$ 近似有

$$\mathbf{B}_0 \approx \overline{B}\frac{x}{L_s}\hat{y}\,;\tag{6.19c}$$

把(6.19a)式代入(6.15)式,可得

$$\frac{1}{4\pi\overline{\rho}}(\nabla\times\mathbf{B}_0)\times\mathbf{B}_0 - \frac{c_s^2}{\rho}\nabla\rho_0^1 - \frac{1}{2}\frac{m_e}{m_i}\nabla\left\langle(\mathbf{v}_{f0}^e)^2\right\rangle = 0\,,\tag{6.20a}$$

其中

$$c_s^2 = (\frac{\partial P}{\partial \rho})_0 ,\qquad (6.20b)$$

是声速平方；利用(6.19c)式，从(6.20a)式可得

$$\rho_0^1(x) = -\frac{1}{c_s^2}\left(\frac{\bar{\rho}}{2}\frac{m_e}{m_i}\langle(\mathbf{v}_{f0}^e)^2\rangle + \frac{\bar{B}^2}{8\pi}(\frac{x}{L_s})^2\right); \qquad (6.21)$$

在满足条件

$$\frac{1}{8\pi}\bar{B}^2(\frac{x}{L_s})^2 << \frac{1}{2}\bar{\rho}\langle(\mathbf{v}_{f0}^e)^2\rangle ,\qquad (6.22)$$

情况下，就有

$$\rho_0^1(x) \approx -\frac{1}{c_s^2}\frac{\bar{\rho}}{2}\frac{m_e}{m_i}\langle\mathbf{v}_{f0}^2\rangle; \qquad (6.23)$$

另一方面，对于电子快振荡速度，可令

$$\mathbf{v}_{f0}^e = \frac{1}{2}\left[\mathbf{v}_0(\mathbf{r},t)e^{i\omega_0 t} + c.c.\right], \qquad (6.24a)$$

其中 $\omega_0$ 是快振荡的频率，而 $c.c.$ 表前一项的复共轭，$\mathbf{v}_0(\mathbf{r},t)$ 是时间的慢变函数。从(6.24a)式直接可得[ 参见(5.45)式)

$$\langle\mathbf{v}_{f0}^2\rangle = \frac{1}{2}|\mathbf{v}_0(\mathbf{r},t)|^2; \qquad (6.24b)$$

考虑沿 $\hat{x}$ 方向传播的横等离子体波(参见2.8节)，这时 $\nabla\cdot\mathbf{v}_f^e = 0$，由于未扰磁场 $\mathbf{B}_{0y}$ 在 $\hat{y}$ 方向，因而条件(6.11b)式满足；把(6.24a)代入(6.16)式，并令 $\nabla\cdot\mathbf{v}_f^e = 0$，考虑到慢变振幅的条件

$$\left|\frac{1}{\omega_0}\frac{\partial}{\partial t}\ln v_0(\mathbf{r},t)\right| \ll 1,$$

即可略去二阶时间导数项，我们获得

$$2i\omega_0\frac{\partial\mathbf{v}_0}{\partial t} - c^2\nabla^2\mathbf{v}_0 - (\omega_0^2 - \frac{4\pi e^2}{m_e}\frac{\rho_0}{m_i})\mathbf{v}_0 = 0 , \qquad (6.25)$$

对于横等离子体波(或朗缪尔波)，

$$\omega_0^2 \approx \omega_{pe}^2 \equiv \frac{4\pi e^2}{m_e}\frac{\bar{\rho}}{m_i},$$

考虑到(6.23)和(6.24b)式，(6.25)式成为

$$i\frac{\partial \mathbf{v}_0}{\partial t} + \frac{c^2}{2\omega_{pe}}\nabla^2\mathbf{v}_0 + \frac{\omega_{pe}}{8c_s^2}\frac{m_e}{m_i}|\mathbf{v}_0|^2\,\mathbf{v}_0 = 0\,. \tag{6.26}$$

为方便起见，我们已采用了(6.25)式的复共轭方程。在我们研究的情况下，$\mathbf{v}_0 = \mathrm{v}_0(x,t)\hat{y}$；令

$$X = \frac{\sqrt{\omega_{pe}}}{c}x,\quad \beta = \frac{\omega_{pe}}{8c_s^2}\mu,\quad \mu = \frac{m_e}{m_i}, \tag{6.27}$$

(6.26)式就化为标准的非线性 Schrödinger 方程

$$i\frac{\partial \mathrm{v}_0}{\partial t} = -\frac{1}{2}\frac{\partial^2}{\partial X^2}\mathrm{v}_0 - \beta|\mathrm{v}_0|^2\,\mathrm{v}_0\,. \tag{6.28}$$

在满足稳定态

$$\frac{\partial}{\partial t}|\mathrm{v}_0|^2 = 0$$

的条件下，(6.28)式的孤波形式解为[参见(5.107)和(5.108)式]

$$\mathrm{v}_0 = \mathrm{v}_0^0\mathrm{sech}(\sqrt{\beta}\mathrm{v}_0^0 X)e^{i\varphi}\,, \tag{6.29a}$$

$$\varphi = \frac{\beta}{2}t + \varphi_0\,. \tag{6.29b}$$

因此，把(6.29a)式及(6.24b)式代入(6.23)式，就得到

$$\rho_0^1(x) = -\frac{1}{c_s^2}\frac{\bar{\rho}}{4}\mu(\mathrm{v}_0^0)^2\mathrm{sech}^2\!\left(\frac{x}{\varepsilon_0}\right), \tag{6.30a}$$

其中，对于横等离激元，孤波宽度 $\varepsilon_0$ 为

$$\varepsilon_0 = \varepsilon_{0p} = \frac{\sqrt{8}}{\sqrt{\pi}}\frac{c}{\omega_{pe}}\frac{c_s}{\mathrm{v}_0^0}; \tag{6.30b}$$

代替横等离子体波模，如果考虑的是沿 $\hat{y}$ 方向传播的朗缪尔波（$\nabla\times\mathbf{v}_f^e = 0$）：由于未扰磁场 $\mathbf{B}_{0y}$ 也在 $\hat{y}$ 方向，因而条件(6.11b)式也被满足；在此情况下，仅仅改变了孤波的宽度：代替(6.30b)式，它为

$$\varepsilon_0 = \varepsilon_{0L} = \frac{\sqrt{8}}{\sqrt{\pi}}\frac{\sqrt{3}\mathrm{v}_{Te}}{\omega_{pe}}\frac{c_s}{\mathrm{v}_0^0}\,. \tag{6.30c}$$

我们在 5.5 节已经指出，可以把上面(6.26)式看成为准粒子方程，它描写了准粒子被非线性自生势（$\beta|\mathrm{v}_0|^2\mathrm{v}_0$，$\beta > 0$）捕获而形成一种稀化的密

度孤子结构[请参见(6.30a)式]。

## 6.3 被驱动的阻抗不稳定

现在我们在未扰动态上叠加上小的扰动量：$P = P_0 + \delta P$，$\rho = \rho_0 + \delta\rho$，$\mathbf{u} = 0 + \delta\mathbf{u}$，$\mathbf{B} = \mathbf{B}_0 + \delta\mathbf{B}$，把它们代入(6.14)～(6.16)式，如同 4.7 节所做的，忽略二级以上的小扰动项，就得到线性化的扰动态应满足的如下一组方程：

$$\rho_0 \frac{\partial \mathbf{u}}{\partial t} = -\nabla p + \frac{1}{4\pi}(\nabla \times \mathbf{B}) \times \mathbf{B}_0 + \frac{1}{4\pi}(\nabla \times \mathbf{B}_0) \times \mathbf{B} - \frac{1}{2}\mu\rho\nabla|\mathbf{v}_0|^2 , \qquad (6.31)$$

$$\frac{\partial \mathbf{B}}{\partial t} = \nabla \times (\mathbf{u} \times \mathbf{B}_0) - \frac{1}{4\pi}\eta c^2 \nabla \times (\nabla \times \mathbf{B}) , \qquad (6.32)$$

$$\frac{\partial \rho}{\partial t} = -(\mathbf{u} \cdot \nabla)\rho_0 , \qquad (6.33a)$$

$$\nabla \cdot \mathbf{u} = 0 , \quad \nabla \cdot \mathbf{B} = 0 ; \qquad (6.33b)$$

为书写简单，在上面诸式中已令 $\delta\mathbf{B} \equiv \mathbf{B}$，$\delta\mathbf{u} \equiv \mathbf{u}$，$\delta\rho \equiv \rho$，$\delta P = p$。假定扰动量取如下形式

$$A(x,y,t) = A(x)e^{\gamma t}e^{iky} , \qquad (6.34a)$$

把它代入(6.31)式～(6.33)式，并利用(6.33b)式

$$ikB_y = -\frac{\partial}{\partial x}B_x , \quad iku_y = -\frac{\partial}{\partial x}u_x \qquad (6.34b)$$

消去 $B_y$ 和 $u_y$，我们就有

$$\frac{\mathrm{d}}{\mathrm{d}x}\left(\gamma^2\rho_0\frac{\mathrm{d}u_x}{\mathrm{d}x}\right) - k^2\left(\gamma^2\rho_0 - \frac{1}{4}\mu\frac{\mathrm{d}\rho_0}{\mathrm{d}x}\frac{\mathrm{d}|\mathbf{v}_0|^2}{\mathrm{d}x} + \frac{\gamma}{\eta c^2}B_{0y}^2(x)\right)u_x$$

$$= \frac{ik}{4\pi}B_{0y}(x)\gamma\left[\frac{4\pi\gamma}{\eta c^2} - \frac{B_{0y}''}{B_{0y}}\right]B_x , \qquad (6.35)$$

$$\gamma B_x = ikB_{0y}(x)u_x + \frac{\eta c^2}{4\pi}\left(\frac{\mathrm{d}^2}{\mathrm{d}x^2} - k^2\right)B_x , \qquad (6.36)$$

其中"$''$"表示对 $x$ 的两次导数。引进

$$B_{0y}(x) = \overline{B}F(x) , \quad \psi = B_x/\overline{B} , \quad \rho_0 = \overline{\rho}\theta_0(x) , \tag{6.37a}$$

$$G_0 = (-\frac{1}{4}\mu\frac{\mathrm{d}}{\mathrm{d}x}|v_0|^2)\frac{1}{\overline{\rho}}\rho_0^1\tau_H^2 , \tag{6.37b}$$

$$x = L_s\overline{x} , \quad \alpha = kL_s , \quad S = \tau_R/\tau_H , \tag{6.37c}$$

$$\tau_R = 4\pi L_s^2/\eta c^2 , \quad \tau_H = 4\pi L_s\sqrt{\overline{\rho}}/\overline{B} , \tag{6.37d}$$

(6.35)式和(6.36)式可以被化为

$$\psi'' = \alpha^2\psi(1 + \frac{\gamma\tau_R}{\alpha^2}) - ik\tau_R F u_x , \tag{6.38}$$

$$(\theta_0 u_x')' = \alpha^2 u_x\left[\theta_0 + \frac{S^2}{\gamma^2\tau_R^2}G_0 + \frac{S^2}{\gamma\tau_R}F^2\right] + \frac{i}{k\tau_R}\psi\alpha^2 S^2(F - \frac{F''}{\gamma\tau_R}) , \tag{6.39}$$

其中"$'$"表示对 $\overline{x}$ 的导数。

　　由于电流片存在，就把导电流体分成为内区和外区；外区相应于无限电导区，这时相当于 $S^2 \to \infty$，在此情况下，从(6.39)式可得

$$(\frac{1}{\gamma^2\tau_R^2}G_0 + \frac{1}{\gamma\tau_R}F^2)u_x \approx \frac{-i}{k\tau_R}\psi(F - F''/\gamma\tau_R) ,$$

利用(6.38)式，上式成为

$$\frac{ik\tau_R u_x}{F}\frac{G_0}{\gamma\tau_R} = \psi'' - \psi(\alpha^2 + F''/F) ; \tag{6.40}$$

另一方面，(6.38)式可写为

$$\frac{1}{\gamma\tau_R}(\psi'' - \alpha^2\psi) = \psi - ik\frac{F}{\gamma}u_x ; \tag{6.41}$$

在外区有另一极限，

$$\gamma\tau_R \to \infty$$

在此情况下，(6.41)式退化为

$$\psi \approx ikFu_x/\gamma . \tag{6.42}$$

(6.40)式和(6.42)式联立得到

$$\psi'' - \psi(\alpha^2 + F''/F + G_0/F^2) = 0 . \tag{6.43}$$

对等离子体波而言，在内、外区应用连续性条件，可知外区波振幅较小，因为波在内区呈现孤波分布；另一方面，外区是理想导电区，在不考虑引力作用下，可认为密度分布恒定（不可压缩）；因而 $G_0$ 在外区很小，可以忽略。这时(6.43)式成为

$$\psi'' - \psi(\alpha^2 + F''/F) = 0,$$

考虑到（6.19b）式分布，它的解为

$$\psi_\pm = \begin{cases} e^{-\alpha\bar{x}}(1 + \dfrac{\tanh\bar{x}}{\alpha}), & \bar{x} > 0, \\ e^{\alpha\bar{x}}(1 - \dfrac{\tanh\bar{x}}{\alpha}), & \bar{x} < 0. \end{cases} \tag{6.44}$$

从它可以计算如下跳跃量

$$\Delta_e' \equiv (\psi_{+0}' - \psi_{-0}')/\psi(0) = 2(\alpha^{-1} - \alpha). \tag{6.45}$$

我们看到，(6.42)和(6.44)式提供了方程(6.38)和(6.39)的渐近解，这个渐近解在 $F(x) = 0$ 的很小的区域内，即在 $x = 0$ 附近的有限电阻区内失效。因此下一步的分析任务是：在此内区解方程(6.38)和(6.39)，并且具有如此边界条件，以使跳跃量 $\Delta_i'$ 能匹配方程 (6.44)的解，即与(6.45)式有相等的跳跃量。

现在我们来分析内区中的情况。在(6.39)式中，相对于 $u_x''$ 而言，略去 $\theta_0'$，并利用(6.38)式，我们有

$$\frac{\theta_0}{\alpha^2 S^2}\gamma\tau_R(U'' - \alpha^2 U) = (\frac{1}{\gamma\tau_R}\frac{G_0}{F} + F)(\psi'' - \alpha^2\psi) - \frac{G_0}{F}\psi - F''\psi, \tag{6.46}$$

同时(6.38)式可写为

$$\frac{1}{\gamma\tau_R}(\psi'' - \alpha^2\psi) = \psi + \frac{F}{\gamma\tau_R}U, \tag{6.47}$$

其中

$$U = -ik\tau_R u_x. \tag{6.48}$$

在内区，注意到(6.19c)、(6.19a)第二式、(6.30a)、(6.37a)和(6.37b)式，我们有

$$F \approx \bar{x}, \quad F'' \approx 0, \tag{6.49a}$$

$$G_0 = -\frac{1}{4}\mu\frac{\mathrm{d}}{\mathrm{d}x}\left[(v_0^0)^2\mathrm{sech}^2\frac{x}{\varepsilon_0}\frac{1}{\bar{\rho}}\left[-\frac{\bar{\rho}}{c_s^2}\frac{\mu}{4}(v_0^0)^2\frac{\mathrm{d}}{\mathrm{d}x}(\mathrm{sech}^2\frac{x}{\varepsilon_0})\right]\tau_H^2\right.$$

$$\approx \frac{\mu^2}{16}\left(\frac{v_0^0}{c_s}\right)^2 (v_0^0)^2\, \tau_H \left[\frac{\mathrm{d}}{\mathrm{d}x}\left(1-\left(\frac{x}{\varepsilon_0}\right)^2\right)\right]^2 = \mathrm{d}_0^2 \bar{x}^2 , \tag{6.49b}$$

其中

$$d_0^2 = \pi\mu^2\left(\frac{v_0^0}{c_s}\right)^2\left(\frac{v_0^0}{\bar{V}_A}\right)^2\left(\frac{L_s}{\varepsilon_0}\right)^4 , \tag{6.49c}$$

以及

$$\bar{V}_A = \bar{B}\big/\sqrt{4\pi\bar{\rho}} . \tag{6.49d}$$

是特征 Alfvèn 速度。注意到(6.30a)和(6.19a)第二式，我们可在(6.46)式中近似取 $\theta_0 \approx 1$；因此(6.47)式和(6.46)式成为

$$\frac{1}{\gamma\tau_R}(\psi'' - \alpha^2\psi) = \psi + \frac{\bar{x}}{\gamma\tau_R}U , \tag{6.50}$$

$$\frac{1}{\alpha^2 S^2}\gamma\tau_R(U'' - \alpha^2 U) = (1+\zeta)(\psi'' - \alpha^2\psi)\bar{x} - \gamma\tau_R\zeta\psi\bar{x} , \tag{6.51}$$

其中

$$\zeta = d_0^2\big/\gamma\tau_R , \tag{6.52}$$

在宇宙物理条件下，由于电阻率 $\eta$ 非常小的，因而 $\tau_R \gg 1$，并且 $S \gg 1$；同时内区的尺度也是非常小的，即 $|\bar{x}| \ll 1$。因此我们可以引进如下的估值(Dobrott $et\ al.$，1977)

$$\gamma\tau_R \sim \delta^{-1} , \quad \bar{x} \sim \delta , \quad \psi \sim 1 , \tag{6.53a}$$

其中 $\delta$ 为远小于 1 的参量。从(6.50)式右端有

$$\psi \sim \frac{1}{\delta^{-1}}\cdot\delta\cdot U$$

即

$$U \sim \delta^{-2} ; \tag{6.53b}$$

从（6.51）式有

$$\frac{1}{\alpha^2 S^2}(\gamma\tau_R)U'' \sim \zeta\psi(\gamma\tau_R)\bar{x}$$

即可得

$$S^2 \sim \delta^{-5} 。 \tag{6.53c}$$

195

现在我们按 $\delta$ 的级数展开 $(\psi - \psi_0)$ 和 $(U - U_0)$：

$$\psi = \psi_0 + \psi_1 + \psi_2 + \cdots \tag{6.54a}$$

$$U = U_0 + U_1 + U_2 + \cdots \tag{6.54b}$$

从（6.50）式有

$$\frac{1}{\gamma\tau_R}(\psi_0'' + \psi_1'' - \alpha^2\psi_0 - \alpha^2\psi_1 + \cdots) = (\psi_0 + \psi_1 + \cdots) + \frac{1}{\gamma\tau_R}\overline{x}(U_0 + U_1 + \cdots)$$

注意到

$$\psi_0'' \sim \delta^{-2}, \quad \psi_1'' \sim \delta \cdot \delta^{-2} \sim \delta^{-1}; \quad U_0 \sim \delta^{-2}, \quad U_1 \sim \delta^{-1},$$

我们立即可得

$O(\delta^{-1})$：

$$\psi_0'' = 0, \tag{6.55a}$$

它给出常数 $\psi$ 近似

$$\psi_0 = \mathrm{Const}, \tag{6.55b}$$

$O(1)$：

$$\psi_1'' \frac{1}{\gamma\tau_R} = \psi_0 + \frac{1}{\gamma\tau_R}U_0\overline{x}, \tag{6.56}$$

类似地，从(6.51)式可以得到

$O(1)$：

$$\frac{\gamma\tau_R}{\alpha^2 S^2}U_0'' = -\gamma\tau_R\zeta\psi_0\overline{x} + (1+\zeta)\overline{x}\psi_1'', \tag{6.57}$$

利用(6.56)式，(6.57)式变为

$$\frac{\gamma\tau_R}{\alpha^2 S^2}U_0'' - (1+\zeta)\overline{x}^2 U_0 = (\gamma\tau_R)\psi_0\overline{x}, \tag{6.58}$$

从(6.56)式我们计算内区的如下跳跃量

$$\Delta_i' = \frac{1}{\psi_0}\int_{-\infty}^{\infty}\psi_1'\mathrm{d}\overline{x} = \frac{1}{\psi_0}\int_{-\infty}^{\infty}(\gamma\tau_R\psi_0 + \overline{x}U_0)\mathrm{d}\overline{x}, \tag{6.59}$$

令

$$U_0(\overline{x}) = \kappa h(\chi), \quad \chi = \overline{x}/\textstyle\sum, \tag{6.60}$$

其中

$$\textstyle\sum^4 = \gamma\tau_R/\alpha^2 S^2, \quad \kappa = \gamma\tau_R/\textstyle\sum, \tag{6.61}$$

(6.58)式就化为

$$h''(\chi) - (1+\zeta)\chi^2 h(\chi) = \psi_0\chi ; \tag{6.62}$$

相应地，(6.59)式成为

$$\Delta_i' = \frac{1}{\psi_0}(\gamma\tau_R)^{5/4}(\alpha s)^{-1/2}\int_{-\infty}^{\infty}(\psi_0 + \chi h(\chi))\mathrm{d}\chi ; \tag{6.63}$$

作如下 Fourier 变换

$$h(\chi) = \int_{-\infty}^{\infty} e^{-iz\chi}\hat{h}(z)\mathrm{d}z , \tag{6.64a}$$

其逆变换量为

$$\hat{h}(z) = \frac{1}{2\pi}\int_{-\infty}^{\infty} e^{iz\chi}h(\chi)\mathrm{d}\chi , \tag{6.64b}$$

我们就把(6.62)式变为

$$\hat{h}''(z) - (1+\zeta)z^2\hat{h}(z) = \frac{1}{i}\psi_0\delta'(z) , \tag{6.65}$$

其中 $\delta(z)$ 是 Dirac 函数。从(6.65)式可得

$$\hat{h}''(z) - (1+\zeta)z^2\hat{h}(z) = 0 , \qquad z \neq 0 , \tag{6.66}$$

(6.66)式的解可用麦克唐纳(MacDonald)函数表示:

$$\hat{h}^+(z) = A\sqrt{z}K_{1/4}((1+\zeta)^{1/2}\frac{z^2}{2}), \qquad z > 0 , \tag{6.67a}$$

$$\hat{h}^-(z) = -A\sqrt{-z}K_{1/4}((1+\zeta)^{1/2}\frac{z^2}{2}), \qquad z < 0 , \tag{6.67b}$$

(6.67)式的形式是考虑到(6.65)式右边对 $z$ 的奇对称性质。在 $z = 0$ 的领域，(6.65)式退化为

$$\hat{h}''(z) \approx -i\psi_0\delta'(z)$$

两边积分可以得到

$$2A = (-i\psi_0 / H^+(z))\big|_{z\to 0^+} , \tag{6.68a}$$

其中

$$H^+(z) = \sqrt{z}K_{1/4}(\xi), \quad \xi = (1+\zeta)^{1/2} z^2/2 ; \tag{6.68b}$$

利用 Dirac 函数的积分表示式

$$\delta(z) = \frac{1}{2\pi}\int_{-\infty}^{\infty}\mathrm{d}x e^{\pm izx}\,,$$

则对于为常数的 $\psi_0$，有

$$\int_{-\infty}^{\infty}[\psi_0(\chi)]\mathrm{d}\chi = \int_{-\infty}^{\infty}[\int_{-\infty}^{\infty}\psi_0(\chi)\delta(z)\mathrm{d}z e^{-iz\chi}]\mathrm{d}\chi$$

$$= \psi_0\int_{-\infty}^{\infty}\delta(z)\mathrm{d}z\int_{-\infty}^{\infty}\mathrm{d}\chi e^{-iz\chi} = 2\pi\psi_0\delta(z)|_{z\to 0}\,;$$

并注意(6.67)和(6.68)式，

$$\int_{-\infty}^{\infty}\hat{h}(z)\delta'(z)\mathrm{d}z = \left[(\int_{-\infty}^{0}+\int_{0}^{\infty})\mathrm{d}z\hat{h}(z)\delta'(z)\right]$$

$$= (\hat{h}(z)\delta(z))\mid_{-\infty}^{-0} + (\hat{h}(z)\delta(z))\mid_{+0}^{\infty} - \int_{-\infty}^{\infty}\delta(z)\hat{h}'(z)\mathrm{d}z$$

$$= \delta(0)\left[\hat{h}(-0)-\hat{h}(+0)\right] - \int_{-\infty}^{\infty}\delta(z)\hat{h}'(z)\mathrm{d}z$$

$$= 2\delta(0)(-\hat{h}^+(0)) - \int_{-\infty}^{\infty}\delta(z)\hat{h}'(z)\mathrm{d}z$$

$$= -\frac{\psi_0}{i}\delta(z)|_{z\to 0} - \int_{-\infty}^{\infty}\delta(z)\hat{h}'(z)\mathrm{d}z$$

$$= -\frac{\psi_0}{i}\delta(z)|_{z\to 0} - 2\int_{0^+}^{\infty}\delta(z)\hat{h}'(z)\mathrm{d}z\,;$$

以及

$$\int_{-\infty}^{\infty}\chi h(\chi)\mathrm{d}\chi = \int_{-\infty}^{\infty}\hat{h}(z)\mathrm{d}z(\frac{\partial}{\partial z}\int_{-\infty}^{\infty}ie^{-iz\chi}\mathrm{d}\chi) = 2\pi i\int_{-\infty}^{\infty}\hat{h}(z)\delta'(z)\mathrm{d}z\,;$$

我们就有

$$\Delta_i' = -2\pi\frac{(\gamma\tau_R)^{5/4}}{(\alpha S)^{1/2}}\frac{\frac{\mathrm{d}}{\mathrm{d}z}H^+(z)}{H^+(z)}|_{z=0^+}\,. \tag{6.69}$$

利用 MacDonald 函数性质

$$\frac{\mathrm{d}}{\mathrm{d}z}(z^{1/4}K_{1/4}(z)) = -z^{1/4}K_{3/4}(z)\,,$$

以及在 $|z|\ll 1$ 时渐近值

$$z^\nu K_\nu(z) \approx \frac{\pi}{2}\frac{2^\nu}{\sin(\nu\pi)}\frac{1}{\Gamma(1-\nu)}\,,$$

(6.69) 式就化为

$$\Delta_i' = 4\pi \frac{(\gamma\tau_R)^{5/4}}{(\alpha S)^{1/2}} \frac{\Gamma(\frac{3}{4})}{\Gamma(\frac{1}{4})} (1+\zeta)^{1/4} , \tag{6.70}$$

其中，$\Gamma$ 为伽玛(Gamma)函数。让内区、外区两个跳跃量相等，那么从(6.45) 和 (6.70) 式我们就得到决定增长率 $\gamma$ 的色散方程

$$4\pi \frac{(\gamma\tau_R)^{5/4}}{(\alpha s)^{1/2}} \frac{\Gamma(\frac{3}{4})}{\Gamma(\frac{1}{4})} (1+\zeta)^{1/4} = 2(\frac{1}{\alpha} - \alpha) . \tag{6.71}$$

磁力线方程由下面等式确定：

$$\frac{\mathrm{d}x}{e^{\gamma t} B_x \cos(ky)} = \frac{\mathrm{d}y}{\overline{B} x / L_s} ; \tag{6.72a}$$

在常数 $\psi$ 近似下，$\psi_0 = B_x / \overline{B} = \text{const.}$，在选取积分常数后，我们就得到 如下磁力线位形：

$$\zeta_0 = x \big/ \sqrt{C_0} = (1 + e^{(\gamma t - 1)} \sin(ky))^{1/2}, \qquad t < \frac{1}{\gamma} . \tag{6.72b}$$

对于 $\gamma = 3 \cdot 10^{-3} (\mathrm{s}^{-1})$，我们把这种重联位形绘于图 6-1。

当孤波的强度很大时，这时，从 (6.49c) 和 (6.52) 式看出，$\zeta(\propto (v_0^0)^4) \gg 1$，因而从(6.71)式得到($\gamma \propto \sqrt{\eta}$)

$$\gamma \approx \frac{1}{d_0^{1/2}} \frac{\alpha^{1/2} S^{1/2}}{2\pi(\alpha^{-1} - \alpha)^{-1}} \frac{\Gamma(\frac{1}{4})}{\Gamma(\frac{3}{4})} \tau_R^{-1} . \tag{6.73}$$

当磁力线开始重联，其位形有很大变化；应该说，这时磁场位形不再满足 常数 $\psi$ 近似。在此情况下，我们期望出现一种新的不稳定性。

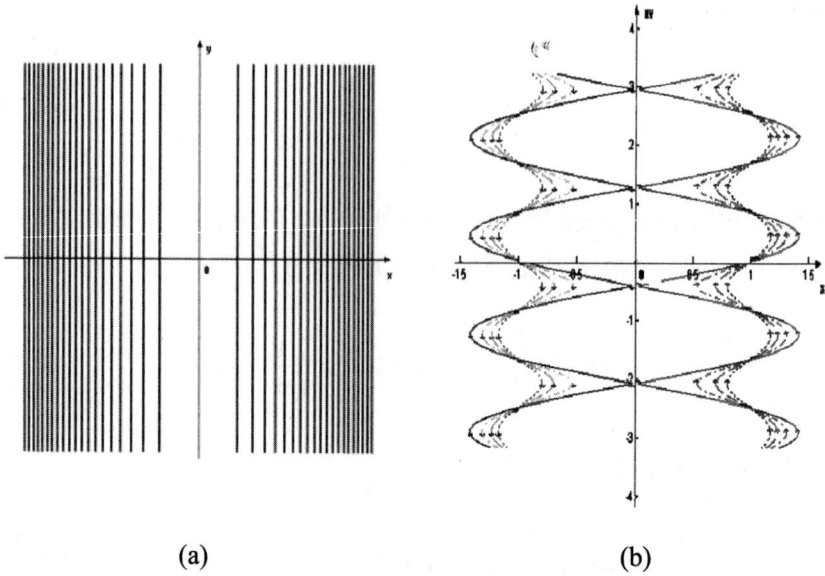

(a)     (b)

图 6-1 磁场重联

图（a）是无扰动时磁场位形，图（b）是重联开始后磁力线随时间的演化。其中 KY

轴的单位是 $\pi$，其中时刻 0 用虚线(...)表示，时刻 111 用间断线(- - -)表示，时刻 222 用

点状线(—·—·— )表示，时刻 333 用实线(—)表示。

## 6.4  局部爆发不稳定性

在不满足常数 $\psi$ 近似下，我们应该研究适用于有限电阻区的耦合方

程组 (6.50) 和 (6.51) 。按照 FKR，我们引进如下 Fourier 变化：

$$\psi = \int_{-\infty}^{\infty} \hat{\psi}(\theta)e^{-i\theta\bar{x}}\mathrm{d}\theta , \tag{6.74a}$$

$$U = \int_{-\infty}^{\infty} \hat{U}(\theta)e^{-i\theta\bar{x}}\mathrm{d}\theta , \tag{6.74b}$$

这时 (6.50) 和 (6.51) 式成为

$$\frac{1}{\gamma\tau_R}(\theta^2 + \alpha^2)\hat{\psi}(\theta) = -\hat{\psi}(\theta) + i\frac{1}{\gamma\tau_R}\frac{\mathrm{d}\hat{U}(\theta)}{\mathrm{d}\theta} , \tag{6.75}$$

$$\frac{\gamma\tau_R}{\alpha^2 S^2}(\theta^2 + \alpha^2)\hat{U}(\theta) = (1+\zeta)\frac{\mathrm{d}^2\hat{U}(\theta)}{\mathrm{d}\theta^2} + i\gamma\tau_R\frac{\mathrm{d}\hat{\psi}(\theta)}{\mathrm{d}\theta} ; \tag{6.76}$$

在下面，我们必须寻求增率 $\gamma$ 的本征值，以使它对应的被(6.74) 式所定义

的本征函数 $U$ (或 $\psi$ )满足如下边界条件：

$$\lim_{\bar{x} \to \bar{x}_b} U = 0, \tag{6.77}$$

其中，$\bar{x}_b$ 是内区的外边界。利用 (6.76) 式消去 $\dfrac{\mathrm{d}}{\mathrm{d}\theta}\hat{\psi}(\theta)$，获得

$$\frac{S^2}{P}\left[\zeta \frac{\mathrm{d}\widehat{U}(\theta)}{\mathrm{d}\theta^2} + \frac{\mathrm{d}}{\mathrm{d}\theta}\frac{\theta^2 + \alpha^2}{\theta^2 + \alpha^2 + P}\frac{\mathrm{d}\widehat{U}(\theta)}{\mathrm{d}\theta}\right] - \widehat{U}(\theta)(\frac{\theta^2}{\alpha^2} + 1) = 0, \tag{6.78}$$

其中

$$P = \gamma \tau_R; \tag{6.79}$$

如果令 $\zeta = 0$，(6.78) 式就与 FKR 中的方程 (E.5) 相一致。在我们研究情况下，

$$\sigma \equiv \alpha^2/P \ll 1, \tag{6.80}$$

因此有

$$\zeta \frac{\mathrm{d}^2\widehat{U}(\theta_1)}{\mathrm{d}\theta_1^2} + \frac{\mathrm{d}}{\mathrm{d}\theta_1}\left(\frac{\theta_1^2 + \sigma}{\theta_1^2 + 1}\frac{\mathrm{d}}{\mathrm{d}\theta_1}\widehat{U}(\theta_1)\right) = (A\theta_1^2 + A\sigma)\widehat{U}(\theta_1), \tag{6.81}$$

其中

$$\theta_1 \equiv P^{-1/2}\theta, \quad A \equiv P^3/\alpha^2 S^2. \tag{6.82}$$

研究 $\theta_1^2 \ll 1$ 情况。引进

$$\hat{\theta} = \theta_1/\sigma^{1/2} = \frac{\theta}{\alpha}, \tag{6.83a}$$

我们看到，由于 $\alpha = L_s/L_y \ll 1$，$|\hat{\theta}| \gg 1$ 仍然可以对应于内区 $(|\theta| < 1)$ 边界值：$|\theta| \sim \theta_b \sim \dfrac{1}{\bar{x}_b}$；即在新标度(6.83a) 式情况下，

$$|\hat{\theta}| \gg 1, \quad \Rightarrow \bar{x}_b \, (>1); \tag{6.83b}$$

这时，(6.81) 式成为

$$\frac{\zeta}{\sigma}\frac{\mathrm{d}^2\widehat{U}}{\mathrm{d}\hat{\theta}^2} + \frac{\mathrm{d}}{\mathrm{d}\hat{\theta}}\left[(1 + \hat{\theta}^2)\frac{\mathrm{d}}{\mathrm{d}\hat{\theta}}\widehat{U}\right] - (A\sigma\hat{\theta}^2 + A\sigma)\widehat{U} = 0; \tag{6.84}$$

研究 $\zeta > \theta_1^2$，即

$$\zeta/\sigma \gg \frac{\theta_1^2}{\sigma} = \hat{\theta}^2,$$

这时 (6.84) 式被导致到

$$\frac{\zeta}{\sigma}\frac{\mathrm{d}^2\hat{U}}{\mathrm{d}\hat{\theta}^2} + 2\hat{\theta}\frac{\mathrm{d}\hat{U}}{\mathrm{d}\hat{\theta}} - (A\sigma\hat{\theta}^2 + A\sigma)\hat{U} = 0; \qquad (6.85)$$

引进如下变换：

$$\hat{U}(\hat{\theta}) = \exp(-\frac{\sigma}{2\zeta}\hat{\theta}^2)W(\hat{\theta}), \qquad (6.86)$$

(6.85) 式成为

$$A_0\frac{\mathrm{d}^2W}{\mathrm{d}\hat{\theta}^2} - (B_0 + \hat{\theta}^2)W = 0, \qquad (6.87)$$

其中

$$A_0 = \zeta^2\big/\sigma^2(\zeta A + 1), \qquad (6.88a)$$

$$B_0 = \zeta(1 + A\sigma)\big/\sigma(\zeta A + 1); \qquad (6.88b)$$

再令

$$y = (\sqrt{2}\big/A_0^{1/4})\hat{\theta}, \qquad (6.89)$$

(6.87) 式就化为较标准的形式：

$$\frac{\mathrm{d}^2W}{\mathrm{d}y^2} + (g + \frac{1}{2} - \frac{1}{4}y^2)W = 0, \qquad (6.90)$$

其中

$$g + \frac{1}{2} = -\frac{B_0}{2A_0^{1/2}}. \qquad (6.91)$$

方程(6.90)的解是抛物柱函数（parabolic cylinder function）：

$$W = D_g(y); \qquad (6.92)$$

例如，在 $g = -1$，$D_g(y)$ 满足边值条件

$$D_g(y) \to 0, \quad |y| \gg 1, \qquad (6.93)$$

情况下，它为

202

$$D_{-1}(y) = \sqrt{\frac{\pi}{2}} e^{\frac{y^2}{4}} \left(1 - \Phi\left(\frac{y}{\sqrt{2}}\right)\right), \tag{6.94}$$

其中 $\Phi(y)$ 为概率积分函数, 其渐近形式为

$$1 - \Phi\left(\frac{y}{\sqrt{2}}\right) \approx \frac{1}{\pi} e^{-\frac{1}{2}y^2} \sum_{m=0}^{n-1} \frac{(-1)^m \Gamma\left(m + \frac{1}{2}\right)}{\left(\frac{1}{2}\right)^{m+\frac{1}{2}} y^{2m+1}}, \quad |y| \gg 1. \tag{6.95}$$

考虑到(6.86 )式、(6.92)式、(6.83b)式和(6.74)式, 我们从(6.94)式看到, 本征函数 $U$ 满足边界条件(6.77)式。因而, 我们从(6.91)式就可获得本征值 $\gamma$ 的方程:

$$B_0 \Big/ A_0^{1/2} = 1, \tag{6.96a}$$

或

$$(1 + A\sigma)^2 = 1 + \zeta A; \tag{6.96b}$$

注意到(6.80)式、(6.82)式以及(6.52)式, 我们从(6.96b)式可以获得

$$\gamma_{eru} \approx \frac{\bar{V}_A}{d_{eff}}, \tag{6.97a}$$

其中, 不稳定等效尺度为

$$d_{eff} = \frac{\sqrt{4\pi}}{d_0} \alpha L_s. \tag{6.97b}$$

我们在后面将看到, 这种增率是非常大的, 它相应一种爆发不稳定。

## 6.5 电流片的反常阻抗

如果在一个电流区, 由于磁场重联导致释放足够大的磁能的话, 就有可能使电子相对于离子的漂移速度, 也即是电子流速度 $u$ 变得大于离子声速 $v_s$。这时, 离声湍动可以被激发到较高的能级; 在此情况下, 加速了的电子与激发起来的离声湍动弹性碰撞(散射), 使电子运动受到阻碍, 表现出一种反常阻抗; 同时, 这种反常阻抗远比与其他粒子碰撞引起的通常阻抗大得多 (卡普兰和齐托维奇, 1982);

$$\frac{n_s e^2}{m_e \nu_e} \approx \frac{n_s e^2}{m_e \nu_{eff}^e} = \frac{1}{\eta_a} = \sigma_a \approx \frac{\omega_{pe}^2}{4\pi} \frac{v_s}{u} \frac{100}{\omega_{pi}}. \tag{6.98}$$

现在来研究在什么情况下需要计及反常阻抗。当电子流

$$j = n_e e u = \sigma_{no} E_0,\qquad(6.99a)$$

不低于某个临界值时，离声不稳定将出现；这儿 $E_0$ 是电场，$\sigma_{no}$ 是通常库仑碰撞引起的电导率。电流片中电子流速度 $u$ 与热速 $v_{Te}(=\sqrt{k_B T_e/m_e})$ 之比，因此，为

$$\frac{u}{v_{Te}} = \frac{\sigma_{no} E_0}{|e| n_e v_{Te}};\qquad(6.99b)$$

让电流片中通常库仑碰撞引起的电导率为

$$\frac{n_e e^2}{m_e \nu_{ei}} \equiv \frac{1}{\eta_{no}} = \sigma_{no} = \sigma_0 T^{3/2},\qquad(6.100a)$$

这里，$n_e \equiv n_s$，$\sigma_0 = 1.4 \times 10^8 / \ln \Lambda$，以及 $\ln \Lambda$ 是库仑对数，它略等于 20。为了仅仅用一些据观测可以估算的参量，例如耀斑体积 $V \propto \ell^3$、耀斑寿命 $\tau$、电子密度 $n_e$ 以及释放能量的功率 $P$，来表示(6.99b)式，我们要用电流片外区的冻结条件，即令 (6.2) 式中的 $\eta \to 0$：

$$E_0 = \frac{v B_0}{c},\qquad(6.100b)$$

来估计电场，其中 $B_0$ 是电流片外区的磁流，它可以被流体带进内区而耗散；等离子体随同磁场流进电流片区的速度 v 可估计如下

$$v = \frac{d}{\tau},\qquad(6.100c)$$

其中，d 是耗散层的尺度(厚度)。此外，流进的被耗散的磁场 $B_0$，可从释放的功率估算：

$$P = \frac{B_0^2}{8\pi} \frac{\ell^3}{\tau};\qquad(6.100d)$$

在流体从两边向电流片挤压速度不很大时，如果略去中心电流片区的很小的有质动力，则(6.20a)式导致总的磁压和气压为常数；内区磁压小而气压大，更外面的区域，磁压则比气压大，因而内区电子温度 $T_e$ 可从气压和电流片外区磁压近似平衡得到，

$$2 n_e k_B T_e \approx \frac{B_0^2}{8\pi}.\qquad(6.100e)$$

因此，考虑到(6.100a)～(6.101e) 式，我们就把 (6.99b) 式右边用可从观

测来估算的参量表示:

$$\frac{u}{\mathrm{v}_{Te}} = \frac{\sqrt{2\pi m_e}\,\sigma_0}{c\,|e|\,k_B^{3/2}} \frac{\mathrm{d}}{n_e^2}\left(\frac{P^3\tau}{\ell^9}\right)^{1/2}.\tag{6.101}$$

如果对于某一个耀斑，其释放能量的功率为 $P$，以使(6.101) 式右边之值大于 1，$u > \mathrm{v}_{Te} \gg \mathrm{v}_s$，则表明激发起来的离声湍动达到了较高的能级，在此情况下，高温电流片内必定存在高涨的反常阻抗(Zhang *et al.*, 1997)。

## 6.6  低层太阳大气中的磁重联

对于弱电离等离子体，例如太阳光球区，荷电粒子与中性粒子碰撞效应就变得很重要。在此情况下，电子和离子的连续性方程(5.19)和(5.22)不变:

$$\frac{\partial n_e}{\partial t} + \nabla\cdot(n_e\mathbf{v}_e) = 0,\tag{6.102}$$

$$\frac{\partial n_i}{\partial t} + \nabla\cdot(n_i\mathbf{v}_i) = 0,\tag{6.103}$$

这里，$n_e \equiv n_s = n_i$，$\mathbf{v}_e \equiv \mathbf{v}_s^e$ 以及下面均略去下标 " $s$ "。而动量方程(5.31)及(5.33)，代替 $\mathbf{q}$ 一碰撞项，必须加上与中性粒子的碰撞项(为简单计，在这里略去反常碰撞效应，以及也略去不重要的重力项)，

$$m_e n_e\left(\frac{\partial}{\partial t} + \mathbf{v}_e\nabla\right)\mathbf{v}_e = en_e\left[\mathbf{E} + \frac{1}{c}\mathbf{v}_e\times\mathbf{B}\right] - \nabla p_e + m_e n_e\mathbf{F}_p^e + \mathbf{R}_{ei} + \mathbf{R}_{en},$$

$$\tag{6.104}$$

$$m_i n_i\left(\frac{\partial}{\partial t} + \mathbf{v}_i\nabla\right)\mathbf{v}_i = -en_i\left[\mathbf{E} + \frac{1}{c}\mathbf{v}_i\times\mathbf{B}\right] - \nabla p_i - \mathbf{R}_{ei} + \mathbf{R}_{in},\tag{6.105}$$

其中，

$$\mathbf{R}_{\alpha n} = -m_\alpha n_e \nu_{\alpha n}(\mathbf{v}_\alpha - \mathbf{v}_n);\tag{6.106}$$

在满足条件(6.11b) 式下，有质动力 $\mathbf{F}_p^e$ 是

$$\mathbf{F}_p^e = -\frac{1}{2}\nabla\left\langle\left(\mathbf{v}_f^e\right)^2\right\rangle,\tag{6.107}$$

以及快电子振荡的传输方程(5.38)成为

$$\nabla\times\nabla\times\mathbf{v}_f^e + \frac{1}{c^2}\frac{\partial^2}{\partial t^2}\mathbf{v}_f^e + \frac{1}{c^2}\frac{4\pi e^2}{m_e}n_e\mathbf{v}_f^e - \frac{3\,\mathrm{v}_{Te}^2}{c^2}\frac{1}{n_e}\nabla\left(\nabla\cdot n_e\mathbf{v}_f^e\right) = 0,\tag{6.108}$$

这里, 我们已令 $\gamma_e = 3$ (请参见 5.2 节). 现在, 因为碰撞项与中性粒子的运动有关, 我们还需要补充如下的描述中性粒子运动的连续性方程和动量方程:

$$\frac{\partial n_n}{\partial t} + \nabla \cdot (n_n \mathbf{v}_n) = 0, \tag{6.109}$$

$$m_n n_n (\frac{\partial}{\partial t} + \mathbf{v}_n \nabla) \mathbf{v}_n = -\nabla p_n - \mathbf{R}_{en} - \mathbf{R}_{in}. \tag{6.110}$$

对于这种由电子、质子和中性原子组成的三元混合流体, 可引进如下质心坐标速度:

$$\mathbf{u} = \frac{\rho_e \mathbf{v}_e + \rho_i \mathbf{v}_i + \rho_n \mathbf{v}_n}{\rho}, \quad \rho = \rho_e + \rho_i + \rho_n = n_e m_e + n_i m_i + n_n m_n; \tag{6.111}$$

如同 6.1 节所做的, 从三个连续性方程(6.102)、(6.103)和(6.109), 得到

$$\frac{\partial \rho}{\partial t} + \nabla \cdot (\rho \mathbf{u}) = 0; \tag{6.112}$$

利用 $\mu$-类($\mu = e, i, n$)粒子的连续性方程, 可写下如下等式

$$m_\mu n_\mu (\frac{\partial}{\partial t} + \mathbf{v}_\mu \nabla) \mathbf{v}_\mu = \frac{\partial}{\partial t} (m_\mu n_\mu \mathbf{v}_\mu) + \nabla \cdot (m_\mu n_\mu \mathbf{v}_\mu \mathbf{v}_\mu); \tag{6.113}$$

因此, 利用它, 把三个动量方程相加可得

$$\rho(\frac{\partial}{\partial t} + \mathbf{u} \cdot \nabla) \mathbf{u} = \frac{1}{c} \mathbf{j} \times \mathbf{B} - \nabla P + m_e n_e \mathbf{F}_p^e, \tag{6.114}$$

其中, $P$ 为质心系总压强, 而电流 $\mathbf{j}$ 满足麦氏方程

$$\nabla \times \mathbf{B} = \frac{4\pi}{c} \mathbf{j}, \tag{6.115}$$

以及还有

$$\frac{1}{c} \frac{\partial \mathbf{B}}{\partial t} = -\nabla \times \mathbf{E}, \quad \nabla \cdot \mathbf{B} = 0. \tag{6.116}$$

以 $e/m_e$ 乘(6.104) 式, 以 $-e/m_i$ 乘(6.105) 式和以 $e/m_n$ 乘(6.110) 式, 然后利用(6.113) 式, 三式相加, 我们就得广义欧姆定律; 就和 4.4 节及 6.1 节所做, 我们可略去与时—空导数有关的项以及略去 $(m_e/m_i)$ 以上的小量, 获得

$$\frac{n_e e^2}{m_e} \mathbf{E} + \frac{n_e e^2}{m_e c} (\mathbf{u} \times \mathbf{B}) + \mathbf{R} = 0, \tag{6.117}$$

其中，

$$\mathbf{R} \approx \frac{e}{m_e}\mathbf{R}_{ei} + \frac{e}{m_e}\mathbf{R}_{en} - \frac{e}{m_i}\mathbf{R}_{in} - \frac{e}{m_n}\mathbf{R}_{in} ; \tag{6.118}$$

对于荷电粒子和中性粒子碰撞频率有如下近似表式

$$\nu_{\alpha n} \approx n_n \sigma_{0\alpha} \mathrm{v}_{T\alpha} ,$$

其中，$\sigma_{0\alpha}$ 为碰撞截面，它对温度依赖关系微弱，约为 $5 \cdot 10^{-15}$；因此，$\nu_{en} \gg \nu_{in}$。在热平衡时，考虑到荷电粒子的平均动能近似满足均分律：$m_e \mathrm{v}_e^2 \approx m_i \mathrm{v}_i^2$，故 $\mathrm{v}_e \gg \mathrm{v}_i$，或 $\mathbf{j} \approx n_e e \mathbf{v}_e$；再假定所有中性粒子构成一个不动基底，即 $\mathbf{v}_n \approx 0$；在所有这些情况下，我们有

$$\mathbf{R} \approx -\nu_{ei}\mathbf{j} - \nu_{en}n_e e(\mathbf{v}_e - \mathbf{v}_n) \approx -(\nu_{ei} + \nu_{en})\mathbf{j} . \tag{6.119}$$

于是，从(6.117) 式，我们获得弱电离的等离子体中的广义欧姆定律：

$$\mathbf{j} = \sigma(\mathbf{E} + \frac{1}{c}\mathbf{u} \times \mathbf{B}), \quad \sigma = \frac{n_e e^2}{m_e(\nu_{ei} + \nu_{en})} = \frac{1}{\eta} . \tag{6.120}$$

因此，我们获得一组由三元混合流体构成的单流体的 MHD—有质动力耦合方程(Li *et al.*, 1997 )：

$$\frac{\partial}{\partial t}\rho + \nabla \cdot (\rho\mathbf{u}) = 0 , \tag{6.121}$$

$$\rho\left(\frac{\partial}{\partial t}\mathbf{u} + (\mathbf{u} \cdot \nabla)\mathbf{u}\right) = \frac{1}{4\pi}(\nabla \times \mathbf{B}) \times \mathbf{B} - \nabla P - \frac{1}{2}\frac{m_e}{m_i}\rho_{ig}\nabla\left\langle(\mathbf{v}_f^e)^2\right\rangle , \tag{6.122}$$

$$\frac{\partial \mathbf{B}}{\partial t} = \nabla \times (\mathbf{u} \times \mathbf{B}) + \frac{\eta c^2}{4\pi}\nabla^2\mathbf{B} , \tag{6.123}$$

$$\nabla \times \nabla \times \mathbf{v}_f^e + \frac{1}{c^2}\frac{\partial^2}{\partial t^2}\mathbf{v}_f^e + \frac{1}{c^2}\frac{4\pi e^2}{m_e}n_e\mathbf{v}_f^e - \frac{3\mathrm{v}_{Te}^2}{c^2}\frac{1}{n_e}\nabla\left(\nabla \cdot n_e\mathbf{v}_f^e\right) = 0 , \tag{6.124}$$

$$\nabla \cdot \mathbf{B} = 0 , \tag{6.125}$$

这里，$\rho_{ig}$ 是由电子和质子组成的电导流体的质量密度，而电阻率 $\eta$ 由 (6.120)式给出。

现在把方程(6.121)～(6.125)与分析磁重联的完全电离等离子体中的方程(6.14)～(6.18)做一比较发现，除了密度 $\rho$ 和电阻率 $\eta$ 需要考虑中性粒子明显影响外，两者无甚差别。因而，在未扰态仍为(6.19) 式，只要假定太阳光球高密度中性粒子为不流动的本底，即 $\rho_0^1(x) \approx \rho_{ig0}^1(x)$；同样对扰动

态亦假定 $\delta\rho \approx \delta\rho_{ig}$；在这种情况下，6.2～6.4 节中对磁重联的分析在此同样是对的。因此，相应于(6.30a) 式的电流片中密度孤波为

$$\rho_0^1(x) = -\frac{1}{c_s^2}\frac{\overline{\rho}_{ig}}{4}\mu(v_0^0)^2 \operatorname{sech}^2(\frac{x}{\varepsilon_0}), \tag{6.126}$$

其中孤波宽度 $\varepsilon_0$ 或为(6.30b) 式，或为(6.30c) 式。相应于(6.73) 式，由内外区跳跃镶合所决定的增率 $\gamma$ 为 $(\zeta = d_0^2/\gamma\tau_R \gg 1)$

$$\gamma \approx \frac{1}{d_0^{1/2}}\frac{\alpha^{1/2}S^{1/2}}{2\pi(\alpha^{-1}-\alpha)^{-1}}\frac{\Gamma(\frac{1}{4})}{\Gamma(\frac{3}{4})}\tau_R^{-1}, \tag{6.127}$$

其中，相应于(6.49c) 式的 $d_0^2$ 为

$$d_0^2 = \frac{\overline{\rho}_{ig}}{\overline{\rho}}\pi\mu^2(\frac{v_0^0}{c_s})^2(\frac{v_0^0}{\overline{V}_A})^2(\frac{L_s}{\varepsilon_0})^4, \tag{6.128a}$$

以及，

$$S = \frac{\tau_R}{\tau_H}, \quad \tau_R = \frac{4\pi L_s^2}{\eta c^2}, \quad \tau_H = \frac{4\pi L_s\sqrt{\overline{\rho}}}{\overline{B}}, \quad \overline{V}_A = \frac{\overline{B}}{\sqrt{4\pi\overline{\rho}}}. \tag{6.128b}$$

注意，上面诸式值，由于依赖于平均密度 $\overline{\rho}$ 和阻抗 $\eta$，都受中性粒子的明显影响。最后，相应于，爆发不稳定的增率 $\gamma_{eru}$ 为

$$\gamma_{eru} \approx \frac{\overline{V}_A}{d_{eff}}, \tag{6.129a}$$

其中，

$$d_{eff} = \frac{\sqrt{4\pi}}{d_0}\alpha L_s. \tag{6.129b}$$

## 6.7  太阳冕环增亮和耀斑爆发

太阳耀斑是发生在太阳大气的一种显著的爆发；天文学家相信，这种蔚为壮观爆发的能源是太阳大气蕴藏的巨大的磁能(Parker, 1957; Sweet, 1958; Petchek, 1964; Priest & Forbes, 2000)。太阳耀斑的观测表明，一个典型耀斑爆发所释放的能量为 $E = 10^{29}$ (尔格)量级，而寿命为 $\tau = 30$ 分钟。这意味着电流片(耗散层)是相当细长的，其厚度 $d_{cs}$ 非常小。事实上，我们可以简单地估算耀斑所释放的能量：

$$E = \frac{j^2}{\sigma}(A\,d_{cs})\tau \approx \frac{c^2\eta}{4\pi^2}\frac{B^2}{d_{cs}^2}(A\,d_{cs})\tau = \frac{c^2\eta}{4\pi^2}\frac{B^2}{d_{cs}}A\tau , \qquad (6.130)$$

其中， $A$ 为耗散层的面积， 而带进耗散区的磁流是 $j = \frac{c}{4\pi}|\nabla\times\mathbf{B}| \sim 2B/d_{cs}$ 。取 $E \sim 10^{29}$ (尔格), $B \sim 100$ (高斯), $A \sim 10^{16}$ (厘米$^2$), $\tau \sim 30$ (分钟), 既使在反常阻抗情况下, $\eta \sim 4.5\times10^{-11}$ (秒), 它比正常阻抗约大 4 个数量级, 得到的 $d_{cs}$ 还是很小的: $d_{cs} \sim 10^3$ (厘米)。因此，在释放能量的磁重联过程中，耗散层的尺度必须一直维持很小，否则就不可能产生一个耀斑的能量；但是，磁场耗散产物一热等离子体又将使电流片膨胀，这时电流片将急剧加宽，以使释放的能量大大减小；另一方面，我们从(6.34b) 式的第二式(连续性方程)看到

$$d_{cs}u_y \sim L_y u_x , \qquad (6.131)$$

这里, $k^{-1} \sim L_y$ , 以及 $d_{cs}$ 是电流片特征厚度($\hat{\mathbf{x}}$—方向)。很明显，从电流片上、下两个方向流进耗散层的物质，如果没有其他通路，只沿着细长管道($d_{cs}/L_y \ll 1$)全部流出的话，那么连续性条件(6.131) 式要求 $u_x$ 很小，因为从观测可知(Phan *et al*., 2000)，重联抛出的物质速度 $u_y \sim \bar{V}_A$ 。考虑到(6.42)式, $u_x \propto \gamma$ , 这意味着, 耀斑是一种相当缓慢的爆发，这与观测到的短时标耀斑爆相悖，以及也与电流片实验中热爆短时标(Stenzel & Gekelman，1985)和在聚变实验所观测到的类似过程的快能量释放(Drake, 2001)不相符合。因此，以往的重联理论呈现了重大的弱点。实际上，以上两个方面的问题是一种"管内"物质被阻塞问题；问题的解决是和耗散产物如何迅速地从电流片区抛出相关(Pikel'ner & kaplan, 1978)。**从宏观层面上看，在耗散过程中应该出现一种爆发性不稳定，把耗散产物以爆发的形式抛出去。从(6.129)式看到，$\gamma_{eru} \propto d_0 \propto (v_0^0)^2$，即爆发不稳定增率正比于孤波强度；这意味着，物质从两边流进电流片，片中具有高涨横等离激元的孤波产生的有质动力把物质迅速抛出，表现为爆发不稳定。**从微观等离子体层面上看，需要波的加速机制，把荷电粒子加速到很高速度而从各个方向抛出去(Drake, 2001)。因此，能否给出被阻塞的物质一种畅通的出路，是判断重联理论正确与否的准绳。在耀斑期间，能否从观测上判

明除沿细长管轴方向以外在其他方向存在物质抛射？或在微观上探知存在可以加速荷电粒子的具有较强振幅的波(例如，哨声波)？这都是很为重要的可以相互印证的事。最近有个报告(Deng & Matsumoto, 2001)说，有证据表明，爆发时存在较强的哨声波，这宛如发现了一种"冒烟的枪"，这当然是很有兴趣的。在下面分析中，将可以看到，我们所提出的这种新磁重联理论，包括提供被阻塞物质的弹射出路的爆发不稳定性，是和太阳耀斑，包括冕环暂现增亮事件(Zhang et al., 1994)各个方面的观结果相吻合。

1) Ⅱ型白光耀斑可认为是光球上层磁重联现象：等离子体团块（Plasmoid）受到磁浮力作用，从光球下面升到黑子区，然后膨胀形成一电流片，发生磁重联。光球上层是弱电离等离子体,中性原子的碰撞很重要。取如下等离子体参量：

$$T = 5000\text{K}, n_e = 10^{13}\,\text{cm}^{-3}, n_n = 10^{16}\,\text{cm}^{-3}, B = 10^3 G\,;$$

在活动区[参见(2.100)式]，对于横等离激元，

$$\bar{W}^p \equiv |\,\mathbf{E}\,|^2 / (8\pi\, n_e k_B T_e) > N_D^{-1},$$

利用动量方程(5.13)，得到

$$\bar{W}^p \approx |\,\mathbf{v}_0\,|^2 / 2\mathrm{v}_{Te}^2 \sim (v_0^0)^2 / 2\mathrm{v}_{Te}^2 > N_D^{-1}, \tag{6.132}$$

因而，具有较大余地，取 $v_0^0 = \sqrt{4\mathrm{v}_{Te}^2 N_D^{-1}} = \sqrt{4\mathrm{v}_{Te}^2 \omega_{pe}^3 / n_e \mathrm{v}_{Te}^3} = 9 \times 10^6\,\text{cm}\cdot s^{-1}$。对于模型参量，取 $L_s = 1.5 \times 10^4\,\text{cm}$，以及 $\lambda_y = 2\pi k^{-1} = 10^7\,\text{cm}$。在此情况下，我们的磁重联理论得到如下爆发寿命 $\tau$，释放的磁能 $E$ 和红移（或蓝移）速度 $u_{shi}$，与观测结果相一致 (Li et al., 1997)：

$$\tau =10 \text{ 分钟}, \quad E = 7 \times 10^{30} \text{ 尔格}, \quad u_{shi} =10 \text{ 公里/秒};$$

以及爆发不稳定的时标 $\tau_b = 1.5 \times 10^{-10}$（秒）。

2) 1991 年 10 月阳光卫星记录到日冕活动区发生 X－射线环突然增亮事件(Shimizu et al., 1992;1994)。根据 Shimizu et al. (1992;1994)给出的如下等离子体参量：$T_e = 7 \times 10^6\,\text{K}, n_e = 9.8 \times 10^9 / \text{cm}^3, B = 100G, \ell = 10^9\,\text{cm}$，以及对朗缪尔波，(6.132) 式仍是正确的，于是取 $v_0^0 = 1.5 \times 10^6\,\text{cm}\cdot s^{-1}$；

两个模型参量取为 $L_s = 7.4 \times 10^6 \text{cm}, \alpha \equiv kL_s / 2\pi = 10^{-2}$，我们的理论给出如下与观测(Shimizu *et al.*, 1992)相吻合的结果(Li & Zhang, 1997a)：

$$\tau = 15 \text{ 分钟}, \quad E = 9 \times 10^{28} \text{ 尔格；}$$

同时，这种情况下的反常阻抗 $\eta_a = 4.5 \times 10^{-11}$（秒），爆发不稳定时标 $\tau_b = 10^{-5}$ 秒。

3) 1992 年 7 月 15 日在活动区 NOAA7226 被相互作用冕环引起的较大强度的耀斑(Hanaoka, 1994)，Hanaoka (1994)给出该耀斑所对应的等离子体参量如下：$T_e = 8 \times 10^6 \text{K}, n_e = 8.6 \times 10^{10} / \text{cm}^3, B = 300\text{G}, \ell = 10^9 \text{cm}$ ,对横等离激元，取 $v_0^0 = 10^7 \text{cm} \cdot \text{s}^{-1}$；以及取 $L_s = 5 \times 10^5 \text{cm}, \alpha \equiv kL_s / 2\pi = 10^{-2}$。理论的估值(Zhang *et al.*, 1995)也和观测结果(Hanaoka, 1994)相符：

$$\tau = 10 \text{ 分钟}, \quad E = 10^{30} \text{ 尔格；}$$

在此情况下，理论给出 $\eta_a = 4.1 \times 10^{-11}$（秒），爆发不稳定时标 $\tau_b = 3 \times 10^{-5}$ 秒。

4) 阳光卫星发现了大量的类耀斑暂现发亮环系。对于这类事件，取如下等离子体参量：$T_e = 10^4 \text{K}, n_e = 10^{12} / \text{cm}^3, B = 100\text{G}, \ell = 10^9 \text{cm}$，对横等离激元，取 $v_0^0 = 2 \times 10^6 \text{cm} \cdot \text{s}^{-1}$；以及取 $L_s = 4 \times 10^5 \text{cm}, \alpha \equiv kL_s / 2\pi = 10^{-3}$。理论给出(Li *et al.*, 1997)

$$\tau = 8 \text{ 分钟}, \quad E = 3.5 \times 10^{26} \text{ 尔格；}$$

它们与观测结果(Thomas & Teske, 1971)一致。同时，这时爆发不稳定时标，$\tau_b = 1.9 \times 10^{-7}$ 秒。

5) 后耀斑冕环系统常呈现偶发暂现增亮，这是某些电流环结合时发生磁重联而释放磁能所致。这类冕环增亮事件的等离子体参量如下(Smartt & Zhang, 1990)：$T_e = 2 \times 10^6 \text{K}, n_e = 5 \times 10^{10} / \text{cm}^3, B = 100\text{G}, \ell = 2 \times 10^9 \text{cm}$；对横等离激元，取 $v_0^0 = 2.2 \times 10^7 \text{cm} \cdot \text{s}^{-1}$；以及取 $L_s = 4 \times 10^5 \text{cm}, \alpha \equiv kL_s / 2\pi = 10^{-3}$。理论给出(Li *et al.*, 1994)

$$\tau = 17 \text{ 分钟}, \quad E = 1.4 \times 10^{28} \text{ 尔格；}$$

它们与观测结果( Smartt *et al.*, 1993)一致。同时，这时爆发不稳定时标，$\tau_b = 3 \times 10^{-8}$ s。

6) 太阳低色球埃里曼(Ellerman)炸弹可考虑作为从下面浮上来的

磁化等离子团与周围磁场发生重联的结果。取等离子体参量如下：
$T_e = 10^4 \mathrm{K}, n_e = 10^{12} / \mathrm{cm}^3$；$\ell = 2 \times 10^7 \mathrm{cm}$，$B = 10^3 \mathrm{G}$ (Kaplan *et al.*, 1974);
对横等离激元，取 $v_0^0 = 4.3 \times 10^6 \mathrm{cm} \cdot \mathrm{s}^{-1}$；以及取 $L_s = 4.6 \times 10^5 \mathrm{cm}$,
$\alpha \equiv kL_s / 2\pi = 4.6 \times 10^{-3}$ 理论给出(Hu *et al.*, 1995)

$$\tau = 11 \text{ 分钟}, \quad E = 10^{27} \text{ 尔格}, \quad \bar{u}_y = 37 \text{ km/s}$$

其中，$\bar{u}_y$ 为喷流速度。它们与观测结果相符。同时，这时爆发不稳定时标，$\tau_b = 1.3 \times 10^{-8} \mathrm{s}$。

# 第七章　　太阳自生间歇磁流

*如果太阳没有磁场，它将是一颗索然无味的恒星，*

*如同多数天文学家所认同的。*

———— Henk Van Hulst

大多数天体物理学家都接受这样一个事实：宇宙中磁场，无所不在。不仅如此，宇宙天体的活动，例如爆发、突变、喷流和不稳定性都和磁场息息相关。甚至吸积盘的反常黏滞问题，如果没有磁场，将会成为无法破解的悬案。可以说，如果无磁场，太阳，恒星，脉冲星和星系核等将是一些宁静的沉寂的天体。

起初人们想，天体的磁场可能是演化残留下来的"化石"场，是一块永久"磁铁"；然而，这种化石场如果没有能源补充的话，它将会发生欧姆耗散，而消失磁性。事实上，如果引进经向(toroidal)场($\varphi$)和纬向(poloidal)场($p$)：

$$\mathbf{B} = B_\varphi \mathbf{i}_\varphi + \mathbf{B}_p, \quad \mathbf{v} = \mathrm{v}_\varphi \mathbf{i}_\varphi + \mathbf{v}_p,$$

我们可以把磁感应方程(4.37)的$\varphi$分量方程写为

$$\frac{\partial B_\varphi}{\partial t} + R(\mathbf{v}_p \cdot \nabla)\frac{B_\varphi}{R} = R\mathbf{B}_p \cdot \nabla(\frac{\mathrm{v}_\varphi}{R}) + \eta_B(\nabla^2 - R^{-2})B_\varphi, \tag{7.1}$$

其中，

$$\mathbf{B}_p \cdot \nabla = B_z \frac{\partial}{\partial z} + B_r \frac{\partial}{\partial R},$$

以及，$\eta_B$为电阻[在(7.1)式中，假定它为常数]。从(7.1)式可以看出，其右边第二项是欧姆耗散项，而右边第一项则为引起$B_\varphi$增长的源项。因此，poloidal场$\mathbf{B}_p$的存在是维持 toroidal 场$B_\varphi$不致耗散掉的源。然而，不幸的是，poloidal场本身，如果没有外电动势驱动的话，是不能被维持的。为看到这点，我们令 $\mathbf{B}_p = \nabla \times (A_\varphi \mathbf{i}_\varphi)$，则磁感应方程(4.37)的 poloidal 成分可写为

$$\frac{\partial A_P}{\partial t} + \frac{\mathbf{v}_p}{R} \cdot \nabla(RA_p) = \eta_B(\nabla^2 - R^{-2})A_P . \tag{7.2}$$

我们立即看出，poloidal 场的矢势 $A_p$，也即 poloidal 场本身是衰减的。因此，由于欧姆耗散，且不管耗散时标的长短，天体的磁场是不能自维持的。

此外，太阳活动区经 11 年周期磁场极性反转一次以及磁变星磁场的不规则变化等观测现象表明，天体磁场的产生机制是必需的。就中子星而言，情况也是如此。与一个中子星有关的超新星残骸 MSH-15-52，它的年龄约为 $10^4$ 年，而它作为一个脉冲星（磁场使它发出脉冲辐射）的年龄，可以从自转周期变慢的观测得到，约为 $p/2\dot{p}$ =1550 年；这意味着这颗中子星本身在 $10^4$ 年前产生出来。但作为一颗脉冲星，或等效地说，开始产生足够强的磁场，则是在 $10^3$ 年以前的事了(Dolginov, 1988)。

另一方面，天文学家总习惯认为，天体主要的磁结构是宏观大尺度场。随着观测技术的发展和理论研究的深入，这种平均场的观念必须修正。**原来，在太阳光球，除黑子以外，90% 以上的磁流具有小尺度和高强度特征，其特征强度为 1~2 千高斯（kG），尺度为 50~300 千米，为目前仪器所不能分辨**(Stenflo, 1989)。事实上，太阳上的大部分活动都发生 100 千米左右尺度区(Parker, 1989)（太阳宏观特征尺度为 $10^4$ 千米）。即便是黑子，也存在小尺度强磁流区和大间隙弱场区( Ma & Li, 1997) 。**这种磁流元的磁流体力学（MHD）过程是统一理解太阳物理的关键**(Stenflo, 1989)。由于对流塌缩不稳定性( Parker, 1978)，太阳表面上竖直弱磁场能自发地收缩，达到 kG 量级强磁流状态。然而，这种不稳定性很难解释磁元内 kG 所对应的强磁压为何远远高于引起收缩的对流湍压力($(1/2)\langle v^2 \rangle$)——这个均分值(Tagger *et al.*,1995) 。

太阳耀斑期间观测到的微波尖峰爆具有精细结构。Mckean *et al.* (1989)利用数值模拟仔细地研究了这种爆源；**研究表明，这种精细结构的形成是依赖于甚小结构的非均匀磁场**。按照该模型，产生这种精细结构的间歇磁流的特征尺度和强度，在太阳日冕活动区内，分别为 0.02 公里和 250 高斯。类似地，地球极区千米波辐射也呈现一种频率精细结构：从多窄带（≤ 1 千赫兹）辐射的中心频率有快速变化。研究表明(Mekean *et al.*, 1991)，这种频率漂移也**取决于发射区中一种小尺度非均匀磁场**，其特征尺度和场强分别为 260 公里和 0.01 高斯（比发射区的背景磁场高出一个量级）。对于天体物理吸积盘，研究指出(Schramkowski & Torkelsson, 1996)，脉动小尺度磁场几个量级强于背景宏观磁场。其他天体，包括脉冲星、灾变星、年轻星和活动星系核，情况如何呢？我们往后将表明，这些天体有小尺度间歇磁流的推论也是合理的。

目前，风行的发电机（dynamo）理论提供了一种产生宏观磁场的可能机制：任意弱的然而有限的种子磁场与湍流体相互耦合时会放大这个场（Parker, 1955; Roberts & Stix, 1971; Krause & Rädler, 1980; Zeldovich *et al.*, 1983）。然而，在光球条件下，这种弱的宏观磁场如何被积聚到强磁流状态？而且更为重要的是，太阳或其他宇宙天体的空间高度间歇的磁流是如何产生的？这个问题具有原则性意义。

## 7.1　天体磁场发电机理论

从上面可以看到，如果我们能从磁感应方程(4.37)右边第一项，也就由流体运动而产生磁场的源项，分出一种有旋度的电场项，它对应于在(7.2)式右边增加一"外"电动势项：$E_\varphi = \alpha B_\varphi$，这时，poloidal 场就不是衰减的，由它与流体运动(例如较差旋转, $v_\varphi$ )一道而成为 toroidal 场的源[参见(7.1)式]。 于是，磁场就被产生出来，或被维持下来了。在太阳对流区，等离子体元胞膨胀上升时，会因旋转而作缠绕运动，它使 $\varphi$ 场产生 $p$ 场，$p$ 场产生率是正比于 $B_\varphi$，这就是 $\alpha$ 项；当然，也同样发生元胞的下落运动，这时由于重力引起的分层效应，下落元胞是收缩的，而非膨胀。正是这种镜像不对称性，就最终出现产生磁场的净效应。现在来研究流体运动如何产生放大磁场的 $\alpha$-效应。然而，我们不考虑磁场对流体反作用，也就是只处理磁感应方程(4.37)，不研究它和动量方程(4.35)的耦合。这就是所谓运动发电机机制。考虑在一平均流( $v_0$ )束中存在小尺度( $\ell$ )的湍运动 $u$ ，它导致产生小尺度( $\ell$ )脉动磁场 $b$ 并维持大尺度( $L$ )平均磁场 $B_0$；而，

$$\mathbf{B} = \mathbf{B}_0 + \mathbf{b}, \quad \mathbf{v} = \mathbf{v}_0 + \mathbf{u}$$

把它们代入(4.37)式，并在某种中间尺度范围内 $(L \geqslant \lambda \geqslant \ell)$ 作平均(用 $\langle \cdots \rangle$ 表示)，利用 $\langle \mathbf{b} \rangle = \langle \mathbf{u} \rangle = 0$ ，就得到平均场 $B_0$ 的方程；然后用总的磁感应方程与平均方程相减，就得到小尺度脉动磁场 $b$ 的方程。因此，

$$\frac{\partial \mathbf{B}_0}{\partial t} = \nabla \times (\mathbf{v}_0 \times \mathbf{B}_0 + \mathbf{S} - \eta_B \nabla \times \mathbf{B}_0), \tag{7.3}$$

$$\frac{\partial \mathbf{b}}{\partial t} = \nabla \times (\mathbf{u} \times \mathbf{B}_0 + \mathbf{G} - \eta_B \nabla \times \mathbf{b} + \mathbf{v}_0 \times \mathbf{b}), \tag{7.4}$$

其中，平均场方程 (7.3) 右边 $\mathbf{S}$ 项是源项：$\mathbf{S} = \langle \mathbf{u} \times \mathbf{b} \rangle$ ，以及

$\mathbf{G} = \mathbf{u} \times \mathbf{b} - \langle \mathbf{u} \times \mathbf{b} \rangle$。当小尺度湍运动的磁雷诺(Reynolds)数很小时，$R_{no} \sim |\mathbf{G}| / |\eta_B \nabla \times \mathbf{b}| \sim u\ell / \eta_B \ll 1$，可以略去(7.4)式中 $\mathbf{G}$ 项，即非线性项；此外，由于平均流速可以很小，以使(7.4)式右边最后一项也可略去；于是，在似稳($\partial / \partial t \approx 0$)及不可压 ($\nabla \cdot \mathbf{u} = 0$)情况下，利用如下展式，

$$\nabla \times (\mathbf{u} \times \mathbf{B}_0) = \mathbf{u}\nabla \cdot \mathbf{B}_0 - \mathbf{B}_0 \nabla \cdot \mathbf{u} + (\mathbf{B}_0 \cdot \nabla)\mathbf{u} - (\mathbf{u} \cdot \nabla)\mathbf{B}_0$$
$$= (\mathbf{B}_0 \cdot \nabla)\mathbf{u} - (\mathbf{u} \cdot \nabla)\mathbf{B}_0$$

(7.4)式被简化为

$$(\mathbf{B}_0 \cdot \nabla)\mathbf{u} - (\mathbf{u} \cdot \nabla)\mathbf{B}_0 + \eta_B \nabla^2 \mathbf{b} = 0, \tag{7.5}$$

在上式，我们略去了正比电阻梯度的变化项：$\nabla \eta_B \times \nabla \times \mathbf{b}$。引进如下简约的傅氏变换：

$$\mathbf{u} = \int e^{i\mathbf{k} \cdot \mathbf{r}} \mathrm{d}\mathbf{Z}(\mathbf{k}, t), \tag{7.6a}$$

$$\mathbf{b} = \int e^{i\mathbf{k} \cdot \mathbf{r}} \mathrm{d}\mathbf{Y}(\mathbf{k}, t), \tag{7.6b}$$

这时，从(7.5)式可得

$$\mathrm{d}\mathbf{Y} = \frac{i\mathbf{k} \cdot \mathbf{B}_0}{\eta_B k^2} \mathrm{d}\mathbf{Z} - \frac{(\mathrm{d}\mathbf{Z} \cdot \nabla)}{\eta_B k^2} \mathbf{B}_0. \tag{7.7}$$

因而，(7.3)式的源项可写为

$$\mathbf{S} = \langle \mathbf{u} \times \mathbf{b} \rangle = \int \langle \mathrm{d}\mathbf{Z}^* \times \mathrm{d}\mathbf{Y} \rangle = \mathbf{S}_1 + \mathbf{S}_2, \tag{7.8}$$

在上式，考虑到湍流速度 $\mathbf{u}$ 为实场，已用 $\mathbf{u}^*$ 代之以 $\mathbf{u}$；而

$$S_{1i} = \int \frac{i\mathbf{k} \cdot \mathbf{B}_0}{\eta_B k^2} (\langle \mathrm{d}\mathbf{Z}^* \times \mathrm{d}\mathbf{Z} \rangle)_i, \tag{7.9a}$$

$$S_{2i} = -\int \frac{1}{\eta_B k^2} [\langle \mathrm{d}\mathbf{Z}^* \times (\mathrm{d}\mathbf{Z} \cdot \nabla)\mathbf{B}_0 \rangle]_i; \tag{7.9b}$$

我们有

$$S_{1i} = \alpha_{ij} B_{0,j}, \quad \alpha_{ij} = \int \frac{ik_j}{\eta_B k^2} \varepsilon_{ipl} \phi_{pl} \mathrm{d}\mathbf{k}, \tag{7.10}$$

$$S_{2i} = -\int \frac{1}{\eta_B k^2} \varepsilon_{ilk} \phi_{lm} \frac{\partial B_{0,k}}{\partial x_m} \mathrm{d}\mathbf{k}, \tag{7.11}$$

其中，谱张量 $\phi_{ij}(\mathbf{k})$ 由湍流速度相关强度确定：

$$\langle u_j u_l \rangle = \int \langle \mathrm{d}Z_j^* \mathrm{d}Z_l \rangle \equiv \int \phi_{jl}(\mathbf{k})\mathrm{d}\mathbf{k}\ . \tag{7.12}$$

　　如前述，为获得产生磁场的净效应，我们应研究赝各向同性 (Pseudo-isotropic) 的湍运动，在此情况下，可以把谱张量写成各向同性部分 $\phi_{ij}^0(\mathbf{k})$ 和很小的非各向同性部分之和：

$$\phi_{ij}(\mathbf{k}) = \phi_{ij}^0(\mathbf{k}) + \frac{iF(k)}{8\pi k^4}\varepsilon_{ijm}k_m\ , \quad \phi_{ij}^0(\mathbf{k}) = \frac{E(k)}{4\pi k^2}(\delta_{ij} - k_i k_j/k^2)\ , \tag{7.13}$$

其中，$E(k)$ 是各向同性部分的谱张量 $\phi_{ij}^0(\mathbf{k})$ 的强度函数，或称为能谱函数；而 $F(k)$ 为螺度 (helicity) 谱函数，表征不对称程度。把赝各向同性谱张量表式代入 (7.12) 式，并缩并指标 $jl$，由于两指标相同的置换张量为零，因而得到

$$\frac{1}{2}(\mathbf{u}\cdot\mathbf{u}) = \int E(k)\mathrm{d}k\ . \tag{7.14}$$

由于

$$\varepsilon_{ipl}\phi_{pl}^0 \propto \varepsilon_{ipl}\delta_{pl} - \varepsilon_{ipl}k_p k_l \propto (\mathbf{k}\times\mathbf{k})_i = 0\ , \tag{7.15a}$$

$$\varepsilon_{ipl}\varepsilon_{plm}k_m \frac{iF(k)}{8\pi k^4} = 2\delta_{im}k_m \frac{iF(k)}{8\pi k^4}\ , \tag{7.15b}$$

所以，从 (7.10) 式，

$$\alpha_{ij} = -\frac{1}{\eta_B}\int \frac{k_i k_j}{k^2}\frac{F(k)}{4\pi k^2}\frac{\mathrm{d}\mathbf{k}}{k^2} = -\frac{1}{\eta_B}\int \frac{k_i k_j}{k^2}\frac{F(k)}{k^2}\mathrm{d}k,$$

由于近似各向同性，可假定：$k_1^2 \approx k_2^2 \approx k_3^2 \approx \frac{1}{3}k^2$，以至

$$\frac{k_i k_j}{k^2} \to \frac{1}{3}\delta_{ij}\ ; \tag{7.15c}$$

因而，我们获得如下可产生磁流的湍流电动势

$$\mathbf{S}_1 = \alpha\mathbf{B}_0\ , \quad \alpha = -\frac{1}{3\eta_B}\int \frac{F(k)}{k^2}\mathrm{d}k\ , \tag{7.16}$$

式中函数 $F(k)$ 是与流体的螺度 (helicity) 有关。事实上，考虑到 (7.12) 式

$$\langle \mathbf{u}\cdot(\nabla\times\mathbf{u})\rangle = i\int\langle\mathrm{d}\mathbf{Z}^*\cdot(\mathbf{k}\times\mathrm{d}\mathbf{Z})\rangle = i\int\varepsilon_{ilm}k_l\langle\mathrm{d}Z_m\cdot\mathrm{d}Z_i^*\rangle$$

$$= -i\int\varepsilon_{lim}k_l\phi_{mi}(\mathbf{k})\mathrm{d}\mathbf{k}$$

利用(7.15b)式和(7.13)式，得

$$\langle \mathbf{u} \cdot (\nabla \times \mathbf{u}) \rangle = \int\limits_0^\infty F(k) \mathrm{d}k .\tag{7.17}$$

类似地，把(7.13)式代入(7.11)式，对各向同性部分，由于(7.15c)式，$\delta_{lm} - k_l k_m / k^2 \approx (2/3)\delta_{lm}$，有

$$\mathbf{S}_2^0 \approx -\nabla \times \mathbf{B}_0 \int \frac{E(k)}{\eta_B k^2} \mathrm{d}k ;$$

而对非各向同性部分，

$$S_{2p}^1 = -\int \frac{1}{\eta_B k^2} \varepsilon_{ijm} \varepsilon_{pik} k_m \frac{\partial B_{0,k}}{\partial x_j} \frac{iF(k)}{8\pi k^4} \mathrm{d}\mathbf{k}$$

$$= -\int \frac{iF(k)}{8\pi k^4} \frac{1}{\eta_B k^2} (\delta_{jk}\delta_{mp} - \delta_{jp}\delta_{mk}) k_m \frac{\partial B_{0,k}}{\partial x_j} \mathrm{d}\mathbf{k} - \int \{\frac{iF(k)}{8\pi k^4} \frac{1}{\eta_B k^2}\} \frac{\partial(\mathbf{k}\cdot\mathbf{B}_0)}{\partial x_p} \mathrm{d}\mathbf{k},$$

上式已利用了 $\nabla \cdot \mathbf{B}_0 = 0$；注意到，$\nabla \times [\nabla(\mathbf{k}\cdot\mathbf{B}_0)] = 0$，因而，有

$$\nabla \times \mathbf{S} \approx \nabla \times (\alpha \mathbf{B}_0) + \left[\frac{2}{3}\frac{1}{\eta_B} \int \frac{E(k)}{k^2}\mathrm{d}k\right]\nabla^2 \mathbf{B}_0 .\tag{7.18}$$

因此，(7.3)式成为

$$\frac{\partial \mathbf{B}_0}{\partial t} = \nabla \times (\mathbf{v}_0 \times \mathbf{B}_0) + \nabla \times (\alpha \mathbf{B}_0) + (\eta + \tilde{\eta})\nabla^2 \mathbf{B}_0 ,\tag{7.19}$$

其中，湍涡引起的电阻 $\tilde{\eta}$ 和放大系数 $\alpha$ 为

$$\tilde{\eta} = \frac{2}{3}\frac{1}{\eta_B} \int \frac{E(k)}{k^2}\mathrm{d}k , \quad \alpha = -\frac{1}{3\eta_B} \int\limits_0^\infty \frac{F(k)}{k^2}\mathrm{d}k ,\tag{7.20}$$

而能谱函数 $E(k)$ 和螺度谱函数 $F(k)$ 分别由(7.14)和(7.17)式确定。(7.19)式就是有源的 dynamo 方程。

特别地，对一轴对称流

$$\mathbf{v}_0 = R\Omega(R, z)\mathbf{i}_\varphi + \mathbf{v}_p$$

和大尺度场

$$\mathbf{B}_0 = B_\varphi(R, z)\mathbf{i}_\varphi + \nabla \times (A_\varphi(R, z)\mathbf{i}_\varphi) ,$$

我们可以把 dynamo 方程(7.19)写为

$$\frac{\partial B_\varphi}{\partial t} + R(\mathbf{v}_p \cdot \nabla)\frac{B_\varphi}{R} = R(\mathbf{B}_p \cdot \nabla)\Omega + \nabla \times (\alpha \mathbf{B}_p) + \tilde{\eta}[\nabla^2 - R^{-2}]B_\varphi, \quad (7.21)$$

$$\frac{\partial A_p}{\partial t} + \frac{\mathbf{v}_p}{R} \cdot \nabla(RA_p) = \alpha B_\varphi + \tilde{\eta}(\nabla^2 - R^{-2})A_p, \quad (7.22)$$

这里，$\mathbf{B}_p = \nabla \times (A_\varphi \mathbf{i}_\varphi)$。

我们立即看到，(7.22)式中有一正比于 $\alpha$ 的源项，表示从 $B_\varphi$ 能生成 $\mathbf{B}_p$ 场；而(7.21)式有两个源项，都表示从 $\mathbf{B}_p$ 场生成 $B_\varphi$。如果(7.21)式右边第二项大于第一项，则可略去较差旋转项；这表明，单独的 $\alpha$-效应可产生 $B_\varphi$ 和 $\mathbf{B}_p$ 场，这就所谓 $\alpha^2$-dynamo。这种产生的场是似稳态而非振荡的，可能适合于地球磁场情况。对于太阳情况，在(7.21)式右边旋转项大于第二项，因而略去它；表示由于较差旋转，可从 $\mathbf{B}_p$ 场产生 $B_\varphi$，而由于 $\alpha$ 效应，可从 $B_\varphi$ 产生 $\mathbf{B}_p$ 场。这就所谓 $\alpha\Omega$-dynamo。基于这种 $\alpha$-$\Omega$ 模，分析表明，产生的振荡磁场是可迁徙的，表现太阳周期性的磁活动；我们不打算细述方程(7.21)和(7.22)的这种振荡解，感兴趣的读者可参见 Parker(1979)和 Roberts(1972)的研究。

从上述可以看出，这种 dynamo 理论必须要求螺度不为零：否则的话，从(7.17)式可知，这时，$F(k) = 0$，则(7.20)式给出，$\alpha = 0$。然而，虽然有螺度的运动在许多情况下对 dynamo 机制是有效的，但并非是必须的：已经表明，无螺度流在不少情况下也提供了产生磁场的源( Li & Song, 1981; Dolginov, 1988) 。

## 7.2　磁元和有质动力

在太阳和天体物理吸积盘中的磁场是一种空间间歇的磁流。在整个太阳上都可发现这种间歇磁流片；在光球上，90%以上的磁流呈现为强场形态，强度为 1～2 千高斯和大小为 50～300 千米。加之，在吸积盘中，已知脉动磁场比宏观磁场强几个数量级。

磁场的重联湮灭，导致在薄电流片区形成小尺度的磁环胞以及高涨的横等离激元(参见 6.3 节)。研究指出(Schramkowski & Torkelsson, 1996)，在湍动等离子体中，存在一种自组织为磁流片和磁流元胞的倾向。事实上，磁重联能改变磁拓扑结构，导致大量分离的小磁环(Stenflo, 1989)。在发生多重磁环结合时，洛伦兹（Lorentz）力驱动磁流从两边向电流片挤压，引起阻抗不稳定性，使流进的磁流湮灭，磁能转化为粒子动能、等离子体热能和辐射。结果，在电流片区形成了众多的磁环胞和高涨的等离子激元。以下分析表明，通过有质动力（ponderomotive force），磁环胞和等离激元发生耦合，导致在电流片区的磁环塌缩，形成太阳光球kG态的间歇磁流元胞。

太阳光球是弱电离等离子体，从宏观上，组成三元混合流体。对电子和质子组成的电离流体，由于它们之间的质量差别很大，快、慢时标的双时标近似是合适的。在此情况下，场量，诸如密度、流速和电磁场均可分为快、慢时标成分：$A = (n_e, n_i; \mathbf{v}_{e,i}, \mathbf{E}, \mathbf{B}) = A_f + A_s$，并且在慢时标尺度上平均有 $\langle A_f \rangle = 0$。在慢时标尺度上，准中性条件成立，$n_s^e = n_s^i \equiv n_s$。在此情况下，估计电离气体双时标成分方程中各项大小；以及用标准方法在质心系合并包括中性气体方程在内的三元流体，只要如下条件满足[参见(5.15c)式以及(6.132)式]

$$\bar{W} \equiv \frac{|E|^2}{8\pi n_e k_B T_e} \approx \frac{|\mathbf{v}_{f0}|^2}{2\mathrm{v}_{Te}^2} < 1, \qquad (7.23)$$

这里，波的模式可以是朗缪尔波，也可是横等离子体波[参见(2.100)式]，就得到了考虑高频场对慢运动影响的有质动力的 MHD 方程(6.121)~(6.123)以及(6.125)。其中动量方程为

$$\rho\left[\frac{\partial}{\partial t}\mathbf{v} + (\mathbf{v}\nabla)\mathbf{v}\right] = \frac{1}{4\pi}(\nabla \times \mathbf{B}) \times \mathbf{B} - \nabla P - \frac{1}{2}\frac{m_e}{m_i}\rho_{ig}\nabla\langle(\mathbf{v}_f^e)^2\rangle, \qquad (7.24)$$

这里，$\rho_{ig} = \rho_i + \rho_e$，是电离气体质量密度，方程右边第二项是有质动力。同时，高频场的包络 $\mathbf{v}_f^e$ 满足传输方程 (6.134)：

$$\nabla \times \nabla \times \mathbf{v}_f^e + \frac{1}{c^2}\frac{\partial^2}{\partial t^2}\mathbf{v}_f^e + \frac{1}{c^2}\frac{4\pi e^2}{m_e}n_e\mathbf{v}_f^e - \frac{3\mathrm{v}_{Te}^2}{c^2}\frac{1}{n_e}\nabla\left(\nabla \cdot n_e\mathbf{v}_f^e\right) = 0,$$

引进，

$$\mathbf{v}_f^e = \frac{1}{2}[\mathbf{v}_{f0}(\mathbf{r},t)e^{i\omega t} + c.c.], \quad n_e = n_0 + \delta n, \quad |\delta n| \ll n_0 = \mathrm{const.},$$

在 $\omega \approx \omega_{pe}$ 情况下，传输方程就变为(参见 5.2 节)

$$2i\omega_{pe}\frac{\partial}{\partial t}\mathbf{v}_{f0} + c^2\nabla \times \nabla \times \mathbf{v}_{f0} - 3\mathrm{v}_{Te}^2\nabla(\nabla \cdot \mathbf{v}_{f0}) + \frac{\delta n}{n_0}\omega_{pe}\mathbf{v}_{f0} = 0, \qquad (7.25)$$

上式中已略去缓变振幅 $\mathbf{v}_{f0}$ 的时间的二次导数项。为了封闭方程(7.25)，我

们必须导出扰动密度与电子快运动振幅的关系。为此，我们把(6.104)和 (6.105)式重新写成

$$\frac{D\mathbf{v}_e}{Dt} \equiv \frac{\partial}{\partial t} \mathbf{v}_e + (\mathbf{v}_e \cdot \nabla) \mathbf{v}_e$$

$$= \frac{e}{m_e} [\mathbf{E} + \frac{1}{c} \mathbf{v}_e \times \mathbf{B}] - \frac{\nabla p_e}{m_e n_e} + \mathbf{F}_p^e + \frac{1}{m_e n_e} (\mathbf{R}_{ei} + \mathbf{R}_{en}), \qquad (7.26)$$

$$\frac{D\mathbf{v}_i}{Dt} \equiv \frac{\partial}{\partial t} \mathbf{v}_i + (\mathbf{v}_i \cdot \nabla) \mathbf{v}_i$$

$$= -\frac{e}{m_i} [\mathbf{E} + \frac{1}{c} \mathbf{v}_i \times \mathbf{B}] - \frac{\nabla p_i}{m_i n_i} + \frac{1}{m_i n_i} (-\mathbf{R}_{ei} + \mathbf{R}_{in}), \qquad (7.27)$$

其中，有质动力为[见(6.107)式]

$$\mathbf{F}_p^e = -\frac{1}{2} \nabla \langle (\mathbf{v}_f^e)^2 \rangle. \qquad (7.28)$$

从(7.26)及(7.27)两式消去电场 $\mathbf{E}$，有

$$m_e \frac{D\mathbf{v}_e}{Dt} + m_i \frac{D\mathbf{v}_i}{Dt}$$

$$= \frac{\mathbf{j} \times \mathbf{B}}{c n_0} - \frac{1}{4} m_e \nabla (|\mathbf{v}_{f0}|^2) - \frac{\nabla p_e + \nabla p_i}{n_0} + \frac{1}{n_e} \mathbf{R}_n; \qquad (7.29)$$

式中，$\mathbf{j}$ 是电流密度，$\nabla p_\alpha = \gamma_\alpha T_\alpha \nabla n_\alpha$ （$\alpha = e, i$），$\gamma_\alpha$ 是比热比，$\mathbf{R}_n = (\mathbf{R}_{en} + \mathbf{R}_{in})$，以及利用了[参见(6.24b)式]

$$\langle (\mathbf{v}_f^e)^2 \rangle = \frac{1}{2} |\mathbf{v}_{f0}|^2. \qquad (7.30)$$

电流片区的磁环，在 $(x, y)$ 平面上有特征尺度为 $\ell$，在竖直方向（$\hat{z}$）延伸长标为 $\delta$。假定 $\ell >> \delta > \lambda_{mfp}$，$\lambda_{mfp}$ 是平均碰撞自由程，对于适合于 MHD描述的这种薄磁环，相对于 $\mathbf{v}$，线性化方程(7.29)：$D/Dt \approx \partial/\partial t$，并乘以 $z$ 再从 $z = -z_0$ 到 $z = z_0$ 积分，得到

$$\int_{-z_0}^{z_0} \frac{\partial}{\partial t} (\frac{1}{4} m_e |\mathbf{v}_{f0}|^2 + \frac{\delta n}{n_0} m_i c_s^2) \mathrm{d}z = 0,$$

式中，$c_s^2 = (\gamma_e k_B T_e + \gamma_i k_B T_i)/m_i$，为声速平方；由于 $z_0 \to 0$，这里我们已略去如下项

$$\int_{-z_0}^{z_0} \mathbf{v}_\alpha \mathrm{d}z = 2z_0 \langle \mathbf{v}_\alpha \rangle_z \to 0 \,, \quad \int_{-z_0}^{z_0} (\mathbf{j} \times \mathbf{B})\mathrm{d}z = 2z_0 \langle \mathbf{j} \times \mathbf{B} \rangle_z \to 0,$$

$$\int_{-z_0}^{z_0} \mathbf{R}_n \mathrm{d}z \propto 2z_0 \langle \mathbf{v}_\alpha - \mathbf{v}_n \rangle_z \to 0 \,;$$

因而，我们找到

$$\frac{\delta n(x,y,z)}{n_0} = -\frac{m_e/m_i}{4c_s^2} \mid \mathbf{v}_{f0}(x,y,z) \mid^2 .\tag{7.31}$$

把(7.31)式代入方程(7.25)，我们可把它写成如下无量纲形式：

$$i\frac{\partial}{\partial \tau} \mathbf{v}'_{f0} + \alpha \nabla' \times \nabla' \times \mathbf{v}'_{f0} - \nabla'(\nabla' \cdot \mathbf{v}'_{f0}) - \mid \mathbf{v}'_{f0} \mid^2 \mathbf{v}'_{f0} = 0 \,,\tag{7.32}$$

其中，

$$\mathbf{r}' = \tfrac{2}{3}\sqrt{\mu}k_d\mathbf{r}, \quad \tau = \tfrac{2}{3}\mu\omega_{pe}t, \quad \alpha = \frac{c^2}{3\mathrm{v}_{T_e}^2},\tag{7.33a}$$

$$\mu = \frac{m_e}{m_i}, \qquad \mathbf{v}'_{f0} = \frac{\sqrt{3}\mathbf{v}_{f0}}{4\sqrt{\mu}\mathrm{v}_{T_e}}.\tag{7.33b}$$

可以假定，重联湮灭产生的磁岛的磁位形近似为环状，用如下矢量势场结构予以描述(Coroniti, 1981)：

$$A_z = \frac{B_0(t)}{2\ell}(x^2 + y^2)\,,(x^2 + y^2 \leqslant \ell^2)\,,\tag{7.34a}$$

与之相应的磁场成分为

$$B_x = -B_0(t)y / \ell\,, B_y = B_0(t)x / \ell\,,\tag{7.34b}$$

式中，$B_0(t)$ 是特征磁场强度，它依赖于时间 $t$；注意，这种磁场不是无力场。对光球，通常我们能假定初始磁压远小于等离子体热压强，

$$\beta \equiv 8\pi P / B^2(t_0) > 1\,,\tag{7.35}$$

这里，$P$ 是以中性气压为主的总压强。因此，从(7.24)式可以看到，磁环胞可以与等离激元相互作用，建立如下非线性平衡：

$$\frac{1}{4\pi}(\nabla \times \mathbf{B}) \times \mathbf{B} = \frac{1}{4}\mu\rho_{ig}\nabla(\mid \mathbf{v}_{f0} \mid^2)\,.\tag{7.36}$$

## 7.3　磁塌缩和小尺度强磁流

我们在 5.3 节已经证明过，相对于塌缩而言，满足方程(7.32)的二维以上的矢量场是不稳定的，因而，根据平衡方程(7.36)，被支撑的磁场也随着塌陷，这时，磁流被"撕裂"了，形成高强度小尺度磁元。

现在来寻找方程(7.32)的薄电流区的塌缩场的自类似解。我们已经说过，在磁重联时存在高涨的各种模式的波，在电流片区形成湍动等离子体环境；假定在电流片区有在 $\hat{\mathbf{z}}$ —向振荡的等离激元[见下面(7.38)和(7.39b)式]：

$$\mathbf{v}'_{f0} = \mathrm{v}_{fz}\hat{\mathbf{z}}\,, \quad \mathrm{v}_{fz} \propto \sec h(z\sigma_0)\,,$$

其中，$\delta^{-1} \sim \sigma_0 \gg 1$；因而，在薄电流片中，由于 $\delta \gg z \to 0$，

$$\nabla \cdot \mathbf{v}'_{f0} \propto -\sec h(z\sigma_0)\tanh(z\sigma_0) \to 0\,; \tag{7.37}$$

在此情况下，(7.32)式的复共轭方程成为

$$i\frac{\partial}{\partial \tau}\mathrm{v}_{fz} + \frac{1}{2}\nabla^2(\mathrm{v}_{fz}) + |\,\mathrm{v}_{fz}\,|^2\,\mathrm{v}_{fz} = 0, \tag{7.38a}$$

这里，我们略去共轭号不写，而且

$$\nabla^2 = \frac{\partial^2}{\partial\xi_x^2} + \frac{\partial^2}{\partial\xi_y^2} + \frac{\partial^2}{\partial\xi_z^2}, \quad \boldsymbol{\xi} = \mathbf{r}'/\sqrt{2\alpha}\,, \tag{7.38b}$$

我们寻找如下三维($\xi_x, \xi_y, \xi_z$)形式的含时解：

$$\mathrm{v}_{fz} = \sqrt{\sigma(R, z, \tau)}\exp[iS(R, \tau)]\,, \tag{7.39a}$$

$$\sigma = \sigma_0^2(R, \tau)\sec h^2(z\sigma_0), \quad R^2 = \xi_x^2 + \xi_y^2, \quad z = \xi_z\,, \tag{7.39b}$$

其中，振幅 $\sigma_0(R, \tau)$ 是缓变的，而位相函数 $S(R, \tau)$ 则是速变的，即

$$|\frac{\partial S}{\partial R}| \gg |\frac{\partial \sigma_0}{\partial R}|\,; \tag{7.40a}$$

$\hat{\mathbf{z}}$-向的标长，即薄盘区($z/R \ll 1$)厚度是 $\delta \sim \sigma_0^{-1}$；另一方面，利用(7.33b)式，湍动参量可写为[参见(7.23)式]

$$\overline{W} \equiv \frac{|\,E\,|^2}{8\pi n_e k_B T_e} = \frac{16}{3}\mu\,|\,\mathbf{v}'_{f0}\,|^2 < 1,$$

因而，对强湍动$(\bar{W} > \mu)$，$|\mathbf{v}'_{f0}|^2 (\sim \sigma) < \mu^{-1}$，有

$$\delta^{-1} \sim \sigma_0 \gg 1. \tag{7.40b}$$

把(7.39)式代入(7.38a)式，并分开虚部和实部，有

$$\frac{\partial \sigma}{\partial \tau} + \frac{\partial}{\partial \xi_x}\left(\sigma \frac{\partial S}{\partial \xi_x}\right) + \frac{\partial}{\partial \xi_y}\left(\sigma \frac{\partial S}{\partial \xi_y}\right) = 0, \tag{7.41}$$

$$\sigma \frac{\partial S}{\partial \tau} + \frac{\sigma}{2}\left[\left(\frac{\partial S}{\partial \xi_x}\right)^2 + \left(\frac{\partial S}{\partial \xi_y}\right)^2\right] - \sigma^2 - \frac{1}{4}\frac{\partial^2 \sigma}{\partial z^2} + \frac{1}{8\sigma}\left(\frac{\partial \sigma}{\partial z}\right)^2 =$$

$$\left\{-\frac{1}{8\sigma}\left[\left(\frac{\partial \sigma}{\partial \xi_x}\right)^2 + \left(\frac{\partial \sigma}{\partial \xi_y}\right)^2\right] + \frac{1}{4}\left(\frac{\partial^2 \sigma}{\partial \xi_x^2} + \frac{\partial^2 \sigma}{\partial \xi_y^2}\right)\right\}; \tag{7.42}$$

(7.41)式乘以 $dz$，并从 $z = -\infty$ 到 $z = \infty$ 积分，注意到 $\int_{-\infty}^{\infty} \sigma dz =$

$= \sigma_0^2 \int_{-\infty}^{\infty} \operatorname{sech}^2(\sigma_0 z) dz = 2\sigma_0$，则有

$$\frac{\partial \sigma_0}{\partial \tau} + \frac{\partial}{\partial \xi_x}\left(\sigma_0 \frac{\partial S}{\partial \xi_x}\right) + \frac{\partial}{\partial \xi_y}\left(\sigma_0 \frac{\partial S}{\partial \xi_y}\right) = 0; \tag{7.43}$$

令 $\xi_0$ 及 $\xi$ 分别为 $\sigma_0$ 和 $S$ 变化的特征尺度，由于 $\sigma_0$ 缓变[见(7.40a)式]：$\xi_0 \gg \xi$，有

$$\frac{\partial \sigma_0}{\partial \xi_x}\frac{\partial S}{\partial \xi_x} \sim \frac{\sigma_0}{\xi_0}\frac{S}{\xi} \sim \frac{\xi}{\xi_0}\left(\frac{\sigma_0 S}{\xi^2}\right) \sim \sigma_0 \frac{\xi}{\xi_0}\frac{\partial^2 S}{\partial \xi_x^2} \ll \frac{\partial^2 S}{\partial \xi_x^2}\sigma_0,$$

故可略去(7.43)式左边 $\sigma_0$ 对空间导数的项，它成为

$$\frac{\partial \sigma_0}{\partial \tau} + \left(\frac{\partial^2 S}{\partial \xi_x^2} + \frac{\partial^2 S}{\partial \xi_y^2}\right)\sigma_0 = 0,$$

或，写成轴对称$(\partial/\partial\varphi = 0)$柱坐标形式，

$$\frac{\partial \sigma_0(R,\tau)}{\partial \tau} + \frac{\sigma_0(R,\tau)}{R}\frac{\partial}{\partial R}\left[R\frac{\partial S(R,\tau)}{\partial R}\right] = 0; \tag{7.44}$$

类似地，(7.42)式两边乘以 $dz$，并从 $z = -\infty$ 到 $z = \infty$ 积分，由于(7.37)式，近似地有 $(\partial/\partial \xi_x)\sigma \sim (\partial/\partial R)\sigma \sim \operatorname{sech}^2(\sigma_0 z)(\partial/\partial R)\sigma_0^2$，并注意到

$$\int_{-\infty}^{\infty} \frac{1}{8\sigma}\left(\frac{\partial\sigma}{\partial z}\right)^2 dz = \frac{1}{2}\sigma_0^3 \int_0^{\infty}(\sec h^4 x)dx = \frac{1}{3}\sigma_0^3, \quad \int_{-\infty}^{\infty}\frac{1}{4}\frac{\partial^2\sigma}{\partial z^2}dz = 0,$$

$$\int_{-\infty}^{\infty}\sigma^2 dz = \frac{4}{3}\sigma_0^3, \quad \int_{-\infty}^{\infty}\sigma dz = 2\sigma_0\int_0^{\infty}(\sec h^2 x)dx = 2\sigma_0$$

获得

$$2\sigma_0\frac{\partial S}{\partial\tau} + \sigma_0\left[\left(\frac{\partial S}{\partial\xi_x}\right)^2 + \left(\frac{\partial S}{\partial\xi_y}\right)^2\right] - \sigma_0^3 = -\frac{2}{3\sigma_0}\left[\left(\frac{\partial\sigma_0}{\partial\xi_x}\right)^2 + \left(\frac{\partial\sigma_0}{\partial\xi_y}\right)^2\right] + \left(\frac{\partial^2\sigma_0}{\partial\xi_x^2} + \frac{\partial^2\sigma_0}{\partial\xi_y^2}\right),$$

上式右边两项有相同量级；由于(7.40a)式和(7.40b)式，它们与上式左边第二项相比可略去，故我们亦有

$$\frac{\partial S}{\partial\tau} + \frac{1}{2}\left[\left(\frac{\partial S}{\partial\xi_x}\right)^2 + \left(\frac{\partial S}{\partial\xi_y}\right)^2\right] - \frac{1}{2}\sigma_0^2 = 0,$$

或，由于 $\left(\frac{\partial S}{\partial\xi_x}\right)^2 + \left(\frac{\partial S}{\partial\xi_y}\right)^2 = (\nabla S)^2$，写成轴对称($\partial/\partial\varphi = 0$)柱坐标形式，

$$\frac{\partial S(R,\tau)}{\partial\tau} + \frac{1}{2}\left(\frac{\partial S(R,\tau)}{\partial R}\right)^2 - \frac{1}{2}\sigma_0^2(R,\tau) = 0. \qquad (7.45)$$

现在来寻求如下形式的自类似坍塌解(Gorev *et al.*, 1976)：

$$\sigma_0 = (\tau_0 - \tau)^{-2/3}V(\zeta), \quad S = (\tau_0 - \tau)^{-1/3}\psi(\zeta), \qquad (7.46a)$$

其中，

$$\zeta = \frac{R}{(\tau_0 - \tau)^{1/3}} \ ; \qquad (7.46b)$$

把它代入(7.44)和(7.45)式，得到

$$\psi + \zeta\frac{d\psi}{d\zeta} + \frac{1}{2}\left(\frac{d\psi}{d\zeta}\right)^2 = \frac{3}{2}V^2, \qquad (7.47)$$

$$\frac{2}{3} + \frac{\zeta}{3}\frac{1}{V}\frac{dV}{d\zeta} + \frac{1}{\zeta}\frac{d\psi}{d\zeta} + \frac{d^2\psi}{d\zeta^2} = 0; \qquad (7.48)$$

令 $\psi = a + b\zeta^2$，则由(7.47)式和(7.48)式，可得

$$V(\zeta) = \left(\frac{2}{3}a\right)^{1/2}\sqrt{1 + \frac{3b(1+2b)}{a}\zeta^2}, \qquad (7.49)$$

$$\frac{2}{3} + 4b + \frac{1}{3}\zeta\frac{d\ln V}{d\zeta} = 0; \qquad (7.50)$$

令 $\dfrac{3b(1+2b)}{a} = -\varepsilon^2$，则如果

$$\varepsilon^2\zeta^2 \ll 1, \tag{7.51}$$

我们就可略去项 $\dfrac{1}{3}\zeta\dfrac{\mathrm{d}\ln V}{\mathrm{d}\zeta} = -\dfrac{1}{3}\dfrac{\varepsilon^2\zeta^2}{1-\varepsilon^2\zeta^2} \sim \varepsilon^2\zeta^2 \ll 1$，得到 $a = 1/(3\varepsilon^2)$，$b = -1/6$；因此，我们获得

$$\sigma_0(R,\tau) = \frac{\sqrt{2}}{3\varepsilon}(\tau_0-\tau)^{-2/3}\left[1-\varepsilon^2\frac{R^2}{(\tau_0-\tau)^{2/3}}\right]^{1/2}, \tag{7.52}$$

$$S(R,\tau) = \frac{1}{3\varepsilon^2}(\tau_0-\tau)^{-1/3}\left[1-\frac{\varepsilon^2}{2}\frac{R^2}{(\tau_0-\tau)^{2/3}}\right]. \tag{7.53}$$

其中，$\tau_0$ 为积分常数，表示坍缩终态的时刻，由于条件(7.23)式，在这离这时刻之前，解(7.52)式和(7.53)式本身失效。 $\varepsilon = 1$ 时的解首先由哥列夫等人(Gorev *et al.*,1976) 获得，并且仅仅在 $\zeta < 1$ 情况下才是适合的；现在，为研究需要，我们推广了这个解到 $\zeta > 1$ 情况，只要条件(7.51)式满足。因而，我们得到

$$|v_{fz}|^2 = \sigma_0^2 = \frac{2}{9\varepsilon^2}(\tau_0-\tau)^{-4/3}\left[1-\varepsilon^2\frac{R^2}{(\tau_0-\tau)^{2/3}}\right]$$

或，恢复到有量纲单位，

$$\frac{|v_{fz}|^2}{v_{Te}^2} = \frac{16}{9\varepsilon^2}\left(\frac{3}{2\mu}\right)^{1/3}(\tilde{\tau}_0-\tilde{\tau})^{-4/3}\times\left[1-\left(\frac{2}{81}\right)^{1/3}\mu^{1/3}\varepsilon^2\frac{3k_0^2(x^2+y^2)}{(\tilde{\tau}_0-\tilde{\tau})^{2/3}}\right], \tag{7.54}$$

式中，$\tilde{\tau} = \omega_{pe}t$ 以及 $k_0 = \omega_{pe}/c$。我们从(7.34b)式、(7.36)式以及(7.54)式看到，在电流片区洛伦兹力和有质动力之间可建立平衡。在此情况下，我们有

$$\frac{\overline{B}^2}{8\pi} = 2(\overline{B}_y^2/8\pi) = \frac{1}{4\pi}\left(\frac{1}{2\ell}\int_{-\ell}^{\ell}B_y\,\mathrm{d}x\right)^2$$

$$= \frac{1}{16\pi}B_0^2(t) = \frac{1}{18}\left(\frac{k_0\ell}{\tilde{\tau}_0}\right)^2\frac{P_{ig}}{(1-t/t_0)^2}, \tag{7.55}$$

式中，$P_{ig} = 2n_ek_BT_e$，是电离气体压强。选取

$$\tilde{\tau}_0 = \frac{k_0\ell}{3\sqrt{2}}, \tag{7.56a}$$

在未经坍缩的初态情况下($t = 0$)，从(7.55)式可得到如下关系：

$$\overline{B}^2(0)/8\pi = P_i ; \tag{7.56b}$$

对太阳光球, (7.56b)式给出这种"初态"磁场值约为70高斯。非常可能,
当磁流从太阳内部浮现到光球表面时,管间的对流排斥可使它们处于预压
缩状态(Weiss, 1966; Peckover & Weiss, 1972), 有着强度为0.1 kG 量级
(Stenflo, 1989); 现在我们给出的初态场就与这种浮现到光球上的磁流"接
轨"。由于不稳定性发展(参见7.5节), 磁流将遭受到进一步坍缩。我们可
以把坍缩终止的时标锁定于这种时标 $\tau_{coll} \equiv (\tilde{\tau}_0 - \tilde{\tau})_{\min}$, 使它对应于
湍动参量 $\overline{W}$ 为一的量级, $\overline{W} \sim 1$, 或由(7.23)式, $\dfrac{|v_{fz}|^2}{2v_{Te}^2} \leqslant 1$: 一方面, 当它
不再小于1时[参见条件(7.23)式], 我们的基础方程(7.24)~(7.25)失效; 再
者, 当等离激元足够强, 使 $\overline{W}$ 大于1时, 在此情况下, 非线性波—波和波
—粒相互作用变得很强, 强烈交换能量的结果使热能 $nT$ 迅速增加, 以致
湍动参量 $\overline{W}$ 很快重新降低到1以下(Tsytovich, 1977)。因此, 从自类似解
(7.54) 式, 略去它右边方括号内很小的第二项, 获得极小的坍缩时标:

$$(1 - t/t_0)^2_{\min} \approx \left(\frac{8}{9}\right)^{3/2} \left(\frac{3}{2}\right)^{1/2} \mu^{-1/2} \frac{\varepsilon^{-3}}{\tilde{\tau}_0^2} . \tag{7.57}$$

同时,磁场在坍缩过程中变得越来越强,以使等离子体参量 $\beta$ 变小;从(7.35)
式看出, 当时 $\beta \sim 1$, 非线性平衡(7.36)式不再维持。故而从(7.55)式, 我
们得到另一个坍缩极小时标的限制:

$$(1 - t/t_0)^2_{\min} \simeq P_i/P , \tag{7.58}$$

式中,

$$P = \frac{\overline{B}_{coll}^2}{8\pi} . \tag{7.59}$$

这就是说, 有质动力引起的磁坍缩终态是磁流和物质的压强均分态;对太
阳光球, $P$ 主要是中性气体压强, 它相应于光球上的磁流均分场强为 1～
2 kG 。现在, 我们看到, 当预压缩的强度为 70 G 的磁流从太阳内部浮出
到表面时遭受到坍缩, 导致出现 kG 量级的强磁流。

横等离激元的自类似坍塌标度律[见(7.51)和(7.46b)式], $\varepsilon\zeta < 1$, 在有
量纲单位中为

$$\varepsilon\zeta = \varepsilon\left[\left(\frac{2}{3}\mu\right)^{1/6} \frac{k_0 r}{(\tilde{\tau}_0 - \tilde{\tau})^{1/3}}\right] < 1 ; \tag{7.60}$$

令初态时$(\tilde{\tau}=0)$元胞的尺度为$r_0$，则从上式有

$$r_0 = (\varepsilon\zeta)\frac{\tilde{\tau}_0^{1/3}}{\varepsilon k_0}\left(\frac{2}{3}\mu\right)^{-1/6} < \frac{\tilde{\tau}_0^{1/3}}{\varepsilon k_0}\left(\frac{2}{3}\mu\right)^{-1/6},$$

令(7.57)和(7.58)两式相等，就可解出参量$\varepsilon$，考虑到(7.56a)式，于是上式成为

$$r_0 < \ell\left[4\left(\frac{n_H}{2n_0}\right)^{1/3}\right]^{-1} ; \tag{7.61}$$

此外，在等离激元自类似坍缩情况下，$\zeta(0) = \zeta(t)$，从(7.58)式并利用(7.60)式，被压缩的终态元胞尺度为

$$r_{\min} = r_0(1-t/t_0)_{\min}^{1/3} = \left(\frac{2n_0}{n_H}\right)^{1/6}, \tag{7.62}$$

这里，$P \simeq n_H k_B T$，而$n_H$是中性氢原子的数密度。对太阳光球，取$n_0 = 10^{14}\,\mathrm{cm}^{-3}$，$n_H = 10^{17}\,\mathrm{cm}^{-3}$及元胞水平标长为$\ell \sim 10^4\,\mathrm{km}$，获得$r_0 \sim 200\,\mathrm{km}$及$r_{\min} \sim 80\,\mathrm{km}$。原来，当尺度为$r_0 \gg 200\,\mathrm{km}$的磁流从太阳内部浮出到光球时，它由于预收缩处于0.1kG状态，这种态的磁流和坍缩的等离激元相互作用，导致大尺度磁流的"撕裂"，相当快地坍缩到100km尺度，其强度增大一个量级，达到kG态。这就解释了太阳光球上为什么布满了 kG 高强度和百千米小尺度磁流这个长期悬而未决的问题(Li & Zhang, 2002a)。

下面我们将接着论述天体甚小尺度的间歇磁流问题。按照我们的自生磁场理论(见第三章)，这种高度空间间歇磁流是包括朗缪尔和横模在内的等离激元经由波—波和波—粒相互作用产生的。很明显，为此必须讨论天体活动区内的等离激元的激发能级问题。

## 7.4　活动区等离激元及其加速

我们在 2.7 节已经指出，在太阳活动区，朗缪尔等离激元以及与它有着均分值的横等离激元，$\bar{W}^p \approx \bar{W}^l$，有比较高的能级；我们重新写下如下理论估值 [ 参见(2.100)式 ]；

$$\bar{W}^{l,p} \gg \frac{W_T^l}{n_e k_B T_e} = \frac{1}{6\pi^2 N_D} = 5.4 \times 10^{-4}\left(\frac{n_e}{10^8\,\mathrm{cm}}\right)^{1/2}\left(\frac{T_e}{10^6\,\mathrm{K}}\right)^{-3/2}. \tag{7.63}$$

有报道说，在较强的 III-型爆期间，飞船飞经 0.45AU 处测得朗缪尔等

离激元的能级为 $\bar{W}^l \approx 10^{-5}$ (Goldman & smith, 1986)。诚然，我们目前仍无法直接探测太阳大气活动区内的朗缪尔波的强度；但是，一种间接而又可行的方法是研究它对日冕荷电离子的湍动加速，后者是完全可探测的。观测和理论相比较，我们就能获得活动区等离激元的激发能级的估值。

宇宙高能粒子到处可见，因而必须研究可能的加速机制。在天体活动区，各种类型的波都可被激发，生成了一种湍动环境，以使通过随机加速过程波能转移给粒子。这种湍动加速，包括费米(Fermi )加速在内，构建了在速度(或能量)空间的扩散。拉玛迪(Ramaty, 1979)研究了大质量粒子团的弹性散射造成的扩散，其中他唯像地引进了一种逃逸项 $\propto f/\tau$ ，认为平均自由程和逃逸时间 $\tau$ 与粒子能量无关。这是相当特殊的假定，需要进一步物理验证(Forman *et al.*, 1986)。除费米加速外，朗缪尔湍动加速是很有效的，但它实质上是依赖于激元谱。不幸的是，在弱湍框架内人们很难找到朗缪尔谱的合适能源(Melrose, 1994)。 然而，对强湍动，情况就大有改观。正如 5.4 节所述，在天体活动区，朗缪尔坍塌过程中可以形成三种湍动谱：Kolmogorov 谱 ($W_k \propto k^{-5/2}$)， Galeev 谱 ($W_k \propto k^{-9/2}$ ) 和 Pelletier 谱 ($W_k \propto k^{-7/2}$)。我们需要研究的问题是，哪种朗缪尔谱及多大强度才给出可测量到的耀斑离子加速？快粒子遭受等离激元的湍动加速，可使粒子分布函数在能量空间发生扩散；略去小的损失项(Ramaty, 1979)后，这时扩散方程可写成标准的福克—普兰克(Fokker-Planck)方程 (李晓卿, 1987, 第 18 节)：

$$\frac{\mathrm{d}f_\varepsilon}{\mathrm{d}t} = \frac{\partial^2}{\partial\varepsilon^2}[(\Delta\dot\varepsilon)^2 f_\varepsilon] - \frac{\partial}{\partial\varepsilon}(\dot\varepsilon f_\varepsilon), \tag{7.64}$$

式中，$(\Delta\dot\varepsilon)^2$ 是脉动(弥散)加速项，以及 $\dot\varepsilon$ 为系统加速项：

$$(\Delta\dot\varepsilon)^2 = D_p v^2, \quad \dot\varepsilon = \frac{1}{p^2}\frac{\partial}{\partial p}(p^2 D_p v), \tag{7.65}$$

$f_\varepsilon$ 是能量为 $\varepsilon$ 的粒子分布函数，$n = \int f_\varepsilon \mathrm{d}\varepsilon$，$p$ 为动量及 $D_p$ 为扩散系数；对朗缪尔等离激元的切仑柯夫过程，我们有(李晓卿, 1987)

$$D_p = \frac{2\pi^2 e^2 \omega_{pe}^2}{v^3} \int_{k>\frac{\omega_{pe}}{v}} \frac{W_k^l}{k^3} \mathrm{d}k. \tag{7.66}$$

在大波数区，$k_0 \leqslant k < k_d$，这儿，$k_0^{-1}$ 为基标长，而不等式 $k < k_d$ 相应于弱衰减的朗缪尔激元情况(见 2.6 节)。如果

$$W_k^l = W_{k_0}(\frac{k_0}{k})^{\alpha+1},\qquad(7.67a)$$

那么，由(7.66)式，非相对论质子的扩散系数为，

$$D_p = Dp^\alpha, \quad D = \frac{\pi}{2(\alpha+3)}\mu(m_p\omega_{pe})^{1-\alpha}k_0^\alpha(\frac{k_0 W_{k_0}}{n_e}),\qquad(7.67b)$$

这里， $\mu \equiv m_e/m_p$， $m_p$ 是质子质量。在稳态球对称情况下，

$\partial/\partial t = 0$， $\mathrm{d}/\mathrm{d}t = \mathrm{v}\,\partial/\partial r$，方程(7.64)很易于变成如下无量纲形式：

$$\frac{d_0}{\tilde{\varepsilon}^{(-2+\alpha)/2}}\tilde{\mathrm{v}}\frac{\partial f_{\tilde{\varepsilon}}}{\partial\tilde{r}} = \tilde{\varepsilon}^2\frac{\partial^2 f_{\tilde{\varepsilon}}}{\partial\tilde{\varepsilon}^2} + \frac{\alpha+1}{2}\tilde{\varepsilon}\frac{\partial f_{\tilde{\varepsilon}}}{\partial\tilde{\varepsilon}} - \frac{\alpha}{4}f_{\tilde{\varepsilon}},\qquad(7.68)$$

式中 $d_0$ 被选取满足条件

$$d_0 \equiv \frac{D_0}{D} = \frac{1}{D}\frac{\mathrm{v}_0}{r_0}\frac{\varepsilon_0^{(2-\alpha)/2}}{2^{(2+\alpha)/2}m_p^{(\alpha-2)/2}} = 1,\qquad(7.69)$$

这里，带波浪的参量为无量纲量： $r = r_0\tilde{r}$， $\mathrm{v} = \mathrm{v}_0\tilde{\mathrm{v}}$， $\varepsilon = \varepsilon_0\tilde{\varepsilon}$， 及

$\frac{1}{2}m_p\mathrm{v}_0^2 = \varepsilon_0$。我们打算寻找方程(7.68)的如下形式的自类似解，

$$f_{\tilde{\varepsilon}} = F(\xi), \quad \xi = c_0\tilde{r}^{-\beta}\tilde{\varepsilon}, \quad \beta = \frac{2}{3-\alpha}, \quad (\alpha \neq 3);\qquad(7.70)$$

在此情况下，方程(7.68)成为

$$\tilde{\varepsilon}^{(2-\alpha)/2}\frac{\tilde{\mathrm{v}}}{\tilde{r}}(-\beta\frac{F'}{F}) = \xi\frac{F''}{F} + \frac{\alpha+1}{2}\frac{F'}{F} - \frac{\alpha}{4}\frac{1}{\xi},\qquad(7.71)$$

式中， $F' \equiv \mathrm{d}F/\mathrm{d}\xi$， $F'' \equiv \mathrm{d}^2F/\mathrm{d}\xi^2$；由于 $\tilde{\mathrm{v}}^2 = \mathrm{v}^2/\mathrm{v}_0^2 = \varepsilon/\varepsilon_0 = \tilde{\varepsilon}$，我们有

$$\tilde{\varepsilon}^{(2-\alpha)/2}\frac{\tilde{\mathrm{v}}}{\tilde{r}} = \tilde{\varepsilon}^{(2-\alpha)/2+\frac{1}{2}}\frac{1}{\tilde{r}} = [(\frac{\xi}{c_0})\tilde{r}^\beta]^{\frac{3-\alpha}{2}}\tilde{r}^{-1} = c_0^{-\frac{3-\alpha}{2}}\xi^{\frac{3-\alpha}{2}} = (\frac{\xi}{c_0})^{\frac{3-\alpha}{2}},$$

把上式代入，得到

$$\xi^2 F'' + \xi F'[\frac{\alpha+1}{2} + \frac{2}{3-\alpha}(\frac{1}{c_0})^{\frac{3-\alpha}{2}}\xi^{\frac{3-\alpha}{2}}] - \frac{\alpha}{4}F = 0.\qquad(7.72)$$

在大能量段 $\tilde{\varepsilon} \gg 1$(或 $\xi \gg 1$)，并且在 $\alpha < 3$ 情况下，我们能略去(7.72)式左边第二项和最后一项，因而渐近地有

$$-\frac{2}{3-\alpha}\left(\frac{1}{c_0}\right)^{\frac{3-\alpha}{2}}\xi^{\frac{3-\alpha}{2}}F' = \xi F''; \tag{7.73a}$$

而在 $\alpha > 3$ 情况下，则可略去(7.72)式左边第三项，因而有

$$\xi^2 F'' + \frac{\alpha+1}{2}\xi F' - \frac{\alpha}{4}F = 0. \tag{7.73b}$$

如果使粒子获得加速的湍动区的线度为 $R_0$，当加速作用持续的时标，即扩散时间 $\tau$ 大于以速度 v 飞出加速区的时间 $R_0/v$：$\tau \sim p^2/D_p \gtrsim R_0/v$，则应有足够大能量的众多质子被加速而从湍动区喷出；这个关系导致到被加速粒子的能量有下阈值：

$$\varepsilon \geqslant \varepsilon_T \equiv \frac{1}{2m_p}(m_p R_0 D)^{\frac{2}{3-\alpha}}; \tag{7.74}$$

利用(7.69)式，我们有 $\varepsilon_T/\varepsilon_0 = 2^{-4/(3-\alpha)}(R_0/r_0)^{2/(3-\alpha)}$；写下 $\xi = \varepsilon/\varepsilon_T$，利用(7.70)第二式，我们可得 $c_0 = \left(\frac{R_0}{r_0}\right)^{\frac{2}{3-\alpha}}\varepsilon_0/\varepsilon_T = 2^{4/(3-\alpha)}$。因而，方程(7.73a)成为

$$-\frac{1}{2(3-\alpha)}\xi^{\frac{1-\alpha}{2}}F' = F''. \tag{7.75}$$

令

$$F \sim \exp(-b_0\xi^{a_0}),$$

则

$$F' \sim \exp(-b_0\xi^{a_0})(-a_0 b_0 \xi^{a_0-1}),$$

$$F'' \sim \exp(-b_0\xi^{a_0})a_0 b_0 \xi^{a_0-2}(a_0 b_0 \xi^{a_0} - (a_0-1))$$

$$\approx \exp(-b_0\xi^{a_0})a_0 b_0 \xi^{a_0-2}a_0 b_0 \xi^{a_0}$$

上式最后近似等式成立是由于 $a_0 > 0$，$\xi \gg 1$ 所致；因而从方程(7.75)得到，$a_0 = (3-\alpha)/2 > 0$，$b_0 = 1/(3-\alpha)^2$，即它在 $\xi \gg 1$ 的渐近解为

$$F \propto \exp\left[-\frac{1}{(3-\alpha)^2}\xi^{2(3-\alpha)/4}\right]. \tag{7.76}$$

利用(7.67b)式中第二式，无量纲化条件(7.69)式成为

$$\left\{ \frac{\pi \cdot 2^{\frac{2\alpha-1}{2}}}{\alpha+3}(\frac{k_d}{k_0})^{-\alpha}\mu^{\frac{\alpha+2}{2}}(k_d r_0) \right\} \cdot \left\{ \mu^{-1/2}(\alpha\widehat{W}^l)(\frac{k_B T_e}{\varepsilon_0})^{\frac{3-\alpha}{2}} \right\} = 1;$$

简单地选取每个大括内的量为1，即选取

$$\varepsilon_0 = (\alpha\bar{W}^l)^{\frac{2}{3-\alpha}}\mu^{-1/(3-\alpha)}k_B T_e, \tag{7.77a}$$

$$r_0 = d_e \frac{\alpha+3}{\pi \cdot 2^{\frac{2\alpha-1}{2}}}(\frac{k_d}{k_0})^\alpha \mu^{-\frac{\alpha+2}{2}}; \tag{7.77b}$$

其中 $W^l = (n_e k_B T_e)\bar{W}^l$ 是在大 $k$ 区中的朗缪尔能量密度部分。对于强朗缪尔湍动，$W^l > \mu$，导致坍缩到小尺度的调制不稳定(参见下节)有大的增率，它为[李晓卿,1987,(27.37)式]

$$\gamma_{\max} \sim \sqrt{\mu\bar{W}^l}\omega_{pe}, \qquad k_{\max} \sim k_d(\bar{W}^l)^{1/3}\mu^{1/6};$$

然而，这种增率是在单色泵波情况下推导得到的；实际上，湍动场是有一定宽度的波包。但是,如果波包的频宽 $\Delta\omega$ 和波数宽 $\Delta k$ 满足条件

$$\Delta\omega << \gamma_{\max}, \quad \Delta k << k_{\max}, \tag{7.78}$$

我们就不可能在时间和空间上区分扰动是否单色。据此，我们得到强湍动场调制不稳定的阈（Thornill et al., 1978），

$$\bar{W}^l \geq 3 \cdot (\frac{\Delta k}{k_d})^3 \mu^{-1/2};$$

以致我们可估计这个基波数 $k_0 \sim \Delta k$ 作为

$$(k_0/k_d)^\alpha \sim (\bar{W})^{\alpha/3}\mu^{\alpha/6}.$$

因此,我们获得单个核子每单位能量的流量，即强度 $\left[ \frac{\mathrm{d}J}{\mathrm{d}\varepsilon} \sim p(\mathrm{d}n)/\mathrm{d}\varepsilon \propto pf_{\dot\varepsilon} \right]$ 为 (Li & Zhang,2002b)

$$\frac{\mathrm{d}J}{\mathrm{d}\varepsilon} \propto \sqrt{\varepsilon}\exp[-(\varepsilon/\Delta\varepsilon_T)^{2(3-\alpha)/4}], \tag{7.79}$$

其中,

$$\Delta\varepsilon_T = (3-\alpha)^{4/(3-\alpha)}\varepsilon_T, \quad \varepsilon_T = \lambda_\alpha K^2 (Mev), \tag{7.80a}$$

$$\lambda_\alpha = 2^{-4/(3-\alpha)}\mu^{-1/(3-\alpha)}8.6 \cdot 10^{-5}(\frac{T_e}{10^6}), \tag{7.80b}$$

$$K = \left[ \frac{k_d R_0 \alpha (\bar{W}^l)^{(\alpha+3)/3}}{\mu^{-(18+12\alpha)/18}(\alpha+3)\pi^{-1}2^{-(2\alpha-1)/2}} \right]^{\frac{1}{3-\alpha}}. \tag{7.80c}$$

麦勾尔等人(McGuire *et al.*, 1981) 用以下数学表式

$$\frac{\mathrm{d}J}{\mathrm{d}\varepsilon} \propto \varepsilon^{3/8} \exp[-(\varepsilon/3.26\eta^2)^{1/4}], \tag{7.81}$$

很好地模拟了非相对论质子的观测谱,其中参量 $\eta$ 为 $\eta = 0.025$。对于 Pelletier 谱,它相应于 $\alpha = 5/2$,在此情况下,在太阳日冕活动区 $T_e \sim 10^6$ ( 这时 $\lambda_\alpha \approx 1$ ), (7.79)式成为

$$\frac{\mathrm{d}J}{\mathrm{d}\varepsilon} \propto \sqrt{\varepsilon} \exp[-(\frac{\varepsilon}{0.004K^2})^{1/4}]. \tag{7.82}$$

为把理论谱(7.82)式与观测谱(7.81)式相比较,我们选取参量,例如, $K = 0.5$,发现两者符合得相当好。在图 7-1 中,虚曲线表理论谱,实曲线表观测谱;而纵坐标是任意标度。

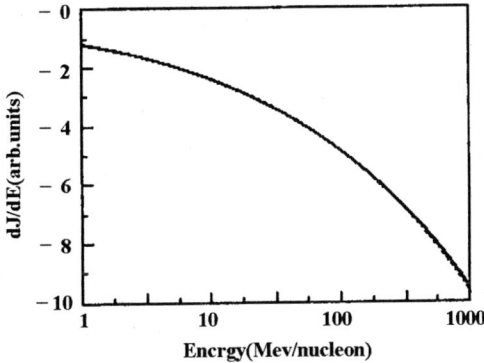

图　7-1 太阳耀斑质子加速谱

在活动区, $k_d = 1.43(\mathrm{cm}^{-1})$,以及把 $K = 0.5$ 和 $\alpha = 5/2$ 代入(7.80c)式,可得到

$$\bar{W}^l \sim 10^{-2}(\frac{R_0}{10^9\mathrm{cm}})^{-0.55},$$

这里,湍动加速区的尺度约为日冕活动区的特征尺度, $R_0 \geq 10^9\mathrm{cm}$。因而,我们看到,太阳质子加速事件意味着太阳日冕活动区存在有高涨的朗缪尔 ($W_k^l \propto k^{-7/2}$)和横等离激元,其激发能级相应于 $\bar{W} \sim 10^{-2} \sim 10^{-3}$。

在 $\alpha > 3$ 情况下，这时 $W_k^l \propto k^{-9/2}$ 是合适的，方程(7.73b)预示了一种幂律谱，它与观测到的质子加速谱(7.81)式不符。此外，对于惯性谱，$W_k^l \propto k^{-5/2}$，这时 $\alpha = 3/2$，从(7.79)式看到，这种谱随能量变化太陡，与观测谱相差甚大。

## 7.5 磁调制不稳定和高度间歇磁流

我们在前面已经提及，麦京(Mckean *et al.*, 1989;1991)等人的研究意味着，天体活动区存在微小尺度(对太阳日冕约为 0.01 千米)的间歇磁流，其强度约几百高斯；对天体物理吸积盘，也存在小尺度强脉动磁场(Schramkowski Torkelsson, 1996)。因而我们希望找到一种在甚小尺度上有效的低频自生磁场。这种小尺度，一般来说是远小于天体碰撞自由程 $\lambda_{mfp}$：

$$\lambda_{mfp} = 10^3 \left(\frac{n_e}{10^8}\right)^{-1} \left(\frac{T_e}{10^6}\right)^2 \left(\frac{\ln \Lambda}{20}\right)^{-1} \quad (km), \tag{7.83}$$

式中，$\ln \Lambda$ 是库仑对数；对于太阳日冕以及活动星系核(AGN)盘，它分别给出 $\lambda_{mfp} = 10^3$ 千米和 0.01 千米。因此，在感兴趣的问题的特征尺度 $l_c \leq \lambda_{mfp}$ 情况下，流体描述失败：给定体积 $V \propto l^3$ 的流体元中粒子，随机运动使他们散开，而碰撞不断变更随机运动方向，使他们倾向于在平均速度附近做随机荡步；故在 $l_c \leq \lambda_{mfp}$ 情况下，由于没有足够的碰撞，由同种粒子构成的流体元概念就明显成了问题。因此，动力学的描述是必要。另一方面，正因为在此小尺度上，系统确实可以免受天体物理吸积盘的开普勒(Keplerian)局部剪切作用。再者，我们预期的低频磁场有大的调制不稳定增率 $\gamma_M$（见后文），远大于电子的碰撞频率 $\nu_e$ [参见(7.119)式]，因而合理地可以略去动力论的碰撞项。此外，如前所述，吸积盘的背景场是很弱的；在耀斑活动区，即中性电流片附近，背景场也相当弱。在所有这些情况下，对太阳活动区和天体物理吸积盘，利用伏拉索夫方程和麦氏方程组来研究波—波和波—粒相互作用而导致的低频自生磁场是合适的。在具有高频横等离子体中，这种激元与激元和激元与粒子非线性相互作用能产生甚低频电流，从而诱发出低频磁场。

基于伏拉索夫方程，把分布函数和电磁场分成未扰和扰动部分，而未扰电磁场消失;假定扰动场是弱的，满足条件(2.10)式，即

$$\overline{W}^p \equiv \frac{|\mathbf{E}^t|^2}{8\pi n_e k_B T_e} < 1, \tag{7.84}$$

把分布函数 $f_\alpha^T$ 展开为扰动场的幂级数；我们能得到直至三级的非线性流，于是从麦氏场方程可以获得(Li & Ma, 1993)横等离激元诱发的一组自生磁场方程(3.59)、(3.60)和(3.61)；重新写出如下：

$$\left(\frac{\partial^2}{\partial \tau^2} - \nabla^2\right)n = \nabla^2 |\mathbf{E}|^2 , \qquad (7.85)$$

$$i\frac{\partial}{\partial \tau}\mathbf{E} - \alpha\nabla \times \nabla \times \mathbf{E} = n\mathbf{E} + i\mathbf{E} \times \mathbf{B} , \qquad (7.86)$$

$$\left(-\frac{\partial^2}{\partial \tau^2} + \nabla \times \nabla \times\right)\mathbf{B} = i\frac{2}{3}\nabla \times \nabla \times \left[\frac{\partial}{\partial \tau}\left(\mathbf{E} \times \mathbf{E}^*\right)\right] , \qquad (7.87)$$

我们略去了(7.87)式右边很小的阻尼项；所有量都是无量纲的[见(3.58)式]，即

$$\boldsymbol{\xi} = \frac{2}{3}\sqrt{\mu}\frac{\mathbf{r}}{d_e} , \qquad \tau = \frac{2}{3}\mu\omega_{pe}t, \qquad \mu = \frac{m_e}{m_i} , \qquad \alpha = \frac{c^2}{3v_{Te}^2} ,$$

$$\mathbf{E}(\boldsymbol{\xi},\tau) = \frac{\sqrt{3}\mathbf{E}(\mathbf{r},t)}{4\sqrt{\pi\mu n_0 T_e}} , \qquad \mathbf{B}(\boldsymbol{\xi},\tau) = \frac{3e}{4\mu m_e c\omega_{pe}}\delta\mathbf{B}(\mathbf{r},t), \qquad n = \frac{3}{4\mu}\frac{n'}{n_0} , \qquad (7.88)$$

式中，$\mathbf{E}(\mathbf{r},t)$ 为横等离激元包络电场，而 $\delta\mathbf{B}(\mathbf{r},t) \equiv \mathbf{B}^s(\mathbf{r},t)$ 为自生的甚低频磁场。

现在来研究自生磁场方程的稳定性问题。如果我们在方程的解上叠加一种小扰动，相对于这种小扰动线性化方程，当且仅当小扰动的振幅被放大，则不稳定性出现，这就是所谓李雅普洛夫(Lyapunov)意义上不稳定。可以验证，如下初始泵波是自生磁场方程(7.85)~(7.87)的精确解：

$$\mathbf{E}_I = \mathbf{E}_0 \exp\left(i\mathbf{k}_0 \cdot \zeta - i\omega_0\tau\right), \qquad (n_I = 0, \mathbf{B}_I = 0), \qquad (7.89a)$$

其中，

$$\omega_0 = \alpha k_0^2, \quad \mathbf{k}_0 \cdot \mathbf{E}_0 \propto \mathbf{k}_0 \cdot \mathbf{e}_0 = 0 ; \qquad (7.89b)$$

$\mathbf{e}_0$ 是单位基矢：$\mathbf{e}_0 \cdot \mathbf{e}_0^* = 1$。注意，利用(7.88)式，在恢复到有量纲单位情况下，(7.89b)式就是横等离激元的色散关系，

$$\frac{\omega_0'}{\omega_0} = \frac{t^{-1}}{\tau^{-1}} = \frac{2}{3}\mu\omega_{pe} \Rightarrow \frac{\omega_0'}{\frac{2}{3}\mu\omega_{pe}} = \frac{c^2}{3v_{Te}^2}\left(\frac{k_0'}{\frac{2}{3}\sqrt{\mu}k_d}\right)^2$$

即，$\Delta\omega = k_0^2 c^2/2\omega_{pe}$，这就是扣除主频 $\omega_{pe}$ 的(2.98b)式。研究如下平面波形式的叠加在精确解上面的小扰动

$$n_{II} = \frac{1}{2} n [e^{i\mathbf{k}\cdot\boldsymbol{\xi} - i\omega\tau} + e^{-i\mathbf{k}\cdot\boldsymbol{\xi} + i\omega\tau}], \tag{7.90a}$$

$$\mathbf{B}_{II} = \frac{1}{2} \mathbf{B} [e^{i\mathbf{k}\cdot\boldsymbol{\xi} - i\omega\tau} + e^{-i\mathbf{k}\cdot\boldsymbol{\xi} + i\omega\tau}], \tag{7.90b}$$

$$\delta\mathbf{E} = [\mathbf{E} e^{i\mathbf{k}\cdot\boldsymbol{\xi} - i\omega\tau} + \mathbf{E}^{+} e^{-i\mathbf{k}\cdot\boldsymbol{\xi} + i\omega\tau}] e^{i\mathbf{k}_0 \cdot\boldsymbol{\xi} - i\omega_0\tau}, \tag{7.90c}$$

其中，$\mathbf{E}, \mathbf{E}^{+}$ 是横扰动($\mathbf{e}_1, \mathbf{e}_2$ 为实单位矢)：

$$\mathbf{E} = E\mathbf{e}_1, \quad \mathbf{E}^{+} = E^* \mathbf{e}_2^{+}, \quad \mathbf{e}_1 \perp (\mathbf{k} + \mathbf{k}_0), \quad \mathbf{e}_2^{+} \perp (\mathbf{k} - \mathbf{k}_0), \tag{7.90d}$$

把 $\mathbf{E} = \mathbf{E}_I + \delta\mathbf{E}$，$\mathbf{B} = \mathbf{B}_{II}$ 和 $n = n_{II}$ 代入方程(7.85)～(7.87)，对于准静态极限下的磁场，并略二阶以上的小扰动项，我们就获得线性化的方程组，

$$(n_{II})_{\tau\tau} - \nabla^2 n_{II} = \nabla^2 \left[ \mathbf{E}_I \cdot (\delta\mathbf{E})^* + \mathbf{E}_I^* \cdot (\delta\mathbf{E}) \right], \tag{7.91}$$

$$i(\delta\mathbf{E})_\tau - \alpha\nabla\times\nabla\times\delta\mathbf{E} = n_{II}\mathbf{E}_I + i\mathbf{E}_I \times \mathbf{B}_{II}, \tag{7.92}$$

$$\mathbf{B}_{II} = i\frac{2}{3}\frac{\partial}{\partial\tau}\left( \mathbf{E}_I \times (\delta\mathbf{E})^* + \delta\mathbf{E} \times \mathbf{E}_I^* \right). \tag{7.93}$$

把(7.89)、(7.90a)和(7.90c)代入(7.91)式，可以计算（7.91）式右边的项：

$$\nabla^2 \left[ \mathbf{E}_I \cdot \left(\delta\mathbf{E}^*\right) + \mathbf{E}_I^* \cdot (\delta\mathbf{E}) \right]$$

$$= \nabla^2 \left\{ \mathbf{E}_0 \cdot E^* \mathbf{e}_1 \exp\left[-i(\mathbf{k}\cdot\boldsymbol{\xi} - \omega\tau)\right] + \mathbf{E}_0 \cdot E\mathbf{e}_2^{+} \exp\left[i(\mathbf{k}\cdot\boldsymbol{\xi} - \omega\tau)\right] + \right.$$

$$\left. \mathbf{E}_0^* \cdot E\mathbf{e}_1 \exp\left[-i(\mathbf{k}\cdot\boldsymbol{\xi} - \omega\tau)\right] + \mathbf{E}_0^* \cdot E^* \mathbf{e}_2^{+} \exp\left[-i(\mathbf{k}\cdot\boldsymbol{\xi} - \omega\tau)\right] \right\}$$

$$= -k^2 \left\{ \left(\mathbf{E}_0 \cdot E\mathbf{e}_2^{+} + \mathbf{E}_0^* \cdot E\mathbf{e}_1\right) \cdot \exp\left[i(\mathbf{k}\cdot\boldsymbol{\xi} - \omega\tau)\right] + \left(\mathbf{E}_0 \cdot E^* \mathbf{e}_1 + \right.\right.$$

$$\left.\left. \mathbf{E}_0^* \cdot E^* \mathbf{e}_2^{+}\right)\exp\left[-i(\mathbf{k}\cdot\boldsymbol{\xi} - \omega\tau)\right] \right\}$$

而（7.91）式左边为

$$-\frac{n}{2}\left(\omega^2 - k^2\right)\left\{ \exp\left[i(\mathbf{k}\cdot\boldsymbol{\xi} - \omega\tau)\right] + \exp\left[-i(\mathbf{k}\cdot\boldsymbol{\xi} - \omega\tau)\right] \right\},$$

这样，由于 $\mathbf{e}_1, \mathbf{e}_2^{+}$ 是实的，从（7.91）式立即可得到一个方程：

$$-\frac{n}{2}\left(\omega^2 - k^2\right) = -k^2 \left[ E\left(\mathbf{e}_2^{+} \cdot \mathbf{E}_0\right) + E\left(\mathbf{e}_1 \cdot \mathbf{E}_0^*\right) \right]; \tag{7.94}$$

类似地，可以计算（7.92）式左边的项：

$$i(\delta\mathbf{E})_t = \omega_+ E\mathbf{e}_1 \exp\left[i\left(\mathbf{k}_+ \cdot \boldsymbol{\xi} - \omega_+\tau\right)\right] - \omega_- E^*\mathbf{e}_2^+ \exp\left[-i\left(\mathbf{k}_- \cdot \boldsymbol{\xi} - \omega_-\tau\right)\right],$$

$$-\alpha\left[\nabla\times(\nabla\times\delta\mathbf{E})\right] = -\alpha\left\{k_+^2 E\mathbf{e}_1 \exp\left[i\left(\mathbf{k}_+ \cdot \boldsymbol{\xi} - \omega_+\tau\right)\right] + \right.$$

$$\left. k_-^2 E^*\mathbf{e}_2^+ \exp\left[-i\left(\mathbf{k}_- \cdot \boldsymbol{\xi} - \omega_-\tau\right)\right]\right\};$$

因而，由（7.92）式可以得到两个方程，其中一个是：

$$(\omega_+ - \alpha k_+^2)E\mathbf{e}_1 = \frac{1}{2}n\mathbf{E}_0 + \frac{1}{2}i\mathbf{E}_0 \times \mathbf{B} \quad ; \tag{7.95}$$

另一方面，从（7.92）式可以得到它的共轭方程：

$$-i\left(\delta\mathbf{E}^*\right)_t - \alpha\left[\nabla\times\left(\nabla\times\delta\mathbf{E}^*\right)\right] - n_{\mathrm{II}}\mathbf{E}_I^* + i\mathbf{E}_I^* \times \mathbf{B}_{II} = 0.$$

类似地，由上式亦可得到如下方程：

$$-(\omega_- + \alpha k_-^2)E\mathbf{e}_2^+ = \frac{1}{2}n\mathbf{E}_0^* - \frac{1}{2}i\mathbf{E}_0^* \times \mathbf{B}, \tag{7.96}$$

其中

$$\omega_\pm = \omega \pm \omega_0 \ , \ \mathbf{k}_\pm = \mathbf{k} \pm \mathbf{k}_0. \tag{7.97}$$

利用(7.95)和(7.96)式，(7.94)式可化为

$$\frac{n}{2}(\omega^2 - k^2) = k^2\left[\frac{i\mathbf{E}_0 \cdot (\mathbf{E}_0^* \times \mathbf{B}) - n\left|\mathbf{E}_0\right|^2}{2\left(\omega_- + \alpha k_-^2\right)} + \frac{i\mathbf{E}_0^* \cdot (\mathbf{E}_0 \times \mathbf{B}) + n\left|\mathbf{E}_0\right|^2}{2\left(\omega_+ - \alpha k_+^2\right)}\right],$$

利用矢量公式，$\mathbf{E}_0 \cdot (\mathbf{E}_0^* \times \mathbf{B}) = \mathbf{B} \cdot (\mathbf{E}_0 \times \mathbf{E}_0^*)$，上式成为

$$n\left[(\omega^2 - k^2) + k^2\left|\mathbf{E}_0\right|^2\left(\frac{1}{\omega_- + \alpha k_-^2} - \frac{1}{\omega_+ - \alpha k_+^2}\right)\right]$$

$$= k^2\left[\frac{i\mathbf{E}_0 \cdot (\mathbf{E}_0^* \times \mathbf{B})}{\left(\omega_- + \alpha k_-^2\right)} + \frac{i\mathbf{E}_0^* \cdot (\mathbf{E}_0 \times \mathbf{B})}{\left(\omega_+ - \alpha k_+^2\right)}\right] = ik^2\left[\frac{\mathbf{B} \cdot (\mathbf{E}_0 \times \mathbf{E}_0^*)}{\left(\omega_- + \alpha k_-^2\right)} - \frac{\mathbf{B} \cdot (\mathbf{E}_0 \times \mathbf{E}_0^*)}{\left(\omega_+ - \alpha k_+^2\right)}\right],$$

或，

$$n\left[(\omega^2 - k^2) - \frac{2\alpha k^4\left|\mathbf{E}_0\right|^2}{(\omega - 2\alpha\mathbf{k} \cdot \mathbf{k}_0)^2 - \alpha^2 k^4}\right] = -i2\alpha k^4 \frac{\mathbf{B} \cdot (\mathbf{E}_0 \times \mathbf{E}_0^*)}{(\omega - 2\alpha\mathbf{k} \cdot \mathbf{k}_0)^2 - \alpha^2 k^4} . \tag{7.98}$$

而从(7.93)式，易得

$$\mathbf{B} = \frac{4}{3}\omega\left[\left(E\mathbf{e}_1 \times \mathbf{E}_0^*\right) - \left(E\mathbf{e}_2^+ \times \mathbf{E}_0\right)\right]. \tag{7.99}$$

用 $\mathbf{E}_0$ 点乘(7.96)式，有

$$-(\omega_- + \alpha k_-^2)E\mathbf{e}_2^+ \cdot \mathbf{E}_0 = \frac{1}{2}n\left|\mathbf{E}_0\right|^2 - \frac{1}{2}i\mathbf{E}_0 \cdot (\mathbf{E}_0^* \times \mathbf{B})$$

$$= \frac{1}{2}n\left|\mathbf{E}_0\right|^2 - \frac{1}{2}i\mathbf{B} \cdot (\mathbf{E}_0 \times \mathbf{E}_0^*),$$

或

$$n\left|\mathbf{E}_0\right|^2 = i\mathbf{B} \cdot (\mathbf{E}_0 \times \mathbf{E}_0^*) - 2(\omega + \alpha k^2 - 2\alpha\mathbf{k} \cdot \mathbf{k}_0)EE_0(\mathbf{e}_2^+ \cdot \mathbf{e}_0); \tag{7.100}$$

由于 $\mathbf{B} \cdot (\mathbf{E}_0 \times \mathbf{E}_0^*) \propto (\mathbf{e}_1 \times \mathbf{E}_0^*) \cdot (\mathbf{E}_0 \times \mathbf{E}_0^*) - (\mathbf{e}_2^+ \times \mathbf{E}_0) \cdot (\mathbf{E}_0 \times \mathbf{E}_0^*)$，可以写下

$$(\mathbf{e}_1 \times \mathbf{E}_0^*) \cdot (\mathbf{E}_0 \times \mathbf{E}_0^*) = (\mathbf{e}_1 \cdot \mathbf{E}_0)(\mathbf{E}_0^*)^2 - (\mathbf{e}_1 \cdot \mathbf{E}_0^*)\left|\mathbf{E}_0\right|^2$$

$$= \left|\mathbf{E}_0\right|^2 E_0^*[(\mathbf{e}_1 \cdot \mathbf{e}_0)(\mathbf{e}_0^* \cdot \mathbf{e}_0^*) - (\mathbf{e}_1 \cdot \mathbf{e}_0^*)],$$

$$-(\mathbf{e}_2^+ \times \mathbf{E}_0) \cdot (\mathbf{E}_0 \times \mathbf{E}_0^*) = \left|\mathbf{E}_0\right|^2 E_0[(\mathbf{e}_2^+ \cdot \mathbf{e}_0^*)(\mathbf{e}_0 \cdot \mathbf{e}_0) - (\mathbf{e}_2^+ \cdot \mathbf{e}_0)],$$

由于 $\mathbf{e}_0 \cdot \mathbf{e}_0^* = 1$，上二式最后等式成立；于是，利用上二式以及把(7.99)和 (7.100)式代入(7.98)式，得到如下色散方程

$$\left[\omega^2 - k^2 - \frac{2\alpha k^4\left|\mathbf{E}_0\right|^2}{\left(\omega - 2\alpha\mathbf{k} \cdot \mathbf{k}_0\right)^2 - \alpha^2 k^4}\right]\left[2\left(\omega + \alpha k^2 - 2\alpha\mathbf{k} \cdot \mathbf{k}_0\right)(\mathbf{e}_0 \cdot \mathbf{e}_2^+) - \right.$$

$$\left. i\frac{4}{3}\omega\left|\mathbf{E}_0\right|^2 G(\theta)\right]$$

$$= i\left|\mathbf{E}_0\right|^4 \frac{\dfrac{8}{3}\alpha k^4\omega G(\theta)}{\left[\left(\omega - 2\alpha\mathbf{k} \cdot \mathbf{k}_0\right)^2 - \alpha^2 k^4\right]}, \tag{7.101}$$

其中

$$G(\theta) = [\mathbf{e}_0^* \cdot \mathbf{e}_2^+(\mathbf{e}_0 \cdot \mathbf{e}_0) - \mathbf{e}_0 \cdot \mathbf{e}_2^+] + \frac{E_0^*}{E_0}[\mathbf{e}_0 \cdot \mathbf{e}_1(\mathbf{e}_0 \cdot \mathbf{e}_0)^* - \mathbf{e}_0^* \cdot \mathbf{e}_1]. \tag{7.102}$$

色散方程(7.101)，相对于解析分析而言，是非常复杂的；在一般情况下，它可以化为一个高次代数方程，解析地寻找它的根并不总是可能的。此刻我们研究一种特殊然而是重要的情况，以致容易获得解析结果；我们将在下节给出对它的数值研究，就其极大增率这个感兴趣的问题，发现两者结果大体相同。我们选择 $\mathbf{k}_0 \perp \mathbf{k}$，$|\mathbf{k}| \gg |\mathbf{k}_0|$，以及假定 $\mathbf{e}_0$ 为实矢，并且 $\mathbf{e}_0 \parallel \mathbf{k}$。在此情况下，$\nabla \cdot \mathbf{B}_{II} \sim \mathbf{k} \cdot \mathbf{B} \sim \mathbf{k} \cdot \left[ (\mathbf{e}_1 \times \mathbf{e}_0) - (\mathbf{e}_2^+ \times \mathbf{e}_0) \right] = 0$；且 $G(\theta) = 0$。因此，色散方程被简化为

$$\omega^4 - (\alpha^2 k^4 + k^2)\omega^2 - 2\alpha k^4 \mid \mathbf{E}_0 \mid^2 + \alpha^2 k^6 = 0. \tag{7.103}$$

把它当作一个二次方程，其根为

$$\omega_{\pm}^2 = \frac{1}{2}\left[ (\alpha^2 k^2 + 1)k^2 \pm \sqrt{(\alpha^2 k^2 + 1)^2 k^4 - 4(\alpha^2 k^2 - 2\alpha \mid \mathbf{E}_0 \mid^2)k^4} \right]. \tag{7.104}$$

我们看到，而且仅当

$$\mid \mathbf{E}_0 \mid^2 > \frac{\alpha}{2} k^2 \tag{7.105}$$

方程(7.103)有虚根，即出现不稳定性。这时，从(7.104)式找到不稳定增率，$\gamma \equiv \mathrm{Im}(\omega)$，为

$$2\gamma^2 = [(\alpha^2 k^2 - 1)^2 k^4 + 8\alpha \mid \mathbf{E}_0 \mid^2 k^4]^{\frac{1}{2}} - (\alpha^2 k^2 + 1)k^2; \tag{7.106}$$

$\gamma^2$ 取极值的条件，$\partial \gamma^2 / \partial k = 0$，是

$$-2\alpha^2 x - 1 + \frac{x(\alpha^2 x - 1)^2 + \alpha^2 x^2 (\alpha^2 x - 1) + 8\alpha \mid \mathbf{E}_0 \mid^2 x}{[(\alpha^2 x - 1)^2 x^2 + 8\alpha \mid \mathbf{E}_0 \mid^2 x^2]^{\frac{1}{2}}} = 0,$$

即

$$x^3 - 2x^2 + x(10\beta + 1) - \beta(8\beta + 1) = 0, \tag{7.107}$$

其中，$x \equiv \alpha^2 k^2$，$\beta \equiv \alpha \mid E_0 \mid^2$。不难验证，这个极值是极大值，即有 $\partial^2 \gamma / \partial k^2 \big|_{\gamma = \gamma_m} < 0$，$\gamma_m$ 由(7.106)式决定，而其中 $k$ 是方程(7.107)的解，我们留给有兴趣的读者去证明。

当 $\beta \ll 1$，由于(7.105)式，这时 $x \ll 1$，因此可略去(7.107)式中的立方项，其解为 $x \approx \beta$，即

$$k_{\max} = \sqrt{\frac{|\mathbf{E}_0|^2}{\alpha}} \; ; \tag{7.108}$$

把它代入到(7.106)式，可得到极大增率，

$$2\gamma_{\max}^2 = \frac{\beta}{\alpha^2}\left\{[(\beta-1)^2 + 8\beta]^{1/2} - (\beta-1)\right\} \approx 2\frac{\beta^2}{\alpha^2}, $$

或

$$\gamma_{\max} = |\mathbf{E}_0|^2. \tag{7.109}$$

在 $\beta \ll 1$ 情况下，从 (7.108) 和 (7.109) 式看到，坍塌速率，$\mathbf{v}_{coll} \sim \gamma_{\max}/k_{\max} = \sqrt{\beta} \ll 1$，是亚声速的，即相应于准静态极限情况(参见3.7 节)。

当 $\beta \gg 1$，它相应于我们感兴趣的强湍动情况，这时，$x \gg 1$，与 $x^3$ 项相比较，可略去(7.107)式中的 $x^2$ 和 $x$ 项，它成为

$$x^3 - 8\beta^2 = 0,$$

故有

$$k_{\max} \approx \sqrt{2}\alpha^{-\frac{2}{3}}(|\mathbf{E}_0|^2)^{\frac{1}{3}}; \tag{7.110}$$

这时，由(7.106)式，可得

$$2\gamma_{\max}^2 = \frac{x}{\alpha^2}\left\{[(x-1)^2 + 8\beta]^{1/2} - (x+1)\right\} \approx [(x^2+8\beta)^{1/2} - x]\frac{x}{\alpha^2}$$

$$= [x(1+\frac{8\beta}{x^2})^{1/2} - x]\frac{x}{\alpha^2} \approx \frac{4\beta}{\alpha^2}$$

或

$$\gamma_{\max} \approx \sqrt{2}\alpha^{-\frac{1}{2}}(|\mathbf{E}_0|^2)^{\frac{1}{2}}. \tag{7.111}$$

从(7.110)和(7.111)式，有

$$\gamma_{\max}/k_{\max} = \beta^{1/6} > 1, \tag{7.112}$$

它相应于非静态极限。

因此，从(7.105)式看到，当活动区的磁尺度满足条件

$$\xi > \xi_{crit} \equiv 2\pi\frac{\sqrt{\alpha}}{\sqrt{2|\mathbf{E}_0|^2}}, \tag{7.113}$$

时，出现不稳定；这里，$\xi_{crit}$ 是不稳定被抑制的临界尺度，也就是场的特

征尺度；或者，恢复到有量纲单位，上式成为

$$l > l_c \equiv \sqrt{3}\pi d_e \sqrt{\alpha}(\bar{W}_0^p)^{-1/2}$$

$$= 0.05(\frac{n_e}{10^9})^{-1/2}(\frac{\bar{W}_0^p}{10^{-4}})^{-1/2}, \quad (km). \tag{7.114}$$

在强湍动情况下，$\beta \gg 1$，极大增率和相应的尺度可写为[参见(7.110)和(7.111)式]

$$\gamma_M \equiv \gamma_{max} = \frac{\sqrt{2 |\mathbf{E}_0|^2}}{\sqrt{\alpha}}, \tag{7.115}$$

$$\xi_M \equiv \frac{2\pi}{k_{max}} = \frac{2\pi}{\sqrt{2}(|\mathbf{E}_0|^2)^{1/3} \alpha^{-2/3}}; \tag{7.116}$$

或者，恢复到有量纲单位，

$$\frac{\gamma_M}{\omega_{pe}} = 2\mu^{1/2} \frac{v_{Te}}{c} \sqrt{\bar{W}_0^p} \tag{7.117a}$$

$$= 1.83 \times 10^{-5}(\frac{T_e}{3 \times 10^7})^{1/2}(\frac{\bar{W}_0^p}{10^{-5}})^{1/2}, \tag{7.117b}$$

$$\frac{k_{M,max}}{k_d} = \sqrt{2}(\frac{4}{9})^{1/3} \mu^{1/6} \alpha^{-2/3}(\bar{W}_0^p)^{1/3}; \tag{7.117c}$$

而在有量纲单位，条件 $\beta \gg 1$ 成为

$$\bar{W}_0^p = \frac{|\mathbf{E}_0|^2}{8\pi n_e k_B T_e} \gg 2\mu \frac{v_{Te}^2}{c^2}. \tag{7.118}$$

在太阳活动区，选取 $n_e = 10^9 (cm^{-3})$，$T_e = 3 \times 10^6 (K)$，留有大的余地取 $\bar{W}_0^p = 10^{-4}$，这时从(7.114)式，得到自生的间歇磁流特征尺度为 $l_c = 0.05$ 千米 (Li & Zhang, 1996)，这正是 Mckean 等人(1989)为解释微波尖峰爆特性所需要的。在此情况下，$\mu \frac{v_{Te}^2}{c^2} \sim 10^{-6}$，满足条件

(7.118)式；同时，由(7.117)式，$\gamma_M \approx 10^{-5} \omega_{pe} \approx 1.8 \times 10^4 (s^{-1})$，远大于电子碰频 $\nu_e = \frac{\ln \Lambda}{3(2\pi)^{3/2}} \frac{\omega_{pe}}{N_D} = \frac{\omega_{pe}}{N_D} \frac{\ln \Lambda}{47} \approx \frac{\omega_{pe}}{N_D} \sim 10^{-8} \omega_{pe}$ (见卡普兰和齐托维奇，1982):

$$\gamma_M \gg \nu_e \approx \frac{\omega_{pe}}{N_D}, \tag{7.119}$$

上式中 $\ln\Lambda$ 为库仑对数，在宇宙等离子体中，它变化范围介于 $20\sim30$ 之间，通常遇到的值是 $\ln\Lambda\approx30$ 。

极区千米波辐射(AKR)是地球极区带中强电磁发射；在地面难于观测这种辐射，但可以通过高纬度人造地球卫星来探测它。有趣的是，在极区千米波辐射谱中观测到一种频率精细结构，它如何形成是最为感兴趣然而一直悬而未决的问题。这种频率精细结构是由众多的窄辐射带构成，其中心频率快速变化。很明显，如果辐射源区等离体子密度和磁场是微尺度上不均匀的，那么这种非均匀变化就可能"扰动"源区的发射，使其受到一种调制，形成频率的精细结构。在 Mckean & Winglee (1991)提出的模型中，频率精细结构主要依赖于存在小尺度非均匀磁场，这种磁流的强度约为 $B_e\sim0.01\,G$ ，而特征尺度为 $l_c\sim88c/\omega_{pe}$ ( $c$ 为光速)。注意，辐射源区外的背景等离子体的磁场是相当弱的，它可能是地磁场在该地所具有的强度，约为 $B_b\sim10^{-3}\sim10^{-4}$ 高斯，即 $B_e\gg B_b$ ；明显地，我们的自生磁场理论是合适的。现在把 (7.114) 式改写为

$$l > l_c \equiv \sqrt{3}\pi d_e\sqrt{\alpha}(\bar{W}_0^p)^{-1/2}$$

$$= (\frac{\pi}{\sqrt{\bar{W}_0^p}})\frac{c}{\omega_{pe}}; \tag{7.120}$$

我们看到(Li & Zhang, 1997b)，如果取 $\bar{W}_0^p = 1.3\times10^{-3}$ ，从(7.120)式得到 $l_c\sim88c/\omega_{pe}$ ，这就是 Mckean & Winglee (1991)所需要的。选取源区中电子密度和温度的典型值：$n_e = 3(\text{cm}^{-3})$ 和 $T_e = 6\cdot10^5(\text{K})$ ，我们有 $l_c\sim260$ 千米； $1/6\pi^2 N_D\sim1.7\times10^{-13}$ (7.63) 式满足；同时从 (7.117) 式得到 $\gamma_M/\omega_{pe}\sim1.7\cdot10^{-5}$ ；并且(7.118)式也满足；可以验算，在此情况下，条件 (7.119)式明显成立。

上面的分析表明，解析研究的不稳定出现在 $|\mathbf{k}|\gg|\mathbf{k}_0|$ 情况下，即扰动波长远小于泵波波长；换句话说， 甚长波长之载波的振幅受到短波长磁场振荡的"调制"，因而称它为磁调制不稳定。至此，自生磁场调制不稳定性分析预示了，在太阳日冕活动区和地球 AKR 区极可能存在小尺度间歇磁流。然而，由于这种分析是线性的，此刻我们不可能给出这种间歇磁流的强度值。为给出这个重要的强度值，自生磁场的数值模拟是必需的，我们将在下节给出研究。

## 7.6 坍塌的自生磁场的数值模拟

在上面小节中，我们分析了包括非静态极限在内的调制不稳定( Li & Zhang, 2002a )；把在重要而又简单情况下所得到的结果与准静态极限下的结果(Li & Zhang, 1996; 1997)相比较，原来两者相同，只是可能达到该结果的时标不同，但这在线性分析中被隐藏而不显示出来。因此，**我们有理由研究准静态极限情况的数值模拟，除了演化速率外，它和非静态极限的结果相同**。静态极限下，自生磁场方程(7.85)~(7.87)成为

$$i\frac{\partial \mathbf{E}}{\partial \tau} - \alpha \nabla \times \nabla \times \mathbf{E} + |\mathbf{E}|^2 \mathbf{E} - i\mathbf{E} \times \mathbf{B} = 0 , \tag{7.121}$$

$$\mathbf{B} = i\frac{2}{3}\frac{\partial}{\partial \tau}(\mathbf{E} \times \mathbf{E}^*) ; \tag{7.122}$$

而无量纲变换成为

$$\delta B = 2.32 \times 10^{-6}\sqrt{n_e}(B)_{Fig}(G) , \quad x = 4.45 \times 10^2 \sqrt{T_e}\, n_e^{-1/2}(x)_{Fig}(\text{cm}) , \tag{7.123a}$$

$$\frac{|E|^2}{4\pi n_e k_B T_e} = 7.23 \times 10^{-4}(|E|^2)_{Fig} , \quad t = 2.8 \times 10^3 \omega_{pe}^{-1}(\tau)_{Fig}(\text{s}) , \tag{7.123b}$$

将(7.121)式写成分量式为

$$i\frac{\partial E_x}{\partial \tau} - \alpha\left(\frac{\partial^2 E_y}{\partial x \partial y} - \frac{\partial^2 E_x}{\partial y^2} - \frac{\partial^2 E_x}{\partial z^2} + \frac{\partial^2 E_z}{\partial x \partial z}\right) + |E|^2 E_x - i\left(E_y B_z - E_z B_y\right) = 0 ,$$

$$i\frac{\partial E_y}{\partial \tau} - \alpha\left(\frac{\partial^2 E_z}{\partial y \partial z} - \frac{\partial^2 E_y}{\partial z^2} - \frac{\partial^2 E_y}{\partial x^2} + \frac{\partial^2 E_x}{\partial y \partial x}\right) + |E|^2 E_y - i\left(E_z B_x - E_x B_z\right) = 0 ,$$

$$i\frac{\partial E_z}{\partial \tau} - \alpha\left(\frac{\partial^2 E_x}{\partial z \partial x} - \frac{\partial^2 E_z}{\partial x^2} - \frac{\partial^2 E_z}{\partial y^2} + \frac{\partial^2 E_y}{\partial z \partial y}\right) + |E|^2 E_z - i\left(E_x B_y - E_y B_x\right) = 0 ;$$

考虑到所有的物理量都只是 $x$、$y$ 的函数而与 $z$ 无关，所以这些量对 $z$ 的偏导为零，则上式成为：

$$i\frac{\partial E_x}{\partial \tau} - \alpha\left(\frac{\partial^2 E_y}{\partial x \partial y} - \frac{\partial^2 E_x}{\partial y^2}\right) + |E|^2 E_x - i\left(E_y B_z - E_z B_y\right) = 0 , \tag{7.124}$$

$$i\frac{\partial E_y}{\partial \tau} - \alpha\left(-\frac{\partial^2 E_y}{\partial x^2} + \frac{\partial^2 E_x}{\partial y \partial x}\right) + |E|^2 E_y - i\left(E_z B_x - E_x B_z\right) = 0 , \tag{7.125}$$

$$i\frac{\partial E_z}{\partial \tau} + \alpha\left(\frac{\partial^2 E_z}{\partial x^2} + \frac{\partial^2 E_z}{\partial y^2}\right) + |E|^2 E_z - i\left(E_x B_y - E_y B_x\right) = 0 \ . \qquad (7.126)$$

若考虑初始电场的范围：$x$ 方向为 $L_x$ ，$y$ 方向为 $L_y$ （周期）。对上式中物理量取 $N \times N$ 个样值点（即 $x$ 方向和 $y$ 方向均 $N$ 等分取样），并对它们进行离散傅里叶变换，即：

$$\begin{aligned}
E_1(m,n,\tau) &= \frac{1}{N}\sum_{x_1=0}^{N-1}\sum_{y_1=0}^{N-1} E_x(x,y,\tau)e^{-i\frac{2\pi}{N}(mx_1+ny_1)} \\
&= \frac{1}{N}\sum_{x=0}^{L_x}\sum_{y=0}^{L_y} E_x(x,y,\tau)e^{-i\left[\frac{2\pi mx}{L_x}+\frac{2\pi ny}{L_y}\right]}
\end{aligned} \qquad (7.127)$$

$$\begin{aligned}
E_x(x,y,\tau) &= \frac{1}{N}\sum_{m=0}^{N-1}\sum_{n=0}^{N-1} E_1(m,n,\tau)e^{i\frac{2\pi}{N}(mx_1+ny_1)} \\
&= \frac{1}{N}\sum_{m=0}^{N-1}\sum_{n=0}^{N-1} E_1(m,n,\tau)e^{i\left[\frac{2\pi mx}{L_x}+\frac{2\pi ny}{L_y}\right]}
\end{aligned} \qquad (7.128)$$

记为

$$E_1(m,n,\tau) = DFT\left[E_x(m,n,\tau)\right], \quad E_x(x,y,\tau) = IDFT\left[E_1(x,y,\tau)\right]$$

显然

$$\begin{aligned}
\frac{\partial E_x(x,y,\tau)}{\partial x} &= \frac{1}{N}\sum_{m=0}^{N-1}\sum_{n=0}^{N-1}\left(i\frac{2\pi m}{L_x}\right)E_1(m,n,\tau)e^{i\left[\frac{2\pi mx}{L_x}+\frac{2\pi ny}{L_y}\right]} \\
&= IDFT\left[\left(i\frac{2\pi m}{L_x}\right)E_1(m,n,\tau)\right];
\end{aligned} \qquad (7.129)$$

类似地我们有

$$E_2(m,n,\tau) = DFT\left[E_y(m,n,\tau)\right], \quad E_y(x,y,\tau) = IDFT\left[E_2(x,y,\tau)\right], \qquad (7.130)$$

$$E_3(m,n,\tau) = DFT\left[E_z(m,n,\tau)\right], \quad E_z(x,y,\tau) = IDFT\left[E_3(x,y,\tau)\right], \qquad (7.131)$$

$$\begin{aligned}
\frac{\partial^2 E_x(x,y,\tau)}{\partial y^2} &= \frac{1}{N}\sum_{m=0}^{N-1}\sum_{n=0}^{N-1}\left(i\frac{2\pi n}{L_y}\right)^2 E_1(m,n,\tau)e^{i\left[\frac{2\pi mx}{L_x}+\frac{2\pi ny}{L_y}\right]} \\
&= IDFT\left[-\left(\frac{2\pi n}{L_y}\right)^2 E_1(m,n,\tau)\right].
\end{aligned} \qquad (7.132)$$

对(7.124)~(7.126)式进行离散傅里叶变换后即可得到

$$
i \cdot DFT\left[\frac{\partial E_x}{\partial \tau}\right] - \alpha\left[-\frac{(2\pi)^2 \, mn}{L_x L_y} E_2(m,n,\tau) + \left(\frac{2\pi n}{L_y}\right)^2 E_1(m,n,\tau)\right] +
$$

$$
DFT\left[|E|^2 \, E_x - i\left(E_y B_z - E_z B_y\right)\right] = 0, \tag{7.133}
$$

$$
i \cdot DFT\left[\frac{\partial E_y}{\partial \tau}\right] - \alpha\left[\left(\frac{2\pi m}{L_x}\right)^2 E_2(m,n,\tau) - \frac{(2\pi)^2 \, mn}{L_x L_y} E_1(m,n,\tau)\right] +
$$

$$
DFT\left[|E|^2 \, E_y - i\left(E_z B_x - E_x B_z\right)\right] = 0, \tag{7.134}
$$

$$
i \cdot DFT\left[\frac{\partial E_z}{\partial \tau}\right] - \alpha\left[\left(\frac{2\pi m}{L_x}\right)^2 E_3(m,n,\tau) + \left(\frac{2\pi n}{L_y}\right)^2 E_3(m,n,\tau)\right] +
$$

$$
DFT\left[|E|^2 \, E_z - i\left(E_x B_y - E_y B_x\right)\right] = 0; \tag{7.135}
$$

将(7.133)~(7.135)式与(7.122)式联立,可得到电场 $E$、磁场 $B$ 的数值解结果。

**（1）太阳日冕中的自生磁场的数值模拟**

为了得到太阳日冕中自生磁场的强度和其对应的特征尺度,用快速傅里叶变换(FFT)方法,我们数值求解了方程(7.121)和(7.122)。在我们的计算中,格点数为 $128 \times 128$,我们考虑两维三分量问题。初始条件取为

$$
\mathbf{E}(\xi, \tau = 0) = E_0 \sin\frac{2\pi y}{y_0} \sec h\left(\frac{x}{L_0}\right)(\mathbf{e}_x + \mathbf{e}_z) -
$$

$$
E_0 \frac{y_0}{2\pi L_0} \cos\frac{2\pi y}{y_0} th\left(\frac{x}{L_0}\right) \sec h\left(\frac{x}{L_0}\right)\mathbf{e}_y, \tag{7.136}
$$

而对于横激元,电场应是管量场,即上式满足

$$
\nabla \cdot \mathbf{E}(\xi, \tau = 0) = 0; \tag{7.137}
$$

在太阳日冕问题中,我们选取 $n_e = 10^9 (\text{cm}^{-3})$ 和 $T_e = 3 \times 10^6 (\text{K})$,故 $\alpha = 610$;根据（7.123）式,无量纲化的变换成为

$$
\delta B = 0.07 B_{Fig}(\text{G}), \tag{7.138a}
$$

$$
\frac{|E|^2}{4\pi n_e k_B T_e} = 7.23 \times 10^{-4} |E|_{Fig}^2, \tag{7.138b}
$$

$$x = 24.7 x_{Fig}(\text{cm}) \ , \tag{7.138c}$$

$$t = 1.6 \times 10^{-6} \tau \,(\text{s}) \ . \tag{7.138d}$$

在计算中，我们取 $|E_{\max}|^2_{\tau=0} = 6$，它对应于

$$W_0^p = \frac{E^2}{8\pi k_B n_e T_e} = \frac{2m_e |E_{\max}|^2_{\tau=0}}{3m_i} = 2.1 \times 10^{-3} \ , \tag{7.139}$$

在有理化(MKS)单位制中，有

$$E = 4.4 \times 10^3 (V/m) \ ;$$

取 $y_0 = 1000, L_0 = 300$，数值计算的结果如图 7-2 所示，其强度值分别标注于图上，右边为自生磁场的等值线图，由等值线图，我们可以非常直观地得到自生磁场的特征尺度。从自生磁场的随时间坍缩图 7-2 可以看出，随着 $\tau$ 的不断增大，自生磁场的强度不断增强，其特征尺度不断缩小，当 $\tau = 0.325$ 时，由图 A 得无量纲化的自生磁场的强度

$$B_{Fig} = \sqrt{1.42 \times 10^7} \ , \tag{7.140a}$$

它的对应的特征尺度为

$$x_{Fig} = 1.08 \times 10^2 \ ; \tag{7.140b}$$

根据（7.138）式，我们可得：

$$\delta B = 263(\text{G}) \tag{7.141a}$$

$$x_c = 2.7 \times 10^{-2}(\text{km}) \tag{7.141b}$$

前面已提到，Mckean 等人(1989)在太阳日冕的频率精细结构的研究中，假定一个小尺度非均匀磁场的存在，强度大约为 $250 \sim 500(\text{Gauss})$，对应的特征尺度大约为 $0.02(\text{km})$，我们的计算结果(Liu & Li, 2000a)与他们的推断结果非常一致。

数值计算的结果表明，$t > 0.35$ 时，自生磁场的强度迅速增大，这时

$$\bar{W}_0^p = \frac{E^2}{8\pi k_B n_e T_e} = \frac{2m_e |E_{\max}|^2_{\tau=0}}{3m_i} > 1$$

因而，(7.84)式被破坏，这时自生磁场方程（7.121）~(7.122)失效。

需要指出的是，我们选取了不同的参量值($|E_{\max}|^2_{\tau=0}, L_0, y_0$)以及不同于(7.136)式的初值条件，发现除细节有差别外，数值计算结果大致相同，

由于篇幅有限，我们不能一一列出，有兴趣的读者可参见 (Liu & Li, 2000a)。在数值计算中，我们还发现，当 $|E_{max}|^2_{r=0}$ 增大，而 $L_0$ 不变时，自生磁场的塌缩速率变快；而当 $|E_{max}|^2_{r=0}$ 减少，而 $L_0$ 变大时，自生磁场的塌缩速率变慢；该规律完全符合物理上的解释。

$$\tau=0.025, \quad |B_{max}|^2=1.53\times10^{-4}$$

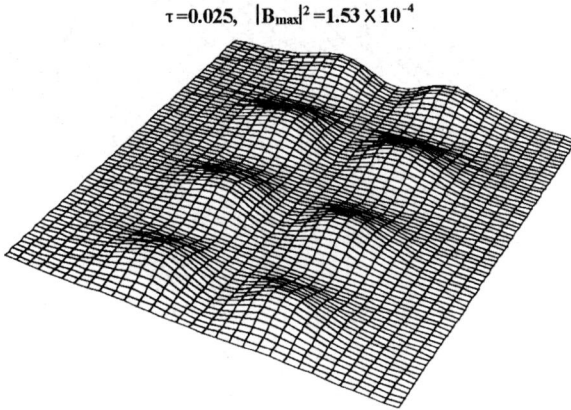

$$\tau=0.025, \quad |B_{max}|^2=1.53\times10^{-4}$$

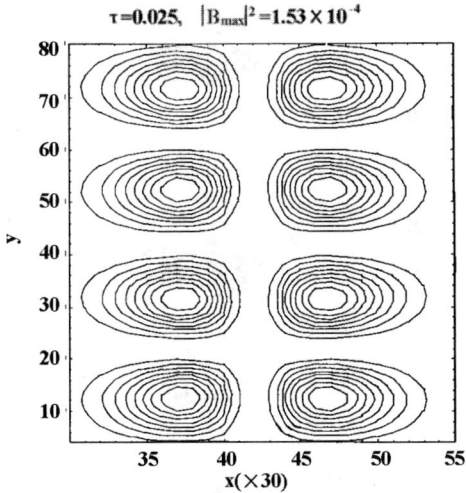

(a) $\tau = 0.025$ 时, $|B_{max}|^2 = 1.53 \times 10^{-4}$

$\tau=0.15, \quad |B_{max}|^2=1.72\times 10^{-3}$

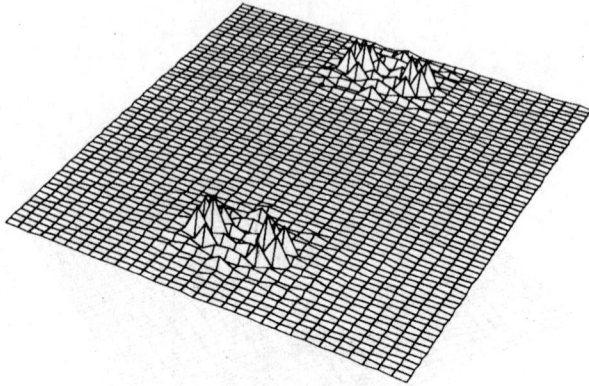

$\tau=0.15, \quad |B_{max}|^2=1.72\times 10^{-3}$

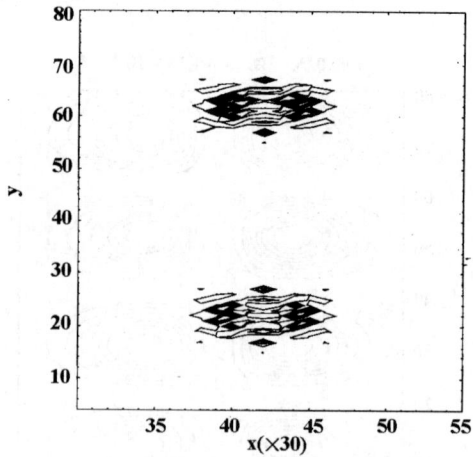

(b)　$\tau=0.15$ 时,$|B_{max}|^2=1.72\times 10^{-3}$

$\tau = 0.175, \quad |B_{max}|^2 = 2.14 \times 10^{-2}$

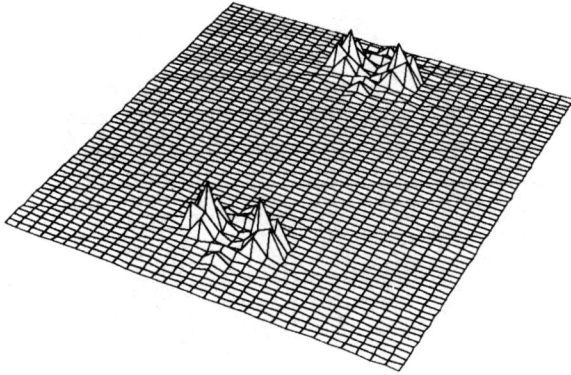

$\tau = 0.175, \quad |B_{max}|^2 = 2.14 \times 10^{-2}$

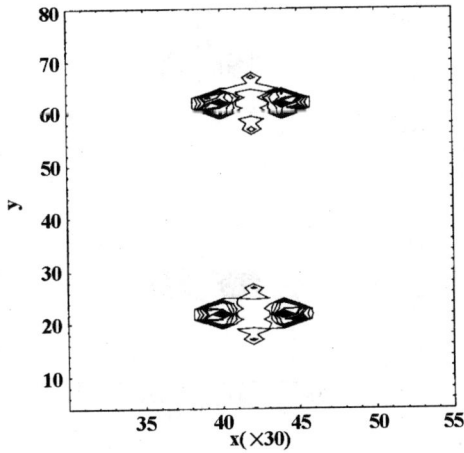

(c) $\tau = 0.175$ 时,$|B_{max}|^2 = 2.14 \times 10^{-2}$

$\tau=0.225, \quad |B_{max}|^2=7.7$

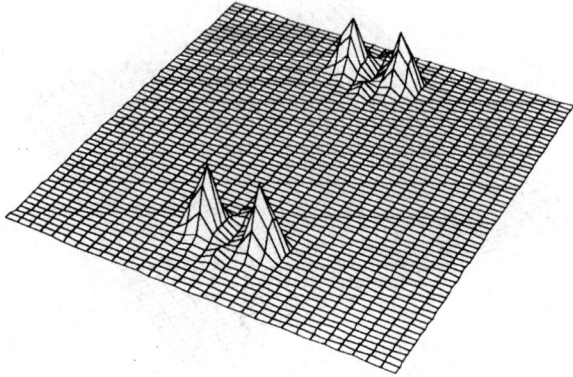

$\tau=0.225, \quad |B_{max}|^2=7.7$

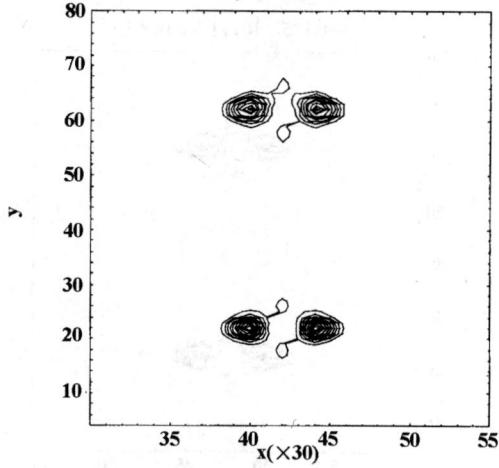

(d) $\tau=0.225$ 时,$|B_{max}|^2=7.7, \; x=150$

$$\tau=0.275, \quad |B_{max}|^2=3.9\times 10^3$$

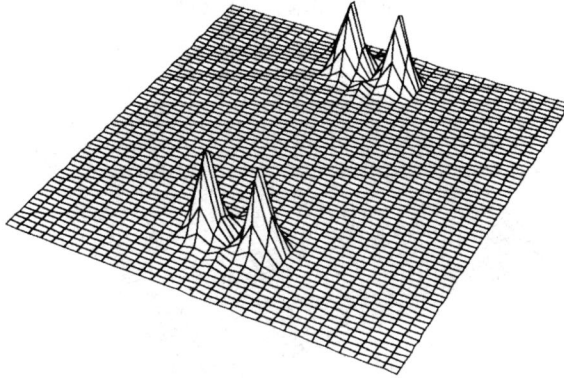

$$\tau=0.275, \quad |B_{max}|^2=3.9\times 10^3$$

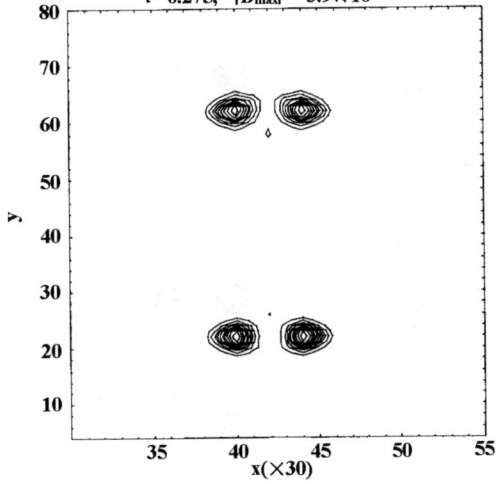

(e) $\tau=0.275$ 时,$|B_{max}|^2=3.9\times 10^3$

$\tau=0.325, \quad |B_{max}|^2=1.42\times10^7$

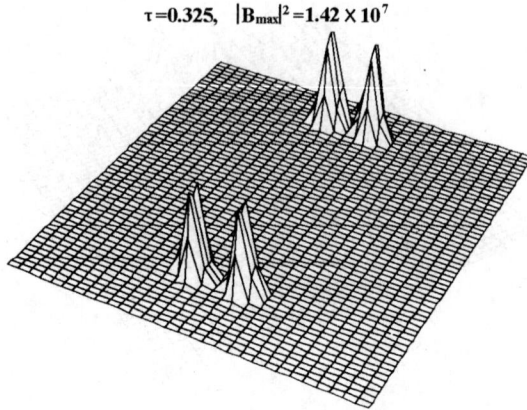

$\tau=0.325, \quad |B_{max}|^2=1.42\times10^7$

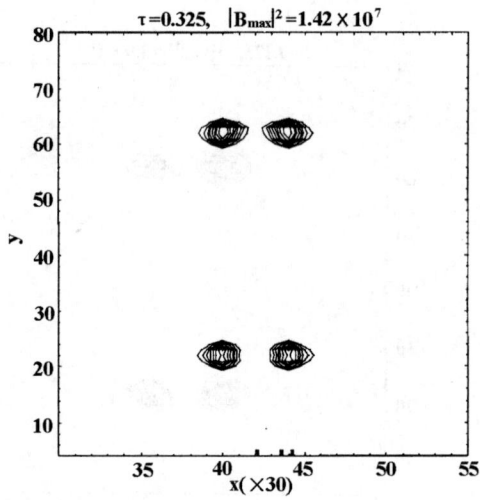

(f)　$\tau=0.325$ 时，$|B_{max}|^2=1.42\times10^7$, $x_{Fig}=108$

图 7−2 太阳日冕中的自生磁场的坍缩图

### （2）AKR 中的自生磁场的数值模拟

在 AKR 的问题中，选取的初始条件仍为(7.136)式，并选取 $n_e = 3(\mathrm{cm}^{-3})$ 和 $T_e = 6 \times 10^5(\mathrm{K})$ ，这时 $\alpha = 3300$ ；以及取 $|E_{\max}|^2_{\tau=0} = 6$ [对应于 $E = 0.16(V/m)$]，$\mathrm{y}_0 = 2500, L_0 = 900$ ;无量纲化的变换成为

$$\delta B = 4 \times 10^{-6} B_{Fig}(\mathrm{G}) , \tag{7.142a}$$

$$x_c = 1.49 \times 10^5 x_{Fig}(\mathrm{cm}) , \qquad t = 3.8 \times 10^{-6} \tau(\mathrm{s}) . \tag{7.142b}$$

图 7-3 是自生磁场的坍缩图，其强度值分别标注于图上。由等值线图，我们可以非常直观地得到自生磁场的特征尺度。我们由图 7-3 可以看出，当 $\tau = 0.45$ 时，无量纲化的自生磁场的强度为

$$B_{Fig} = \sqrt{7.58 \times 10^6} , \tag{7.143a}$$

对应的特征尺度为

$$x_{Fig} = 1.62 \times 10^2 ; \tag{7.143b}$$

根据（7.142）式，我们可得(Liu & Li, 2001a)

$$\delta B = 1.1 \times 10^{-2}(\mathrm{G}) , \tag{7.144a}$$

$$x_c = 241(\mathrm{km}) . \tag{7.144b}$$

因此，基于以上的不稳定性分析和坍塌场的数值模拟，我们获得了一个重要结果：原来，空间均匀 $(k_0 \to 0)$ 的等离激元是不稳定的，它导致初始均匀的波的空间调制；这种调制不稳定的非线性发展将导致物理场坍塌，激元变得越来越强，通过有质动力，使物质密度局部稀化，于是激元和物质都呈现局部非均匀分布。在第九章我们将表明，在自引力系统中，情况也是如此。特别是对于**自生磁场**,这种调制不稳定导致形成高度空间间竭的磁流，类似一种湍流花样( Li & Ma, 1993; 1994; Li & Zhang, 2002a; Liu & Li, 2000a;2000b; 2001a; 2001b)。

$$\tau = 0.05, \quad |B_{max}|^2 = 1.99 \times 10^{-5}$$

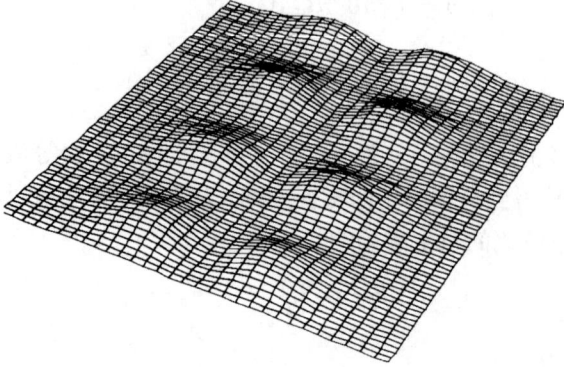

$$\tau = 0.05, \quad |B_{max}|^2 = 1.99 \times 10^{-5}$$

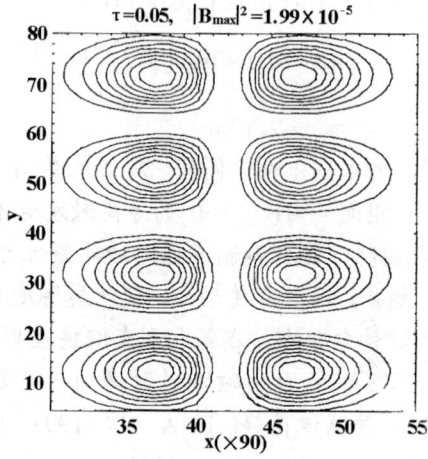

(a)　AKR 中 $\tau = 0.05$ 时, $|B_{max}|^2 = 1.99 \times 10^{-5}$

$\tau = 0.175, \quad |B_{max}|^2 = 5.65 \times 10^{-5}$

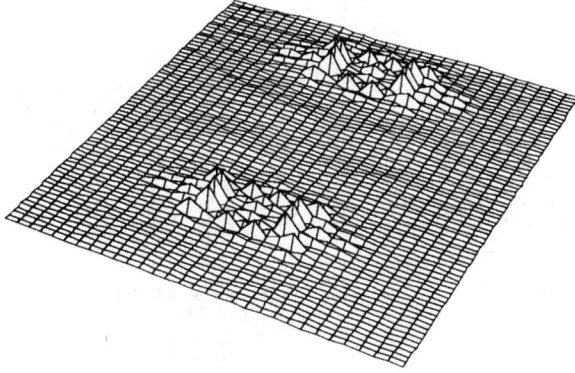

$\tau = 0.175, \quad |B_{max}|^2 = 5.65 \times 10^{-5}$

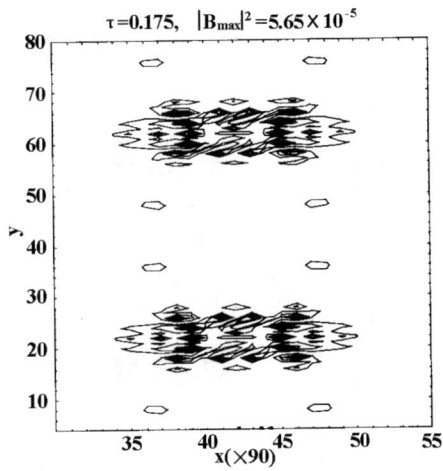

(b)　AKR 中 $\tau = 0.175$ 时, $|B_{max}|^2 = 5.65 \times 10^{-5}$

$\tau=0.3$ ,  $|B_{max}|^2=9.8\times10^{-1}$

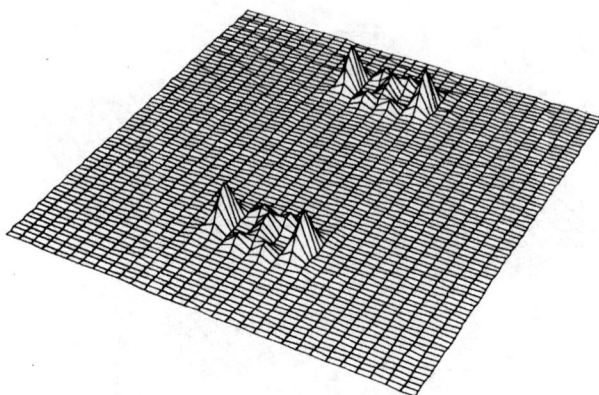

$\tau=0.3$ ,  $|B_{max}|^2=9.8\times10^{-1}$

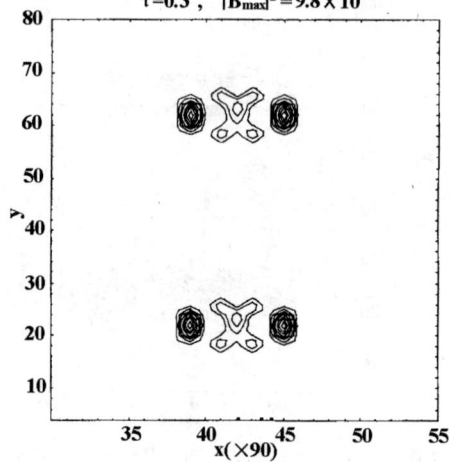

(c)  AKR 中 $\tau=0.3$ 时,$|B_{max}|^2=9.8\times10^{-1}$

$\tau=0.375, \quad |B_{max}|^2=7.67\times10^2$

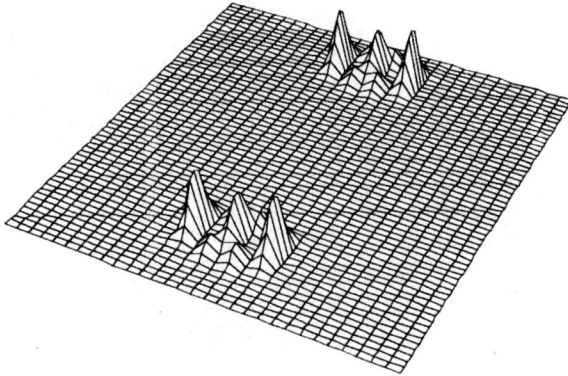

$\tau=0.375, \quad |B_{max}|^2=7.67\times10^2$

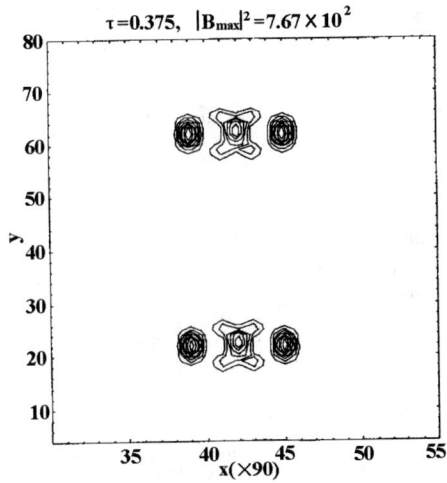

(d)　AKR 中 $\tau=0.375$ 时, $|B_{max}|^2=7.76\times10^2$

$\tau = 0.4, \qquad |B_{max}|^2 = 5.6 \times 10^3$

$\tau = 0.4, \qquad |B_{max}|^2 = 5.6 \times 10^3$

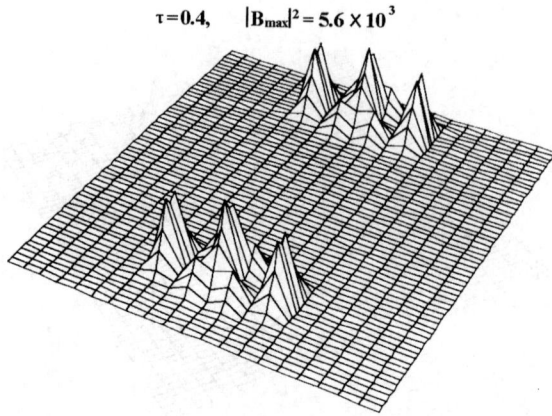

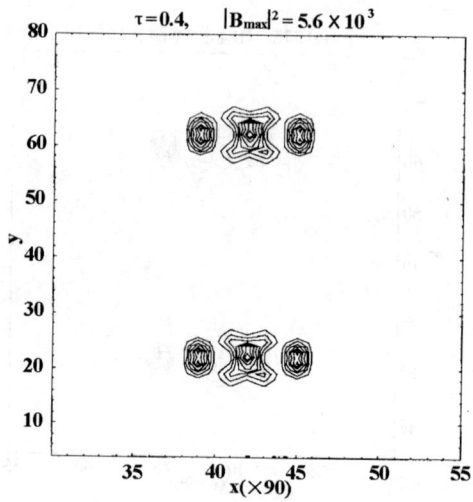

(e) AKR 中, $\tau = 0.4$ 时, $|B_{max}|^2 = 5.6 \times 10^3$

$\tau = 0.45, \quad |\mathbf{B}_{max}|^2 = 7.67 \times 10^6$

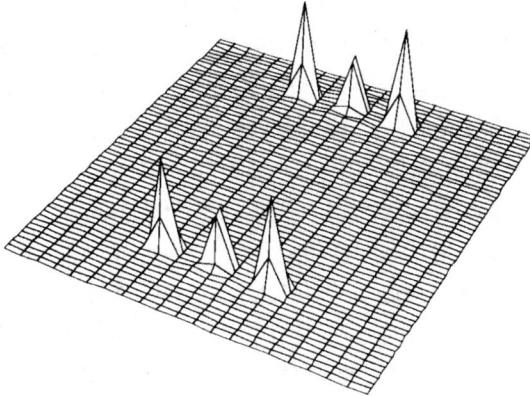

$\tau = 0.45, \quad |\mathbf{B}_{max}|^2 = 7.67 \times 10^6$

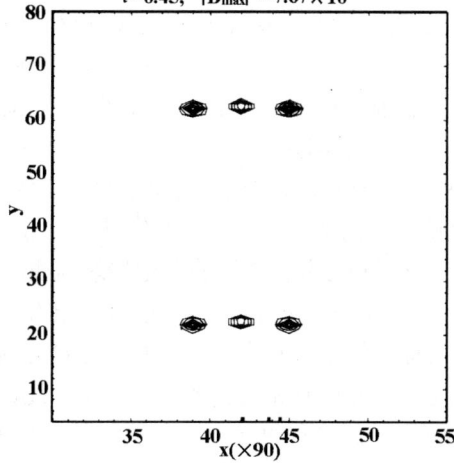

(f) AKR 中 $\tau = 0.45$ 时,$| B_{max} |^2 = 7.67 \times 10^6$, $x_{Fig} = 162$

图 7-3 AKR 中自生磁场的坍缩图

## 7.7  自生磁场理论的实验检验

自生磁场理论预示，日冕活动可能存在高度间歇的磁流，其特征尺度为 0.01 千米左右。就目前仪器水平，这种尺度是无法分辨的。那么，我们的理论是否正确？检验理论的唯一标准是实验。在激光产生的等离子体中，出乎意料地出现了磁效应。 1966 年，Kovobkin 和 Serov(1966)首次报道了在强激光打靶的实验中，有一个强的磁场产生。随后，相继有一些实验观察到了在激光打靶过程中有千高斯到兆高斯量级的磁场产生。磁探针的出现使得测量这些自生磁场的强度成为可能。Stamper & Ripin(1975)、Willi *et al.*(1981)和 Briand & Adrian (1985)等人分别报道了用不同强度的激光照射固体靶时，在临界面附近呈现不同强度的自生磁场：当激光的辐射强度为 $I = 5 \times 10^{13} (\text{w} \cdot \text{cm}^{-2})$ 时，观察到了 100 千高斯( kG )的自生磁场；当 $I = 10^{15} \sim 10^{16} (\text{w} \cdot \text{cm}^{-2})$ 时，观察到了 1～1.8 兆高斯( MG )的磁场（以上实验中激光波长均为1.06μm ）。Mclean *et al.*(1984)首次报道了用观察塞曼(Zeeman)效应估计磁场的方法：当用 $I = 10^{12} \sim 10^{14} (\text{Wcm}^{-2})$ 强度的激光照射靶场面时，在临界面附近产生了一个 100～300 kG 的磁场，这与Stamper & Ripin(1975)用旋转法拉第方法测量的结果是一致的。

这类实验的发现，立即引起了等离子体物理学家的极大注意 Max *et al.*(1978)和 Chakraborty *et al.* (1993)等人提出了自生磁场的热磁机制，一个更为仔细的研究表明这种温度梯度和密度梯度仅仅引起对流的高涨，而不是磁场产生(Al' terkop *et al.*, 1974)。Khan *et al.*(1998)用有质动力方法研究自生磁场的产生机制，但他们仍然从双流体、双时标出发，这种流体近似方法在研究低频大尺度运动显得很有效，但对于高频小尺度问题并非是很合适的。Bel'kov & Tsytovich (1979)提出了自生磁场的调制激发机制，但是，在他们的讨论中，仍把高频电磁场看作纵场；另一方面，朗缪尔波仅是高频电磁波的二级效应;由它激发的自生磁场能否坍缩是值得怀疑的(Kono *et al.*, 1981)。 Chakraborty *et al.*(1986)提出了自生磁场的逆法拉第效应机制，但是，值得提出的是,在他们的文章中，这群相对论电子的产生机制似乎不清楚，特别是，即便有相对论的电子产生，还需要有足够大功率的激光照射靶面。事实上，已有的激光等离子体中自生磁场的产生的实验报告中，并不仅限于高功率激光。若在较低功率的激光打靶问题，相对论电子效应不应明显，但并不意味着这种情况下不能产生磁场。

高功率激光束照射靶物质时，部分激光能量被吸收，导致靶物质被加热和电离产生等离子体；等离子体中的高频电磁波必须满足色散关系

(2.97)式,

$$\omega^2 = \omega_{pe}^2 + c^2 k^2 \ ,$$

故激光只能在低于临界密度的等离子体中传播；临界密度是指局部表面区的等离子体频率等于激光频率时的等离子体密度($\omega \approx \omega_{pe}$):

$$n_c = \omega^2 \left(\frac{4\pi e^2}{m_e}\right)^{-1} \approx 10^{21} / [\lambda(\mu m)]^2 (cm^{-3}) \ . \tag{7.145}$$

当电子密度高于激光临界密度时，激光传播因子 $\exp[ikx - i\omega t]$ 变为 $e^{-|k||x - i\omega t}$，那么振幅随空间很快衰减。激光打靶过程中，激光产生的等离子体将以大约 $10^5 \sim 10^6 (m/s)$ 的速度向真空膨胀，造成高温、低密度的等离子体区，而且这一等离子体区的密度是很不均匀的，愈离开靶面密度愈低。由于高温、低密度，电子传热很快，这一区的温度基本上是空间均匀的，这一区域我们称之为冕区（又称临界面附近）。激光正是在这样一个等离子体中传播、吸收的。临界面附近是强横等离激元($\omega \approx \omega_{pe}$)湍动的活动区，在这里入射的电磁波被反射；而且两横激元"对撞"导致可引起密度扰动的低频纵波(参见 3.5 节)。因此，在临界面邻域，较高能级的横等离激元和低频纵波一起诱发出自生磁场(参见第三章)。

激光等离子体中电子—离子碰撞自由程为

$$\lambda_{mfp} \approx 1.1 \times 10^2 \left(\frac{n}{10^{20}}\right)^{-1} \left(\frac{T}{10^7}\right)^2 (\ln \Lambda / 20)^{-1} (\mu m)$$

根据实验观测和理论推断，激光等离子中临界面附近，自生磁场的特征尺度 $l_c < 100(\mu m)$，即 $l_c \leqslant \lambda_{mfp}$，对此流体的描述失效(参见第四章)。因而，基于动力论的横等离激元诱发的自生磁场理论对于研究激光等离子体中磁场激发的问题是合适的。

调制不稳定的分析表明，相当均匀分布的横等离激元原来是不稳定的，它将在激光等离子体中诱发出坍塌的自生磁场，导致形成局域的间歇磁流。为此，我们来研究准静态极限下($\omega/k = 0$)色散方程(7.101)。我们取

$$\mathbf{e}_0 = \mathbf{a} + i\mathbf{b} \ ,$$

$\mathbf{a}, \mathbf{b}$ 均为实矢量，且 $\mathbf{a} \perp \mathbf{b}$，$\mathbf{a} // \mathbf{x}$, $\mathbf{b} // \mathbf{y}$，并且

$$a = b = \frac{1}{\sqrt{2}} \ ;$$

(7.102)式中，$\mathbf{E}_0$ 与 $\mathbf{E}_0^*$ 相差一个相位 $\phi$，取 $\phi = \dfrac{\pi}{2}$，所以 $E_0^*/E_0 = -i$；

令

$$\mathbf{e}_1 = \mathbf{e}_x + \mathbf{e}_y + \mathbf{e}_z, \qquad \mathbf{e}_2^+ = \mathbf{e}_{2x}^+ + \mathbf{e}_{2y}^+ + \mathbf{e}_{2z}^+,$$

$\mathbf{e}_1$，$\mathbf{e}_2^+$ 为实基矢，$\mathbf{e}_x, \mathbf{e}_y, \mathbf{e}_z, \mathbf{e}_{2x}^+, \mathbf{e}_{2y}^+, \mathbf{e}_{2z}^+$ 分别为方向余弦，考虑到[参见 (7.99)式]

$$\mathbf{e}_1 \perp (\mathbf{k}_0 + \mathbf{k}), \qquad \mathbf{e}_2^+ \perp (\mathbf{k} - \mathbf{k}_0),$$

$$\nabla \cdot \mathbf{B}_{II} \sim \mathbf{k} \cdot \mathbf{B} \sim \mathbf{k} \cdot \left[ \left( \mathbf{e}_1 \times \mathbf{e}_0^* \right) - \left( \mathbf{e}_2^+ \times \mathbf{e}_0 \right) \right] = 0,$$

以及方向余弦的归一化条件，我们得到方向余弦的约束条件为

$$\mathrm{Re}\{ \mathbf{k} \cdot [ ( \mathbf{e}_1 \times \mathbf{e}_0^* ) - ( \mathbf{e}_2^+ \times \mathbf{e}_0 ) ] \} = 0,$$

$$\mathrm{Im}\{ \mathbf{k} \cdot [ ( \mathbf{e}_1 \times \mathbf{e}_0^* ) - ( \mathbf{e}_2^+ \times \mathbf{e}_0 ) ] \} = 0.$$

考虑到方向余弦的约束条件，我们数值求解方程（7.101）。该方程是一个虚系数的 6 次方程，选取一个 $\theta$（$\mathbf{k}_0$ 与 $\mathbf{k}$ 之间的夹角)值，我们可以得到方程(7.101)的 6 个非共轭根，$\omega_j = \mathrm{Re}\,\omega_j + \mathrm{Im}\,\omega_j (j = 1, \cdots, 6)$，其中，我们总能找到一个具有最大虚部的根，它为自生磁场 $|B_{\max}|$ 的增率，$\gamma_{\max} = |\,\mathrm{Im}\,\omega_j\,|_{\max}$，和相应的 $x_c = 2\pi/k_{\max}$，这里 $k_{\max}$ 是对同一组取定的参数的最大增率所对应的波数。在有量纲的系统中，特征尺度可表示为，

$$l_c = 1.4 \left( \frac{T_e}{10^7} \right)^{1/2} \left( \frac{n_e}{10^{20}} \right)^{-1/2} x_c \quad (\mu m); \tag{7.146}$$

若入射的激光辐照度(Irradiance)或强度为 $I \equiv |E|^2\, c/8\pi \ (\mathrm{erg/cm^2 \cdot s})$，则

$$\frac{|E|^2}{8\pi} c (\mathrm{erg/cm^2 \cdot s}) = 10^7\, I (\mathrm{w \cdot cm^{-2}}),$$

故有

$$\bar{W}_0^p = \frac{|E|^2}{8\pi k_B n_e T_e} = 2.4 \times 10^{-3} \left( \frac{n_e}{10^{20}\,\mathrm{cm^{-3}}} \right)^{-1} \left( \frac{T_e}{10^7\,K} \right)^{-1} \frac{I}{10^{12}\,\mathrm{w \cdot cm^{-2}}}, \tag{7.147a}$$

$$= \frac{2}{3} \mu \left| E_{\max} \right|_{r=0}^2; \tag{7.147b}$$

262

对于入射激光强度为 $10^{12}$（$w \cdot cm^{-2}$）数量级，选取，例如，
$I = 5 \times 10^{12}$（$w \cdot cm^{-2}$），$T_e = 8 \times 10^6 (K)$，$n_e = 3 \times 10^{20} (cm^{-3})$，我们得到
$\alpha = 250$，$\overline{W}_p^o \approx 5 \times 10^{-3}$ 以及 $|E_{max}|^2_{r=0} = 13.8$。对于不同的 $\theta$，便可得到一
系列具有最大增率的曲线，如图(L)所示。由图(L)可以看出，在这系列曲
线中，我们可以找到一根曲线，其增率和相应的波数 $\gamma_{max} = 0.42$，$k_{max} = 0.1$；
这样，根据（7.146）式得到 $l_c = 45$（$\mu m$）。对这一组激光参数，由线性
的调制不稳定分析的结果（7.114）和（7.115）式，我们也可得到
$l_c = 13 (\mu m)$，$\gamma_{max} = 0.33$，这与我们数值计算结果大体是一致的。这表明
我们在 7.5 节中研究的简单情况是重要的，换句话说，这种重要而又简单
的情况所导致的可以解析分析的方程(7.103)，是复杂的色散方程（7.101）
的一个很好的近似。

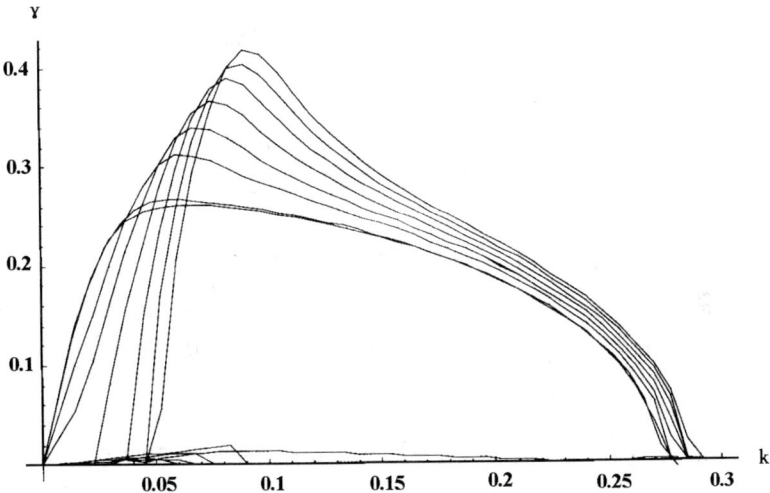

图 7-4　$I = 5 \times 10^{12} w \cdot cm^{-2}$，$|E_{max}|^2_{r=0} = 13.8$ 的色散曲线

值得注意的是，Raven *et al.*(1978)及 Khan *et al.*(1998)等人分别从实验
观察和理论推断得出了：当用强度为 $10^{12}$（$w \cdot cm^{-2}$）量级的激光入射到固体
靶上时，在临界面附近产生了一个强度约为 0.13 kG 的磁场，其特征尺度
约为 30～40μm。我们以上的有关自生磁场特征尺度的解析结果及数值计
算结果 (Liu & Li, 2000b)，都与他们的实验观测和理论推断相一致。

从图 7-4 我们还注意到，对同一组参数，方程（7.101）除了一个具有最大虚部的复根外，还有 2~3 具有较小虚部的复根，它们分别对应一个自生磁场强度较弱的峰值，而具有最大虚部的复根则对应一个自生磁场强度的最大值。在激光等离子体中，除了那些有较大增率的自生磁场可以被观测外，也有一些小增率的自生磁场可能不易被观测到。对不同一组参数，图 7-4 中的不同曲线分别代表了自生磁场的不同增率和不同的特征尺度，**这说明调制不稳定将导致出现类似湍动花样的自塌坍趋向。** 以下的非线性自生磁场的数值计算表明情况正是如此。

对线性色散方程的解析分析和数值计算都只能给出自生磁场坍缩后的特征尺度，而不可能给出自生磁场的强度。为了求得自生磁场的强度和它们所对应的尺度，我们必须数值求解非线性自生磁场方程(7.121)和(7.122)。在我们的计算中 (Liu & Li, 2001b)，格点数为 $128 \times 128$，我们考虑两维三分量问题；对于激光的电磁场，我们将初始条件取为泊松分布

$$\mathbf{E}(\xi, \tau = 0) = E_0 \exp\left[-(\frac{x}{L_0})^2\right]\left[\cos(\frac{2\pi y}{y_0})\mathbf{e}_x + \right.$$

$$\left. \frac{xy_0}{\pi L_0^2}\sin(\frac{2\pi y}{y_0})\mathbf{e}_y - \cos\frac{2\pi y}{y_0}\mathbf{e}_z\right], \tag{7.148}$$

它满足横波条件，$\nabla \cdot \mathbf{E} = 0$；这里 $y_0$ 方向采用周期边界条件，$L_0$ 为电磁场包络的宽度。我们取 $I = 3.3 \times 10^{12} \, \mathrm{w \cdot cm^{-2}}$，$n_e = 3 \times 10^{20} \mathrm{cm^{-3}}$，$T_e = 5.3 \times 10^6 \mathrm{K}$，这时 $\alpha = 370$，以及相应的电场初始值为 $|\mathbf{E}_{max}|^2_{\tau=0} = 13.8$；无量纲化的变换成为

$$\delta B = 4 \times 10^4 B_{Fig}(\mathrm{G}), x_c = 6 \times 10^{-5} x_{Fig}(\mathrm{cm}), \tau = 2.9 \times 10^{-12} t(\mathrm{s})\,; \tag{7.149}$$

图 7-5 为自生磁场的坍缩图。其强度值分别标注于图上，在最后的图中，自生磁场的等值线也同时给出，由等值线图，我们可以非常直观地得到自生磁场的特征尺度。在图 7-5 中，取 $y_0 = 1000, L_0 = 30$，数值计算的结果如图所示，可以看出，随着时间的不断增大，自生磁场的强度不断增强，其特征尺度不断缩小，当 $\tau = 0.125$ 时，得自生磁场的强度为 $|B|^2_{Fig} = 20$ 对应的特征尺度为 $x_{Fig} = 2 \times 30$；根据（7.149）式，我们可得：

$$\delta B = 0.18 \ (\mathrm{MG}), \quad x_c = 36(\mu\mathrm{m})\,. \tag{7.150}$$

　　至此，我们的自生磁场理论经受了包括地球实验室实验在内的检验，因而我们相信它是正确的，可以放心用于宇宙天体的小尺度过程。特别是，这种自洽产生的高度间歇的磁流以及它所引起的磁黏滞，正是目前吸积盘反常黏滞研究所希望的。

$$\tau=0.00, \quad |E_{max}|^2=13.8$$

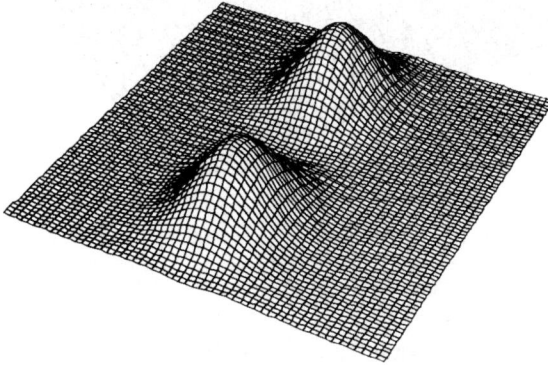

$$\tau=0.00, \quad |E_{max}|^2=13.8$$

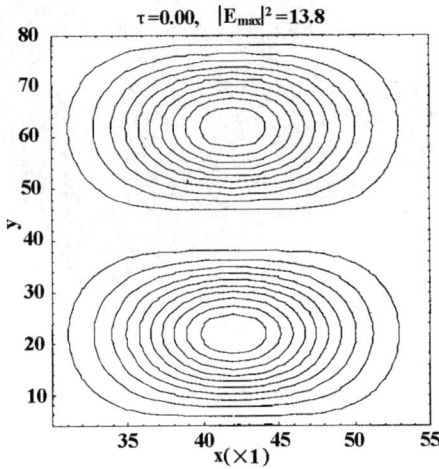

(a)　初始电场的分布图。

$$\tau = 0.025 \quad |B_{max}|^2 = 9.6 \times 10^{-4}$$

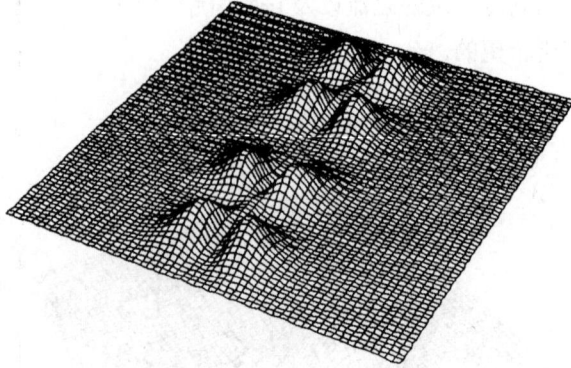

(b)  $\tau = 0.025, |B_{max}|^2 = 9.6 \times 10^{-4}$ ;

$$\tau = 0.05 \quad |B_{max}|^2 = 2.3 \times 10^{-3}$$

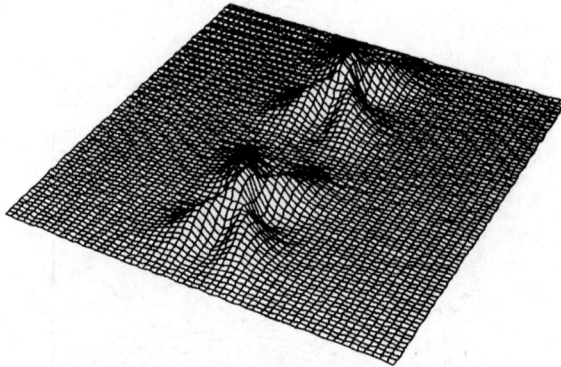

(c)  $\tau = 0.05$ 时, $|B_{max}|^2 = 2.3 \times 10^{-3}$

$\tau = 0.075$　$|B_{max}|^2 = 1.8 \times 10^{-2}$

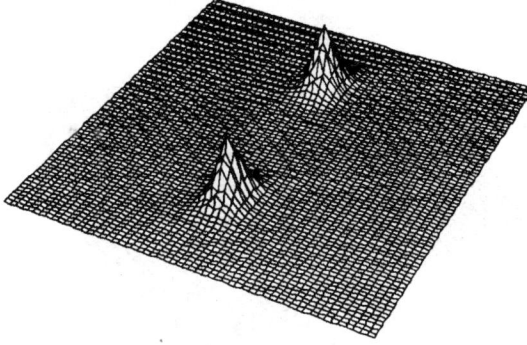

(d)　$\tau = 0.075, |B_{max}|^2 = 1.8 \times 10^{-2}$;

$\tau = 0.1$　$|B_{max}|^2 = 2.5 \times 10^{-1}$

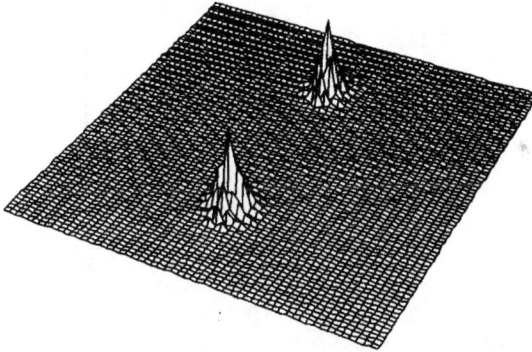

(e)　$\tau = 0.1, |B_{max}|^2 = 2.5 \times 10^{-1}$

$$\tau = 0.125 \qquad |B_{max}|^2 = 2.0 \times 10^1$$

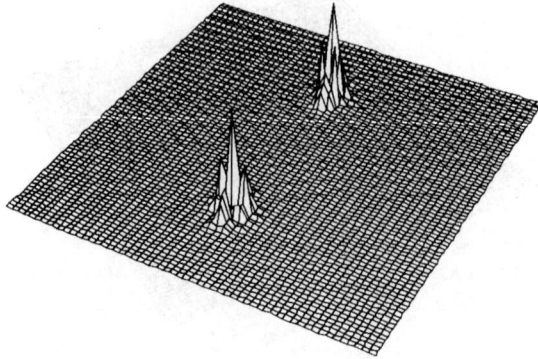

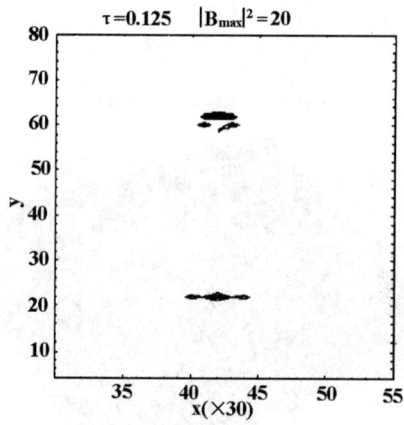

$$\tau = 0.125 \qquad |B_{max}|^2 = 20$$

(f)　$\tau = 0.125, |B_{max}|^2 = 2 \times 10, \qquad x_{Fig} = 60$

图 7—5　自生磁场的坍缩图

# 第八章　吸积盘中坍塌磁流引起的反常黏滞

生前最好有人给我解释量子力学；希望死后上帝能解释湍流运动。
——海森堡

众里寻他千百度，蓦然回首，那人却在灯火阑珊处。

——辛弃疾《青玉案·元夕》

## 8.1　黏性吸积盘

现在，我们要转到天体物理吸积盘中的反常黏滞问题。宇宙中有一类活动天体，包括X—射线源、灾变变星、年轻星、类星体和活动星系核，它们都吸积外围物质，形成一种绕中心体旋转的盘结构。吸积盘的中心天体的磁力线近乎垂直地穿过它周围的吸积盘面，物质能够无阻碍地沿着力线向盘平面坍塌，故而大多数吸积盘可能是一种薄薄的楔形平盘，其盘厚，$H(r) = 2h(r)$，远较矢径 $r$ 小得多，$H(r)/r \ll 1$。薄薄的旋转的理想流体盘一定处于引力与离心力平衡，这是一种开普勒（Keplerian）运动，旋转角速度为 $\Omega(r) = \Omega_k(r) = \sqrt{GM}/r^{3/2}$，$M$ 是中心天体的质量，$G$ 是万有引力常数。对于孤立的引力系统，在给定的质量和角动量情况下，容易证明 (Lynden-Bell & Pringle, 1974)，系统的最小能量态相应于大部分质量集中于小尺度的中心体，而大距离上绕转的分子或原子却携带有大部分角动量。过去、现在和将来，引力系内的吸积都朝着这个能态演化。因此，在物质向中心体旋进时，引力势能的释放是有利于这种演化态的过程，物质不断释放能量"掉"向中心体，同时使角动量向外转移。物质旋进所释放的引力能一半转变为粒子轨道的动能，另一半则转化为热和辐射。假定吸积率 $\dot{M}$ 是常数，则盘的总吸积光度（尔格/秒）为 $L_{acc} = GM\dot{M}/2R_{in}$，其中 $R_{in}$ 是吸积盘的内半径。吸积释放能量的效率是非常高的，约等于吸

269

积物质静质量的 6%，比核聚变能量转化率高出一个量级。对于典型的质量吸积率，$\dot{M} = 10^{-8} \sim 10^{-10} M_\odot$ /年（$M_\odot$ 是太阳质量），对于白矮星，盘光度为 $L_{acc} = 10^{33} \sim 10^{35}$（尔格/秒），对致密星是黑洞和中子星，给出 $L_{acc} = 10^{36} \sim 10^{38}$（尔格/秒）。

在开普勒旋转盘中，物质沿不相交的轨道运行，这就使能发生的机械能或引力能耗散量极小。那么，什么原因造成物质向中心体吸积并同时使角动量向外转移呢？早在 20 世纪 70 年代，天体物理学家认识到：吸积是由于在开普勒旋转盘的剪切流层有内摩擦所致。然而，始料不及的是，这种黏滞必须至少比普通分子的黏性大八个数量级！事实上，物质的吸积来自某种黏滞力矩引起的角动量向外转移：$-\dot{M}\dfrac{\partial}{\partial r}L = \dfrac{\partial}{\partial r}\tau$。其中角动量 $L = r^2\Omega(r)$，$\tau$ 是 z 向平均过的力矩，$\tau = -6\pi h\eta r^2\Omega(r)$；对于轴对称稳态薄盘，它是 $\varphi$ 向动量方程的直接结果[参见(8.75)式]。从质量守恒的连续方程，易得 $\dot{M} = -2\pi r(2h)\rho v_r = \text{const.}$ [参见(8.73)式]。联合两者，我们看到，

$$\dot{M} = 6\pi h\eta, \tag{8.1}$$

这里，$\eta = \rho\nu$ 是动力学黏滞。对于恒星级别的典型的参量 $\dot{M} = 10^{-8}\dot{M}_\odot/$年，$H < 10^{10}\,\text{cm}$，从（8.1）式可看到，$\eta > 10^7(\text{g}\cdot\text{s}^{-1}\cdot\text{cm}^{-1})$。为了比较，写下通常物质的动力学黏滞系数 $\eta$ 的值：水，$\eta = 0.01$；空气，$\eta = 1.8\times10^{-4}$；甘油，$\eta = 8.5$；汞，$\eta = 0.0156$。而对于完全电离氢等离子体，

$$\eta = 7\times10^{-4}\left(\frac{T_e}{10^5\,\text{K}}\right)^{5/2}.$$

而且，对于如此大的反常黏滞系数，没有理由认为它是常数。一般地说，$\nu$（以及 $\eta$）应该是温度、密度等物理量和矢径的函数。可以说，反常黏滞是理解天体物理吸积盘的关键。不知道 $\nu$，实际上就无法确定吸积盘的基态(未扰态)的结构(Balbus & Hawley, 1998)。实验表明，湍流运动的黏滞系数比通常的黏滞要大得多。因此，吸积盘非常可能是处于湍动状态(Li, 1989)。目前风行的吸积盘理论，常常用一个参量来表述这种反常的湍流黏滞：

$$\eta_t = \alpha_t c_s H\rho, \tag{8.2}$$

这里 $c_s$ 是声速，而是 $\rho$ 质量密度；这就是所谓的 $\alpha_t$ 一模型(Shakura & Sunyaev, 1973)。事实上，参量 $\alpha_t$ 掩盖了我们对这种湍流黏滞的无知：它究竟是等离子体的温度、密度等物理量的怎样一种确定的泛函？因此，

天体物理学家必须认真地研究吸积盘的湍流运动，特别是引起湍流的不稳定性。

## 8.2  不稳定性与湍流

我们第四章 4.6 节已经表明了：在轴对称（$\partial / \partial \varphi = 0$）、不可压（$\nabla \cdot \mathbf{u} = 0$）的无黏滞流体中，从 $\varphi$ 向的动量方程，易得 $(\mathrm{d}/\mathrm{d}t)L = 0$，这表示当跟随流元一起运动时，单位角动量 $L = r^2\Omega(r)$ 保持为常数；对于共轴旋转两柱体间的环流，所谓库特(Couette)流，存在一种所谓瑞利（Reyleigh）稳定性判据，它为(4.48)式

$$\frac{\mathrm{d}}{\mathrm{d}r}L^2(r) > 0 \, ; \tag{8.3}$$

解析研究表明(Chandrasekhar, 1961) 对于有黏性的库特流，这时 $\Omega(r)$ 不是任意函数，瑞利判据仍然是对的。现在对开普勒盘（$L^2 \propto r$），尽管通常的雷诺（Reynolds）数很大 $\sim 10^{14}$，瑞利判据告诉我们，**相对于轴对称扰动，盘流体是线性稳定的**。然而是否有非线性不稳定呢？答案是肯定的，但得到仍然是很小的黏滞系数; 这表明，**纯流体力学过程不可能产生吸积盘所需要角动量传输**(Schramkowski & Torkelsson, 1996)。

因此，自然地，必须研究磁流体（MHD）不稳定性。我们在 4.7 节中研究了磁化库特流的不稳定性问题。如果存在一种垂直盘面的弱磁场 $\mathbf{B}_0$ 的话，那么开普勒盘就变得不稳定起来；稳定判据为(4.97)式，或(4.98)式

$$k^2 u_A^2 > -\frac{\mathrm{d}\Omega^2}{\mathrm{d}\ln r}, \tag{8.4}$$

其中，$u_A$ 是阿尔芬(Alfvén)速度。这个磁旋转不稳定性首先由维里柯夫（Velikhov, 1959）指出，而后由钱德拉塞卡（Chandrasekhar, 1961）独立地予以解析处理；而帕波斯和郝里（Balbus & Hawley, 1998）强调了它对吸积盘的重要性 (参见 4.8 节)。值得注意的是，这种磁旋转不稳定性在 $\mathbf{B}_0 \to 0$ 的极限下是不能过渡到纯流体的情况。这个原因在于：即使 $B_0$ 值趋于零,但已分出的方向仍然存在。这和回旋共振条件不可能极限过渡到切伦柯夫(Čerenkov)条件一样。此外，应该强调，当竖直磁场变得很强时，稳定条件（8.4）式可能被满足，这种不稳定性不能出现。

似乎是，有了磁场旋转不稳定性，就打开了通往湍流的大门。在这里，我们应该提及朗道（Landau）的有关湍流发生的串级图像(Landau &

Lifshitz, 1975)。在流体动力学的定常解上叠加一个非定常的小扰动 $\mathbf{A}_1 \propto e^{-i\omega t}$，如果线性色散方程允许有复频率 $\omega$，那么 $\mathrm{Im}\,\omega > 0$ 的定常运动是不稳定的。不稳定的运动事实上根本不可能存在。然而，如果上面所论及的非定常运动——定常解加上小扰动——又变成不稳定，那么第二个小扰动频率又将出现正虚部；这时出现两个周期的准周期运动，运动具有两重自由度。如此下去，将出现一系列串级的新周期，从大尺度运动传输到小尺度运动，最后达到具有相当大自由度的运动，呈现出混乱的运动特征。这就进入湍流运动状态。

当中心天体的磁场穿过吸积盘时，由于开普勒剪切流不断地拉伸场线，使经向场（toroidal）和 r 向场放大，当这种水平场变得足够强时，帕克（Parker, 1979）浮力不稳定性将使它向盘面上膨胀，转变成竖直场。问题很明显，当竖直场变得足够强，以使条件（8.4）式被满足，这种旋转不稳定性就停止了。因此，使之过渡到湍流的串级不稳定发展中断了。换言之，人们很难证明这种旋转不稳定性一定会导致出现湍流。此外，即便是基于这种不稳定性来估计实际有效的湍流黏滞也是不可信和有争议的(Shu, 1992)。这是不奇怪的：由于描述湍流的矩方程不封闭，目前人们对湍流的发生、发展和特性缺乏较好的理解。据传，海森堡（Heisenberg）这样的顶级科学家都说过，他希望死后上帝能给他解释湍流运动。与此相关，反常黏滞的求索，再次陷入困境。

## 8.3　走向湍运动

然而，对于与反常黏滞有关的湍流问题的困难，天体物理学家也并非一筹莫展。20 世纪 70 年代，与天体物理吸积盘理论相平行发展，等离子体非线性物理有了长足的进步。我们知道，在等离子体物理领域内，人们一直想寻找强湍动的等离激元，例如朗谬尔波的非线性控制方程。直到 1972 年，这种方程果然由萨哈罗夫（Zakharov）找到,通常被称之为 Zakharov 方程(参见 5.2 节)。已经证明(李晓卿，1987)，Zakharov 方程具有大的调制不稳定，这种不稳定的发展将导致朗谬尔激元塌缩(参见 5.3 节)，由大尺度波花样转移到小尺度的多自由度的波花样，这就是强朗谬尔湍动(Rudakov & Tsytorich, 1978)。至此，我们应该在更广义的含意上来理解湍流（turbulence）这个概念：**湍流是把最大尺度与耗散开始出现的小尺度相耦合的一种运动状态**(Zahn, 1991)。

概念的更新，指引了深入研究的方向。目标很清楚，我们要寻找一种坍缩不稳定性，使大尺度小振幅的磁流输运到小尺度、大振幅的间歇磁元，类似一种混乱的湍动花样。事实上，如前 7.5～7.7 节所述，这种磁坍缩不稳定性已经找到。而吸积盘的反常黏滞就直接与这种强间歇磁元的麦克斯韦（Maxwell）应力有关。至此，我们看到了解决反常黏滞问题的一线曙光。

## 8.4　自生磁场的自类似坍缩

自生磁场方程（7.85）～（7.87）是非常复杂的非线性矢量场方程，迄今我们未找到它的坍缩解。然而在有些情况下，求出它的坍缩终态解是很有用。例如，在太阳日冕活动区，特征尺度为 0.01 千米的磁场强度的决定，正是需要这个终态解；对地球极区千米波辐射，也有类似的要求。我们后文要论及，正是这种解，决定了吸积活动区的反常黏滞。在上一章的 7.5～7.7 节中，我们已经清楚地表明了自生磁场方程（7.85）～（7.87）具有自坍塌特性，导致产生空间高度间歇的磁流，非常类似于随机的湍动花样。假定初始时刻有一扰动——$\delta \mathbf{E}$，这时由于横波条件 $\nabla \cdot \mathbf{E}(\mathbf{r}, t) = 0$，即有 $\mathbf{k} \cdot \delta \mathbf{E} = 0$；这就是说，纵向扰动是被禁戒的。因而，坍塌是各向异性的。此外，我们也发现，磁调制不稳定在不同方向具有不同增率(参见 7.5～7.6 节)；而且在垂直于泵波的波矢 $\mathbf{k}_0$ 的方向 $\mathbf{k}$ 具有极大的增率。因此，一种类似煎饼状(pancake-like)的场结构将形成。现在我们假定，坍塌形成的非线性实体(the nonlinear entity)具有煎饼形状，它的竖直特征标度为 $\xi$，而半径 $R \gg \xi$；场 $\mathbf{E}$ 具有特征时—空标度$(\tau, \xi)$。对亚声坍塌，可以略去方程(7.85)和(7.87)中的含时导数项$(\partial^2 / \partial \tau^2)$，这时有 $n \sim - |\mathbf{E}|^2$ 以及 $\mathbf{B} = i \dfrac{2}{3} \dfrac{\partial}{\partial \tau} (\mathbf{E} \times \mathbf{E}^*)$；写下方程(7.86)中的各项量级：

$$\frac{1}{\tau} \approx c_1 \frac{\alpha}{\xi^2} + c_2 |\mathbf{E}|^2 + c_3 \frac{|\mathbf{E}|^2}{\tau}, \tag{8.5}$$

这里，我们利用了 $\mathbf{E} \times \mathbf{B} \sim \dfrac{1}{\tau} \mathbf{E} \times (\mathbf{E} \times \mathbf{E}^*) \sim \dfrac{1}{\tau} \mathbf{E} |\mathbf{E}|^2$；$|c_1|$，$|c_2|$ 及 $|c_3|$ 是量级为 1 的常数；$\tau = \tilde{t}_0 - \tilde{t}$，而 $\tilde{t}_0$ 相应于 $\bar{W}^p \geqslant 1$，此时，扰动场变得太强以致展开条件(7.84)式被破坏，方程(7.85)～(7.87)不再是对的。因此，对亚声速坍塌，从(8.5)式得到

$$|\mathbf{E}|^2 \sim \frac{1}{\tau}, \tag{8.6}$$

只要(8.5)式右边第一项和最后一项相平衡，即

$$\alpha \frac{\tau}{\xi^2} \sim |\mathbf{E}|^2,$$

或，利用(8.6)式，

$$\xi \sim \tau. \tag{8.7}$$

此外，用 $\mathbf{E}^*$ 点乘(7.86)式，并与乘以 $\mathbf{E}$ 的(7.86)式之复共轭式相减，利用矢积公式以及矢量场公式：$(\mathbf{E} \times \mathbf{B}) \cdot \mathbf{E}^* = (\mathbf{B} \times \mathbf{E}^*) \cdot \mathbf{E}$，$\mathbf{b} \cdot (\nabla \times \mathbf{a}) - \mathbf{a} \cdot (\nabla \times \mathbf{b}) = \nabla \cdot (\mathbf{a} \times \mathbf{b})$，得到

$$i \frac{\partial}{\partial \tau} |\mathbf{E}|^2 + \nabla \cdot [\alpha (\nabla \times \mathbf{E}^*) \times \mathbf{E} - \alpha (\nabla \times \mathbf{E}) \times \mathbf{E}^*] = 0;$$

对上式施行全空间积分，用高斯定理，上式第二项变成曲面积分，并把此曲面推到场占据的空间界面上，在此界面上，场及其导数值均为零；于是我们得到等离激元数守恒：

$$\int |\mathbf{E}|^2 \mathrm{d}\xi = \text{const.},$$

上式给出，$|\mathbf{E}|^2 \xi \pi R^2 = \text{const.}$，即

$$|\mathbf{E}| \sqrt{\xi} R = \text{const.}; \tag{8.8}$$

因此一种渐近的自类似坍塌解可表示为

$$|\mathbf{E}| \simeq \frac{1}{\sqrt{\tau}} F(\frac{\xi}{\tau}), \tag{8.9}$$

而 $R \sim \text{const.}$，式中 $F$ 是由初始条件所决定的函数。对超声速坍塌（$\xi/\tau = \text{const.} \gg 1$），可以略去方程(7.85)和(7.87)中的正比于 $\nabla^2$ 项，在此情况下，类似地可以证明，自类似渐近解(8.9)式仍然是对的。基于在 7.3 节讨论过的同样理由，我们可以把 $\xi_{crit}$ [参见(7.113)式]，这个不稳定被抑制的尺度，证认作为坍塌终止尺度 $\xi_{crit}$，它相应于 $\bar{W}^p \sim 1$；另一方面，被坍塌运动引起的极大增率 $\gamma_{coll,\max}$ 可由自类似解(8.9)式获得（$\xi/\tau \sim \text{const.}$）

$$\gamma_{coll,\max}^{-1} = \tau_{coll} = \tau_M (\frac{\xi_{crit}}{\xi_M}), \tag{8.10}$$

式中 $\gamma_M \equiv (\tau_M)^{-1}$ 是磁调制不稳定极大增率[参见(7.115)式]。利用(7.113)和(7.116)式，从(8.10)式得到

$$\tau_{coll} = \frac{1}{\sqrt{2}} (\mid \mathbf{E}_0 \mid^2)^{-2/3} \alpha^{1/3} . \tag{8.11}$$

现在, 从(7.87)式, 有

$$B_{\max} \sim (\frac{\tau}{\xi})^2 \frac{1}{\tau_{coll}} \frac{2}{3} \mid \mathbf{E} \mid_{coll}^2$$

这里 $\xi / \tau = $ const. $> 1$ ; 而坍塌终止时的场满足条件 $\bar{W}_{coll}^p = \frac{2}{3} \mu \mid \mathbf{E} \mid_{coll}^2 \sim 1$ ; 因而, 直到一个量级为一的不确定因子, 获得

$$B_{\max}^2 \simeq 2 \frac{(\mid \mathbf{E}_0 \mid^2)^{4/3}}{\alpha^{2/3}} \mu^{-2} . \tag{8.12}$$

利用(7.88)式恢复到有量纲单位 , 上式成为

$$\frac{(\delta \mathbf{B})_{\max}^2}{8\pi} = \frac{8}{9} \mu^3 c^2 \rho B_{\max}^2 = \frac{16}{9} \mu c^2 \rho \frac{(\mid \mathbf{E}_0 \mid^2)^{4/3}}{\alpha^{2/3}} \tag{8.13a}$$

$$= \frac{8}{3} \left(\frac{3}{2}\right)^{1/3} \mu^{-1/3} \frac{(\bar{W}_0^p)^{4/3}}{\alpha^{2/3}} \rho c^2 , \tag{8.13b}$$

这里, $\rho \simeq m_i n_e$ 是氢等离子体质量密度。考虑到强湍动条件, $\beta \equiv \alpha \mid \mathbf{E}_0 \mid^2 >> 1$, 以及(7.84)式, 泵波的振幅满足(无量纲单位)

$$\alpha^{-1} \ll \mid \mathbf{E}_0 \mid^2 < \mu^{-1} . \tag{8.14}$$

应该指出, 自生磁场的某些数值解呈现出自类似坍塌的趋向。在 $\alpha = 3.3 \times 10^5$ 及 $\mid \mathbf{E}_0 \mid_{\max}^2 = 6.2$ 时自生磁场方程(7.85)、(7.86)和(7.122)的数值模拟, 发现终态磁场为 $(B_{\max}^I)_{NC} \simeq 56.2$ (Li & Ma, 1994) ; 对于亚声速坍塌, 即方程(7.121)和(7.122) 的数值模拟发现 $(B_{\max}^{II})_{NC} \simeq 1.4 \times 10^2$ (这时 $\alpha = 3.3 \times 10^5$ 及 $\mid \mathbf{E}_0 \mid_{\max}^2 = 3.98$ ) (Li & Ma, 1993), 以及 $(B_{\max}^{III})_{NC} \simeq 3.8 \times 10^3$ (这时 $\alpha = 610$ 及 $\mid \mathbf{E}_0 \mid_{\max}^2 = 6$ )(Liu and Li 2000a)。同时, 根据(8.12)式, 给出相应的自类似坍塌的终态磁场值如下: $(B_{\max}^I)_S \simeq 130$, $(B_{\max}^{II})_S \simeq 0.95 \times 10^2$ 以及 $(B_{\max}^{III})_S \simeq 1 \times 10^3$。这意味着, 这些数值解, 在相差一个小于 3 的乘子的精度范围内渐近地达到自类似形式。不待言, 我们不能证明, 所有自生磁场方程的解(包括数值解在内), 都会是自类似形式。

## 8.5　反常阻抗和磁黏滞

反常阻抗是来自于等离子体中荷电粒子遭受到低频磁流的散射; 通常

它是一种低频的直流(dc)电阻抗。从第二章可知，等离子体的电导率为

$$\sigma_k^t(\omega,\mathbf{k}) = \frac{\omega}{4\pi i}(\varepsilon_k^t(\omega,\mathbf{k})-1)\,, \tag{8.15}$$

其中，$\varepsilon_k^t(\omega,\mathbf{k})$ 为(2.43)式所定义的横介电常数；而 $\sigma_k^t(\omega,\mathbf{k}) = \sigma_{ij}^t(\omega,\mathbf{k})e_{k,i}^t e_{k,j}^{t*}$。利用单位矢条件，$\mathbf{e_k^t} \cdot \mathbf{e_k^{t*}} = 1$，考虑到(2.43)式，从(2.41)式直接得到(8.15)式。对于自生低频超声速坍塌磁流[参见(7.112)式]，$v_s < \omega/k << v_{Te}$，介电常数由(2.70)式决定(略去小的虚部)

$$\varepsilon_k^t \approx 1 - \frac{\omega_{pe}^2}{k^2 v_{Te}^2}(1+\frac{k^2 v_s^2}{\omega^2}) \approx 1 - \frac{\omega_{pe}^2}{k^2 v_{Te}^2}\,,$$

这时(8.15)式成为（$i\omega \approx \gamma_M$）

$$\sigma_{dc} = \frac{\omega_{pe}^2}{4\pi}\frac{\gamma_M}{k_{max}^2 v_{Te}^2}\,;$$

其中 $\gamma_M$ 是磁调制不稳定性增率，而 $k_{max}$ 是相应的极大波数；把(7.115)式和(7.110)式代入上式，并恢复到有量纲单位，我们就获得坍塌的自生磁流散射荷电粒子引起的反常电导

$$\sigma_{dc} = 2^{-1/3}\frac{\omega_{pe}}{8\pi}\mu^{1/6}(\frac{c}{v_{Te}})^{5/3}(\overline{W}_0^p)^{-1/6}\,; \tag{8.16}$$

因此，反常阻抗为

$$\eta_{dif} \equiv c^2/(4\pi\sigma_{dc}) = 2^{4/3}d_e c(\overline{W}_0^p)^{1/6}\mu^{-1/6}(\frac{v_{Te}}{c})^{2/3}$$

$$= 1.5 \times 10^8 (\frac{\overline{W}_0^p}{10^{-5}})^{1/6}T_0^{5/6}n_0^{-1/2}(\frac{T_e}{T_0})^{5/6}(\frac{n_e}{n_0})^{-1/2}\,, \tag{8.17}$$

这里，$n_0$（$cm^{-3}$）及 $T_0$（K）是感兴趣问题中的密度和温度的典型值。

现在我们转向来研究坍塌的间歇磁流引起反常黏滞问题。根据(4.35)式，扰动的磁流引起的磁黏滞应力为

$$\delta f_i^m = \nabla_j \delta t_{ij}^m\,, \tag{8.18a}$$

式中，$\delta t_{ij}^m$ 是自生磁流的麦氏应力张量，

$$\delta t_{ij}^m = \langle \delta B_i \delta B_j - \frac{1}{2}\delta_{ij}(\delta B)^2 \rangle/4\pi\,; \tag{8.18b}$$

这个应力在每单位时间对体积元 $d\mathbf{r}$ 所做的功为

$$-\left[\partial(\delta t_{ij}^m)/\partial x_j\right]v_i d\mathbf{r}\,,$$

由于黏滞耗散，做的功转化为热，使体元内的熵增加：

$$\dot{S} = \int \frac{1}{T}\left(-\frac{\partial(\delta t_{ij}^m)}{\partial x_j}\mathbf{v}_i\right)d\mathbf{r} = \int \delta t_{ij}^m \frac{V_{ij}}{T}d\mathbf{r},$$

上式第二个等式是进行了分部积分的结果，其中，$V_{ij}$ 是剪切张量，

$$V_{ij} = \frac{1}{2}\left(\frac{\partial \mathbf{v}_i}{\partial x_j} + \frac{\partial \mathbf{v}_j}{\partial x_i}\right);$$

这意味着广义流" $\delta t_{ij}^m$ "与广义力" $-\dfrac{V_{ij}}{T}$ "有线性关系 (Lifshitz & Pitaevskii, 1981)

$$\delta t_{ij}^m = \gamma_{ij;lk}\frac{V_{lk}}{T} \equiv \eta_{ij;lk}V_{lk}, \tag{8.19}$$

这里，$\eta_{ij;lk}$ 是动力学系数。上式可改写为

$$\delta t_{ij}^m = \eta_m\left(\frac{\partial \mathbf{v}_i}{\partial x_j} + \frac{\partial \mathbf{v}_j}{\partial x_i} - \frac{2}{3}\delta_{ij}\frac{\partial \mathbf{v}_k}{\partial x_k}\right), \tag{8.20}$$

式中，

$$\eta_{ij;lk} = \eta_m\left(\delta_{il}\delta_{jk} + \delta_{ik}\delta_{jl} - \frac{2}{3}\delta_{ij}\delta_{lk}\right),$$

$\eta_m$ 是间歇磁流引起的的磁黏滞系数，也就是反常黏滞；在上式中，令 $i=l$ 及 $j=k$，我们就得到磁黏滞系数与动力学系数间的关系：

$$\eta_m = \eta_{lk;lk}\ [\ l \neq k，并且对重复的 (lk) 对不求和]; \tag{8.21}$$

在很多实际情况下，包括天体物理吸积盘和星系盘，剪切张量 $V_{lk}$ 的 ($r\varphi$) 成分是主项，因而(8.19)式成为

$$\delta t_{ij}^m = \eta_{ij;r\varphi}V_{r\varphi} = \eta_{ij;r\varphi}\frac{1}{2}\left(\frac{\partial \mathbf{v}_\varphi}{\partial r} - \frac{\mathbf{v}_\varphi}{r}\right) = \eta_{ij;r\varphi}\frac{1}{2}r\frac{\partial \Omega(r)}{\partial r}; \tag{8.22}$$

另一方面，由(8.18b)式，$\delta t_{ij}^m$ 的 ($r\varphi$) 分量是 $\langle \delta B_r \cdot \delta B_\varphi\rangle / 4\pi$，在此情况下，利用（8.21）式，得到

$$\left|\langle \delta B_r \cdot \delta B_\varphi\rangle\right| / 4\pi = \eta_m\frac{1}{2}r\left|\frac{\partial \Omega(r)}{\partial r}\right|. \tag{8.23}$$

对于湍动的横等离激元，也就是被横波模，$\omega^p \approx \omega_{pe} + k^2 c^2\big/2\omega_{pe}$，所控制

的湍动，泵波具有各种可能的位相；在此情况下，我们可以假定，在感兴趣的尺度上横等离激元诱发的自生磁场在 d 维空间是统计各向同性的：

$$\frac{1}{d}\langle(\delta\mathbf{B})^2\rangle \approx \langle\delta B_r \delta B_\varphi\rangle; \qquad (8.24)$$

同时，直到一个 1 的数量级范围内，有 $\langle(\delta\mathbf{B})^2\rangle \approx (\delta\mathbf{B})^2_{max}$；因此，考虑到这些情况，从(8.23)式，我们就获得磁黏滞的运动学系数(d = 3)：

$$\nu_m \equiv \eta_m/\rho = \frac{64}{27}\mu c^2 \frac{(|\mathbf{E}_0|^2)^{4/3}}{\alpha^{2/3}} \frac{1}{r\left|\frac{\partial\Omega(r)}{\partial r}\right|}, \qquad (8.25)$$

或者，通过泵波的湍动参量表示，它为( d = 3 )

$$\nu_m = 7\times10^{-12} \frac{c^2}{r\left|\frac{\partial\Omega(r)}{\partial r}\right|} T_0^{\frac{2}{3}} \left(\frac{T_e}{T_0(K)}\right)^{\frac{2}{3}} \left(\frac{\bar{W}_0^p}{10^{-5}}\right)^{\frac{4}{3}} \quad (\mathrm{cm}^2/\mathrm{s}). \qquad (8.26)$$

有趣的是，实验表明，气体的动力学黏性系数对温度的依赖满足所谓索士兰特(Sutherland)关系：

$$\eta_g \propto T^n,$$

其中幂次 $n$ 的范围是 $1/2 \leqslant n \leqslant 1$；而从(8.26)式看到，$\eta_m = \rho\nu_m$ 和温度的关系也落在此范围之内。

如果用参数 $\alpha_t$ 来表示磁黏滞的话，令 $\eta_m = \eta_t$，则从 (8.2)式和(8.23)式，有

$$\frac{(\delta\mathbf{B})^2_{max}}{8\pi} = \frac{d}{4}\alpha_t\rho H c_s r \left|\frac{\partial\Omega(r)}{\partial r}\right|,$$

对于标准的开普勒薄盘 [ 参见 8.9 节及 (8.69) 式 ]，$\Omega(r) \approx \Omega_k = \sqrt{GM}r^{-3/2}$，$\Omega_k H \approx c_s$，上式成为，

$$\frac{(\delta\mathbf{B})^2_{max}}{8\pi} = \frac{3d}{8}\alpha_t\rho c_s^2 = \frac{3d}{8}\alpha_t P; \qquad (8.27)$$

利用(8.13b)式，我们获得反常的参量 $\alpha_t$( d = 3 )

$$\alpha_t = \frac{128}{81}\mu\frac{c^2}{c_s^2}\frac{(|\mathbf{E}_0|^2)^{4/3}}{\alpha^{2/3}} \qquad (8.28a)$$

$$= 0.17 \left( \frac{T_e}{3 \times 10^7} \right)^{-\frac{1}{3}} \left( \frac{\bar{W}_0^P}{10^{-5}} \right)^{\frac{4}{3}}. \tag{8.28b}$$

并且，从条件(7.118)式，我们可获得参量 $\alpha_t$ 的下限：

$$\alpha_t \gg \alpha_L \equiv \frac{128}{27} \frac{3\mathrm{v}_{Te_e}^2}{c^2} = 7 \cdot 10^{-2} \left( \frac{T_e}{3 \cdot 10^7 K} \right). \tag{8.28c}$$

当高涨的磁流压强变得可与总压强相埒的话，这时参量 $\alpha_t$ 与 1 相比不再是小的；磁流管内外压力不平衡，不稳定性出现：磁流将被排出盘外，同时参量 $\alpha_t$ 减小。这就是所谓浮力限制。如果浮力限制是对的话，我们也确实找到了参量 $\alpha_t$ 的普适范围 ： $0.01 < \alpha_t \leqslant 1$ 。

因而，我们已经获得一种反常的磁普兰特数(Prandtl number)(Li & Zhang, 2002a)

$$\mathfrak{S}_a \equiv \frac{\nu_m}{\eta_{dif}} = 4.7 \cdot 10^{-20} \left( \frac{\bar{W}_0^p}{10^{-5}} \right)^{7/6} \frac{c^2}{r \left| \frac{\partial \Omega(r)}{\partial r} \right|} T_0^{-1/6} \left( \frac{T_e}{T_0} \right)^{-1/6} n_0^{1/2} \left( \frac{n_e}{n_0} \right)^{1/2}, \tag{8.29}$$

它是很不同于微观磁普兰特数(4.132)式：注意，现在 $\mathfrak{S}_a$ 对温度是不敏感的。

可以验算，对活动星系核的盘，$T_e \sim 3 \cdot 10^7\,\mathrm{K}, \rho \sim 10^{-8}\,\mathrm{g/cm^3}$，$M \sim 10^8 M_\odot, \Omega \sim 4 \cdot 10^{-6} s^{-1}$（ $r \sim 9 \cdot 10^{14}\mathrm{cm}$），微观阻抗[参见(4.131b)式] $\eta_B$ 是非常小的：$\eta_{dif}/\eta_B \sim 10^5$；而磁运动学黏滞，也就是反常黏滞 $\nu_m$ 确实比（4.131a）式给出的完全电离氢的黏滞 $\nu$ 高出8个数量级。

## 8.6 反常耗散对磁旋转不稳定性影响

我们在 4.8 节研究了吸积盘中的黏滞和阻抗对这种不稳定的影响问题，基于史必措(Spitzer)给出的运动学黏滞系数和阻抗[参见(4.131)节]，帕波勃斯和郝里(Balbus & Hawley, 1998)得到的结论是：吸积盘中的磁旋转不稳定性总是不受耗散过程的实质影响。然而，现在我们已经获得了新的反常黏滞和阻抗，这个结论就不再是对的。

对于年轻恒星周围吸积盘，我们可以取如下参数：

$$r_i = 10^{12}\,\mathrm{cm}, \qquad M = 1M_\odot, \qquad T = 10^4\,\mathrm{K}, \qquad \rho = 10^{-10}\,\mathrm{g/cm^3},$$

" $i$ " 表示在内边界取的值，把这些值代入 $\mathfrak{S}_a$ 的表示式（8.29）式中，可

以得到, 在内边界

$$\Im_\alpha \gg 1\,;$$

利用(4.129)和(4.123)式, 条件 $\left|\gamma/\sigma_0\right| \ll 1$ 变为

$$B^2 \gg \frac{15\pi\Omega\rho\nu_m}{8},$$

即

$$B \gg 34\left(\rho_{-10}\right)^{1/2}\left(T_4\right)^{1/3}(\mathrm{G}), \qquad (8.30)$$

其中, $T_4 = T/10^4\,(\mathrm{K})$, $\rho_{-10} = \rho/10^{-10}\,(\mathrm{g})$ ; 可见, 如果要忽略耗散过程对磁不稳定性的影响, 必须满足 (8.30) 式, 也就是说, 在磁场小于这个值的时候, 考虑这种影响是很有必要的。

对于黑洞周围吸积盘, 取如下参数:

$$r_i = 10^{14}\,\mathrm{cm}, \qquad M = 10^8 M_\odot, \qquad T = 3\times10^7\,\mathrm{K}, \qquad \rho = 10^{-8}\,\mathrm{g/cm^3}.$$

在内边界, 这同样满足 $\Im_\alpha \gg 1$, 条件 $\left|\gamma/\sigma_0\right| \ll 1$ 就变为

$$B \gg 4880\left(T_7\right)^{1/3}\left(\rho_{-8}\right)^{1/2}(\mathrm{Gs}). \qquad (8.31)$$

由于 (8.31) 式右边的阈值是很大的, 一般地, 黑洞周围吸积盘中的磁旋转不稳定性是受耗散过程的影响的。由此可见, 在星系级黑洞吸积盘中, 耗散过程是不可忽略的。

在 4.8 节, 我们获得了有耗散的线性色散方程 (4.128a), 在目前情况下, 它为

$$\left[\sigma^2 + \left(\mathbf{k}\cdot\mathbf{u}_A\right)^2 + \left(\eta_{dif} + \nu_m\right)\sigma k^2\right]^2 + \kappa^2\left[\sigma^2 + \left(\mathbf{k}\cdot\mathbf{u}_A\right)^2 + 2\eta_{dif}\sigma k^2\right]$$

$$-4\Omega^2\left(\mathbf{k}\cdot\mathbf{u}_A\right)^2 = 0, \qquad (8.32)$$

其中, $\kappa^2 = \partial\Omega^2/\partial\ln R + 4\Omega^2$, 对开普勒盘, $\kappa^2 = \Omega^2$ ; 上式两边都除以 $\Omega^4$, 利用(4.123)式, 并考虑到 $\eta_{dif} \ll \nu_m$, 可以得到

$$\left[\left(\sigma'\right)^2 + \frac{15}{16} + \frac{15\pi}{4}\times\frac{\nu_m\rho\Omega}{B^2}\sigma'\right]^2 + \left(\sigma'\right)^2 - \frac{45}{16} = 0, \qquad (8.33)$$

其中, $\sigma' \equiv \sigma/\Omega = 3/4 + \gamma'$, $\gamma' \equiv \gamma/\Omega$ ; $\sigma', \gamma', r'(\equiv r/r_i)$ 都是无量纲化的。

为了表示清楚起见，我们把撇号都略去。对于年轻恒星吸积盘，在 $B \gg 34G$ 时，可忽略耗散过程的影响，这里我们取的磁场强度不超过 40G，黑洞周围吸积盘磁场不超过 5000 G。

图 8-1 和图 8-2 分别是年轻恒星周围吸积盘和黑洞周围吸积盘在 $B$ 取不同值时 $\gamma$ 随 $r$ 的变化，也就是给出了取不同磁场值时，理想情况下的增长率 $\sigma_0$ 与考虑反常黏滞、反常阻抗时的增长率 $\sigma$ 之差 $\gamma$ 的分布。显而易见，在磁场较小时，这种影响是不容忽略的。

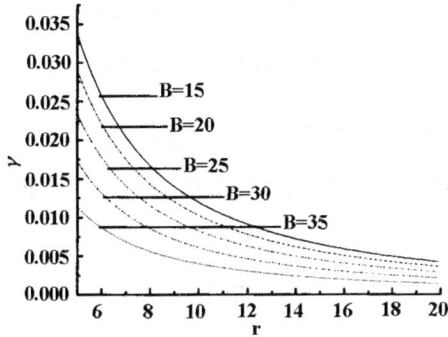

图 8-1 年轻恒星周围吸积盘中，相应于
不同磁场情况下耗散率 $\gamma$ 随半径 $r$ 的分布

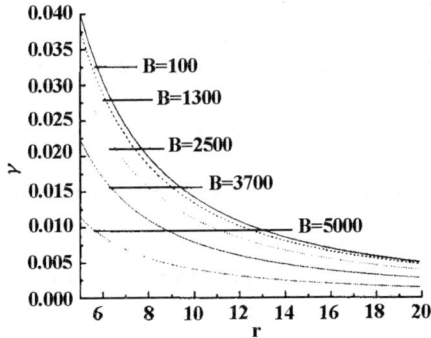

图 8-2 黑洞周围吸积盘，不同磁场情况下，耗散率 $\gamma$ 随半径 $r$ 的变化

## 8.7　塌缩不稳定性和阈

对于天体物理吸积盘，和太阳情况(参见 7.2 节)相类似：重联改变磁拓扑结构，形成众多的离散的磁环( Coroniti, 1981)；由于有质动力作用，磁环发生塌缩。最近一个研究报告指出(Zang *et al.*, 2000)，大质量黑洞周

围的吸积盘有和太阳相类似的结构。

对于吸积盘，通常，我们能假定初始磁压远小于等离子体热压强，$\beta = 8\pi p/B^2(t_0) > 1$ （Coroniti，1981），其中 $p$ 是电离气体压强。因此，从（7.36）式可以看到，磁环胞可以与等离激元相互作用，建立如下非线性平衡：

$$\frac{1}{4\pi}(\nabla \times \mathbf{B}) \times \mathbf{B} = \frac{1}{4}\mu\rho\nabla(|\mathbf{v}_{f0}|^2), \tag{8.34}$$

其中，快振荡电子速度振幅 $\mathbf{v}_{f0}$ 满足无量纲的传输方程(7.32)式，

$$i\frac{\partial}{\partial\tau}\mathbf{v}'_{f0} + \alpha\nabla' \times \nabla' \times \mathbf{v}'_{f0} - \nabla'(\nabla' \cdot \mathbf{v}'_{f0}) - |\mathbf{v}'_{f0}|^2\mathbf{v}'_{f0} = 0,$$

无量纲的变换为(7.33)式，特别是，$\mathbf{v}'_{f0} = \sqrt{3}\mathbf{v}_{f0}/4\sqrt{\mu}\mathbf{v}_{Te}$。为书写方便，下面略去速度振幅的撇号和下标及求导数的撇号不写，把上面方程改写为（取复共轭）

$$i\frac{\partial}{\partial\tau}\mathbf{v} - \alpha\nabla \times \nabla \times \mathbf{v} + \nabla(\nabla \cdot \mathbf{v}) - n\mathbf{v} = 0, \tag{8.35a}$$

$$\nabla^2 n = -\nabla^2|\mathbf{v}|^2. \tag{8.35b}$$

在 7.3 节，我们已经研究了方程(8.35)的自类似坍塌行为，它应当是一种坍缩不稳定的非线性发展的结果。实际上，方程(8.35)对于如下横等离激元泵波，

$$\mathbf{v}_I = \mathbf{v}_0 \exp(i\mathbf{k}_0 \cdot \mathbf{r} - i\omega_0\tau), (\omega_0 = \alpha k_0^2, \quad \mathbf{k}_0 \cdot \mathbf{v}_0 = 0); \quad n_I = 0, \tag{8.36}$$

是不稳定的。线性化方程(8.35)，得到

$$i(\delta\mathbf{v})_\tau + \nabla(\nabla \cdot \delta\mathbf{v}) - \alpha[\nabla \times (\nabla \times \delta\mathbf{v})] - n_{\mathrm{II}}\mathbf{v}_I = 0, \tag{8.37a}$$

$$-\nabla^2 n_{\mathrm{II}} = \nabla^2\left[\mathbf{v}_I \cdot (\delta\mathbf{v})^* + \mathbf{v}_I^* \cdot (\delta\mathbf{v})\right]; \tag{8.37b}$$

研究如下形式的扰动态：

$$\delta\mathbf{v} = (v_1\mathbf{e}_1 + v_2\mathbf{e}_2)\exp\left[i\left(\mathbf{k}_+ \cdot \mathbf{r} - \omega_+\tau\right)\right] +$$

$$\left(v_1^*\mathbf{e}_1^+ + v_2^*\mathbf{e}_2^+\right) \cdot \exp\left[-i\left(\mathbf{k}_- \cdot \mathbf{r} - \omega_-\tau\right)\right], \tag{8.38a}$$

$$n_{\mathrm{II}} = n\frac{1}{2}\left\{\exp\left[i\left(\mathbf{k} \cdot \mathbf{r} - \omega\tau\right)\right] + \exp\left[-i\left(\mathbf{k} \cdot \mathbf{r} - \omega\tau\right)\right]\right\}, \tag{8.38b}$$

这里，单位矢 $\mathbf{e}_1, \mathbf{e}_2, \mathbf{e}_1^+$ 和 $\mathbf{e}_2^+$ 都被假定为实矢，

$$\mathbf{v}_1 = v_1 \mathbf{e}_1, \quad \mathbf{v}_1^+ = v_1^* \mathbf{e}_1^+, \quad \mathbf{v}_2 = v_2 \mathbf{e}_2, \quad \mathbf{v}_2^+ = v_2^* \mathbf{e}_2^+, \tag{8.39a}$$

$$\mathbf{e}_1 \parallel \mathbf{k}_+, \quad \mathbf{e}_1^+ \parallel \mathbf{k}_-, \quad \mathbf{e}_2 \perp \mathbf{k}_+, \quad \mathbf{e}_2^+ \perp \mathbf{k}_-, \tag{8.39b}$$

$$\mathbf{k}_\pm \equiv \mathbf{k} \pm \mathbf{k}_0, \quad \omega_\pm = \omega \pm \omega_0; \tag{8.39c}$$

由（8.38a）式以及（8.39b）式（注意，$v_1$、$v_2$ 与时空坐标无关），可以计算下列各项：

$$i(\delta \mathbf{v})_t = \left(\omega_+ v_1 \mathbf{e}_1 + \omega_+ v_2 \mathbf{e}_2\right) \exp\left[i\left(\mathbf{k}_+ \cdot \mathbf{r} - \omega_+ \tau\right)\right] +$$

$$\left(-\omega_- v_1^* \mathbf{e}_1^+ - \omega_- v_2^* \mathbf{e}_2^+\right) \exp\left[-i\left(\mathbf{k}_- \cdot \mathbf{r} - \omega_- \tau\right)\right],$$

$$\nabla(\nabla \cdot \delta \mathbf{v}) = -\left(\mathbf{k}_+ \cdot \mathbf{e}_1\right) v_1 \mathbf{k}_+ \exp\left[i\left(\mathbf{k}_+ \cdot \mathbf{r} - \omega_+ \tau\right)\right] -$$

$$\left(\mathbf{k}_- \cdot \mathbf{e}_1^+\right) v_1^* \mathbf{k}_- \exp\left[-i\left(\mathbf{k}_- \cdot \mathbf{r} - \omega_- \tau\right)\right],$$

$$-\alpha\left[\nabla \times (\nabla \times \delta \mathbf{v})\right] = -\alpha\left\{k_+^2 v_2 \mathbf{e}_2 \exp\left[i\left(\mathbf{k}_+ \cdot \mathbf{r} - \omega_+ \tau\right)\right] +\right.$$

$$\left. k_-^2 v_2^* \mathbf{e}_2^+ \exp\left[-i\left(\mathbf{k}_- \cdot \mathbf{r} - \omega_- \tau\right)\right]\right\};$$

因而，由（8.37a）式可以得到两个方程，其中一个是：

$$\left(\omega_+ - k_+^2\right) v_1 \mathbf{e}_1 + \left(\omega_+ - \alpha k_+^2\right) v_2 \mathbf{e}_2 = \frac{n}{2} \mathbf{v}_0. \tag{8.40}$$

另一方面，从（8.37a）式可以得到它的共轭方程：

$$-i\left(\delta \mathbf{v}^*\right)_\tau + \nabla\left(\nabla \cdot \delta \mathbf{v}^*\right) - \alpha\left[\nabla \times \left(\nabla \times \delta \mathbf{v}^*\right)\right] - n_{\mathrm{II}} \mathbf{v}_{\mathrm{I}}^* = 0;$$

类似地，由上式亦可得到如下方程：

$$-\left(\omega_- + k_-^2\right) v_1 \mathbf{e}_1^+ - \left(\omega_- + \alpha k_-^2\right) v_2 \mathbf{e}_2^+ = \frac{n}{2} \mathbf{v}_0^*. \tag{8.41}$$

同样可以计算（8.37b）式右边的项：

$$\nabla^2\left[\mathbf{v}_{\mathrm{I}} \cdot \left(\delta \mathbf{v}^*\right) + \mathbf{v}_{\mathrm{I}}^* \cdot (\delta \mathbf{v})\right]$$

$$= \nabla^2\left\{\left[\mathbf{v}_0 \cdot v_1^* \mathbf{e}_1 + \mathbf{v}_0 \cdot v_2^* \mathbf{e}_2\right] \exp\left[-i(\mathbf{k} \cdot \mathbf{r} - \omega \tau)\right] +\right.$$

$$\left[\mathbf{v}_0 \cdot \mathbf{v}_1 \mathbf{e}_1^+ + \mathbf{v}_0 \cdot \mathbf{v}_2 \mathbf{e}_2^+\right] \exp\left[i\left(\mathbf{k} \cdot \mathbf{r} - \omega\tau\right)\right] +$$

$$\left[\mathbf{v}_0^* \cdot \mathbf{v}_1 \mathbf{e}_1 + \mathbf{v}_0^* \cdot \mathbf{v}_2 \mathbf{e}_2\right] \exp\left[i\left(\mathbf{k} \cdot \mathbf{r} - \omega\tau\right)\right] +$$

$$\left[\mathbf{v}_0^* \cdot \mathbf{v}_1^* \mathbf{e}_1^+ + \mathbf{v}_0^* \cdot \mathbf{v}_2^* \mathbf{e}_2^+\right] \exp\left[-i\left(\mathbf{k} \cdot \mathbf{r} - \omega\tau\right)\right]\Big\}$$

$$= -k^2 \Big\{\left[\mathbf{v}_0 \cdot \left(\mathbf{v}_1 \mathbf{e}_1^+ + \mathbf{v}_2 \mathbf{e}_2^+\right) + \mathbf{v}_0^* \cdot \left(\mathbf{v}_1 \mathbf{e}_1 + \mathbf{v}_2 \mathbf{e}_2\right)\right] \exp\left[i\left(\mathbf{k} \cdot \mathbf{r} - \omega\tau\right)\right]$$

$$+ \left[\mathbf{v}_0 \cdot \left(\mathbf{v}_1^* \mathbf{e}_1 + \mathbf{v}_2^* \mathbf{e}_2\right) + \mathbf{v}_0^* \cdot \left(\mathbf{v}_1^* \mathbf{e}_1^+ + \mathbf{v}_2^* \mathbf{e}_2^+\right)\right] \exp\left[-i\left(\mathbf{k} \cdot \mathbf{r} - \omega\tau\right)\right]\Big\};$$

而（8.37b）式左边为

$$\frac{n}{2} k^2 \left\{\exp\left[i\left(\mathbf{k} \cdot \mathbf{r} - \omega\tau\right)\right] + \exp\left[-i\left(\mathbf{k} \cdot \mathbf{r} - \omega\tau\right)\right]\right\},$$

这样，从（8.37b）式立即可得到一个方程：

$$-\frac{n}{2} = \mathbf{v}_0 \cdot \left(\mathbf{v}_1 \mathbf{e}_1^+ + \mathbf{v}_2 \mathbf{e}_2^+\right) + \mathbf{v}_0^* \cdot \left(\mathbf{v}_1 \mathbf{e}_1 + \mathbf{v}_2 \mathbf{e}_2\right) \tag{8.42}$$

注意，单位实矢 $\mathbf{e}_1^+, \mathbf{e}_2^+$ 是正交的，$\mathbf{e}_1, \mathbf{e}_2$ 也是正交的，故由（8.41）式和（8.40）式可解得

$$\mathbf{v}_0 \cdot \mathbf{v}_1 \mathbf{e}_1^+ + \mathbf{v}_0 \cdot \mathbf{v}_2 \mathbf{e}_2^+ = \frac{n}{2}\left(\mathbf{v}_0 \cdot \mathbf{e}_1^+\right)\frac{\left(\mathbf{v}_0^* \cdot \mathbf{e}_1^+\right)}{-\left(\omega_- + k_-^2\right)} + \frac{n}{2}\left(\mathbf{v}_0 \cdot \mathbf{e}_2^+\right)\frac{\left(\mathbf{v}_0^* \cdot \mathbf{e}_2^+\right)}{-\left(\omega_- + \alpha k_-^2\right)}$$

$$= \frac{n}{2}\left[\frac{\left|\mathbf{v}_0 \cdot \mathbf{e}_1^+\right|^2}{-\left(\omega_- + k_-^2\right)} + \frac{\left|\mathbf{v}_0 \cdot \mathbf{e}_2^+\right|^2}{-\left(\omega_- + \alpha k_-^2\right)}\right], \tag{8.43a}$$

以及

$$\mathbf{v}_0^* \cdot \left(\mathbf{v}_1 \mathbf{e}_1 + \mathbf{v}_2 \mathbf{e}_2\right) = \frac{n}{2}\left[\frac{\left|\mathbf{v}_0 \cdot \mathbf{e}_1\right|^2}{\omega_+ - k_+^2} + \frac{\left|\mathbf{v}_0 \cdot \mathbf{e}_2\right|^2}{\omega_+ - \alpha k_+^2}\right]; \tag{8.43b}$$

记 $\mathbf{v}_0$ 与 $\mathbf{e}_1$ 间的夹角为 $\theta_+$（也即 $\mathbf{v}_0$ 与 $\mathbf{k}_+ \equiv \mathbf{k} + \mathbf{k}_0$ 之间夹角），$\mathbf{v}_0$ 与 $\mathbf{e}_1^+$ 间的夹角为 $\theta_-$（也即 $\mathbf{v}_0$ 与 $\mathbf{k}_- \equiv \mathbf{k} - \mathbf{k}_0$ 之间夹角），考虑到(8.43)式，则由（8.42）式获得如下色散方程 (Li, 1989)：

$$1 = \left|\mathbf{v}_0\right|^2 \left[\frac{\cos^2 \theta_+}{-\omega - \alpha k_0^2 + \left(\mathbf{k}_0 + \mathbf{k}\right)^2} + \frac{\cos^2 \theta_-}{\omega - \alpha k_0^2 + \left(\mathbf{k}_0 - \mathbf{k}\right)^2} + \right.$$

$$\frac{\sin^2 \theta_+}{-\omega - \alpha k_0^2 + \alpha \left( \mathbf{k}_0 + \mathbf{k} \right)^2} + \frac{\sin^2 \theta_-}{\omega - \alpha k_0^2 + \alpha \left( \mathbf{k} - \mathbf{k}_0 \right)^2} \Bigg]. \tag{8.44}$$

其中，已经用了横等离激元泵波的色散 $\omega_0 = \alpha k_0^2$。

现在我们来考虑最简单的情况：$\mathbf{k}_0 \parallel \mathbf{k}$，这时 $\theta_\pm = \pi/2$。因此色散方程（8.44）变为

$$\left( -\omega - \alpha k_0^2 + \alpha \left( \mathbf{k}_0 + \mathbf{k} \right)^2 \right)\left( \omega - \alpha k_0^2 + \alpha \left( \mathbf{k}_0 - \mathbf{k} \right)^2 \right)$$

$$= |\mathbf{v}_0|^2 \left[ \alpha \left( \mathbf{k}_0 + \mathbf{k} \right)^2 + \alpha \left( \mathbf{k}_0 - \mathbf{k} \right)^2 - 2\alpha k_0^2 \right]; \tag{8.45}$$

当 $k \gg k_0$ 时，可以略去上式的交叉项$(-2kk_0)$，于是上式被简化为

$$\omega^2 = \alpha^2 k^4 - 2|\mathbf{v}_0|^2 \alpha k^2; \tag{8.46}$$

类似地，对于纵扰动，$\mathbf{k} \parallel \mathbf{v}_0$ 和 $|\mathbf{k}| \gg \sqrt{\alpha}|\mathbf{k}_0|$，有如下色散方程：

$$\omega^2 = k^4 - 2|\mathbf{v}_0|^2 k^2. \tag{8.47}$$

在 $k^2 < 2\alpha^{-1}|\mathbf{v}_0|^2$ 时，（8.46）式有虚根 $\omega = i\gamma$，故增率 $\gamma$ 满足

$$\gamma^2 = \alpha k^2 (2|\mathbf{v}_0|^2 - \alpha k^2); \tag{8.48}$$

把它写成（令 $\alpha k^2 = x$）

$$\gamma^2 = x(2|\mathbf{v}_0|^2 - x);$$

上式极大应满足 $\partial \left( \gamma^2 \right) \big/ \partial x = 0$：

$$2|\mathbf{v}_0|^2 - 2x = 0,$$

即，从(8.46)式，获得横扰动的极大增率和相应的波数

$$\gamma_{\max}^t = |\mathbf{v}_0|^2, \quad k_{\max}^t = \alpha^{-1/2}|\mathbf{v}_0|; \tag{8.49}$$

当且仅当

$$k^2 < 2|\mathbf{v}_0|^2, \tag{8.50}$$

（8.47）式有虚根 $\omega = i\gamma$；类似地，从(8.47)式，我们能获得纵扰动的极大增率和相应的波数，

$$\gamma_{max}^l = |\mathbf{v}_0|^2, \quad k_{max}^l = |\mathbf{v}_0|.\tag{8.51}$$

恢复到有量纲单位[利用(7.33)式]，单色泵波诱发坍塌不稳定的条件(8.50)
式成为

$$\frac{\left|\mathbf{v}_{f0}^0\right|^2}{v_{Te}^2} > 6\left(\frac{k}{k_d}\right)^2,\tag{8.52}$$

而(8.51)式成为

$$\frac{\gamma_{max}^l}{\omega_{pe}} = \frac{\left|\mathbf{v}_{f0}^0\right|^2}{8v_{Te}^2}, \quad \frac{k_{max}^l}{k_d} = \frac{1}{2\sqrt{3}}\sqrt{\frac{\left|\mathbf{v}_{f0}^0\right|^2}{v_{Te}^2}}.\tag{8.53}$$

明显地，从(8.52)式可以看到，这种不稳定是零阈（Zero-threshold）不稳定。
实际上，湍动场是有一定宽度的波包(李晓卿，1987)；然而，如果波包的频
宽 $\Delta\omega$ 和波数宽 $\Delta k$ 满足条件

$$\Delta\omega << \gamma_{max}, \quad \Delta k << k_{max},\tag{8.54}$$

很明显，我们就不可能在时间和空间上区分扰动是否单色 (Thornhill & ter
Haar, 1978)；据此，利用(8.52)式和(8.54)第二式，我们得到湍动场坍塌不
稳定阈，

$$\bar{W}_0^p \approx \frac{\left|\mathbf{v}_{f0}^0\right|^2}{2v_{Te}^2} >> \bar{W}_{m.c} \equiv 6\left(\frac{\Delta k}{k_d}\right)^2;\tag{8.55}$$

类似地，对于自生磁场情况，当泵波是非单色的波包（有宽度 $\Delta k$），利
用(7.117c)式，从(8.54)第二式，我们亦得到如下磁调制不稳定阈（回到有
量纲单位），

$$\bar{W}_0^p > \bar{W}_{m.s} \equiv 34\alpha^2\left(\frac{\Delta k}{k_d}\right)^3,\tag{8.56}$$

由于 $\alpha^2 = \left(\dfrac{c}{\sqrt{3}v_{Te}}\right)^4 >> 1$，从上面两式可以看出，一般地有：$\bar{W}_{m.s} >> \bar{W}_{m.c}$。

从以上分析得知，当泵波场能量高于不稳定阈值时，塌缩不稳定和
磁调制不稳定的非线性发展将导致波场"破碎"，产生有各种强度的间歇
结构，类似于混沌和湍动花样。

## 8.8　坍塌初态和终态吸积率

有一类灾变星（例如白矮新星），以及金牛 T 型星，X—射线暂现源和大质量黑洞——天鹅 X-1 等的盘有两种状态：在宁静态期间，有较低的吸积率，也就是较小的 $\alpha_t$，它约为 0.05，而在活动高态期间的吸积率为 $\alpha_t = 0.2$ (Cannizzo et al., 1998)。一般认为，在高态，MHD 湍流是强的 (Schramkowski & Torkelsson, 1996); 因而双态问题又成为不解悬案。然而，事情变得很明白：双态简单就是塌缩初态和终态(Li & Zhang, 2002b)。

对两维环胞元，代替(8.24)式，有

$$\frac{1}{2}(\delta \mathbf{B})^2_{\max} \approx \frac{1}{2}\left\langle (\delta \mathbf{B})^2 \right\rangle \approx \left\langle \delta B_r \delta B_\varphi \right\rangle,$$

利用（7.55）和(8.27)式，这时 d = 2，我们有(Li & Zhang, 2002a)

$$\frac{(\delta \mathbf{B})^2_{\max}}{8\pi} = \frac{3}{4}\alpha_{tc}P, \tag{8.57}$$

式中，

$$\alpha_{tc} = \frac{2}{27}\frac{k_0^2 l^2}{\left(\tilde{\tau}_0 - \tilde{\tau}\right)^2}. \tag{8.58}$$

因而，在低态，这时横等离激元能量密度 $\bar{W}_0^p$ 低于塌缩不稳定的阈 $\bar{W}_{m.c}$ [见（8.55）式]，$\bar{W}_0^p < \bar{W}_{m.c}$，这就是宁静态($\tilde{\tau} = 0$)：

$$\alpha_{tc} = \alpha_q = \frac{2}{27}\frac{k_0^2 \ell^2}{\tilde{\tau}_0^2} = \frac{2}{27}\frac{\ell^2}{c^2 t_0^2}; \tag{8.59}$$

当 $\bar{W}_0^p$ 高于不稳定阈 $\bar{W}_{m.c}$，塌缩不稳定出现，很快塌缩到终态，相应于 $\bar{W}^p \sim 1$; 这就是活动高态，或外爆期间。这时利用(7.57)式，从(8.58)式，我们有

$$\alpha_{tc} = \alpha_a = 0.57\left(\frac{n_0}{10^{14}}\right)(\varepsilon^3 \ell^2). \tag{8.60}$$

取 $ct_0 \sim \ell$，$\varepsilon^3 \ell^2 \sim 0.3$，对于标准的盘密度 $n_0 \sim 10^{14}$，得到 $\alpha_q = 0.07$，$\alpha_a = 0.2$。

最后，应该指出，我们已经有两个通道获得反常黏滞：自生磁场的间歇流和磁环胞塌缩的间歇流都对反常黏滞有重要贡献。由于这两个通道是不相关的，因而实际有效的 $\alpha_t$ 为

$$\alpha_t = \alpha_{tc} + \alpha_{ts}$$

当 $\bar{W}_0^p$ 大于自生磁场的磁调制不稳定阈 $\bar{W}_{m.s}^p$ 时，一般来说 $\alpha_t$ 是塌缩两个终

态的 $\alpha$ 值之和；当 $\bar{W}_{m.s} > \bar{W}_0^p > \bar{W}_{m.c}$ 时，$\alpha_{ts}$ 为 0，即 $\alpha_t = \alpha_{tc}$。对总的磁流，如果浮力限制是对的话，总有 $\alpha_t \leqslant 1$。

## 8.9　磁化薄吸积盘中的结构

### 8.9a　薄盘中 MHD 方程

就我们的现在的有关吸积盘的知识覆盖面而言，在吸积的过程中，磁场是非常重要的；不管是对于盘自身的结构还是准直的外流，几乎所有的现象都最终与磁场联系到了一起。至今为止，已经有三条基本的理由让我们相信，在吸积盘中磁场扮演着重要的角色。第一，磁场是目前所知的惟一黏滞起源（参见 8.5 和 8.8 节）。　第二，在许多盘中存在着的高准直的喷流，如果联想到吸积盘内区可能存在强的磁场，这一问题很容易得到解释。Wang *et al.* (1990)研究了磁化吸积盘的磁流体喷流，在其文章中，在没有考虑与盘区流的耦合的情况下，他们求解了盘中的磁感应方程。理论上的研究已经给出了吸积盘中波印亭(Poynting)喷流的详细模型（Lovelace, Wang & Sulkanen,　1987）。第三，在吸积盘的外面，存在着非常热的盘冕（disk corona）。许多人认为这是由于从盘中浮出的磁场与盘上空的磁场发生重联所致。Heyvaerts（1991）研究了薄盘和盘冕的耦合，他们给出了盘上面线性无力场的模型，并指出，由于磁场的存在，盘中的流场变成了非开普勒的。因而，另外一个值得注意的问题就是，**吸积盘本身也可以被磁能量的耗散所加热**。按照薄吸积盘的标准理论，不管黏滞的性质如何，光学厚的薄盘内部的有效温度分布为 $r^{-3/4}$（Pringle, 1981）。详细地讲，是引力能流与辐射能流的平衡

$$\sigma_B T_{eff}^4 \sim \rho u \frac{GM}{r} \sim \frac{\Sigma u}{r} \frac{GM}{r} \sim (\Sigma u r) \frac{GM}{r^3} \sim r^{-3}$$

给出了温度分布，这里，$\Sigma$ 是盘的面密度，$u(= -v_r)$ 为朝内的径向流速，并利用了 $\Sigma u r = \text{const.}$，它是薄盘的连续性方程[见后面, (8.73)节]。因为在所有光学以上波段$(\lambda \leqslant 100\mu)$都是光学厚的(Beckwith, 1990)，因而，这个有效温度分布相应于 $F_\nu \propto \nu^{1/3}$ 辐射流的谱分布。事实上，来自拱星盘的辐射流密度为

$$F_\nu = \frac{1}{R^2} \int_{r_i}^{r_d} B_\nu[T(r)](1 - e^{-\tau_\nu}) 2\pi r \mathrm{d}r ,$$

其中，$R$ 为到接收者的距离；$r_i$ 和 $r_d$ 分别为盘的内、外边界；$B_\nu(T(r))$ 为

普朗克(Planck)函数，而 $\tau_\nu$ 为光深。由于是光厚，$\tau_\nu \gg 1$，可略去指数项；并且，对于年轻恒星盘的实际有效温度，总有 $h\nu \gg k_B T$，这时，普朗克函数成为 $B_\nu(T) \approx (2h\nu^3 / c^2) \exp(-h\nu / k_B T)$；在此情况下，被积函数是陡降的指数函教；如果 $T(r) = T_0 (r/r_0)^{-q}$，$(r_i \ll r \leqslant r_d)$，故有足够精度把积分限从 $r_i/r_0 \rightarrow r_d/r_0$ 拓宽到 $0 \rightarrow \infty$，因而，，则上面积分为

$$F_\nu \approx \left(\frac{r_0}{R}\right)^2 \int_0^\infty (2h\nu^3 / c^2) \exp(-h\nu / k_B T(r)) 2\pi \left(\frac{r}{r_0}\right) \mathrm{d}\left(\frac{r}{r_0}\right)$$

$$\propto \nu^3 \int_0^\infty \exp\left[-c_0 \nu \left(\frac{r}{r_0}\right)^q\right] \left(\frac{r}{r_0}\right) \mathrm{d}\left(\frac{r}{r_0}\right)$$

作代换，$c_0 \nu (r/r_0)^q = x^{q/2}$，则有

$$F_\nu \propto \nu^{3-2/q} \int_0^\infty \exp(-x^{q/2}) \mathrm{d}x = \frac{2}{q} \Gamma(\frac{2}{q}) \nu^{3 - \frac{2}{q}},$$

其中，$\Gamma(z)$ 为伽玛(Gamma)函数。如果 $q = 3/4$，则 $F_\nu \propto \nu^{1/3}$。然而，观测上几乎没有一个与这样的理论谱分布一致，例如，观测上的辐射流的谱分布结果显示，在年轻恒星（YSOs）周围盘的有效温度分布为 $T_{eff} \propto r^{-1/2}$（Beckwith,1994）。再者，有充分的理由相信大质量黑洞周围盘的有效温度分布也是偏离上述的标准分布，例如，X-射线双星周围的盘(Mineshinge *et al.*,1994)。这就是所谓的 $\nu^{1/3}$ 谱分布的短缺。年轻恒星(YSOs)周围盘的 $r^{-1/2}$ 有效温度分布意味着盘的外区比纯粹吸积情形下的外区要热。为了克服这个困难，Kenyon 和 Hartmann(1987)提出了喇叭形的盘，因而，盘的外区能够截获更多的恒星辐射。Shu *et al.*(1990)提出引力不稳定性能够通过波的形式将内区的能量输送到外区。然而，迄今为止，还没有一个加热模型被广泛接受(Beckwith,1990)。

按照我们对于这个问题的理解，这样的有效温度分布可能与磁场的耗散有关。当我们在纯流体盘中引进磁场时，什么会改变呢？答案是任何参量（Balbus & Hawley, 1996）。在磁流向内的吸进过程中，大尺度磁场通过磁扩散过程向外输运，导致部分磁流耗散，加热压缩了的磁盘。然而，**如果我们不考虑应该存在的反常黏滞，那么尽管磁流扩散能加热盘外区，但我们仅唯像地研究了一种盘结构，或许，它很大地偏离了真实结构。**

描述磁化吸积盘中的基本方程可由(4.34)～(4.37)给出：

$$\frac{\partial \rho}{\partial t} + \nabla \cdot (\rho \mathbf{v}) = 0, \tag{8.61}$$

$$\rho \frac{d\mathbf{v}}{dt} = -\nabla p - \rho \nabla \phi + \frac{1}{4\pi}(\nabla \times \mathbf{B}) \times \mathbf{B} + \mathbf{f}^{\nu}, \tag{8.62}$$

$$\frac{\partial \mathbf{B}}{\partial t} = \nabla \times (\mathbf{v} \times \mathbf{B} - \eta_B \nabla \times \mathbf{B}), \tag{8.63}$$

$$\frac{\partial \varepsilon}{\partial t} + \nabla \cdot \mathbf{J} = -\nabla \cdot \mathbf{F}_{rad}, \tag{8.64}$$

这里 $\mathbf{f}^{\nu}$ 是单位体积的黏滞力，$\varepsilon$ 是总的能量密度，$\mathbf{J}$ 是能流密度，$\phi$ 是引力势，$\phi = -GM(r^2 + z^2)^{-1/2}$，$\mathbf{F}_{rad}$ 是辐射能流，$\eta_B$ 是欧姆电阻率，其他符号具有它们通常的物理意义；$\mathbf{f}^{\nu}$ 由(4.39)式确定，

$$f_i^{\nu} = \nabla_j t_{ij}^{\nu} = \eta_{\nu}\left(\nabla^2 \mathbf{v}_i + \frac{1}{3}\nabla_i(\nabla \cdot \mathbf{v})\right), \tag{8.65}$$

$t_{ij}^{\nu}$ 是黏滞张量，$\eta_{\nu}$ 是动力学黏滞。在能量方程（8.64）中，总的能量密度 $\varepsilon$ 和能量流密度 $\mathbf{J}$ 分别是[参见(4.40)和(4.41)式]：

$$\varepsilon = \rho\left(\frac{\mathbf{v}^2}{2} + e + \phi\right) + \frac{B^2}{8\pi}, \tag{8.66}$$

$$\mathbf{J} = \rho \mathbf{v}\left(\frac{\mathbf{v}^2}{2} + e + \frac{p}{\rho} + \phi\right) - \mathbf{t}^{\nu} \cdot \mathbf{v} - \kappa \nabla T + \frac{c}{4\pi}\mathbf{E} \times \mathbf{B}, \tag{8.67}$$

这里 $e = p/\rho(\gamma - 1)$ 是单位质量的流体内能，$\kappa$ 是热传导系数，方程（8.67）中的最后一项是波印亭矢量，其中 $\mathbf{E}$ 是电场。

我们将在轴对称的柱坐标中研究吸积盘的基本方程（8.61）～(8.64)。而且，我们将只考虑薄盘情形。在此情况下，由(4.43)式，黏滞力诸分量估计值如下：

$$f_r^{\nu} = \frac{1}{r}\frac{\partial(rt_{rr})}{\partial r} + \frac{\partial(t_{zr})}{\partial z} - \frac{t_{\varphi\varphi}}{r} \sim \eta\left(\frac{\mathbf{v}_r}{r^2} + \frac{\mathbf{v}_r}{H^2}\right) \sim \eta\frac{\mathbf{v}_r}{H^2}, \tag{8.68a}$$

$$f_{\varphi}^{\nu} = \frac{1}{r^2}\frac{\partial(r^2 t_{r\varphi})}{\partial r} + \frac{\partial t_{\varphi z}}{\partial z} = \frac{1}{r^2}\frac{\partial(r^2 t_{r\varphi})}{\partial r} \sim \frac{t_{r\varphi}}{r} \sim \eta\frac{\mathbf{v}_{\varphi}}{r^2}, \tag{8.68b}$$

$$f_z^{\nu} = \frac{1}{r}\frac{\partial(rt_{zr})}{\partial r} + \frac{\partial t_{zz}}{\partial z} \sim \frac{t_{zr}}{r} + \frac{t_{zz}}{H} \sim \eta\frac{\mathbf{v}_z}{H^2} \sim \eta\frac{\mathbf{v}_r}{Hr}, \tag{8.68c}$$

这里 $H = 2h$ 是盘的厚度（在 $z$ 方向），我们假设这一厚度在所有 $r$ 处都比 $r$ 小，$H/r \ll 1$；在(8.68a)式估值中，假定 $|\mathbf{v}_z| \sim (H/r)|\mathbf{v}_r|$；在(8.68b)式中，

我们假定是开普勒盘，这意味着引力和离心力平衡，这时，从动量方程（8.62）的径向分量可得，$v_\varphi = r\Omega_k(r) = r\sqrt{GM}/r^{3/2}$，因而 $t_{\varphi z} \propto \partial v_\varphi/\partial z = 0$；另一方面，由于[利用(8.2)式]

$$f_z^\nu \sim \eta \frac{v_r}{Hr} \sim \alpha c_s \rho \frac{v_r}{r} < c_s \rho \frac{v_r}{r} \ll \frac{p}{H} \sim \frac{\rho c_s^2}{H},$$

在动量方程的 $z$ 分量中，与压力相比，可略去黏滞力 $f_z^\nu$；并且，明显地，$p/H \sim \rho c_s^2/H \gg \rho |v_r v_z|/r \sim \rho v_z^2/H$，即 $|\partial p/\partial z| \gg (\rho v_z \, \partial v_z/\partial z)$；这时，动量方程的 $z$ 分量变成静力学平衡方程：$\partial p/\partial z \sim \rho g_z \sim \rho \Omega_k^2 z$，及考虑到，$p/\rho = c_s^2$，可得

$$c_s \approx \Omega_k H. \tag{8.69}$$

明显地，$|f_z^\nu / f_r^\nu| \sim H/r \ll 1$。在动量方程（8.62）的径向分量中，出现离心力项，它和黏滞力径向分量之比为

$$\frac{\eta u/H^2}{\rho v_\varphi^2/r} \sim \frac{\alpha \rho c_s H(u/H^2)}{\rho v_\varphi^2/r} < \left| \frac{c_s}{v_\varphi(H/r)} \right| \frac{u}{v_\varphi} \sim \frac{u}{v_\varphi} \ll 1;$$

利用(8.69)式，故上式小于号右边中括号内项为1。因而在动量方程的 $r$ 分量中，也可略去黏滞力 $f_r^\nu$。因此，对黏滞力 $\mathbf{f}^\nu$ 的主要贡献是来自张量项 $t_{\varphi r}^\nu$ 的 $f_\varphi^\nu$，该张量项由下式给出[参见(4.43)式]

$$\mathbf{f}^\nu \approx f_\varphi^\nu \hat{\varphi} = \frac{1}{r^2}\frac{\partial}{\partial r}(r^2 t_{\varphi r}^\nu)\hat{\varphi}, \quad t_{\varphi r}^\nu = \eta\left(\frac{\partial v_\varphi}{\partial r} - \frac{v_\varphi}{r}\right); \tag{8.70}$$

按照方程(8.67)，能量流密度 $\mathbf{J}$ 的 $r$ 分量是：

$$J_r \approx \rho v_r\left(\frac{v_\varphi^2}{2} + \phi\right) - t_{r\varphi}^\nu v_\varphi - \kappa \nabla_r T + \frac{c}{4\pi}\left(E_\varphi B_z - E_z B_\varphi\right), \tag{8.71}$$

这里，在薄盘近似的条件下，如果温度不是很高($v^2 \approx v_\varphi^2 \gg e$)，因而，$\rho v^2 \gg p$，我们已忽略了与压力有关的项和内能项。方程（8.71）右边的第二项是由黏滞张量所引起的主要项。对于一个薄盘，我们对 $z$ 平均方程（8.61），（8.62）和（8.64）。这里对 $A$ 的平均定义为

$$\langle A \rangle = \frac{1}{2h}\int_{-h}^h A\,dz, \quad [A]_{-h}^h \equiv A(z=h) - A(z=-h)$$

在 $z$ 方向平均方程（8.61）给出：

$$\frac{\partial}{\partial t}\Sigma(r,t) + \frac{1}{r}\frac{\partial}{\partial r}(r\Sigma v_r) = 0, \tag{8.72}$$

这里 $\Sigma$ 是质量面密度

$$\Sigma(t.r) = \int_{-h}^{h}\rho(t,r,z)\mathrm{d}z ;$$

在得到方程（8.72）时，我们用了薄盘条件 $v_z(z=\pm h)\sim 0$，以致 $(\rho v_z)\big|_{-h}^{h}\sim 0$；从上式，近似地有 $\Sigma\approx\rho H = 2h\rho$。在稳态情况下（$\partial/\partial t=0$），积分(8.72)式，得到

$$2\pi r\Sigma v_r = -\dot{M}, \tag{8.73}$$

式中，$\dot{M}$ 是积分常数，表示一种吸积率。

写下动量方程的 $\varphi$ 分量[参见(4.69)式]

$$\rho\left(\frac{\partial}{\partial t}v_\varphi + v_r\frac{\partial}{\partial r}v_\varphi + v_z\frac{\partial}{\partial z}v_\varphi + \frac{v_r v_\varphi}{r}\right) = \frac{1}{c}(\mathbf{j}\times\mathbf{B})_\varphi + f_\varphi^\nu,$$

由于假定薄盘是开普勒的，上式左边第三项为零;而

$$\frac{1}{c}(\mathbf{j}\times\mathbf{B})_\varphi = \frac{1}{4\pi}[(\nabla\times\mathbf{B})\times\mathbf{B}]_\varphi = \frac{1}{4\pi r^2}\frac{\partial}{\partial r}(r^2 B_r B_\varphi) + \frac{1}{4\pi}\frac{\partial}{\partial z}(B_z B_\varphi),$$

利用（8.70）式，注意到

$$\int_{-h}^{h}\mathrm{d}z\rho\nu_*\left(\frac{\partial v_\varphi}{\partial r} - \frac{v_\varphi}{r}\right) = \Sigma\nu_*\left(\frac{\partial v_\varphi}{\partial r} - \frac{v_\varphi}{r}\right)\big|_{z=0} = \Sigma\nu_* r\frac{\mathrm{d}\Omega(r)}{\mathrm{d}r}$$

在对 $z$ 平均方程（8.62）的 $\varphi$ 分量，给出

$$\Sigma\frac{\partial v_\varphi}{\partial t} + \Sigma\frac{v_r}{r}\frac{\partial}{\partial r}(rv_\varphi) = \frac{1}{r^2}\frac{\partial}{\partial r}\left(\Sigma\nu_* r^3\frac{\mathrm{d}\Omega}{\mathrm{d}r}\right) + \frac{1}{4\pi}\left[B_z B_\varphi\right]\big|_{-h}^{h}, \tag{8.74}$$

这里 $\Omega = v_\varphi/r, \nu_* = \eta/\rho$;在薄盘近似条件下，由于 $h\to 0$，项

$\dfrac{1}{4\pi r^2}\dfrac{\partial}{\partial r}\left(r^2 2h\langle B_r B_\varphi\rangle\right)$ 远小于方程（8.74）右边的最后一项，故我们也忽略了这一项。对于稳态流体力学盘的特殊情况，方程简化为

$$\Sigma v_r r\frac{\partial}{\partial r}L = \frac{\partial}{\partial r}\tilde{\tau},$$

其中 $L$ 为单位角动量，$L = r\mathrm{v}_\varphi = r^2\Omega(r)$，以及( 对开普勒盘)

$$\tilde{\tau} = \Sigma\nu_* r^3 \frac{\mathrm{d}\Omega}{\mathrm{d}r} \approx -\rho\nu_* 2hr^2(3/2)\Omega = -\eta 6hr^2\Omega/2 \equiv \tau/2\pi;$$

利用(8.73)式，我们就有

$$-\dot{M}\frac{\partial}{\partial r}L = \frac{\partial}{\partial r}\tau. \tag{8.75}$$

我们从方程（8.62）得到 $r-$分量的动量方程

$$\rho(\frac{\partial}{\partial t}\mathrm{v}_r + \mathrm{v}_r\frac{\partial}{\partial r}\mathrm{v}_r + \mathrm{v}_z\frac{\partial}{\partial z}\mathrm{v}_r - \frac{\mathrm{v}_\varphi^2}{r}) = -\frac{\partial p}{\partial r} - \rho\frac{GM}{r^2} + \frac{1}{c}(\mathbf{j}\times\mathbf{B})_r;$$

由于 $\left|\mathrm{v}_r\partial\mathrm{v}_r/\partial r\right| \sim \left|\mathrm{v}_z\partial\mathrm{v}_r/\partial z\right| \ll \mathrm{v}_\varphi^2/r$，故可略去上式左边第二和第三项；此外，

$$\begin{aligned}\frac{1}{c}(\mathbf{j}\times\mathbf{B})_r &= \frac{1}{4\pi}[(\nabla\times\mathbf{B})\times\mathbf{B}]_r = -\frac{B_\varphi}{4\pi r}\frac{\partial}{\partial r}(rB_\varphi) - \frac{B_z}{4\pi}\left(\frac{\partial B_z}{\partial r} - \frac{\partial B_r}{\partial z}\right)\\ &\approx -\frac{1}{4\pi}\left[\frac{1}{2r^2}\frac{\partial}{\partial r}(r^2 B_\varphi^2) - B_z\frac{\partial B_r}{\partial z}\right]\\ &= -\frac{1}{4\pi}\left[\frac{1}{2r^2}\frac{\partial}{\partial r}(r^2 B_\varphi^2) - \frac{\partial}{\partial z}(B_z B_r) - B_r\frac{\partial B_z}{\partial z}\right]\\ &= -\frac{1}{4\pi}\left[\frac{1}{2r^2}\frac{\partial}{\partial r}(r^2 B_\varphi^2) - \frac{B_r}{r}\frac{\partial}{\partial r}(rB_r) - \frac{\partial}{\partial z}(B_z B_r)\right]\\ &= -\frac{1}{8\pi}\frac{1}{r^2}\frac{\partial}{\partial r}[r^2(B_\varphi^2 - B_r^2)] + \frac{1}{4\pi}\frac{\partial}{\partial z}(B_z B_r),\end{aligned}$$

利用磁流函数表示式[见后面(8.86)式]，有 $|B_r| \sim \psi/zr \gg \psi/r^2 \sim |B_z|$；以及 $\left|\partial B_r/\partial z\right| \sim B_r/z \gg B_z/r \sim \left|\partial B_z/\partial r\right|$；故可略去在上面公式第一行最后第二项，即 $\partial B_z/\partial r$；在上面公式第四行利用了磁场是无散的条件，$\nabla\cdot\mathbf{B} = 0$；因而，对 $z$ 平均，从 $r-$分量方程可得

$$\Sigma\frac{\partial}{\partial t}\mathrm{v}_r = \Sigma(\frac{\mathrm{v}_\varphi^2}{r} - \frac{GM}{r^2}) - \frac{\partial}{\partial r}(2h\langle p\rangle) - \frac{1}{8\pi}\frac{1}{r^2}\frac{\partial}{\partial r}[2hr^2\langle B_\varphi^2 - B_r^2\rangle] + \frac{B_z B_r}{4\pi}\Big|_{-h}^{h};$$

对薄盘近似，$h\to 0$，可略去正比于 $h$ 的两项，故有

$$\Sigma \frac{\partial v_r}{\partial t} = \Sigma \left( \frac{v_\varphi^2}{r} - \frac{GM}{r^2} \right) + \frac{1}{4\pi} \left[ B_r B_z \right] \Big|_{-h}^{h}. \tag{8.76}$$

写下动量方程的 $z$ 一分量：

$$\rho \frac{\partial v_z}{\partial t} \approx -\rho \frac{GM}{r^3} z - \frac{\partial}{\partial z} p - \frac{1}{8\pi} \frac{\partial}{\partial z} \left( B_r^2 + B_\varphi^2 \right) + \frac{1}{4\pi} B_r \frac{\partial B_z}{\partial r},$$

刚才我们已经表明，$\left| \partial B_r / \partial z \right| \gg \left| \partial B_z / \partial r \right|$，因而，上式最后一项和前第二项相比较可略去；对上式按 $z$ 从中心平面 0 到 $h$ 积分，可得

$$\frac{\Sigma}{2} \frac{\partial v_z}{\partial t} = -\frac{GM}{2r^3} \Sigma h_{av} + P \big|_{z=0} + \frac{1}{8\pi} \left( B_r^2 + B_\varphi^2 \right) \big|_{z=0} - \frac{1}{8\pi} \left( B_r^2 + B_\varphi^2 \right) \big|_{z=h}, \tag{8.77}$$

这里，$h_{av}$ 为薄盘的等效厚度，$h_{av} \equiv \int_0^h z\rho \mathrm{d}z \Big/ \int_0^h \rho \mathrm{d}z$。同时，对于薄盘，磁场应为偶对称情形[见方程(8.91)式]，这时，$\left( B_r^2 + B_\varphi^2 \right) \big|_{z=0} = 0$，方程（8.77）变成

$$P \big|_{z=0} = \frac{GM}{2r^3} \Sigma h_{av} + \frac{1}{8\pi} \left( B_r^2 + B_\varphi^2 \right) \big|_{z=h}. \tag{8.78}$$

（8.78）式指出，薄盘中的磁场存在一个上限，即均分值：

$$\beta_M \equiv \frac{8\pi P}{B_r^2 + B_\varphi^2} \geqslant 1. \tag{8.79}$$

考虑到(8.71)式，我们按 $z$ 来平均能量方程(8.64)，

$$\frac{\partial}{\partial t} \left\{ \Sigma \left( \frac{v_\varphi^2}{2} + \phi \right) + 2h \left\langle \frac{B^2}{8\pi} \right\rangle \right\} + \frac{1}{r} \frac{\mathrm{d}}{\mathrm{d}r} \left[ r \tilde{J}_r \right] + \left[ J_z \right] \big|_{-h}^{h}$$

$$= -\frac{1}{r} \frac{\partial}{\partial r} \left( r \cdot 2h \left\langle (F_{rad})_r \right\rangle \right) - \left[ (F_{rad})_z \right] \big|_{-h}^{h}, \tag{8.80}$$

这里

$$\tilde{J}_r = \Sigma v_r \left( \frac{v_\varphi^2}{2} + \phi \right) - \int_{-h}^{h} v_\varphi t_{r\varphi} \mathrm{d}z - 2h \left[ \kappa \left\langle \nabla_r T \right\rangle + \frac{c}{4\pi} \left( \left\langle E_\varphi B_z \right\rangle - \left\langle E_z B_\varphi \right\rangle \right) \right],$$

$$J_z = \rho v_z \left( \frac{v_\varphi^2}{2} + \phi \right) - \kappa \nabla_z T + \frac{c}{4\pi} \left( E_r B_\varphi - E_\varphi B_r \right);$$

我们进一步假设，相对于盘赤道面，密度和流速的分布有一种反射对称，即 $\rho(z), v_r(z), v_\varphi(z)$ 和 $Q(z) \equiv \kappa\nabla_z T$ 是 $z$ 的偶函数，而 $v_z(z)$ 是 $z$ 的奇函数。这样，由于 $v_z(h) \approx 0$，我们得到：

$$[J_z]\big|_{-h}^{h} \approx \frac{c}{4\pi}\left[E_r B_\varphi\right]\big|_{-h}^{h} - \frac{c}{4\pi}\left[E_\varphi B_r\right]\big|_{-h}^{h};$$

另一方面，利用（8.70）式，我们有

$$\int_{-h}^{h} v_\varphi t_{r\varphi}^\nu \mathrm{d}z = v_\varphi \Sigma \nu_* r \frac{\mathrm{d}}{\mathrm{d}r}\frac{v_\varphi}{r};$$

在光学厚的条件下，我们假定 $(F_{rad})_z = \sigma_B T^4$，这里 $\sigma_B$ 是斯特藩—玻尔兹曼(Stefan-Boltzmann)辐射常数，$T$ 是有效温度。因而，正如上面所做的那样，我们忽略与 $2h$ 成正比的项，方程（8.80）变成：

$$\frac{\partial}{\partial t}\Sigma\left(\frac{v_\varphi^2}{2}+\phi\right) + \frac{1}{r}\frac{\mathrm{d}}{\mathrm{d}r}\left\{r\left[\Sigma v_r\left(\frac{v_\varphi^2}{2}+\phi\right) - v_\varphi\Sigma\nu_* r\frac{\mathrm{d}}{\mathrm{d}r}\frac{v_\varphi}{r}\right]\right\}$$

$$= -2\sigma_B T^4 - \frac{c}{4\pi}\left\{\left[E_r B_\varphi\right]\big|_{-h}^{h} - \left[E_\varphi B_r\right]\big|_{-h}^{h}\right\}. \tag{8.81}$$

方程（8.72），（8.74），（8.76），(8.78)和（8.81）是这一节的主要结果。它们是质量、动量和能量守恒方程在磁化薄盘里的形式。值得注意的是，方程（8.81）不同于 Heyvaerts(1991)所给出的方程（16.6），在黏滞项有一个符号差别。

### 8.9b　薄盘中自洽磁场

接下来让我们在薄盘近似的条件下简化磁感应方程（8.63）。一般来说，电阻率 $\eta_B$ 应该是 $r$ 和 $z$ 的函数；然而，为了与 $-v_r = u(r)$ 的解一致，我们假设 $\eta_B(r,z) \approx \eta_B(r)$ [参见下面方程（8.85）和（8.92c）]；当然，我们主要关心点是反常黏滞 $\eta(\equiv \rho\nu_*)$，而非电阻 $\eta_B$。因为盘的半厚度 $h(r)$ 依赖于 $r$，从三维球坐标压缩到二维薄盘时应是轴对称的（Lovelace *et al.*,1987）。引进局域球坐标系统 $(\rho,\theta,\varphi)$，让

$$\hat{\rho} = \hat{r}\cos\theta_\varepsilon + \hat{z}\sin\theta_\varepsilon,$$

$$\hat{\xi} = -\hat{r}\sin\theta_\varepsilon + \hat{z}\cos\theta_\varepsilon,$$

这里 $\theta_\varepsilon = \dfrac{\pi}{2} - \theta$，以及带尖角帽子的表单位矢。我们有 $\hat{\rho}\cdot\hat{\xi} = 0$，亦即，

$\hat{\xi} \parallel \hat{\theta}_\varepsilon \parallel \hat{\theta}$。对于一个薄盘，$\tan\theta_\varepsilon \approx \theta_\varepsilon = \dfrac{\mathrm{d}h}{\mathrm{d}r} \ll 1$。现在我们在这种球坐标

系统中写出磁感应方程(8.63)。对于 $\rho$ 分量方程，我们有

$$\left(\nabla \times (\mathbf{v} \times \mathbf{B})\right)_\rho = \frac{1}{\rho}\frac{\partial}{\partial\theta}(\mathbf{v} \times \mathbf{B})_\varphi + \frac{1}{\rho \mathrm{tg}\theta}(\mathbf{v} \times \mathbf{B})_\varphi \approx \frac{1}{\rho}\frac{\partial}{\partial\theta}(\mathbf{v} \times \mathbf{B})_\varphi, \quad (8.82a)$$

上式中，由于 $1/\mathrm{tg}\theta = \sin\theta_\varepsilon / \cos\theta_\varepsilon$，对薄盘，$\theta_\varepsilon \ll 1$，因而，

$1/\mathrm{tg}\theta \sim \theta_\varepsilon \ll 1$，故可略去该项；以及，注意到轴对称($\partial/\partial\varphi = 0$)压缩，

$$(\nabla^2\mathbf{B})_\rho = \nabla^2 B_\rho - \frac{2}{\rho^2}B_\rho - \frac{2}{\rho^2}\mathrm{ctg}\theta B_\theta - \frac{2}{\rho^2}\frac{\partial}{\partial\theta}B_\theta,$$

其中，

$$\nabla^2 B_\rho = \frac{\partial^2 B_\rho}{\partial\rho^2} + \frac{2}{\rho}\frac{\partial B_\rho}{\partial\rho} + \frac{1}{\rho^2}\frac{\partial^2 B_\rho}{\partial\theta^2} + \frac{1}{\rho^2 \mathrm{tg}\theta}\frac{\partial B_\rho}{\partial\theta} \approx \frac{1}{\rho^2}\frac{\partial^2 B_\rho}{\partial\theta^2}$$

$$= \frac{1}{\rho^2}\frac{\partial^2 B_\rho}{\partial\theta_\varepsilon^2} \sim \frac{B_\rho}{\rho^2\theta_\varepsilon^2}$$

因而，在薄盘近似下，$(\dfrac{1}{\rho^2}\dfrac{\partial^2 B_\rho}{\partial\theta^2})$ 项是 $(\nabla^2\mathbf{B})_\rho$ 表式右边的最大值，故

$$(\nabla^2\mathbf{B})_\rho \approx \frac{1}{\rho^2}\frac{\partial^2 B_\rho}{\partial\theta^2}; \quad\quad\quad (8.82b)$$

而 $\nabla\eta_B(r) \approx (\partial/\partial\rho)\hat{\rho}$，故 $[\nabla\eta_B \times (\nabla \times \mathbf{B})]_\rho = 0$；因而，方程（8.63）的 $\rho-$

分量变成

$$\frac{\partial B_\rho}{\partial t} = \frac{1}{\rho}\frac{\partial}{\partial\theta}\left(\mathrm{v}_\rho B_\theta - \mathrm{v}_\theta B_\rho\right) + \eta_B \frac{1}{\rho^2}\frac{\partial^2 B_\rho}{\partial\theta^2}. \quad\quad （8.83）$$

注意到当 $\theta_\varepsilon \ll 1$ 时，$\hat{\rho} \to \hat{r}, \hat{\xi}$（$\parallel \hat{\theta}$）$\to \hat{z}$，我们得到：

$$\mathrm{v}_\rho B_\theta - \mathrm{v}_\theta B_\rho \approx \mathrm{v}_r B_z - \mathrm{v}_z B_r \approx \mathrm{v}_r B_z,$$

这里，我们已经假定过，$|\mathrm{v}_z|$ 在 $z = 0$，$\pm h$ 处非常的小；于是，利用关系

式 $\rho\delta\theta_\varepsilon = -\delta z$，方程（8.83）变成：

$$\frac{1}{u}\frac{\partial \psi}{\partial t} = \frac{\partial \psi}{\partial r} + D\frac{\partial^2}{\partial \zeta^2}\psi , \qquad (8.84)$$

这里

$$\zeta = \frac{z}{h(r)}, \quad D = \frac{\eta_B}{uh^2(r)}, \quad u = -v_r , \qquad (8.85)$$

$\psi$ 是磁流函数，从它磁场可表达为：

$$B_r = -\frac{1}{r}\frac{\partial \psi}{\partial z}, \quad B_z = \frac{1}{r}\frac{\partial \psi}{\partial r} \quad . \qquad (8.86)$$

类似地，对于 $\varphi-$分量方程，我们有

$$[\nabla \times (\mathbf{v} \times \mathbf{B})]_\varphi = \frac{1}{\rho}\frac{\partial}{\partial \rho}[\rho(\mathbf{v} \times \mathbf{B})_\theta] - \frac{1}{\rho}\frac{\partial}{\partial \theta}(\mathbf{v} \times \mathbf{B})_\rho ,$$

其中，

$$(\mathbf{v} \times \mathbf{B})_\theta = v_\varphi B_\rho - v_\rho B_\varphi \approx v_\varphi B_r - v_r B_\varphi ,$$

$$(\mathbf{v} \times \mathbf{B})_\rho = v_\theta B_\varphi - v_\varphi B_\theta \approx v_z B_\varphi - v_\varphi B_z \approx -v_\varphi B_z ,$$

和前面一样，上面式子的第一个近似号表示在 $\theta_\varepsilon \ll 1$ 时的极限情况，而上面第二式最后近似号是略去正比于很小的 $v_z$ 项($v_z B_\varphi$)的结果；以及

$$(\nabla^2 \mathbf{B})_\varphi = \nabla^2 B_\varphi - \frac{1}{\rho^2 \sin^2 \theta}B_\varphi ,$$

其中，

$$\nabla^2 B_\varphi = \frac{\partial^2 B_\varphi}{\partial \rho^2} + \frac{2}{\rho}\frac{\partial B_\varphi}{\partial \rho} + \frac{1}{\rho^2}\frac{\partial^2 B_\varphi}{\partial \theta^2} + \frac{1}{\rho^2 \mathrm{tg}\theta}\frac{\partial B_\varphi}{\partial \theta} \approx \frac{1}{\rho^2}\frac{\partial^2 B_\varphi}{\partial \theta^2}$$

$$= \frac{1}{\rho^2}\frac{\partial^2 B_\varphi}{\partial \theta_\varepsilon^2} \sim \frac{B_\varphi}{\rho^2 \theta_\varepsilon^2} ,$$

因而，在薄盘近似下，$\left(\dfrac{1}{\rho^2}\dfrac{\partial^2 B_\varphi}{\partial \theta^2}\right)$ 项是 $(\nabla^2 \mathbf{B})_\varphi$ 表式右边的最大值，故

$$(\nabla^2 \mathbf{B})_\varphi \approx \frac{1}{\rho^2}\frac{\partial^2 B_\varphi}{\partial \theta^2} ;$$

因此，方程（8.63）的 $\varphi-$分量给出

$$\frac{\partial B_\varphi}{\partial t} \approx \frac{\eta_B}{\rho^2}\frac{\partial^2 B_\varphi}{\partial \theta^2} + \frac{1}{\rho}\frac{\partial}{\partial \rho}\big[\rho\big(v_\varphi B_\rho - v_\rho B_\varphi\big)\big] + \frac{1}{\rho}\frac{\partial}{\partial \theta}\big(v_\varphi B_\theta\big) + \frac{\mathrm{d}\eta_B}{\mathrm{d}\rho}\frac{1}{\rho}\frac{\partial}{\partial \rho}\big(\rho B_\varphi\big) ;$$

$$(8.87)$$

如果

$$\left| \frac{\eta_B}{\rho^2} \frac{\partial^2 B_\varphi}{\partial \theta^2} \right| \gg \left| \frac{\mathrm{d}\eta_B}{\mathrm{d}\rho} \frac{1}{\rho} \frac{\partial}{\partial \rho}(\rho B_\varphi) \right|,$$

则可略去电阻率的变化项；上面条件等效地为 $\eta_B/\theta_\varepsilon^2 \gg \rho \,\mathrm{d}\eta_B/\mathrm{d}\rho$，或对于薄盘，

$$\theta_\varepsilon^{-2} \gg r \frac{\mathrm{d}}{\mathrm{d}r} \ln \eta_B(r); \tag{8.88}$$

在此情况下，方程（8.87）成为

$$\frac{\partial B_\varphi}{\partial t} \approx \frac{\eta_B}{\rho^2} \frac{\partial^2 B_\varphi}{\partial \theta^2} + \frac{1}{\rho}(\rho^2 B_\rho)\frac{\partial}{\partial \rho}\frac{\mathrm{v}_\varphi}{\rho} + \frac{\mathrm{v}_\varphi}{\rho}\frac{1}{\rho}\frac{\partial}{\partial \rho}(\rho^2 B_\rho) +$$
$$\frac{\mathrm{u}_\rho B_\varphi}{\rho} + \frac{\partial}{\partial \rho}(\mathrm{u}_\rho B_\varphi) + \frac{\mathrm{v}_\varphi}{\rho}\frac{\partial}{\partial \theta}B_\theta,$$

其中，$u_\rho \equiv -\mathrm{v}_\rho$；而上式右边第三项与最后一项之和，在薄盘情况下，正好是 $\mathrm{v}_\varphi \nabla \cdot \mathbf{B}$；事实上，

$$\nabla \cdot \mathbf{B} = \frac{1}{\rho^2}\frac{\partial}{\partial \rho}(\rho^2 B_\rho) + \frac{1}{\rho}\frac{\partial}{\partial \theta}B_\theta + \frac{B_\theta}{\rho \mathrm{tg}\theta} =$$
$$\frac{1}{\rho^2}\frac{\partial}{\partial \rho}(\rho^2 B_\rho) + \frac{1}{\rho}\frac{\partial}{\partial \theta}B_\theta + \frac{B_\theta}{\rho \mathrm{ctg}\theta_\varepsilon} \approx \frac{1}{\rho^2}\frac{\partial}{\partial \rho}(\rho^2 B_\rho) + \frac{1}{\rho}\frac{\partial}{\partial \theta}B_\theta,$$

利用无散条件，$\nabla \cdot \mathbf{B} = 0$，方程（8.87）变成（$\theta_\varepsilon \ll 1$，$\rho \delta \theta_\varepsilon = -\delta z$，$\hat{\rho} \to \hat{r}$）

$$\frac{\partial B_\varphi}{\partial t} \approx \eta_B \frac{\partial^2 B_\varphi}{\partial z^2} + rB_r \frac{\partial}{\partial r}\frac{\mathrm{v}_\varphi}{r} + \frac{\mathrm{u}B_\varphi}{r} + \frac{\partial}{\partial r}(\mathrm{u}B_\varphi)$$

或者，

$$h(r)\frac{\partial B_\varphi}{\partial t} + \frac{\partial \psi}{\partial \zeta}\frac{\partial}{\partial r}\left(\frac{\mathrm{v}_\varphi}{r}\right) = D\frac{\partial^2 (huB_\varphi)}{\partial \zeta^2} + \frac{uB_\varphi h}{r} + h\frac{\partial}{\partial r}(uB_\varphi), \tag{8.89}$$

注意，方程（8.89）在稳态的情形是不同于 Lovelace *et al.*(1987)所得到的方程（28）。如果我们假定，$\dfrac{h(r)}{r} = \dfrac{h_i}{r_i} \ll 1$，下标"$i$"表示盘内区的值，则(8.89)式可变为

$$h(r)\frac{\partial B_\varphi}{\partial t} + \frac{\partial \psi}{\partial \zeta}\frac{\partial}{\partial r}\left(\frac{\mathrm{v}_\varphi}{r}\right) = D\frac{\partial^2 (huB_\varphi)}{\partial \zeta^2} + \frac{\partial}{\partial r}(huB_\varphi). \tag{8.90}$$

我们考虑磁流函数是偶对称情形，即 $\psi(r,z) = \psi(r,-z)$，这时，由 (8.86)式，

$$B_z(r,z) = B_z(r,-z), \quad B_\varphi(r,z) = -B_\varphi(r,-z), \quad B_r(r,z) = -B_r(r,-z);$$

$$(8.91)$$

在此情况下，可直接验证，方程(8.90)的稳态($\partial/\partial t = 0$)解可写为

$$\psi = \psi_0 q(r) \cos k\zeta, \quad \tilde{\psi} \equiv uhB_\varphi = -\psi_0 q(r) \sin k\zeta \left[\Omega_i \delta + k\Omega(r)\right],$$

$$(8.92a)$$

其中 $\delta$ 是另一个自由参数，

$$q(r) = \exp\left[-k^2 \int_r^\infty D(r') \mathrm{d}r'\right], \quad (8.92b)$$

这里 $k$ 是常数；如果我们取

$$D = \eta_i \left(u_i h_i^2\right)^{-1} \left(\frac{r_i}{r}\right)^{\beta_0}, \beta_0 > 1, \quad (8.92c)$$

其中，$\eta_i \equiv (\eta_B)_i$ 是电阻率的内边界处的值；则

$$q(r) = \exp\left[-k^2 \frac{a_i}{\beta_0 - 1} \left(\frac{r_i}{r}\right)^{\beta_0 - 1}\right]$$

当 $r > r_i$，以及

$$k^2 \frac{r_i \eta_i}{u_i h_i^2} \equiv k^2 a_i > 1 \quad (8.93)$$

时，$q(r) \approx 1$；磁场的纬向(poloidal)分量解为

$$B_z = \frac{1}{r} \frac{\partial \psi}{\partial r} = \frac{\psi_0}{r} Dk^2 \cos k\zeta, \quad B_r = \frac{-1}{r} \frac{\partial \psi}{\partial z} = \frac{\psi_0}{rh} k \sin k\zeta, \quad (8.94a)$$

即

$$B_z(\zeta = \pm 1) \equiv B_z^\pm = B_{z0} \left(\frac{r_i}{r}\right)^{1+\beta_0}, \quad (r > r_i), \quad (8.94b)$$

$$B_r(\zeta = 1) \equiv B_r^+ = B_{r0} \left(\frac{r_i}{r}\right)^2, \quad (r > r_i), \quad (8.94c)$$

这里，符号"+"或"–"相应于盘上面($\zeta = 1$)的值和盘下面($\zeta = -1$)的值，

$$B_{z0} = \frac{\psi_0}{r_i^2} a_i k^2 \cos k, \quad B_{r0} = \frac{\psi_0}{r_i h_i} k \sin k. \quad (8.94d)$$

于是我们得到

$$B_\varphi(r,\zeta) = -\frac{\psi_0}{uh}q(r)\sin k\zeta\left[\Omega_i\delta + k\Omega(r)\right], \tag{8.95}$$

当 $r > r_i$，上式给出经向(toroidal)磁场分量

$$B_\varphi(\zeta = 1) \equiv B_\varphi^+ = \frac{B_{\varphi 0}}{(u/u_i)(h/h_i)}, \qquad (r > r_i), \tag{8.96a}$$

其中

$$B_{\varphi 0} = \frac{\psi_0}{r_i h_i}\sin k\left[\frac{r_i\Omega_i}{u_i}(-\delta) - \frac{r_i\Omega(r)}{u_i}k\right]. \tag{8.96b}$$

### 8.9c  有反常黏滞的稳态盘结构

接下来我们考虑在稳态的情形下环绕年轻恒星周围的盘结构。依据法拉第定律，$c\nabla \times \mathbf{E} = -\partial\mathbf{B}/\partial t = 0$，即电场可表为 $\mathbf{E} = -\nabla\Phi$；由于轴对称，$E_\varphi = -\partial\Phi/\partial\varphi = 0$；由广义欧姆定律 (4.23)，以及麦氏方程 $(\nabla \times \mathbf{B})_r = (4\pi/c)j_r$，有（$\eta_B = c^2/4\pi\sigma$）

$$j_r/\sigma = E_r + \frac{1}{c}\left(v_\varphi B_z - v_z B_\varphi\right) = -\frac{c}{4\pi\sigma}\frac{\partial B_\varphi}{\partial z} = -\frac{\eta_B}{c}\frac{\partial B_\varphi}{\partial z};$$

方程（8.81）右边的第二项可写为：

$$G \equiv -\frac{c}{4\pi}\left[E_r B_\varphi\right]_{-h}^{h} = \frac{1}{4\pi}\left[\left(\eta_B\frac{\partial B_\varphi}{\partial z} + \left(v_\varphi B_z - v_z B_\varphi\right)\right)B_\varphi\right]_{-h}^{h}$$

$$= \frac{1}{4\pi}\left[\left(\eta_B\frac{\partial B_\varphi}{\partial z} + v_\varphi B_z\right)B_\varphi\right]_{-h}^{h},$$

在上式，由于 $v_z(z = \pm h) \sim 0$，我们略去了它；利用(8.95)式，我们写下

$$\eta_B\frac{\partial B_\varphi}{\partial z} = -\eta_B\frac{\psi_0}{uh^2}q(r)k\cos k\zeta\left(\Omega_i\delta + k\Omega(r)\right)$$

$$= -\psi_0\frac{1}{r}Dk^2 q(r)\cos k\zeta\left(\Omega_i r\frac{\delta}{k} + r\Omega(r)\right) = -B_z v_\varphi\left(\frac{\delta}{k}\frac{\Omega_i}{\Omega} + 1\right),$$

其中, 已利用了(8.94a)式第一式; 因此, 我们得到

$$G = \frac{\Omega r}{2\pi}\left(\frac{-\delta}{k}\frac{1}{\Omega(r)/\Omega_i}\right)B_z(\zeta = \pm 1)B_\varphi^+. \tag{8.97}$$

值得注意，方程（8.81）中的 $G$ 这一项代表磁场在垂直方向的耗散。当然，对于强磁流，$\beta_M < 1$[参见(8.79)式]，由于浮力，它将膨胀上升到盘冕，并发生复杂的磁流力学过程（如磁重联），磁拓扑结构改变；在此情况下，这一项可以用来加热冕或驱动风。但是我们处理的是 $\beta_M > 1$ 的磁流，即满足方程（8.79），而且，我们将要看到，薄盘里有非常强的环向成分 $B_\varphi \gg B_r, B_z$，所以，这样的磁场位形不利于产生风。我们可以认为这个项能加热盘本身[见(8.103)式](Li & Ji, 2002)。

我们选择 $M = 1\,M_\odot$，$\dot{M} = 10^{-7}\,M_\odot$/年 ；　由于 $k$ 满足 $0 < k < \pi/2$，简单地取 $k = 1$，这时，$(-\delta) \gg \Omega(r)/\Omega_i \leqslant 1$（见下面），故可令 $(-\delta) = 5$。因此我们选取下面的参数，

$$r_i = 10^{12}\,\mathrm{cm}, \quad h_i = 10^{10}\,\mathrm{cm}, \quad u_i = \frac{r_i \Omega_i}{10},$$

$$\psi_0 = \beta \cdot 10^{23}\,\mathrm{Gauss \cdot cm^2}, \quad k = 1, \quad -\delta = 5,$$

这里 $\beta$ 是无量纲参数，表示磁场的强度；或许内边界处的电阻率的值 $\eta_i$ 是反常的，以致磁雷诺数 $R_m \leqslant 1$；这样我们可以取 $\eta_i \sim \mathrm{v}^i L_c^i$，这里 $\mathrm{v}^i \approx \Omega_i r_i$，$L_c^i$ 是盘内区的湍动特征尺度。取 $L_c^i \sim 0.1 h_i$ 我们得到：

$$a_i = \left(\frac{r_i \eta_i}{u_i h_i^2}\right) \sim \frac{r_i}{u_i h_i^2}\left(\mathrm{v}^i L_c^i\right) \sim \frac{r_i \Omega_i}{u_i}\frac{L_c^i}{h_i}\frac{r_i}{h_i} \sim 10^2.$$

因而我们得到

$$B_r^+ = B_{r0}\left(\frac{r_i}{r}\right)^2 = \beta \cdot 8.4\left(\frac{r_i}{r}\right)^2 \quad (\mathrm{G}), \tag{8.98a}$$

$$B_z = B_{z0}\left(\frac{r_i}{r}\right)^{1+\beta_0} = \beta \cdot 5.4\left(\frac{r_i}{r}\right)^{1+\beta_0} \quad (\mathrm{G}), \tag{8.98b}$$

$$B_\varphi^+ = B_{\varphi 0}\left(\frac{u}{u_i}\frac{r}{r_i}\right)^{-1} = \beta \cdot 4.2 \times 10^2 \left(\frac{u}{u_i}\frac{r}{r_i}\right)^{-1} \quad (\mathrm{G}) \ ; \tag{8.98c}$$

这里我们已忽略在表达式 $B_\varphi^+$ 中的 $k \sin k$ 项，只要 $(-\delta) \gg k\Omega(r)/\Omega_i$[见方程（8.96b）]。

在方程(8.74)和(8.81)中的运动学黏滞系数 $\nu_*$，从(8.26)式看到，它是距离 $r$ 和温度 $T$ 的函数，对开普勒盘，我们可以把它写成为

$$\nu_* = \tilde{C}_3 (\frac{r}{r_i})^{3/2} (\frac{T}{T_i})^{2/3} , \tag{8.99}$$

式中，$\tilde{C}_3 = C_3 r_i u_i$ 以及 $C_3$ 是无量纲量；在以下的表示中，距离 $r$、面密度 $\Sigma$、朝内的径向速度 $u$、角速度 $\Omega$ 和等效温度 $T$ 都是无量纲化的，这些相应的无量纲化因子分别是 $r_i, \sigma_i, u_i (2\pi r_i u_i \sigma_i = \dot{M}), \Omega_i (= \sqrt{GM} r_i^{-3/2})$ 及 $T_i$；利用上面的参数和（8.98）式，（8.73），（8.76），（8.74）和（8.81）式在稳态情形下的无量纲形式为：

$$r \Sigma u = 1 , \tag{8.100}$$

$$\Omega^2 = r^{-3} - \frac{C_1}{\Sigma} r^{-4-\beta_0} , \tag{8.101}$$

$$\frac{1}{r} \frac{d}{dr} r \left( r\Omega + C_3 \Sigma T^{2/3} r^{7/2} \Omega' \right) = -C_2 r^{-\beta_0} \Sigma , \tag{8.102}$$

$$C_4 T^4 = 10 \cdot C_2 r^{-\beta_0} \Sigma + \frac{1}{r} \frac{d}{dr} r \left[ \left( \Omega^2 r - \frac{2}{r^2} \right) + 2C_3 \Sigma T^{2/3} r^{7/2} \Omega \Omega' \right] , \tag{8.103}$$

式中，

$$C_1 = \frac{u_i}{\Omega_i r_i} \frac{B_{r0} B_{z0}}{\sqrt{GM} \dot{M} r_i^{-5/2}} = 6.26 \times 10^{-2} \cdot \beta^2 ,$$

$$C_2 = \frac{B_{\varphi 0} B_{z0}}{\sqrt{GM} \dot{M} r_i^{-5/2}} = 3.13 \times 10 \cdot \beta^2 ,$$

$$C_3 = \nu_i / (r_i u_i) , \quad C_4 = \sigma_B T_i^4 \left( \frac{1}{4} \Sigma_i u_i r_i \Omega_i^2 \right)^{-1} ,$$

按照 $\alpha$ 一模型，$\bar{\nu}_i = \alpha \bar{h} c_s$，其中 $\bar{h}$ 是 $h$ 的平均值，$c_s$ 是声速度，并且 $\alpha < 1$；从 (8.99) 式可以看到，运动学黏滞系数随着距离增加而增大，$\nu_* \propto (r/r_i)^{3/2} (T/T_i)^{2/3}$，如果考虑到温度随距离变化不很大($T \sim 1/\sqrt{r}$)，则增大幅度约为 $\sim (r/r_i)^{3/2} \sim 20^{3/2} \simeq 90$ (我们计算的范围约 $(r/r_i) = 20$ )；所以我们有如下估值

$$C_3 = (\bar{r}/r_i)(\alpha c_s/u_i)(\bar{h}/\bar{r})(1/90) < 50 \cdot 10^{-2} / 90 \approx 0.0056 ;$$

目前我们选取 $C_3 = 0.0047$，它满足上式，即 $\alpha$ 一模型的要求。 值得注意的是，如果磁场变得很弱，吸积盘保持为开普勒的，即，当 $\beta \to 0$ 时，这个模型趋向于以前的标准非磁化薄盘模型（Pringle,1981）。然而，我们发现当 $\beta$ 缓慢地变大时，盘的面密度 $\Sigma$ 很快地变得发散。为了从数值积分方

程组（8.100）～（8.103），我们需要选择在计算起始点，$r_0 = 5$（它满足 $r > 1$ 的要求），处一套边界值。由于 $\beta_0 > 1$ 必须满足，选择 $\beta_0 = 1.06$。在边界 $r_0 = 5$，我们选择 $\Sigma_0 = 10$。计算表明(见后面)，合理的结果要求 $\beta$ 的值小于 1，并且面密度 $\Sigma$ 变化范围也不很大，在这样情形之下，我们注意到方程（8.101）右边的第二项是非常小的，所以我们可以说盘保持为开普勒的。

首先我们算出了不同的 $\beta$ 值情况下的有效温度分布，结果显示在图 8.3；从中我们能够发现磁场的大小非常显著地影响着温度的分布（Zhou & Li, 2004）。从图 8-3，我们能够看出当 $\beta$ 等于 0.02 时，算出的温度分布(最上面的点状直线)与 $T \sim r^{-1/2}$ 分布(最上面的实直线)吻合得相当好。图 8-4(a) 表明了随距离及不同的磁场值的分布；从它可以看到，面密度，与有效温度类似，随着距离从盘内区向外减小的，这正是我们所预料的。为了比较，我们在图 8-4(b)给出未考虑 $\nu_*$ 的分布，即把它到处当作常数的计算结果(Li & Ji, 2002)；从图 8-4(b)看到，**面密度在盘内区出现很奇怪的上升段，这正是未正确处理实际的黏滞性所导致的不合理的结果。**

图 8-5（a）显示了面密度随 $\beta$ 值的分布，从中我们能够看出，当 $\beta$ 超过 0.1，面密度突然发散，这意味着在磁化薄盘模型中应该有一个上限磁场。在 $\beta = 0.02$ 时的径向速度 $u$ 的分布显示在图 8-5(b)。图 8-6 显示了在 $\beta = 0.02$ 时的磁场分布，从中我们能够看出环向分量是非常大的，而且它非常缓慢地减小。然而，我们不能够忽略磁场的纬向分量，这一点可以从方程（8.101）和（8.102）中看出。

观测和理论都说明吸积盘是很有可能是磁化的，处理吸积盘中对盘的结构和演化具有决定作用的磁场—流场耦合过程是非常复杂的。这里我们给出了黏滞 MHD 盘的一个研究。为了使得分析过程好处理，我们专门研究薄盘情形。本节详细给出了相应于我们目标的 $z$ 方向平均的质量、动量、能量和磁感应方程。所有的基本方程都是以时变的形式给出，便于以后的稳定性分析。

在这些方程的框架之下，我们数值研究了稳态的环绕年轻恒星周围的盘的结构。结果显示在磁化薄盘模型中应该有一个上限磁场（$\beta \leqslant 0.1$）；否则，盘的面密度变得发散。从方程（8.101）可以看出，这样一个上限磁场，它约为 40 G[参见(8.98c)式]，使得磁化盘保持为开普勒的。应该指出薄盘中磁场的这个上限值正是相应它取均分值[参见(8.79)式]; 事实上, 在盘内边界 $r=1, n_i = \rho_i/m_H = (1/m_H)(\dot{M}/2\pi r_i u_i)(1/h_i) = 5.17\times10^{13}\,(\text{cm}^{-3})$. 因而, 从 $n_i k_B T = B_\varphi^2/8\pi$ 得到 $T=10^4\,\text{K}$, 这正是年轻恒星盘内电离区的温度典型值(Königl,1994)。

重要的是, 我们的结果显示, 对于年轻恒星周围的磁化吸积盘, 存在一个 $\beta = \beta_{Fit}$ (在本文选取的一组参量盘的情况下, $\beta_{Fit}=0.02$) 给出与观测相符的有效温度分布, $T_{eff} \sim r^{-1/2}$。目前我们不可能直接测量吸积盘中的磁场,这是因为可分辨的原恒星盘太少;另一方面盘的开普勒旋转使磁场的塞曼效应抹平。因此, 按我们的意见, 从温度分布(它对应于观测到的辐射流密度 $F_\nu \sim 1/\nu$), 对所选取参量的典型吸积盘, 或许可以推断存在有如(8.94)和(8.96a)式所模写的磁场, 其强度因子为 $\beta_{Fit}=0.02$。

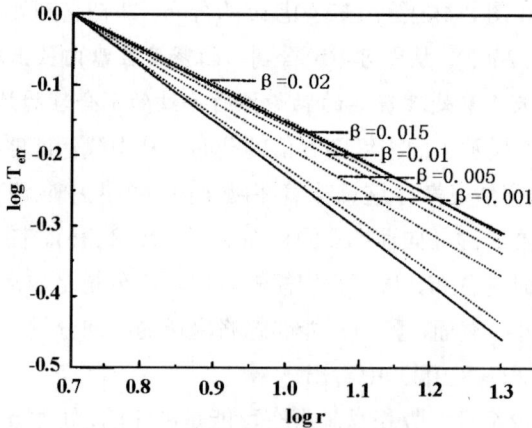

图8-3：相应于不同磁场的大小情况下的温度分布
上实线表示 $T(r) \propto r^{-1/2}$ 的分布, 下实线表示 $T(r) \propto r^{-3/4}$ 的分布。
当我们选择 $\beta=0.02$ 时, 温度分布与 $T \sim r^{-1/2}$ 分布很好地一致

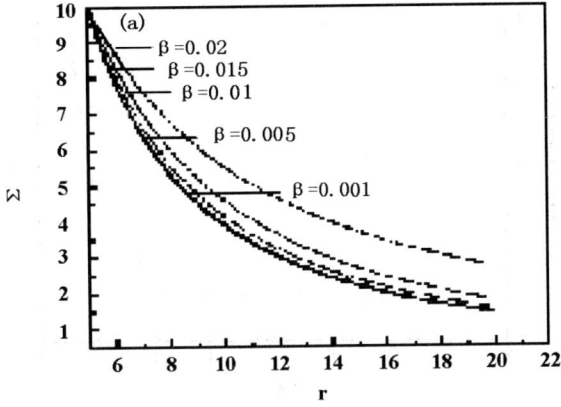

(a)面密度随 $r$ 及在不同的 $\beta$ 值情况下的分布

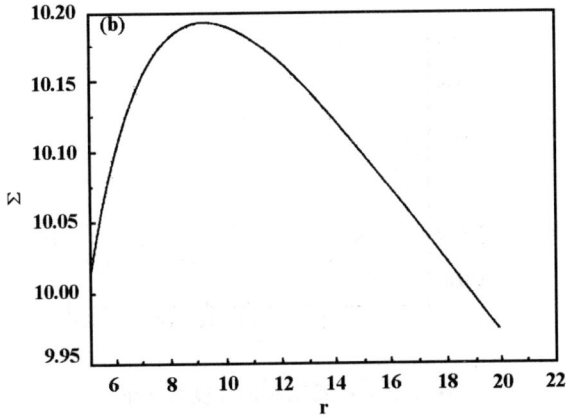

(b) 在 $\nu_{\bullet}$ 到处为常数时的面密度随 $r$ 的分布

图 8-4

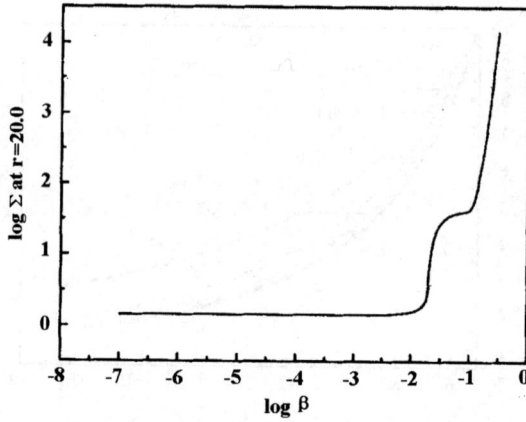

(a) 面密度随 $\beta$ 的分布; 当 $\beta \geqslant 0.1$ 时，面密度变得发散

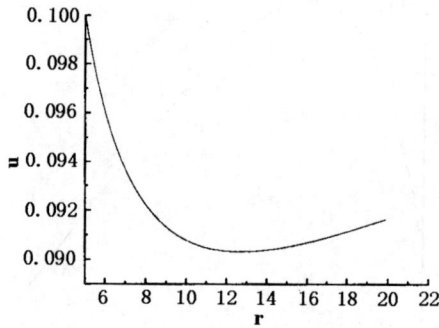

(b) 在 $\beta = 0.02$ 时径向速度的分布

图 8-5  面密度和径向速度分布

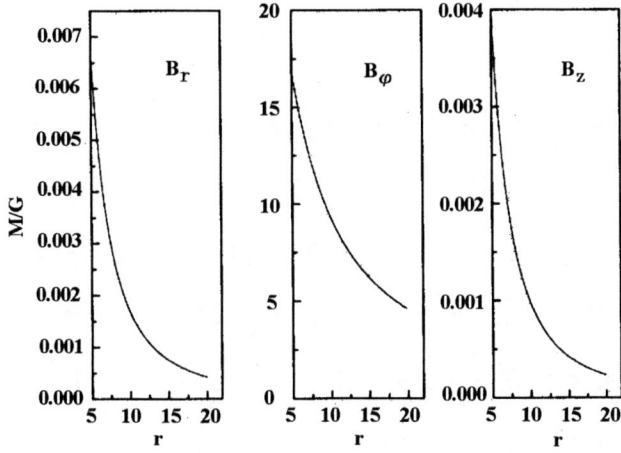

图 8-6 在 $\beta = 0.02$ 时的磁场分布,经向(toroidal)场远大于纬向(poloidal)场

# 第九章　自引力系统非线性结构

……他与八戒、沙僧近前观看，上有六个大字，乃"陷空山无底

洞"……行者看了道："八戒，你先下去试试，看有多少深浅。"八

戒摇头道："这个难！我老猪身子夯夯的，若塌了脚吊下去，不知

二三年可得到底哩！"行者道"就有多深么？"八戒道："你看"……

唉！深啊！周围足有三百余里。……行者却将身一纵，跳入洞中……

抬头一望，果然好个洞啊！……

> 依旧双轮日月，照般一望山川。
> 珠渊玉井暖韬烟，更有许多堪羡。
> 迭迭朱楼画阁，巍巍赤壁青田。
> 三春杨柳九秋莲，兀的洞天罕见。
> 　　　　　　——《西游记》第八十二～八十三回
> 骤雨过，珍珠乱糁，打遍新荷。
>
> 　　　　　　　　　　　　　——元好问

　　在这一章，我们将转而研究自引力系统的非线性结构问题。众所周知，引力系统和等离子体有着很为类似的性质：它们的相互作用力都是与距离平方成反比的力。这种类似是深层的，因为相互作用力是物质运动和结构的原动力。等离子体中有正电荷和负电荷，出现相互吸引或排斥的库仑力；而自引力系统只有相同符号的引力荷(也就是质量，$m_1, m_2, \ldots$)，表现出相互吸引而无排斥；同时，两者都是中性系统。另外，我们即将看到，描述等离子体中波—波和波—粒相互作用的方法论对自引力系统同样很有效。因此，很自然，我们可以把引力系统看作为一种特殊的等离子体系统，**通常称之为"引力等离子体"；其中的元激发，例如引力类型纵波，也被冠名为引力等离激元，或也简称为等离激元。**

## 9.1 金斯不稳定和物质成团

茫茫宇宙，朗朗乾坤；浩瀚无垠的宇宙中，繁星灿烂。用现代科学的语言，我们可以比较准确地描述这种观察结果：宇宙物质均匀分布在一个甚大尺度上，而在不到几百个兆秒差距(Mpc)范围内（ Mpc $= 3 \times 10^{24}$ cm）物质分布呈成团趋势，星系、星系团、超团和巨洞（Voids）是典型的样本。因此，一个基本的而又古老的宇宙学问题是，在甚大尺度的均匀宇宙背景上为什么呈现大尺度不均匀性？著名的英国天文学家金斯率先研究了这个重要问题（Jeans，1902）。按 Jeans 理论，宇宙大尺度物质运动可用如下流体力学方程模拟：

$$\frac{\partial}{\partial t}\rho + \nabla \cdot \rho \mathbf{v} = 0, \tag{9.1}$$

$$\frac{\partial}{\partial t}\mathbf{v} + (\mathbf{v} \cdot \nabla)\mathbf{v} = -\frac{1}{\rho}\nabla p - \nabla \Phi, \tag{9.2}$$

$$\nabla^2 \Phi = 4\pi G\rho, \tag{9.3}$$

其中压力 $p$ 仅仅只是密度 $\rho$ 的函数：

$$p = p(\rho). \tag{9.4}$$

Jeans 把一个无限均匀（ $\rho_0 = $ const.），静止的（ $\mathbf{v}_0 = 0$ ）平衡态选择为问题中的基态，那么(9.1)～(9.4)式可得到如下线性扰动态方程：

$$\frac{\partial}{\partial t}\rho_1 + \rho_0 \nabla \cdot \mathbf{v}_1 = 0, \tag{9.5a}$$

$$\frac{\partial}{\partial t}\mathbf{v}_1 = \nabla h_1 - \nabla \Phi_1, \tag{9.5b}$$

$$\nabla^2 \Phi_1 = 4\pi G\rho_1; \tag{9.5c}$$

其中，$h$ 表单位质量流体的焓：$\nabla p / \rho = \nabla h$；对于平面波形式的扰动

$$(\rho_1, h_1, \mathbf{v}_1, \Phi_1) \propto e^{-i\omega t + i\mathbf{k} \cdot \mathbf{r}}, \tag{9.5d}$$

可以从扰动方程得到如下的色散关系

$$\omega^2 = k^2 c_s^2 - 4\pi G\rho_0. \tag{9.6}$$

式中，$c_s$ 为声速。从(9.6)式可以看到，当且仅当

$$k < k_J \equiv \frac{(4\pi G \rho_0)^{1/2}}{c_s}, \tag{9.7}$$

所研究的系统是引力不稳定的，扰动量将随时间指数地增长[见(9.5d)式]。换句话说，如果系统的尺度 $L$ 大于它的 Jeans 波长，即如果

$$L > \sqrt{\frac{\pi}{G\rho_0}} c_s, \tag{9.8}$$

那么这种系统将发生引力塌缩，导致物质分布的局部非均匀性，这就是 Jeans 理论的主要结果。虽然 Jeans 基于极为简单的物理模型导出引力不稳定判据(9.7)或(9.8)式，但对各种复杂的物理系统，Jeans 判据仍然不丧失它的正确性。诚然，Jeans 选择的基态，一般说来是不令人满意的。一个静止的无限均匀的引力系统，$\mathbf{v}_0 = 0$，$\rho_0 = \text{const.}$，从(9.4)和(9.2)式可见，$\nabla \Phi_0 = 0$；它与泊松方程(9.3)相悖（除非 $\rho_0 = 0$）。这就是所谓的 Jeans 蒙混（Jeans swindle）。如果平衡的密度和压力变化的标高 $l$（经过 $l$ 之后，密度和压力改变 $e$ 倍）远大于声波的波长 $\lambda$，这相当与一种短波长近似。这时，平衡态不再是无限均匀的，而扰动方程在短波长近似下仍保持正确，因而，Jeans swindle 是一种可采取的近似；另外，在均匀旋转的系统中，引力可被离心力所平衡，故在旋转标架中均匀系统可以处于静态平衡，这时不需要金斯蒙混。类似地，在一个膨胀的哈勃流上（Hubble flow），空间均匀然而非静止系统的稳定性分析也不需要金斯蒙混。

通过 Jeans 质量，

$$M_J = \frac{4\pi}{3} \rho \left( \frac{1}{2} \lambda_J \right)^3 = \frac{\pi^{\frac{5}{2}}}{6} \rho \left( \frac{c_s^2}{G\rho} \right)^{\frac{3}{2}}, \tag{9.9}$$

Jeans 不稳定判据为

$$M > M_J \sim c_s^3 / G^{\frac{3}{2}} \rho^{\frac{1}{2}}. \tag{9.10}$$

在宇宙学中，往往对重子物质感兴趣，这时重子的 Jeans 质量为

$$M_{JB} = \left( \frac{\rho_B}{\rho} \right) M_J \sim \rho_B c_s^3 / G^{\frac{3}{2}} \rho^{\frac{3}{2}}, \tag{9.11}$$

其中总质量密度是重子质量密度和辐射密度之和：$\rho = \rho_B + \rho_\gamma$，在复合之前，宇宙处于辐射占优势阶段，这时 $\rho \sim \rho_\gamma$，$c_s \sim c$ (光速)；而且由于体系的膨胀，利用 $\rho_\gamma \propto R^{-4} \propto T^4$，$\rho_B \propto R^{-3} \propto T^3$ [见后面(9.25b)式]，其中 $R$ 和 $T$ 分别是宇宙标量因子和宇宙温度。因而在这阶段，我们找到

$$M_{JB} \propto T^{-3};\tag{9.12}$$

另一方面，在复合时（ $T \sim 4000\mathrm{K}$ ），物质密度与辐射密度相埒， $\rho_B \sim \rho_\gamma$ ，并且热平衡的辐射密度为 $\rho_\gamma = \sigma_B T^4 \propto T^4$ ，我们就可用今天的辐射密度， $\rho_{\gamma 0} = 4 \times 10^{-34}\,\mathrm{g/cm^3}$ ，来表示复合时的值：

$$\rho_\gamma \sim (4000/2.7)^4 \rho_{\gamma o};\tag{9.13a}$$

从(9.11)式和上式，有

$$(\lambda_{JB})^3_{\text{复合}} \sim M_{JB}/\rho_B \sim c^3/G^{\frac{3}{2}}\rho_\gamma^{\frac{3}{2}} \sim (2.6 \times 10^{24})^3;$$

或有

$$(M_{JB})_{\text{复合}} \sim (\lambda_{JB})^3_{\text{复合}}\rho_B \sim (\lambda_{JB})^3_{\text{复合}}\rho_\gamma \sim 10^{19} M_\odot;\tag{9.13b}$$

因而复合前，按(9.12)式，我们有

$$M_{JB} \sim 10^{19}\left(\frac{T}{4000}\right)^{-3} M_\odot.\tag{9.14}$$

从上面可以看到，相对于今天的非均匀性典型样品，星系、星系团、超团的质量来说，Jeans 质量(9.14)式未免太大了。因此，所有现在观测到的结构都不大可能在复合前阶段形成。

在复合期，辐射与物质脱耦，重子的热速度降为 $v_{Tb} \sim (k_B T_b/m_p)^{1/2} \sim c_s$ ，因而在刚好复合期之后，由于(9.9)式， $M_J \propto c_s^3$ ，从(9.13b)式，这时的 Jeans 质量为（ $T \sim 4 \times 10^3 \mathrm{K}$ ）

$$M_{JB} \sim 10^{19} \times (v_{Tb}/c)^3 M_\odot \sim 10^7 M_\odot;\tag{9.15}$$

另一方面，复合后，宇宙物质绝热地膨胀，这时重子温度 $T_b$ 为

$$T_b \propto (V)^{-(\gamma-1)} \sim R^{-3(\gamma-1)},$$

这儿， $V \sim R^3$ 是共动的体积；这时物质主要是氢和氦，因而 $\gamma = 5/3$ ；同时在这个物质与辐射相互作用甚弱的阶段，亦有 $RT \sim \mathrm{const.}$ ，故有

$$T_b \propto T^2,$$

或

$$v_{Tb} \sim c_s \propto T;$$

这时质量守恒导致 $\rho_B \propto R^{-3} \propto T^3$ ；因而复合后， $\rho \sim \rho_B$ 从(9.11)式可找到

$$M_{JB} \propto T^{3/2}; \tag{9.16}$$

考虑到(9.15)式，上式成为

$$M_{JB} \sim 10^7 (\frac{T}{4000})^{\frac{3}{2}} M_{\odot} \tag{9.17}$$

这种 Jeans 质量比起不均匀性典型质量（$10^{12} M_{\odot}$，$10^{14} M_{\odot}$，$10^{15} M_{\odot}$）来说，是很为适中的；换言之，这些典型结构可以由于引力不稳定而形成[参见(9.9)式]。

氢－氦等离子在复合后可以经受引力不稳定，这时假设初始扰动是绝热的，单个气体分子对应的熵 $s$ 为常数：

$$s = \frac{S}{N} = \frac{1}{n_B} \frac{32\pi^5 (K_B T)^3}{45 h^3 c^5} = \text{const.},$$

因此密度的脉动与温度的脉动相类似

$$\delta = \frac{\delta \rho_B}{\rho_B} \sim \frac{\delta T}{T}; \tag{9.18}$$

另一方面，在绝热情况下，度规的脉动能引起微波背景的温度脉动，它是相当小的（Uson and wiluinson,1984）：

$$\frac{\delta T}{T} < 2.9 \times 10^{-5} \tag{9.19}$$

从(9.18)和(9.19)式看到，初始的绝热脉动 $\frac{\delta \rho_B}{\rho_B}$ 是非常小的，它不可能发展到今日宇宙的非线性脉动阶段。但是，如果宇宙中还存在着相当稠密的暗物质，那么所述的困难可以克服，这种无碰撞的暗物质不与辐射耦合，因此暗物质脉动在复合前可能增长。在复合后，它们的曲率脉动将加速重子脉动增长，使之演化到今日的高涨的非线性阶段（Szalay,1978）。

有一些证据说明宇宙中可能存在暗物质，其一是旋涡星系的旋转曲线呈平坦形状；这意味着星系的质量正比于径向距离 $r$；换句话说，宇宙大部分质量是暗物质成分，分布于星系外部冕区（Rubin,1983）。第二个证据是质光比 $M/L$；发现星系群和星系团的 $M/L$ 很大于单个星系的 $M/L$；这意味着星系团大部分物质是暗物质（Faber *et al.*，1979）。但是目前我们不完全清楚宇宙暗物质可能是什么样的成分。推测它们大多是不可视见的微子，例如有质量的中微子，引力微子、轴子、光微子等。

从这一小节的讨论，我们有如下两个结论：典型的大尺度非均匀性极可能是复合后形成的；这时物质与辐射相互作用很弱，物质是质量密度的主要部分。此外，宇宙物质大部分是暗物质，除引力作用之外，它们和重子几乎没有相互作用。

## 9.2　泽利多维奇近似和薄饼结构

为避开 Jeans 蒙混，我们来考虑宇宙膨胀效应；如果扰动的尺度远小于哈勃(Hubble)半径，$\lambda_H = ct$，我们就可以在牛顿框架下用流体力学方程(9.1)～(9.4)来描述它们。这时通常标架（$\mathbf{r}, \mathbf{v}$）就可以变到随动标架（$\mathbf{x}, \mathbf{u}$）：

$$\mathbf{r} = R(t)\mathbf{x}, \tag{9.20}$$

$$\mathbf{v} = \mathbf{v}_0 + R(t)\mathbf{u}, \quad \mathbf{v}_0 \equiv \dot{R}(t)\mathbf{x} = (\dot{R}/R)\mathbf{r} = H\,\mathbf{r}, \tag{9.21}$$

其中，$\dot{R} \equiv (\mathrm{d}/\mathrm{d}t)\,R$。(9.21)式中的第二式 $\mathbf{v}_0$ 就是 Hubble 流；在此情况下，方程(9.1)～(9.4) 可以分成空间均匀的膨胀方程[在（$\mathbf{r}, \mathbf{v}$）标架下]，

$$\frac{\partial}{\partial t}\rho_0(t) + \rho_0(t)\nabla \cdot \mathbf{v}_0 = 0, \tag{9.22a}$$

$$\frac{\partial}{\partial t}\mathbf{v}_0 + (\mathbf{v}_0 \cdot \nabla)\mathbf{v}_0 = \mathbf{g}_0, \tag{9.22b}$$

$$\nabla \cdot \mathbf{g}_0 = -4\pi G\rho_0(t), \tag{9.22c}$$

以及扰动方程[标架（$\mathbf{x}, \mathbf{u}$）]，

$$\frac{\partial \delta}{\partial t} + (\mathbf{v}_0 \cdot \nabla)\delta + \nabla_{\mathbf{x}} \cdot \mathbf{u} + \nabla_{\mathbf{x}} \cdot (\mathbf{u}\delta) = 0, \tag{9.23a}$$

$$\frac{\partial \mathbf{u}}{\partial t} + (\mathbf{v}_0 \cdot \nabla)\mathbf{u} + \frac{2\dot{R}(t)}{R(t)}\mathbf{u} + (\mathbf{u} \cdot \nabla_{\mathbf{x}})\mathbf{u} = -\frac{1}{R^2(t)\rho_0}\nabla_{\mathbf{x}}p_1 + \frac{\mathbf{g}_1}{R(t)}, \tag{9.23b}$$

$$\frac{1}{R(t)}\nabla_{\mathbf{x}} \cdot \mathbf{g}_1 = -4\pi G\rho_0\delta, \tag{9.23c}$$

其中

$$\delta(\mathbf{x}, t) = \frac{[\rho - \rho_0(t)]}{\rho_0(t)} = \frac{\delta\rho}{\rho_0(t)}. \tag{9.24}$$

事实上，我们把密度和速度分成两部分：$\rho = \rho_0(t) + \delta\rho$，$\mathbf{v} = \mathbf{v}_0 + \delta\mathbf{v}$，代入方程(9.1)，可得到两个方程，其中一个正是(9.22a)式，而另一个为

$$\frac{\partial}{\partial t}\delta\rho + \nabla \cdot (\delta\rho\mathbf{v}_0) + \rho_0\nabla \cdot \delta\mathbf{v} + \nabla \cdot (\delta\rho\delta\mathbf{v}) = 0;$$

令 $\delta\mathbf{v} = R(t)\mathbf{u}$ ，以及注意到，$\nabla\cdot\delta\mathbf{v} = (\nabla_x\cdot\delta\mathbf{v})\partial\mathbf{x}/\partial\mathbf{r} = (\nabla_x\cdot R\mathbf{u})/R$ $= \nabla_x\cdot\mathbf{u}$ ，类似地，$\nabla\cdot(\delta\rho\delta\mathbf{v}) = \nabla_x\cdot(\delta\rho\mathbf{u})$；上面式子就变成为

$$\frac{\mathrm{d}}{\mathrm{d}t}\delta\rho + \rho_0\nabla_x\cdot\mathbf{u} + \nabla_x\cdot(\delta\rho\mathbf{u}) + \delta\rho\nabla\cdot\mathbf{v}_0 = 0 ;$$

再令 $\delta\rho = \rho_0\delta$，并考虑到，$\nabla\cdot\mathbf{v}_0 = \nabla\cdot(\dot{R}/R)\mathbf{r} = 3\dot{R}/R$，上式就变为如下密度反差所满足的方程

$$\frac{\mathrm{d}\delta}{\mathrm{d}t} + \nabla_x\cdot\mathbf{u} + \nabla_x\cdot(\mathbf{u}\delta) = -\delta\left[\frac{3\dot{R}(t)}{R(t)} + \frac{\partial}{\partial t}\ln\rho_0(t)\right]$$

利用(9.21)式中的第二式，从(9.22a)式可得

$$\rho_0(t)R^3(t) = \mathrm{const.}; \qquad (9.25a)$$

这时,密度反差方程右边恰好为 0，因而得到方程(9.23a)；类似地，对动量方程，也得到两个方程；其中一个就是(9.22b)式，而另一个为

$$\frac{\partial}{\partial t}\delta\mathbf{v} + (\mathbf{v}_0\cdot\nabla)\delta\mathbf{v} + (\delta\mathbf{v}\cdot\nabla)\mathbf{v}_0 + (\delta\mathbf{v}\cdot\nabla)\delta\mathbf{v} = -\nabla p_1/\rho_0 + \mathbf{g}_1$$

代 $\delta\mathbf{v} = R(t)\mathbf{u}$ 到上式，注意到，$(\delta\mathbf{v}\cdot\nabla)\mathbf{v}_0 = (\mathbf{u}\cdot\nabla_x)\mathbf{v}_0 = \dot{R}(\mathbf{u}\cdot\nabla_x)\mathbf{x} = \dot{R}\mathbf{u}$，$(\delta\mathbf{v}\cdot\nabla)\delta\mathbf{v} = R^2(\mathbf{u}\cdot\nabla)\mathbf{u} = R(\mathbf{u}\cdot\nabla_x)\mathbf{u}$，以及 $\nabla p_1 = (\nabla_x p_1)/R(t)$，从上式就得到(9.23b) 式。最后，明显地，从(9.3)式得到(9.22c)及(9.23c)式。

实际上，(9.25a)式是引力系统的能量－动量守恒的结果。根据守恒的能量－动量张量，有

$$\frac{\mathrm{d}}{\mathrm{d}R(t)}[\rho_0(t)R^3(t)] = -3p_0(t)R^2 ;$$

若对非相对论粒子，压强可忽略，$p_0 \approx 0$，从上式就得到(9.25a)式；但对相对论粒子，$p_0(t) = \rho_0(t)/3$，则容易得到 $\rho_0 R^4 = \mathrm{const.}$；把 $\rho_0$ 看成辐射能密，则根据热力学黑体辐射定律，$\rho_0 = (4\sigma_B/3c)T^4$，其中，$\sigma_B$ 是 Stefan－Boltzman 常数

$$\sigma_B = 5.67\times10^{-5}\text{尔格}/(\text{秒}\cdot\text{厘米}^2\cdot\text{度}^4) ,$$

因而，$T^4 R^4 = \mathrm{const.}$，即

$$TR = \mathrm{const.} \qquad (9.25b)$$

取(9.22b)式的散度，并利用(9.22c)式，有

$$\frac{\ddot{R}(t)}{R(t)} = -\frac{4\pi}{3} G\rho_0(t).\qquad(9.26a)$$

线性化扰动方程(9.23a)及(9.23b)式，即，认为 $\delta, \mathbf{u}$，以及 $\mathbf{v}_0(=\dot{R}\mathbf{x} \sim Rx/\tau \sim R\mathbf{u} = \delta\mathbf{v})$ 均是一级小量,并略去二级小量的项，得到

$$\frac{\partial\delta}{\partial t} + \nabla_{\mathbf{x}}\cdot\mathbf{u} = 0,\qquad(9.26b)$$

$$\frac{\partial\mathbf{u}}{\partial t} + \frac{2\dot{R}(t)}{R(t)}\mathbf{u} = -\frac{1}{R^2(t)\rho_0}\nabla_{\mathbf{x}}p_1 + \frac{\mathbf{g}_1}{R(t)};\qquad(9.26c)$$

引入如下 Fourier 变换

$$A = (\delta, \mathbf{u}, \mathbf{g}_1) = \int A_{\mathbf{k}}(t)e^{-i\mathbf{k}\cdot\mathbf{x}}\mathrm{d}\mathbf{k},\qquad(9.27)$$

考虑到绝热扰动, $\nabla p = (\partial p/\partial\rho)_0\nabla\rho = c_s^2\nabla\rho$ ，即

$$\nabla p_1 = c_s^2\nabla\rho_1 = c_s^2\rho_0\nabla\delta$$

线性化方程[包括(9.23c)式]的傅氏表象为

$$\dot{\delta}_{\mathbf{k}} - i\mathbf{k}\cdot\mathbf{u} = 0,\qquad(9.28a)$$

$$\dot{\mathbf{u}}_{\mathbf{k}} + \frac{2\dot{R}(t)}{R(t)}\mathbf{u}_{\mathbf{k}} = i\mathbf{k}\frac{c_s^2}{R^2(t)}\delta_{\mathbf{k}} + \frac{\mathbf{g}_{1,\mathbf{k}}}{R(t)},\qquad(9.28b)$$

$$\frac{1}{R(t)}i\mathbf{k}\cdot\mathbf{g}_{1,\mathbf{k}} = 4\pi G\rho_0\delta_{\mathbf{k}};\qquad(9.28c)$$

从(9.28)式的三个式子消除 $\mathbf{u}_{\mathbf{k}}$ ，获得

$$\ddot{\delta}_{\mathbf{k}} + \frac{2\dot{R}(t)}{R(t)}\dot{\delta}_{\mathbf{k}} = \left[4\pi G\rho_0(t) - \frac{k^2c_s^2}{R^2(t)}\right]\delta_{\mathbf{k}}.\qquad(9.29)$$

这就是通常的扰动密度的演化方程（Weinberg,1972）。

利用(9.25a)式, 积分(9.26a)式得

$$\dot{R}^2 = \frac{8\pi G}{3}\rho_0(t)R^2 - K,\qquad(9.30)$$

其中 K 为积分常数; (9.30)式正好是标准的弗里得曼(Friedmann)方程（Friedmann，1922），常数 $K$ 取 $\pm1$ , 0。如果 $R(t) \ll R(t_0) \equiv R_0$ ，以致(9.30)式中的 $\dot{R}$ 和 $\frac{8\pi G}{3}\rho_0(t)R^2$ 都远大于 1，故可略去 $K$ ，这相当于 $K = 0$ 的平宇

宙，这时

$$R(t) \propto t^{\frac{2}{3}} ; \tag{9.31a}$$

在此情况下，$2\dot{R}(t) / R(t) = 4/3t$，以及利用略去 $K$ 的(9.30)式，

$$4\pi G \rho_0(t) = 3\dot{R}^2 / 2R^2 = 2/3t^2 , \tag{9.31b}$$

故(9.29)式成为

$$\ddot{\delta}_k + \frac{4}{3t}\dot{\delta}_k + \left[ \frac{k^2 c_s^2}{R^2(t)} - \frac{2}{3t^2} \right]\delta_k = 0 ; \tag{9.32}$$

注意到，$c_s^2 = (\partial p / \partial \rho)_0 = [(\partial / \partial \rho)\kappa \rho^\gamma]_0 \propto \rho_0^{\gamma-1} \sim R^{-3(\gamma-1)}$，因而，

$$\frac{k^2 c_s^2}{R^2(t)} = \frac{\Lambda^2(k)}{t^{2\gamma - 2/3}} , \tag{9.33}$$

其中，$\Lambda^2(k)$ 为不依赖于 $t$ 的常数。于是，方程(9.32)是变异的贝塞尔(Bessel)方程；先做函数代换，$\delta_k = t^{-1/6}Y(t)$，然后再做变量变换，$z = \Lambda(k)t^{-a}/a$，$a \equiv \gamma - 4/3$，(9.32)式就变成了标准的贝塞尔二阶常微方程。事实上，这种类型的方程的一般形式为(Gradshteyn & Ryzhik, 1980)。

$$u'' + \frac{1-2\alpha}{z}u' + \left[ (\beta\mu z^{\gamma-1})^2 + \frac{\alpha^2 - \nu^2\mu^2}{z^2} \right]u = 0 , \tag{9.34}$$

它的解为 $u = z^\alpha J_\nu(\beta z^\mu)$；令

$$\alpha = -\frac{1}{6}, \quad \mu = -a, \quad \beta = \frac{-\Lambda(k)}{a}, \quad \nu = -\frac{5}{6a}, \quad a \equiv \gamma - \frac{4}{3},$$

在此情况下，(9.34)式就变成为(9.32)式。因此，(9.32)式有如下形式解：

$$\delta_k = t^{-1/6} J_{-5/6a}\left( \frac{\Lambda(k)t^{-a}}{a} \right) ; \tag{9.35}$$

上述解的性质依赖于宗量 $\Lambda(k)t^{-a}/a$ 大于 1 还是小于 1，而满足 $\Lambda(k)t^{-a}/a \sim 1$ 的波数便是 Jeans 波数：

$$k_J \sim \left( \frac{6\pi G \rho_0 R^2}{c_s^2} \right)^{1/2} , \tag{9.36}$$

在得到上式时已利用了(9.31b)式，并略不重要的量级为 1 因子 $(\gamma - 4/3)$；当 $k \ll k_J$，

$$\frac{k^2 c_s^2}{R^2} < 6\pi G \rho_0 \; ; \tag{9.37}$$

也就是宗量 $\Lambda(k)t^{-a}/a < 1$ 时，我们可用小宗量的贝塞尔函数展式，$J_p(z) \sim z^p$，这时解(9.35)式相应于增长模，

$$\delta_k = A_k t^{2/3} \; ; \tag{9.38}$$

条件(9.37)式实际上与经典 Jeans 判据(9.7)式一致。此外，在 $(\gamma - 1/3) > 1$ 情况下，明显地,(9.32)式有也一种衰减解，这时，与方程(9.32)左边括号中的第二项相比，可略去括号内的第一项，故衰减解为 $\delta_k \propto t^{-1}$。利用(9.28a)式,可确定速度,对于增长模，

$$\dot{\delta}_k \frac{\mathbf{k} \cdot \mathbf{k}}{k^2} - i\mathbf{k} \cdot \mathbf{u} = \mathbf{k} \cdot \left( \dot{\delta}_k \frac{\mathbf{k}}{k^2} - i\mathbf{u} \right) = 0 \, ,$$

即

$$\mathbf{u}_k(t) = -\frac{2}{3} \frac{i\mathbf{k}}{k^2} A_k t^{-\frac{1}{3}} . \tag{9.39}$$

　　线性理论可以给出引力扰动模的增长，但不能直接分析不稳定模的结构,这是它的主要弱点;这实际上与线性理论不能确定脉动谱有关。把(9.39)式代入(9.27)式，我们有

$$\mathbf{u}(\mathbf{q}) = -\int \frac{2}{3} \frac{i\mathbf{k}}{k^2} A_k t^{-\frac{1}{3}} e^{-i\mathbf{k} \cdot \mathbf{q}} \mathrm{d}\mathbf{k} = B(t)\mathbf{p}(\mathbf{q}) \; ; \tag{9.40}$$

这说明，在任何点 $\mathbf{q}$ 的本动速度可以由时间和坐标的分离函数乘积来确定，积分(9.40)式后，可找到流体元坐标 $\mathbf{x}$ 的表示式：

$$\mathbf{x} = \mathbf{q} + b(t)\mathbf{p}(\mathbf{q}), \quad B(t) = \frac{\mathrm{d}}{\mathrm{d}t} b(t) \; ; \tag{9.41}$$

坐标描述未扰背景，而 $b(t)\mathbf{p}(\mathbf{q})$ 项表示初始物质分布的不规则性。 (9.40)及(9.41)式是线性理论的结果，这时相对的密度扰动是很小的：

$|\delta| = \left| \dfrac{\delta\rho}{\rho_0} \right| \ll 1$；在非线性情况下，特别当密度扰动变得很大，$|\delta| \geqslant 1$ 时，

关系(9.40)和(9.41)式不再是正确的。然而 Zeldovich(1970)指出，这种关系也能利用来描述非线性演化，作为提供描述非线性不均匀性的一个好的近似。这被称之为 Zeldovich 近似。由质量守恒，

$$\mathrm{d}M = \rho(t_0)\mathrm{d}\mathbf{q} = \rho(t)\mathrm{d}\mathbf{x},$$

我们可以得到时刻 $t$ 的密度 $\rho(t)$ 反比于从 $\mathbf{q}$ 到 $\mathbf{x}$ 变换的雅可比(Jacobian)：

$$\rho(\mathbf{x}, t) = \rho(t_0)J(\mathbf{q}, \mathbf{x}), \tag{9.42}$$

其中

$$J(\mathbf{q}, \mathbf{x}) = \det\left(\frac{\partial x_\alpha}{\partial q_\beta}\right)^{-1} \tag{9.43}$$

利用(9.41)式，可得

$$\frac{\partial x_\alpha}{\partial q_\beta} = \delta_{\alpha\beta} + b(t)\frac{\partial p_\alpha}{\partial q_\beta};$$

令 $\lambda_\alpha$ 为矩阵 $\left\|\dfrac{\partial p_\alpha}{\partial q_\beta}\right\|$ 的特征根，因而(9.42)式可写为

$$\rho(\mathbf{x}, t) = \rho(t_0)\frac{1}{(1 - b\lambda_1)(1 - b\lambda_2)(1 - b\lambda_3)}. \tag{9.44}$$

对于增长模，$b(t)$ 是时间的增长函数，因此，当 $\lambda_\alpha$ 是正的，例如 $\lambda_1 > 0$，那么就将发生坍缩 $[(1 - b\lambda_1) \to 0]$，此时刻密度变成无限大。一般地，物质沿表面 $\left|\dfrac{\partial x_\alpha}{\partial q_\beta}\right| = 0$ 堆聚在一个薄片上（各向异性坍缩），这个坍缩结构将

是相当平坦的， Zeldovich 称它为薄饼(pancakes)。Zeldovich 的薄饼结构预言，虽然被以后的三维 N 体数字模拟所证实（Efsfsthiou and Silk,1988），但明显地缺乏坚实的分析基础。

从这一小节的讨论，我们得出结论：**自引力系统的非线性理论将决定大尺度非均匀性的特征结构。**

## 9.3 引力系统动力学描述

从上面的分析，我们看到，宇宙大尺度非均匀性多在复合发生以后形成的，这时宇宙物质占控制地位，辐射作用很小，物质的运动是非相对论的，可用牛顿理论描述；宇宙中的物质至少是双成分的，并且暗物质是主要成分，它和星系物质除引力相互作用以外，无其他相互作用；而且引力系统运动的非线性耦合是决定大尺度非均匀结构的主要因素。此外，过去的研究(Jeans,1902,Bonnor,1957；Zeldovich,1970,1980)都基于流体力学的

描述；这意味着，分布粒子间的碰撞自由程远小于问题中的特征尺度；但是，如果我们要分析星系成团，把星系作为分布粒子，那么短平均自由程的假定就不再是对的，这时，我们把物质的分布看作为类尘埃而不是类气体；换言之，大尺度物质的运动和发展决定于动力论。

因此，双成分物质的自引力非线性相互作用的动力学描述，是大尺度物质成团的现代研究方向。不待言，这个课题是相当复杂的；对于动力论的线性和非线性问题的处理，请读者参阅前面的第二章 2.1 及 2.2 节以及第三章。描述大尺度双成分物质的动力学行为的无碰撞 Boltzman 方程是

$$\frac{\partial f_\alpha}{\partial t} + \mathbf{v} \cdot \frac{\partial f_\alpha}{\partial \mathbf{r}} + (\mathbf{a} + \mathbf{g}^G)\frac{\partial f_\alpha}{\partial \mathbf{v}} = 0 \,, \tag{9.45}$$

这儿 $\mathbf{a}$ 是非引力加速度，$\mathbf{g}^G$ 是引力加速度，它满足泊松(Possion)方程

$$\nabla \cdot \mathbf{g}^G = -4\pi G(\rho_1 + \rho_2), \tag{9.46a}$$

$$\nabla \times \mathbf{g}^G = 0; \tag{9.46b}$$

质量密度 $\rho_a$ 满足

$$\rho_a(\mathbf{r},t) = \int f_\alpha(\mathbf{r},\mathbf{v},t)\frac{d\mathbf{v}}{(2\pi)^3}, \quad (\alpha = 1,2), \tag{9.47}$$

我们可以假定，

$$\rho_1 \ll \rho_2, \tag{9.48}$$

这里 $\rho_1$ 表亮物质（星系物质）的质量密度，$\rho_2$ 表暗物质。可以把 $f_\alpha$ 和 $\mathbf{g}^G$ 分成为未扰和扰动部分

$$f_\alpha = f_\alpha^R + f_\alpha^T, \quad \mathbf{g}^G = \mathbf{g}^R + \mathbf{g}^T, \tag{9.49}$$

因为 $f_\alpha$ 和 $\mathbf{g}^G$ 通过方程(9.45)~(9.47)紧密耦合，我们可以把 $f_\alpha^T$ 展开为扰动场 $\mathbf{g}^T$ 的幂级数：

$$f_\alpha^T = \sum_i f_\alpha^{T(i)}, \tag{9.50}$$

其中 $i$ 表示 $\mathbf{g}^T$ 的第 $i$ 次幂。由于非引力加速度存在（例如旋转），我们就可选择一种均匀的背景（$\rho_0 = \text{const.}$），这时未扰态处于平衡：$\mathbf{a} + \mathbf{g}^R = 0$ 而无需借助于 Jeans Swindle；在此情况下，未扰态方程

$$\frac{\partial f_\alpha^R}{\partial t} + \mathbf{v} \cdot \frac{\partial f_\alpha^R}{\partial \mathbf{r}} + (\mathbf{a} + \mathbf{g}^R) \cdot \frac{\partial f_\alpha^R}{\partial \mathbf{v}} = 0 \tag{9.51}$$

被导致到

$$\frac{\partial f_\alpha^R}{\partial t} = 0 \; ; \tag{9.52}$$

满足(9.52)式的 $f_\alpha^R$ 应是能量积分的任意函数。合理地，我们取 $f_\alpha^R$ 是 Boltzmann 分布

$$f_\alpha^R = \frac{(2\pi)^{\frac{3}{2}}}{\sigma_\alpha^3} \rho_{0,\alpha} \exp\left(\frac{-\mathbf{v}^2}{2\sigma_\alpha^2}\right), \tag{9.53}$$

其中 $\sigma_\alpha$ 表 $\alpha$-类型物质的速度弥散度;把(9.49)式代入(9.45)式,并减去(9.51)式,令 $\mathbf{a} + \mathbf{g}^R = 0$，得到

$$\frac{\partial f_\alpha^T}{\partial t} + \mathbf{v} \cdot \frac{\partial f_\alpha^T}{\partial \mathbf{r}} + \mathbf{g}^T \cdot \frac{\partial f_\alpha^R}{\partial \mathbf{v}} + \mathbf{g}^T \cdot \frac{\partial f_\alpha^T}{\partial \mathbf{v}} = 0 \, , \tag{9.54}$$

把(9.50)代入(9.54)式，我们就得到如下一组级联方程:

$$\frac{\partial f_\alpha^{T(1)}}{\partial t} + \mathbf{v} \cdot \frac{\partial f_\alpha^{T(1)}}{\partial \mathbf{r}} + \mathbf{g}^T \cdot \frac{\partial f_\alpha^R}{\partial \mathbf{v}} = 0 \, , \tag{9.55}$$

$$\frac{\partial f_\alpha^{T(2)}}{\partial t} + \mathbf{v} \cdot \frac{\partial f_\alpha^{T(2)}}{\partial \mathbf{r}} + \mathbf{g}^T \cdot \frac{\partial f_\alpha^{T(1)}}{\partial \mathbf{v}} = 0 \, , \tag{9.56}$$

$$\frac{\partial f_\alpha^{T(3)}}{\partial t} + \mathbf{v} \cdot \frac{\partial f_\alpha^{T(3)}}{\partial \mathbf{r}} + \mathbf{g}^T \cdot \frac{\partial f_\alpha^{T(2)}}{\partial \mathbf{v}} = 0 \, . \tag{9.57}$$

在时—空坐标系统中，我们还不能直接分析方程(9.55）～(9.57)；一种有效的方法是把它们变换到 Fourier 空间，然后把分析的结果经反变换回到时—空系统。对函数 $A = (\mathbf{g}^T, f_\alpha)$ 引入如下 Fourier 变换:

$$A(\mathbf{r}, \mathbf{v}, t) = \int A_k e^{-i\omega t + i\mathbf{k} \cdot \mathbf{r}} \mathrm{d}k \, , \tag{9.58}$$

其中

$$A_k \equiv A_{\mathbf{k},\omega}, \mathrm{d}k = \mathrm{d}\mathbf{k}\mathrm{d}\omega$$

它的逆变换为

$$A_k = \int A(\mathbf{r}, \mathbf{v}, t) e^{i\omega t - i\mathbf{k} \cdot \mathbf{r}} \frac{\mathrm{d}\mathbf{r}\mathrm{d}t}{(2\pi)^4} \, ; \tag{9.59a}$$

利用两函数乘积的 Fourier 逆变换(2.15)式,

$$(LM)_k = \int L_{k_1} M_{k_2} \delta(k - k_1 - k_2) \mathrm{d}k_1 \mathrm{d}k_2 \, , \tag{9.59b}$$

从(9.55)～(9.57)式可以找到

$$i(\omega - \mathbf{k} \cdot \mathbf{v}) f_{\alpha,k}^{T(1)} = \int \mathbf{g}_{k_1}^T \cdot \frac{\partial f_{\alpha,k_2}^R}{\partial \mathbf{v}} \delta(k - k_1 - k_2) \mathrm{d}k_1 \mathrm{d}k_2 , \tag{9.60}$$

$$i(\omega - \mathbf{k} \cdot \mathbf{v}) f_{\alpha,k}^{T(2)} = \int \mathbf{g}_{k_1}^T \cdot \frac{\partial f_{\alpha,k_2}^{T(1)}}{\partial \mathbf{v}} \delta(k - k_1 - k_2) \mathrm{d}k_1 \mathrm{d}k_2 , \tag{9.61}$$

$$i(\omega - \mathbf{k} \cdot \mathbf{v}) f_{\alpha,k}^{T(3)} = \int \mathbf{g}_{k_1}^T \cdot \frac{\partial f_{\alpha,k_2}^{T(2)}}{\partial \mathbf{v}} \delta(k - k_1 - k_2) \mathrm{d}k_1 \mathrm{d}k_2 \tag{9.62}$$

同时，Possion 方程(9.46a)可写为

$$\nabla \cdot \mathbf{g}^T + 4\pi G \rho^{T(1)} = -4\pi G \sum_{n \geqslant 2} \rho^{T(n)} , \tag{9.63a}$$

其中

$$\rho^{T(n)} = \rho_1^{T(n)} + \rho_2^{T(n)} ; \tag{9.63b}$$

(9.63a)式右边的项是非线性项，在我们研究的情况下，只考虑到三级非线性，这与电磁现象的情况是类似的（参见第三章）。(9.63a)式的 Fourier 表象是

$$i\mathbf{k} \cdot \mathbf{g}^T + 4\pi G \sum_{\alpha} \int f_{\alpha,k}^{T(1)} \frac{\mathrm{d}\mathbf{v}}{(2\pi)^3} = -4\pi G \sum_{\alpha} \sum_{n \geqslant 2} \rho_{\alpha,k}^{T(n)} \tag{9.64}$$

未扰态的 Boltzmann 分布(9.53)式是一种时空均匀分布，从(9.59)式可得到它的 Fourier 积分核：

$$f_{\alpha,k}^R = f_\alpha^R \int e^{i\omega t - i\mathbf{k} \cdot \mathbf{r}} \frac{\mathrm{d}\mathbf{r}\mathrm{d}t}{(2\pi)^4} = f_\alpha^R \delta(k) ; \tag{9.65}$$

如果我们把(9.60)式代入(9.64)式左边第二项，并利用(9.65)式，我们就得到如下积分表示式：

$$\int \frac{\partial f_\alpha^R / \partial \mathbf{v}}{\omega - \mathbf{k} \cdot \mathbf{v}} \frac{\mathrm{d}\mathbf{v}}{(2\pi)^3} ; \tag{9.66}$$

这个积分是奇异的：被积函数在 $\omega = \mathbf{k} \cdot \mathbf{v}$ 处有极点。像电磁现象所出现的情况那样，我们可以用朗道约定处理这种奇异积分。在此情况下，(9.64)式成为

$$\left[ -\mathbf{k} + 4\pi G \sum_{\alpha} \int_{\varepsilon \to +0} \frac{\partial f_\alpha^R / \partial \mathbf{v}}{(\omega - \mathbf{k} \cdot \mathbf{v} + i\varepsilon)} \frac{\mathrm{d}\mathbf{v}}{(2\pi)^3} \right] \cdot \mathbf{g}_k^T = -4\pi G i \sum_{\alpha} \sum_{n \geqslant 2} \rho_{\alpha,k}^{T(n)} , \tag{9.67}$$

同时(9.46b)式给出

$$\mathbf{g}_k^T = \mathrm{g}_k^T \frac{\mathbf{k}}{k} , \tag{9.68}$$

即扰动场是纵场。因此，(9.67)式可写为

$$\varepsilon_k^G g_k^T = -\frac{4\pi G}{k} i \sum_\alpha \sum_{n \geqslant 2} \rho_{\alpha,k}^{T(n)} \,, \qquad (9.69a)$$

其中"介电常数"定义为

$$\varepsilon_k^G = 1 + \varepsilon_k^{G1} + \varepsilon_k^{G2} \,, \qquad (9.69b)$$

$$\varepsilon_k^{G\alpha} = -1 + 4\pi G \sum_\alpha \int_{\varepsilon \to +0} \frac{\mathbf{k} \cdot \dfrac{\partial f_\alpha^R}{\partial \mathbf{v}}}{(\omega - \mathbf{k} \cdot \mathbf{v} + i\varepsilon)} \frac{\mathrm{d}\mathbf{v}}{(2\pi)^3} \,, \qquad (9.69c)$$

不失一般性，选择波矢 $\mathbf{k}$ 的方向为 $x$ 轴，利用分布(9.53)式，就有(参见 2.4 节)

$$\varepsilon_k^{G\alpha} = -1 + \frac{k_{J\alpha}^2}{k^2}\left[1 - Z(\frac{\omega}{\sqrt{2}k\sigma_\alpha})\right], \qquad (9.70a)$$

其中

$$k_{J\alpha}^2 = \frac{4\pi G \rho_{0,\alpha}}{\sigma_\alpha^2} \,, \qquad (9.70b)$$

$$Z(\xi) = \frac{\xi}{\sqrt{\pi}} \int_{-\infty}^{\infty} \frac{e^{-t^2}}{\xi - t + i0^+} \mathrm{d}t \,. \qquad (9.70c)$$

按照朗道约定，色散函数定义在上半个复平面（$\mathrm{Im}\,\xi > 0$），这实质上是因果律的结果（参见 1.3 节）；在此情况下，利用等式

$$\frac{1}{\xi - t} = -i \int_0^\infty e^{i(\xi-t)\eta} \mathrm{d}\eta$$

(9.70c)式就变成

$$Z(\xi) = -i\frac{\xi}{\sqrt{\pi}} \int_0^\infty \mathrm{d}\eta e^{i\xi\eta} \int_{-\infty}^\infty e^{-t^2 - i\eta t} \mathrm{d}t \,, \qquad (9.70d)$$

利用公式

$$\int_{-\infty}^{\infty} \exp(-p^2 x^2 \pm qx)\mathrm{d}x = \exp\left(\frac{q^2}{4p^2}\right)\frac{\sqrt{\pi}}{p}, \quad (p > 0),$$

并作代换 $\eta = 2\chi$，以及 $\mathrm{y} = i\xi - \chi$，得到

$$Z(\xi) = -i2\xi e^{-\xi^2} \int_{-\infty}^{i\xi} e^{-t^2} \mathrm{d}t \,; \qquad (9.70e)$$

322

从(9.70e)式立即看到，这个函数在整个复平面上是解析的（除了有限几个点以外），因此(9.70e)式可以看作为(9.70c)式的解析延拓（在下半个复平面，$\mathrm{Im}\,\xi < 0$）。利用 Plemeli (1.32)，(9.70c) 式变成[参见(2.58)式]

$$Z(\xi) = \frac{\xi}{\sqrt{\pi}} \wp \int_{-\infty}^{\infty} \frac{e^{-t^2}}{\xi - t}\mathrm{d}t - i\frac{\xi}{\sqrt{\pi}}\pi e^{-\xi^2}; \qquad (9.71)$$

在线性近似下，略去(9.69a)式右边非线性项，我们就得到线性色散方程：

$$\varepsilon_k^G = 0, \qquad (9.72)$$

利用(9.69b)和(9.70a)式，得到如下色散关系：

$$k^2 = \sum_\alpha k_{J\alpha}^2 \left[1 - Z(\frac{\omega}{\sqrt{2}k\sigma_\alpha})\right]. \qquad (9.73)$$

应该指出，线性结果(9.73)式是与 Ikeuchi 等人分析相一致（Ikeuchi *et al*, 1974）。对于不稳定的模，$\mathrm{Im}\,\omega \neq 0$，这时由于 $k$ 为实数，从(9.73)式可得

$$\mathrm{Im}\,Z\left(\frac{\omega}{\sqrt{2}k\sigma_\alpha}\right) = 0; \qquad (9.74)$$

令 $\xi = \xi_1 + i\xi_2$，$\xi_1$ 和 $\xi_2$ 为实数；由(9.71)式可得到

$$-Z(\xi) = \frac{\xi_2}{\sqrt{\pi}} \int_{-\infty}^{\infty} \frac{te^{-t^2}}{(t-\xi_1)^2 + \xi_2^2}\mathrm{d}t + i\left[\xi_1\cos(2\xi_1\xi_2) + \xi_2\sin(2\xi_1\xi_2)\right]\sqrt{\pi}e^{\xi_2^2 - \xi_1^2};$$

$$(9.75)$$

我们可以看出，当且仅当 $\xi_1 = \mathrm{Re}\,\xi = 0$ 时，(9.75)式右边积分才为 0（被积函数是奇函数），而右边第二项明显地等于0。因而色散关系(9.73)式**仅仅允许纯不稳定模**（$\mathrm{Re}\,\omega = 0$，$\mathrm{Im}\,\omega \neq 0$）**;这一点和流体描述的情况大相径庭**[参见(9.6)式]。在流体情况下，是允许有纯振荡模的，只要 $k > k_J$ 时，$\mathrm{Re}\,\omega \neq 0$。然而是，对于不稳定模，令 $\omega = \pm i\gamma$，代入(9.70e)式，不难得到（$\gamma > 0$）

$$1 - Z(\xi) = 1 \mp \frac{\sqrt{\pi}\gamma}{\sqrt{2}k\sigma_\alpha}\exp\left(\frac{\gamma^2}{2k^2\sigma_\alpha^2}\right)\left[1 \mp erf\left(\frac{\gamma}{\sqrt{2}\sigma_\alpha}\right)\right],$$

从上式可以看出，对不稳定增长模 $\omega = i\gamma$，色散关系关系(9.73)式给出

$$k^2 < k_{J_1}^2 + k_{J_2}^2, \qquad (9.76)$$

它和流体描述下的 Jeans 判据相吻合；另一方面，对于不稳定的衰减模
($\omega = -i\gamma$)(9.73)式给出

$$k^2 > k_{J_1}^2 + k_{J_2}^2 ; \tag{9.77}$$

换句话说，满足于(9.77)式的模被阻尼而使之不存在。这点和流体的情况又不
同。在流体情况下，$k^2 > k_J^2$ 的模却是稳定的。

现在写下色散函数的渐近表达式[参见(2.60)式和(2.62)式]：

$$Z(\xi) \approx 1 + \frac{1}{2\xi^2} + \frac{3}{4\xi^4}, \quad (|\xi| \gg 1), \tag{9.78}$$

$$Z(\xi) \approx -i\sqrt{\pi}\xi + 2\xi^2\left(1 - \frac{2}{3}\xi^2\right), \quad (|\xi| \ll 1), \tag{9.79}$$

这时，"介电常数"成为

$$\varepsilon_k^{G\alpha} \approx -1 - \frac{k_{J\alpha}^2}{k^2}\frac{k^2\sigma_\alpha^2}{\omega^2}\left(1 + \frac{3k^2\sigma_\alpha^2}{\omega^2}\right), \quad (|\omega| \gg k\sigma_\alpha), \tag{9.80}$$

$$\varepsilon_k^{G\alpha} \approx -1 + \frac{k_{J\alpha}^2}{k^2}\left(1 - \frac{\omega^2}{k^2\sigma_\alpha^2} + i\sqrt{\frac{\pi}{2}}\frac{\omega}{k\sigma_\alpha}\right), \quad (|\omega| \ll k\sigma_\alpha), \tag{9.81}$$

把(9.78)式代入(9.73)式，就得到不稳定模的色散关系：

$$\omega^2 \approx -(k_{J_1}^2\sigma_1^2 + k_{J_2}^2\sigma_2^2), \quad (|\omega| \gg k\sigma_\alpha), \tag{9.82}$$

由于(9.48)式，它成为

$$\omega^2 \approx \omega_0^2 = -4\pi\rho_{02}G, \quad (|\omega| \gg k\sigma_\alpha). \tag{9.83}$$

## 9.4  自引力系统非线性效应

这一节中分析非线性效应所采用的方法论，是完全类似于处理电磁现
象的，读者可参阅第三章有关内容。由(9.69a)式，可以写下直到三级非线
性的扰动的场方程：

$$\varepsilon_k^G g_k^T = -\frac{4\pi G}{k}i\sum_\alpha(\rho_{\alpha,k}^{T(2)} + \rho_{\alpha,k}^{T(3)}); \tag{9.84}$$

首先，在研究低频场情况下，$g_k^T = g_k^{TS}$；二级非线性质量密度为

$$\rho_{\alpha,k}^{T(2)} = \int f_{\alpha,k}^{T(2)}\frac{d\mathbf{v}}{(2\pi)^3} = \int S_{k,k_1,k_2}^\alpha g_{k_1}^T g_{k_2}^T \delta(k - k_1 - k_2)dk_1 dk_2 \cdot \tag{9.85a}$$

其中 $S_{k,k_1,k_2}^{\alpha}$ 是相互作用矩阵元：

$$S_{k,k_1,k_2}^{\alpha} = -\frac{1}{k_1 k_2} \int \frac{\mathbf{k}_1 \cdot \dfrac{\partial}{\partial \mathbf{v}}}{\omega - \mathbf{k} \cdot \mathbf{v} + i\varepsilon} \frac{\mathbf{k}_2 \cdot \dfrac{\partial}{\partial \mathbf{v}} f_{\alpha}^R}{\omega_2 - \mathbf{k}_2 \cdot \mathbf{v} + i\varepsilon} \frac{\mathrm{d}\mathbf{v}}{(2\pi)^3} \ ; \qquad (9.85\mathrm{b})$$

由于 Dirac 函数出现在(9.85a)式被积函数中，故必须满足能量动量守恒条件：

$$\mathbf{k} = \mathbf{k}_1 + \mathbf{k}_2 \ , \ \omega = \omega_1 + \omega_2 \ ; \qquad (9.86)$$

现在 $\omega$ 和 $\mathbf{k}$ 属于低频场，那么 $\omega_1$ 和 $\omega_2$ 一定是高频且有相反的符号；因而

$$g_{k_1}^T g_{k_2}^T = g_{k_1}^{T(+)} g_{k_2}^{T(-)} + g_{k_1}^{T(-)} g_{k_2}^{T(+)} \ ,$$

这里上标"＋"和"－"表示正和负的高频扰动场部分。在此情况下，

$$\rho_{\alpha,k}^{T(2)} = \int S_{k,k_1,k_2}^{\alpha} (g_{k_1}^{T(+)} g_{k_2}^{T(-)} + g_{k_2}^{T(+)} g_{k_1}^{T(-)}) \delta(k - k_1 - k_2) \mathrm{d}k_1 \mathrm{d}k_2 \ , \qquad (9.87)$$

对矩阵元进行对称化：在(9.87)式右边第二个积分作代换 $k_1 \to k_2$ 和 $k_2 \to k_1$，就有

$$\rho_{\alpha,k}^{T(2)} = \int (S_{k,k_1,k_2}^{\alpha} + S_{k,k_2,k_1}^{\alpha}) g_{k_1}^{T(+)} g_{k_2}^{T(-)} \delta(k - k_1 - k_2) \mathrm{d}k_1 \mathrm{d}k_2 \ ;$$

因此(9.84)式，变为（对低频场只计及二级非线性）：

$$\varepsilon_k^G g_k^{TS} = -i4\pi G \int \tilde{S}_{k,k_1,k_2} g_{k_1}^{T(+)} g_{k_2}^{T(-)} \delta(k - k_1 - k_2) \mathrm{d}k_1 \mathrm{d}k_2 \ , \qquad (9.88)$$

其中

$$\tilde{S}_{k,k_1,k_2} \approx \tilde{S}_{k,k_1,k_2}^{(\alpha=2)} = -\frac{1}{kk_1 k_2} \int \frac{1}{\omega - \mathbf{k} \cdot \mathbf{v} + i\varepsilon} \left[ \mathbf{k}_1 \cdot \frac{\partial}{\partial \mathbf{v}} \frac{\mathbf{k}_2 \cdot \dfrac{\partial}{\partial \mathbf{v}}}{\omega_2 - \mathbf{k}_2 \cdot \mathbf{v} + i\varepsilon} + \right.$$

$$\left. \mathbf{k}_2 \cdot \frac{\partial}{\partial \mathbf{v}} \frac{\mathbf{k}_1 \cdot \dfrac{\partial}{\partial \mathbf{v}}}{\omega_1 - \mathbf{k}_1 \cdot \mathbf{v} + i\varepsilon} \right] \frac{f_{\alpha=2}^R \mathrm{d}\mathbf{v}}{(2\pi)^3} \ . \qquad (9.89)$$

在上面表达式中，由于(9.48)式，我们略去 $\alpha = 1$ 的成分对积分的贡献。

现在来研究高频场方程。如果方程(9.84)中的 $g_k^T$ 是高频扰动场，则二级质量密度 $\rho_{\alpha,k}^{T(2)}$ 中二次项应是

$$g_{k_1}^{Th} g_{k_2}^{TS} + g_{k_1}^{TS} g_{k_2}^{Th}$$

这是因为，由于 Dirac 函数缘故，两个高频场乘积 $g_{k_1}^{Th} g_{k_2}^{Th}$ 将导致倍频场——我们并不去研究这种相互作用，而两个低频场乘积却不可能产生高频扰动场。另一方面，三级非线性质量密度 $\rho_{\alpha,k}^{T(3)}$ 包含有三个场的乘积：$g_{k_1}^{T} g_{k_2}^{T} g_{k_3}^{T}$；它可以被组合为三个高频场乘积，或高频场与低频场的混合乘积。事实上利用低频场方程(9.88)，这个混合乘积组合包含 4 个以上的高频场乘积，这当然是更高级小项。因此，$\rho_{\alpha,k}^{T(3)}$ 中的三场乘积为

$$g_{k_1}^{Th} g_{k_2}^{Th} g_{k_3}^{Th} ;$$

由于 $\rho_{\alpha,k}^{T(3)}$ 的积分表达式中[参见(9.62)式及下面(9.91)式]存在一个被积分的因子 $[(\omega - \omega_1) + (\mathbf{k} - \mathbf{k}_1) \cdot \mathbf{v} + i\varepsilon]^{-1}$，当 $g_k^{Th}$ 是正频率扰动场时这个因子对积分的贡献最大。因此在包括在三级质量密度中的三级乘积为

$$g_{k_1}^{T(+)} (g_{k_2}^{T(+)} g_{k_3}^{T(-)} + g_{k_2}^{T(-)} g_{k_3}^{T(+)}) ;$$

在此情况下，从(9.84)式就获得高频扰动场方程为：

$$\varepsilon_k^G g_k^{T(+)} = -i4\pi G \int \tilde{\tilde{S}}_{k,k_1,k_2} g_{k_1}^{T(+)} g_{k_2}^{TS} \delta(k - k_1 - k_2) \mathrm{d}k_1 \mathrm{d}k_2 +$$

$$\int \tilde{G}_{k,k_1,k_2k_3}^{\alpha} g_{k_1}^{T(+)} g_{k_2}^{T(+)} g_{k_3}^{T(-)} \delta(k - k_1 - k_2 - k_3) \mathrm{d}k_1 \mathrm{d}k_2 \mathrm{d}k_3, \qquad (9.90)$$

其中

$$\tilde{G}_{k,k_1,k_2k_3}^{\alpha} \approx \frac{-1}{ikk_1k_2k_3} \int \frac{\left(\mathbf{k}_1 \cdot \dfrac{\partial}{\partial \mathbf{v}}\right)}{\omega - \mathbf{k} \cdot \mathbf{v} + i\varepsilon} \frac{1}{(\omega - \omega_1) - (\mathbf{k} - \mathbf{k}_1) \cdot \mathbf{v} + i\varepsilon} \left[ \left(\mathbf{k}_2 \cdot \frac{\partial}{\partial \mathbf{v}}\right) \frac{\left(\mathbf{k}_3 \cdot \dfrac{\partial}{\partial \mathbf{v}}\right)}{\omega_3 - \mathbf{k}_3 \cdot \mathbf{v} + i\varepsilon} + \right.$$

$$\left. \left(\mathbf{k}_3 \cdot \frac{\partial}{\partial \mathbf{v}}\right) \frac{\left(\mathbf{k}_2 \cdot \dfrac{\partial}{\partial \mathbf{v}}\right)}{\omega_2 - \mathbf{k}_2 \cdot \mathbf{v} + i\varepsilon} \right] f_{\alpha=2}^R \frac{\mathrm{d}\mathbf{v}}{(2\pi)^3} ; \qquad (9.91)$$

类似地，第一种物质成分($\alpha = 1$)对 $\tilde{G}_{k,k_1,k_2k_3}^{\alpha}$ 的贡献也被略去；而矩阵元

$\tilde{\tilde{S}}_{k,k_1,k_2}$ 形式上和(9.89)式一样，只是 $\tilde{\tilde{S}}_{k,k_1,k_2}$ 中的 $\omega_2$ 是低频。(9.90)式右边第一个积分项，在对 $\mathrm{d}k_2$ 积分之后成为

$$\int \tilde{\tilde{S}}_{k,k_1,k-k_1} g_{k_1}^{T(+)} g_{k-k_1}^{TS} \mathrm{d}k_1$$

其中低频场 $g_{k-k_1}^{TS}$ 用(9.88)式代入，我们就有：

$$\varepsilon_k^G g_k^{T(+)} = -i4\pi G \int \tilde{G}_{k,k_1,k_2 k_3} g_{k_1}^{T(+)} g_{k_2}^{T(+)} g_{k_3}^{T(-)} \delta(k - k_1 - k_2 - k_3) \mathrm{d}k_1 \mathrm{d}k_2 \mathrm{d}k_3 , \quad (9.92)$$

其中

$$\tilde{\tilde{G}}_{k,k_1,k_2 k_3} = \tilde{G}_{k,k_1,k_2 k_3} - \frac{4\pi G i \tilde{\mathbf{S}}_{k-k_1,k_2,k_3} \tilde{\tilde{\mathbf{S}}}_{k,k_1,k-k_1}}{\varepsilon_{k-k_1}^G} . \quad (9.93)$$

现在来化简矩阵元(9.89)、(9.91)、(9.93)式。(9.89)式右边大括号内的项微分后，

$$\left\{ \left[ \mathbf{k}_1 \cdot \frac{\partial}{\partial \mathbf{v}} \frac{1}{\omega_2 - \mathbf{k}_2 \cdot \mathbf{v} + i\varepsilon} \right] \mathbf{k}_2 \cdot \frac{\partial}{\partial \mathbf{v}} + \left[ \mathbf{k}_2 \cdot \frac{\partial}{\partial \mathbf{v}} \frac{1}{\omega_1 - \mathbf{k}_1 \cdot \mathbf{v} + i\varepsilon} \right] \mathbf{k}_1 \cdot \frac{\partial}{\partial \mathbf{v}} \right\} +$$

$$\left\{ \frac{1}{\omega_2 - \mathbf{k}_2 \cdot \mathbf{v} + i\varepsilon} \left( \mathbf{k}_1 \cdot \frac{\partial}{\partial \mathbf{v}} \right) \left( \mathbf{k}_2 \cdot \frac{\partial}{\partial \mathbf{v}} \right) + \frac{1}{\omega_1 - \mathbf{k}_1 \cdot \mathbf{v} + i\varepsilon} \left( \mathbf{k}_2 \cdot \frac{\partial}{\partial \mathbf{v}} \right) \left( \mathbf{k}_1 \cdot \frac{\partial}{\partial \mathbf{v}} \right) \right\} ; (9.94)$$

对于高频场，从(9.82)式可见，$\omega_1$，$\omega_2$ [$\omega_1$ 是正高频，$\omega_2$ 是负频见(9.88)式]满足

$$|\omega_1| \gg k_1 \sigma_{\alpha=2} , \quad |\omega_2| \gg k_2 \sigma_{\alpha=2} , \quad (9.95)$$

并且

$$\omega_1 \approx \omega_h \approx -\omega_2 , \quad (9.96)$$

因此，由于(9.89)式右边被积函数出现分布函数 $f_{\alpha=2}^R$，(9.94)式中的 $\mathbf{v}$ 可估计为 $\mathbf{v} \sim \sigma_{\alpha=2}$，故利用(9.95)式和(9.96)式，立即可见(9.94)式中的第二个大括号内的项为零；而右边第一个大括号的项在对 $\mathbf{v}$ 微分后成为

$$\frac{\mathbf{k}_1 \cdot \mathbf{k}_2}{(\omega_2 - \mathbf{k}_2 \cdot \mathbf{v} + i\varepsilon)^2} \mathbf{k}_2 \cdot \frac{\partial}{\partial \mathbf{v}} + \frac{\mathbf{k}_1 \cdot \mathbf{k}_2}{(\omega_1 - \mathbf{k}_1 \cdot \mathbf{v} + i\varepsilon)^2} \mathbf{k}_1 \cdot \frac{\partial}{\partial \mathbf{v}} ;$$

利用条件(9.95)及(9.96)式，它变为

$$\frac{\mathbf{k}_1 \cdot \mathbf{k}_2}{\omega_2^2} \mathbf{k}_2 \cdot \frac{\partial}{\partial \mathbf{v}} + \frac{\mathbf{k}_1 \cdot \mathbf{k}_2}{\omega_1^2} \mathbf{k}_1 \cdot \frac{\partial}{\partial \mathbf{v}} \approx \frac{\mathbf{k}_1 \cdot \mathbf{k}_2}{\omega_h^2} (\mathbf{k}_1 + \mathbf{k}_2) \cdot \frac{\partial}{\partial \mathbf{v}} = \frac{\mathbf{k}_1 \cdot \mathbf{k}_2}{\omega_h^2} \mathbf{k} \cdot \frac{\partial}{\partial \mathbf{v}} ;$$

结果，利用(9.69c)式,(9.89)式被化简为：

$$\tilde{S}_{k,k_1,k_2} \approx \frac{-\mathbf{k}_1 \cdot \mathbf{k}_2}{k k_1 k_2 \omega_h^2} \int \frac{\left( \mathbf{k} \cdot \frac{\partial}{\partial \mathbf{v}} \right) f_{\alpha=2}^R}{\omega - \mathbf{k} \cdot \mathbf{v} + i\varepsilon} \frac{\mathrm{d}\mathbf{v}}{(2\pi)^3} \approx \frac{-k}{4\pi G \omega_h^2} \frac{\mathbf{k}_1 \cdot \mathbf{k}_2}{k_1 k_2} (\varepsilon_k^{G2} + 1) ; \quad (9.97)$$

类似地，我们可以找到如下简化了的表达式(读者可参阅第三章有关内容，例如 3.3 节及其附录部分，在那里可以找到相对应的简化矩阵元的详细推导，它和这里的简化推导是完全类似的):

$$\tilde{\tilde{S}}_{k,k_1,k_2} \approx \frac{k_2}{4\pi G\omega_h^2} \frac{\mathbf{k}_1 \cdot \mathbf{k}_2}{k_1 k_2} \left(\varepsilon_{k_2}^{G2} + 1\right), \tag{9.98}$$

$$\tilde{G}_{k,k_1,k_2,k_3}^{\alpha} \approx -i \frac{|\mathbf{k} - \mathbf{k}_1|^2}{4\pi G\omega_h^4} \frac{(\mathbf{k} \cdot \mathbf{k}_1)(\mathbf{k}_2 \cdot \mathbf{k}_3)}{k k_1 k_2 k_3} \left(\varepsilon_{k-k_1}^{G2} + 1\right), \tag{9.99}$$

因而，由(9.93)式，得到

$$\tilde{\tilde{G}}_{k,k_1,k_2,k_3}^{\alpha} \approx -i \frac{|\mathbf{k} - \mathbf{k}_1|^2}{4\pi G\omega_h^4} \frac{(\mathbf{k} \cdot \mathbf{k}_1)(\mathbf{k}_2 \cdot \mathbf{k}_3)}{k k_1 k_2 k_3} \frac{\left(\varepsilon_{k-k_1}^{G2} + 1\right)}{\varepsilon_{k-k_1}^{G}} \varepsilon_{k-k_1}^{G1}; \tag{9.100}$$

有了这些简化的矩阵元，我们就能把所获得的场方程反演到时间—空间坐标系。把(9.100)式代入(9.92)式，有

$$\varepsilon_k^G g_k^{T(+)} = -\int g_{k_1}^{T(+)} \frac{\mathbf{k} \cdot \mathbf{k}_2}{k k_2} \frac{\rho'_{k-k_1}}{\rho_{02}} \mathrm{d}k_1, \tag{9.101}$$

其中

$$\rho'_{k'} = \rho_{02} \frac{(k')^2 (\varepsilon_{k'}^{G2} + 1)}{\omega_h^4 \varepsilon_{k'}^{G}} \varepsilon_{k'}^{G1} \int g_{k_2}^{T(+)} g_{k_3}^{T(-)} \frac{(\mathbf{k}_2 \cdot \mathbf{k}_3)}{k_2 k_3} \delta(k' - k_2 - k_3) \mathrm{d}k_2 \mathrm{d}k_3; \tag{9.102}$$

我们可以证明，$\rho'_{k'}$ 恰好是低频场引起的扰动密度。事实上，

$$\rho'_k = \int f_{k,\alpha=2}^{T(1)} \frac{\mathrm{d}\mathbf{v}}{(2\pi)^3} = \frac{g_k^{TS}}{ik} \int \frac{\mathbf{k} \cdot \frac{\partial}{\partial \mathbf{v}} f_{\alpha=2}^{R}}{\omega - \mathbf{k} \cdot \mathbf{v} + i\varepsilon} \frac{\mathrm{d}\mathbf{v}}{(2\pi)^3} = \frac{k g_k^{TS}}{i 4\pi G} \left(\varepsilon_{k_1}^{G2} + 1\right)$$

利用(9.69b)式,$\left(\varepsilon_k^{G2} + 1\right) = \varepsilon_k^G - \varepsilon_k^{G1}$，而 $\varepsilon_k^G g_k^{TS}$ 作为一级（线性）近似，它为 0[参见(9.88)式]，因此

$$\rho'_k = \frac{ik}{4\pi G} \varepsilon_k^{G1} g_k^{TS},$$

利用(9.88)、(9.97)式，有

$$\rho'_k = -\frac{\rho_{02}}{\omega_h^2 4\pi G\rho_{02}} k^2 (\varepsilon_k^{G2} + 1) \frac{\varepsilon_k^{G1}}{\varepsilon_k^{G}} \int g_{k_2}^{T(+)} g_{k_3}^{T(-)} \frac{(\mathbf{k}_2 \cdot \mathbf{k}_3)}{k_2 k_3} \delta(k - k_2 - k_3) \mathrm{d}k_2 \mathrm{d}k_3;$$

对于高频 $\omega_h$，可以代之以(9.83)式,$\omega_h^2 \approx \omega_0^2 = -4\pi G\rho_{02}$，则上式就与(9.102)式相合。现在把(9.101)式转化为如下包络

$$\mathbf{g}^{(+)}(\mathbf{r},t)\exp(-i\omega_h t) = \int \mathbf{g}_{k_1}^{T(+)} e^{-i\omega t + i\mathbf{k}\cdot\mathbf{r}} \mathrm{d}k \qquad (9.103)$$

的方程；利用两乘积函数的变换式(9.59b)式，(9.101)式可写为

$$-\varepsilon_k^G \mathbf{g}_{k_1}^{T(+)} = \int \mathbf{g}_{k_1}^{T(+)} \frac{\rho'_{k-k_1}}{\rho_{02}} \mathrm{d}k_1 = \left(\mathbf{g}_{k_1}^{T(+)} \frac{\rho'}{\rho_{02}}\right)_k,$$

两边乘以 $e^{-i\omega t + i\mathbf{k}\cdot\mathbf{r}}$ 并对 $\mathrm{d}k$ 积分 [注意到对于高频，由 (9.80) 式]，有 $(\varepsilon_k^{G2}+1) \gg (\varepsilon_k^{G1}+1)$，即 $\varepsilon_k^G = 1 + \varepsilon_k^{G2} + \varepsilon_k^{G1} = (\varepsilon_k^{G2}+1) + (\varepsilon_k^{G1}+1) - 1$ $\approx (\varepsilon_k^{G2}+1) - 1 = \varepsilon_k^{G2}$，上式就成为

$$-\frac{1}{\omega_h^2}\int(\omega^2 - \omega_h^2 - 3\sigma_2^2 k^2)\mathbf{g}_k^{T(+)} e^{-i\omega t + i\mathbf{k}\cdot\mathbf{r}}\mathrm{d}k = -\mathbf{g}^{(+)}(\mathbf{r},t)\frac{\rho'(\mathbf{r},t)}{\rho_{02}}\exp(-i\omega_h t),$$

$$(9.104)$$

上式左边可变为

$$-\frac{1}{\omega_h^2}\left[(i\frac{\partial}{\partial t})^2 - \omega_h^2 - 3\sigma_2^2\nabla^2\right]\int \mathbf{g}_k^{T(+)} e^{-i\omega t + i\mathbf{k}\cdot\mathbf{r}}\mathrm{d}k$$

$$= -\frac{1}{\omega_h^2}\left[\frac{\partial^2}{\partial t^2} - \omega_h^2 - 3\sigma_2^2\nabla^2\right]\exp(-i\omega_h t)\mathbf{g}^{(+)}(\mathbf{r},t)$$

考虑到 $\mathbf{g}^{(+)}(\mathbf{r},t)$ 缓变，即可略去 $\frac{\partial^2}{\partial t^2}\mathbf{g}^{(+)}(\mathbf{r},t)$，上式为

$$-\frac{2i\left(\frac{\partial \mathbf{g}^{(+)}}{\partial t}\right)}{\omega_h} - \frac{3\sigma_2^2}{\omega_h^2}\nabla^2\mathbf{g}^{(+)},$$

因此，最后有

$$\frac{2i}{\omega_h}\frac{\partial \mathbf{g}^{(+)}}{\partial t} + \frac{3\sigma_2^2}{\omega_h^2}\nabla^2\mathbf{g}^{(+)} - \mathbf{g}^{(+)}\frac{\rho'}{\rho_{02}} = 0. \qquad (9.105)$$

另一方面，如果低频场满足

$$k'\sigma_1 \ll |\omega'| \ll k'\sigma_2, \quad |\omega'| \ll |\omega_s'| = \sqrt{4\pi G\rho}, \qquad (9.106)$$

则从(9.80)和(9.81)式，有

$$(\varepsilon_{k'}^{G2}+1) \approx \frac{k_{J2}^2}{k'^2}, \quad \varepsilon_{k'}^{G1} \approx -1 - \frac{k_{J1}^2\sigma_1^2}{\omega'^2} \approx -\frac{k_{J1}^2\sigma_1^2}{\omega'^2},$$

$$\varepsilon_{k'}^G = 1 + \varepsilon_{k'}^{G2} + \varepsilon_{k'}^{G1} \approx \frac{k_{J2}^2}{k'^2} - \frac{k_{J1}^2\sigma_1^2}{\omega'^2},$$

因此

$$(\varepsilon_{k'}^{G2} + 1)\frac{\varepsilon_{k'}^{G1}}{\varepsilon_{k'}^{G}} \approx \frac{k_{J2}^2}{k'^2} \frac{-k'^2\left(\frac{k_{J1}^2}{k_{J2}^2}\sigma_1^2\right)}{\omega'^2 - k'^2\left(\frac{k_{J1}^2}{k_{J2}^2}\sigma_1^2\right)};$$

这时，(9.102)式成为

$$(\omega'^2 - k'^2 \mathbf{v}_s^2)\frac{\rho_{k'}'}{\rho_{02}} = -\frac{k_{J2}^2}{\omega_h^4} k'^2 \mathbf{v}_s^2 \int g_{k_2}^{T(+)} g_{k_3}^{T(-)} \delta(k' - k_2 - k_3) dk_2 dk_3 \qquad (9.107)$$

其中

$$\mathbf{v}_s^2 = \left(\frac{k_{J1}^2}{k_{J2}^2}\right)\sigma_1^2 = \frac{\rho_{01}}{\rho_{02}}\sigma_2^2; \qquad (9.108)$$

对(9.103)式取复共轭

$$(\mathbf{g}^{(+)})^* \exp(i\omega_h^* t) = \int_{\omega > 0} (\mathbf{g}_k^{T(+)})^* e^{i\omega t - i\mathbf{k}\cdot\mathbf{r}} dk$$

在右边做积分变量代换 $k = (\omega, \mathbf{k}) \to -k = (-\omega, -\mathbf{k})$，则

$$(\mathbf{g}^{(+)})^* \exp(i\omega_h^* t) = \int_{\omega < 0} (\mathbf{g}_{-k}^{T(+)})^* e^{-i\omega t + i\mathbf{k}\cdot\mathbf{r}} dk$$

这正好是负频场的时空包络：

$$\mathbf{g}^{(-)} \exp(i\omega_h^* t) = \int_{\omega < 0} \mathbf{g}_k^{T(-)} e^{-i\omega t + i\mathbf{k}\cdot\mathbf{r}} dk$$

因此，

$$(\mathbf{g}_{-k}^{T(+)})^* = \mathbf{g}_k^{T(-)}; \qquad (9.109)$$

把(9.109)式代入（9.107）式并进行 Fourier 变换,有

$$\left(\frac{\partial^2}{\partial t^2} - \mathbf{v}_s^2 \nabla^2\right)\left(-\frac{\rho'}{\rho_{02}}\right) = \frac{k_{J2}^2 \mathbf{v}_s^2}{\omega_h^4} \nabla^2 \left|\mathbf{g}^{(+)}\right|^2. \qquad (9.110)$$

引进无量纲变量：

$$\mathbf{r}' = \frac{2}{3}\sqrt{\mu}\frac{\sqrt{4\pi G\rho_{02}}}{\sigma_2}\mathbf{r}, \quad \tau = \frac{2}{3}\mu\sqrt{4\pi G\rho_{02}}t, \quad \mu = \frac{\rho_{01}}{\rho_{02}}, \qquad (9.111a)$$

$$\mathbf{g} = \frac{\sqrt{3}}{2\mathbf{v}_s\sqrt{4\pi G\rho_{02}}}\mathbf{g}^{T(+)}, \quad n = -\frac{3}{4\mu}\frac{\rho'}{\rho_{02}}, \qquad (9.111b)$$

这时，注意到 $\omega_h^2 = -4\pi G\rho_{02}$，　(9.105)式和(9.110)式可写为（以下略去 $\mathbf{r}'$ 中的撇号）(Li,1990)：

$$\frac{\partial \mathbf{g}}{\partial \tau} - \nabla^2 \mathbf{g} + n\mathbf{g} = 0 \,, \tag{9.112}$$

$$(\frac{\partial^2}{\partial \tau^2} - \nabla^2)n = \nabla^2 |\mathbf{g}|^2 \,. \tag{9.113}$$

非常有趣的是，我们可以把(9.112)式和(9.113)式与强朗缪尔湍动(这时, $\nabla \times \mathbf{E} = 0$)的 Zakharov (5.51)和(5.52)式相比较，

$$i\frac{\partial \mathbf{E}}{\partial \tau} - \nabla^2 \mathbf{E} + n\mathbf{E} = 0 \,,$$

$$(\frac{\partial^2}{\partial \tau^2} - \nabla^2)n = \nabla^2 |\mathbf{E}|^2$$

差别是在于出现虚数 $i$，它相应于等离子体中存在纯振荡波模，（$\mathrm{Re}\,\omega = \omega_{pe} \neq 0$）而在无碰撞引力系统中，如第三节所述，一般不存在纯振荡模。我们在后面 9.7 节中即将表明，对于引力系的流体模，不论是双成分还是单成分的,这时存在振荡波模,因此,出现虚数 $i$ 项,如所预期的那样。

## 9.5　引力塌缩和薄饼结构的形成

现在来研究非线性场方程的运动稳定问题。在静态极限下,对于亚"声速"运动,(9.113)式成为

$$n = -|\mathbf{g}|^2 \,; \tag{9.114}$$

这时(9.112)式成为

$$\frac{\partial \mathbf{g}}{\partial \tau} - \nabla^2 \mathbf{g} - \mathbf{g}|\mathbf{g}|^2 = 0 \,. \tag{9.115}$$

引进如下李雅普洛夫（Lyapunov）函数 $L$：

$$L = -|\nabla \cdot \mathbf{g}|^2 + \frac{1}{2}|\mathbf{g}|^4 \,, \tag{9.116}$$

我们就可以把(9.115)式写为

$$\frac{\partial \mathbf{g}}{\partial \tau} = \frac{\partial L}{\partial \mathbf{g}^*} - \partial_j \frac{\partial L}{\partial(\partial_j \mathbf{g}^*)} \,, \tag{9.117}$$

其中, $\partial_j \equiv \partial / \partial x_j$；函数 $L$ 对应的 "自由能" $\varepsilon$ 为

$$\varepsilon = -\int L \mathrm{d}\mathbf{r}\,, \qquad\qquad (9.118)$$

它的一级变分（例如对 $\mathbf{g}^* = \boldsymbol{\varphi}$ 场）是

$$\frac{\delta\varepsilon}{\delta\varphi_l} = -\int \mathrm{d}\mathbf{r}\left[\frac{\partial L}{\partial \varphi_l} - \partial_j \frac{\partial L}{\partial(\partial_j \varphi_l)}\right];$$

因而 $\delta\varepsilon = 0$ 导致(9.117)式右边为 0，即对应稳定情况：$\partial\mathbf{g}/\partial\tau = 0$；另外，(9.117)式两边对空间体积积分，我们看出，若

$$\delta^2\varepsilon < 0\,, \qquad\qquad (9.119a)$$

则

$$\frac{\partial}{\partial\tau}\int \delta\mathbf{g}\cdot\mathrm{d}\mathbf{r} > 0\,, \qquad\qquad (9.119b)$$

即对应于不稳定的场运动。

从(9.116)式，我们写下(9.115)式所具有的"自由能" $\varepsilon$

$$\varepsilon = \int [|\nabla\cdot\mathbf{g}|^2 - \frac{1}{2}|\mathbf{g}|^4]\mathrm{d}\mathbf{r}\,; \qquad\qquad (9.120)$$

研究"自由能"的二级变分问题。引进标度因子 $\lambda(t)$，并做如下标度变换：

$$\mathbf{r} = \frac{\mathbf{r}'}{\lambda(\tau)}\,, \quad \mathbf{g} = [\lambda(\tau)]^{\frac{3}{2}}\mathbf{g}'\,, \qquad\qquad (9.121)$$

这时，$\nabla = \lambda(\tau)\nabla'$，$\mathrm{d}\mathbf{r} = (\lambda(\tau))^{-3}\mathrm{d}\mathbf{r}'$，于是(9.120)式可写为

$$\varepsilon = \int [\lambda^2|\nabla\cdot\mathbf{g}'|^2 - \frac{1}{2}\lambda^3|\mathbf{g}'|^4]\mathrm{d}\mathbf{r}'\,; \qquad\qquad (9.122)$$

上式对参变量 $\lambda(t)$ 求导，有

$$\frac{\partial\varepsilon}{\partial\lambda(\tau)} = \int [2\lambda(\tau)|\nabla\cdot\mathbf{g}'|^2 - \frac{3}{2}\lambda^2(\tau)|\mathbf{g}'|^4]\mathrm{d}\mathbf{r}'\,,$$

令 $\dfrac{\partial\varepsilon}{\partial\lambda} = 0$，就得到能量 $\varepsilon$ 取极值时的 $\lambda_c$：

$$\lambda_c\int |\mathbf{g}'|^4\mathrm{d}\mathbf{r}' = \frac{4}{3}\int |\nabla'\cdot\mathbf{g}'|^2\mathrm{d}\mathbf{r}'\,; \qquad\qquad (9.123)$$

在此情况下，

$$\frac{\partial^2 \varepsilon}{\partial \lambda^2}\Big|_{\lambda=\lambda_c} = -\int 2\left|\nabla' \cdot \mathbf{g}'\right|^2 \mathrm{d}r' < 0. \tag{9.124}$$

这意味着，当 $\lambda$ 变化时，$\varepsilon$ 达到极大（在 $\lambda = \lambda_c$ 处）；而此种极大能量态当然是不稳定的。当 $\lambda$ 趋于 $\infty$ [这时由(9.121)式可知，$\mathbf{r} \to 0$，即对应于塌缩过程]，能量 $\varepsilon$ 不断变小，即向稳定态过渡。换句话说，运动将按标度律(9.121)式塌缩。

在一维情况下，可做如下标度变换：

$$x = \frac{x'}{\lambda(\tau)}, \qquad \mathbf{g} = \left[\lambda(\tau)\right]^{\frac{1}{2}} \mathbf{g}', \tag{9.125}$$

这时在 $\lambda = \lambda_c^0$ 处能量达到极值，而这个极值是极小值：

$$\frac{\partial^2 \varepsilon}{\partial \lambda^2}\Big|_{\lambda=\lambda_c^0} = \int 2\left|\frac{\partial \mathbf{g}'}{\partial x'}\right|^2 \mathrm{d}x' > 0. \tag{9.126a}$$

因而一维运动是稳定的。从上面讨论我们看到，三维的扰动场一定会发生塌缩，如果初始场沿 $\mathbf{k}$ 方向，也就是沿初始扰动场的方向塌缩时，由于(9.46b)式，

$$\mathbf{k} \times \mathbf{g}_{\mathbf{k}}^T = \mathbf{k} \times \delta\mathbf{g}_{\mathbf{k},\perp}^T = 0, \tag{9.126b}$$

即横向扰动 $\delta\mathbf{g}_{\mathbf{k},\perp}^T = 0$；换言之，这种塌缩是各向异性的；塌缩沿初始场方向进行下去，即横向塌缩是禁戒的。这就必然导致薄饼结构的形成；另一方面，塌缩时，按照标度律(9.121)式，场变强（$\mathbf{g}$ 变大），从(9.114)及(9.111b)式，质量密度扰动 $\dfrac{\rho'}{\rho_{02}}$ 将变大，因而导致塌缩形成的薄饼结构是扰动密度的薄饼状形成物。我们证明了，**大尺度非均匀都呈现为一种薄饼结构；对方程(9.112)～(9.113)数值模拟也表明了塌缩趋向和形成薄饼结构**(Li & Li,1992)。

在上面已经证明了，扰动场实际上会沿着一维塌缩，也就沿初始扰动场方向塌缩，这种塌缩一直进行，直至纵向轮廓近似地由如下一维形式的非线性方程所确定的形状为止（这时纵向扰动就趋于稳定了），

$$\frac{\partial \mathbf{g}}{\partial \tau} - \frac{\partial^2 \mathbf{g}}{\partial x^2} - n\mathbf{g} = 0, \tag{9.127}$$

$$\left(\frac{\partial^2}{\partial \tau^2} - \frac{\partial^2}{\partial x^2}\right)n = \frac{\partial^2}{\partial x^2}|\mathbf{g}|^2. \tag{9.128}$$

寻找一种行波解(参见 5.5 节)：$n = n(x - u_e\tau)$，这时(9.128)式

$$n = \beta |g|^2 , \quad \beta = \frac{1}{u_e^2 - 1} \quad , \tag{9.129}$$

代入(9.127)式，变成为

$$\frac{\partial g}{\partial \tau} - \frac{\partial^2 g}{\partial x^2} + \beta g |g|^2 = 0 ; \tag{9.130}$$

用两个实函数 $\Phi$ 和 $\eta$ 来表示 g：

$$g = \Phi e^{i\eta} , \tag{9.131}$$

把(9.131)式代入(9.130)式，就得到

$$\Phi \frac{\partial \eta}{\partial \tau} - 2 \left( \frac{\partial \Phi}{\partial x} \right) \left( \frac{\partial \eta}{\partial x} \right) - \Phi \left( \frac{\partial^2 \eta}{\partial x^2} \right) = 0 , \tag{9.132a}$$

$$\frac{\partial \Phi}{\partial \tau} - \frac{\partial^2 \Phi}{\partial x^2} - \Phi \left( \frac{\partial \eta}{\partial x} \right)^2 + \beta \Phi^3 = 0 ; \tag{9.132b}$$

设

$$\Phi = \Phi(x - u_e \tau) , \quad \eta = \eta(x - u_e \tau) , \tag{9.133}$$

则从(9.132)式可得

$$\frac{\partial \eta}{\partial x} = 0 , \tag{9.134}$$

$$\frac{\partial^2 \Phi}{\partial x^2} + u_e \frac{\partial \Phi}{\partial x} - \beta \Phi^3 = 0 ; \tag{9.135}$$

对于亚"声速"运动($|u_e| < 1$)，$\beta < 0$，令

$$\Phi = \left( \frac{u_e}{\sqrt{-\beta}} \right) \psi , \quad Z = -\frac{1}{u_e} e^{-u_e x} , \tag{9.136}$$

则(9.135)式变为 Lane－Emden 方程：

$$\frac{d^2 \psi}{dZ^2} = -\frac{\psi^3}{Z^2} , \tag{9.137}$$

它的解 $\psi$ 从中心向外渐次减小，并在

$$|Z| = 6.897$$

处出现零点，即 $\psi$ 的"界面"(Chandraseckhar，1939)。因此，对亚"声速"运动（$\beta < 0$），这种 pancake 的短轴尺度为

$$l_B = 2x \approx 2 \times \frac{\ln(6.9 |u_e|)}{|u_e|} . \tag{9.138}$$

回到有量纲单位[见(9.111)式]，并取 $u_e \sim 1$，上式成为

$$l_B = 3\sigma_2 \frac{2x/2}{\sqrt{4\pi G\rho_{01}}} = 21\left(\frac{\sigma_2}{3\times10^7}\right)\left(\frac{\rho_{01}}{10^{-30}}\right)^{-\frac{1}{2}}(\text{Mpc}),\qquad(9.139)$$

$\sigma_2$ 的单位是 cm/s，$\rho_{01}$ 单位是 $\text{g/cm}^3$；由于(9.129)式、(9.111b)第二式以及 $\beta < 0$，可见这种 Pancake 是物质聚集的结构（扰动质量密度 $\rho'/\rho_{02} > 0$）。此外，还存在一种尺度更大些的结构，它对应于 (9.138)式取极大的 $|u_e|$：$y' = -\ln(6.9x)/x^2 + 1/x^2 = 0$，即这时 $|u_e| = e/6.9 \approx 0.4$，它对应于这结构的极大尺度，据(9.138)式，为 $|x| = 2.54$；回到有量纲单位，为

$$l_D = 28\times\left(\frac{\sigma_2}{10^7}\right)\left(\frac{\rho_{01}}{10^{-30}}\right)^{-\frac{1}{2}}(\text{Mpc}).\qquad(9.140)$$

从上面可以看到，(9.139)式对应于相当大的 $|u_e| \sim 1$，也就是很为高涨的扰动密度形成的结构(作为"种子"，也即是密度高涨区)，而(9.140)式对应于较小的 $|u_e| \approx 0.4$，也即较低密度的结构；因而前者是亮结构而后者是暗黑结构。如果我们取 $\rho_{01} = 10^{-26}\,\text{g/cm}^3$，$\sigma_2 = 5\cdot10^7$ ($> \sigma_1 \sim 10^7\,\text{cm/s}$)，则由(9.139)式得

$$l_B = 1\text{Mpc};\qquad(9.141)$$

以及它的质量为

$$M_B = \frac{4\pi}{3}\left(\frac{l_B}{2}\right)^3\rho_{01} = 1.4\cdot10^{14}M_\odot$$

这正是星系团的典型值。

如果取 $\rho_{01} = 10^{-28}\,\text{g/cm}^3$，$\sigma_2 = 5\times10^7\,\text{cm/s}$，从(9.139)式可得

$$l_B = 10\text{Mpc},\qquad(9.142)$$

以及它的质量

$$M_B = \frac{\pi}{6}l_B^3\rho_{01} = 1.4\cdot10^{15}M_\odot$$

这也落在典型超团范围之内。

如果取 $\rho_{01} = 10^{-30} - 10^{-31}\,\text{g/cm}^3$，$\sigma_2 \sim 10^7\,\text{cm/s}$，从(9.140)式得

$$l_d = 30 - 100\text{Mpc},\qquad(9.143)$$

它和观测到的巨洞（Voids）尺度相一致。以上有关星系团和超团的质量

密度和不可视见的物质弥散的速度的取值，以及我们推算出来的尺度
(9.141)式、 (9.142)式值，都与 de Vaucouleur 给出的值相合（参见 Lang，
1974）。

## 9.6 自引力流体模的结构方程

在前面我们已经指出过，自引力系流体描述应该和动力学的情况不
同。重要的是，在流体情况下，允许有振荡的稳定模。为简单计，我们采
用单流体模型。包括压力项的流体中存在的波使"热"等离子体总是处于
不断的骚动中，引起密度和速度的脉动。在同时处理这种未扰和扰动成分
情况下，我们仍用双时标近似及量级分析方法，类似于 5.1 节所做的。我
们的出发方程是

$$\frac{\partial \rho}{\partial t} + \nabla \cdot (\rho \mathbf{v}) = 0, \tag{9.144}$$

$$\frac{\partial \mathbf{v}}{\partial t} + (\mathbf{v} \cdot \nabla) \mathbf{v} = \mathbf{g} + \mathbf{a} - \frac{1}{\rho} \nabla P, \tag{9.145}$$

$$\nabla \cdot \mathbf{g} = -4\pi G \rho, \tag{9.146}$$

$$\nabla \times \mathbf{g} = 0, \tag{9.147}$$

$$P = P(\rho). \tag{9.148}$$

方程中的物理量 $A$ 被分成快变部分 $A^f$ 和慢变部分 $A^s$，而快变量对慢时标
的平均为零：

$$A = (\rho, P, \mathbf{v}, \mathbf{g}) = A^s + A^f, \quad \langle A^f \rangle = 0 \ . \tag{9.149}$$

为了使未扰态满足基本方程，我们引入非引力加速度 $\mathbf{a}$，使得下式成立：

$$\mathbf{a} + \mathbf{g}^s = 0 ;$$

非引力加速度可以是云自转的离心加速度。通过连续方程(9.144)的平均和
相减，我们可以得到密度的快变部分和慢变部分演化方程

$$\frac{\partial \rho^s}{\partial t} + \nabla \cdot \left[ \rho^s \mathbf{v}^s + \langle \rho^f \mathbf{v}^f \rangle \right] = 0, \tag{9.150}$$

$$\frac{\partial \rho^f}{\partial t} + \nabla \cdot \left[ \rho^s \mathbf{v}^f + \rho^f \mathbf{v}^s + \rho^f \mathbf{v}^f - \langle \rho^f \mathbf{v}^f \rangle \right] = 0. \tag{9.151}$$

在第五章，我们已经说过，流体描述的适用范围是热速小于波的相速，
即，$\mathrm{v}_T \ll \mathrm{v}_\phi$，并且有序地慢运动速度一般总是小于热速：$|\mathbf{v}^s| < \mathrm{v}_T$ [参见

(5.15)], 对快变速度 $\mathbf{v}^f$, 情况亦然。因而, 在此情况下, 流体速度远远小于模的相速度, $\mathrm{v}=(\mathrm{v}^s,\mathrm{v}^f)\ll \mathrm{v}_\varphi\equiv\omega/k$, 并且, 可以假定, $|\mathbf{v}^s|\geqslant|\mathbf{v}^f|$; 而相速度可以是超声速的。如果我们考虑扰动的形式为 $e^{iz}$, 沿着 $x$ 轴方向, $z=x-Mt$, 其中 $M=\mathrm{v}_\varphi/c_s$。从下面的驱动方程(9.169), 我们得到 $M^2-1=|\mathbf{g}|^2/n$, 只要 $n>0$, 就出现 $M>1$, 虽然流体流速是远小于声速。我们有如下估计式,

$$\left|\frac{\nabla\cdot(\rho^f\mathbf{v}^f)}{\partial\rho^f/\partial t}\right|\sim\frac{k}{\omega}\mathrm{v}^f\sim\frac{\mathrm{v}^f}{\mathrm{v}_\phi}\ll 1,\tag{9.152a}$$

$$\left|\frac{\nabla\cdot(\rho^f\mathbf{v}^s)}{\partial\rho^f/\partial t}\right|\sim\frac{k}{\omega}\mathrm{v}^s\sim\frac{\mathrm{v}^s}{\mathrm{v}_\phi}\ll 1,\tag{9.152b}$$

于是, 方程(9.151)被简化为

$$\frac{\partial\rho^f}{\partial t}+\nabla\cdot(\rho^s\mathbf{v}^f)=0.\tag{9.153}$$

利用它, 可有如下估计式

$$\frac{\rho^f}{\rho^s}\sim\frac{\mathbf{k}}{\omega}\cdot\mathbf{v}^f\leqslant\frac{\mathrm{v}^f}{\mathrm{v}_\phi}\ll 1,\quad\left|\frac{\rho^f\mathrm{v}^f}{\rho^s\mathrm{v}^s}\right|\ll 1;\tag{9.154}$$

于是, 慢时标的连续方程(9.150)成为

$$\frac{\partial\rho^s}{\partial t}+\nabla\cdot(\rho^s\mathbf{v}^s)=0.\tag{9.155}$$

类似地, 分析方程(9.145), 比较各量级的大小, 我们得到快时标和慢时标的动量方程,

$$\frac{\partial\mathbf{v}^f}{\partial t}=\mathbf{g}^f-\frac{c_s^2}{\rho^s}\nabla\rho^f,\tag{9.156}$$

$$\frac{\partial\mathbf{v}^s}{\partial t}+(\mathbf{v}^s\cdot\nabla)\mathbf{v}^s=-\frac{c_s^2}{\rho^s}\nabla\rho^s-\frac{1}{2}\nabla\langle(\mathbf{v}^f)^2\rangle\tag{9.157}$$

其中 $c_s$ 是声速, 为简单起见, 假设它是常数。另一方面, 从方程(9.146)我们得到其快时标方程,

$$\nabla\cdot\mathbf{g}^f=-4\pi G\rho^f;\tag{9.158}$$

取上式对时间求导, 并利用(9.156)和(9.153) 式, 我们得到快时标运动方程

$$\frac{\partial^2 \mathbf{v}^f}{\partial t^2} - c_s^2 \nabla \left( \nabla \cdot \mathbf{v}^f \right) - \omega_0^2 \mathbf{v}^f - \omega_0^2 \mathbf{v}^f \left( \frac{\delta \rho}{\rho_0} \right) = 0; \tag{9.159}$$

在上面方程中，我们已令 $\rho^s = \rho_0 + \delta\rho$ ，其中 $\delta\rho$ 是慢时标密度的扰动；$\omega_0 = \sqrt{4\pi G \rho_0}$ 。将(9.155)和(9.157)式相对于 $\mathbf{v}$ 和 $\delta\rho$ 线性化，我们得到慢时标的运动方程，

$$\frac{\partial^2}{\partial t^2} \left( \frac{\delta \rho}{\rho_0} \right) + c_s^2 \nabla^2 \left( \frac{\delta \rho}{\rho_0} \right) + \frac{1}{2} \nabla^2 \left\langle \left( \mathbf{v}^f \right)^2 \right\rangle = 0. \tag{9.160}$$

这个方程被看作是由有质动力 $\nabla^2 \langle (\mathbf{v}^f)^2 \rangle / 2$ 引起的慢时标扰动密度的驱动方程(参见 5.1 节)。为了把(9.159)和(9.160)式变成包络方程，引进冯·德波尔(Van der pol)类型场[参见(5.44)式]，

$$\mathbf{v}^f = \frac{1}{2} \left[ \mathbf{v}(\mathbf{r},t) \exp(i\omega t) + \mathbf{v}^*(\mathbf{r},t) \exp(-i\omega t) \right], \tag{9.161}$$

$$\mathbf{g}^f = \frac{1}{2} \left[ \mathbf{g}(\mathbf{r},t) \exp(i\omega t) + \mathbf{g}^*(\mathbf{r},t) \exp(-i\omega t) \right], \tag{9.162}$$

其中 $\omega$ ，对稳定模，是实数，代表模的频率的主要部分，$\mathbf{v}(\mathbf{r},t)$ 和 $\mathbf{g}(\mathbf{r},t)$ 是慢变的振幅。另一方面，从方程(9.153)和(9.158)，我们可以得到 $\mathbf{v}^f$ 和 $\mathbf{g}^f$ 间的近似关系

$$\frac{\partial \mathbf{g}^f}{\partial t} \simeq \omega_0^2 \mathbf{v}^f; \tag{9.163}$$

于是我们有

$$\mathbf{v}(\mathbf{r},t) \simeq \frac{i\omega}{\omega_0^2} \mathbf{g}(\mathbf{r},t), \tag{9.164a}$$

以及[参见(5.45)式]

$$\left\langle \left( \mathbf{v}^f \right)^2 \right\rangle = \frac{1}{2} \left| \mathbf{v}(\mathbf{r},t) \right|^2 \simeq \frac{\omega^2}{2\omega_0^4} \left| \mathbf{g}(\mathbf{r},t) \right|^2. \tag{9.164b}$$

这样，方程(9.159)和(9.160)便成为

$$\frac{\partial^2 \mathbf{g}}{\partial t^2} + 2i\omega \frac{\partial \mathbf{g}}{\partial t} - c_s^2 \nabla^2 \mathbf{g} - \omega^2 \left( 1 + \alpha^2 \right) \mathbf{g} - \omega_0^2 \mathbf{g} \left( \frac{\delta \rho}{\rho_0} \right) = 0; \tag{9.165}$$

$$\frac{\partial^2}{\partial t^2} \left( \frac{\delta \rho}{\rho_0} \right) - c_s^2 \nabla^2 \left( \frac{\delta \rho}{\rho_0} \right) = \frac{\omega^2}{4\omega_0^4} \nabla^2 \left| \mathbf{g} \right|^2, \tag{9.166}$$

其中，$\alpha^2 = \omega_0^2 / \omega^2$，以及由于 $\mathbf{g}$ 是满足(9.147)式的纵场，$\nabla(\nabla \cdot \mathbf{g}) = \nabla^2 \mathbf{g}$；作下面的变换

$$\mathbf{g}' = \frac{\mathbf{g}}{4\omega_0 c_s}, \quad \mathbf{r}' = \frac{2\omega}{c_s}\mathbf{r}, \quad t' = 2\omega t, \quad n = \frac{\alpha^2}{4}\frac{\delta\rho}{\rho_0}, \tag{9.167}$$

并且由于 $\mathbf{g}(\mathbf{r}, t)$ 缓变，$\left|\partial \ln|\mathbf{g}|/\partial t\right| \ll \omega$，我们可以略去 $\partial^2 \mathbf{g}/\partial t^2$ 项，从而得到(略去撇号)(Li & Zhang, 1997)

$$i\frac{\partial \mathbf{g}}{\partial t} - \nabla^2 \mathbf{g} - \frac{1+\alpha^2}{4}\mathbf{g} - \mathbf{g}n = 0, \tag{9.168}$$

$$\left(\frac{\partial^2}{\partial t^2} - \nabla^2\right)n = \nabla^2 |\mathbf{g}|^2. \tag{9.169}$$

这就是在流体模情况下的自引力系统的结构方程。如果考虑到存在有暗物质情况下，这时应研究双成分流体；仍采用双时标近似，类似地，我们也可获得结构方程(9.168)和(9.169)，只不过其中的扰动密度是两成分密度扰动之和(Zhang & Li, 1995)。正如我们所预期的，在流体描述情况下，由于存在稳定模，结构方程(9.168)出现虚数项，与动力学情况的结构方程(9.112)很为不同。

引进如下拉氏密度(参见 5.3 节)

$$L = \frac{i}{2}\left[\frac{\partial \mathbf{g}^*}{\partial t} \cdot \mathbf{g} - \mathbf{g}^* \cdot \frac{\partial \mathbf{g}}{\partial t}\right] + \frac{1+\alpha^2}{4}|\mathbf{g}|^2 - |\nabla \cdot \mathbf{g}|^2 - \frac{1}{2}\left[\frac{\partial u}{\partial t} - |\mathbf{g}|^2\right]^2 + \frac{1}{2}(\nabla u)^2, \tag{9.170}$$

其中，

$$\frac{\partial u}{\partial t} = n + |\mathbf{g}|^2; \tag{9.171}$$

参照前面第五章的附录 B.2，很容易证明，相应于拉氏密度(9.170)的欧勒方程就是方程(9.168)～(9.169)；我们把这个证明留给读者去做。于是根据(5.58)、(5.62)和(5.64a)式，得到场结构方程(9.168)～(9.169)守恒的能—动量，角动量以及激元数：

$$H = \int\left[|\nabla \cdot \mathbf{g}|^2 - \frac{1+\alpha^2}{4}|\mathbf{g}|^2 - n|\mathbf{g}|^2 - \frac{1}{2}n^2 - \frac{1}{2}(\nabla u)^2\right]d^3\mathbf{r}, \tag{9.172}$$

$$\mathbf{P} = \int\left[-\frac{i}{2}\left(g_j \nabla g_j^* - g_j^* \nabla g_j\right) - n\nabla n\right]d^3\mathbf{r} \equiv \int \mathrm{P}d^3\mathbf{r}, \tag{9.173}$$

$$\mathbf{M} = \int\left[(\mathbf{r} \times \mathrm{P}) + i(\mathbf{g} \times \mathbf{g}^*)\right]d^3\mathbf{r}, \tag{9.174}$$

$$N = \int |\mathbf{g}|^2 \, \mathrm{d}^3\mathbf{r}. \tag{9.175}$$

注意:在自引力系统的流体描述框架下,我们同样获得了守恒量(9.175)式,和等离子体情况完全一样;因而,$N$ **也表示守恒的激元数**;并且引力系统也是中性的,故在引力等离子体情况下,也称其中的**元激发为引力等离激元,或等离激元**(Plasmons)。

现在来研究运动稳定性问题。在静态极限下,即方程(9.169)左边含时项可忽略,这时, $n = -|\mathbf{g}|^2$,为往后应用起见,我们令

$$n = \beta |\mathbf{g}|^2, \quad \bar{\alpha} = \frac{1+\alpha^2}{4} ; \tag{9.176}$$

这时,方程(9.168)变为

$$i \frac{\partial \mathbf{g}}{\partial t} - \nabla^2 \mathbf{g} - \bar{\alpha} \mathbf{g} - \beta \mathbf{g} |\mathbf{g}|^2 = 0 \quad ; \tag{9.177a}$$

在此情况下,相应的拉氏密度为

$$\mathrm{L} = \frac{i}{2} \left[ \frac{\partial \mathbf{g}^*}{\partial t} \cdot \mathbf{g} - \mathbf{g}^* \cdot \frac{\partial \mathbf{g}}{\partial t} \right] + \bar{\alpha} |\mathbf{g}|^2 - |\nabla \cdot \mathbf{g}|^2 + \frac{\beta}{2} |\mathbf{g}|^4. \tag{9.177b}$$

基于上面的拉氏密度,我们可以获得激元数、能—动量守恒的微分形式。根据 Noether 定理,激元数的守恒流为(参见第五章附录 B.6 节)

$$(\mathbf{J})_j \equiv (\mathbf{S})_j = i(\frac{\partial \mathrm{L}}{\partial \mathbf{g}_{x_j}} \cdot \mathbf{g} - \frac{\partial \mathrm{L}}{\partial \mathbf{g}_{x_j}^*} \cdot \mathbf{g}^*) = i(g_i \delta_{ij} \nabla_l g_l^* - g_i^* \delta_{ij} \nabla_l g_l)$$

$$= i(g_j \nabla_l g_l^* - g_j^* \nabla_l g_l), \quad J_0 = i(\frac{\partial \mathrm{L}}{\partial \mathbf{g}_t} \cdot \mathbf{g} - \frac{\partial \mathrm{L}}{\partial \mathbf{g}_t^*} \cdot \mathbf{g}^*) = |\mathbf{g}|^2,$$

其中,我们已略去了无关的任意常数;因此有

$$\frac{\partial |\mathbf{g}|^2}{\partial t} + \nabla \cdot \mathbf{S} = 0, \tag{9.178a}$$

$$\mathbf{S} = i(\mathbf{g} \nabla \cdot \mathbf{g}^* - \mathbf{g}^* \nabla \cdot \mathbf{g} ); \tag{9.178b}$$

动量的守恒流为(参见第五章附录 B.4 节)

$$\mathbf{T}_0 = -\frac{\partial L}{\partial \mathbf{g}_t} \cdot \nabla \mathbf{g} - \frac{\partial L}{\partial \mathbf{g}_t^*} \cdot \nabla \mathbf{g}^* = \frac{i}{2}(\mathbf{g}^* \cdot \nabla \mathbf{g} - \mathbf{g} \cdot \nabla \mathbf{g}^*) = \frac{i}{2}[(\mathbf{g}^* \cdot \nabla)\mathbf{g} - (\mathbf{g} \cdot \nabla)\mathbf{g}^*],$$

$$T_{ij} = L\delta_{ij} - \frac{\partial L}{\partial \mathbf{g}_{x_i}} \cdot \mathbf{g}_{x_j} - \frac{\partial L}{\partial \mathbf{g}_{x_i}^*} \cdot \mathbf{g}_{x_j}^* = L\delta_{ij} - \nabla_l g_l^* \delta_{ki} \nabla_j g_k - \nabla_l g_l \delta_{ki} \nabla_j g_k^*$$

$$= L\delta_{ij} - \nabla_l g_l^* \nabla_j g_i - \nabla_l g_l \nabla_j g_i^*,$$

因此, 动量守恒的微分形式为

$$\frac{\partial P_i}{\partial t} + \frac{\partial}{\partial x_j} G_{ij} = 0, \tag{9.179a}$$

$$P_i = \frac{S_i}{2} - \frac{\nabla \times (\mathbf{g} \times \mathbf{g}^*)_i}{2}, G_{ij} = -(L\delta_{ij} - \nabla_l g_l^* \nabla_j g_i - \nabla_l g_l \nabla_j g_i^*); \tag{9.179b}$$

而能量的守恒流为(参见第五章附录 B.4 节)

$$T_{00} = L - \frac{\partial L}{\partial \mathbf{g}_t} \cdot \mathbf{g}_t - \frac{\partial L}{\partial \mathbf{g}_t^*} \cdot \mathbf{g}_t^* = -\left(|\nabla \cdot \mathbf{g}|^2 - \bar{\alpha}|\mathbf{g}|^2 - \frac{\beta}{2}|\mathbf{g}|^4\right),$$

$$T_{i0} = -\frac{\partial L}{\partial \mathbf{g}_{x_i}} \cdot \mathbf{g}_t - \frac{\partial L}{\partial \mathbf{g}_{x_i}^*} \cdot \mathbf{g}_t^* = -\nabla_l g_l^* \delta_{ki} g_{t,k} - \nabla_l g_l \delta_{ki} g_{t,k}^* = -(\nabla_l g_l^* g_{t,i} + \nabla_l g_l g_{t,i}^*)$$

因此有如下能量守恒的微分形式

$$\frac{\partial E}{\partial t} + \nabla \cdot \mathbf{h} = 0, \tag{9.180a}$$

$$E = |\nabla \cdot \mathbf{g}|^2 - \bar{\alpha}|\mathbf{g}|^2 - \frac{\beta}{2}|\mathbf{g}|^4, \quad \mathbf{h} = (\nabla \cdot \mathbf{g}^*)\mathbf{g}_t + (\nabla \cdot \mathbf{g})\mathbf{g}_t^*. \tag{9.180b}$$

将微分形式对空间体积元 $d\mathbf{x} \equiv d^3\mathbf{r}$ 积分, 利用三维高斯定理, 考虑到场量在无限远处积分边界上趋于零, 即得到守恒的积分形式, 它们是:

$$\int |\mathbf{g}|^2 \, d^3\mathbf{r} = N, \tag{9.181}$$

$$\mathbf{P}_0 = \frac{i}{2} \int (g_i \nabla g_i^* - g_i^* \nabla g_i) d^3\mathbf{r}, \tag{9.182}$$

$$E_0 = \int \left[|\nabla \cdot \mathbf{g}|^2 - \bar{\alpha}|\mathbf{g}|^2 - \frac{\beta}{2}|\mathbf{g}|^4\right] d^3\mathbf{r}. \tag{9.183}$$

现在来引进任意函数 $f(\mathbf{x})$ 的空间平均( $\mathbf{x} = \mathbf{r}$ )

$$\langle f(\mathbf{x}) \rangle = \int f(\mathbf{x}) \frac{|\mathbf{g}|^2}{N} d^3\mathbf{r},$$

因而，利用(9.178a)，

$$\langle \mathbf{x} \rangle_t = \int \mathbf{x} \frac{|\mathbf{g}|_t^2}{N} \mathrm{d}^3 \mathbf{r} = -\int \mathbf{x} \frac{\nabla \cdot \mathbf{S}}{N} \mathrm{d}^3 \mathbf{r} = 2\frac{\mathbf{P}_0}{N} = \text{const.}; \tag{9.184}$$

上式最后一个等式是利用了分部积分以及(9.179b)式中第一式和(9.182)式的结果。非线性实体的尺度可以用如下平均量表征：

$$\langle \delta \mathbf{x}^2 \rangle = \int (\mathbf{x} - \langle \mathbf{x} \rangle)^2 \mathrm{d}^3 \mathbf{r} \frac{|\mathbf{g}|^2}{N};$$

写下它的二阶时间导数[注意到(9.184)式]，

$$\frac{\partial^2}{\partial t^2} \langle \delta \mathbf{x}^2 \rangle = \int 2(-\langle \mathbf{x} \rangle_t)^2 \mathrm{d}^3 \mathbf{r} \frac{|\mathbf{g}|^2}{N} +$$

$$\int 4(\mathbf{x} - \langle \mathbf{x} \rangle)(-\langle \mathbf{x} \rangle_t) \mathrm{d}^3 \mathbf{r} \frac{|\mathbf{g}|_t^2}{N} + \int (\mathbf{x} - \langle \mathbf{x} \rangle)^2 \mathrm{d}^3 \mathbf{r} \frac{|\mathbf{g}|_{tt}^2}{N};$$

右边第一项，利用(9.184)和(9.181)式，等于 $2(2\mathbf{P}_0 / N)^2$；右边第二项为 $-4(2\mathbf{P}_0 / N)^2$；展开第三项，由于

$$\int \langle \mathbf{x} \rangle^2 \mathrm{d}^3 \mathbf{r} \frac{|\mathbf{g}|_{tt}^2}{N} = \langle \mathbf{x} \rangle^2 \int \mathrm{d}^3 \mathbf{r} \frac{|\mathbf{g}|_{tt}^2}{N} = \langle \mathbf{x} \rangle^2 \frac{\partial^2}{\partial t^2} \int \mathrm{d}^3 \mathbf{r} \frac{|\mathbf{g}|^2}{N} = 0;$$

$$\langle \mathbf{x} \rangle \int \mathbf{x} \mathrm{d}^3 \mathbf{r} \frac{|\mathbf{g}|_{tt}^2}{N} = \langle \mathbf{x} \rangle \frac{\partial}{\partial t} \int \mathbf{x} \mathrm{d}^3 \mathbf{r} \frac{|\mathbf{g}|_t^2}{N} = -\langle \mathbf{x} \rangle \frac{\partial}{\partial t} \int \mathbf{x} \mathrm{d}^3 \mathbf{r} \frac{\nabla \cdot \mathbf{S}}{N}$$

$$= \langle \mathbf{x} \rangle \frac{\partial}{\partial t} \int \mathbf{S} \mathrm{d}^3 \mathbf{r} \frac{1}{N} = \langle \mathbf{x} \rangle \frac{1}{N} \frac{\partial \mathbf{P}_0}{\partial t} = 0$$

即有

$$\frac{\partial^2}{\partial t^2} \langle \delta \mathbf{x}^2 \rangle = \int \mathbf{x}^2 \mathrm{d}^3 \mathbf{r} \frac{|\mathbf{g}|_{tt}^2}{N} - 2\left(2\frac{\mathbf{P}_0}{N}\right)^2. \tag{9.185a}$$

在上式右边第一项，利用(9.178a)式，以 $-\nabla \cdot \mathbf{S}_t$ 代 $|\mathbf{g}|_{tt}^2$，并用分部积分，有

$$\int \mathbf{x}^2 \mathrm{d}^3 \mathbf{r} \frac{|\mathbf{g}|_{tt}^2}{N} = 2 \int \mathbf{x} \mathrm{d}^3 \mathbf{r} \frac{\mathbf{S}_t}{N} = 4\frac{1}{N} \int x_i \frac{\partial P_i}{\partial t} \mathrm{d}^3 \mathbf{r}$$

$$= -4\frac{1}{N} \int x_i \frac{\partial G_{ij}}{\partial x_j} \mathrm{d}^3 \mathbf{r} = 4\frac{1}{N} \int G_{ij} \delta_{ij} \mathrm{d}^3 \mathbf{r} = \frac{4}{N} \int G_{ii} \mathrm{d}^3 \mathbf{r}$$

上面式子已经利用了(9.179)式；由(9.179b)式，

$$G_{ii} = 2|\nabla \cdot \mathbf{g}|^2 - 3\left[\frac{i}{2}\left(\frac{\partial \mathbf{g}^*}{\partial t} \cdot \mathbf{g} - \mathbf{g}^* \cdot \frac{\partial \mathbf{g}}{\partial t}\right) + \bar{\alpha}|\mathbf{g}|^2 - |\nabla \cdot \mathbf{g}|^2 + \frac{\beta}{2}|\mathbf{g}|^4\right],$$

其中的含时项可通过方程(9.177a)化为空间导数项，

$$\frac{i}{2}\left(\frac{\partial \mathbf{g}^*}{\partial t}\cdot\mathbf{g}-\mathbf{g}^*\cdot\frac{\partial \mathbf{g}}{\partial t}\right) \propto -\frac{1}{2}[\mathbf{g}\cdot\nabla(\nabla\cdot\mathbf{g}^*)+\mathbf{g}^*\cdot\nabla(\nabla\cdot\mathbf{g})],$$

然后，对体积元积分，一次分部积分后，再一次利用场量及其导数在无限远处积分边界上趋于零的条件，可得

$$\int\frac{i}{2}\left(\frac{\partial \mathbf{g}^*}{\partial t}\cdot\mathbf{g}-\mathbf{g}^*\cdot\frac{\partial \mathbf{g}}{\partial t}\right)\mathrm{d}^3\mathbf{r}\propto|\nabla\cdot\mathbf{g}|^2;$$

因此，利用(9.183)式，

$$\frac{\partial^2}{\partial t^2}\langle\delta\mathbf{x}^2\rangle = \frac{4}{N}\int\mathrm{d}^3\mathbf{r}\left[2|\nabla\cdot\mathbf{g}|^2-3\bar{\alpha}|\mathbf{g}|^2-\frac{\beta}{2}|\mathbf{g}|^4\right]-2\left(\frac{2\mathbf{p}_0}{N}\right)^2$$

$$= 3\frac{4}{N}\mathrm{E}_o - \frac{4}{N}\int d^3\mathbf{r}|\nabla\cdot\mathbf{g}|^2 - 2\left(\frac{2\mathbf{p}_0}{N}\right)^2; \tag{9.185b}$$

对上式积分两次，可得

$$\langle\delta\mathbf{x}^2\rangle = At^2 + B_0 t + C_0 - \frac{4}{N}\int_0^t\mathrm{d}t_1\int_0^{t_1}\mathrm{d}tI(t), \tag{9.186}$$

式中，$B_0$ 和 $C_0$ 是任意积分常数；而

$$A = 12\frac{\mathrm{E}_o}{N} - 8\left(\frac{\mathbf{p}_0}{N}\right)^2, \quad I(t)=\int d^3\mathbf{r}|\nabla\cdot\mathbf{g}|^2. \tag{9.187}$$

注意到 $I(t)$ 是正定的，因而，在足够长的时间进程中，只要 $A<0$，$\langle\delta\mathbf{x}^2\rangle$ 将坍缩到一个很小的值，直到泵场变得太强，以致结构方程本身不再是正确为止。

至此，我们已经较为严格地证明了，在静态极限下($\beta=-1$)，场方程(9.177a)所描述的非线性实体具有坍缩行径。而且，类似于方程(8.35a)～(8.35b)，场方程(9.168)～(9.169)也具有调制不稳定，包括非静态极限在内，这种不稳定性的非线性发展就导致坍塌。由于纵场条件(9.147)式，即(9.126b)式，表明这种坍缩是各向异性的；坍缩沿初始场方向进行下去，即横向坍缩是禁戒的。因此，我们表明了，**无论是动力学描述还是流体模拟，自引力系的非线性实体，包括亮结构(物质稠密区)和暗结构(物质稀化区)，都会各向异性地坍塌，导致形成薄饼状结构。**

## 9.7　分子云塌缩谱

观测到的恒星形成发生在分子云复形中。现在人们普遍认为分子云复

形体系中高密度区的引力塌缩形成恒星,因此通过研究分子云复形中的空间结构便能了解恒星的形成过程。分子云复形中存在不同尺度的结构,从 9.0pc ～ 0.1pc ,而恒星形成发生在最小的尺度上。这说明分子云复形经历了一系列的碎裂过程。碎裂过程对恒星形成的重要性首先是由 Hoyle (1953) 和 von Weizsacker (1951)提出来的。Hoyle 认为分子云在塌缩过程中快速的冷却效应使得塌缩可以看作是等温的,而 Jeans 质量的下降使得原来的云分裂为几个次级的云,这些次级的云自己也要塌缩和碎裂,形成再下一级的云,这个过程将一直进行下去,直到形成恒星。基于 Hoyle 的主要思想,其他人提出了一些细节有所不同的模型,例如旋转为主的级联式碎裂过程 (Bodenheimer, 1978) 和吸积级联式过程(Larson, 1981)。von Weizsacker (1951) 也认为恒星形成是级联式碎裂过程的一部分,但他认为是湍流(因为估计星际介质的 Reynolds 数很大) 而不是引力引起碎裂。在他的模型中,引力的作用是在湍流的每个层次上提供密度扰动。另一种非常不同的级联式模型是由 Henriksen 和 Turner (1984)提出来的,这种模型仍然被称为湍流模型,在其中潮汐扭矩引起的角动量向大尺度的转移维持着自类似维里化的级联式过程。

因此,从历史上来说,人们关心的基本问题是级联式碎裂的具体过程。但在 20 世纪60～70 年代初这段时间内研究重点发生了转移。那时刚刚开始用分子谱线来研究恒星形成区域,由于积分时间的限制,只能分辨出一个层次的碎裂过程。在理论研究方面,注意力集中在二维或三维引力塌缩的数值模拟,但由于机时和空间分辨率的限制,也只能研究一个层次的碎裂过程。因此,虽然认为在较小尺度上次一级的碎裂过程也是可能的,但当时的理论研究越来越集中到去了解一次性的碎裂过程,人们认为巨分子云(尺度约为 20～9.0 pc)一次性地直接分裂成高密度的核,而对级联式的碎裂过程人们已经淡忘了。

现在,人们从理论和观测结果已经了解到级联式碎裂过程对理解恒星形成是非常重要的。首先,理论上认为所有的尺度是耦合在一起的,只有同时考虑所有的尺度才能了解恒星形成过程;数值计算的结果发现最后的过程对初始条件和边界条件比较敏感,也就是说依赖于较大尺度的结构(Scalo, 1985)。其次,在观测上,人们发现分子云复形确实看起来是级联式的。例如,金牛分子云复形是一个包含御夫座和英仙座的更大系统的一部分(Ungerechts & Thaddeus, 1986),而在金牛分子云中,有许许多多较小的结构，如 Heiles 2 云等，这些较小的云又碎裂成更小的云，这些更小的云中可能包含尺度为 0.01 pc 的结构 (Schneider & Elmegreen, 1978)。

对分子云复形中不同尺度的分子云观测结果显示其湍速度和湍密度与其尺度之间存在标度关系，即 $u_l \propto l^{0.5}$, $\rho_l \propto l^{-1}$ (Myers , 1983; Myers & Goodman, 1988; Scalo, 1990)，这里，湍速度 $u_l$ 和湍密度 $\rho_l$ 表示经过尺度 $l$ 后的相应增量，因而 $\rho_l$ 表示了密度的非均匀性。我们知道流体力学中有不可压湍流的 Komogolov 谱，$v_l \propto l^{1/3}$，这个谱反映了湍流的高度有序性(Klimontovich, 1991) 。因此，分子云的谱表明了分子云复形的级联式结构是某种单一物理过程的产物。Henriksen 等人把分子云复形看成是处于引力驱动的可压湍流状态，然后寻求满足以上标度关系的相应的解 (Henriksen & Turner, 1984; Henriksen, 1988; 1991; Lattanzio & Henriksen. 1991) 。他们用了两个基本的假设：① $\rho_l u_l^2 = $ const. ；②气体压缩的时标与 Jeans 时标相当 。事实上，他们的结果是直接从这两个假设得来的，他们对方程的处理只是说明了所需求得的标度关系是与方程相符的。因此，如何从方程直接出发推求分子云体系的标度关系，从而揭示其中重要的物理过程，依然是一个未解决的问题。

在本节中，我们将从对描述自引力系统非线性演化的场方程(9.168)～(9.169)分析中构造自类似的塌缩解，然后从这个塌缩解中得到可压湍流的谱。从我们的研究结果中可知，自引力系流体模的非线性效应导致的塌缩和碎裂可以解释观测到的分子云复形速度弥散和密度的标度关系，从而解释了分子云复形的级联式的结构。

从上一节，我们知道一个三维的系统会塌缩，而且塌缩是各向异性的，因此会形成薄饼状的结构。而对一些非线性发展方程研究得到的结论是：非线性演化往往趋向于某种自类似的方式(参见 8.4 节)。现在我们来寻求方程(9.168)和(9.169)的自类似解。假设非线性阶段系统已成薄饼状，这个薄饼的纵向和横向尺度分别为 $\xi$ 和 $R$ ，以及 $R \gg \xi$。令 $\mathbf{g} = \mathbf{a}e^{i\phi}$ ，把方程(9.168)和(9.169)分成实部和虚部，得到

$$\mathbf{a}\frac{\partial \varphi}{\partial t} + \nabla^2 \mathbf{a} - (\nabla \varphi)^2 \mathbf{a} + \frac{1+\alpha^2}{4}\mathbf{a} + \mathbf{a}n = 0, \tag{9.188}$$

$$\frac{\partial \mathbf{a}}{\partial t} - \mathbf{a}\nabla^2 \varphi - 2(\nabla \varphi \cdot \nabla)\mathbf{a} = 0, \tag{9.189}$$

$$\left(\frac{\partial^2}{\partial t^2} - \nabla^2\right)n = \nabla^2 a^2. \tag{9.190}$$

假设 $\phi$ 和 **a** 的特征时间和空间的标度为 $(\tau, \xi)$，对超声速运动 $(\tau \ll 1)$，我们就可以略去(9.110)式中的 $\nabla^2 n$ 项，这样(9.190)式表明

$$n \sim \frac{\tau^2}{\xi^2} a^2, \tag{9.191}$$

其中 $\tau = t_0 - t$，这里 $t_0$ 是坍缩终点，在接近这个终点，扰动场已变得非常强，以至 (9.168)式和(9.169)式已不成立。

对方程(9.188)和(9.189)进行量级分析，把各量换成它们的量级，成为

$$\frac{1}{\tau} \approx c_1 \frac{\varphi(\mathbf{y})}{\xi^2}, \quad [\mathbf{y} = \mathbf{y}(\xi, \tau)], \tag{9.192}$$

$$\frac{1}{\xi^2} \approx c_1' \frac{a^2 \tau^2}{\xi^2} + c_2' \frac{\varphi(\mathbf{y})}{\tau} + c_3' \frac{\varphi^2(\mathbf{y})}{\xi^2} + c_4' \frac{1+\alpha^2}{4}, \tag{9.193}$$

其中 $c_1, c_1', \cdots$ 是量级为 1 的常数。从(9.192)式得到

$$\varphi(\mathbf{y}) \approx c_2 \frac{\xi^2}{\tau}. \tag{9.194}$$

用 $\xi^2 / \tau^2$ 乘(9.193)式并利用(9.194)式，得到

$$\frac{1}{\tau^2} \approx \frac{1}{\tau^2} \left[ c_1' a^2 \tau^2 + c_2'' \frac{\xi^4}{\tau^4} \tau^2 + c_3'' \frac{1+\alpha^2}{4} \frac{\xi^2}{\tau^2} \tau^2 \right], \tag{9.195}$$

其中 $c_2''$ 和 $c_3''$ 也是量级为 1 的常数。如果在(9.195)式中后面两项达到平衡，则有

$$\xi \sim \tau \left(1 + \alpha^2\right)^{\frac{1}{2}}; \tag{9.196}$$

这时，对超声速坍缩，由(9.195)式得到

$$a \sim \frac{1}{\tau}. \tag{9.197}$$

另外，等离激元守恒式 (9.175) 给出 $a^2 \xi \pi R^2 = \text{const.}$，也就是

$$a\sqrt{\xi} R = \text{const.} \tag{9.198}$$

现在我们就来试图求得形式为

$$a = \tau^\mu F\left(\frac{\xi^\beta}{\tau}\right) \tag{9.199}$$

的坍缩解。这时，(9.197)和(9.198)式成为

$$\tau^{\mu+1} F\left(\frac{\xi^\beta}{\tau}\right) = \text{const.}; \quad \frac{\sqrt{\xi} R}{\tau} F\left(\frac{\xi^\beta}{\tau}\right) = \text{const.}$$

再考虑到方程(9.196)，我们有

$$\mu = -1, \beta = 1, R \sim \sqrt{\tau}.$$

因此，自类似解可以渐近地表示为

$$a \approx \frac{1}{\tau} F\left(\frac{\xi}{\tau}, \frac{R}{\sqrt{\tau}}\right), \tag{9.200}$$

其中，函数 $F$ 的形式由初始条件决定。

现在我们来求出自类似解(9.200)式所表征的弥散速度谱和密度谱。如同通常一样，假定沿着谱传输的能流是常数[参见(5.82)式]：

$$W_k \frac{\mathrm{d}k}{\mathrm{d}t(k)} = \text{const.} \tag{9.201}$$

其中 $W_k$ 是在湍流尺度范围 $(k, k + \mathrm{d}k)$ 的能量密度，能量传输时间标度与波数的关系, $\mathrm{d}t(k)$，由给定的尺度范围内的塌缩时间决定。塌缩主要发生的纵向，纵向塌缩导致横向尺度分裂并形成相关尺度为 $\xi$ 的结构。从自类似解(9.200)式得到

$$\xi \sim k^{-1} \sim \tau$$

也就是

$$\mathrm{d}t(k) \sim k^{-2}\mathrm{d}k. \tag{9.202}$$

于是从(9.201)式可得到惯性区的湍流谱

$$W_k \sim k^{-2}. \tag{9.203}$$

速度弥散 $u_k$ 与湍流谱 $W_k$ 的关系是 (Panchev, 1971; Dolotin & Fridman, 1990)

$$u_k^2 \sim \int_k^\infty W_k \mathrm{d}k,$$

从 (9.202)、 (9.203) 式可以得到 $u_k^2 \sim k^{-1}$，也就是(Li & Zhang, 1997)

$$u_l \sim l^{0.5}. \tag{9.204}$$

通过塌缩和碎裂的湍流级联过程使得宏观非均匀密度碎裂成小尺度扰动的密度场。密度的碎裂，导致非均匀性主要集中在小尺度扰动的测度范围。由于流体的湍性混合使得宏观密度的不均匀性应该看成是不同尺度扰动密度的平均。对我们关心的超声速运动，$n > 0$，于是有

$$\rho_l \sim \overline{\delta\rho_\xi} = \frac{1}{\xi_0 - l} \int_l^{\xi_0} \delta\rho_\xi \, \mathrm{d}\xi, \tag{9.205}$$

其中 $\xi_0$ 是云的特征尺度(潮汐瓦解尺度)，$\rho_l$ 是尺度为 $l$ 的湍密度，表示一种密度不均匀性。由(9.191) 和(9.197) 式得到

$$n \sim \delta\rho_\xi \sim \xi^{-2}. \tag{9.206}$$

于是从(9.205)式我们可以求得

$$\rho_l \sim l^{-1}. \tag{9.207}$$

这里我们已用了假设 $\xi_0 \gg l$。

另外，假如我们假设 Navier—Stokes 方程中的各项具有同样的量级，即有 $\mathrm{u}\nabla\mathrm{u} \sim g$，也就是 $\mathrm{u}_l^2 / l \sim l 4\pi G\rho_l$，则从(9.204)式，我们同样可以得到(9.207)式 (Fridman, 1988)。从(9.204)和(9.207)式得到

$$P = \rho_l \cdot \mathrm{u}_l^2 \sim \mathrm{const}..$$

这就是 Henrikson & Turner (1984)的假设。我们得到的 (9.204) 和 (9.207)式与观测到的速度弥散和湍密度与尺度的关系相符。在我们的理论中，**是纵向的不断塌缩引起了横向的不断碎裂，从而形成级联式的结构。粗略地讲，塌缩是由引力引起的，而碎裂是流体的湍流效应**，因此，级联式结构的形成是引力和流体力学效应共同作用的结果。

## 9.8   自引力薄盘中的自坍塌和自聚焦

宇宙中许多现象是与盘有关的。如扁平状的旋涡星系、原行星星云、土星环、薄饼形成物、吸积盘等。上面已经说过，三维的引力系统往往是不稳定的，最终会在某个方向上塌缩，成为薄饼状。因此，盘成为天体物理中许多模型的主要研究对象。为了研究这些盘模型的稳定性和演化，必须对模型进一步进行简化。其中普通的简化是考虑无限薄的盘，这使得理论分析成为可能(Vlasov, 1965)。

对于等离子体物理或者是自引力系统,粒子间相互作用依赖于距离而且相互作用范围比较大，在这种系统中，集体效应往往起着决定性作用。对集体过程的研究是等离子体物理的传统，而在天文学的许多领域是以对单个或几个物体的力学研究为传统方法的，因此等离子物理中的诸多思想和方法的引入，已使得对引力系统的研究开花结果，富有成效。当然，我们应该注意到，等离子体系统与引力系统也有不同，这个不同在于，引

力系统不存在屏蔽效应。

在本节中，我们将研究适合于无限薄盘自引力系统的动力学结构方程。然后在以下几节研究几种重要的自组织现象。相互作用的研究方向有两个：波—波相互作用和波—粒相互作用。动力论可以研究包括波—粒共振在内的相互作用(参阅 9.3 节)，而此刻采取的流体模只局限于研究波-波相互作用。在下面，我们将推导在自引力均匀旋转无限薄盘内其扰动所满足的方程。首先我们把描述盘的流体力学方程纳入哈密顿正则体系，然后利用哈密顿正则方程来研究波—波相互作用，最后得出描述具有窄波包形态的扰动的振幅方程，即非线性实体的结构方程。

### 9.8a 动力学结构方程

考虑无限薄自引力盘，它以平行于 $z$ 轴的角速度 $\mathbf{\Omega}$ 均匀旋转。在以 $\mathbf{\Omega}$ 旋转的坐标系中，这个盘的动力学可以用下面的流体力学方程来描述：

$$\frac{\partial \sigma}{\partial t} + \nabla \cdot (\sigma \mathbf{v}) = 0, \tag{9.208}$$

$$\frac{\partial \mathbf{v}}{\partial t} + (\mathbf{v} \cdot \nabla)\mathbf{v} + 2\mathbf{\Omega} \times \mathbf{v} = -\frac{1}{\sigma}\nabla P + \mathbf{g} + \Omega^2 \mathbf{r}, \tag{9.209}$$

$$\mathbf{g} = -\nabla \Phi, \quad \nabla \times \mathbf{g} = 0, \tag{9.210a}$$

$$\nabla^2 \Phi + \frac{\partial^2 \Phi}{\partial z^2} = 4\pi G \sigma \delta(z), \tag{9.210b}$$

其中 $\sigma$ 是面密度，$\Phi$ 是引力势，所有的矢量值和算符都是指在 $(x,y)$ 平面内的量。

盘的未扰基态 $(\mathbf{v} = 0)$ 满足

$$\Omega^2 \mathbf{r} = \nabla \Phi_0 + \frac{1}{\sigma_0}\nabla P_0, \tag{9.211a}$$

$$\nabla^2 \Phi_0 = 4\pi G \sigma_0. \tag{9.211b}$$

由(9.211b)式可求得势：

$$\Phi = -G \int \frac{\sigma(\mathbf{r}')}{|\mathbf{r} - \mathbf{r}'|}d\mathbf{r}; \tag{9.212}$$

物态方程假设为

$$P = \kappa \sigma^{\gamma}, \tag{9.213}$$

其中压力 $P$ 只作用于盘平面。把面密度分解基态量和扰动量

$$\sigma = \sigma_0 + \tau \quad , \quad \left( \left| \tau/\sigma_0 \right| \ll 1 \right) ;$$

利用基态方程(9.211a)，方程(9.209)右边可写成

$$-\nabla \left\{ \frac{\gamma}{\gamma - 1} \kappa \left[ (\sigma_0 + \tau)^{\gamma - 1} - \sigma_0^{\gamma - 1} \right] \right\} + \nabla \left[ G \int \frac{\tau(\mathbf{r}')}{|\mathbf{r} - \mathbf{r}'|} d\mathbf{r}' \right] ;$$

从而(9.209)式成为

$$\frac{\partial \mathbf{v}}{\partial t} + (\mathbf{v} \cdot \nabla)\mathbf{v} + 2\mathbf{\Omega} \times \mathbf{v} = -\nabla \frac{\delta E}{\delta \tau} , \qquad (9.214)$$

其中

$$E = \frac{1}{2} \int c_s^2 d\mathbf{r} \left( \frac{\tau^2}{\sigma_0} + \frac{\gamma - 2}{3} \frac{\tau^3}{\sigma_0^2} + \cdots \right) - \frac{G}{2} \int \frac{\tau(\mathbf{r})\tau(\mathbf{r}')}{|\mathbf{r} - \mathbf{r}'|} d\mathbf{r} d\mathbf{r}' , \qquad (9.215)$$

上式中，$c_s$ 为声速，$c_s = (\kappa \gamma \sigma_0^{\gamma - 1})^{1/2}$。我们看到 $E$ 中不包含 Fridman & Polyachenko (1984) 所说的常数项和发散积分项。

以 $\mathbf{v}^2/2$ 乘（9.208）式和以 $\sigma \mathbf{v}$ 乘(9.214)式并相加，注意 $(\mathbf{v} \cdot \nabla)\mathbf{v} = \nabla(\mathbf{v}^2/2) - \mathbf{v} \times \nabla \times \mathbf{v}$，我们有

$$\frac{\partial}{\partial t} \frac{\sigma \mathbf{v}^2}{2} + \nabla \cdot \left( \frac{\sigma \mathbf{v}^2}{2} \mathbf{v} \right) = -\sigma \mathbf{v} \cdot \nabla \frac{\delta E}{\delta \tau} = -\nabla \cdot \left( \sigma \mathbf{v} \frac{\delta E}{\delta \tau} \right)$$

$$-\frac{\delta E}{\delta \tau} \frac{\partial \sigma}{\partial t} = -\nabla \cdot \left( \sigma \mathbf{v} \frac{\delta E}{\delta \tau} \right) - \frac{\delta E}{\delta \tau} \frac{\partial}{\partial t} \frac{\tau}{}$$

利用高斯定理，我们马上得到

$$\frac{\partial}{\partial t} H = 0 , \qquad (9.216a)$$

其中 $H$ 是哈密顿量，

$$H = \int \frac{1}{2} \sigma \mathbf{v}^2 d\mathbf{r} + E . \qquad (9.216b)$$

这里，我们指出在 Churilov & Shukman (1981) 的研究中 (9.209)式中的离心力项被略去，因为这一项在他们的不正确的计算中会产生发散积分项。实际上，发散积分项不会出现。

对 (9.208)～(9.210) 式线性化，例如，对(9.210b)式，

$$\nabla^2 \Phi_1 + \frac{\partial^2 \Phi_1}{\partial Z^2} = 4\pi G \sigma_1 \delta(z) ,$$

它不同于9.1节中的三维泊松方程(9.5c); 写成柱坐标形式，并运用 WKB 近似，$kr \gg 1$，略去对 $r$ 的一次导数项，其中 $k$ 为如下平面波形式的扰动的波数，

$$\tau \propto \tilde{\tau} \exp(-i\omega t + i\mathbf{k} \cdot \mathbf{r}),$$

我们有

$$\frac{\partial^2 \Phi_1}{\partial r^2} + \frac{\partial^2 \Phi_1}{\partial z^2} = 4\pi G \sigma_1 \delta(z);$$

上式第一项是 $-k^2 \Phi_1$; 对 $z \neq 0$，可积分，成为

$$\Phi_+ = \Phi_{1,z>0} = \Phi_1(r,t)e^{-kz}, \quad \Phi_- = \Phi_{1,z<0} = \Phi_1(r,t)e^{kz}, \quad (k>0);$$

再对上面的方程积分，

$$\frac{\partial^2}{\partial r^2} \int_{-0}^{+0} \Phi_1 \mathrm{d}z + \frac{\partial \Phi_1}{\partial z}\bigg|_{-0}^{+0} = 4\pi G \sigma_1;$$

由于

$$\int_{-0}^{+0} \Phi_1 \mathrm{d}z = \int_{-0}^{0} \Phi_1 \mathrm{d}z + \int_{0}^{+0} \Phi_1 \mathrm{d}z = \Phi_1(r,t)\left[\int_{-0}^{0} e^{kz}\mathrm{d}z + \int_{0}^{+0} e^{-kz}\mathrm{d}z\right] = 0,$$

以及 $(\partial\Phi_+/\partial z)_{z=0} = -k\Phi_1$, $(\partial\Phi_-/\partial z)_{z=0} = k\Phi_1$，即有

$$\Phi_1 = -\frac{2\pi G}{k}\sigma_1; \tag{9.217a}$$

再假设基态面密度 $\sigma_0$ 缓变 $k \gg (\partial/\partial r)\ln\tau$，利用(9.217a)式，类似于获得三维的色散关系(9.6)式，我们亦得到：

$$\omega_k^2 = 4\Omega^2 + k^2 c_s^2 - 2\pi G\sigma_0 k. \tag{9.217b}$$

在大多数情况下，扰动的哈密顿量[参见(9.216b)式]的物理含意是相当介质中的波能量，这时对线性色散关系有

$$\omega_k^2 \geqslant 0,$$

它正好是盘稳定的条件。从它和(9.217b)式可以得出盘稳定的条件是(Binney & Tremaine, 1987)

$$Q \equiv 2c_s\Omega/\pi G\sigma_0 \geqslant 1. \tag{9.218}$$

利用19世纪Clebch对速度场引进的变换，我们可把速度场写为

$$\mathbf{v} = \frac{\lambda}{\sigma}\nabla\mu + \nabla\varphi - \mathbf{\Omega}\times\mathbf{r}, \tag{9.219}$$

其中$\lambda$和$\mu$就是Clebsch变量，这两个变量的引进对正压流体是合适的。利用Clebsch变量，以及变量$\varphi$，我们可以改写动量方程(9.214)。首先按(9.219)式计算$\partial\mathbf{v}/\partial t$，它是

$$\frac{\partial}{\partial t}\mathbf{v} = \frac{\lambda}{\sigma}\nabla\left(\frac{\partial}{\partial t}\mu\right) + \frac{1}{\sigma}(\nabla\mu)\frac{\partial}{\partial t}\lambda + \nabla\frac{\partial}{\partial t}\varphi + \frac{\lambda}{\sigma^2}(\nabla\mu)\nabla\cdot\sigma\mathbf{v}, \tag{9.220a}$$

上式最后一项中利用了连续性方程(9.208)；按(9.219)式，

$$(2\mathbf{\Omega}+\nabla\times\mathbf{v})\times\mathbf{v} = -\mathbf{v}\times\left(\nabla\frac{\lambda}{\sigma}\times\nabla\mu\right) = -\left(\nabla\frac{\lambda}{\sigma}\right)(\mathbf{v}\cdot\nabla\mu) + \nabla\mu\left(\mathbf{v}\cdot\nabla\frac{\lambda}{\sigma}\right);$$

$$\tag{9.220b}$$

(9.220a)式中最后一项与(9.220b)式右边的项合并为

$$-\left(\nabla\frac{\lambda}{\sigma}\right)(\mathbf{v}\cdot\nabla\mu) + \nabla\mu\left(\mathbf{v}\cdot\nabla\frac{\lambda}{\sigma}\right) + \frac{\lambda}{\sigma^2}(\nabla\mu)\nabla\cdot\sigma\mathbf{v}$$

$$= -\nabla\left(\frac{\lambda}{\sigma}\mathbf{v}\cdot\nabla\mu\right) + \frac{\lambda}{\sigma}\nabla(\mathbf{v}\cdot\nabla\mu) + \frac{\nabla\mu}{\sigma}\nabla\cdot\lambda\mathbf{v};$$

因此，(9.214)式可写为

$$\nabla\left[\frac{\partial\varphi}{\partial t} + \frac{\mathbf{v}^2}{2} + \frac{\delta E}{\delta\tau} - \frac{\lambda}{\sigma}(\mathbf{v}\nabla)\mu\right] + \frac{\lambda}{\sigma}\nabla\left[\frac{\partial\mu}{\partial t} + (\mathbf{v}\nabla)\mu\right] + \frac{\nabla\mu}{\sigma}\left[\frac{\partial}{\partial t}\lambda + \nabla\cdot\lambda\mathbf{v}\right] = 0, \tag{9.220c}$$

明显地，从上式看出，动量方程与以下方程等价：

$$\frac{\partial\varphi}{\partial t} + \frac{\mathbf{v}^2}{2} + \frac{\delta E}{\delta\tau} - \frac{\lambda}{\sigma}(\mathbf{v}\nabla)\mu = 0, \tag{9.221a}$$

$$\frac{\partial\mu}{\partial t} + (\mathbf{v}\nabla)\mu = 0, \quad \frac{\partial}{\partial t}\lambda + \nabla\cdot\lambda\mathbf{v} = 0. \tag{9.221b}$$

写下哈密顿量的变分$\delta H$，它是由$\delta\mu, \delta\varphi, \delta\lambda$以及$\delta\sigma = \delta\tau$变化引起的：

$$\delta H = \int\sigma'\mathbf{v}'\cdot\delta\mathbf{v}'\mathrm{d}\mathbf{r}' + \frac{\delta E}{\delta\tau}\delta\tau + \int\delta\tau'\frac{1}{2}(\mathbf{v}')^2\mathrm{d}\mathbf{r}' \equiv \delta H_1 + \delta H_2$$

其中，

$$\delta\mathbf{v} = \frac{\lambda}{\sigma}\nabla(\delta\mu) + \nabla(\delta\varphi) + \nabla\mu(\frac{\delta\lambda}{\sigma} - \frac{\lambda}{\sigma}\frac{\delta\tau}{\sigma});$$

直接求泛函导数，例如，

$$\frac{\delta H}{\delta \varphi} = \int \sigma' \mathbf{v}' \cdot \nabla' \delta \varphi' \mathrm{d} \mathbf{r}' / \delta \varphi = -\int \nabla' \cdot (\sigma' \mathbf{v}') \frac{\delta \varphi'}{\delta \varphi} \mathrm{d} \mathbf{r}'$$

$$= -\int \nabla' \cdot (\sigma' \mathbf{v}') \delta (\mathbf{r}' - \mathbf{r}) \mathrm{d} \mathbf{r}' = -\nabla \cdot (\sigma \mathbf{v}),$$

$$\frac{\delta H_1}{\delta \tau} = -\int \sigma' \mathbf{v}' \cdot \nabla' \mu' \frac{\delta \tau'}{\sigma'} \frac{\lambda'}{\sigma'} \mathrm{d} \mathbf{r}' / \delta \tau = -\frac{\lambda}{\sigma} \mathbf{v} \cdot \nabla \mu,$$

其中，我们利用了泛函导数等同(identity)关系的性质：$\delta f(x') / \delta f(x)$；$= \delta (x' - x)$ 因此，方程(9.208)和(9.221)[它与动量方程(9.214)等价]可以写成如下的形式

$$\frac{\partial \tau}{\partial t} = \frac{\delta H}{\delta \varphi}, \qquad \frac{\partial \varphi}{\partial t} = -\frac{\delta H}{\delta \tau}, \tag{9.222a}$$

$$\frac{\partial \lambda}{\partial t} = \frac{\delta H}{\delta \mu}, \qquad \frac{\partial \mu}{\partial t} = -\frac{\delta H}{\delta \lambda}. \tag{9.222b}$$

很清楚，$\tau, \varphi$ 以及 $\lambda, \mu$ 是成对的正则共轭变量。至此，我们已把感兴趣问题的流体动力学纳入了哈密顿系统。因为(9.219)式中显含坐标，我们需要做一个正则变换将其变换掉。这个正则变换分两步进行(Churilov & Shukman, 1981)。第一步，令

$$\lambda = \sqrt{\frac{\sigma}{2}} (\lambda' + \mu'), \quad \mu = \frac{1}{\sqrt{2\sigma}} (\mu' - \lambda'), \quad \varphi = \varphi' + \frac{\lambda'^2 - \mu'^2}{4\sigma},$$

使得 Clebsh 变量对称化，然后第二步，令

$$\lambda' = \lambda'' + \sqrt{2\Omega\sigma} y, \quad \mu' = \mu'' - \sqrt{2\Omega\sigma} x, \quad \varphi' = \varphi'' - \sqrt{\frac{\Omega}{2\sigma}} (x\lambda'' + y\mu''),$$

从而消去 $\mathbf{\Omega} \times \mathbf{r}$。这样在新的正则变量 $\lambda'', \mu'', \varphi''$ 下哈密顿正则方程不变，而此时,可直接计算得到 $\mathbf{v}$,

$$\mathbf{v} = \frac{\lambda'' \nabla \mu'' - \mu'' \nabla \lambda''}{2\sigma} - \sqrt{\frac{2\Omega}{\sigma}} (\lambda'' e_x + \mu'' e_y) + \nabla \varphi'', \tag{9.223a}$$

其中 $e_x$ 和 $e_y$ 是沿 $x$ 轴和 y 轴的单位矢量。在下面的讨论中的为方便起见我们略去 $\lambda'', \mu'', \varphi''$ 上标的撇号。不难证明，Fourier变换是正则的。事实上，利用二维的如下傅氏变换

$$\varphi(\mathbf{r}, t) = \frac{1}{2\pi} \int \varphi_{\mathbf{k}} e^{i\mathbf{k} \cdot \mathbf{r}} \mathrm{d} \mathbf{k},$$

以及其逆变换，

$$\varphi_{\mathbf{k}} = \frac{1}{2\pi} \int \varphi e^{-i\mathbf{k} \cdot \mathbf{r}} \mathrm{d} \mathbf{r},$$

我们可以构造第二类母函数

$$\Phi(q, P, t) \Rightarrow \Phi(q, P, t) = \int \varphi_{\mathbf{k}}^{*} \tau_{\mathbf{k}} \mathrm{d}\mathbf{k}, \tag{9.223b}$$

其中，函数 $\varphi(\mathbf{r}, t)$ 及 $\tau(\mathbf{r}, t)$ 假定是一对正则变量，由傅氏变换，$\tau_{\mathbf{k}}$ 是 $\tau$ 的泛函；于是，

$$\frac{\delta\Phi}{\delta\tau} = \int \varphi_{\mathbf{k}}^{*} \frac{\delta\tau_{\mathbf{k}}}{\delta\tau} \mathrm{d}\mathbf{k} = \int \varphi_{\mathbf{k}}^{*} \mathrm{d}\mathbf{k} \left[ \frac{1}{2\pi} \int \frac{\delta\tau'}{\delta\tau} e^{-\mathbf{k}\cdot\mathbf{r}'} \mathrm{d}\mathbf{r}' \right]$$

$$= \frac{1}{2\pi} \int \varphi_{\mathbf{k}}^{*} \mathrm{d}\mathbf{k} e^{-\mathbf{k}\cdot\mathbf{r}} = \varphi(\mathbf{r}, t),$$

在上面利用了 $\varphi_{\mathbf{k}}^{*} = \varphi_{-\mathbf{k}}$ [参见(1.23)式]；此外，明显地有，$\frac{\delta\Phi}{\delta\varphi_{\mathbf{k}}^{*}} = \tau_{\mathbf{k}}$；因此，$\varphi_{\mathbf{k}}^{*}$ 和 $\tau_{\mathbf{k}}$ 是一对新的正则变量。而由于母函数不显含时间，因而新哈密顿不变。因此对Fourier变量，有

$$\frac{\partial \tau_{\mathbf{k}}}{\partial t} = \frac{\delta H}{\delta \varphi_{\mathbf{k}}^{*}}, \quad \frac{\partial \varphi_{\mathbf{k}}}{\partial t} = -\frac{\delta H}{\delta \tau_{\mathbf{k}}^{*}}, \tag{9.224a}$$

$$\frac{\partial \lambda_{\mathbf{k}}}{\partial t} = \frac{\delta H}{\delta \mu_{\mathbf{k}}^{*}}, \quad \frac{\partial \mu_{\mathbf{k}}}{\partial t} = -\frac{\delta H}{\delta \lambda_{\mathbf{k}}^{*}}; \tag{9.224b}$$

进一步引入正则变换，

$$\tau_{\mathbf{k}}^{*} = \frac{k\sigma_{0}^{1/2}}{(2\omega_{\mathbf{k}})^{1/2}}(a_{-\mathbf{k}} + a_{\mathbf{k}}^{*}), \quad \varphi_{\mathbf{k}}^{*} = -i\frac{\omega_{\mathbf{k}}^{2} - 4\Omega^{2}}{(2\sigma_{0})^{1/2}k\omega_{\mathbf{k}}^{3/2}}(a_{-\mathbf{k}} - a_{\mathbf{k}}^{*}),$$

$$\mu_{\mathbf{k}}^{*} = -\frac{\Omega^{1/2}}{k\omega_{\mathbf{k}}^{3/2}}\left\{ (2\Omega k_{y} - i\omega_{\mathbf{k}}k_{x})a_{-\mathbf{k}} - (2\Omega k_{y} + i\omega_{\mathbf{k}}k_{x})a_{\mathbf{k}}^{*} \right\}, \tag{9.224c}$$

$$\lambda_{\mathbf{k}}^{*} = -\frac{\Omega^{1/2}}{k\omega_{\mathbf{k}}^{3/2}}\left\{ (2\Omega k_{x} + i\omega_{\mathbf{k}}k_{y})a_{-\mathbf{k}} - (2\Omega k_{x} - i\omega_{\mathbf{k}}k_{y})a_{\mathbf{k}}^{*} \right\},$$

在新的规范(normal)变量 $a_{-\mathbf{k}}, a_{\mathbf{k}}^{*}$ 下，我们可以把哈密顿方程(9.224)化为

$$\frac{\partial a_{\mathbf{k}}}{\partial t} = -i\frac{\delta H}{\delta a_{\mathbf{k}}^{*}}. \tag{9.225}$$

事实上，从上面的正则变换可以看出，所有正则变量都是规范变量的线性函数，故可写为

$$\tau_{\mathbf{k}}^{*} = \tau_{1}a_{-\mathbf{k}} + \tau_{2}a_{\mathbf{k}}^{*}, \quad \varphi_{\mathbf{k}}^{*} = \varphi_{1}a_{-\mathbf{k}} + \varphi_{2}a_{\mathbf{k}}^{*},$$

$$\mu_{\mathbf{k}}^{*} = \mu_{1}a_{-\mathbf{k}} - \mu_{2}a_{\mathbf{k}}^{*}, \quad \lambda_{\mathbf{k}}^{*} = \lambda_{1}a_{-\mathbf{k}} - \lambda_{2}a_{\mathbf{k}}^{*};$$

以 $\varphi_2, (-\tau_2)$ 分别乘(9.224a)式的第一和第二式以及用 $(-\mu_2), \lambda_2$ 乘(9.224b)式的第一和第二式，并相加，得到

$$A\frac{\partial a_k}{\partial t} = \frac{\delta H}{\delta \varphi_k^*}\varphi_2 + \frac{\delta H}{\delta \tau_k^*}\tau_2 - \frac{\delta H}{\delta \mu_k^*}\mu_2 - \frac{\delta H}{\delta \lambda_k^*}\lambda_2 = \frac{\delta H}{\delta a_k^*},$$

其中，$A = \tau_1\varphi_2 - \tau_2\varphi_1 - \lambda_1\mu_2 + \mu_1\lambda_2$，根据上面的正则变换式，很容易计算 $A$，得到 $A = i$。

下面写出哈密顿量的各级项，为不偏离本书的主题，我们不给出计算，有兴趣的读者可参阅文献(Fridman & Polyachenko, 1984)有关部分。扰动场的哈密顿量中的二次项为

$$H^{(2)} = \int \omega_k a_k a_k^* \mathrm{d}k, \tag{9.226}$$

并代表了波能量；我们立即看到，规范变量 $a_k$ 表征波内的场，类似于电磁现象的电场[参见5.3节中(5.64b)式]，或者，$|a_k|^2$ 为波粒数。$H$ 中的高次项表征了波之间的相互作用，其中三次项和四次项

$$H^{(3)} = \int \mathrm{d}k\mathrm{d}\mathbf{k}_1\mathrm{d}\mathbf{k}_2 \left(\frac{1}{3} V_{\mathbf{k}\mathbf{k}_1\mathbf{k}_2} a_k a_{k_1} a_{k_2} \delta(k + k_1 + k_2) + \right.$$

$$\left. V_{\mathbf{k}\mathbf{k}_1\mathbf{k}_2}^* a_k^* a_{k_1} a_{k_2} \delta(k - k_1 - k_2) + c.c. \right), \tag{9.227}$$

$$H^{(4)} = \int \mathrm{d}k\mathrm{d}\mathbf{k}_1\mathrm{d}\mathbf{k}_2\mathrm{d}\mathbf{k}_3 \left[ W_{\mathbf{k}\mathbf{k}_1\mathbf{k}_2\mathbf{k}_3} a_k a_{k_1} a_{k_2} a_{k_3} \delta(k_1 + k_2 + k_3 + k) + \right.$$

$$4W_{\mathbf{k}\mathbf{k}_1\mathbf{k}_2\mathbf{k}_3}^* a_k^* a_{k_1} a_{k_2} a_{k_3} \delta(k - k_1 - k_2 - k_3) +$$

$$\left. 3W_{\mathbf{k}\mathbf{k}_1\mathbf{k}_2\mathbf{k}_3} a_k^* a_{k_1}^* a_{k_2} a_{k_3} \delta(k + k_1 - k_2 - k_3) + c.c. \right]. \tag{9.228}$$

其中 $V_{\mathbf{k}\mathbf{k}_1\mathbf{k}_2}, W_{\mathbf{k}\mathbf{k}_1\mathbf{k}_2\mathbf{k}_3}$ 等为相互作用的矩阵元。精确到 $H^{(4)}$，(9.225)式为

$$\frac{\partial a_k}{\partial t} + i\omega_k a_k = -i\int \mathrm{d}\mathbf{k}_1\mathrm{d}\mathbf{k}_2 \left[ V_{\mathbf{k}\mathbf{k}_1\mathbf{k}_2}^* a_{k_1} a_{k_2} \delta(k - k_1 - k_2) + \right.$$

$$2V_{\mathbf{k}\mathbf{k}_1\mathbf{k}_2} a_{k_1}^* a_{k_2} \delta(k + k_1 - k_2) + V_{\mathbf{k}\mathbf{k}_1\mathbf{k}_2}^* a_{k_1}^* a_{k_2}^* \delta(k + k_1 + k_2) \Big] -$$

$$i\int \mathrm{d}\mathbf{k}_1\mathrm{d}\mathbf{k}_2\mathrm{d}\mathbf{k}_3 \left[ 4W_{\mathbf{k}\mathbf{k}_1\mathbf{k}_2\mathbf{k}_3}^* a_{k_1} a_{k_2} a_{k_3} \delta(k - k_1 - k_2 - k_3) + \right.$$

$$6(W_{\mathbf{k}\mathbf{k}_1\mathbf{k}_2\mathbf{k}_3} + W_{\mathbf{k}\mathbf{k}_1\mathbf{k}_2\mathbf{k}_3}^*) a_{k_1}^* a_{k_2} a_{k_3} \delta(k + k_1 - k_2 - k_3) +$$

$$12W_{\mathbf{k}\mathbf{k}_1\mathbf{k}_2\mathbf{k}_3}a_{\mathbf{k}_1}a_{\mathbf{k}_2}^*a_{\mathbf{k}_3}^*\delta(\mathbf{k}-\mathbf{k}_1+\mathbf{k}_2+\mathbf{k}_3)+$$

$$4W_{\mathbf{k}\mathbf{k}_1\mathbf{k}_2\mathbf{k}_3}^*a_{\mathbf{k}_1}^*a_{\mathbf{k}_2}^*a_{\mathbf{k}_3}^*\delta(\mathbf{k}+\mathbf{k}_1+\mathbf{k}_2+\mathbf{k}_3)\big];\tag{9.229}$$

对三波相互作用来说，必须满足下面的共振条件：

$$\omega_{\mathbf{k}_1}+\omega_{\mathbf{k}_2}=\omega_{\mathbf{k}},\quad \mathbf{k}=\mathbf{k}_1+\mathbf{k}_2$$

或者

$$\omega_{\mathbf{k}_1}+\omega_{\mathbf{k}_2}+\omega_{\mathbf{k}}=0,\quad \mathbf{k}+\mathbf{k}_1+\mathbf{k}_2=0;$$

如果以上共振条件不能满足，则三波共振被禁戒，我们需要考虑四波相互作用。对于下面考虑的波包的自调制恰好是这种情况。

把 $a_{\mathbf{k}}$ 分为快变部分 $f_{\mathbf{k}}$ 和慢变部分 $S_{\mathbf{k}}$，

$$a_{\mathbf{k}}=(f_{\mathbf{k}}+S_{\mathbf{k}})e^{-i\omega_{\mathbf{k}}t},\quad |f_{\mathbf{k}}|\ll|S_{\mathbf{k}}|,\tag{9.230}$$

方程(9.229)中的快变部分给出(只计及正比 $S_{\mathbf{k}}$ 的二次项的主项)，

$$\frac{\partial f_{\mathbf{k}}}{\partial t}=-i\int d\mathbf{k}_1 d\mathbf{k}_2\left\{V_{\mathbf{k}\mathbf{k}_1\mathbf{k}_2}^*S_{\mathbf{k}_1}S_{\mathbf{k}_2}\exp\big[i(\omega_{\mathbf{k}}-\omega_{\mathbf{k}_1}-\omega_{\mathbf{k}_2})t\big]\delta(\mathbf{k}-\mathbf{k}_1-\mathbf{k}_2)+\right.$$

$$2V_{\mathbf{k}\mathbf{k}_1\mathbf{k}_2}S_{\mathbf{k}_1}^*S_{\mathbf{k}_2}\exp\big[i(\omega_{\mathbf{k}}+\omega_{\mathbf{k}_1}-\omega_{\mathbf{k}_2})t\big]\delta(\mathbf{k}+\mathbf{k}_1-\mathbf{k}_2)+$$

$$\left.V_{\mathbf{k}\mathbf{k}_1\mathbf{k}_2}^*S_{\mathbf{k}_1}^*S_{\mathbf{k}_2}^*\exp\big[i(\omega_{\mathbf{k}}+\omega_{\mathbf{k}_1}+\omega_{\mathbf{k}_2})t\big]\delta(\mathbf{k}+\mathbf{k}_1+\mathbf{k}_2)\right\},$$

我们看到，由于不满足三波共振条件，上式被积函数指数项是快振荡项；积分上式，由于 $S$ 缓变，可假定积分时间内不变，故有

$$f_{\mathbf{k}}=-\int d\mathbf{k}_1 d\mathbf{k}_2\left\{\frac{V_{\mathbf{k}\mathbf{k}_1\mathbf{k}_2}^*S_{\mathbf{k}_1}S_{\mathbf{k}_2}}{\omega_{\mathbf{k}}-\omega_{\mathbf{k}_1}-\omega_{\mathbf{k}_2}}\exp\big[i(\omega_{\mathbf{k}}-\omega_{\mathbf{k}_1}-\omega_{\mathbf{k}_2})t\big]\delta(\mathbf{k}-\mathbf{k}_1-\mathbf{k}_2)+\right.$$

$$\frac{V_{\mathbf{k}\mathbf{k}_1\mathbf{k}_2}S_{\mathbf{k}_1}^*S_{\mathbf{k}_2}}{\omega_{\mathbf{k}}+\omega_{\mathbf{k}_1}-\omega_{\mathbf{k}_2}}\exp\big[i(\omega_{\mathbf{k}}+\omega_{\mathbf{k}_1}-\omega_{\mathbf{k}_2})t\big]\delta(\mathbf{k}+\mathbf{k}_1-\mathbf{k}_2)+$$

$$\left.\frac{V_{\mathbf{k}\mathbf{k}_1\mathbf{k}_2}^*S_{\mathbf{k}_1}^*S_{\mathbf{k}_2}^*}{\omega_{\mathbf{k}}+\omega_{\mathbf{k}_1}+\omega_{\mathbf{k}_2}}\exp\big[i(\omega_{\mathbf{k}}+\omega_{\mathbf{k}_1}+\omega_{\mathbf{k}_2})t\big]\delta(\mathbf{k}+\mathbf{k}_1+\mathbf{k}_2)\right\};$$

利用上式，方程(9.229)中最慢变的部分，即正比于 $S_{\mathbf{k}}$ 的三次项，为

$$\frac{\partial S_{\mathbf{k}}}{\partial t} = -i \int T_{\mathbf{k}\mathbf{k}_1\mathbf{k}_2\mathbf{k}_3} S_{\mathbf{k}_1}^* S_{\mathbf{k}_2} S_{\mathbf{k}_3} \exp\left[i(\omega_{\mathbf{k}} + \omega_{\mathbf{k}_1} - \omega_{\mathbf{k}_2} - \omega_{\mathbf{k}_3})t\right] \times$$

$$\delta(\mathbf{k} + \mathbf{k}_1 - \mathbf{k}_2 - \mathbf{k}_3)\mathrm{d}\mathbf{k}_1\mathrm{d}\mathbf{k}_2\mathrm{d}\mathbf{k}_3, \qquad (9.231a)$$

其中

$$T_{\mathbf{k}\mathbf{k}_1\mathbf{k}_2\mathbf{k}_3} = -2\frac{V_{\mathbf{k}\mathbf{k}_1(-\mathbf{k}-\mathbf{k}_1)}^* V_{(-\mathbf{k}_2-\mathbf{k}_3)\mathbf{k}_2\mathbf{k}_3}}{\omega_{\mathbf{k}_2+\mathbf{k}_3} + \omega_{\mathbf{k}_2} + \omega_{\mathbf{k}_3}} - 4\frac{V_{\mathbf{k}\mathbf{k}_2(\mathbf{k}-\mathbf{k}_2)}^* V_{(\mathbf{k}_3-\mathbf{k}_1)\mathbf{k}_1\mathbf{k}_3}}{\omega_{\mathbf{k}_1-\mathbf{k}_3} + \omega_{\mathbf{k}_1} - \omega_{\mathbf{k}_3}} -$$

$$2\frac{V_{\mathbf{k}\mathbf{k}_2(\mathbf{k}+\mathbf{k}_2)}^* V_{(\mathbf{k}_3+\mathbf{k}_1)\mathbf{k}_1\mathbf{k}_3}}{\omega_{\mathbf{k}_2+\mathbf{k}_3} - \omega_{\mathbf{k}_2} - \omega_{\mathbf{k}_3}} - 4\frac{V_{\mathbf{k}\mathbf{k}_3(\mathbf{k}_3-\mathbf{k})} V_{(\mathbf{k}_1-\mathbf{k}_2)\mathbf{k}_1\mathbf{k}_2}^*}{\omega_{\mathbf{k}_1-\mathbf{k}_2} + \omega_{\mathbf{k}_2} - \omega_{\mathbf{k}_1}} + 6(W_{\mathbf{k}\mathbf{k}_1\mathbf{k}_2\mathbf{k}_3} + W_{\mathbf{k}\mathbf{k}_1\mathbf{k}_2\mathbf{k}_3}^*).$$

$$(9.231b)$$

我们看到，实际上四波相互作用方程(9.231)的矩阵元分为两部分，一部分是由两个虚三波过程组成，另一部分是单个顶点的四波过程。事实上，在后面的计算中我们发现，由虚波联系的两个三波过程组成的两顶点过程将是主要的四波相互作用(如图9-1所示)。

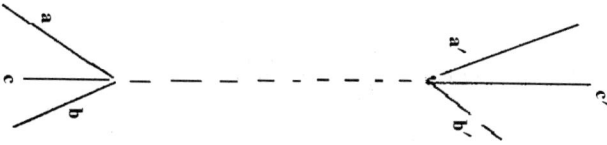

图 9-1

考虑中心波数 $\mathbf{k}_0$ 的窄波包：

$$\mathbf{q} = \mathbf{k} - \mathbf{k}_0, \quad |\mathbf{q}| \ll k_0$$

波频 $\omega_{\mathbf{k}}$ 可在 $\mathbf{k}_0$ 展开：

$$\omega_{\mathbf{k}} = \omega_{\mathbf{k}_0} + \mathbf{q} \cdot \left(\frac{\partial \omega_{\mathbf{k}}}{\partial \mathbf{k}}\right)_{\mathbf{k}_0} + \frac{1}{2}\left(\frac{\partial^2 \omega_{\mathbf{k}}}{\partial k_\alpha \partial k_\beta}\right)_{\mathbf{k}_0} q_\alpha q_\beta + \cdots;$$

在四波共振情况下，(9.231a)式的被积函数的指数项，由于在 $\mathbf{k}_0$ 展开后变为正比窄波包宽度的小项，略去它们，故为 1 。令

$$A_{\mathbf{k}} = S_{\mathbf{k}} \exp\left\{-i\left[\mathbf{q} \cdot \left(\frac{\partial \omega_{\mathbf{k}}}{\partial \mathbf{k}}\right)_{\mathbf{k}_0} + \frac{1}{2}\left(\frac{\partial^2 \omega_{\mathbf{k}}}{\partial k_\alpha \partial k_\beta}\right)_{\mathbf{k}_0} q_\alpha q_\beta\right]t\right\} \equiv S_{\mathbf{k}} e^{i(\omega_{\mathbf{k}_0} - \omega_{\mathbf{k}})t}, \quad (9.232)$$

从(9.231a)式得到

$$\frac{\partial A_{\mathbf{k}}}{\partial t} + i\left[\mathbf{v}_g \cdot \mathbf{q} + \frac{1}{2}D_{ij}q_i q_j\right]A_{\mathbf{k}}$$

$$= -iT\int A_{\mathbf{k}_1}^* A_{\mathbf{k}_2} A_{\mathbf{k}_3}\delta(\mathbf{k} + \mathbf{k}_1 - \mathbf{k}_2 - \mathbf{k}_3)\mathrm{d}\mathbf{k}_1 \mathrm{d}\mathbf{k}_2 \mathrm{d}\mathbf{k}_3 , \qquad (9.233)$$

其中

$$\mathbf{v}_g = \left(\frac{\partial \omega_{\mathbf{k}}}{\partial \mathbf{k}}\right)_{\mathbf{k}_0} , \quad D_{ij} \equiv \left(\frac{\partial^2 \omega_{\mathbf{k}}}{\partial k_i \partial k_j}\right)_{\mathbf{k}_0} , \quad T = T_{\mathbf{k}_0 \mathbf{k}_0 \mathbf{k}_0} ;$$

由于窄波包近似，在上式已用 $T_{\mathbf{k}_0 \mathbf{k}_0 \mathbf{k}_0}$ 取代 $T_{\mathbf{k}\mathbf{k}_1\mathbf{k}_2\mathbf{k}_3}$；又因为

$$\frac{\partial^2 \omega}{\partial k_i \partial k_j} = \frac{\partial}{\partial k_i}\left(\frac{\partial \omega}{\partial k}\frac{\partial k}{\partial k_j}\right) = \frac{\partial}{\partial k_i}\left(\frac{\partial \omega}{\partial k}\frac{k_j}{k}\right) = \frac{\partial}{\partial k}\left(\frac{\partial \omega}{\partial k}\frac{k_j}{k}\right)\frac{\partial k}{\partial k_i}$$

$$= \left(\frac{\partial^2 \omega}{\partial k^2}\frac{k_j}{k} + \frac{\partial \omega}{\partial k}\frac{\partial}{\partial k}\frac{k_j}{k}\right)\frac{\partial k}{\partial k_i} = \frac{\partial^2 \omega}{\partial k^2}\frac{k_j k_i}{k} + \frac{\partial \omega}{k\partial k}\left(\delta_{ij} - \frac{k_i k_j}{k^2}\right),$$

因而有

$$D_{ij} = \mathbf{v}_g' \frac{k_{0i}k_{0j}}{k_0^2} + \frac{\mathbf{v}_g}{k_0}\left(\delta_{ij} - \frac{k_{0i}k_{0j}}{k_0^2}\right), \qquad (9.234)$$

即有

$$D_{ij}q_i q_j = \frac{\mathbf{v}_g}{k_0}q_\perp^2 + \mathbf{v}_g' q_\parallel^2 ,$$

$$\mathbf{v}_g' = \left(\frac{\partial \mathbf{v}_g}{\partial k}\right)_{\mathbf{k}_0} , \quad q_\parallel = \frac{\mathbf{q}\cdot\mathbf{k}_0}{k_0}, \quad q_\perp^2 = q^2 - q_\parallel^2 ;$$

将(9.233)式乘于 $e^{i\mathbf{q}\cdot\mathbf{r}}$ 并对 $\mathbf{q}$ 积分得

$$i\left(\frac{\partial A}{\partial t} + (\mathbf{v}_g \cdot \nabla)A\right) + \frac{1}{2}\frac{\mathbf{v}_g}{k_0}\nabla_\perp^2 A + \frac{1}{2}\mathbf{v}_g'\nabla_\parallel^2 A - (2\pi)^2 TA|A|^2 = 0 , \qquad (9.235a)$$

其中

$$A(\mathbf{r},t) = \frac{1}{2\pi}\int A_{\mathbf{q}}e^{i\mathbf{q}\cdot\mathbf{r}}\mathrm{d}\mathbf{q} ; \qquad (9.235b)$$

(9.235a)式就是所要求的波包自调制的非线性抛物型方程。

此外，从(9.230)式和(9.232)式有

$$a_{\mathbf{k}} \approx S_{\mathbf{k}}e^{-i\omega_{\mathbf{k}}t} = A_{\mathbf{k}}e^{-i\omega_{\mathbf{k}_0}t} ;$$

然后从(9.224c)式可得

358

$$\tau = \int \frac{k\sqrt{\sigma_0}}{\sqrt{2\omega_\mathbf{k}}}(a_\mathbf{k} + a_{-\mathbf{k}}^*)e^{i\mathbf{k}\cdot\mathbf{r}}\frac{\mathrm{d}\mathbf{k}}{2\pi} = \mathrm{Re}\left\{2\sqrt{\sigma_0}\int\frac{k}{\sqrt{2\omega_\mathbf{k}}}a_\mathbf{k}e^{i\mathbf{k}\cdot\mathbf{r}}\frac{\mathrm{d}\mathbf{k}}{2\pi}\right\} = \mathrm{Re}\,\tilde\tau,$$

(9.236a)

其中

$$\tilde\tau = 2\sqrt{\sigma_0}\int\frac{k}{\sqrt{2\omega_\mathbf{k}}}A_\mathbf{k}e^{i(\mathbf{k}\cdot\mathbf{r}-\mathbf{k}_0\cdot\mathbf{r})+i\mathbf{k}_0\cdot\mathbf{r}}e^{-i\omega_{\mathbf{k}_0}t}\frac{\mathrm{d}\mathbf{k}}{2\pi}$$

$$\approx \frac{\sqrt{2\sigma_0}}{\sqrt{\omega_{\mathbf{k}_0}}}k_0e^{i(\mathbf{k}_0\cdot\mathbf{r}-\omega_{\mathbf{k}_0}t)}\int\frac{\mathrm{d}\mathbf{q}}{2\pi}A_\mathbf{q}e^{i\mathbf{q}\cdot\mathbf{r}} = A(\mathbf{r},t)\frac{\sqrt{2\sigma_0}}{\sqrt{\omega_{\mathbf{k}_0}}}k_0e^{i(\mathbf{k}_0\cdot\mathbf{r}-\omega_{\mathbf{k}_0}t)};\quad (9.236\mathrm{b})$$

如果将 $\mathbf{k}_0$ 方向选为 $x$ 轴方向，则(9.235a)式成为

$$i\left(\frac{\partial A}{\partial t} + \mathrm{v_g}\frac{\partial A}{\partial x}\right) + \frac{1}{2}\mathrm{v_g'}\frac{\partial^2 A}{\partial x^2} + \frac{1}{2}\frac{\mathrm{v}_g}{k_0}\nabla_\perp^2 A - (2\pi)^2 TA|A|^2 = 0. \tag{9.237}$$

在这里，我们采用**局域近似**(local approximation)，即略去很小的曲率项；这种近似被成功地运用于研究星系结构( Toomre, 1981)、行星环( Goldreich & Tremaine, 1978)和磁流体吸积盘( Balbus & Hawley, 1998)。在此近似下，引进局部笛卡尔坐标(Toomre, 1969)，则可将(9.237)式改写为 $r,\theta$ 坐标下的方程。局部笛卡尔坐标的变化方式如下：

$$\frac{\partial}{\partial x} = \frac{\partial}{\partial r}\ ,\quad \nabla_\perp \equiv \frac{\partial}{\partial \mathrm{y}} = \frac{1}{r}\frac{\partial}{\partial\theta},$$

这样，我们就得到

$$i\left(\frac{\partial A}{\partial t} + \mathrm{v_g}\frac{\partial A}{\partial r}\right) + \frac{1}{2}\mathrm{v_g'}\frac{\partial^2 A}{\partial r^2} + \frac{1}{2}\frac{\mathrm{v}_g}{k_0}\frac{1}{r^2}\frac{\partial^2 A}{\partial\theta^2} - (2\pi)^2 TA|A|^2 = 0. \tag{9.238}$$

如果包络场 $A$ 可以表为，

$$A = A(\xi),\quad \xi = kr - m\theta$$

则(9.238)式可化为

$$i\left(\frac{\partial A}{\partial t} + k\mathrm{v_g}\frac{\partial A}{\partial\xi}\right) + \frac{1}{2}\mathrm{v_g'}k^2\frac{\partial^2 A}{\partial\xi^2} + \frac{1}{2}\frac{\mathrm{v}_g}{k_0}\frac{m^2}{r^2}\frac{\partial^2 A}{\partial\xi^2} - (2\pi)^2 TA|A|^2 = 0. \tag{9.239}$$

此外，如果 $k_0$ 位于色散曲线极小附近，这时波易激发，那么 $\mathrm{v_g}/k_0\,\mathrm{v_g'} \ll 1$；并且利用WKB近似，即 $m^2/k^2r^2 \ll 1$；在此情况下，与第三项比较，可略去上式左边第四项，则有

$$i\left(\frac{\partial A}{\partial t}+k\mathrm{v_g}\frac{\partial A}{\partial \xi}\right)+\frac{1}{2}\mathrm{v}_g'k^2\frac{\partial^2 A}{\partial \xi^2}-(2\pi)^2 TA|A|^2=0\,. \tag{9.240}$$

下面几节中我们将给出本节得出的非线性抛物型方程在天体物理中的应用。

### 9.8b 猎户 $A$ 分子云碎片周期分布及旋臂结构

有报道(Dutrey *et al.*, 1991; Barry *et al.*, 1991)显示，猎户 $A$ 分子云的条状结构分裂成为规则分布的碎片，这些碎片间的距离约为 1 pc。我们知道，引力盘中的非线性相互作用会导致自组织现象。初始均匀的扰动在非线性理论中是不稳定的，将出现空间上的自聚焦和自调制。这样，有限振幅的扰动就有可能形成规则的密度结构，从而能够解释猎户 $A$ 分子云中的碎片规则分布结构(Li & Zhang, 1994)。

旋涡星系的结构是宇宙中比较奇特而壮观的景象，虽然在20世纪60～70年代对这个奇特现象的研究已有了较大的进展，但是对旋涡结构的起源和维持问题还没有解决 (Fridman & Polyachenko,1984)。旋涡结构的线性密度波的解释是由Lin & Shu (1964) 提出来的，这个理论虽富有成效，但也有其致命的弱点。主要的困难在于 Lin 和 Shu 的密度波的波包会在径向传输，在不到一个星系年龄内就抵达星系中心，遭受到强的吸收，从而是不稳定的。另一种与 Lin 和 Shu 准静态波包不同的理论是认为旋涡密度波起源于稳定模(Kalnajs, 1970)，这个理论虽然比较自然但却与观测不太相符。以上这些理论之所以还不能完全使人满意，可能是由于其只是线性的理论，没有考虑到非线性。在本节，基于非线性的考虑，我们提出了旋涡星系旋臂起源的另一种可能的机制(Li & Zhang, 1994)。

我们认为在猎户 $A$ 分子云规则分布的碎片的结构可由引力盘模型中的自聚焦和自调制现象来解释，出发方程是(9.237)。在方程中把 $A=\psi e^{i\theta}$ 代入并分解出实部和虚部：

$$\frac{\partial\theta}{\partial t}+\mathrm{v_g}\frac{\partial\theta}{\partial x}+\frac{1}{2}\mathrm{v}_g'\left(\frac{\partial\theta}{\partial x}\right)^2+\frac{\mathrm{v_g}}{k_0}(\nabla_\perp\theta)^2+[(2\pi)^2 T]\psi^2-$$
$$\frac{\mathrm{v}_g'}{2\psi}\frac{\partial^2\psi}{\partial x^2}-\frac{\mathrm{v_g}}{2k_0\psi}\nabla_\perp^2\psi=0, \tag{9.241a}$$

$$\frac{\partial\psi^2}{\partial t}+\mathrm{v_g}\frac{\partial\psi^2}{\partial x}+\mathrm{v}_g'\frac{\partial}{\partial x}\left(\frac{\partial\theta}{\partial x}\psi^2\right)+\frac{\mathrm{v_g}}{k_0}\nabla_\perp\cdot(\psi^2\nabla_\perp\theta)=0\,; \tag{9.241b}$$

考虑下面类型的初始波

$$\psi_0 e^{-i\theta_0 t}, \quad \theta_0 = [(2\pi)^2 T]\psi_0^2$$

这是方程(9.241)的精确解。假如叠加上一个扰动，

$$\psi_1 = \psi - \psi_0, \quad \theta_1 = \theta - \overline{\theta}_0, \quad (\overline{\theta}_0 = -\theta_0 t)$$

$$(\psi_1, \theta_1) \propto \exp\left[-i\tilde{\Omega}t + i\tilde{\mathbf{k}} \cdot \mathbf{r}\right]$$

把它们代入方程(9.241)，并线性化，可得

$$\tilde{\Omega} = \tilde{k}_x \mathrm{v}_g \pm \sqrt{L\{L + 2[(2\pi)^2 T]\psi_0^2\}}, \tag{9.242a}$$

其中

$$L = \frac{\mathrm{v}_g}{2k_0}\tilde{k}_\perp^2 + \frac{1}{2}\mathrm{v}_g'\tilde{k}_x^2; \tag{9.242b}$$

因此，假如

$$\tilde{k}_\perp \gg \left(\frac{k_0 \mathrm{v}_g'}{\mathrm{v}_g}\right)^{1/2}\tilde{k}_x, \tag{9.242c}$$

则当($T < 0$，见后面)

$$\tilde{k}_\perp^2 < \frac{1}{\mathrm{v}_g}4k_0\psi_0^2[-(2\pi)^2 T], \tag{9.243a}$$

时，发生不稳定性。不稳定性条件(9.243a)式可重新写成

$$\tilde{\lambda}_\perp \equiv \frac{2\pi}{\tilde{k}_\perp} > \tilde{\lambda}_c, \tag{9.243b}$$

其中

$$\tilde{\lambda}_c = \frac{\pi}{(\beta_0 \psi_0^2)^{1/2}}, \quad \beta_0 = \frac{-(2\pi)^2 T}{(\mathrm{v}_g/k_0)}. $$

于是我们得到结论，自调制导致波塌缩成局域化的结构，这个结构的尺度 $l \sim \tilde{\lambda}_c$。在塌缩方向成束过程将继续进行直到形成近似一维的稳定结构 (ter Haar & Tsytovich, 1981)，也就是说形成一个孤波，这个孤波是(9.237) 式的一维变形的解[参见(5.112)式]：

$$A(\mathrm{y}) = \psi_0 \sec h\left(\sqrt{\beta_0 \psi_0^2}\,\mathrm{y}\right)e^{i\frac{\mathrm{v}_g}{k_0}\beta_0 \psi_0^2 t + \phi_0}, \tag{9.243c}$$

如所希望的那样，孤波的半宽相当于自调制的尺度 $\sim \tilde{\lambda}_c$。在以 $\mathrm{v}_g$ 运动的

坐标系中，(9.237)式成为

$$i\frac{\partial A}{\partial t'} + \frac{1}{2}\frac{\partial^2 A}{\partial \tilde{x}^2} + \frac{1}{2}\tilde{\nabla}_\perp^2 A + \beta|A|^2 A = 0, \tag{9.244a}$$

其中

$$t' = v_g' t, \quad \tilde{\nabla}_\perp = \left(\frac{k_0 v_g'}{v_g}\right)^{-1/2}\nabla_\perp, \quad \tilde{x} = x - v_g t, \quad \beta = \frac{-(2\pi)^2 T}{v_g'}. \tag{9.244b}$$

现在我们就来寻求(9.244a)式的解，这个解在 y 方向具有孤波形式。设定 (ansatz)这个解具有如下形式：

$$A = \psi(\tilde{x}, t')\sec h\left[\sqrt{\beta\psi_0^2}(\tilde{y} - \tilde{y}_0)\right]e^{i\theta(\tilde{x}, t')}, \tag{9.245}$$

其中 $\psi$ 和 $\theta$ 也是 $\tilde{y}$ 的缓变函数。将(9.245)代入(9.244a)式并乘于 $d\tilde{y}/2\pi$ 然后对 $\tilde{y}$ 坐标从 $-\lambda_c/\pi$ 到 $\lambda_c/\pi$ 积分，可得

$$\frac{\partial\theta}{\partial t'} + \left(\frac{\partial\theta}{\partial\tilde{x}}\right)^2 - \beta\left(\psi^2 - \frac{1}{2}\psi_0^2\right) - \frac{1}{2}\frac{\partial^2\psi/\partial\tilde{x}^2}{\psi} = 0, \tag{9.246a}$$

$$\frac{\partial\psi^2}{\partial t'} + \frac{\partial}{\partial\tilde{x}}\left(\psi^2\frac{\partial\theta}{\partial\tilde{x}}\right) = 0. \tag{9.246b}$$

对于所要寻求的解的形式

$$\psi = \psi(\tilde{x} - u_e t'), \quad \theta = \theta(\tilde{x} - u_c t'),$$

显然(9.246b)式可积分得

$$\theta = u_e\left[(\tilde{x} - \tilde{x}_0) - u_c t'\right]; \tag{9.247a}$$

于是(9.246a)式变为

$$\frac{1}{2}\left(\frac{d\psi}{d\tilde{x}}\right)^2 + p(\psi) = C, \tag{9.247b}$$

其中, $C$ 为积分常数 , 以及

$$p(\psi) = \tfrac{1}{2}\beta\psi^4 - \alpha\psi^2, \quad \alpha = u_e^2 + \tfrac{1}{2}\beta\psi_0^2 - u_c u_e. \tag{9.247c}$$

如果我们把 $\psi$ 看成是空间坐标, $\tilde{x}$ 看成是时间坐标, 我们就可以把(9.247b) 式看作是粒子运动的能量方程。显然, 在 $C < 0$ 的条件下, 方程(9.247b) 的解是粒子在$(C - p(\psi))$的相继的两个零点之间的周期性运动, 它描述了 空间自聚焦现象。在

$$\alpha > 0, \quad -\frac{\alpha^2}{2\beta} < C < 0$$

的条件下(9.247b)式有解。我们写下

$$\frac{1}{2}\left(\frac{\mathrm{d}\psi}{\mathrm{d}\tilde{x}}\right)^2 = -\frac{\beta}{2}(\psi^2 - \psi_1^2)(\psi^2 - \psi_2^2),\qquad(9.248)$$

$\psi_{1,2}$ 是方程 $p(\psi) = C$ 的两个实根；假定 $\psi_2^2 > \psi_1^2$，以及令

$$\psi^2 = \frac{\psi_1^2}{1-(1-q^2)\tilde{\psi}^2},\quad q^2 = (\psi_1/\psi_2)^2 < 1,$$

在此情况下，方程(9.248)被化为

$$\left(\frac{\mathrm{d}\tilde{\psi}}{\mathrm{d}\tilde{x}}\right)^2 = \beta[1-(1-q^2)\tilde{\psi}^2](1-\tilde{\psi}^2)\psi_2^2.$$

上面方程的解是雅可比(Jacobi)椭圆函数；于是立即有

$$\psi = \psi_1\left\{1-(1-q^2)sn^2\left[\beta^{1/2}\psi_2(\tilde{x}-\tilde{x}_0-u_e t')\right]\right\}^{-\frac{1}{2}},\qquad(9.249\mathrm{a})$$

或

$$\psi = \psi_2\left\{1-(1-q^{-2})cn^2\left[\beta^{1/2}\psi_2(\tilde{x}-\tilde{x}_0-u_e t')\right]\right\}^{-\frac{1}{2}},\qquad(9.249\mathrm{b})$$

其中 $sn$ 和 $cn$ 是模为 $s_0$ 的两个雅可比(Jacobi)椭圆函数，$s_0^2 \equiv (1-q^2) \equiv 1-(\psi_1/\psi_2)^2 < 1$。由(9.236a)式、(9.236b)式得到

$$\tau(\mathbf{r}) = \frac{2k_0\sigma_0^{1/2}}{(2\omega_{\mathbf{k}_0})^{1/2}}\psi(\tilde{x},t')\sec h\left[\sqrt{\beta\psi_0^2}(\tilde{y}-\tilde{y}_0)\right]\cos(\omega_{\mathbf{k}_0}t-\mathbf{k}_0\cdot\mathbf{r}).\qquad(9.249\mathrm{c})$$

$sn^2 u$ 极大值为 1，于是有

$$\psi_2 = \frac{(2\omega_{\mathbf{k}_0})^{1/2}}{2k_0\sigma_0^{1/2}}\tau_{\max},$$

其中 $\tau_{\max}$ 是密度扰动的最大值。从(9.249)式中可以得到包络 $\psi$ 沿 $x$ 方向的周期

$$\lambda_x = \frac{2K(s_0)}{\beta^{1/2}\psi_2},\qquad(9.250)$$

其中 $K(s_0)$ 为第一类完全椭圆积分：

$$K(s_0) = \int_0^{\pi/2}\frac{\mathrm{d}\phi}{[1-(1-q^2)\sin\phi]^{1/2}};$$

当 $q \ll 1$，有 $K(s_0) \simeq \ln(4/q)$；在本章最后附录中，我们给出了 $\beta$ 值的计算，它为

$$\beta = a \frac{G^2 \sigma_0 k_0}{c_s^5} ; \qquad (9.251)$$

因此，我们得到

$$\lambda_x = \left( \frac{1}{2} a^{1/2} \left( \frac{A_0}{\eta} \right)^{1/2} \frac{G \sigma_0}{c_s^2} \frac{\tau_{max}}{\sigma_0} \right)^{-1} 2K((s_0)), \qquad (9.252)$$

其中，$a, \eta$ 和 $A_0$ 都是数值参量，见本章最后附录中的定义。

因此，我们获得一个重要结果：**基于四波非线性相互作用过程，原初均匀的扰动密度[$\tilde{k}_x \to 0$，参见(9.242c)式]是调制不稳定的，它导致密度激元沿 $y$ 向坍塌，同时在 $x$ 向发生多个密度束的聚焦，形成若干有周期分布的焦点。**

现在我们来估计 $\lambda_x$ 的值。一些物理量的合理取值是这样的：$\sigma_0 \sim 0.01 (\mathrm{g \cdot cm^{-2}})$，$\tau_{max}/\sigma_0 \sim 0.2$，$c_s \sim 2 \times 10^4 (\mathrm{cm \cdot s^{-1}})$，$Q \sim 1.2$，$\gamma = 3$；$\eta$ 的值应该是靠近最不稳定模 $k^* = \pi G \sigma_0 / c_s$ 的情形，因此，可以合理地取为 $\eta = 0.6$。$q$ 的值假定为 $0.1$，实际上，因为 $q$ 出现在对数中，所以它的取值不是很重要。这样，利用附录中的定义式，可计算 $a$ 和 $A_0$，我们得到(Li & Zhang, 1994)

$$\lambda_x \sim 1.2 \mathrm{pc}.$$

这个值与观测到的规则碎片之间的距离从 $1 \sim 1.5 \mathrm{pc}$ 相符合。

观测到的猎户 $A$ 的条状结构的纵横比超过 $30:1$ (Bally *et al.*, 1991)。对一个静态的条状结构 $\psi_2 \sim \psi_0$，纵向长度可取为 $L_A = 15 \mathrm{pc}$ (Dutrey *et al.*, 1991)。从(9.249)式可知其横向宽度为 $\mathrm{d} \sim 2 / \sqrt{\beta \psi_0^2} \sim \lambda_x / K(s_0)$；于是，我们得到准直度为

$$\chi = \frac{2\mathrm{d}}{L_A} \sim \frac{\lambda_x}{L_A K(s_0)} \sim \frac{1}{50}.$$

这也与观测值相符。

现在我们来讨论非线性自调制理论对旋涡星系的应用。在以速度 $\mathrm{v}_g$ 运动的坐标系内，方程(9.240)成为

$$i \frac{\partial A}{\partial t'} + \frac{1}{2} \frac{\partial^2 A}{\partial \tilde{\xi}^2} + \beta |A|^2 A = 0, \qquad (9.253a)$$

其中

$$t' = v'_g t, \quad \tilde{\xi} = \frac{1}{k}\xi - v_g t, \quad \xi = kr - m\theta, \quad \beta = \frac{-(2\pi)^2 T}{v'_g}; \qquad (9.253b)$$

像以前一样，令 $A = \psi e^{i\theta}$ ，然后把(9.253a)式分为实部和虚部：

$$\frac{\partial\theta}{\partial\tau} + \frac{1}{2}\left(\frac{\partial\theta}{\partial\tilde{\xi}}\right)^2 - \beta\psi^2 - \frac{1}{2}\frac{\partial^2\psi\big/\partial\tilde{\xi}^2}{\psi} = 0, \qquad (9.254a)$$

$$\frac{\partial\psi^2}{\partial\tau} + \frac{\partial}{\partial\tilde{\xi}}\left(\psi^2\frac{\partial\theta}{\partial\tilde{\xi}}\right) = 0 \, 。 \qquad (9.254b)$$

方程(9.254)类似于(9.246)式，从而我们可以类似地求解，不同之处在于代替(9.247c)式中的 $\alpha$ ，现在是 $\alpha = \frac{1}{2}u_e^2 - u_c u_e$ ，于是，我们求得解仍为(9.249)式，其中椭圆函数内的宗量 $\tilde{x} - \tilde{x}_0$ 代之以 $\tilde{\xi} - \tilde{\xi}_0$ 。这样，由于四波相互作用，密度被自调制，振幅将具有周期性。如果我们把密度波振幅极大的地方证认为旋臂，则由于 $sn^2 z$ 取极大，根据(9.249a)和(9.249c)式，这时 $\tau$ 取极大；即，在给定时刻 $t'_0$ ，必须有 $z = \beta^{1/2}\psi_2(\tilde{\xi} - \tilde{\xi}_0 - u_e t'_0) = K(s_0)$ ，这恰好是一条螺旋线，因而，在局部看来，旋涡结构就被构造出来。对两旋臂的旋涡星系来说，邻近旋臂之间的距离应为上述自调制周期长度的一半。现在我们就来估算这个周期长度。其表达式与(9.252)式相同。令 $\sigma_0 = 50 M_\odot (\mathrm{pc})^{-2}$ ，$\tau_{max}/\sigma_0 \sim 0.15$ ，$c_s \sim 10(\mathrm{km \cdot s^{-1}})$ ，$Q \sim 1.2$ ，$\gamma = 3$ ，$\eta = 0.6$ ；$q$ 的值假定为 0.1 。这样，利用附录中的定义式，可计算 $a$ 和 $A_0$ ，我们计算得到 $\lambda_r \sim 3.6\mathrm{kpc}$ ；从而相邻旋臂间距离为 $\lambda_r/2 \sim 1.8\mathrm{kpc}$ (Li & Zhang, 1994)。

### 9.8c　星云盘自类似塌缩和提丢斯—波德定则

在太阳系中存在着显著的规则性。除了行星轨道基本上在一个平面内以外，行星也不是随机分布的，他们离太阳的平均距离，近似地形成一个几何级数

$$\frac{r_{n+1}}{r_n} \approx \mathrm{const.} \approx 1.73$$

这个规律被称为提丢斯—波德(Titius-Bode)定则。对于规则卫星系统也有类似的情形。自提丢斯(1766)和波德(1772)提出这个距离规则以来，两个多世纪中它引起广泛的兴趣，任何太阳系起源和演化的理论，都必需解释这个规律。在这里我们需提及尼托(Nieto)的研究结论，按照星云说，Nieto(1972)把行星系演化史分为三个时期：I—星云盘时期，即星云盘的非行星组分蒸发之前的时期；II—聚集时期，即星云盘中凝聚的岩石和冰聚集形成较大行星时期;III—行星时期，即行星已作为孤立天体存在，

演化决定于点质量直接的引力相互作用或潮汐作用。Nieto 认为距离规律中的几何级数因子起源于第 I 时期，即星云盘时期，它是某种流体动力学过程的表现;因为第 III 时期只有引力和潮汐作用，其效应不足以产生几何级数，而第 II 时期岩石和冰的缓慢聚集，没有趋向通约的潮汐和引力演化，也不会产生几何级数。但按照 Nieto 的说法，在 1970 年以前，这个距离规律还没有合理的解释。在 Nieto 以后，许多人都致力于对行星距离规律的研究，如 Alfvén & Arrhenius(1976)，Vityazev *et al.*(1978)，Magni & Paolicchi(1979)。基于密度波的线性理论，Polyachenko & Fridman(1972) 基于星云盘的流体力学阶段的线性分析对距离规律给出了解释。但是，众所周知，线性理论在波花样的维持上存在严重的困难，因为色散会导致波的径向飘移而最后消失。而且，他们的结果紧密地依赖于未扰基态面密度的分布。因此，对 Titius-Bode 定则的解释需建立在非线性理论框架上。在我们看来，行星的规则分布是星云盘流体力学阶段的自组织现象。在非线性理论中典型的平面波扰动具有调制不稳定性，由此，二维的密度扰动一般会经历坍缩过程。在坍缩过程中，扰动的振幅刚开始会随时间增长，最终会渐近趋向于一种静态的分布。因此，由于这种坍缩的自组织过程，星云盘中的密度扰动导致盘碎裂，最后形成规则分布的行星。

我们把(9.236)式重新写为

$$\tau = \frac{1}{2\pi} \int \tau_{\mathbf{k}} e^{i\mathbf{k}\cdot\mathbf{r}} d\mathbf{k} \approx \text{Re}[\tilde{\tau}], \quad \tilde{\tau} \equiv \tilde{\sigma}(\mathbf{r},t) e^{-i\omega_{\mathbf{k}_0} t} = A e^{i\mathbf{k}_0\cdot\mathbf{r}} \frac{(2\sigma_0)^{1/2}}{\omega_{\mathbf{k}_0}^{1/2}} k_0 e^{-i\omega_{\mathbf{k}_0} t};$$

(9.255)

由(9.255)式，(9.235)式可写为：

$$i\left(\frac{\partial \tilde{\sigma}}{\partial t} + (v_g - v_g' k_0)\frac{\partial \tilde{\sigma}}{\partial x}\right) + \frac{1}{2} v_g' \frac{\partial^2 \tilde{\sigma}}{\partial x^2} + \frac{1}{2}\frac{v_g}{k_0}\frac{\partial^2 \tilde{\sigma}}{\partial y^2} +$$

$$\left(k_0 v_g - \frac{1}{2} k_0^2 v_g'\right)\tilde{\sigma} - (2\pi)^2 \frac{\omega_{\mathbf{k}_0}}{2\sigma_0}\frac{1}{k_0^2} T |\tilde{\sigma}|^2 \tilde{\sigma} = 0 . \quad (9.256)$$

引入

$$\hat{x} = \sqrt{2}k_0[x - (v_g - k_0 v_g')t], \quad \hat{y} = \sqrt{2}\left(\frac{k_0 v_g'}{v_g}\right)^{1/2} k_0 y, \quad (9.257a)$$

$$\hat{t} = k_0^2 v_g' t, \quad \hat{\sigma} = \frac{\tilde{\sigma}}{\sigma_0}; \quad (9.257b)$$

(9.256)式变为无量纲形式(在这里和往后的讨论中，我们为简单起见忽略标记"∧"。)

$$i\frac{\partial \sigma}{\partial t} + \nabla^2\sigma + \beta\sigma|\sigma|^2 + \alpha\sigma = 0,\qquad(9.258)$$

其中

$$r^2 = x^2 + y^2,\quad \alpha = \frac{v_g}{v'_g k_0} - \frac{1}{2},\quad \beta = \frac{-(2\pi)^2 T}{v'_g}\frac{\omega_{k_0}}{2k_0^4}\sigma_0 > 0.\quad(9.259)$$

现在我们来研究方程(9.258)在 Liapunov 意义上的稳定性问题。方程(9.258)有如下的平面波解：

$$\begin{cases}\sigma = a_0 e^{i\varphi_0}\\ \varphi_0 = -\omega_{\mathbf{k}}t + \mathbf{k}\cdot\mathbf{r}\end{cases}$$

其中

$$\omega_{\mathbf{k}} = \mathbf{k}^2 - \beta|a_0|^2 - \alpha.$$

为了讨论上面解的稳定性，我们假设存在小扰动$(a_1,\varphi_1)$，如果振幅$a_1$随时间增长，那么解$(a_0,\varphi_0)$在 Liapunov 意义上就是不稳定的。将方程(9.258)相对于扰动

$$\sigma_1 = (a_1 + ia_0\varphi_1)e^{i\varphi_0}$$

线性化，并且分成实部和虚部，得到

$$\Gamma a_1 + a_0\nabla^2\varphi_1 = 0,\qquad(9.260a)$$

$$\Gamma\varphi_1 - \frac{1}{a_0}\nabla^2 a_1 - 2\beta a_0 a_1 = 0,\qquad(9.260b)$$

其中

$$\Gamma = \frac{\partial}{\partial t} + 2\mathbf{k}\cdot\nabla;$$

从(9.260a)式、(9.260b)式中消去$\varphi_1$，我们得到

$$\Gamma^2 a_1 + \nabla^4 a_1 + 2\beta a_0^2\nabla^2 a_1 = 0;$$

代入$a_1 \sim e^{-i\Omega t + i\mathbf{\kappa}\cdot\mathbf{r}}$，我们有

$$(\Omega - 2\mathbf{k}\cdot\mathbf{\kappa})^2 = \kappa^2(\kappa^2 - 2\beta a_0^2);$$

于是当

$$2\beta a_0^2 > \kappa^2 \qquad (9.260\text{c})$$

时就会发生不稳定性。$\kappa \ll k$ 的不稳定性也是一种调制不稳定性：短波长 ($\lambda \sim 1/k$)振荡的振幅受到长波长($\tilde{\lambda} \sim 1/\kappa$)周期的调制。在下面我们将证明调制不稳定性的非线性发展将导致密度扰动的坍缩。

不稳定性导致的扰动泵波的调制，使得密度场形成局域化结构。我们将要研究的就是这种局域场在非线性阶段的演化。相应于(9.258)式的 Lagrange 密度是 (Li $et\ al.$,1995)

$$\text{L} = \frac{1}{2} i(\sigma_t^* \sigma - \sigma^* \sigma_t) + |\nabla \sigma|^2 - \frac{1}{2}\beta |\sigma|^4 - \alpha |\sigma|^2. \qquad (9.261)$$

如果我们取(9.258)式的复共轭，那么，它和场方程(9.177a)完全相同[这时，$\bar{\alpha} = \alpha, \beta$ 由(9.259)式所规定]，于是这种共轭方程相对应的拉氏密度就是 (9.177b)式，也即(9.261)式，两者相差无关紧要的负号。因此，参照(9.179)～ (9.183)式，我们直接写下守恒的量(Li $et\ al.$, 1995)：

$$\frac{\partial |\sigma|^2}{\partial t} + \nabla \cdot \mathbf{S} = 0 \ , \qquad (9.262\text{a})$$

$$\frac{\partial G_j}{\partial t} + \frac{\partial T_{kj}}{\partial x_k} = 0 , \qquad (9.262\text{b})$$

$$\frac{\partial \text{E}}{\partial t} + \nabla \cdot \mathbf{Q} = 0, \qquad (9.262\text{c})$$

其中

$$\mathbf{S} = i[\sigma(\nabla \sigma^*) - \sigma^*(\nabla \sigma)], \qquad (9.263\text{a})$$

$$G_j = \frac{1}{2} i \left( \sigma \frac{\partial \sigma^*}{\partial x_j} - \sigma^* \frac{\partial \sigma}{\partial x_j} \right), \qquad (9.263\text{b})$$

$$T_{kj} = \left[ \frac{\partial \sigma}{\partial x_j} \frac{\partial \sigma^*}{\partial x_k} + \frac{\partial \sigma^*}{\partial x_j} \frac{\partial \sigma}{\partial x_k} \right] - \text{L}\delta_{kj}, \qquad (9.263\text{c})$$

$$\mathbf{Q} = (\nabla \sigma^*)\sigma_t + (\nabla \sigma)\sigma_t^*. \qquad (9.263\text{d})$$

这些守恒方程，分别对应于等离激元数(荷)守恒，动量守恒和能量守恒。积分(9.262a)～(9.262c)式，给出守恒量

$$N = \int \text{d}\Sigma |\sigma|^2 , \qquad (9.264\text{a})$$

$$H = \int \mathrm{d}\Sigma \left( \frac{1}{2}\beta |\sigma|^4 + \alpha |\sigma|^2 - |\nabla\sigma|^2 \right), \tag{9.264b}$$

$$\mathbf{P} = \int \mathrm{d}\Sigma \mathbf{G} = \frac{1}{2}\int \mathrm{d}\Sigma \mathbf{S} = \frac{1}{2}\mathbf{S}_0; \tag{9.264c}$$

我们又一次获得了守恒的密度等离激元数(9.264a)式。在二维盘情况下，(9.185b)式变为

$$\frac{\partial^2}{\partial t^2}\langle(\delta\mathbf{r})^2\rangle = -A, \tag{9.265a}$$

其中

$$A = 8\frac{H}{N} + 2\left(\frac{S_0}{N}\right)^2. \tag{9.265b}$$

(9.265a)式的积分给出

$$\langle(\delta\mathbf{r})^2\rangle = -\frac{1}{2}At^2 + c_1 t + c_2, \tag{9.266}$$

$c_1$ 和 $c_2$ 是积分常数。我们看到，如果 $H > 0$，则 $A > 0$；这表明 $\langle(\delta\mathbf{r})^2\rangle$ 将在有限时间内塌缩到这样的阶段，以致密度扰动足够大使得方程(9.258)不再成立。塌缩条件 $H > 0$ 与调制不稳定条件(9.260c)式在量级上相符合，这说明了塌缩是由调制不稳定性所触发的。

现在我们来寻求自类似塌缩的解。当塌缩开始时，在 (9.258)式中非线性项成为主项，

$$\frac{\partial\sigma}{\partial t} \sim |\sigma|^2 \sigma;$$

由此，$|\sigma|^2$ 的变化量级为

$$|\sigma|^2 \sim \frac{1}{t_0 - t},$$

或者

$$\sigma \sim \frac{1}{(t_0 - t)^{\frac{1}{2}+i\theta}}; \tag{9.267}$$

另一方面，二维平面上的等离激元数守恒(9.262a)式给出

$$|\sigma|^2_{\text{begin}} \cdot r^2 = \text{const.};$$

这样，由(9.267)式得到

$$\frac{r}{\sqrt{t_0 - t}} = \xi_{\text{begin}} \,. \tag{9.268}$$

从而我们就可以假设自类似塌缩解为如下形式

$$\sigma = \frac{1}{(t_0 - t)^{\frac{1}{2} + i\theta}} V(\xi) \,, \tag{9.269a}$$

其中

$$\xi = \frac{r}{\sqrt{t_0 - t}} \,; \tag{9.269b}$$

将(9.269a)式代入(9.258)式得到

$$\left(-\theta + \frac{1}{2} i\right) V(\xi) + \frac{1}{2} i \xi V_\xi + \nabla_\xi^2 V(\xi) + \beta |V|^2 V + \alpha V(\xi)(t_0 - t) = 0 \,;$$

物理上所关心的解应该使 $|V|$ 在 $0 < \xi < \infty$ 上单调下降；但当 $t \to t_0$ 时(塌缩!)，$\xi \to \infty$；因此，在塌缩阶段，非线性相互作用的细节将被抹去，从而在方程中留下下面的项：

$$\left(-\theta + \frac{1}{2} i\right) V + \frac{1}{2} i \xi V_\xi = 0 \,.$$

我们求得渐近解：

$$V = \frac{c}{\xi^{1 + 2i\theta}} \,,$$

于是，从(9.269a)式有

$$\sigma = \frac{c}{r} e^{i2\theta \ln r} \,. \tag{9.270}$$

显然，从(9.269a)式和(9.270)式可知扰动密度的行为如下：在每一点 $r$，刚开始 $\sigma$ 随时间增长，然后趋向于一个有限的极限，最后，整个空间都成为渐近区域。回到(9.257a)式的记号，并考虑到(9.255)式，我们得到

$$\tau = \sigma_0 \frac{c}{\hat{r}} \cos\left(2\theta \ln \hat{r} - \frac{\omega_{k_0}}{k_0^2 v_g'} \hat{t}_0\right) \,. \tag{9.271}$$

密度扰动局部最大值位于

$$2\theta \ln \hat{r}_n - \omega_{k_0} \frac{\hat{t}_0}{k_0^2 v_g'} = 2\pi n \,;$$

从而我们有

$$\frac{\hat{r}_{n+1}}{\hat{r}_n} = a = \exp\left[\frac{\pi}{\theta}\right]. \tag{9.272}$$

在原始坐标系$(x, y)$中，如果$k_0 v'_g \sim v_g$(近似圆环)，则(9.272)式依然成立，即有(Li *et al.*, 1995)

$$\frac{r_{n+1}}{r_n} = a. \tag{9.273a}$$

从(9.270)式中我们得到扰动波的波数$k$

$$k = \frac{\partial}{\partial r}(2\theta \ln \hat{r}) = \frac{2\theta}{r}, \tag{9.273b}$$

为了使 WKB 近似能够成立，常数$\theta$须较大，比如说我们可以取$\theta = 6$，这时$a = 1.7$。这样，我们就得到了 Titius-Bode 定则。应该说，**这是一个漂亮的结果：它不依赖于四波相互作用细节，即不明显依赖于相互作用矩阵元$T$。**

在本节中，基于描述自引力盘中波波相互作用的非线性抛物方程，我们首先分析了单色波的稳定性，**发现密度扰动对于长波调制是不稳定的，这就导致了密度场的局域化。** 在调制不稳定的非线性阶段，局域密度场的演化最终导致塌缩，塌缩场的扰动密度变得很大。在自类似塌缩的情况下，扰动密度开始时随时间增长，随后趋向于形成稳定的高密度环；这些环距中心的距离形成几何级数，从而解释了 Titius-Bode 定则。

在塌缩形成环的过程中，扰动密度飞速增长，**使得星云盘中非线性相互作用的细节和未扰态的细节被抹去。这就解释了为什么对规则卫星系统，虽然其形成过程与行星系统有具体的不同，也有类似于 Titius-Bode 定则的规律性。**

在环聚集成行星的过程中，引力摄动中无久期项，从而使距离规律能够基本保留下来 (Nieto, 1972)，形成观测到的情形。

对 Titius-Bode 定则的态度一般有两种：怀疑和确信。怀疑的人认为这个定则完全是数字上的巧合，例如，在相邻行星不能太靠近的限制下，Lecar (1973) 指出随机数过程可以产生出近似的 Titius-Bode 定则。确信的人认为因为 Titius-Bode 定则不仅存在于太阳系而且存在于一些大行星的卫星系统，因此这个定则的背后一定隐含着某种物理过程。在本节开头我们提到现在已有大量不同的理论来解释 Titius-Bode 定则。这些理论都需要假设初始状态某种未知的物理性质，如 Polyachenko & Fridman (1972)与Li(1977)都需要假设面密度为$\sigma_0 \propto r^{-2}$，最近 Dubrulle 和 Graner

(Dubrulle & Graner, 1994; Graner & Dubrulle, 1994) 指出这些假设的背后隐含着共同的基本假设，即旋转不变性和标度不变性，而这两个对称性的假设就足以在线性框架或者在加上非线性修正的情况下给出 Titius-Bode 定则。而我们是在全新的理论框架和全新的物理过程的情况下给出太阳系的 Titius-Bode 定则的，我们并没有对初始状态的一些物理量进行假设，因此，我们的研究多少给出了太阳系 Titius-Bode 定则的物理本质。

实质上，正是提丢斯—波德定则给我们的地球一个合适的位置：计算表明，只要比现今距离远离太阳 1% 或靠近 5%，地球上就完全不可能发展出生命；就这种意义上说，**原来，生命竟在星云盘"轰然"一声塌陷之后，才开始踏上它的漫长的进化旅程。**

### 9.8d　孤粒子结构与美丽的土星环

对行星环的研究可能是天文学中最古老和最现代的问题之一。对行星环的研究和争论已持续了 4 个世纪，其中包括一些杰出科学家如 Galileo, Huygens, Cassini, Laplace, Maxwell 和 Poincare。空间和地面的观测资料，使得我们对行星环的观念经历了一场革命。但是，一些重要的问题却依然没有解决。

面对像土星环这种复杂的环系，通常的研究是把一些已经被广泛接受的观念和理论混合起来，通过调整大批的自由参数，使模型在某些方面与观测相符。而这些模型往往很少有共同的特征，从而无法相互比较。因此，与其玩弄参数，还不如研究一个简单的模型来揭示重要的物理机制，即使其与观测不太相符 (Brahic & Ferrari, 1992)。其实，我们并不知道哪些观测现象是表征了整个体系的特征，所以很可能被那些无关的或是不重要的观测现象领入歧途。在本节中，我们将试图揭示土星环形成的一种可能机制。

土星环系的主部有七个环，这七个主环是 A, B, C, D, E, F, G 环; E 环和 G 环位于洛熙 (Roche )极限外面，他们的起源可能另有原因(Canup & Esposito, 1995;　Hamilton & Burns, 1994) 。F 环是一个非常窄的环，它可由牧羊人机制加以解释(Esposito, 1993)，或者可以把它看成是 A 环的延伸。因此，我们需要解释的是土星的宽环：A 环、B 环、C 环的起源和结构。1980 年，"旅行者" 1 号访问土星，发现土星环系具有更精细的结构。A、B、C 环实际上是几百个甚至上千个分立的细环组成。这样，我们对土星环的整体结构有了宏观上的了解：土星环不是平滑连续的，首先它有精细结构，即分成几条主要的宽环；其次它有超精细结构，即每个宽环由成百上千个细环组成。

在对土星环的解释中传统的理论是共振理论（Goldreich & Tremain, 1978）。环粒与卫星的共振使在共振的位置上环粒受到严重的摄动，这种摄动使环粒的运动根数逐渐变化，结果使共振的区域失去它的环粒，从而形成环缝。共振理论在一定程度上得到观测的证实，比如 Cassini 缝的内边界与土卫一成 1∶2 共振，Encke 缝与土卫二成 3∶5 共振等。但是共振理论只能提供部分的解释。首先是因为土星的卫星很多，因此存在着频繁的通约性，共振位置密集分布，与环缝存在某种巧合是可能的。其次是因为土星环中的许多环缝看上去好像与已知的卫星无任何联系，而许多存在较强共振的地方却没有环缝。实际上，对于确切的共振机制还没有坚实的理论基础（Borderies *et al.*, 1989; Brophy *et al.*, 1990）。因此，对于土星环这种复杂的结构，至今还没有满意的理论，最终的解释可能要包括许多不同的物理机制，这些物理机制同时起作用（Esposito, 1993）。另一种解释土星环的理论是把土星环看成是气体—尘埃盘的流体力学阶段的自组织现象（Ward, 1981; Bobrov *et al.*, 1984; Gorkavy & Fridman , 1991）。这个理论所关心是超精细结构的典型尺度，而忽视共振理论所关心的复杂细节。研究表明，集体过程的线性演化能够有效地给出超精细尺度的结构；同时，这些理论认为精细结构可以由非线性来解释，也就是说，超精细结构的尺度是线性尺度，精细结构的尺度是非线性尺度。

我们所研究的是原土星星云盘的早期流体力学阶段的情况。一般认为，对于现在的土星环，流体力学描述是不太适用的（Araki & Trémaine, 1986），但近来的一些研究显示以前可能大大低估了粒子的碰撞频率（Wisdom & Trémaine, 1988; Salo, 1991; Schmit & Tscharnuter, 1995），从而使得流体力学描述对现在的土星环也变得正确。无论怎样，在星云盘早期，流体力学描述是合理的。我们认为现在观测到的结构是从流体力学阶段继承过来的，也就是认为土星环是原始的。到现在为止，还没有关于土星环起源的明确结论。进一步的观察和理论研究可能能消除那种认为土星环是年轻的看法（Dones, 1991）。

我们所研究的模型是无限薄的、均匀旋转的自引力盘。从这一点来说我们是企图解决容易处理的问题，从而能了解土星环结构形成的基本过程。土星环的厚度现在不超过1km，甚至有人认为只有10m (Schmit & Tscharnuter, 1995)。因此，如果我们所考虑的扰动波长远远大于厚度，则有限厚度所产生的效应可以忽略不记，从而盘可以认为是无限薄的。

一般来说，忽略较差转动的研究是不充分的。但我们所研究的是已经激发起来的有限振幅的扰动的非线性调制过程，对此忽略较差转动将不是本质的。均匀旋转的假设只不过是使问题在数学上容易处理。事实上，有一种观点认为我们对某些模型得到的振幅方程的形式有一定普适性，只是其中的数值系数才反映了某一具体物理过程的细节 (Cross & Hohenberg, 1993)。我们将看到，我们最后的结论对方程的系数的依赖性很小。

描述无限薄，均匀旋转的自引力盘中非线性现象的方程为(9.240)。考虑到盘中激发起来的扰动往往是那些最不稳定的模，即位于色散曲线的底部，对这些模 $\partial\omega/\partial k = v_g = 0$ 。这样，方程(9.240)成为(令 $m = 0$)

$$i\frac{\partial A}{\partial \tilde{t}} + \frac{1}{2}v_g'\frac{\partial^2 A}{\partial r^2} - (2\pi)^2 TA|A|^2 = 0,$$

根据(9.255)式，其中振幅包络 $A$ 是正比于激发出来的扰动面密度，即密度等离激元强度；我们已经严格证明了，满足上面方程的这种密度等离激元数也是守恒的[参见(5.114a)式]。一般来说 $T < 0, v_g' > 0$ （参见9.9节），因此，上式可以变化成如下无量纲的形式：

$$i\frac{\partial u}{\partial t} + \frac{\partial^2 u}{\partial \hat{x}^2} + \beta_0 |u|^2 u = 0, \tag{9.274}$$

其中，$u = 2\pi |T|^{\frac{1}{2}} t_0^{\frac{1}{2}}\beta_0^{-1/2}A$, $\hat{x} = \sqrt{2}r/(v_g' t_0)^{\frac{1}{2}}$, $t = \tilde{t}/t_0$, $\beta_0$ 为某一常数，而 $t_0$ 为某一时间尺度。若把(9.274)对称地解析延拓至 $\hat{x} < 0$，则它就变成了著名的非线性 Schrödinger 方程(参见 5.5 节)。我们已经在 5.6 节给出了非线性 Schrödinger 方程的详细解法。对于满足自然边界条件的初值问题，非线性 Schrödinger 方程的渐近解($t \to \infty$)为 N 个稳定的孤粒子。对现在我们的情况，这就是说，在盘中扰动的非线性演化将最终导致形成 N 个孤粒子的非线性结构。如果我们把原始星云盘中形成的这 N 个孤粒子证认为初始的宽环，那么在以后的演化中，那些在 Roche 极限以外的环将聚集形成卫星，而在 Roche 极限以内的环则被保留下来，最后形成现在的 A、B、C 环；同时，N—孤粒子包络内的线性尺度的扰动花样，则形成现在组成宽环 A、B、C 的细环。这样，土星环的结构便可以用扰动的线性尺度和非线性尺度来解释。

在这里我们根据 5.6 节的详细求解过程，总结一下与这一小节相关的结果。$N$ 个孤粒子的时间渐近解为(5.214)式,或有着中心位移和相位移的孤波解(5.183)式,

$$u \rightarrow \sum_{n=1}^{N} S_n(\hat{x}, t) e^{-i\phi_n}, \tag{9.275a}$$

$$S_n = -\frac{2\sqrt{2\beta_0}}{\beta_0} \eta_n \text{sech}[2\eta_n(\hat{x} - 4\xi_n t - \hat{x}_n)] \exp[-2i\xi_n\hat{x} - 8i(\xi_n^2 - \eta_n^2)t], \tag{9.275b}$$

其中，$\zeta_n = \xi_n + i\eta_n$，$\xi_n$ 和 $\eta_n$ 均为实参量。如从上式所见，$\eta_n$ 和振幅成正比，而 $\xi_n$ 则与孤波的速度成正比；而孤波的中心位置由(5.217)式确定；如果假定 $N$ 个孤波有大致相同的振幅和速度，则位移量很小，这时

$$\hat{x}_n \simeq \hat{x}_{n0} = (2\eta_n)^{-1} \ln \left[ \frac{a(\zeta_n)}{2\eta_n b'(\zeta_n)} \right]; \tag{9.276}$$

而 $\zeta_n$ 是方程(5.129a)和(5.129b)的离散本征值。我们的目的在于确定孤波的中心位置 (9.276) 式，为此必须求出散射参量 $a(\zeta)(\equiv a(\zeta,t))$，$b(\zeta)(\equiv b(\zeta,t))$；这是一个正散射问题：当 $t=0$ 时，(5.119)式给定，例如为($A_0 = \text{const.}$)

$$u(\hat{x}, t=0) = A_0 \text{sech}(\hat{x}), \tag{9.277}$$

则(5.129c)式中的 $q$ 就也给定，因而可解方程(5.129a)和(5.129b)，再按(5.132)式，

$$\phi = a\psi + b\overline{\psi} \tag{9.278}$$

组合，就可定出 $a(\zeta)$ 和 $b(\zeta)$。

要求一般地解(5.129a)和(5.129b)式是非常困难的。假定初值条件为(9.277)式，则(5.129a)和(5.129b)式成为(以下，为简单计，略去 $x$ 的头上尖角标记)

$$\frac{\partial \nu_1}{\partial x} + i\zeta\nu_1 = iq_0\nu_2, \tag{9.279a}$$

$$\frac{\partial \nu_2}{\partial x} - i\zeta\nu_2 = iq_0\nu_1, \tag{9.279b}$$

其中

$$q_0 = A \sec hx; \tag{9.279c}$$

从上面两式消除 $\nu_2$，得到

$$\frac{\partial^2 \nu_1}{\partial x^2} - i\frac{q_{0,x}}{q_0}\frac{\partial \nu_1}{\partial x} + \left( q_0^2 + \frac{q_0\zeta^2 - iq_{0,x}\zeta}{q_0} \right)\nu_1 = 0 , \tag{9.280}$$

其中 $q_0$ 的下标 $x$ 表对它的导数。令 $s = (1 - \tanh x)/2$ ，则(9.280)式可化为

$$s^2(1-s)^2\frac{d^2\nu_1}{ds^2} + s(1-s)\left( \frac{1}{2} - s \right)\frac{d\nu_1}{ds} + \left[ -A^2s^2 + \left( A^2 - \frac{1}{2}i\zeta \right)s + \frac{\zeta^2 + i\zeta}{4} \right]\nu_1 = 0 .$$
$$\tag{9.281}$$

上面的二阶常微分方程，实际上是所谓超几何(hypergeometric)方程；如果我们再令

$$\nu_1 = s^{-p}(1-s)^{-q}W(s) , \tag{9.282}$$

则(9.281)式可化为有关 $W(s)$ 的标准的超几何方程：

$$s(1-s)\frac{d^2W}{ds^2} + [\gamma - (\alpha + \beta + 1)s]\frac{dW}{ds} - \alpha\beta W = 0 ; \tag{9.283}$$

其解为超几何函数 $W(s) = F(\alpha, \beta, \gamma; s)$ ；而且 $\alpha, \beta, \gamma$ 与 $p, q, A, \zeta$ 有如下关系：

$$2p + \gamma = \frac{1}{2}, \quad 2q + \alpha + \beta - \gamma + 1 = \frac{1}{2}, \quad p(p + \gamma - 1) = \frac{\zeta^2}{4} + i\frac{\zeta}{4} ; \tag{9.284a}$$

$$(p + q + \alpha)(p + q + \beta) = -A^2, \quad q(q + \alpha + \beta - \gamma) = \frac{\zeta^2}{4} - i\frac{\zeta}{4} ; \tag{9.284b}$$

读者可以验证，从(9.283)式通过(9.282)式可以导致 (9.281)式。解上面的代数方程组，可得

$$\alpha = -\beta = -A, \quad \gamma = \frac{1}{2} + i\zeta, \quad p = -i\frac{\zeta}{2}, \quad q = i\frac{\zeta}{2} . \tag{9.284c}$$

因而，方程有两个独立的解

$$\nu_1^{(1)} = c_0 f_1, \quad \nu_1^{(2)} = f_2 , \tag{9.285a}$$

其中，

$$f_1(\zeta) = s^{-p}(1-s)^{-q}[s^{1-\gamma}F(\alpha - \gamma + 1, \beta - \gamma + 1, 2 - \gamma; s)]$$

$$= s^{1/2 - i\zeta/2}(1-s)^{-i\zeta/2}F\left( A - i\zeta + \frac{1}{2}, -A - i\zeta + \frac{1}{2}, -i\zeta + \frac{3}{2}; s \right), \tag{9.285b}$$

$$f_2(\zeta) = s^{-i\zeta/2}(1-s)^{i\zeta/2}F\left( -A, A, -i\zeta + \frac{1}{2}; s \right) ; \tag{9.285c}$$

类似地，由方程(9.279a)和(9.279b)消去 $\nu_1$，就获得关于 $\nu_2$ 的二阶常微方程，

它也有两个独立的解，在解(9.285b)和(9.285c)式中用 $-\zeta$ 代替 $\zeta$ 即可得到它们：

$$\nu_1^{(3)} = f_3 = f_1(-\zeta), \quad \nu_1^{(4)} = f_4 = f_2(-\zeta).$$ (9.286)

我们可以看到，由于 $s(1-s) = \sec h^2 x/4 = (e^x + e^{-x})^{-2}$，当 $x \to \begin{pmatrix} \infty \\ -\infty \end{pmatrix}$，

即 $s \to \begin{pmatrix} 0 \\ 1 \end{pmatrix}$，有 $s(1-s) \to e^{-2x}$；在此情况下，

$$f_1\big|_{s\to 0} \to \sqrt{s}(e^{-2x})^{-i\zeta/2} \sim e^{ix\zeta}, \quad (x \to \infty); \quad f_2\big|_{s\to 0} \to e^{ix\zeta}, \quad (x \to \infty);$$

这里利用了 $F(\alpha, \beta, \gamma; 0) = 1$；因而

$$\psi = \begin{pmatrix} c_0 f_1 \\ f_2 \end{pmatrix}; \qquad \psi \to \begin{pmatrix} 0 \\ 1 \end{pmatrix} e^{ix\zeta} \qquad (x \to \infty),$$ (9.287a)

$$\overline{\psi} = \begin{pmatrix} f_2^* \\ -c_0^* f_1^* \end{pmatrix}; \qquad \overline{\psi} \to \begin{pmatrix} 1 \\ 0 \end{pmatrix} e^{-ix\zeta} \qquad (x \to \infty),$$ (9.287b)

类似地，亦有

$$\phi = \begin{pmatrix} f_4 \\ f_3 \end{pmatrix}; \qquad \phi \to \begin{pmatrix} 1 \\ 0 \end{pmatrix} e^{-ix\zeta} \qquad (x \to -\infty);$$ (9.287c)

它们满足 Jost 函数条件(5.131a)～(5.131c)式；故按(5.132)式，即(9.278)式，我们有

$$D_0 f_3 = a f_2 + b(-c_0^* f_1^*),$$

其中，$D_0$ 是任意常数；由于散射参量 $a$ 和 $b$ 不依赖 $x$，即不依赖 $s$，为要求出它们可令 $s \to 1$，因此，利用(9.285)式和(9.286)式，就有

$$D_0 F_3 = a F_2 - b(c_0^* F_1^*),$$

其中

$$F_2 = F\left(-A, A, -i\zeta + \frac{1}{2}; 1\right) = \frac{\Gamma(\gamma)\Gamma(\gamma - \alpha - \beta)}{\Gamma(\gamma - \alpha)\Gamma(\gamma - \beta)} = \frac{\Gamma^2\left(\frac{1}{2} - i\zeta\right)}{\Gamma\left(\frac{1}{2} + A - i\zeta\right)\Gamma\left(\frac{1}{2} - A - i\zeta\right)},$$

$$F_1^* = F_3 = F\left(A + i\zeta + \frac{1}{2}, -A + i\zeta + \frac{1}{2}, i\zeta + \frac{3}{2}; 1\right) = \frac{\Gamma\left(1 + \frac{1}{2} + i\zeta\right)\Gamma\left(\frac{1}{2} - i\zeta\right)}{\Gamma(1 - A)\Gamma(1 + A)},$$

利用 $\Gamma$ -函数的性质: $\Gamma(1 - A)\Gamma(1 + A) = a\Gamma(A)\Gamma(1 - A)$,以及 $\Gamma(1 + z) = z\Gamma(z)$,并选择 $c_0^* = -iA(1/2 + i\zeta)^{-1}$,我们得到

$$\tilde{D}_0 \frac{\Gamma\left(\frac{1}{2} + i\zeta\right)\Gamma\left(\frac{1}{2} - i\zeta\right)}{\Gamma(A)\Gamma(1 + A)} = a\frac{\Gamma^2\left(\frac{1}{2} - i\zeta\right)}{\Gamma\left(\frac{1}{2} + A - i\zeta\right)\Gamma\left(\frac{1}{2} - A - i\zeta\right)} +$$

$$b\frac{i\Gamma\left(\frac{1}{2} + i\zeta\right)\Gamma\left(\frac{1}{2} - i\zeta\right)}{\Gamma(A)\Gamma(1 + A)} \tag{9.288}$$

如果选定(Satsuma & Yajima, 1974)

$$a = \frac{i\Gamma\left(\frac{1}{2} + i\zeta\right)\Gamma\left(\frac{1}{2} - i\zeta\right)}{\Gamma(A)\Gamma(1 + A)} = i\frac{\sin(\pi A)}{\cosh(\pi \zeta)}, \tag{9.289a}$$

$$b = \frac{\Gamma^2\left(\frac{1}{2} - i\zeta\right)}{\Gamma\left(\frac{1}{2} + A - i\zeta\right)\Gamma\left(\frac{1}{2} - A - i\zeta\right)}, \tag{9.289b}$$

明显地,(9.288)式被满足,只要合适地选择常数 $\tilde{D}_0$。利用如下 $\Gamma$ -函数的关系,

$$\frac{\Gamma^2(z)}{\Gamma(z + A)\Gamma(z - A)} = \prod_{n=0}^{\infty}\left(1 + \frac{A}{z + n}\right)\left(1 - \frac{A}{z + n}\right)$$

我们就能得到 $b = 0$ 的零点, $\zeta_m = i(A - m + 1/2)$, $(m = 1, 2, \cdots)$;而且必须满足 $(A - m + 1/2) > 0$ ,即 $\mathrm{Im}(\zeta_m) > 0$ 。由于 $\zeta_m$ 是纯虚的,也就是 $\eta_m = (A - m + 1/2)$ 。

由于星云的中心部分极不稳定,会激发起扰动,扰动向外传播,在传播过程中慢慢衰减。这些扰动就是超精细结构的种子。非线性效应使得扰动发生调制不稳定,初始平滑的振幅包络最终演化成 $N$ 个孤粒子的形状。这样,盘就分裂为 $N$ 个环。在以后的演化中,由于潮汐力的作用,在 Roche 极限以内的环不会聚集成卫星,从而保留至今,形成现在土星的花样,而外面的环则形成规则卫星。下面我们给出具体的计算。

对 土 星 星 云 盘 参 数 选 择 如 下： $c_s \sim 2\mathrm{cm} \cdot \mathrm{s}^{-1}$，$\sigma_0 \sim 20\mathrm{g} \cdot \mathrm{cm}^{-2}$，$\Omega \sim 1.2 \times 10^{-6}\mathrm{s}^{-1}$ 这样 $Q \sim 1.1$，说明盘在整体上处于稳定状态。超精细结构被认为是由线性扰动形成的。这些扰动的典型尺度是 $\lambda \sim 2\pi / k_0 = 2c_s^2 / G\sigma_0$，在我们选择的参数下，$\lambda \sim 50\mathrm{km}$。根据 Hänninen & Salo (1995)的说法，窄环的典型宽度是几十公里，而 Horn *et al.* (1989) 报道说 B 环中的一些结构的尺度约为 100 千米，因此，我们得到的超精细结构的尺度是与观测相符的(Zhang & Li, 1998)。

精细结构被认为由非线性过程形成。孤粒子形状的构形使盘分裂成为早期的宽环。这些孤粒子的位置和孤粒子的个数依赖于初始平滑包络的形状。为了给我们的理论一个直观的理解，假设初始包络的形状为(9.277)式，回到有量纲表示，$A_0 \sec h(x / L)$，其中 $L$ 相当于土星的尺度 $R_s$。这样，我们就可以根据(9.276)和(9.289)式来计算孤粒子的位置。如果 $N = 9$，那么这九个孤粒子的位置经计算发现有下面性质：

$$\frac{r_{n+1}}{r_n} = \frac{\hat{x}_{n+1}}{\hat{x}_n} \sim 1.15 - 1.35 。 \tag{9.290}$$

**这又是一个漂亮的结果**：它们不依赖于相互作用的细节，即**不依赖于矩阵元 $T$ 的具体表式**。我们知道，土星的 A、B、C 环与其外边的六个规则卫星的距离比为 $r_{n+1} / r_n \sim 1.17 \sim 1.28$。由此可见，我们的理论与观测结果符合得很好。

N 个孤粒子结构是振幅演化方程(非线性 Shrödinger 方程)的结果。对于一个稳定的孤粒子，它能够抗拒扩散而保持它的位形。这样，非线性集体过程为土星环提供一种可能的限制机制，它限制了土星环的扩散，使土星环保留至今，并且使得土星各环之间有一个尖锐明晰的边界。

天王星环系和木星环系与土星环系有明显的不同。这些不同的产生可能是由于环系的起源不同，或者是由于初始条件不同。但根据 Gorkavy 和 Fridman (1991) 的说法，这些环系也可以由集体效应来解释。

与 9.8c 节一样，在本节中，我们实际上也解释了土星卫星系的 Titius-Bode 定则。虽然都解释了 Titius-Bode 定则，但两者的物理过程是不一样的。实际上，9.8 节的理论不能解释土星环及卫星系的 Titius-Bode 定则，因为我们用了 WKB 近似，从而(9.273b)式中的 $\theta$ 必须比较大。同样，本节的物理过程也不能解释行星系的 Titius-Bode 定则，因为从(9.276)式得出的距离比太小，不可能达到行星系 Titius-Bode 定则的要求。我们在这里还须指出，实际上本节给出的土星卫星系的 Titius-Bode 定则并不像 9.8c 节的(9.273a)式一样是逻辑上的结果，而确确实实只是数值上的拟合，这种拟合紧密地依赖于孤粒子的个数 $N$。

## 9.9　大尺度周期性和星系峰的分布

在1990年Broadhurst *et al.*(1990)报道了他们锥形波束探测的结果，发现宇宙物质(星系)分布存在128Mpc的周期性。以前对类星体光谱的分析，也发现了几百Mpc的周期成分(Fang & Chu, 1981)。这种周期性可以解释为一种类波密度扰动的结果，如果在复合以前有类波的扰动，则由于在复合时代辐射及重子体系的Jeans质量有较大的下降，该种扰动在复合时代之后就变金斯不稳定性的"种子"，这些"种子"原有的周期性就会被保持和放大。但是类波扰动的特征长度是金斯波长 $\lambda_J$，大致相应于星系团、超星系团的尺度；因此几百Mpc大尺度的周期性，在线性理论的框架下很难解释。在本节中，我们将研究复合时代类波成分的非线性相互作用。我们发现波长约为 $\lambda_J$ (金斯波长) 的扰动，经过非线性调制后，会形成波长远远大于 $\lambda_J$ 的周期性结构。这种周期性结构在以后的扰动增长阶段就会被保留和放大，形成观测到的周期性。在此情况下，宇宙膨胀效应是不可忽略的；然而由于所研究问题尺度仍小于哈勃半径，相对论效应一定很小，可不考虑。我们首先把膨胀背景下的流体力学方程纳入哈密顿描述，然后借助哈密顿描述，分析其非线性波-波相互作用，得出其调制成分周期性的尺度，最后估计这个周期性尺度的大小，与观测值比较。

我们已说过，描述扰动演化的牛顿流体力学方程是(9.1)～(9.4)。因为我们所研究的是类波成分，因此保留了压力项。在膨胀宇宙中的未扰解为[参见(9.25a)式, (9.21)式和(9.26)式]

$$\rho_0 = \rho_0(t_0)R^{-3}(t), \quad \mathbf{v}_0 = \frac{\dot{R}}{R}\mathbf{r}, \quad \nabla\Phi = \frac{4\pi G\rho_0}{3}\mathbf{r}; \qquad (9.291)$$

考虑扰动

$$\rho = \rho_0 + \delta\rho, \quad \Phi = \Phi_0 + \delta\Phi, \qquad (9.292a)$$

$$\mathbf{v} = \mathbf{v}_0 + \delta\mathbf{v} = \mathbf{v}_0 + \frac{\lambda}{\rho}\nabla\mu + \nabla\varphi, \qquad (9.292b)$$

其中 $\lambda, \mu$ 是 Clebsch变量[见(9.219)式]。写下连续性方程，以及类似于在9.8a节中(9.220a)～(9.220c)的推导，我们可以把动量方程写为(9.294)～(9.295)，于是

$$\frac{\partial \delta\rho}{\partial t} = -\nabla(\rho\mathbf{v}) - \frac{\partial \rho_0}{\partial t}, \tag{9.293}$$

$$\frac{\partial \varphi}{\partial t} = -\frac{1}{2}\mathbf{v}^2 + \frac{\lambda}{\rho}(\mathbf{v}\cdot\nabla)\mu - \frac{1}{2}\frac{\partial}{\partial t}\left(\frac{\dot{R}}{R}\right)r^2 - \frac{2}{3}\pi G\rho_0 r^2 + G\int\frac{\delta\rho(\mathbf{r}')}{|\mathbf{r}-\mathbf{r}'|}\,\mathrm{d}\mathbf{r}' - \frac{\partial \varepsilon}{\partial \delta\rho},$$

$$\tag{9.294}$$

$$\frac{\partial \lambda}{\partial t} = -\nabla\cdot(\lambda\mathbf{v}), \qquad \frac{\partial \mu}{\partial t} = -(\mathbf{v}\cdot\nabla)\mu, \tag{9.295}$$

其中 $\varepsilon$ 满足

$$\nabla\frac{\delta\int\varepsilon(\delta\rho)\,\mathrm{d}\mathbf{r}}{\delta\delta\rho} = \frac{1}{\rho}\nabla p(\rho). \tag{9.296}$$

通过直接求泛函的导数可验证，方程(9.293)～(9.295)可以纳入哈密顿体系，

$$\frac{\partial \delta\rho}{\partial t} = \frac{\delta H}{\delta\varphi}, \quad \frac{\partial \varphi}{\partial t} = -\frac{\delta H}{\delta\delta\rho}; \quad \frac{\partial \lambda}{\partial t} = \frac{\delta H}{\delta\mu}, \quad \frac{\partial \mu}{\partial t} = -\frac{\delta H}{\delta\lambda}, \tag{9.297}$$

其中，哈密顿量是

$$H = \int\frac{1}{2}\rho\mathbf{v}^2\,\mathrm{d}\mathbf{r} - \int\frac{\partial \rho_0}{\partial t}\varphi\,\mathrm{d}\mathbf{r} + \int\frac{1}{2}\frac{\partial}{\partial t}\left(\frac{\dot{R}}{R}\right)r^2\rho\,\mathrm{d}\mathbf{r} +$$

$$\int\frac{2}{3}\pi G\rho_0\rho r^2\,\mathrm{d}\mathbf{r} - \frac{G}{2}\int\frac{\delta\rho(\mathbf{r})\delta\rho(\mathbf{r}')}{|\mathbf{r}-\mathbf{r}'|}\,\mathrm{d}\mathbf{r}\,\mathrm{d}\mathbf{r}' + \int\varepsilon\,\mathrm{d}\mathbf{r}. \tag{9.298}$$

如果对(9.26c)式两边取旋度，则右边为零，表明，只有速度扰动的无旋部分才与密度扰动相耦合(Kolb & Turner, 1990)，因此我们可以令 $\lambda = \mu = 0$，从而上述方程成为只有一对变量$(\delta\rho, \varphi)$的哈密顿量方程。作傅氏变换：

$$\delta\rho(\mathbf{r}) = \frac{1}{(2\pi)^{3/2}R^3}\int\delta_{\mathbf{k}}e^{i\mathbf{r}\cdot\mathbf{k}/R}\mathrm{d}\mathbf{k}, \qquad \varphi(\mathbf{r}) = \frac{1}{(2\pi)^{3/2}}\int\varphi_{\mathbf{k}}e^{i\mathbf{r}\cdot\mathbf{k}/R}\mathrm{d}\mathbf{k}, \tag{9.299}$$

如同9.8a节所做的，我们可以选择(9.223b)式所定义的母函数(其中，以 $\delta_{\mathbf{k}}$ 代 $\tau_{\mathbf{k}}$)，则容易证明上述变换为正则变换，新的正则变量为 $\delta_{\mathbf{k}}$ 和 $\varphi_{\mathbf{k}}^*$；我们可以把上面的变换看成为通常"共动" $\mathbf{k}$ 空间的傅氏变换 $\mathrm{d}\mathbf{k}' = \mathrm{d}\mathbf{k}/R^3$)，因而 $\delta_{\mathbf{k}}$ 并不显含时间，故变换后哈密顿量不变。(9.298)式中包含有常数项和动力学变量的线性项，它们为：

$$\int r^2\,\mathrm{d}\mathbf{r}(\rho_0 + \delta\rho)\left[\frac{1}{2}\left(\frac{\dot{R}}{R}\right)^2 + \frac{1}{2}\frac{\mathrm{d}}{\mathrm{d}t}\left(\frac{\dot{R}}{R}\right) + \frac{2}{3}\pi G\rho_0\right], \quad -\int\mathrm{d}\mathbf{r}\varphi\left[\frac{\partial \rho_0}{\partial t} + \rho_0\nabla\cdot\mathbf{v}_0\right];$$

展开 $\dfrac{\mathrm{d}}{\mathrm{d}t}\left(\dfrac{\dot{R}}{R}\right)$，并利用(9.26a)式,上面第一个积分的被积函数的方括号项为零;而第二个积分由于未扰密度满足连续性方程(9.22a)，也为零;因此,现在哈密顿量为

$$H' = H = H_2 + H_3 + \cdots$$

在上式中我们对 $H$ 进行傅氏变换并用扰动小量 $\delta_k$ 和 $\varphi_k$ 展开为级数, $H_2$ 和 $H_3$ 分别是二次项和三次项,

$$H_2 = \int \frac{1}{2}\rho_0 R k^2 \varphi_{\mathbf{k}}\varphi_{\mathbf{k}}^* \mathrm{d}\mathbf{k} - \frac{2\pi G}{R}\int \frac{1}{k^2}\delta_{\mathbf{k}}\delta_{\mathbf{k}}^* \mathrm{d}\mathbf{k} + \frac{1}{2}\gamma A\rho_0^{\gamma-2}R^{-3}\int \delta_{\mathbf{k}}\delta_{\mathbf{k}}^* \mathrm{d}\mathbf{k}\,,$$

$$\tag{9.300a}$$

$$H_3 = -\int \frac{1}{2(2\pi)^{3/2}}\frac{1}{R^2}(\mathbf{k}_2 \cdot \mathbf{k}_3)\delta_{\mathbf{k}_1}\varphi_{\mathbf{k}_2}\varphi_{\mathbf{k}_3}\delta(\mathbf{k}_1+\mathbf{k}_2+\mathbf{k}_3)\mathrm{d}\mathbf{k}_1\mathrm{d}\mathbf{k}_2\mathrm{d}\mathbf{k}_3 +$$

$$\int \frac{A\gamma(\gamma-2)}{6(2\pi)^{3/2}}\rho_0^{\gamma-3}\frac{1}{R^6}\delta_{\mathbf{k}_1}\delta_{\mathbf{k}_2}\delta_{\mathbf{k}_3}\delta(\mathbf{k}_1+\mathbf{k}_2+\mathbf{k}_3)\mathrm{d}\mathbf{k}_1\mathrm{d}\mathbf{k}_2\mathrm{d}\mathbf{k}_3\,, \tag{9.300b}$$

其中我们已假设压力项为 $p = A\rho^\gamma$ (Weinberg,1972); 计及到三次项, 哈密顿正则方程变为

$$\dot{\delta}_{\mathbf{k}} = \frac{\delta H_2}{\delta\varphi_{\mathbf{k}}^*} + \frac{\delta H_3}{\delta\varphi_{\mathbf{k}}^*}, \qquad \dot{\varphi}_{\mathbf{k}} = -\frac{\delta H_2}{\delta\delta_{\mathbf{k}}^*} - \frac{\delta H_3}{\delta\delta_{\mathbf{k}}^*},$$

它们给出,

$$\dot{\delta}_{\mathbf{k}} = \rho_0 R k^2 \varphi_{\mathbf{k}} + \int (2\pi)^{-3/2}\frac{1}{R^2}(\mathbf{k}_2 \cdot \mathbf{k})\delta_{\mathbf{k}_1}\varphi_{\mathbf{k}_2}\delta(\mathbf{k}_1+\mathbf{k}_2-\mathbf{k})\mathrm{d}\mathbf{k}_1\mathrm{d}\mathbf{k}_2\,, \tag{9.301a}$$

$$\dot{\varphi}_{\mathbf{k}} = \frac{4\pi G}{R k^2}\delta_{\mathbf{k}} - \frac{\gamma A\rho_0^{\gamma-2}}{R^3}\delta_{\mathbf{k}} + \int \frac{1}{2}(2\pi)^{-3/2}\frac{1}{R^2}(\mathbf{k}_1 \cdot \mathbf{k}_2)\varphi_{\mathbf{k}_1}\varphi_{\mathbf{k}_2}\delta(\mathbf{k}_1+\mathbf{k}_2-\mathbf{k})\mathrm{d}\mathbf{k}_1\mathrm{d}\mathbf{k}_2 -$$

$$\int \frac{1}{2}A\gamma(\gamma-1)\rho_0^{\gamma-3}(2\pi)^{-3/2}\frac{1}{R^6}\delta_{\mathbf{k}_1}\delta_{\mathbf{k}_2}\delta(\mathbf{k}_1+\mathbf{k}_2-\mathbf{k})\mathrm{d}\mathbf{k}_1\mathrm{d}\mathbf{k}_2\,. \tag{9.301b}$$

方程(9.301)线性化后成为

$$\ddot{\delta}_{\mathbf{k}} + \frac{4}{3t}\dot{\delta}_{\mathbf{k}} + \left(\frac{\Lambda^2(k)}{t^{2\gamma-2/3}} - \frac{2}{3t^2}\right)\delta_{\mathbf{k}} = 0\,, \tag{9.302}$$

即(9.32)式; 在 $k << k_J$ , 它有增长模的解; 反之, 在(9.35)式中用大宗量展开贝塞尔函数, 发现扰动是振荡的,

$$\delta_{\mathbf{k}} \sim t^{-1/6+\nu/2}\cos\left(\Lambda(k)\,t^{-\nu}/a\right) \sim t^{-1/6+\nu/2}\exp(\pm i\int^t \omega_k\,\mathrm{d}t)\,, \tag{9.303a}$$

其中，$\nu \equiv \gamma - 4/3$,

$$\omega_{\mathbf{k}}^2 = \Lambda^2(k)t^{-(\nu+1)} = c_s^2\left(\frac{k^2}{R^2}\right) \ . \tag{9.303b}$$

考虑到方程(9.301)中的非线性项，这些振荡模之间将发生相互作用，这种波—波相互作用可使振荡模变得不稳定并经受调制，这正是我们感兴趣的。

我们引进变量 $a_{\mathbf{k}}$ 和 $a_{-\mathbf{k}}^*$，它们和 $\delta_{\mathbf{k}}, \varphi_{\mathbf{k}}$ 有如下关系:

$$\delta_{\mathbf{k}} = k^{1/2}(a_{\mathbf{k}} + a_{-\mathbf{k}}^*), \tag{9.304a}$$

$$\varphi_{\mathbf{k}} = \frac{-i\Lambda(k)t^{-\nu-1}k^{1/2}}{R\rho_0 k^2}(a_{\mathbf{k}} - a_{-\mathbf{k}}^*) + \frac{k^{1/2}}{R\rho_0 k^2}\left(-\frac{1}{6} + \frac{\nu}{2}\right)t^{-1}(a_{\mathbf{k}} + a_{-\mathbf{k}}^*); \tag{9.304b}$$

把上式代入(9.301)式，并消去 $\dot{a}_{-\mathbf{k}}^*$，得到

$$\dot{a}_{\mathbf{k}} = \left(-\frac{1}{6} + \frac{\nu}{2}\right)t^{-1}a_{\mathbf{k}} - i\Lambda(k)t^{-\nu-1}a_{\mathbf{k}} + \int\left[U_1^{kk_1k_2}a_{\mathbf{k}_1}a_{\mathbf{k}_2} + U_2^{kk_1k_2}a_{-\mathbf{k}_1}^*a_{\mathbf{k}_2} + \right.$$

$$\left. U_3^{kk_1k_2}a_{\mathbf{k}_1}a_{-\mathbf{k}_2}^* + U_4^{kk_1k_2}a_{-\mathbf{k}_1}^*a_{-\mathbf{k}_2}^*\right]\delta(\mathbf{k} - \mathbf{k}_1 - \mathbf{k}_2)\mathrm{d}\mathbf{k}_1\mathrm{d}\mathbf{k}_2 . \tag{9.305a}$$

这就是描述非线性波—波相互作用的方程。其中矩阵元可以写为

$$U_j^{kk_1k_2} = it^{-\nu-1}U_{j1}^{kk_1k_2} + t^{-1}U_{j2}^{kk_1k_2}; \tag{9.305b}$$

对于振荡模，$\Lambda(k)t^{-\nu}/\nu \gg 1$，由此可以推得上式右边第二项很小，因此可以忽略,第一项中的 $U_{j1}^{kk_1k_2}$，经计算求得为

$$\begin{cases} U_{11}^{kk_1k_2} = -\frac{1}{2}(2\pi)^{-3/2}\frac{B}{\rho_0 R^3}\left[\frac{k_1^{1/2}(\mathbf{k}_2 \cdot \mathbf{k})}{k^{1/2}k_2^{1/2}} + \frac{1}{2}\frac{k^{1/2}(\mathbf{k}_1 \cdot \mathbf{k}_2)}{k_1^{1/2}k_2^{1/2}} + \frac{1}{2}(\gamma-2)k^{1/2}k_1^{1/2}k_2^{1/2}\right], \\[2mm] U_{21}^{kk_1k_2} = -\frac{1}{2}(2\pi)^{-3/2}\frac{B}{\rho_0 R^3}\left[\frac{k_1^{1/2}(\mathbf{k}_2 \cdot \mathbf{k})}{k^{1/2}k_2^{1/2}} - \frac{1}{2}\frac{k^{1/2}(\mathbf{k}_1 \cdot \mathbf{k}_2)}{k_1^{1/2}k_2^{1/2}} + \frac{1}{2}(\gamma-2)k^{1/2}k_1^{1/2}k_2^{1/2}\right], \\[2mm] U_{31}^{kk_1k_2} = -\frac{1}{2}(2\pi)^{-3/2}\frac{B}{\rho_0 R^3}\left[-\frac{k_1^{1/2}(\mathbf{k}_2 \cdot \mathbf{k})}{k^{1/2}k_2^{1/2}} - \frac{1}{2}\frac{k^{1/2}(\mathbf{k}_1 \cdot \mathbf{k}_2)}{k_1^{1/2}k_2^{1/2}} + \frac{1}{2}(\gamma-2)k^{1/2}k_1^{1/2}k_2^{1/2}\right], \\[2mm] U_{41}^{kk_1k_2} = -\frac{1}{2}(2\pi)^{-3/2}\frac{B}{\rho_0 R^3}\left[-\frac{k_1^{1/2}(\mathbf{k}_2 \cdot \mathbf{k})}{k^{1/2}k_2^{1/2}} + \frac{1}{2}\frac{k^{1/2}(\mathbf{k}_1 \cdot \mathbf{k}_2)}{k_1^{1/2}k_2^{1/2}} + \frac{1}{2}(\gamma-2)k^{1/2}k_1^{1/2}k_2^{1/2}\right], \end{cases}$$

$$\tag{9.305c}$$

其中，$B = \Lambda_k/k$。

要求解方程(9.305a)依然是非常困难的，须进一步加以简化。假设系统是由波包组成，我们就可以考虑三个波数分别为 $\mathbf{k}_1, \mathbf{k}_2, \mathbf{k}_3$ 的窄波包的共振相互作用，发生共振相互作用的条件是

$$\omega_{\mathbf{k}_1} - \omega_{\mathbf{k}_2} - \omega_{\mathbf{k}_3} = 0, \quad \mathbf{k}_1 - \mathbf{k}_2 - \mathbf{k}_3 = 0;$$

假设 $\mathbf{k}_1 \parallel \mathbf{k}_2 \parallel \mathbf{k}_3$，则从色散律(9.303b)式，我们可以看出，以上共振条件确实同时能满足，因此三波共振相互作用是重要的，这就是在(9.305)式中只保留了三波作用项而略去了高阶作用项的原因。考虑三波共振相互作用，我们把 $a_\mathbf{k}$ 写为三个波包的叠加：

$$a_\mathbf{k} = a_1(\mathbf{k}_1 + \boldsymbol{\kappa}_1) + a_2(\mathbf{k}_2 + \boldsymbol{\kappa}_2) + a_3(\mathbf{k}_3 + \boldsymbol{\kappa}_3), \tag{9.306}$$

其中，$\left|\boldsymbol{\kappa}_j\right| \ll \left|\mathbf{k}_j\right|$。把上式代入(9.305)式，可得

$$\dot{a}_{\mathbf{k}_1+\boldsymbol{\kappa}_1} = \left(-\frac{1}{6} + \frac{\nu}{2}\right)t^{-1}a_{\mathbf{k}_1+\boldsymbol{\kappa}_1} - i\Lambda_{\mathbf{k}_1+\boldsymbol{\kappa}_1}t^{-\nu-1}a_{\mathbf{k}_1+\boldsymbol{\kappa}_1} +$$

$$\int(U_1^{k_1k_2k_3} + U_1^{k_1k_3k_2})a_{\mathbf{k}_2+\boldsymbol{\kappa}_2}a_{\mathbf{k}_3+\boldsymbol{\kappa}_3}\delta(\boldsymbol{\kappa}_2+\boldsymbol{\kappa}_3-\boldsymbol{\kappa}_1)\mathrm{d}\boldsymbol{\kappa}_2\,\mathrm{d}\boldsymbol{\kappa}_3,$$

$$\dot{a}_{\mathbf{k}_2+\boldsymbol{\kappa}_2} = \left(-\frac{1}{6} + \frac{\nu}{2}\right)t^{-1}a_{\mathbf{k}_2+\boldsymbol{\kappa}_2} - i\Lambda_{\mathbf{k}_2+\boldsymbol{\kappa}_2}t^{-\nu-1}a_{\mathbf{k}_2+\boldsymbol{\kappa}_2} +$$

$$\int(U_2^{k_2-k_3k_1} + U_3^{k_2k_1-k_3})a_{\mathbf{k}_1+\boldsymbol{\kappa}_1}a_{\mathbf{k}_3+\boldsymbol{\kappa}_3}^*\delta(\boldsymbol{\kappa}_2+\boldsymbol{\kappa}_3-\boldsymbol{\kappa}_1)\mathrm{d}\boldsymbol{\kappa}_2\,\mathrm{d}\boldsymbol{\kappa}_3,$$

$$\dot{a}_{\mathbf{k}_3+\boldsymbol{\kappa}_3} = \left(-\frac{1}{6} + \frac{\nu}{2}\right)t^{-1}a_{\mathbf{k}_3+\boldsymbol{\kappa}_3} - i\Lambda_{\mathbf{k}_3+\boldsymbol{\kappa}_3}t^{-\nu-1}a_{\mathbf{k}_3+\boldsymbol{\kappa}_3} +$$

$$\int(U_2^{k_3-k_2k_1} + U_3^{k_3k_1-k_2})a_{\mathbf{k}_1+\boldsymbol{\kappa}_1}a_{\mathbf{k}_2+\boldsymbol{\kappa}_2}^*\delta(\boldsymbol{\kappa}_2+\boldsymbol{\kappa}_3-\boldsymbol{\kappa}_1)\mathrm{d}\boldsymbol{\kappa}_1\,\mathrm{d}\boldsymbol{\kappa}_2; \tag{9.307}$$

作变换

$$\begin{cases} C_1(\boldsymbol{\kappa}_1) = a_{\mathbf{k}_1+\boldsymbol{\kappa}_1}e^{i\int^t\omega_{\mathbf{k}_1}\mathrm{d}t}, \\ C_2(\boldsymbol{\kappa}_2) = a_{\mathbf{k}_2+\boldsymbol{\kappa}_2}e^{i\int^t\omega_{\mathbf{k}_2}\mathrm{d}t}, \\ C_3(\boldsymbol{\kappa}_3) = a_{\mathbf{k}_3+\boldsymbol{\kappa}_3}e^{i\int^t\omega_{\mathbf{k}_3}\mathrm{d}t}, \end{cases} \tag{9.308}$$

并根据 $\Lambda(k)t^{-\nu}/\nu \gg 1$，略去(9.307)式中右边的三个第一项，得到

$$
\begin{cases}
\dot{C}_1(\boldsymbol{\kappa_1}) = -it^{-\nu-1}\dfrac{\partial \Lambda(k)}{\partial \mathbf{k}}\bigg|_{\mathbf{k}=\mathbf{k}_1} \cdot \boldsymbol{\kappa_1}C_1(\boldsymbol{\kappa_1}) \\[2mm]
+ \displaystyle\int (U_1^{k_1k_2k_3} + U_1^{k_1k_3k_2})C_2(\boldsymbol{\kappa_2})C_3(\boldsymbol{\kappa_3})\delta(\boldsymbol{\kappa_2}+\boldsymbol{\kappa_3}-\boldsymbol{\kappa_1})\mathrm{d}\,\boldsymbol{\kappa_2}\mathrm{d}\,\boldsymbol{\kappa_3}, \\[3mm]
\dot{C}_2(\boldsymbol{\kappa_2}) = -it^{-\nu-1}\dfrac{\partial \Lambda(k)}{\partial \mathbf{k}}\bigg|_{\mathbf{k}=\mathbf{k}_2} \cdot \boldsymbol{\kappa_2}C_2(\boldsymbol{\kappa_2}) \\[2mm]
+ \displaystyle\int (U_2^{k_2-k_3k_1} + U_3^{k_2k_1-k_3})C_1(\boldsymbol{\kappa_1})C_3^*(\boldsymbol{\kappa_3})\delta(\boldsymbol{\kappa_2}+\boldsymbol{\kappa_3}-\boldsymbol{\kappa_1})\mathrm{d}\,\boldsymbol{\kappa_1}\mathrm{d}\,\boldsymbol{\kappa_3}, \\[3mm]
\dot{C}_3(\boldsymbol{\kappa_3}) = -it^{-\nu-1}\dfrac{\partial \Lambda(k)}{\partial \mathbf{k}}\bigg|_{\mathbf{k}=\mathbf{k}_3} \cdot \boldsymbol{\kappa_3}C_3(\boldsymbol{\kappa_3}) \\[2mm]
+ \displaystyle\int (U_2^{k_3-k_2k_1} + U_3^{k_3k_1-k_2})C_1(\boldsymbol{\kappa_1})C_2^*(\boldsymbol{\kappa_3})\delta(\boldsymbol{\kappa_2}+\boldsymbol{\kappa_3}-\boldsymbol{\kappa_1})\mathrm{d}\,\boldsymbol{\kappa_1}\mathrm{d}\,\boldsymbol{\kappa_2},
\end{cases}
\tag{9.309}
$$

这里已令 $\nu = 1/3$（对复合后）。引入波包的包络函数：

$$
\psi_j = (2\pi)^{-3/2}\int C_j(\boldsymbol{\kappa_j})e^{i\boldsymbol{\kappa_j}\cdot\mathbf{r}}d\boldsymbol{\kappa_j},
\tag{9.310}
$$

假定 $\mathbf{k}_1 \parallel \mathbf{k}_2 \parallel \mathbf{k}_3$ 是沿着 $x$ 轴的，从(9.309)式就可以求得包络函数满足的方程

$$
\begin{cases}
\dfrac{\partial \psi_1}{\partial t} + t^{-\nu-1}B\dfrac{\partial \psi_1}{\partial x} = i(2\pi)^{3/2}t^{-\nu-1}(U_{11}^{k_1k_2k_3} + U_{11}^{k_1k_3k_2})\psi_2\psi_3, \\[3mm]
\dfrac{\partial \psi_2}{\partial t} + t^{-\nu-1}B\dfrac{\partial \psi_2}{\partial x} = i(2\pi)^{3/2}t^{-\nu-1}(U_{21}^{k_2-k_3k_1} + U_{31}^{k_2k_1-k_3})\psi_1\psi_3^*, \\[3mm]
\dfrac{\partial \psi_3}{\partial t} + t^{-\nu-1}B\dfrac{\partial \psi_3}{\partial x} = i(2\pi)^{3/2}t^{-\nu-1}(U_{21}^{k_3-k_2k_1} + U_{31}^{k_3k_1-k_2})\psi_1\psi_2^*,
\end{cases}
$$

其中，我们利用了色散律(9.303b)式，以及略去了 $U_{i2}$ 项；考虑稳态 $(\partial / \partial t = 0)$ 情况

$$
\begin{cases}
\dfrac{\partial \psi_1}{\partial x} = -\dfrac{i}{2}\dfrac{1}{\rho_0 R^3}(\gamma+1)k_1^{1/2}k_2^{1/2}k_3^{1/2}\psi_2\psi_3, \\[3mm]
\dfrac{\partial \psi_2}{\partial x} = -\dfrac{i}{2}\dfrac{1}{\rho_0 R^3}(\gamma+1)k_1^{1/2}k_2^{1/2}k_3^{1/2}\psi_1\psi_3^*, \\[3mm]
\dfrac{\partial \psi_3}{\partial x} = -\dfrac{i}{2}\dfrac{1}{\rho_0 R^3}(\gamma+1)k_1^{1/2}k_2^{1/2}k_3^{1/2}\psi_1\psi_2^*,
\end{cases}
\tag{9.311}
$$

其中，我们已用到(9.305c)式；把 $\psi_i$ 分成振幅和位相部分

$$
\psi_j = A_j e^{i\Phi_j}
\tag{9.312}
$$

代入(9.311)式，并把实部和虚部分开，得到

$$\begin{cases} \dfrac{\partial A_1}{\partial x} = V A_2 A_3 \sin \Phi, \\[2mm] \dfrac{\partial A_2}{\partial x} = -V A_1 A_3 \sin \Phi, \\[2mm] \dfrac{\partial A_3}{\partial x} = -V A_1 A_2 \sin \Phi, \\[2mm] \dfrac{\partial \Phi}{\partial x} = V \left( \dfrac{A_2 A_3}{A_1} - \dfrac{A_1 A_3}{A_2} - \dfrac{A_1 A_2}{A_3} \right) \cos \Phi, \end{cases} \tag{9.313a}$$

其中

$$-V = \frac{\gamma + 1}{2\rho_0 R^3} k_1^{1/2} k_2^{1/2} k_3^{1/2}, \quad \Phi = \Phi_1 - \Phi_2 - \Phi_3 . \tag{9.313b}$$

方程组(9.313)有下面的积分不变量

$$\begin{cases} A_1^2 + A_2^2 = m_2 = \text{const.}, \\[1mm] A_1^2 + A_3^2 = m_3 = \text{const.}, \\[1mm] A_1 A_2 A_3 \cos \Phi = \Gamma = \text{const.}; \end{cases} \tag{9.314}$$

不失一般性，假设 $\Phi = \pi/2$, $\quad m_3 > m_2$ ，于是我们从(9.313a)式得到

$$\frac{\mathrm{d}A_1^2}{\mathrm{d}x} = 2V A_1 (m_2 - A_1^2)^{1/2} (m_3 - A_1^2)^{1/2} . \tag{9.315}$$

令 $A_1^2 = m_2 y^2$ ，则(9.315)式可化为

$$\begin{aligned} (-V)(x - x_0) &= -\frac{1}{2} \int_0^{y(x)} \frac{m_2 2 y \mathrm{d}y}{\sqrt{m_2}\, y \sqrt{(m_2 y^2 - m_3)(m_2 y^2 - m_2)}} \\ &= -\int_0^{y(x)} \frac{\mathrm{d}y}{\sqrt{m_3} \sqrt{\left(1 - y^2\right)\left(1 - \dfrac{m_2}{m_3} y^2\right)}}; \end{aligned} \tag{9.316}$$

上面方程的解是雅可比(Jacobi)椭圆函数[参见[(9.249a)式]，于是立即有

$$A_1 = \sqrt{m_2}\, y(x) = \sqrt{m_2}\, sn\left[(-V)\sqrt{m_3}(x_0 - x)\right]. \tag{9.317a}$$

椭圆函数是周期函数，其周期是 $4K(s_0)$ ，其中 $s_0 = \sqrt{m_2/m_3} < 1$ 是模(参见9.8b节)。于是，从(9.314)式得到

$$A_2 = m_2^{1/2} cn\left[(-V)m_3^{1/2}(x_0 - x)\right], \tag{9.317b}$$

$$A_3 = m_3^{1/2} \left\{ 1 - \frac{m_2}{m_3} sn^2 \left[ (-V) m_3^{1/2} (x_0 - x) \right] \right\}^{1/2} . \qquad (9.317c)$$

现在，利用(9.304，(9.306)，(9.308)，(9.310)和(9.312)式，计算后发现

$$\delta\rho(\mathbf{r}) = \sum_i \frac{2k_i^{1/2}}{R^3} A_i \left( \frac{r_x}{R} \right) \exp\left[ i\left( -\int \omega_{k_i} \, dt + \mathbf{r} \cdot \mathbf{k}_i / R + \Phi_i \right) \right] + c.c . \qquad (9.318)$$

因此，我们看到，三波相互作用的密度包络中含有周期(Li & Zhang, 1995)

$$\lambda = \frac{4K(s_0)}{(-V)\sqrt{m_3}} = \frac{4\rho_0 R^4 K(s_0)}{(\gamma + 1) k_1^{1/2} k_2^{1/2} k_3^{1/2} m_3^{1/2}} ; \qquad (9.319)$$

根据(9.314)，(9.312)，(9.310)，(9.308)，(9.304a)和(9.299)式可得

$$\sqrt{m_3} \sim A \sim \frac{R^3}{\sqrt{k}} \delta\rho ,$$

这样，由(9.319)式可得

$$\lambda \sim \frac{\rho_0}{\delta\rho} \frac{R}{k} K(s_0) 。$$

下面我们便来估计 $\lambda$ 值的大小。$K(s_0)$ 是Jacobi椭圆函数周期的四分之一，而Jacobi椭圆函数的周期比 $2\pi$ 稍大一点，这样，我们可以认为 $K(s_0)$ 大致是1的量级。$R/k$ 大致是复合时Jeans波长，可以认为它相应于现在星系团尺度的大小，因此 $R/k \sim 0.1\mathrm{Mpc}$，$\delta\rho/\rho_0$ 是复合时代的密度反差，由Kolb & Turner(1990)

$$\frac{\delta\rho}{\rho_0} = O(10 - 100)\left( \frac{\delta T}{T} \right)$$

因此 ，由式(9.19)式，

$$\frac{\delta\rho}{\rho_0} = 3 \times 10^{-4} - 3 \times 10^{-3}$$

这样，形成的周期性大约为一百个Mpc到几百个Mpc，与观测到的星系峰及类星体的周期性相符。

从我们的演算中可以看到，物质分布大尺度的周期性是与2.7K微波背景辐射的均匀性紧密地联系在一起的。微波背景辐射的均匀性说明了在复合时代(我们不区分解耦、最后散射面与复合的时间差别，都认为是在 $Z \sim 1000$ 时)扰动非常小，而根据我们的理论，扰动越小，其非线性调制产生的周期性的波长就越长。所以，正是由于非常小的扰动才产生了非常

长的周期性。

## 附录 C　四波相互作用矩阵元计算

在本附录中我们将计算 $\beta$ 的具体表达式。我们令

$$\Omega = \frac{Q\pi G\sigma_0}{2c_s}, \quad k_0 = \eta\frac{2\pi G\sigma_0}{c_s^2}, \quad \kappa = 2\Omega, \tag{C.1}$$

于是有

$$\omega_{k_0} = (4\Omega^2 - 2\pi G\sigma_0 k_0 + k_0^2 c_s^2)^{1/2}$$

$$= (Q^2 - 4\eta + 4\eta^2)^{1/2}\frac{\pi G\sigma}{c_s} \equiv A_0(\pi G\sigma_0/c_s), \tag{C.2}$$

$$\omega_{2k_0} = (4\Omega^2 - 4\pi G\sigma_0 k_0 + 4k_0^2 c_s^2)^{1/2}$$

$$= (Q^2 - 8\eta + 16\eta^2)^{1/2}\frac{\pi G\sigma_0}{c_s} \equiv B_0(\pi G\sigma_0/c_s), \tag{C.3}$$

在(9.231b)式中矩阵元 $V$ 的表达式为(Fridman & Polyachenko, 1984)

$$V_{kk_1k_2} = U_{kk_1k_2} + U_{k_1kk_2} + U_{k_2k_1kk}, \tag{C.4}$$

其中(以下，为书写简单计，下标均不用黑体)，

$$U_{kk_1k_2} \equiv U_{kk_1k_2} = \frac{\sigma_0}{4\pi N_{kk_1k_2}}\Big\{2\omega_k\omega_{k_1}\omega_{k_2}\kappa^2(k_1\times k_2)^2 + 2\kappa^4\omega_k((k\times k_1)\cdot(k\times k_2)) +$$

$$2\omega_k\omega_{k_1}^2\omega_{k_2}^2 k^2(k_1\cdot k_2) + \frac{2}{3}(\gamma-2)c_s^2 k^2 k_1^2 k_2^2\omega_k\omega_{k_1}\omega_{k_2} +$$

$$\kappa^2\{\omega_k^2\omega_{k_1}[(k\cdot k_1)(k_1\cdot k_2) + \tfrac{1}{2}(k\cdot k_2)(k_2^2 - k^2 - k_1^2)] +$$

$$\omega_k^2\omega_{k_2}[(k\cdot k_2)(k_1\cdot k_2) + \tfrac{1}{2}(k\cdot k_1)(k_1^2 - k^2 - k_2^2)]\} -$$

$$2i\omega_k^2\omega_{k_1}\omega_{k_2}(k_1^2 - k_2^2)(\kappa\cdot(k_1\times k_2)) -$$

$$i\kappa^2\big[(\omega_{k_1}^2 - \omega_{k_2}^2)\kappa\cdot(k_1\times k_2)(k_1\cdot k_2) + \omega_{k_1}\omega_{k_2}(k_1^2 - k_2^2)\kappa\cdot(k_1\times k_2)\big];$$

$$N_{kk_1k_2} = 4\sqrt{2\sigma_0^3\omega_k^3\omega_{k_1}^3\omega_{k_2}^3}k_1k_2k; \tag{C.5}$$

于是我们得到

$$V_{k_0 k_0 (-2k_0)} = \frac{\sigma_0}{4\pi N_0} C_0 \left( \frac{\pi^9 G^9 \sigma_0^9}{c_s^{13}} \right), \tag{C.6}$$

其中

$$C_0 = -8A_0^3 B_0^2 16\eta^4 + 8(\gamma - 2)64\eta^6 A_0^2 B_0 - 8Q^2 A_0^3 16\eta^4 +$$

$$4Q^2 A_0^2 B_0 16\eta^4 + 8 \times 16\eta^4 A_0^4 B_0 + 4Q^2 A_0 B_0^2 16\eta^4, \tag{C.7a}$$

$$N_0 = 64\sqrt{2} A_0^3 B_0^{3/2} \left( \sigma_0^3 \pi^9 G^9 \sigma_0^9 / c_s^9 \right)^{1/2} \pi^3 G^3 \sigma_0^3 / c_s^6, \tag{C.7b}$$

$$V_{k_0 k_0 (2k_0)} = \frac{\sigma_0}{4\pi N_0} D_0 \left( \pi^9 G^9 \sigma_0^9 / c_s^{13} \right), \tag{C.8}$$

其中

$$D_0 = 8A_0^3 B_0^2 16\eta^4 + 8(\gamma - 2)64\eta^6 A_0^2 B_0 + 8Q^2 A_0^3 16\eta^4 +$$

$$4Q^2 A_0^2 B_0 16\eta^4 + 8 \times 16\eta^4 A_0^4 B_0 - 4Q^2 A_0 B_0^2 16\eta^4. \tag{C.9}$$

这样从(9.231b)式中去掉不重要的项，我们有

$$T = -\frac{C_0^2}{(B_0 + 2A_0)A_0^6 B_0^3 \eta^6} \frac{G^2 \sigma_0}{c_s^4} \times \frac{1}{16 \times 64 \times 64} -$$

$$\frac{D_0^2}{(B_0 - 2A_0)A_0^6 B_0^3 \eta^6} \frac{G^2 \sigma_0}{c_s^4} \frac{1}{16 \times 64 \times 64}; \tag{C.10}$$

再从(9.217)式得到

$$(v_g')_{k_0} = \frac{2(Q^2 - 1)\eta}{A_0^3} \frac{c_s}{k_0}, \tag{C.11}$$

从而

$$\beta = -\frac{(2\pi)^2 T}{(v_g')_{k_0}} = -\frac{(2\pi)^2 A_0^3 T}{2(Q^2 - 1)\eta} \frac{k_0}{c_s} \equiv a \left( \frac{G^2 \sigma_0 k_0}{c_s^5} \right) > 0. \tag{C.12}$$

# 第十章　隐身空间飞行器的反隐身对策

那大圣趁着机会，滚下山崖，伏在那里又变，变一座土地庙儿：大张着口，似个庙门；牙齿变作门扇，舌头变做菩萨，眼睛变做窗棂。只有尾巴不好收拾，竖在后面，变做一根旗竿。真君赶到崖下……只有一间小庙；急睁凤眼，仔细看之，见旗竿立在后面，笑道："是这猢狲了！他今又在那里哄我。我也曾见庙宇，更不曾见一个旗竿竖在后面的。断是这畜生弄喧！……"

——《西游记》第六回

自从人类第一颗人造地球卫星成功发射以来，研究外层空间环境对飞行器运动的影响就成为空间物理研究中的一个重要部分，也具有非常的实际应用价值。这种研究的主要目的是了解和掌握飞行器在外层空间环境中飞行时，与等离子体之间的相互作用可能给飞行器带来的损害，以及如何避免或减少这种损害。尤其是当这种损害危及到飞行器的安全时，这种研究就显得更为重要了。另一方面，由于反探测技术的提高，各种具有隐身性能的飞行器大量出现。然而，尽管隐身飞行器可以通过改进外形设计和涂上具有吸收雷达波的材料，来消除雷达对它的探测，却无法消除飞行器与等离子体之间的相互作用，即无法消除由飞行器的飞行而带来的运动效应。特别是当飞行器的天线系统辐射出大量的高频电磁波时，由于这种电磁波与周围等离子体发生相互作用而产生的对密度分布的扰动更是无法消除。因此，通过对这种飞行器和等离子体之间的相互作用的研究，就可以试图为探测隐身飞行器提供一种新的方法（Li, 1989;李晓卿,1990）。随着进入外层空间的人造飞行器大量地增加，人们对外层空间中的等离子体与飞行器相互作用问题的研究，也就越来越深入。

## 10.1　空间环境参量

外大气层空间一般是指空间高度从离地面100～1000km 的范围，这一范围也就是我们通常说的电离层。在这一范围内，气体的密度非常稀化，并且是部分电离的。电离层中中性粒子、分子和原子的浓度随着高度的增加而迅速减少，由100km处有$10^{13}/cm^3$到了1000km处只有大约$10^5/cm^3$。并且电离层中不太高处的电子和离子的浓度还很强地依赖于一年中不同的季节甚至是一天中不同的时间。随着高度的增加，电子和离子的浓度减少得要比中性粒子的浓度缓慢得多，也就是说，相应地随着高度的增加电离层中的电离度急剧升高：在100km高度处，等离子体还只是微弱的电离，对应的未受扰动的电子和离子的浓度与中性粒子浓度的比值$N_0/n_0$大约只有$10^{-8} \sim 10^{-10}$。到了海拔300km的地方这个比值$N_0/n_0 \sim 10$，当到了3000km时，$N_0/n_0 \sim 10^4$，这时大气几乎完全电离。大气中的分子组成在大约100km以内变化很小，但随着高度的增加，各种气体分子相继分解，开始产生电离。

电离层中的温度也是随着电离层高度的增加而升高。从在100km处大约230K到在$1000 \sim 3000km$高度处升为$3000 \sim 4000K$。只是到目前为止，我们还不太清楚电离层到哪里为止，即不清楚随着地球一起转动的气体边界到哪里以及星际空间应该从哪儿算起。一般我们假定在电离层中重粒子开始主要由质子（电离氢）组成时起算为星际空间，然而，具体边界的高度到目前尚无定论。不过根据大量的数据，我们假定$3 \sim 4$倍的地球半径之外称为行星际空间，即在此高度以内我们才能把大气算作是电离层。

在电离层中的等离子体进行的物理过程主要是用一系列的参数来表示的。首先，在气体动力学理论中通常用到的参数有：平均自由程、平均热速度以及碰撞频率。我们知道，在等离子体中总是存在着中性粒子、离子和电子这三种粒子，因此，每种粒子都相应地用上述三个参数来描述。除此以外，当然还有另外一组用于描述带电粒子的电磁过程的参数，它们分别是：等离子体的朗缪尔频率$\omega_{pe}$、德拜（Debye）半径d、旋转拉摩（Larmor）频率以及电子和离子的平均拉摩半径。中性粒子的平均自由程在高电离层中是很大的，甚至在相对低的地方大约海拔200km处中性粒子的平均自由程也有$l_n \sim 80m$。并且随着高度的增加平均自由程$l_n$也会迅速地增大，在300km的地方，$l_n \sim 1km$；而在1000km处，$l_n \sim 8000km$。因此，在从地球表面到地球半径的数量级高度范围内，$l_n$主要取决于高度。同样，离子和电子的平均自由程$l$也很大，从200km高处的电子平均自由程$l_e \sim 0.1km$，1000km处的$l_e \sim 8km$。不过，相对中性粒子来说电子的平均自由程随高度的变化比较慢，这主要是因为在200km高度以上，电子和离子的平均自由程的变化主要取决于带电粒子之间的碰撞，而它们的浓度和热速度随着高度的变化比起中性粒子来说，要缓慢得多。中性粒子之间的碰撞频率从$4 \times 10^3$/s，迅速下降到$10^{-9}$/s，而带电粒子之间的碰撞频率则从$2 \times 10^5$/s下降到14/s。

中性粒子的热速度与离子的差不多大，它们随着高度的增加而增大，主要是由于温度的降低以及平均粒子质量的减小引起的。而电子的热速度总的来说是非常大的，大约为$100 \sim 500 \, \text{km/sec}$，即$v_{Te} \gg v_{Ti}$。电离层中的另一个重要参量 Debye 半径（Debye 屏蔽尺度）非常小，从100km～3000km，仅由0.1cm变化到4cm，即使到星际气体中也不过达到几米左右。此外，电子和离子的旋转拉摩半径体现了磁场对等离子体中不同过程的影响。在电离层中，电子的平均 Lamor 半径不大，大概只有几厘米左右；但是，离子的 Lamor 半径却很大，在电离层中从2m一直增大到20m。

## 10.2 飞行器与等离子体互作用动力论

早在 1965 年，Al'pert *et al.*(1965)就对在电离层中运动的飞行器与其周围的等离子体之间的相互作用问题，作了详细的研究。由于在电离层中的飞行器（如火箭、人造卫星等）的特征尺度为米的量级，而从前面我们知道，在此处粒子的平均自由程相对来说是很大的。这就意味着，在研究飞行器近邻区域的过程中，我们不能把等离子体看成是连续的介质。因此，为了描述这种相互作用的效应时，不能用流体力学或者是空气动力学方法，尽管它们在低电离层中是适用的。那么这时就有必要把等离子体看成是由大量的单个粒子组合而成的。所以 Al'pert 等人就用动力学理论来描述飞行器近邻区域的运动过程以及粒子分布的变化情况。

粒子分布函数 $f_n$ 在与飞行器一起运动的参考系中，满足的 Boltzmann 方程为

$$\frac{\partial f_\alpha}{\partial t} + \mathbf{v}_\alpha \frac{\partial f_\alpha}{\partial \mathbf{r}} + \frac{1}{m_\alpha} \mathbf{F}_\alpha \frac{\partial f_\alpha}{\partial \mathbf{v}} = Y, \tag{10.1}$$

其中$\alpha = n, e, i$分别代表中性粒子、电子和离子，$\mathbf{v}$是粒子相对飞行器的相对速度，$\mathbf{F}$是作用在粒子上的力，$Y$是碰撞积分。由于飞行器的特征尺度远小于粒子的平均自由程，即$l_n, l_e, l_i \gg R_0$，并且研究飞行器和周围等离子体之间相互作用问题的范围与飞行器的特征尺度相差不大，因此可以

略去碰撞效应对分布函数的影响，即可以认为 $Y = 0$ 。在电离层中，飞行器通常具有典型的中介速度，即 $v_{Ti} \ll v_0 \ll v_{Te}$ ，$v_0$ 为飞行器的运动速度。在 Al' pert 等人的研究中，考虑到稳态情况，即

$$\frac{\partial f_\alpha}{\partial t} = 0,$$

这样，方程（10.1）就可以化为

$$\mathbf{v}_\alpha \frac{\partial f_\alpha}{\partial \mathbf{r}} + \frac{1}{m_\alpha} \mathbf{F}_\alpha \frac{\partial f_\alpha}{\partial \mathbf{v}} = 0 , \tag{10.2}$$

把飞行器表面与等离子体的相互作用作为边界条件引入到研究过程中，那么这个边界条件的性质将主要由飞行器表面的粒子的反射以及散射的特性所决定。并且一般来说，这个边界条件表征为一个包含有在飞行器表面处入射粒子的分布函数和散射粒子的分布函数的积分关系式。从这一点上来说，如果气体足够稀薄，这个关系应该是线性的。并且，对于飞行器表面来说，入射粒子是应该满足如下条件的

$$\mathbf{n} \cdot \mathbf{v}_\alpha < 0 , \tag{10.3}$$

式中 $\mathbf{n}$ 表示飞行器的外法线方向。也就是说，只有朝着飞行器表面运动的粒子，才有可能与飞行器的表面发生碰撞，才被称为是入射粒子。相反地，对于散射粒子，就应该满足

$$\mathbf{n} \cdot \mathbf{v}_\alpha > 0 , \tag{10.4}$$

如果用 $w(\mathbf{v}, \mathbf{v}_1, \mathbf{r}_s)$ 来表示粒子以速度 $\mathbf{v}_1$ 碰撞到飞行器表面 $\mathbf{r}_s$ 点处，经过散射后获得速度 $\mathbf{v}$ 的概率。那么，显然单位面积的散射粒子流可以用入射粒子数的公式表示如下：

$$- \int\limits_{(\mathbf{n}\mathbf{v}_1)<0} w(\mathbf{v}, \mathbf{v}_1, \mathbf{r}_s)(\mathbf{n}\mathbf{v}_1)f(\mathbf{v}_1)\mathrm{d}\mathbf{v}_1 , \tag{10.5}$$

其中 $\mathbf{v}$ 和 $\mathbf{v}_1$ 分别表示粒子的出射和入射速度，$\mathbf{r}_s$ 是飞行器表面的一个点。另一方面，粒子流又可以表示为

$$f(\mathbf{v})(\mathbf{n}\mathbf{v}),$$

如果飞行器表面不吸收或产生粒子，那么边界条件就可以表示为

$$(\mathbf{n}\mathbf{v})f(\mathbf{r}_s, \mathbf{v}) = - \int\limits_{(\mathbf{n}\mathbf{v}_1)<0} w(\mathbf{v}, \mathbf{v}_1, \mathbf{r}_s)(\mathbf{n}\mathbf{v}_1)f(\mathbf{r}_s, \mathbf{v}_1)\mathrm{d}^3\mathbf{v}_1 . \tag{10.6}$$

其中 $(\mathbf{n}\mathbf{v}) > 0$ 。显然，在求解动力学方程时，一般不考虑物体的边界条件

（即认为是在无限空间中），而是通过在方程的右边加一个特殊项，从而把飞行器表面的存在考虑进去。如果飞行器的表面方程为 $F(\mathbf{r}_s) = 0$，那么这个特殊项的一般形式就是

$$A(\mathbf{r}_s, \mathbf{v})\delta(F), \tag{10.7}$$

其中，$A(\mathbf{r}_s, \mathbf{v})$ 是描述粒子与飞行器表面的相互作用函数。对于不同的情况，可以给出不同的 $w$ 的表达式，从而相互作用函数的表达式也就不尽相同，Al' pert *et al.*(1965)给出了在某些不同情况下的 $A$ 的表达式。当考虑飞行器表面为一球面，并且反射为镜面反射时，具体给出

$$A(\mathbf{r}_s, \mathbf{v})\delta(F) = \begin{cases} \dfrac{\mathbf{r} \cdot \mathbf{v}}{r}\delta(r - R_0)f\left(\mathbf{r}, \mathbf{v} - \dfrac{2\mathbf{r}(\mathbf{r} \cdot \mathbf{v})}{r^2}\right), & \mathbf{r} \cdot \mathbf{v} > 0, \\ \dfrac{\mathbf{r} \cdot \mathbf{v}}{r}\delta(r - R_0)f(\mathbf{r}, \mathbf{v}), & \mathbf{r} \cdot \mathbf{v} < 0. \end{cases} \tag{10.8}$$

如果粒子与飞行器表面碰撞时发生漫散射，即散射朝各个方向的几率都相同；并假定为弹性散射，有

$$A(\mathbf{r}_s, \mathbf{v}) = \begin{cases} -\dfrac{\nabla F}{2\pi}\displaystyle\int_{(\nabla F \cdot \mathbf{v}_1) < 0} \mathrm{d}o_1 \mathbf{v}_1 f(\mathbf{r}_s, \mathbf{v}_1), & (\mathbf{v}\nabla F) > 0, \\ (\mathbf{v}\nabla F)f(\mathbf{r}_s, \mathbf{v}), & (\mathbf{v}\nabla F) < 0, \end{cases} \tag{10.9}$$

其中 $\mathrm{d}o_1$ 表示沿 $\mathbf{v}_1$ 方向的立体角。对于非弹性散射，表达式为

$$A(\mathbf{r}_s, \mathbf{v}) = \begin{cases} -\dfrac{\nabla F}{2\pi}\displaystyle\int_{(\nabla F \cdot \mathbf{v}_1) < 0} p(\mathbf{v}, \mathbf{v}_1)(\mathbf{n}\mathbf{v}_1)f(\mathbf{r}_s, \mathbf{v}_1)d^3\mathbf{v}_1, & (\mathbf{v}\nabla F) > 0, \\ (\mathbf{v}\nabla F)f(\mathbf{r}_s, \mathbf{v}), & (\mathbf{v}\nabla F) < 0, \end{cases} \tag{10.10}$$

其中函数 $p(\mathbf{v}, \mathbf{v}_1)$ 表示粒子被部分吸收的概率。如果粒子完全被飞行器表面吸收，即对应着 $w = 0$，那么

$$A(\mathbf{r}_s, \mathbf{v}) = \begin{cases} 0 & (\mathbf{v}\nabla F) > 0 \\ (\mathbf{v}\nabla F)f(\mathbf{r}_s, \mathbf{v}) & (\mathbf{v}\nabla F) < 0 \end{cases} \tag{10.11}$$

## 10.3 中性粒子的碰撞互作用

在研究飞行器与中性粒子相互作用情况时，Al' pert *et al.* (1965)主要考虑中性粒子与飞行器之间进行碰撞。并且由于外场对中性粒子并没有力

的作用，即 $\mathbf{F} = 0$，以及考虑到上面给出的中性粒子与飞行器之间的相互作用函数，就可以把 Boltzmann 方程化为

$$\mathbf{v}\frac{\partial f_n}{\partial \mathbf{r}} = A_n\delta(F), \tag{10.12}$$

式中 $F(\mathbf{r}) = 0$ 表示飞行器的表面方程，$A_n(\mathbf{r}, \mathbf{v})$ 是描述中性粒子与飞行器之间的相互作用函数。引入中性粒子的分布函数，通过复杂的计算过程，Al'pert 等人给出了飞行器尾区的粒子的密度扰动表达式

$$-\delta n(x, \mathrm{y}, z) = \frac{n_0 M \mathrm{v}_0^2}{2\pi k_B T z^2} \exp\left(-\frac{M\mathrm{v}_0^2}{2k_B T}\frac{x^2 + \mathrm{y}^2}{z^2}\right) \times$$

$$\int_{S_0} \exp\left[-\frac{M\mathrm{v}_0^2}{2k_B T}\frac{x_0^2 + \mathrm{y}_0^2 - 2xx_0 - 2\mathrm{yy}_0}{z^2}\right] \mathrm{d}x_0\mathrm{dy}_0,$$

并考虑在近轴远尾区（即 $\rho = 0$，$\dfrac{z - R_0}{R_0} \ll 1$）处,分别给出飞行器的不同形状时的粒子的密度扰动表达式。对于圆形截面的飞行器的粒子密度扰动

$$-\delta n(0, z) = n_0 \frac{M\mathrm{v}_0^2 R_0^2}{2k_B T z^2}; \tag{10.13}$$

对于矩形截面的飞行器的粒子密度扰动

$$-\delta n(0, z) = n_0 \frac{4}{\pi}\frac{M\mathrm{v}_0^2}{2k_B T}\frac{R_x R_\mathrm{y}}{z^2}; \tag{10.14}$$

对于任意截面的飞行器的粒子密度扰动

$$-\delta n(0, z) = n_0 \frac{S_0 M\mathrm{v}_0^2}{2\pi k_B T z^2}. \tag{10.15}$$

此外，飞行器运动时还会在其前端产生一个压缩区，此处粒子密度的变化主要是由于从飞行器表面反射出来的粒子所引起。并且由于飞行器的快速运动，热运动对粒子密度的影响很小，因而此时粒子与物体表面的相互作用占主要地位。同样，经过计算后，他们给出了压缩区的密度扰动

$$\delta n(\rho, z) = n_0 \frac{R_0^2}{\rho^2}\frac{\sin^2\theta\cos^2\theta}{1 - \dfrac{R_0}{\rho}\sin^3\theta}, \tag{10.16}$$

其中 $\theta$ 是粒子与飞行器碰撞处表面的法线与 $z$ 轴的夹角。

等离子体中的带电粒子（电子和离子）对密度的分布具有重要影响。

与中性粒子情况下不同的是，电子和离子要受到外场对它们力的作用，即 $\mathbf{F} \neq 0$。它们所满足的 Boltzmann 方程分别为

$$\mathbf{v}\frac{\partial f_i}{\partial \mathbf{r}} + \frac{e}{M_i}\left(\mathbf{E} + \frac{1}{c}(\mathbf{v}+\mathbf{v}_0)\times\mathbf{B}\right)\frac{\partial f_i}{\partial \mathbf{v}} = A_i(\mathbf{r},\mathbf{v})\delta(F) + Y_i, \tag{10.17}$$

$$\mathbf{v}\frac{\partial f_e}{\partial \mathbf{r}} - \frac{e}{m_e}\left(\mathbf{E} + \frac{1}{c}(\mathbf{v}+\mathbf{v}_0)\times\mathbf{B}\right)\frac{\partial f_e}{\partial \mathbf{v}} = A_e(\mathbf{r},\mathbf{v})\delta(F) + Y_e, \tag{10.18}$$

其中 $Y_i$ 和 $Y_e$ 分别为离子和电子的碰撞积分，$A_i(\mathbf{r},\mathbf{v})$ 和 $A_e(\mathbf{r},\mathbf{v})$ 分别为离子和电子的相互作用函数。特别地，能量不大的离子在与表面碰撞时极有可能捕获到电子而变为中性粒子，同时电子也可能被表面吸收。因此，$A_i(\mathbf{r},\mathbf{v})$ 和 $A_e(\mathbf{r},\mathbf{v})$ 应该具有相同的形式。但是它们的具体形式比较复杂，再加之方程中还包含有磁场项，因此对此两方程的求解极为复杂。

对于飞行器扰动区的稳定性的研究也是大家很感兴趣的一个问题。在一般的流体动力学下，这个问题化为偏离静态分布的小扰动的发展特性：即如果这些偏离随着时间增长，那么所考虑的区域就是不稳定的；相反，如果任意的一个小扰动会随时间衰减掉的话，则是稳定区域。等离子体的多种非平衡态的不稳定性有两种基本类型。首先，不稳定的存在与等离子体粒子的速度分布偏离了麦克斯韦分布有关。如果电子的分布不是麦克斯韦分布，那么当分布不是单调函数时，即当速度分布函数除了速度为零的最大值外还有其他最大值，等离子体就出现不稳定性。这种不稳定性被称为"双流"（two-stream）不稳定，也叫做"束"（beam）不稳定，等离子体中的电子束不稳定就是一个典型的例子。在此情况下，分布函数将在相应于束速度处出现另外一个峰值。 如果离子的速度分布函数不是 Maxwell 分布，比如，如果在等离子体中有离子束，那么只有当离子的速度达到电子的热速度时，才会产生不稳定性。当然，这种束不稳定通常是不存在的，这主要是因为物体的运动速度远小于电子的热速度，即 $v_0 \ll v_e$。因此，电子的速度分布几乎不受扰动，当然离子的扰动是很强的。但是，非平衡态离子的最大速度与物体的速度是同一数量级的，即比电子的热速度要小得多。不过，存在正电势的金属物体或是一种特殊情况，在这种情况下，物体吸引电子，就会在等离子体中出现朝向物体的电子束，这样也会产生不稳定性。

上面这种不稳定是空间均匀等离子体的特性。除此以外，人们还研究了与粒子的密度以及温度空间非均匀有关的另一种不稳定。并且发现非均匀等离子体在磁场中是不稳定的。偏离静态的初始扰动将导致出各种类型

的等离子体波，而实际上等离子体也基本上是非均匀的，近一步的研究还发现扰动区内的这种不稳定性还可以增长。不过，要把它直接运用到飞行器的扰动区附近来又不太可能。首先由于飞行器运动得很快，所以在等离子体静止坐标系中的不稳定性的分布不是静止的。这种非静止可能导致稳定的效果，因为在飞行器飞行中并非所有的扰动都会增长。总的来说，对飞行器与等离子体相互作用的研究非常复杂。

## 10.4　电双层的形成

电双层（double layer）是等离子体中的一种局部结构。在低密度等离子体中，局部的空间电荷区域可能在几十个德拜尺度量级上产生一个较高的电位降。人们对电双层的认识已有很长一段时间了，早在 1929 年，Langmuir(1929)就提出了电双层的概念，不过直到 20 世纪 70 年代以后，它在等离子体物理中的重要性才被普遍地认识到（Li，1985）。在电双层中，带电粒子可以被加速到具有很高的能量。这些带电粒子的运动，在电双层中形成电流。另一方面，电双层的结构也可以是不稳定的，从而产生爆发现象，即电双层两端的电位降在极短时间内突然增加好几个数量级。也有人认为宇宙物理中观测到的许多爆发事件，是由电双层的爆发所引起。产生电双层爆发的原因是电双层内电流突然变化。在电双层内，如果出现反常电阻，那么与电双层相联的电路中的电流就会突然中断。电路的电感和电流的变化率决定着电双层的电压，这个电压可以超出正常电双层电压几个数量级。爆发时，电双层的电压主要由 $-L\dfrac{\mathrm{d}I}{\mathrm{d}t}$ 决定，这一过程一般持续到 $I$ 为零，能量 $\dfrac{1}{2}LI_0^2$ 释放完为止。在这个高电压的作用下，电路被击穿，电路中储存的电磁能通过电流放电的形式快速释放出来。研究电双层的性质，对于保护空间飞行器也是十分重要。事实上，当飞行器在空间等离子体中运动时，会在它的表面附近形成一个电双层结构。当这个电双层发生爆发现象时，就可能导致飞行器中的电路被击穿，使飞行器的电子仪器发生故障，甚至毁坏整个飞行器。因此，这个电双层结构对飞行器来说，有一定的危害性。

对于电双层的形成条件，有以下几种数值计算或实验中使用的条件。第一种是，要形成电双层，电子的漂移速度必须大于热运动速度，即 $v_d > v_{Te}$。Block（1972）在计算电双层的形成时，发现只有当 $v_d > v_{Te}$ 成立时，电双层才会形成。事实上，这就是 Alfven & Carlqvist（1967），Carlqvist（1982）和 Raadu & Carlqvist（1981）提出的稀化不稳定性条件。如果在等离子体中产生某种电荷分布，即空间上的非均匀分布，电双层也就随之形成。而最简单，最直观的电双层的形成，就是 Al'pert 等人（1965）给出的由于带电粒子与飞行器表面发生碰撞，从而在飞行器的附近形成。

从理论上对电双层进行研究，主要是采用数值模拟计算。计算的基本方程是一维泊松（Poisson）方程和伏拉索夫（Vlasov）方程

$$\frac{d^2\varphi}{dx^2} = -\frac{1}{\varepsilon_0} \sum \int q_\alpha f_\alpha \mathrm{d}v \, , \tag{10.19}$$

$$\frac{\partial f_\alpha}{\partial t} + v\frac{\partial f_\alpha}{\partial x} - \frac{q_\alpha}{m_\alpha}\frac{\mathrm{d}\varphi}{\mathrm{d}x}\frac{\partial f_\alpha}{\partial v} = 0 \, ; \tag{10.20}$$

计算的方法是差分法，在选好一个空间模拟区域以及边界处粒子分布函数满足的条件后，通过数值计算，就可以得到有关电双层的一些特性。例如，可以形成电双层的结论，各种参数对电双层形状和位置的影响，电双层随时间的运动情况和特征，模拟区域两端所加电压对电双层形成的影响等等。另一方面，从双流体方程出发，考虑到有质动力的作用，得到了由高频调制场振幅包络所决定的电势分布，该分布在亚声速运动和超声速运动时，都将产生电双层（Li，1985）。这实际上也是在有质动力的作用下形成电双层的一种情况。由于在飞行器周围，始终存在着由天线系统所辐射的高频调制场，因此，在飞行器周围很容易形成电双层结构。

近几十年来，人们在对飞行器尾区的伏安特性和密度分布的研究方面做了许多的工作，特别是利用航天飞机进行这种研究（Hastings，1995）。这些研究主要集中在近飞行器尾部区域内。对于这一区域内的等离子体分布，主要具有如下特点（Al'pert，1983）：在飞行器区域，电子和离子的密度远大于中性粒子的密度，电子的密度也远大于离子的密度；在飞行器稀化尾区域内，粒子的密度分布为圆锥形状，带电粒子的密度也依赖于飞行器后表面的电势等。在这一区域内，对飞行器和周围等离子体之间相互作用的研究，主要是一些实验工作，即对实验观测结果的归纳，总结以及设计一些实验等。

我们可以看出，对飞行器和周围等离子体之间相互作用的研究非常有意义，且具有很重要的实际应用价值。因此，无论是在理论方面，还是在实验上，一直以来它都是引起人们极大兴趣的研究领域。在电离层中运动飞行器所产生的效应的研究已取得了很大的进展(Al'pert *et al.*，1965;

Gurevich *et al.*, 1969; Liu, 1969; Al' pert, 1983），然而，如同 Al'pert(1983) 所指出的，**现存理论的一个主要不足是缺乏非稳态研究。**

## 10.5　远尾区飞行器诱发的耦合方程

我们知道，当空间飞行器在低电离层运动时，飞行器和周围的等离子体之间会发生复杂的相互作用。由于越来越多的飞行器进入外层空间和重返大气层（如流星、导弹），这就使得研究这种相互作用变得非常重要了。研究飞行器和周围的等离子体之间的相互作用一个主要目的就是试图寻找一种探测隐身飞行器的有效方法(李晓卿，1993)。由于材料科学的快速发展，飞行器对雷达波的反射越来越弱，这就使得设法找到一种能有效探测这类具有隐身能力的飞行器的方法变得越来越重要了。众所周知，飞行器在电离层运动时，会激发起各种等离子体波和引起等离子体的不稳定性。此外，飞行器上的天线系统也可以辐射出高频电磁波，这些波在和等离子体之间相互作用时，由于非线性效应，会导致波的强度发生很大的变化，产生电磁孤波。事实上，当阿波罗(Apollo)飞船发射时，它在电离层激起了一种大振幅孤波(Bakai　*et al.*, 1977)。反过来，场的变化又将引起带电粒子密度的变化，而被雷达所探测。因此，如果人们能够很好地了解并掌握这些场和密度的变化情况，就可以得知飞行器的运动情况；尽管飞行器可能具有雷达波探测不到的隐身特点，但这种由飞行器运动引起的场和带电粒子密度的变化以及它们所具有的特征是无法消除，这就使得人们可以通过探测场和带电粒子密度的变化来发现隐身飞行器，这在国防上占有重要的地位。只是到目前为止，对这一问题的理论研究还非常复杂。

由于飞行器的特征尺度一般为米的量级，在电离层中，远小于粒子的平均自由程 $L(L > 10^2 \text{m})$；换句话说，我们不能把近体空间看成为碰撞频繁的连续介质，而采用动力学理论来描述飞行器周围区域的粒子分布是必要的。另一方面，由于飞行器速度 $v_0$ 具有典型的中介速度，即 $v_{Ti} \ll v_0 \ll v_{Te}$，在此条件下，飞行器对处于运动平衡的电子影响甚微，也就是说，电子的动力学效应可以不计。此外，在远离飞行器的尾流区，准中性条件总是合适的：这里运动动能 $m_i v_0^2 / 2$ 远大于静电位能($|e\phi|$)。而且在许多电离层动力学问题中，地磁效应几乎可略去不计(Liu，1969)，这使研究的问题大为简化。因此，我们可以利用流体近似来描述电子，同时，离子的分布函数应该服从伏拉索夫方程。电子运动应满足的方程为[参见(5.1),(5.3)和(5.5)～(5.7)式]

$$\frac{\partial n_e}{\partial t} + \nabla \cdot (n_e \mathbf{v}_e) = 0 , \tag{10.21}$$

$$\frac{\partial \mathbf{v}_e}{\partial t} + (\mathbf{v}_e \cdot \nabla) \mathbf{v}_e = \frac{e}{m_e} (\mathbf{E} + \frac{1}{c} \mathbf{v} \times \mathbf{B}) - \frac{\gamma_e T_e}{m_e n_e} \nabla n_e , \tag{10.22}$$

$$\nabla \times \mathbf{E} = -\frac{1}{c} \frac{\partial \mathbf{B}}{\partial t} , \tag{10.23}$$

$$\nabla \times \mathbf{B} = \frac{1}{c} \frac{\partial \mathbf{E}}{\partial t} + \frac{4\pi e}{c} (n_e \mathbf{v}_e - n_i \mathbf{v}_i) , \tag{10.24}$$

$$\nabla \cdot \mathbf{B} = 0 , \tag{10.25}$$

其中已利用了 $\nabla p_e = \gamma_e T_e \nabla n_e$。在（10.22）式中，已略去了较小的碰撞项和重力项。

在通常的等离子体情况下，由于电子和离子的振荡频率相差很大，我们可以明显地区分两种时标：慢时标 $t_s \sim \omega_{pi}^{-1}$ 和快时标 $t_f \sim \omega_{pe}^{-1}$。电磁场和双流等离子体相互作用的结果，使与易于流动的电子有关的场量（密度、速度）会出现两种时标的成分；而对于大惯性的离子，则一般只有慢时标的成分。因而我们采用双时标近似(参见 5.1 节)。此外，在慢时标尺度上，准中性条件成立；将各个场量的快慢时标成分分量代入连续性方程以及电子的动力学方程，利用比较各个场量量级大小的方法，我们可以获得[参见(5.19),(5.48)下面式子和(5.46)式];

$$\frac{\partial}{\partial t} n_s + \nabla \cdot (n_s \mathbf{v}_s) = 0 , \tag{10.26}$$

$$\frac{\partial \mathbf{v}_s}{\partial t} + (\mathbf{v}_s \cdot \nabla) \mathbf{v}_s = -\frac{e}{m_e} \nabla \phi - \frac{\gamma_e T_e}{m_e} \frac{\nabla(n_0 + \delta n)}{n_0 + \delta n} - \frac{1}{16\pi n_0 m_e} \nabla(| \mathbf{E} |^2) \tag{10.27}$$

$$2i\omega_{pe} \frac{\partial \mathbf{E}}{\partial t} + c^2 \nabla \times \nabla \times \mathbf{E} - 3v_{Te}^2 \nabla(\nabla \cdot \mathbf{E}) + \frac{\delta n}{n_0} \omega_{pe}^2 \mathbf{E} = 0 , \tag{10.28}$$

其中 $\mathbf{E}_s = -\nabla \phi$，式中已代入了 $\omega \approx \omega_{pe}$ 的近似条件。第一方程是慢运动的连续性方程；第二个是动量方程，其中考虑了有质动力—即快运动对慢运动的平均作用力；第三个方程是快变电场(波内场)的传输方程。相对于小扰动量 $|\delta n| \ll n_0$，线性化方程(10.26)和(10.27)，得到

$$\left( \frac{\partial^2}{\partial t^2} - \gamma_e v_{Te}^2 \nabla^2 \right) \frac{\delta n}{n_0} = \frac{e}{m_e} \nabla^2 \phi + \frac{1}{m_e} \nabla^2 \left( \frac{| \mathbf{E} |^2}{16\pi n_0} \right) . \tag{10.29}$$

为了封闭（10.28）和（10.29）式，我们还必须研究慢变场 $\phi$ 对离子流的影响。由于飞行器的速度远大于离子的热速度，因此飞行器与离子流之间的相互作用引起的扰动是重要的。在飞行器运动坐标系中，离子分布函数 $f_i$ 满足无碰撞并有相互作用的 Boltzmann 方程为

$$\frac{\partial f_i}{\partial t} + \mathbf{v}\frac{\partial f_i}{\partial \mathbf{r}} - e_i\frac{\partial \phi}{\partial \mathbf{r}}\frac{\partial f_i}{\partial \mathbf{p}} = A_i(\mathbf{r},\mathbf{v},t)\delta(F), \tag{10.30}$$

式中，$A_i$ 是飞行器表面和等离子体间的相互作用函数，$F(\mathbf{r}_s) = 0$ 是飞行器的表面方程，$\mathbf{r}_s$ 是飞行器表面的半径，$\mathbf{p}$ 是离子的动量。假定

$$f_i = f_0 + \delta f, \qquad (\delta f << f_0), \tag{10.31a}$$

$$f_0 = n_0\frac{(2\pi)^{3/2}}{(m_i\mathbf{v}_{Ti})^3}\exp\left(-\frac{\mathbf{p}_u^2}{2m_i^2\mathbf{v}_{Ti}^2}\right), \tag{10.31b}$$

式中，$f_0$ 是固定坐标系下 (见下面)未受扰动的离子平衡分布，满足

$$n_0 = \int f_0\frac{\mathrm{d}\mathbf{p}}{(2\pi)^3}. \tag{10.31c}$$

将（10.31a）式代入（10.30）式，利用固定坐标系和运动坐标系之间的转换关系

$$\mathbf{u} = \mathbf{v} + \mathbf{v}_0, \quad \mathbf{p}_u = m_i\mathbf{u}, \tag{10.32}$$

其中 $\mathbf{v}_0$ 是飞行器的运动速度，并作如下傅里叶变换，

$$F(\mathbf{r},t) = \int F_{\Omega,\mathbf{k}}e^{-i\Omega t+i\mathbf{k}\cdot\mathbf{r}}\mathrm{d}\mathbf{k}\mathrm{d}\Omega \equiv \int F_k e^{-i\Omega t+i\mathbf{k}\cdot\mathbf{r}}\mathrm{d}k, \tag{10.33a}$$

$$F_{\Omega,\mathbf{k}} \equiv F_k = \int F(\mathbf{r},t)e^{i\Omega t-i\mathbf{k}\cdot\mathbf{r}}\frac{\mathrm{d}\mathbf{r}\mathrm{d}t}{(2\pi)^4}, \tag{10.33b}$$

即，以 $\exp(i\Omega t - i\mathbf{k}\cdot\mathbf{r})\,\mathrm{d}\mathbf{r}\mathrm{d}t/(2\pi)^4$ 乘(10.30)两边，并对它积分，之后，对左边导数项进行分部积分，以及利用在无穷远界面上场量为零的条件，可以从（10.30）式得到

$$-i[\Omega - \mathbf{k}\cdot(\mathbf{u} - \mathbf{v}_0)](\delta f)_k = i(e_i\phi_k)\mathbf{k}\cdot\frac{\partial f_0}{\partial \mathbf{p}_u} + \left[\frac{\partial(\delta f)}{\partial \mathbf{p}_u}\frac{\partial(e_i\phi)}{\partial \mathbf{r}}\right]_k +$$
$$\int A_i(\mathbf{r},\mathbf{u},t)\delta(F)\exp(i\Omega t - i\mathbf{k}\cdot\mathbf{r})\frac{\mathrm{d}\mathbf{r}\mathrm{d}t}{(2\pi)^4}; \tag{10.33c}$$

我们仅对长波(相应于远尾流区), $|\mathbf{k}| \to 0$, 和低频扰动感兴趣, 在此情况下, 积分式中对 $\mathbf{r}$ 的积分可以化简为

$$\int A_i(\mathbf{r},\mathbf{u},t)\delta(F)e^{-i\mathbf{k}\cdot\mathbf{r}}\frac{\mathrm{d}\mathbf{r}}{(2\pi)^3} \approx \frac{1}{(2\pi)^3}\int A_i(\mathbf{r},\mathbf{u},t)\delta(F)\mathrm{d}S\mathrm{d}n$$

$$= \frac{1}{(2\pi)^3}\int A_i(\mathbf{r},\mathbf{u},t)\delta(F)\frac{\mathrm{d}F}{|\nabla F|}\mathrm{d}S$$

$$= \frac{1}{(2\pi)^3}\int A_i(\mathbf{r}_s,\mathbf{u},t)\frac{1}{|\nabla F|}\mathrm{d}S_0,$$

式中 $S_0$ 为飞行器的表面。对远尾区（$\mathbf{k}$ 值较小）和低频扰动, 以 $\frac{1}{n_0}\frac{\mathrm{d}\mathbf{p}_u}{(2\pi)^3}$ 乘以 （10.33c）式并对它积分, 我们有

$$\frac{(\delta n_i)_k}{n_0} = \frac{1}{n_0}\int(\delta f)_k\frac{\mathrm{d}\mathbf{p}_u}{(2\pi)^3}$$

$$= -\frac{e_i\phi_k}{n_0}\int\frac{\mathbf{k}\cdot\left(\partial f_0/\partial\mathbf{p}_u\right)}{\Omega_0 - \mathbf{k}\cdot\mathbf{u}+i\varepsilon}\frac{\mathrm{d}\mathbf{p}_u}{(2\pi)^3} + \frac{i}{n_0}\int\frac{I_\Omega(\mathbf{p}_u)}{\Omega_0 - \mathbf{k}\cdot\mathbf{u}+i\varepsilon}\frac{\mathrm{d}\mathbf{p}_u}{(2\pi)^3}, \qquad (10.34)$$

式中, $\Omega_0 = \Omega + \mathbf{k}\cdot\mathbf{v}_0$, 以及

$$I_\Omega(\mathbf{p}_u) = \lim_{k\to 0}I_{\Omega,\mathbf{k}}(\mathbf{p}_u) = \lim_{k\to 0}\left[\frac{\partial(\delta f)}{\partial\mathbf{p}_u}\cdot\frac{\partial(e_i\phi)}{\partial\mathbf{r}}\right]_k + \frac{1}{(2\pi)^3}\int A_{i,\Omega}(\mathbf{r}_s,\mathbf{u})\frac{\mathrm{d}S_0}{|\nabla F|},$$

$$(10.35)$$

分母中的 $i\varepsilon$ 项是朗道约定的结果(参见 1.5 节)。由准中性条件, $\delta n_i = \delta n_e \equiv \delta n$, 从(10.34)式可以得到

$$\frac{\delta n}{n_0} = -\frac{e_i\phi}{\gamma_e T_e}L + Q, \qquad (10.36)$$

其中

$$L = \frac{\gamma_e T_e}{n_0}\int\frac{\mathbf{k}\cdot(\partial f_0/\partial\mathbf{p}_u)}{\Omega_0 - \mathbf{k}\cdot\mathbf{u}+i\varepsilon}\frac{\mathrm{d}\mathbf{p}_u}{(2\pi)^3}, \qquad (10.37)$$

$$Q = \frac{i}{n_0}\int\frac{I_\Omega(\mathbf{p}_u)}{\Omega_0 - \mathbf{k}\cdot\mathbf{u}+i\varepsilon}e^{-i\Omega t+i\mathbf{k}\cdot\mathbf{r}}\frac{\mathrm{d}\mathbf{p}_u}{(2\pi)^3}\mathrm{d}\Omega\mathrm{d}\mathbf{k} = i\int Q_k e^{i\mathbf{k}\cdot\mathbf{r}}\mathrm{d}\mathbf{k}. \qquad (10.38)$$

实际上, 我们可以把(10.37)表示为 "介电常数" [参见(2.54)式]:

$$L = \frac{\gamma_e T_e}{n_0}\frac{k^2}{4\pi e^2}(\varepsilon_k^i - 1),$$

对于麦氏分布(10.31b)式，利用(2.63)式及在低频情况，

$$v_{Ti} \gg \frac{\Omega_0}{k}, \quad \Omega_0 = \Omega + \mathbf{k} \cdot \mathbf{v}_0 \approx \mathbf{k} \cdot \mathbf{v}_0, \tag{10.39}$$

对于 $x \equiv \Omega_0 / \sqrt{2} k v_{Ti} \ll 1$，利用 (2.62)式，我们得到

$$L \approx \frac{\gamma_e T_e}{T_i}; \tag{10.40}$$

另一方面，(10.38)式中的 $I -$ 项为

$$\hat{I}(\mathbf{p}_u) = \int I_\Omega e^{-i\Omega t} \mathrm{d}\Omega \equiv \frac{I(\mathbf{v})}{(2\pi)^3},$$

$$I = (2\pi)^3 \lim_{\mathbf{k}\to 0} \left[ \frac{\partial(\delta f)}{\partial \mathbf{p}_u} \cdot \frac{\partial(e_i\phi)}{\partial \mathbf{r}} \right]_{\mathbf{k}} + \int A_{i,\Omega}(\mathbf{r}_s, \mathbf{u}) e^{-i\Omega t} \mathrm{d}\Omega \frac{\mathrm{d}S_0}{|\nabla F|}$$

$$= \int \frac{\partial(\delta f)}{\partial \mathbf{p}_u} \cdot \frac{\partial(e_i\phi)}{\partial \mathbf{r}} \mathrm{d}\mathbf{r} + \int A_i(\mathbf{r}_s, \mathbf{u}, t) \frac{\mathrm{d}S_0}{|\nabla F|}; \tag{10.41}$$

事实上，$I(\mathbf{v})\mathrm{d}\mathbf{v}$ 是由于飞行器及它周围的电场散射而获得速度为 $\mathbf{p}_u / m_i$ 的每单位时间的离子数目。假定一个离子以瞄准参量为 $\rho$ 和在方位角 $\varphi$ 处入射到飞行器，在散射后具有速度为 $\mathbf{v}$；这时离子的初速为 $\mathbf{v}_1(\mathbf{v}, \rho, \varphi)$，函数 $\mathbf{v}_1(\mathbf{v}, \rho, \varphi)$ 由散射律决定；而由于散射单位时间获得速度为 $\mathbf{v}$ 的离子数目正就是以速度 $\mathbf{v}_1(\mathbf{v}, \rho, \varphi)$ 入射的离子数目，即

$$\rho \mathrm{d}\rho \mathrm{d}\varphi v n_0 \frac{(2\pi)^{3/2}}{(m_i v_{Ti})^3} \exp\left(-\frac{m_i[\mathbf{v}_1(\mathbf{v}, \rho, \varphi) + \mathbf{v}_0]^2}{2m_i^2 v_{Ti}^2}\right),$$

上式中已假定入射离子满足麦氏分布(10.31b)式，以及散射是弹性的，即 $v_1 = v$；为决定 $I(\mathbf{v})$，还必须从上式减去与飞行器碰撞的离子数，该离子在碰撞前具有速度为 $\mathbf{v}$。这就给出

$$I(\mathbf{v}) = n_0 v \frac{(2\pi)^{3/2}}{(m_i v_{Ti})^3} \int \rho \mathrm{d}\rho \mathrm{d}\varphi$$

$$\left\{ \exp\left(-\frac{m_i[\mathbf{v}_1(\mathbf{v}, \rho, \varphi) + \mathbf{v}_0]^2}{2m_i^2 v_{Ti}^2}\right) - \exp\left(-\frac{m_i[\mathbf{v} + \mathbf{v}_0]^2}{2m_i^2 v_{Ti}^2}\right) \right\}$$

$$= f_0(\mathbf{u}) v \int \rho \mathrm{d}\rho \mathrm{d}\varphi \left\{ \exp\left[-\frac{m_i \mathbf{v}_0 \cdot \delta \mathbf{v}(\mathbf{v}, \rho, \varphi)}{2m_i^2 v_{Ti}^2}\right] - 1 \right\},$$

这里，$\delta\mathbf{v} = \mathbf{v}_1 - \mathbf{v}$ 是散射引起的离子速度改变。由此可见(Al' pert, 1965),

$$I(\mathbf{v}) = -f_0 \mathbf{v} S_0(\mathbf{v}), \tag{10.42}$$

式中，$S_0(\mathbf{v})$ 是使速度为 $\mathbf{v}$ 的粒子遭受散射的飞行器的有效截面。在最粗略的近似下，取飞行器的有效散射截面为它的表面积，$S_0(\mathbf{v}) = \pi R_0^2$，并在远尾区，飞行器近域的静电场是弱的，因此可取(Al' pert, 1965), $I(\mathbf{v}) = -f_0 \mathbf{v}_0 \pi R_0^2$。于是(10.38)式中的为

$$Q_\mathbf{k} = -\frac{\pi R_0^2 \mathbf{v}_0}{(2\pi)^3 \Omega_0} \left[ \int \frac{\Omega_0}{\Omega_0 - \mathbf{k} \cdot \mathbf{u} + i\varepsilon} \frac{f_0}{n_0} \frac{\mathrm{d}\mathbf{p}_u}{(2\pi)^3} \right]; \tag{10.43}$$

上式中括内的积分正好是色散函数(2.57)式：$Z\left(\dfrac{\Omega_0}{\sqrt{2}k\mathbf{v}_{Ti}}\right)$；利用小宗量展开

式(2.62)式，我们有

$$Q_\mathbf{k} = i \frac{\pi R_0^2 \mathbf{v}_0}{(2\pi)^3 \sqrt{2}k\mathbf{v}_{Ti}} \sqrt{\pi} \exp\left[-\left(\frac{\Omega_0}{\sqrt{2}k\mathbf{v}_{Ti}}\right)^2\right]; \tag{10.44}$$

将（10.44）式代入（10.38）式，有($\mathbf{v}_0 \parallel \hat{z}$)

$$Q = -\frac{\pi R_0^2 \mathbf{v}_0 \sqrt{\pi}}{(2\pi)^3 \sqrt{2}\mathbf{v}_{Ti}} \int k^{-1} \exp\left\{ i\mathbf{k} \cdot \mathbf{r} - \left(\frac{k_z \mathbf{v}_0}{\sqrt{2}k\mathbf{v}_{Ti}}\right)^2 \right\} \mathrm{d}\mathbf{k}$$

$$= -\frac{\pi R_0^2 \mathbf{v}_0 \sqrt{\pi}}{(2\pi)^3 \sqrt{2}\mathbf{v}_{Ti}} \int \frac{1}{k} \exp\left\{ i(k_x x + k_y y + k_z z) - \left(\frac{k_z \mathbf{v}_0}{\sqrt{2}k\mathbf{v}_{Ti}}\right)^2 \right\} \mathrm{d}k_x \mathrm{d}k_y \mathrm{d}k_z,$$

$$= -\frac{\pi R_0^2 \mathbf{v}_0 \sqrt{\pi}}{(2\pi)^3 \sqrt{2}\mathbf{v}_{Ti}} \int \frac{1}{k} \exp\left\{ i(k_x x + k_y y) \right\} \mathrm{d}k_x \mathrm{d}k_y \int \exp\left\{ ik_z z - \frac{\mathbf{v}_0^2}{2k^2 \mathbf{v}_{Ti}^2} k_z^2 \right\} \mathrm{d}k_z,$$

$$= -\frac{\pi R_0^2 \mathbf{v}_0 \sqrt{\pi}}{(2\pi)^3 \sqrt{2}\mathbf{v}_{Ti}} \int \sqrt{\frac{2\pi k^2 \mathbf{v}_{Ti}^2}{\mathbf{v}_0^2}} \frac{1}{k} \exp\left\{ i(k_x x + k_y y) - \frac{k^2 \mathbf{v}_{Ti}^2 z^2}{2\mathbf{v}_0^2} \right\} \mathrm{d}k_x \mathrm{d}k_y$$

$$= -\frac{\pi R_0^2 \pi}{(2\pi)^3} \int \exp\left\{ i(k_x x + k_y y) - \frac{\mathbf{v}_{Ti}^2 z^2}{2\mathbf{v}_0^2} k^2 \right\} \mathrm{d}k_x \mathrm{d}k_y, \tag{10.45}$$

式中利用了如下式子

$$\int\limits_{-\infty}^{+\infty} \exp(-bx^2 - icx)\mathrm{d}x = \sqrt{\frac{\pi}{b}} \exp\left(-\frac{c^2}{4b}\right),$$

(10.46)

对远尾区，取 $k^2 \approx k_x^2 + k_y^2 \gg k_z^2$，则对（10.45）式积分，可得

$$Q = -\frac{\pi R_0^2 \pi}{(2\pi)^3} \left\{ \sqrt{\frac{2\pi v_0^2}{v_{Ti}^2 z^2}} \exp\left(-\frac{v_0^2 x^2}{2v_{Ti}^2 z^2}\right) \right\} \left\{ \sqrt{\frac{2\pi v_0^2}{v_{Ti}^2 z^2}} \exp\left(-\frac{v_0^2 y^2}{2v_{Ti}^2 z^2}\right) \right\}$$

$$= -\frac{v_0^2}{v_{Ti}^2} \frac{\pi R_0^2}{4\pi z^2} \exp\left(-\frac{v_0^2}{2v_{Ti}^2} \frac{x^2 + y^2}{z^2}\right).$$

(10.47)

式中 $x \neq 0$，$y \neq 0$。也就是说在完成（10.45）式的积分时，我们需要去掉 $x = 0$，$y = 0$ 的点，即去掉 $z$ 轴上的点。这是因为如果 $x = 0$，$y = 0$ 的话，我们就不能从（10.45）式得到（10.47）式的积分结果。从后面的讨论中我们也可以看出，在进行数值计算时，我们也要把这些相应的点去掉。

联立（10.36）和（10.29）式，便可得

$$\left(\frac{\partial^2}{\partial t^2} - (\gamma_e v_{Te}^2 + \frac{T_i}{m_e})\nabla^2\right)\frac{\delta n}{n_0} = -\frac{T_i}{m_e}\nabla^2 Q + \frac{1}{m_e}\nabla^2 U_{eff},$$

(10.48)

其中，$U_{eff} = \dfrac{|\mathbf{E}|^2}{16\pi n_0}$ 是高频场产生的位能函数。引入无量纲变量

$$\hat{\mathbf{r}} = \frac{2}{3}\frac{\omega_{pe}}{c_s}\mu\mathbf{r}, \quad \tau = \frac{2}{3}\mu\omega_{pe}t, \quad n' = \frac{3}{4\mu}\frac{\delta n}{n_0},$$

(10.49a)

$$\hat{\mathbf{E}} = \frac{\sqrt{3}\mathbf{E}}{8[\pi n_0 \mu(\gamma_e T_e + T_i)]^{1/2}}, \quad \mu = \frac{m_e}{m_i}, \quad \alpha = \frac{c^2}{3v_{Te}^2}, \quad \hat{\mathbf{v}}_0 = \frac{\mathbf{v}_0}{c_s},$$

(10.49b)

这样方程（10.28）和（10.48）就可以写为(以下略去尖角标记)(Hu & Li, 2003)

$$i\frac{\partial \mathbf{E}}{\partial \tau} + \alpha \nabla \times \nabla \times \mathbf{E} - \nabla(\nabla \cdot \mathbf{E}) + n'\mathbf{E} = 0,$$

(10.50)

$$\left[\mu\frac{\partial^2}{\partial \tau^2} - \left(\gamma_e + \frac{T_i}{T_e}\right)(\ )\nabla^2\right]n' = -\frac{3}{4\mu}\frac{T_i}{T_e}\nabla^2 Q + \left(\gamma_e + \frac{T_i}{T_e}\right)\nabla^2 |\mathbf{E}|^2,$$

(10.51)

其中 $\mathbf{E}$，$Q$ 已化为无量纲量，且

$$Q = -\frac{T_e}{T_i} \frac{\pi R_0^2}{4\pi z^2} v_0^2 \exp\left(-\frac{T_e}{2T_i} v_0^2 \frac{r^2}{z^2}\right), \tag{10.52}$$

上式中的 $R_0$，$v_0$，$r$，$z$ 都为无量纲量。在静态极限下，方程（10.51）中左边第一项是亚声速项，远小于第二项，因而，略去第一项，即可得到静态极限下的耦合方程(Li, 1989; 李晓卿,1990)；在此情况下，有两种类型的相互作用需要考虑：一种是与飞行器的表面作用，如(10.30)式所示；另一种是引进离子与飞行器互作用位能；结果两种作用都导致到同一结果(Li, 1989; 李晓卿,1990)。到此，我们就得出了在非静态极限情况下，描述高频调制场和密度扰动之间的非线性耦合方程，即（10.50）和（10.51）式，其中 $Q$ 由(10.52)式所确定。并且我们注意到方程（10.50）和（10.51）式在满足 $W < 1$ 的情况下才成立。

## 10.6　坍塌的密度空穴

对（10.50）和（10.51）式进行数值计算，可以得到 $\mathbf{E}$ 和 $\delta n$ 的分布情况。由于飞行器的尾区沿飞行器运动 $\mathbf{v}_0$ 方向具有轴对称，所以电场 $\mathbf{E}$ 可以采用二维三分量的形式。在计算中使用 $FTCS$（时间向前差分，空间中心差分）的方法，$z$ 方向采用周期性边界条件，$r$ 方向采用自然边界条件，即当 $r \to \infty$ 时，场量趋于零。初始的扰动横场是无散的管量场，取为：

$$\mathbf{E}(\mathbf{r}, \tau = 0) = E_0 \sin\left(\frac{2\pi z}{z_0}\right) \sec h\left(\frac{r}{r_0}\right)\mathbf{e}_r + E_0 \sin\left(\frac{2\pi z}{z_0}\right) \sec h\left(\frac{r}{r_0}\right)\mathbf{e}_\varphi -$$

$$E_0 \frac{z_0}{2\pi r_0} \cos\left(\frac{2\pi z}{z_0}\right) \tan h\left(\frac{r}{r_0}\right) \sec h\left(\frac{r}{r_0}\right)\mathbf{e}_z, \tag{10.53}$$

（10.53）式是一个具有波包形式的慢变传输矢量场。式中 $z$，$z_0$，$r$，$r_0$ 都为无量纲量，$z_0$ 是周期，$r_0$ 是电场包络的宽度。初始条件与 $\varphi$ 无关，即它具有旋转对称的特性。而实际上，在飞行器远尾区也应该具有这种对称特性。另外，从前面的推导中我们知道，由于用到了条件 $x \neq 0$，$y \neq 0$，因此在计算中没有包括在 $z$ 轴上（即 $r = 0$）的情况。这在物理上是可以理解的：如若在轴上，那么旋转对称的电场方向就不确定。当然，去掉 $z$ 轴上的点对我们分析整个问题并不会产生影响。事实上，在数值求解 Zakharov

方程时，也选取了具有轴对称形式的初始条件(Zakharov,1984),

$$E_0 = E_{00}\sqrt{1 - \frac{r^2}{4} - \frac{z^2}{4}}\sin\frac{\pi z}{2},$$

同样，也去掉了在 $z$ 轴上的点。

在计算中，飞行器和电离参数选为：$v_0 = 10^6$ cm/s，$R_0 = 100$ cm，$T_i = T_e = 3000$ K，$n_e = 10^5 / \mathrm{cm}^3$，$E_0 = 1.2$。初始扰动场满足横波条件 $\nabla \cdot \mathbf{E}(r, \tau = 0) = 0$，且具有极大值为 $|E|^2_{\max}(\tau = 0) = 2.87$。周期和宽度分别取为 $z_0 = 50$ 和 $r_0 = 10$。模拟的空间范围为 $\Delta z = 50$，$\Delta r = 25$ (无量纲量)，换算成有量纲量，它们的值分别约为 $\Delta z \approx 40$ m，$\Delta r \approx 20$ m。从飞行器的后表面到模拟区域之间的距离为 $L_0 = 15$，相应的有量纲值为 $L_0 \approx 12$ m。在(10.53)式的初始条件下，方程(10.50)和(10.52)的解随时间演化的计算结果在图10−1和图10−2中给出。其中，$n = \frac{\delta n}{n_0}$，$\tau = \tau_n \times \delta\tau$，

$\delta\tau = 0.000005$，$W = \frac{|\mathbf{E}_f|^2}{4\pi n_e T_e}$。从图中可见，扰动的增长率在整个计算空间不同，在塌缩峰内，这种增长率较大。在图 10-2 中，塌缩导致了电磁孤波的形成，扰动的增长率正比于电场，这一结论与(Li, 1989)的分析相吻合。

从方程（10.50）可知，密度扰动，场的导数和场的强度都会影响场的塌缩形状。开始时，从图10−1中可知密度扰动的重要部分来自于 $Q$ 项。尽管它的值比较小，但引起的电场的导数的变化是非常重要，它决定了场的塌缩更易于在原点处附近发生。实际情况也应该是这样，即飞行器对很靠近飞行器后表面的区域影响很大，更易于导致塌缩。当然，最终场的塌缩位置是由 $Q$ 项和初始扰动共同作用的结果，$Q$ 项只是在初始阶段决定塌缩位置时，显得更重要些，图10−2也说明了这一点。

在（10.51）式中，右边的第一项（即，$Q$ 项）的最大值是在模拟区域的原点处，其他点的值都随离开原点的距离而迅速下降。同时，密度扰动右边的第二项中的 $|\mathbf{E}|^2$ 来源于高频调制场的有质动力，它表明密度的最大扰动发生在场强为最大的地方。从图中我们可知，在初始时，（10.51）式右边的 $Q$ 项是大于有质动力项，这时它起主要作用。而方程左边则是第二项起主要作用，这时的塌缩是亚声速塌缩，塌缩速度比较慢。随着时间的增加，有质动力项的影响变得越来越重要。同时，左边的第一项即对时间的偏导项开始起主要作用，塌缩转向超声速塌缩，塌缩的速度就非常快。

这一点从图 10-1 和图 10-2 中都可以看得出。另外，图 10-1 还显示了场的塌缩导致密度空腔的形成。由于这种密度空穴可以暴露隐身飞行器的轨迹，这一点对我们来说非常有用，因为这样我们就可以通过探测密度空穴来发现隐身飞行器的所在。

数值计算的结果表明，振幅包络的塌缩导致场的局域化变化。这就是说，随着时间的增加，在塌缩峰内，场的强度会越来越大，而场的范围却越来越小。不过，我们必须注意到数值计算是不能无限进行下去。当时间演化到大于某个确定值时，场的进一步塌缩会形成非常强的场强，这时，$W < 1$ 就不再成立，从而方程（10.50）和（10.51）也就不再正确。这个确定的演化时间限制相应于 $\tau_n = 21$，我们也就计算到这里为止。此外，当 $W > 1$ 时，场和粒子之间会发生更强的相互作用，场的能量向粒子转移。于是粒子的能量（即 $K_B T_e$）增加，而场的能量下降，$W$ 也将迅速下降到 $W < 1$，再次满足计算的条件。相比较 $W < 1$ 时的情况，$W > 1$ 时的演化时间非常短。这段时间内的相互作用极为复杂，目前，我们还不知道在极短时间内的物理过程是如何进行，但这无关紧要，因为此过程非常之短。

我们可以与静态极限下的计算(Ma & Li, 2002)做一比较表明，**两者除了塌缩过程的细节(例如塌缩峰的分布)不同外，包络场的塌缩趋势是类似的，而且，非静态情况的塌缩速率后阶段明显要快得多**。另外，从以上的讨论分析中可知，初始条件（10.53）式的选择并不是惟一。任何具有随时间缓变的振幅特性的传播场，只要它满足横波条件，都可以作为初始条件。不同的初始条件可能导致不同的细节(Ma & Li, 2002)，塌缩速度也可能不同，但塌缩趋势也是类似的。

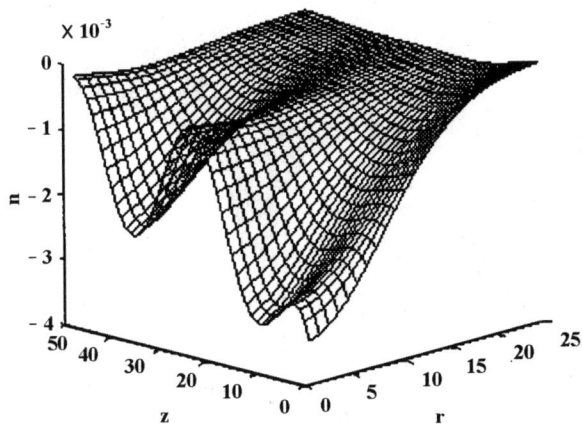

$$\tau_n = 1 \qquad n_{\min} = -3.40 \times 10^{-3}$$

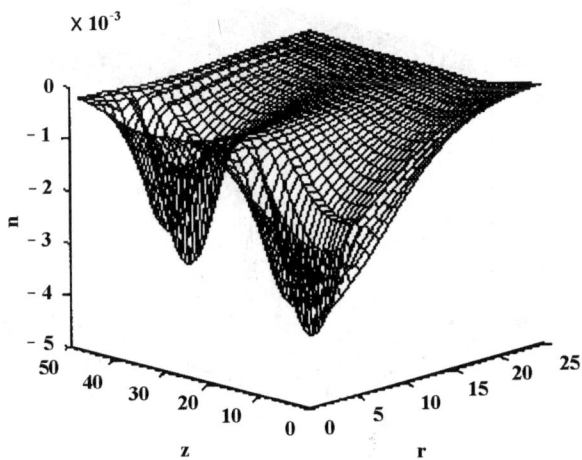

$$\tau_n = 15 \qquad n_{\min} = -4.20 \times 10^{-3}$$

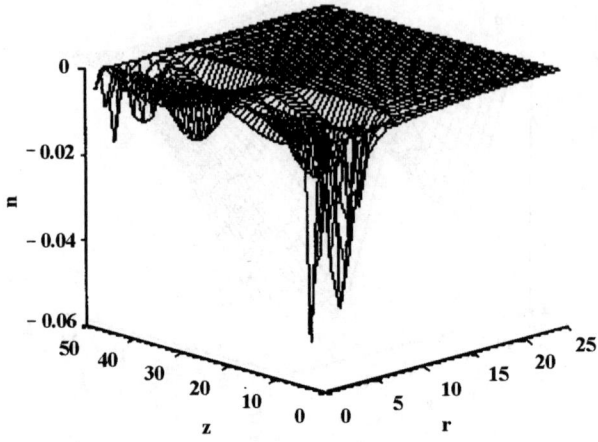

$$\tau_n = 20 \qquad n_{\min} = -5.02 \times 10^{-2}$$

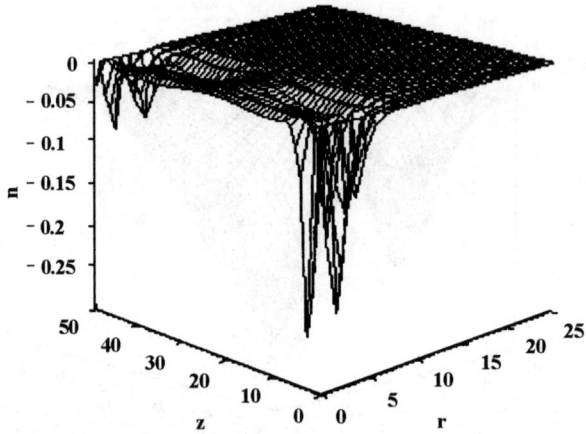

$$\tau_n = 21 \qquad n_{\min} = -2.48 \times 10^{-1}$$

图 10-1　粒子密度随时间的塌缩演化

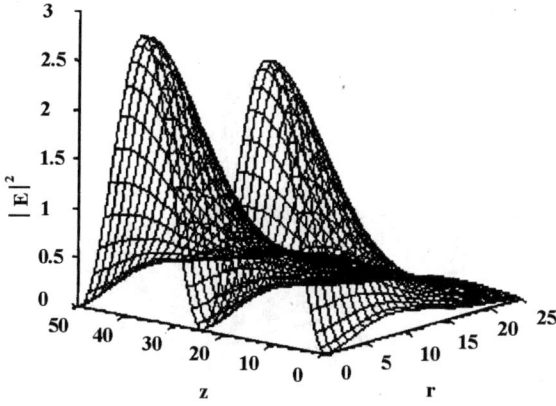

$$\tau_n = 0 \qquad |\,\mathbf{E}\,|^2_{\max} = 2.87$$

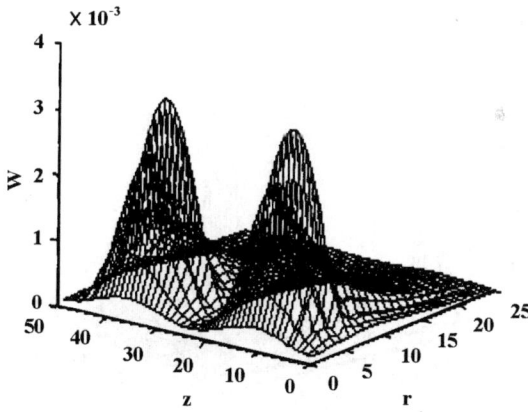

$$\tau_n = 15 \qquad W_{\max} = 3.1 \times 10^{-3}$$

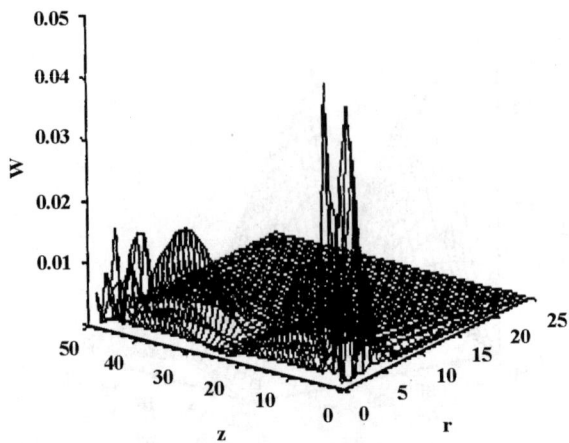

$$\tau_n = 20 \qquad W_{\max} = 4.81 \times 10^{-2}$$

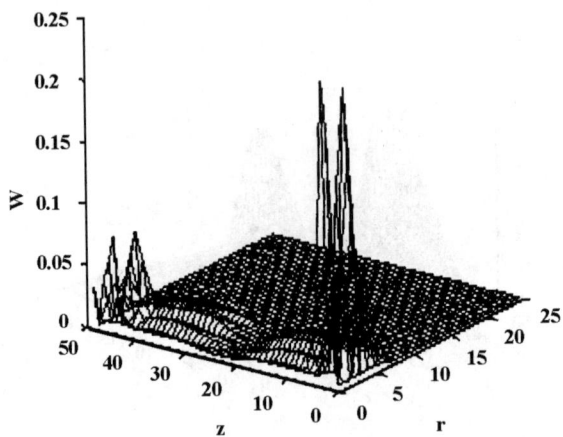

$$\tau_n = 21 \qquad W_{\max} = 2.45 \times 10^{-1}$$

图 10−2　场强随时间的坍缩演化　$W = \left|\mathbf{E}_f\right|^2 \big/ 4\pi n_0 T_e$

# 参 考 文 献

Alexandrov A.F., Bogdankevich L.S.and Rukhadze A.A., *Principles of Plasma Electrodymics*, Springer-Verlag, Berlin,1984

Alfvén H.and Arrhenius, *Evolution of the solar system* , U.S.Government Printing office, Washington D.C.,1976

Alfven H.and Calqvist P., Solor Phys.,1( 1967)220

Al'pert Ya, Gurevich A.V., Pitaevskii L.P., *Space Physics with Artificial Satellite,* New York: Plenum Press,1965

Al'pert Ya., *The Near-Earth and Interplanetary Plasma,* Cambridge, Cambridge University Press, 1983

Al'terkop B.A., JETP, 19(1974)291

Araki S.and Tremaine S.D., Icarus, 65(1986)83

Bakai A.S., Kuperov L.P. and Solodovnikov G.K., Soviet J. Plasma Phys.,3(1977)572

Balbus S.A. & Hawley J.F., Rev.Mod.Phys.70(1998)1

Balbus S.A.and Hawley J.F.,in *Physics of Accretion Disks* , (eds. Kato S.*et al.*),Gordon and Breach Sci.Publishers,1996,p.284

Balbus S.A.and Hawley J.F.，Rev.Mod.Phys.,70(1998),1

Bally J., Langer W.D., Wilson R.N., Stark A.A.and Pound M.W.,IAU Symp.,147( 1991 )11

Beckwith S.V.W.,in *Structure and Emission Properties of Accretion Disks,* (eds.Bertour C.*et al.*),Editions Frontiers,1990,p.33

Beckwith S.V.W.,in Theory of Accretion Disks-2,(eds.Duschl W.J.*et al.*),Kluwer Aca.Pub.,1994,p.1

Bel'kov S.V., Tsytovich V.N., JETP, 49(1979)656

Binney J. and Tremaine S., *Galactic Dynamic* Princeton Uni.press,1987, P682

Binney J.and Tremain S., *Galactic dynamics*, Princeton Univ.Press, New Jersey, 1987

Block L.P., *Cosmic Electrodynam.*, 3(1972)349

Block L.P., Space Sci.,55( 1978)596

Bobrov M.S., Fridman A.M.and Polyachenko V.L., in *Planetary rings*, (ed. Brahic A.), Cepadues-Editions, France ,1984, 499

Bodenheimer P., ApJ, 224(1978)488

Bonnor W. R., MNRAS, 117(1957)104

Borderies N.P., Goldreich P.and Tremaine S., Icarus, 80(1989)344

Brahic A.and Ferrari C., IAU Symp., 152(1992)83

Briand J.and Adrian V., Phys. Rev. Lett., 54(1985)38

Broadhurst J.J., Ellis R.S. and Koo D.C., Natrue, 343(1990)726

Brophy T.G., Stewart G.R.and Esposito L.W.,Icarus ,83( 1990)133

Calqvist P.,Astrophysics Space Sci, 87(1982)21

Cannizzo J.K.,Shafter,A.W. and Wheeler,J.C., ApJ, 333 (1998) 227

Canup R.M.and Esposito L.W., Icarus ,113( 1995)331

Chakraborty B., Khan M. and Bhattacharrya B., J. Appl. Phys., 59(1986) 1473

Chakraborty B., Sarkar S., Das C., bera B.and Khan M., Phys. Rev., E47(1993) 2736

Chandrasekhar S., *An introduction to the study of steller structure* ,Chap.IV, Chincago,1939

Chandrasekhar S., *Hydrodynamic and Hydromagnetic Stability,* Dover Publication, Inc., New York, 1961

Churilov S.M.and Shukman J.G., Sov.Astron.J., 58( 1981)260

Coroniti F.V., ApJ 244 (1981) 587

Coroniti F.V., ApJ, 244 (1981) 587

Cross M.C.and Hohenberg P.C., Rev.Mod.Phys., 65(1993)851

Drake J., Nature, 410(2001)525

Deng X.H. and Matsumoto H.,Nature, 410(2001)557

Dobrott D., Prager S.C. and Taylor J.B., Phys.Fluids,20(1977)1850

Dolginov A.Z., Phys. Reports, 162 (1988) 337

Dolotin V.V., Fridman A.M., in *Nonlinear waves* 3 (eds. Gaporov-GrekhovA.V., RabinovichM.I.and Engelbrecht J.), Heidelberg,1990,p22

Dones L.,Icarus ,92( 1991)194

Dubrulle B.and Graner F.,A&A ,282( 1994)269

参 考 文 献

Dutrey A.,Langer W.D., Bally J., *et al.*,A&A, 247( 1991)L9

Efstathiou G and Silk J., *Handbook. Astron. Astrophys, and Geophys.* 2 (1988) P499,(ed.Canuto), New york.

Esposito L.W., Annu. Rev. Earth Planet.Sci., 21( 1993)487

Faber S.M. and Gallagher J.S., Ann. Rev. Astron Astrophys., 17 (1979) 135

Fa L.Z.and Chu Y.Q., Bull.Amer.Astro.Soc.,13(1981)530

Forman M.A., Ramaty R. and Zweibel E.g., *Physics of the Sun*, (edited by P.A. Sturrock *et al.*) Reside, Dowdiest, 1986, P.267

Fridman A.M.,Astronomicheskii Tsirkular, 1532( 1988)25

Fridman A.M.and Polyachenko V.L., *Physics of gravitating systems II*, Springer-Verlag New York Inc.,1984

Friedmann A., Zeit Physic, 10 (1922)377

Furth H.P., Killeen J.and Rosenbluth M.N.(FKR), Phys.Fluids, 6(1963)459

Galeev A.A.,Sagdeev R.Z.,Sigov Yu.S., Shapire V.D. and Sherchenko V.I., Sov. J.Plasma 1 (1975) 5

Gardner C.S.,Green J.M., Kruskal M.D. and Miura R.M., Phys.Rev.Lett., 19(1967)1095

Gibbons J., Thornhill S.G., Wardrop M.J. and ter Haar D., J.Plasma 17(1977)153

Goldman M.V.and Smith D.F., *Physics of the Sun*, (edited by Sturrock *et al.*) Reside, Dowdiest, 1986, P.348

Goldreich P.and Tremaine S.,Icarus, 34(1984 )227

Goldreich P.and Tremaine S.D., ApJ, 222(1978)850

Gorev V.V., Kingsep A.S. and Rudakov L.I., Radioph.Qu.Electron, 19 (1976) 486

Gorkavy N.N.and Fridman A.M., Priroda, 1(1991)56

Gradshteyn I.S. and Ryzhik I.M., *Table of integrals, series, and products,* Academic press, INC., New York, 1980, p971

Graner F.and Dubrulle B., A&A ,282(1994)262

Gurevich A.V, Pitaevskii L.P, and Smirnova V.V., Space Sci.Rev.9(1969)805

Gurevichy A.V., *Nonlinear Phenomena in Ionosphere*, Spinger-Verlag, Sec.2,1978

ter Haar D.and Tsytovich V.N.,Phys. Reports ,73( 1981)175

Hamilton D.P.and Burns J.A.,Science ,264( 1994)550

Hanaoka Y., ApJ, 420( 1994)L37

Hänninen J.and    Salo H., Icarus, 117(1995)435

Hastings D.E., J.Geophys.Res., 100( 1995)14457

Henrikson R.N.,ApJ ,377( 1991)500

Henrikson R.N.,ApJ, 331( 1988)359

Henrikson R.N.and Turner B.E.,    ApJ, 287(1984)200

Heyvaerts J., in  *Advance in solar system MHD,*(eds.Priest E.R.and Hood
    A.W.),Cambridge University Press,1991,p.405

Horedt G., Moon and Planets,    21(1979)63

Horn L.J., Hui J.and Cuzzi J.N.,    Bull.Am.Astron.Soc., 21(1989)928

Hoyle F., ApJ, 191( 1953)395

Hu F.M., Song M.T. and Li X.Q., Astrophys. Space Sci.,229(1995)325

Hu T.P.and Li X.Q., Chin.A&A, 27(3)(2003)

Ikeuchi S., Nakamura T. and Takahara F., Prog. Theor. Physics, 52 (1974) 1807.

杰克逊 J D.. *经典电动力学*. 北京:人民教育出版社, 1980

Jeans J., Phil.Trans.Roy.Soc.London ,A 199 (1902) 49

Kalnajs A.J., IAU Symp., 38,1970

卡普兰 S.A.,齐托维奇 V.N.. *等离子体天体物理* (中译本，章振大和李晓
    卿译).北京:科学出版社.1982

Kaplan S.A., Pikel'ner S.B.and Tsytovich V.N., Phys.Reports,151(1)(1974)1

Kenyon S.J.and Hartmann L.H.,,,ApJ,323(1987)714

Khan M., Das C., Chakraborty B., Desai T., Pant H. and Srivastara M., Phys.
    Rev., E58(1998)925

Kolb E.W. and Turner M.S., The early Universe, Redwood city, Addisonwesle,
    1990

Klimontovich Y.L.,    *Turbulent motion and the structure of chaos* , Kluwer
    Dordrecht,1991

Königl A.,in *Theory of Accretion Disks-2,*(eds. Duschl W.J.*et al.*),Kluwer
    Aca.Pub.,1994,p.62

Kono M.., Skoric    M.M.and Ter Haar D., J. Plasmas, 26(1981)123

Korobkin V.V.and Serov R.V., JETP, **4**(1966)70

Krause F. and Rädler K., *Mean-Field Magnetohydrodynamics*, Pergamon
    Press, 1980

Landau L.D.and Lifshitz E.M., *Electrodynamics of Continuous Media*, Pergamon, Oxford,1960

Landau L.D.and Lifshitz E.M., *Fluid Mechanics*,Pergamon Press.， New York,1975,Chap 3

Lang K.R., *Astrophysical Formulae*,  Chap V, Springer-Verlag,1974

Langmuir I., Phys.Rev., 33( 1929)954

Larson R.B., MNRAS, 194(1981)809

Lattanzio J.C.and Henriksen R.N.,   ApJ, 377(1991)500

Lax P.D., Comm. Pure Appl.Math., 21(1968)467

Lecar M.,Nature ,242( 1973)318

Li B.G., Li X.Q. and Ai G.X., Sol.Phys.,173(1997)103

Li Q.B.,Chinese Science Bulletin, 9( 1977)390

李晓卿著.*湍动等离子体物理*. 北京:北京师范大学出版社, 1987

李晓卿. 宇航学报.3(1990)76

李晓卿. 物理学进展.13(1993)595

Li X.Q., Astrophysics Space Sci.,112(1985)13

Li X.Q., Astrophys. Space Sci.,123(1986)125

Li X.Q., Astrophysics Space Sci,153( 1989)311

Li X.Q., A&A, 227(1990)317

Li X.Q.and Li L.H.,Chinese Phys. Lett., 9( 1992)277

Li X.Q. and   Li   Z.Y., Astrophys. Space Sci. 146(1988)41

Li X.Q. and Ma Y.H., A&A, 270(1993)534

Li X.Q.and Song G.X., Astrophysics Space Sci,76( 1981)13

Li X.Q.,Song M.T.,Fu F.M. and Fang C., A&A, 320(1997)330

Li, X.Q.and   Wu S.T.,   in *Laboratory and Space Plasmas*, (ed.H.Kikuchi ), New York, Springer), 1989,p239

Li X.Q.and Zhang H., A&A, 292(1994)686

Li X.Q.and Zhang H.,Science in Chana A, 38(1995)82

Li X.Q.and Zhang H.,A&A, 327(1997)333

Li X.Q.and Zhang H., A&A, 390(2002a) 767

Li X.Q.and Zhang H., J.Plasma Phys.,68(2)(2002b)149

Li X.Q., Zhang H.and Li Q.B., A&A, 304(1995)617

Li X.Q. and Zhang Z.D., Solar Phys., 169 (1996) 69

Li X.Q. and Zhang Z.D., ApJ, 479(1997a)1028

Li X.Q. and Zhang Z.D.,Astrophys. Space Sci., 253(1997b)253

Li X.Q., Zhang Z.D.and Smartt R.N., A&A, 290( 1994)963

Lifshitz E.M.and Pitaevskii L.P., *Physical Kinetics*, Pergamon, Oxford,1981

Lin C.C., Shu F.H., ApJ,140(1964)646

Liu S.Q. and Li X.Q., A&A, 364 (2000a) 785

Liu S.Q. and Li X.Q., J. Plasma Phys., 66(4) (2001b) 223

Liu S.Q. and Li X.Q., Phys.Plasmas, 7(8) (2000b) 3405

Liu S.Q. and Li X.Q., Phys.Plasmas, 8(2) (2001a) 625

Liu V.C, Space Sci.Rev.9(1969)423

Lovelace R.E.W.,Wang J.C.L.and Sulkanen M.E., ApJ,315(1987)504

Lynden-Bell D. and Pringle j.E., MNRAS, 168(1974)603

Ma S.J. and Li X.Q., J.Plasma Phys., 67(2002)205

Ma Y.H. and Li,X.Q., Chin.Phys.lett., 14 (1997) 77

Magni G.and Paolicchi P.,Moon and Planets, 21( 1979)289

Max C.E., Manheimer W.M.and Thomson J.J., Phys. Fluids, **21**(1978)128

McGuire M.E., Von Reopenings T.T. and McDonald F.B., Proc.17th Int. Cosmic Ray Conf., Pairs. 3 (1981) 65

Mckean M.E. and Winglee R.M., J.Geophs.Res., 96 (1991) 21055

Mckean M.E., Winglee R.M. and Dulk G.A., Solar Physics, 122 (1989) 53

Mclean E.A., Stamper J.A., Manka C.K., Griem H.R., Dromer D.W. and Ripin B.H., Phys.Fluids,27(1984)1327

Melrose D. B., *Plasma Astrophysics*, Gordon & Breach Science Pub. New York,1980

Melrose D.B., ApJS 90 (1994) 623

Mikhailovskiǐ A.B., Plasma Physics 22(1980)133

Mineshige S.,HonmaA.,Hirano A.,Kitamoto S.,Yamada and T.,Fukue J., in *Theory of Accretion Disks-2*,(eds. Duschl W.J.*et al.*),Kluwer Aca.Pub.,1994,p.187

Myers, P.C., ApJ ,270(1983)105

Myers, P.C.and Goodman A.A., ApJ, 329(1988)392

Nieto M., *The Titius-Bode law of planetary distances: its history and theory*, pergamon Press,Oxford-New York, 1972

Panchev S., *Random functions and turbulence*, Pergamon Press, Chap.6,1971

Parker E.M., ApJ, 122 (1955) 293

Parker E.M., J.Geophys.Res.,62(1957)509

Parker E.M., ApJ, 221 (1978) 368

Parker E.M., *Cosmical Magnetic Fields*, Oxford University Press, England, 1979

Parker E.M., Solar Physics, 121 (1989) 271

Peckover R.S. and Weiss N. O., Computer Phys. Communications 4 (1972) 339

Pelletier G. , Phys. Rev. lett., 49 (1982) 782

Petschek H.E., in *The Physics of Solar Flares,*(ed.Hess W.N.),NASA cp-50, Washington, NASA,1964,425

Phan T.,*et al.*, Nature, 404(2000)848

Pikel'ner S.B.and Kaplan S.A.　Radio phys.Quantum Electron.,20(1978)904

Polyachenko V.L.and Fridman, A.M.,Sov. Astron., 16( 1972)123

Priest E. and　Forbes T., *Magnetic Reconnection*，Cambridge Uni.Press,2000

Pringle J.E.,Ann.Rev.Astro.and Astrophys.,19(1981)137

Raadu M. and Calqvist P.,Astrophysics Space Sci., 74(1981)189

Ramaty R., *Particle Acceleration Mechanisms in Astrophysics*, (eds. Arons J., Mekee C.F. and Max C.), New York, 1979, P.135

Raven A.,　Willi O.and Rumsby P.T., Phys. Rev. Lett., 41(1978)554

Roberts G .O., Phil.Trans.Roy.Soc., A271(1972)411

Roberts P.H. & Stix M., *The turbulent dynamo*, Technical Notes NCAR/IA-6, 1971

Rubin V.C.. *Internal kinetic and Dynamics of Galaxies,*(ed. Athanassonoula) , Reidel.Dordrecht,1983

Rudakov L.I.and Tsytorich V.N., Phys.Reports，40(1978)1

Salo H.,Icarus, 90( 1991)1254

Satsuma J.and Yajima N., Supp.Prog.Thero.Phys., 55( 1974)284

Scalo J.M., in　*Physical process in fragmentation and star formation*, (eds. Capuzzo-Dolcetta R.*etal.*),Kluwer, Dordrecht,1990

Scalo J.M., in　*Protostars and planets II*, (ed. Black D.C. and Matthews M.S. )

Univ. Arizona Press,Tuscon,1985

Schmit U.and Tscharnuter W.M., Icarus ,115(1995)304

Schneider S.and Elmegreen B.G., ApJS., 41( 1978)87

Schramkowski G.P. and Torkelsson U., A&AR, 7 (1996) 55

Shakura N.I.,Sunyaev R.A.,A&A,24(1973)337

Shimizu T., Tsuneta S., Acton L.W., Lemen J.R.,and Uchida Y., PASJ, 44(1992), L147.

Shimizu T., Tsuneta S.,Acton L.W.,Lemen J.R., Ogawara Y.,and Uchida Y., ApJ, 422(1994)906

Shivamoggi B.K., Phys reports, 127(1985)99

Shu F.H., *The Physics of Astrophysics，Volume 2，* Gas Dynamics, Uni.Sci.books，California,1992,P87

Shu F.H.,Tremaine S.,Adams F.C.and Ruden S.P.,ApJ,358(1990)495

Silin V.P.and Rukhadze A.A., *Electromagnetic Properties of Plasma and Similar Media* (in Russian), Gosatomizdat, Moscow,1961

Smartt R.N. and Zhang Z.D., in *Basic Plasma Processes on the Sun,* (eds.Priest E.R. and Krishan V.), 1990, p350

Smartt R.N., Zhang Z.D.and Smutko M.F., Sol.Phys.,148(1993)139

Stamper J.A.and Ripin B.H., Phys. Lett., 34(1975)138

Stenflo J.Q., A&AR, 1 (1989) 3

Stenzel R.L. and Gekelmar W., in IAU Symp.107(1985),(ed. Mukul R.,*et al.*),D.Reidel,p57

Sweet P.A., in IAU Symp.,6(1958),(ed.Lehnert B.), Cambridge,Cambridge Univ.Press, p123

Szalay A.S., *Large Scale Structure in the Universe* (ed. Martinetet al.) ,1987,p175

Tagger M., Falgarone E. and Shukurov A., A&A, 299 (1995) 940

Thomas R.J. and Teske G., Sol.Phys., 16(1971)431

Thornhill S.G.and ter Haar D. , Phys.Reports, 43C(1978)43

Toomre A., ApJ, 158(1969)899

Toomre A, in *The Structure and Evolution of Normal Galaxirs* (ed. Fall S.M. amd Lynden-Bell D.),Combridge University, Cambridge,p111., 1981

Tsytovich V.N., *Theory of Turbulent Plasma,* Consultants Bureau, New

York,1977

Ungerechts H.and Thaddeus P., ApJS., 63( 1987)645

Uson J.M. and Wilkinson D.T., ApJ, 277(1984)L1

Velikhov E.P.，Sov. Phys. JETP 9(1959)995

Vityazev A.V., Pechnernikova G.V.and Safronov V.A., Sov. Astron., 22(1978)60

Vlasov M.A., Pis'ma Zh.Eksp.Teor.Fiz., 2(1965)274

von Weizsacker C.F., ApJ ,114( 1951)165

王惠明, 李晓卿. 南京师范大学学报(自然科学版), 23(1999)41~45

WangJ.C.L.,Sulkanen M.E.and Lovelace R.V.E.,ApJ,355(1990)38

Ward W.R., Geophys.Res.Lett., 8( 1981)641

Weinberg S., *Gravitation and Cosmology*, Wiley, New york, 1972

Weiss N. O., Proc. Royal Soc. London A, 293 (1966) 310

Willi O., Rumsby D.T.and Duncan C., Opt. Commun., 37(1981)40

Wisdom J.and Tremaine S., AJ, 95( 1988)925

Zahn J.P.,In *Structure and Emission Properties of Accretion Disks*，(eds. Bertoui C.,*et al.*), Editions Frontieres,Singapore，1991,P87

Zakharov V.E. and Shabat A.B., Sov. Phys. JETP, 34(1972)62

Zakharov V.E., in *Basic Plasma Physics II*, North-Holland Physics Publishing, 1984, pp96~120

Zakharov V.E.,Soviet Phys. JETP, 35(1972)908

Zang S.M. Wei Cui, Wan Chen, Yangsen Yao, Xiaoling Zhang, Xuejun Sun, Xue-Bing Wu and Haiguang Xu, Science, 287(2000)1239

Zeldovich Ya. B., A&A, 5(1970)84

Zeldovich Ya. B., MNRAS,192(1980)663

Zeldovich Ya.B., Ruzmaikin A.A. and Sokoloff D.D., *Magnetic Fields in Astrophysics*, Gordon and Breach, London, 1983

Zhang H., Li X.Q.and MaY.H., , Phys.Rev., E57(1)(1998)1114

Zhang T.X.and Li X.Q., A&A, 294( 1995)339

Zhang Z.D., Li X.Q.and Smartt R.N., Astrophys. Space Sci.,226(1996)31

Zhou A.P. and Li X.Q., J.Plasma Phys., 70(5) (2004)583

# 索引

---

*括号内为在本书的页码